编 写 组

主编：司守奎　孙玺菁

参编：司砚涵　张　原　刘　蕊　崔　晨

Python 数学实验与建模

司守奎　孙玺菁　主编

科 学 出 版 社

北 京

内 容 简 介

本书以 Python 软件为基础，详细介绍了数学建模的各种常用算法及其软件实现，内容涉及高等数学、工程数学中的相关数学实验、数学规划、插值与拟合、微分方程、差分方程、评价预测、图论模型、多元分析、Monte Carlo 模拟、智能算法、时间序列分析、支持向量机、图像处理等内容，既有对算法数学原理的详述，又有案例和配套的 Python 程序. 本书含有 Python 快速入门基础，可以帮助 Python 零基础的读者快速掌握 Python 语言. 但对于没有其他任何编程语言基础的读者，建议参考一些更加具体的 Python 相关书籍.

本书可以作为本科生数学建模课程的主讲教材，也可以作为本科生数学实验课程的教材，以及运筹学课程的扩充阅读教材和教学参考书.

图书在版编目（CIP）数据

Python 数学实验与建模/司守奎，孙玺菁主编. —北京：科学出版社，2020.4
ISBN 978-7-03-064527-2

Ⅰ. ①P… Ⅱ. ①司… ②孙… Ⅲ. ①数学模型-软件工具-程序设计
Ⅳ. ①O141.4-39

中国版本图书馆 CIP 数据核字（2020）第 035397 号

责任编辑：胡庆家 范培培／责任校对：邹慧卿
责任印制：赵 博／封面设计：无极书装

科学出版社 出版
北京东黄城根北街 16 号
邮政编码：100717
http://www.sciencep.com

涿州市般润文化传播有限公司印刷
科学出版社发行 各地新华书店经销
*
2020 年 4 月第 一 版 开本：720×1000 B5
2024 年 7 月第七次印刷 印张：35 1/4
字数：720 000

定价：178.00 元
(如有印装质量问题，我社负责调换)

Python 数学实验与建模

司守奎　孙玺菁　主编

科 学 出 版 社

北　京

内 容 简 介

本书以 Python 软件为基础，详细介绍了数学建模的各种常用算法及其软件实现，内容涉及高等数学、工程数学中的相关数学实验、数学规划、插值与拟合、微分方程、差分方程、评价预测、图论模型、多元分析、Monte Carlo 模拟、智能算法、时间序列分析、支持向量机、图像处理等内容，既有对算法数学原理的详述，又有案例和配套的 Python 程序. 本书含有 Python 快速入门基础，可以帮助 Python 零基础的读者快速掌握 Python 语言. 但对于没有其他任何编程语言基础的读者，建议参考一些更加具体的 Python 相关书籍.

本书可以作为本科生数学建模课程的主讲教材，也可以作为本科生数学实验课程的教材，以及运筹学课程的扩充阅读教材和教学参考书.

图书在版编目（CIP）数据

Python 数学实验与建模/司守奎，孙玺菁主编. —北京：科学出版社，2020.4
ISBN 978-7-03-064527-2

Ⅰ. ①P… Ⅱ. ①司… ②孙… Ⅲ. ①数学模型-软件工具-程序设计
Ⅳ. ①O141.4-39

中国版本图书馆 CIP 数据核字（2020）第 035397 号

责任编辑：胡庆家 范培培／责任校对：邹慧卿
责任印制：赵 博／封面设计：无极书装

科学出版社 出版
北京东黄城根北街 16 号
邮政编码：100717
http://www.sciencep.com

涿州市般润文化传播有限公司印刷
科学出版社发行 各地新华书店经销
*
2020 年 4 月第 一 版 开本：720 × 1000 B5
2024 年 7 月第七次印刷 印张：35 1/4
字数：720 000

定价：178.00 元

(如有印装质量问题，我社负责调换)

前言

目前虽然有很多 Python 的相关书籍, 但大多与人工智能、数据挖掘和金融方面等领域相关, 涉及领域相对比较专一, 同时很多书籍缺乏对模型或算法数学原理的详细阐述, 理论基础相对薄弱, 读者在阅读时往往会感觉不够深入. 数学建模方面的相关书籍非常多, 但多数书籍中的算法实现以 MATLAB 或 LINGO 语言为主, 目前系统地将数学建模的各种模型和算法用 Python 实现的相关书籍还不多见. 本书基于 Python 语言, 对常用的数学模型和算法的数学理论进行阐述, 同时结合案例实现 Python 的程序设计.

作者在编写本书之前, 阅读了大量 Python 书籍. 本书对 Python 在各个方面的编程技巧进行了归纳, 以便读者从最方便的角度入手学习 Python. 本书最大的特色在于: 在对数学建模涉及的很多领域的模型及算法进行详细阐述的基础上, 以 Python 为工具, 以案例为主要模式, 实现基于 Python 的程序设计. 为广大希望以 Python 语言为基础、系统学习数学建模相关课程的读者提供了方便, 也拓展了广大 Python 爱好者和使用者的学习广度.

本书总共 20 章, 其中第 1 章 Python 语言快速入门、第 2 章数据处理与可视化、第 3 章 Python 在高等数学和线性代数中的应用、第 4 章概率论与数理统计、第 16 章 Monte Carlo 模拟、第 20 章数字图像处理可以作为数学实验教学的内容; 其余章节和第 4 章作为数学建模教学的内容. 在数学建模教学时, 教师可以不讲授 Python 软件的具体内容, 让学生把相关代码重新输入一遍. 学习计算机语言必须输入一定量的代码, 否则只能把他人的代码复制过来, 进行简单的修改, 没有真正学会编写算法的程序代码.

本书可以作为高等院校本科或研究生数学建模课程的教材或者参考书. 本书是非常适合低起点 Python 初学者系统自学 Python 在数学建模中的程序设计的教材, 也是适合具有一定 Python 基础的读者在数学和 Python 应用领域进行扩展的参考读物.

本书在编写过程中得到了海军航空大学王凤芹、海军工程大学刘海桥两位老师以及山东大学綦航同学的大力支持和帮助, 作者对三位深表谢意.

最后, 感谢科学出版社对本书出版所给予的大力支持, 尤其是责任编辑胡庆家同志的热情支持与帮助. 一本好的教材需要经过多年的教学实践, 反复锤炼. 由于我们的经验和时间所限, 书中的疏漏在所难免, 敬请同行不吝指正. 在使用过程中如果有问题, 可以通过电子邮件和我们联系, E-mail: huqingjia@mail.sciencep.com, sishoukui@163.com, xijingsun1981@163.com, 也可以加入 QQ 群 554385668 和作者进行交流.

作 者
2019 年 8 月

目　　录

第 1 章　Python 语言快速入门

Python 是一种可以撰写跨平台应用程序的解释型、面向对象的高级程序设计语言. Python 的设计哲学强调代码的可读性和语法的简洁性, 尤其是使用空格缩进划分代码块, 而非使用大括号或者关键词. 让开发者能够用更少的代码表达想法, 不管是小型还是大型程序, 该语言都试图让程序的结构清晰明了. 由于语法简洁而清晰, 十分容易上手, 且具有丰富和强大的类库, 它往往能够用几行简单的代码就可以驱动操作系统及实现应用程序的多样化功能, 因此它又常被称为胶水语言.

1.1　Python 的安装与简单使用

运行 Python 程序需要相应开发环境的支持. Python 内置的命令解释器 (称为 Python Shell, Shell 有操作的接口或外壳之意) 提供了 Python 的开发环境 IDLE(集成开发环境), 能方便地进行交互式操作, 即输入一行语句, 就可以立刻执行该语句, 并看到执行结果. 此外, 还可以利用第三方的 Python 集成开发环境进行程序设计.

1.1.1　Python 系统的安装

1. 安装 Python 基本库

要使用 Python 语言进行程序开发, 必须安装其开发环境, 即 Python 解释器. 安装前先要从 Python 官网下载 Python 安装文件, 下载地址为 http://www.python.org/downloads. 选择基于 Windows 操作系统的 Python 3.7.2 进行下载, 不要用最新版本, 否则后面的凸优化库 cvxpy 是无法安装的.

下载完成后, 运行文件 python-3.7.2-amd64.exe, 进入 Python 系统安装界面, 如图 1.1 所示. 选中 “Add Python 3.7 to PATH” 复选框, 并使用默认的安装路径, 单击 “Install Now” 选项, 这时进入系统安装过程, 安装完成后单击 “Close” 按钮即可. 如果要设置安装路径和其他特性, 可以选择 “Customize installation”.

2. 系统环境变量的设置

在 Python 的默认安装路径下包含 Python 的启动文件 python.exe、Python 库文件和其他文件. 为了能在 Windows 命令提示符窗口自动寻找安装路径下的文件, 需要将 Python 安装文件夹添加到环境变量 Path 中.

图 1.1　Python 安装示意图

如果在安装时选中了 “Add Python 3.7 to PATH” 复选框, 则会自动将安装路径添加到环境变量 Path 中, 否则可以在安装完成后添加, 其方法为: 在 Windows 桌面右击 “计算机” 图标, 在弹出的快捷菜单中选中 “属性”, 然后在打开的对话框中选择 “高级系统设置” 选项, 在打开的 “系统属性” 对话框中选择 “高级” 选项卡, 单击 “环境变量” 按钮, 打开 “环境变量” 对话框, 在 “系统变量” 区域选择 “Path” 选项, 单击 “编辑” 按钮, 把安装路径添加到 Path 中, 最后单击 “确定” 按钮逐级返回.

安装完 Python 3.7.2 后, 实际上只安装了 Python 的基本库, Python 的 NumPy, SciPy, SymPy, Pandas 和 Matplotlib 等核心库都没有安装, 建议初学 Python 者安装 Anaconda 开发环境.

3. Anaconda 开发环境

Anaconda (https://www.anaconda.com/) 是 Anaconda 公司提供的 Python 集成版. 包括近 200 多个工具库, 常见的库有 NumPy, SciPy, Pandas, IPython, Matplotlib, Scikit-learn 和 NLTK 等. 它是一个跨平台的版本, 可以与其他现有的 Python 版本一起安装. 其基础版本是免费的, 其他具有高级功能的附加组件需单独收费. Anaconda 自带库管理器 conda, 通过命令行来管理安装库.

下载完 Anaconda3-2018.12-Windows-x86_64.exe 文件, 运行该文件, 进行 “傻瓜式” 安装即可. 安装完 Anaconda 后, 就可以使用其中的 Spyder 集成开发环境, Spyder 开发环境比 Python 自带的 IDLE 方便, Spyder 环境下表达式的值计算完成后, 马上就可以看到其值; 而 Python 自带的 IDLE 下, 表达式值计算完成后, 并不显示, 需要用 print 语句显示其值.

1.1.2 Python 工具库的管理与安装

Python 有两个最主要的特征, 一个是与其他语言相融合的能力, 另一个是成熟的软件库系统.

1. 使用 pip 管理扩展库

目前, pip 已经成为管理 Python 扩展库的主流方式, 大多数扩展库都支持这种方式进行安装、升级、卸载等操作, 使用这种方式管理 Python 扩展库只需要在保证计算机联网的情况下输入几个命令即可完成, 极大地方便了用户.

在 Python 3.4.0 之后的安装包中已经集成了 pip 工具, 安装后的可执行文件在 Python37\Scripts\ 目录下. Python 3.4.0 之前的版本, 需要另外安装pip 工具, 首先从 https://pypi.org/project/pip/下载文件 get-pip.py, 然后在命令提示符 (运行 cmd) 下执行命令

```
python get-pip.py
```

即可自动完成 pip 的安装. 当然, 需要保证计算机处于联网状态.

安装完成以后, 就可以在命令提示符下使用 pip 来完成扩展库的安装、升级、卸载等操作, pip 常用命令的使用方法如表 1.1 所示.

表 1.1 pip 常用命令的使用方法

pip 命令示例	说明
pip install SomePackage	安装 SomePackage
pip list	列出当前已安装的所有库
pip install--upgrade SomePackage pip install-U SomePackage	升级 SomePackage 库
pip uninstall SomePackage	卸载 SomePackage 库

2. cvxpy 优化工具库安装

cvxpy 库的安装是一个很麻烦的过程, 它不支持在线安装. 网上有很多关于 cvxpy 库安装的各种报错信息的处理方式. 读者只需要按照以下的步骤手动安装, 就不会报错. 以系统为 Windows 64位 +Python 3.7 的计算机为例 (cvxpy 只支持 Python 3.7.2 版本, 高版本的 Python 无法运行 cvxpy 库).

cvxpy 库所依赖的工具库有很多, 有 NumPy+mkl, SciPy, cvxopt, scs, ecos, fastcache 和 osqp 等等, 这些工具库下载到本地计算机中, 并使用 1.2 类似的方式安装. 需要注意的有两点, 一是安装的工具库版本必须与 Python 版本和系统相对应, 其中源文件名中的 cp37 表示 Python 3.7, amd64 表示 64 位, win32 表示 32 位. 二是 NumPy 库的安装版本有很多, 一定要选择 NumPy+mkl 库.

假定下载的所有库源文件放在 D:\ 软件 \Python\cvxpy 目录下, 上面的 cvxpy 支持工具库都安装完毕之后, 最后进行 cvxpy 的离线安装, 如图 1.2 所示.

图 1.2　cvxpy 安装示意图

3. 常见库的 pip 安装

一些常见库的 pip 安装方法见表 1.2 (记得一定要联网).

表 1.2　常见库的 pip 安装方法

库名	库说明	安装方法
NumPy	科学计算和数据分析的基础库	pip install numpy
SciPy	NumPy 基础上的科学计算库	pip install scipy
SymPy	符号计算库	pip install sympy
Pandas	NumPy 基础上的数据分析库	pip install pandas
Matplotlib	数据可视化库	pip install matplotlib
Scikit-learn	机器学习库	pip install scikit-learn
Statsmodels	SciPy 统计函数的补充库	pip install statsmodels
NetworkX	图论和复杂网络库	pip install networkx
cvxpy	凸优化库	pip install 文件名 (离线安装)
TensorFlow	深度学习库	pip install tensorflow
NLTK	自然语言库	pip install nltk
python-louvain	社交网络挖掘的社区发现算法库	pip install python-louvain
PIL	数字图像处理库	pip install pillow
OpenCV	计算机视觉库	pip install opencv-python

1.1.3　简单的 Python 程序

安装好 Python 后, 在 Windows 的开始菜单可以看到许多工具, 如图 1.3(a) 所示. 单击其中的 IDLE (Python 3.7 64-bit) 即可进入 Python 交互模式, 当看到 Python 提示符 “>>>” 之后, 用户就可以逐行输入 Python 指令了, 如图 1.3(b).

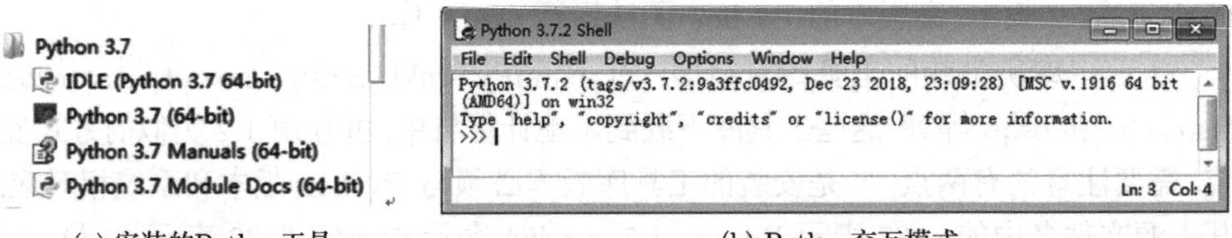

(a) 安装的Python工具　　(b) Python交互模式

图 1.3　Python 工具和交互模式

IDLE 软件是 Python 的集成开发环境 (integrated development environment, IDE), 包括编写程序的编辑器、编译或解释器、调试器等. 启动 IDLE 软件后, 选择 File/New File 菜单选项, 就可以开始编写程序, 输入如下程序代码:

```
#程序文件Pz1_1.py
print("Hello, World!!!")
```

存盘时以 ".py" 为文件扩展名, 命名为 Pz1_1.py. 接着选择 Run/Run Module 菜单选项, 即可看到程序执行结果显示为

Hello, World!!!

程序代码中第 1 行是 Python 的单行注释, 如果是多行注释, 就以三个双引号 """"" 开始, 填入注释内容, 再以三个双引号结束. 第 2 行是内置函数 print(), 用来输出结果, 字符串可以使用单引号 "'" 或双引号 """ 括住.

1.2 Python 基础知识

1.2.1 基本数据处理

数据处理最基本的对象就是变量和常数. 变量的值可变动, 常数则是固定不变的数据. 变量命名规则如下:

第一个字符必须是英文字母、下划线 "_" 或中文, 其余字符可以搭配其他的大小写英文字母、数字、下划线或中文.

不能使用 Python 内置的关键字.

变量名称必须区分大小写字母.

Python 语言简洁明了, 变量不需要声明就可以使用, 给变量赋值的方式如下

变量名 = 数据

例如:

```
score = 100
```

如果要让多个变量同时具有相同的值, 例如

```
n = m = 20
```

当我们想要在同一行中给多个变量赋值时, 可以使用 "," 来分割变量, 例如

```
a, b, c = 80, 60, 20
```

Python 也允许用户以 ";" 来分割表达式, 以便连续声明不同的程序语句, 例如

```
a = 10; b = 20
```

Python 基本数据类型包括数值数据类型、布尔数据类型和字符串数据类型.

1. 数值数据类型

数值数据类型主要有整数和浮点数, 浮点数就是带有小数点的数字, 例如

```
a = 100          #整数
b = 123.45       #浮点数
```

2. 布尔数据类型

Python 语言的布尔数据类型只有 True 和 False 两个值, 例如

```
switch = True
turn = False
```

布尔数据类型通常用于流程控制中的逻辑判断.

3. 字符串数据类型

在 Python 中定义一个字符串可以使用单引号、双引号和三引号 (三个单引号或三个双引号), 这使得 Python 输入文本更方便. 在 Python 中, 单引号和双引号表示法在字符串显示上完全相同, 一般不用区别. 但是通常情况下, 单引号用于表示一个单词, 双引号用于表示一个词组或句子.

将字符串内容放在一对三引号中间时, 不仅保留字符串的内容, 还保留字符串的格式. 三引号通常用于输入多行文本信息, 一般可以表示大段的叙述性字符串. 例如

```
title = "新年快乐"
content = """同志们好!
大家辛苦了! """
```

1.2.2　输出 print 和输入 input

程序设计常需要计算机输出执行的结果, 有时为了提高程序的互动性, 会要求用户输入数据, 这些输入和输出的工作都可以通过 input 和 print 指令来完成.

1. 输出 print() 函数

print 指令就是用来输出指定的字符串或数值, 语法如下

```
print(项目1[,项目2,…, sep=分割字符, end=终止符])
```

例如

```
#程序文件Pz1_2.py
print("四书五经")
print("《大学》","《中庸》","《论语》","《孟子》",sep='、')
print("《大学》","《中庸》","《论语》","《孟子》")
print("《大学》","《中庸》","《论语》","《孟子》",end='  ')
print("《诗经》","《尚书》","《礼记》","《易经》","《春秋》")
```

执行结果:

```
四书五经
《大学》、《中庸》、《论语》、《孟子》
《大学》《中庸》《论语》《孟子》
《大学》《中庸》《论语》《孟子》    《诗经》《尚书》《礼记》《易经》《春秋》
```

print 指令也支持格式化功能, 主要是由 "%" 字符与后面的格式化字符串来控制输出格式, 语法如下

```
print("项目"%(参数行))
```

在输出的项目中使用 "%s" 代表输出字符串, "%d" 代表输出整数, "%f" 代表输出浮点数. 例如

```
#程序文件Pz1_3.py
name="张三"; age=20
print("%s的年龄是%d"%(name,age))    #输出: 张三的年龄是20
```

也可以使用 format() 进行格式化输出, 例如

```
print("{}的年龄是{}".format(name,age))    #输出: 张三的年龄是20
```

另外, 通过设置格式符可以达到对齐效果, 例如:

%7s: 固定输出 7 个字符, 若不足 7 个字符, 则会在字符串左方填入空格符; 若多于 7 个字符, 则全部输出.

%7d: 固定输出 7 个数字, 若不足 7 位数, 则会在数字左方填入空格符; 若多于 7 位数, 则全部输出.

%8.2f: 连同小数点也算 1 个字符, 这种格式会固定输出 8 个字符, 其中小数固定输出 2 位数, 如果整数少于 5 位数, 就会在数字左方填入空格符, 但若小数少于 2 位数, 则会在数字右方填入 0.

2. 输出转义字符

print() 函数除了输出一般的字符串或字符外, 也可以在字符前加上反斜杠 "\" 来通知编译程序将后面的字符当成一个特殊字符, 形成转义字符. 例如, "\n" 是表示换行功能的 "转义字符", 表 1.3 为几个常用的转义字符.

表 1.3 常用的转义字符

转义字符	含义
\t	水平制表字符
\n	换行符
\"	显示双引号
\'	显示单引号
\\	显示反斜杠

3. 输入 input() 函数

input() 是输入指令, 语法如下:

```
变量=input(提示字符串)
```

当我们输入数据再按 Enter 键后, 就会将输入的数据赋值给变量. "提示字符串" 则是一段给用户的提示信息, 例如:

```
height=input("请输入你的身高: ")
print(height)
```

注 1.1　input 所输入的内容是一种字符串, 如果要将该字符串转换为整数, 就必须通过 int() 函数或 eval() 函数, 如果将该字符串转换为浮点数, 必须通过 float() 函数.

例 1.1　输入圆的半径 r, 求圆的周长.

```
#程序文件Pex1_1.py
pi=3.14159
r=float(input("请输入圆的半径: "))
print('圆的周长是: ',2*pi*r)
```

运行结果:

```
请输入圆的半径: 3 ↵
圆的周长是:  18.849539999999998
```

注 1.2　上面的 "↵" 表示回车符, 即输入数据后, 回车.

当使用 print 输出时, 还可以指定数值以哪种进制输出. 常用的 4 种进制格式及说明如表 1.4 所示.

表 1.4　常用的 4 种进制格式及说明

格式符	说明
%d	输出十进制数
%o	输出八进制数
%x	输出十六进制数, 超过 10 的数字以小写字母表示, 例如 0xff
%X	输出十六进制数, 超过 10 的数字以大写字母表示, 例如 0xFF

1.2.3　运算符与表达式

表达式是由运算符与操作数所组成的. 其中 +, −, ∗ 及/符号称为运算符, 操作数则包含变量、数值和字符.

1. 算术运算符

算术运算符主要包含数学运算中四则运算的运算符、求余运算符、整除运算符、幂次运算符等, 例如:

```
#程序文件Pz1_4.py
x1 = 58 + 32        #x1=90
x2 = 89 - 28        #x2=61
x3 = 3 * 12         #x3=36
x4 = 125 / 7        #x4=17.857142857142858
x5 =125 // 7        #整除, x5=17
x6 = 4**3           #4的3次幂, x6=64
x7 = 46 % 5         #求余数, x7=1
```

2. 复合赋值运算符

由赋值运算符 "=" 与其他运算符结合而成, 也就是 "=" 右方的源操作数必须有一个和左方接受赋值数值的操作数相同, 例如:

```
x += 1      #即x=x+1
x -= 9      #即x=x-9
x *= 6      #即x=x*6
x /= 2      #即x=x/2
x **= 2     #即x=x**2
x //= 7     #即x=x//7
x %= 5      #即x=x%5
```

3. 关系运算符

用来比较两个数值之间的大小关系, 通常用于流程控制语句, 如果该关系运算结果成立, 就返回真值 (True); 若不成立, 则返回假值 (False). 例如, $a = 5$, $b = 3$, 进行关系运算的结果如表 1.5 所示.

表 1.5 关系运算结果

运算符	说明
$>$	a 大于 b, 返回 True
$<$	a 小于 b, 返回 False
$>=$	a 大于或等于 b, 返回 True
$<=$	a 小于或等于 b, 返回 False
$==$	a 等于 b, 返回 False
$!=$	a 不等于 b, 返回 True

4. 逻辑运算符

主要有 3 个运算符: not, and, or, 它们的功能分别说明如下:

```
#程序文件Pz1_5.py
print(100>2)and(52>41)  #输出True
total=124
value=(total%4==0)and(total%3==0)
print(value)      #输出False
```

5. 位运算符

位运算 (bit operation) 就是二进制位逐位进行运算. 在 Python 中, 如果要将整数转换为二进制, 就可以使用内置函数 bin(). 二进制数字操作的按位运算符如表 1.6 所示.

表 1.6　二进制数字操作的按位运算符

运算符	描述	实例
~	按位取反 即 $\sim x = -(x+1)$	$\sim 5 = -6$
<<	按位左移	$5 << 2 = 20$, 将 101 向左移动两位, 得 10100
>>	按位右移	$5 >> 2 = 1$, 将 101 向右移动两位并去掉小数部分, 得 1
&	按位与	$5 \& 3 = 1$, 将对应的二进制数执行按位与操作, 即 $101 \& 011 = 001 = 1$
|	按位或	$5 \mid 3 = 7$, 将对应的二进制数执行按位或操作, 即 $101 \mid 011 = 111 = 7$
^	按位异或	$5\ \hat{}\ 3 = 6$, 将对应的二进制数执行按位异或操作 (对位相加, 不进位), 即 $101\ \hat{}\ 011 = 110 = 6$

表 1.6 中实例的计算过程如下:

```
#程序文件Pz1_6.py
a=5; b=-6
print(~a, bin(~a), bin(b),sep='、 ')  #输出: -6、-0b110、-0b110
print(5<<2)        #输出: 20
print(5>>2)        #输出: 1
print(5&3)         #输出: 1
print(5|3)         #输出: 7
print(5^3)         #输出: 6
```

1.2.4　流程控制

Python 语言包含 3 种流程控制结构, 即 if, for, while.

1. if 语句

多分支 if 语句的一般格式为

```
if 条件表达式 1:
        语句块 1
elif 条件表达式 2:
        语句块 2
......
elif 条件表达式 m:
        语句块 m
else:
        语句块 m+1
```

当条件表达式 1 的值为 True 时, 执行语句块 1; 否则求条件表达式 2 的值, 为 True 时, 执行语句块 2; 以此类推; 若前面 m 个表达式的值都为 False, 则执行 else 后面的语句块 m+1. 不管有几个分支, 程序执行完一个分支后, 其余分支将不再执行.

注 1.3 (1) 在 if (或 elif) 语句的条件表达式后面必须加冒号 “:”.

(2) if (或 elif) 语句中的语句块必须向右缩进, 语句块可以是单个语句, 也可以是多个语句. 当包含两个或两个以上的语句时, 语句必须缩进一致, 即语句块中的语句必须上下对齐.

(3) 如果语句块中只有一条语句, if (或 elif) 语句和语句块可以写在同一行上.

例 1.2 输入两个数 a, b, 输出其中的最大数.

```
#程序文件Pex1_2.py
a, b = eval(input("请输入a,b两个数: "))  #把字符串转化为数值
if a>=b: print("最大数为: ",a)
else: print("最大数为: ",b)
```

输出结果:

```
请输入a,b两个数: 100, -90 ↵
最大数为: 100
```

2. for 循环

for 循环又称为计数循环, 是一种可以重复执行固定次数的循环, 语法如下:

```
for item in 序列对象:
        for的语句块
else:
        else的语句块  #可加入或者不加入
```

上述语句中可加入或者不加入 else 指令. Python 提供了 range() 函数来搭配使用, 主要功能是建立整数序列, 语法如下:

range([初始值,]终值[,步长])

返回一个等差数列的可迭代对象, 不包括终值, 这里 [ ] 表示可选项. 初始值的默认值为 0, 步长的默认值为 1. 可迭代对象, 必须转化为下面将要介绍的列表才能显示所有元素. 例如:

```
#程序文件Pz1_7.py
print(list(range(5)))       #输出: [0, 1, 2, 3, 4]
print(list(range(1,6)))     #输出: [1, 2, 3, 4, 5]
print(list(range(2,10,2)))  #输出: [2, 4, 6, 8]
```

例 1.3 计算 $1+2+\cdots+7$ 并输出.

```
#程序文件Pex1_3.py
sum=0; number=int(input("请输入整数: "))
print("从小到大排列输出数字: ")
for i in range(1,number+1):
      sum += i  #设置sum为i的和
      print("%d"%(i),end='')
      if i<number: print("+",end='')  #设置输出连加的算式
      else: print("=",end='')
print("%d"%(sum))
sum=0
print("从大到小排列输出数字: ")
for i in range(number,0,-1):
      sum += i  #设置sum为i的和
      print("%d"%(i),end='')
      if i>1: print("+",end='')  #设置输出连加的算式
      else: print("=",end='')
print("%d"%(sum))
```

执行结果:

```
请输入整数: 7 ↵
从小到大排列输出数字:
1+2+3+4+5+6+7=28
从大到小排列输出数字:
7+6+5+4+3+2+1=28
```

3. while 循环

while 语句的一般格式为

```
while 条件表达式:
    语句块1
else:
    语句块2
```

else 指令也是一个选择性指令, 可加也可不加. 一旦条件表达式不符合, 就会执行 else 内的语句块 2. 使用 while 循环必须小心设置离开的条件, 万一不小心形成无限循环, 就只能强行中断程序, 需同时按 Ctrl+C 组合键.

注 1.4 循环体的语句块可以是单个语句, 也可以是多个语句. 当循环体由多个语句构成时, 必须用缩进对齐的方式组成一个语句块, 否则产生错误.

例 1.4 求 $\sin x=\sum_{n=0}^{\infty}\frac{(-1)^n x^{2n+1}}{(2n+1)!}=x-\frac{x^3}{3!}+\frac{x^5}{5!}-\frac{x^7}{7!}+\cdots$, 直到最后一项的绝对值小于 10^{-6} 时停止计算. 其中 x 以弧度为单位, 但从键盘输入时以角度为单位.

分析: 显然这是一个累加求和的问题. 关键是如何求累加项, 较好的办法是利用前一项来求后一项, 即用递推的办法来求累加项.

第 n 项 $a_n=\frac{(-1)^n x^{2n+1}}{(2n+1)!}$, 第 $n+1$ 项 $a_{n+1}=\frac{(-1)^{n+1}x^{2n+3}}{(2n+3)!}$, 所以第 n 项与第 $n+1$ 项之间的递推关系为

$$a_0=x,\quad a_{n+1}=-\frac{x^2}{(2n+3)(2n+2)}a_n,\quad n=0,1,2,\cdots.$$

程序如下:

```
#程序文件Pex1_4.py
from math import *    #加载数学模块math的所有对象
n=0; x1=float(input("请输入角度: "))
x=radians(x1)
s=a=x
while abs(a)>=1e-6:
      a *= -x*x/(2*n+3)/(2*n+2)
      n +=1; s += a
print("x={},sin(x)={}".format(x1,s))
```

输出结果:

```
请输入角度: 32↵
x=32.0,sin(x)=0.529919264274441
```

必须执行循环中的语句至少一次时, 由于 Python 语言没有 do while 这类的循环指令, 可以参考下面范例的做法:

```
#程序文件Pz1_8.py
sum=0; number=1
while True:
    if number==0: break
    number=int(input("数字0结束程序, 请输入数字: "))
    sum += number
print("目前累加的结果为: %d"%(sum))
```

执行结果:

```
数字0结束程序, 请输入数字: 10
数字0结束程序, 请输入数字: 20
数字0结束程序, 请输入数字: 0
目前累加的结果为: 30
```

1.3　复合数据类型

数值数据类型、布尔数据类型不可再分解为其他类型, 而列表、元组、集合和字典类型的数据包含多个相互关联的数据元素, 所以称它们为复合数据类型. 字符串其实也是一种复合数据, 其元素是单个字符.

列表、元组和字符串是有顺序的数据元素的集合体, 称为序列 (sequence). 序列可以通过各数据元素在序列中的位置编号 (索引) 来访问数据元素. 集合和字典属于无顺序的数据集合体, 数据元素没有特定的排列顺序, 因此不能像序列那样通过位置编号来访问数据元素.

1.3.1　list 列表

关于 list 列表, 需要对其说明如下三点:

(1) 列表的构造是通过英文状态下的方括号完成的, 即 [ ]. a=[ ] 表示 a 为空列表, 列表中的元素是不受任何限制的, 可以存放数值、字符串及其他数据结构的内容.

(2) 列表是一种序列, 即每个元素是按照顺序存入的, 这些元素都有一个属于自己的位置 (或下标).

(3) 列表是一种可变类型的数据结构, 即可以实现对列表的修改, 包括增加、删除和修改列表中的元素值.

"列表是一种序列" 指的是可以通过索引 (或下标) 的方式实现列表元素的获

取, Python 中的索引都是用英文状态下的方括号表示, 而且对于位置索引来说, 都是从 0 开始.

1. 索引

列表的索引分如下四种:

(1) 正向索引.

元素的索引从左边第一个元素的索引为 0 开始, 从左到右逐个递增, 最右边元素的索引为 “列表元素个数 -1”.

(2) 负向索引.

元素的索引也可以从右边最后一个元素的索引为 -1 开始, 从右到左逐个递减, 最左边元素的索引为 “$-$ 列表元素个数”.

(3) 切片索引.

切片索引指的是按照固定的步长, 连续取出多个元素, 可以用 [start:end:step] 表示, start 指索引元素的起始位置; end 指索引元素的终止位置 (注意, end 位置的元素是取不到的!), step 指索引的步长, 默认为 1, 表示逐个取出一连串的列表元素.

(4) 无限索引.

无限索引是指在切片过程中不限定起始元素的位置或终止元素的位置, 甚至起始和终止元素的位置都不限定, 可以用 [::step] 表示. 第一个冒号是指从列表的第一个元素开始获取; 第二个冒号是指到最后一个元素结束 (包含最后一个元素值).

索引示例如下:

```
#程序文件Pz1_9.py
a=["张三", "男", 23, "江苏", "硕士", "已婚", ["身高172", "体重70"]]
print(a[0])        #显示第一个元素: 张三
print(a[-1])       #显示最后一个元素: ['身高172', '体重70']
print(a[-1][1])    #显示最后一个元素中的第二个元素: 体重70
print(a[-3:])      #显示后三个元素
print(a[:3])       #显示前三个元素
print(a[::2])      #显示奇数位置的元素
print(a[0:-1])     #显示第一个元素到倒数第二个元素
```

2. 列表元素的增加

如果需要往列表中增加元素, 可使用 Python 提供的三种方法, 即 append, extend 和 insert. Python 方法的调用格式为 object.method, 函数的调用格式为 function (object), 两者是有区别的. 如果从广义的角度来看 “方法” 和函数, 它们都属于对象的处理函数.

(1) append.

append 是列表所特有的方法, 该方法每次往列表的尾部增加一个元素.

(2) extend.

extend 方法可以往列表的尾部添加多个元素.

(3) insert.

insert 方法可以在列表的指定位置插入新值, 该方法需要传递两个参数: 第一个参数是索引 (或下标), 表示插入的位置; 第二个参数是具体插入的值, 既可以是一个常量, 也可以是一个列表, 如果是列表, 就是以嵌套列表的形式插入.

增加列表元素示例如下:

```
#程序文件Pz1_10.py
a=[1,2,3]; a.append(4)  #在列表末尾添加数字4
print(a)    #显示: [1, 2, 3, 4]
a.extend([3,2,1])  #在列表末尾添加3个元素
print(a)    #显示: [1, 2, 3, 4, 3, 2, 1]
a.insert(0,-1)   #把-1插到第一个元素的位置
print(a)    #显示: [-1, 1, 2, 3, 4, 3, 2, 1]
```

3. 列表元素的删除

列表元素的删除有三种方法, 分别是 pop, remove 和 clear.

(1) pop.

pop 可以完成列表元素两种风格的删除, pop() 删除列表的末尾元素, pop(n) 删除列表索引 n 位置的元素.

(2) remove.

remove 方法删除指定的元素. 如果列表中有多个与要删除元素相同的元素, 则删除从左边数的第一个元素. 如果要删除的元素在列表中不存在, 则报错.

(3) clear.

clear 方法是清空列表, 即把列表中的所有元素全部删除, 返回的是一个空列表.

删除列表元素示例如下:

```
#程序文件Pz1_11.py
a=[10, 20, 30, 5, 8, 5, 8, 6, 6];
a.pop()  #删除最后一个元素
print(a) #显示: [10, 20, 30, 5, 8, 5, 8, 6]
a.pop(2) #删除第3个元素
print(a) #显示: [10, 20, 5, 8, 5, 8, 6]
```

```
a.remove(8); a.remove(8) #依次从左往右删除两个8
print(a)  #显示: [10, 20, 5, 5, 6]
a.clear()  #清空列表
print(a)   #显示: []
```

4. 列表的常用操作

列表的一些常用操作见表 1.7.

表 1.7 Python 中列表的常用操作 (其中 a = [1, 2, 3, 4], b = [7, 6, 5])

名称	操作	说明	实例结果
查找元素下标	a.index(e)	查找元素 e 在列表 a 中的下标位置, 如果没有找到则报错	a.index(3), 输出 2
计算元素次数	a.count(e)	计算元素 e 在列表 a 中出现的次数, 如果没有出现则返回 0	a.count(2), 输出 1
连接两个列表	a+b	将列表 b 中各元素依次插入列表 a 尾部, 并返回一个新的列表	a+b, 输出 [1,2,3,4,7,6,5]
列表重复	b*n	列表 b 重复 n 次	b*2, 输出 [7,6,5,7,6,5]
列表长度	len(a)	获取列表 a 的长度, 即列表中元素个数	len(a), 输出 4
排序	b.sort()	一般根据同类元素列表的数据类型, 对列表中各元素按 "升序" 排列. 该函数改变原列表, 且无返回值	b.sort, 输出 [5,6,7]
排序	c=sorted(b)	一般根据同类元素列表的数据类型, 对列表中各元素按 "升序" 排列, 得到新列表	sorted(b), 输出 [5,6,7]
排序	c=sorted (b,reverse=True)	一般根据同类元素列表的数据类型, 对列表中各元素按 "降序" 排列, 得到新列表	sorted(b), 输出 [7,6,5]
反转	a.reverse()	按列表中元素的下标位置逆序输出各元素	a.reverse(), 输出 [4,3,2,1]

1.3.2 tuple 元组、dict 字典和 set 集合

1. tuple 元组

元组是一个不可改变的列表. 不可改变意味着它不能被修改. 元组只是逗号分隔的对象序列 (不带括号的列表). 为了增加代码的可读性, 通常将元组放在一对圆括号中:

```
my_tuple=1,2,3      #第一个元组
my_tuple=(1,2,3)    #与上面相同
singleton=1,        #逗号表明该对象是一个元组
```

元组与列表类似, 关于元组同样需要做三点说明:

(1) 元组通过英文状态下的圆括号构成, 即 (). a=() 表示 a 为空元组, b1=(9,) 表示 b1 为只有一个元素 9 的元组; b2=(9) 表示 b2 为整数 9.

(2) 元组仍然是一种序列, 所以几种获取列表元素的索引方法同样可以使用到元组对象中.

(3) 与列表最大的区别是, 元组不再是一种可变类型的数据结构.

由于元组只是存储数据的不可变容器, 因此其只有两种可用的 "方法", 分别是 count 和 index, 它们的功能与列表中的 count 和 index 方法完全一样.

2. dict 字典

字典是非常常用的一种数据结构, 核心就是以键值对的形式存储数据, 关于 Python 中的字典做如下四点说明.

(1) 构造字典对象需要使用大括号表示, 即{}. 每一个字典元素都是以键值对的形式存在, 并且键值对之间用英文状态下的冒号隔开, 即 key:value.

(2) 键在字典中是唯一的, 不能有重复, 对于字符型的键需要用引号引起来. 值可以是单个值, 也可以是多个值构成的列表、元组或字典.

(3) 字典不再是序列, 无法通过位置索引完成元素值的获取, 只能通过键索引实现.

(4) 字典与列表一样, 都是可变类型的数据结构.

除了使用大括号 "{}" 来构造字典外, 也可以使用 dict() 函数, 或者先创建空的字典, 再使用 "[ ]" 运算符以键设值. 修改字典的方法必须针对 "键" 来设置该元素的新值. 如果要新增字典的 "键值" 对, 只要加入新的 "键值" 即可. 语法范例如下

```
#程序文件Pz1_12.py
d={'姓名':'张三','年龄':33,'子女':{'子':'张四','女':'张玲'}}
                                                    #构造字典
print(d)
    #显示: {'姓名': '张三', '年龄': 33, '子女': {'子': '张四',
    #'女': '张玲'}}
print(d['年龄'])  #显示年龄的值, 输出: 33
d['年龄']=35     #将字典中'年龄'键的值修改为35
print(d)
    #显示修改后字典: {'姓名': '张三', '年龄': 35, '子女': {'子':
    #'张四', '女': '张玲'}}
d['户籍']='烟台'  #新增元素
print(d)   #显示新增元素后的字典: {'姓名': '张三', '年龄': 35,
           #'子女': {'子': '张四', '女': '张玲#'}, '户籍': '烟台'}
d.pop('子女')  #删除元素
print(d)
```

```
#显示删除元素后的字典：{'姓名': '张三', '年龄': 35, '户籍':
#'烟台'}
```

3. set 集合

在 Python 中, 集合是一个无序排列的、不重复的集合体, 类似于数学中的集合概念, 可对其进行交、并、差等运算. 集合和字典都属于无序集合体, 有许多操作是一致的.

1) 集合的创建

在 Python 中, 创建集合有两种方式：一种是用一对大括号将多个用逗号分隔的数据括起来; 另一种是使用 set() 函数, 该函数可以将字符串、列表、元组等类型的数据转换成集合类型的数据.

注 1.5 创建一个空集合必须用 set() 而不是 {}, 因为 {} 是用来创建一个空字典的.

集合中不能有相同元素, 如果在创建集合时有重复元素, Python 会自动删除重复的元素. 集合的这个特性非常有用, 例如, 要删除列表中大量重复的元素, 可以先用 set() 函数将列表转换成集合, 再用 list() 函数将集合转换成列表, 操作效率非常高.

集合操作范例如下：

```
#程序文件Pz1_13.py
a=set('abcde')  #把字符串转化为集合
print(a)   #每次输出是不一样的, 如输出：{'a', 'd', 'e', 'c', 'b'}
b=[1,2,2,2,3,5,6,6]
c=set(b)   #转化为集合, 去掉重复元素
print(list(c)) #显示去掉重复元素列表, 输出：[1, 2, 3, 5, 6]
```

2) 集合的常用方法

Python 以面向对象方式为集合类型提供了很多方法, 集合的常用方法见表 1.8.

表 1.8 集合的常用方法

方法	意义
s.add(x)	在集合 s 中添加对象 x, 如果对象已经存在, 则不添加
s.remove(x)	从集合 s 中删除 x, 若 x 不存在, 则引发 KeyError 错误
s.discard(x)	如果 x 是 s 的成员, 则删除 x. x 不存在, 也不出现错误
s.clear()	清空集合 s 中所有元素
s.copy()	将集合 s 进行一次浅拷贝
s.pop()	从集合 s 中删除第一个元素, 如果 s 为空, 则引发 KeyError 异常
s.update(s2)	用 s 与 s2 得到的并集更新变量 s

集合的有些方法也可以用运算符实现, 这样的方法见表 1.9.

表 1.9　用运算符操作实现的方法

方法	意义
s.difference(s2)	集合的差, 等同于 s = s − s2
s.intersection(s2)	集合的交, 等同于 s = s & s2
s.symmetric_difference(s2)	集合的对称差, 等同于 s = s ^ s2
s.union(s2)	集合的并集, 等同于 s = s | s2

1.3.3　序列的一些实用操作

在 Python 语言中, string 字符串、list 列表、tuple 元组属于序列的数据类型.

1. string 字符串的实用操作

内置函数 str() 可将数值数据转化为字符串, 例如

```
str()       #输出空字符串: ''
str(123)  #输出字符串: '123'
```

要串接多个字符串, 可以使用 "+" 符号, 例如

```
print('大学'+'中庸'+'论语'+'孟子')  #输出: 大学中庸论语孟子
```

字符串的函数很多, 下面介绍几个实用的函数.

1) len()

该函数获取字符串的长度.

```
len('happy')     #输出: 5
```

2) count()

该函数找出子字符串出现的次数.

```
str="Good Morning"
str.count('o')   #输出: 3
```

3) eval() 函数

与字符串有关的一个重要函数是 eval, 该函数的作用是把字符串的内容作为对应的 Python 语句来执行, 例如

```
x='12+23'
eval(x)     #输出: 35
```

4) find() 函数

find() 从字符串中查找子字符串, 返回值为子字符串所在位置的最左端索引. 如果没有找到则返回 −1. 扩展的 rfind() 方法表示从右向左查找.

例如, 下面获取字符串 "def" 的位置, 位于第 3 个位置 (从 0 开始计数).

```
str='abcdefghijk'
ind=str.find('def')  #输出: 3
```

5) split() 函数

该函数用于将字符串分割成序列, 返回分割后的字符串列表. 如果不提供分隔符, 那么程序将会把所有空格作为分隔符.

例如:

```
str1="I am a student"
List1=str1.split()    #输出: ['I', 'am', 'a', 'student']
str2="1,2,3,4"
List2=str2.split(',')#逗号","作为分隔符, 输出: ['1', '2', '3', '4']
```

6) strip() 函数

该函数用于去除字符串开头和结尾的空格字符 (不包括字符串内部的空格), 同时 strip([chars]) 可去除指定字符. 扩展的函数 lstrip() 用于去除字符串开始 (最左边) 的所有空格, rstrip() 用于去除字符串尾部 (最右边) 的所有空格.

例如, 去除字符串前后两端的空格:

```
str="    I am a teacher   "
print(str.strip())       #输出: I am a teacher
```

7) join() 函数

该函数通过某个字符拼接序列中的字符串元素, 然后返回一个拼接好的字符串. 可以认为 join() 函数是 split() 函数的逆方法.

例如, 采用空格 (' ')(注意不是空字符, 中间有一个空格) 拼接字符串

```
List=['I','am','a','teacher']
print(' '.join(List))      #输出: I am a teacher
```

2. 几个序列操作函数

先给出 Python 匿名函数的定义. Python 支持定义单行函数, 称为 lambda 函数 (也称为匿名函数), 可以用在任何需要函数的地方. lambda 函数是一个可以接收任意多个参数并且返回单个表达式值的函数. 函数 $f(x,y)=|x|+y^3$ 可以定义成 lambda 函数的形式.

```
f=lambda x,y: abs(x)+y**3
print("f(-3,2)=",f(-3,2))      #输出: f(-3,2)= 11
```

1) map() 函数

map() 函数的调用格式为

```
map(func, *iterables)
```

map() 函数接收一个函数 func 和一个列表, 把函数 func 依次作用在列表的每个元素上, 得到一个新的列表. 例如:

```
a=map(pow,range(6),[2 for b in range(6)])
```

```
list(a)    #输出: [0, 1, 4, 9, 16, 25]
```

2) reduce() 函数

它的调用格式为

```
reduce(function, sequence[, initial])
```

其中 function 是有两个参数的函数, sequence 是元组、列表、字典和字符串等可迭代对象, initial 是可选的初始值.

reduce 的工作过程是: 在迭代 sequence 的过程中, 首先把前两个元素传给函数参数, 函数加工后, 然后把得到的结果和第三个元素作为两个参数传给函数参数, 函数加工后得到的结果又和第四个元素作为两个参数传给函数参数, 依次类推. 如果传入了 initial 值, 那么首先传的就不是 sequence 的第一个和第二个元素, 而是 initial 值和第一个元素. 经过这样的累计计算之后合并序列到一个单一返回值.

例如, 计算 5!:

```
from functools import reduce    #加载模块functools中的函数reduce
print(reduce(lambda x,y: x*y, range(1,6)))    #计算5!, 输出120
```

计算 $1+2+\cdots+6$:

```
print(reduce(lambda x,y: x+y, range(1,7)))    #输出: 21
```

3) filter() 函数

它的调用格式为

```
filter(function or None, iterable)
```

filter 的主要作用是通过 function 对 iterable 中的元素进行过滤, 并返回一个迭代器 (iterator), 其中是 function 返回 True 的元素. 如果 function 传入 None, 则返回所有本身可以判断为 True 的元素.

例如, 筛选并输出 20 以内能被 3 整除的数.

```
# iterator对象无法显示, 输出时用list进行转换
print(list(filter(lambda n: n%3==0, range(1,21))))
                                  #输出: [3, 6, 9, 12, 15, 18]
```

4) zip() 函数

zip(列表 1, 列表 2, $\cdots$): 将多个列表或元组对应位置的元素组合为元组, 并返回包含这些元组的 zip 对象. 例如:

```
a=range(1,5)
b=range(5,9)
c=zip(a,b)
list(c)    #输出: [(1, 5), (2, 6), (3, 7), (4, 8)]
#*操作符将元组分为了两个独立的参数进行传递.
list(zip(*zip(a,b)))    #输出: [(1, 2, 3, 4), (5, 6, 7, 8)]
```

5) enumerate() 函数

enumerate() 函数枚举列表、元组或其他可迭代对象的元素, 返回枚举对象, 枚举对象中的每个元素是包含下标和元素值的元组. 该函数对字符串、字典同样有效. 例如:

```
a=[(1, 5), (2, 6), (3, 7)]
for b in enumerate(a): print(b)
```

输出结果:

```
(0, (1, 5))
(1, (2, 6))
(2, (3, 7))
```

再看一下 enumerate() 函数用于列表推导式:

```
a=[(1, 5), (2, 6), (3, 7)]
print([value[0] for (ind,value) in enumerate(a)])  #输出:[1, 2, 3]
print([value[1] for (ind,value) in enumerate(a)])  #输出:[5, 6, 7]
```

3. 列表推导式和元组生成器推导式

1) 列表推导式

列表推导式可以说是 Python 程序开发时应用最多的技术之一. 列表推导式在一个序列的值上应用一个任意表达式, 将其结果收集到一个新的列表中并返回. 它的基本形式是一个中括号里面包含一个 for 语句对一个可迭代对象进行迭代. 例如:

```
B=[[0]*6 for i in range(4)]
```

输出:

```
[[0, 0, 0, 0, 0, 0], [0, 0, 0, 0, 0, 0],
 [0, 0, 0, 0, 0, 0], [0, 0, 0, 0, 0, 0]]
```

下面通过几个示例来进一步体会列表推导式的强大功能.

(1) 使用列表推导式实现嵌套列表的平铺.

```
a=[[1,2,3],[4,5,6],[7,8,9]]
b=[d for c in a for d in c]    #输出: [1, 2, 3, 4, 5, 6, 7, 8, 9]
```

(2) 过滤不符合条件的元素.

在列表推导式中可以使用 if 子句来进行筛选, 例如:

```
a=[-1,-2,6,8,-10,3]
b=[i for i in a if i>0]  #输出: [6, 8, 3]
```

(3) 在列表推导式中使用多个循环, 实现多序列元素的任意组合, 并且可以结合条件语句过滤特定元素, 例如:

```
c=[(x,y) for x in range(5) if x%2==0 for y in range(5) if y%2==1]
#输出: [(0, 1), (0, 3), (2, 1), (2, 3), (4, 1), (4, 3)]
```

2) 元组生成器推导式

从形式上看, 元组生成器推导式与列表推导式非常接近, 只是元组生成器推导式使用圆括号而不是列表推导式所使用的方括号. 与列表推导式不同的是, 元组生成器推导式的结果是一个生成器对象, 而不是列表, 也不是元组. 使用生成器对象的元素时, 需要将其转化为列表或元组. 例如:

```
g1=((i+1)**2 for i in range(6))
g2=tuple(g1)   #输出: (1, 4, 9, 16, 25, 36)
```

1.4 函　　数

目前为止, 我们介绍了 Python 的基本数据类型、赋值、输入输出、分支和循环结构, 这些只是 Python 语言的一个子集, 理论上这个子集是非常强大的, 因为它是图灵完备的, 所有可计算的问题都可用这个子集中的机制来编程实现.

为了增加代码的可重用性、可读性和可维护性, 程序设计语言一般都提供函数这种机制来组织代码.

Python 函数包括内置函数和第三方模块函数, 对于这些现成的函数, 用户可以直接拿来使用. 另外, 有一类函数是用户自己编写的, 通常称为自定义函数.

1.4.1　自定义函数语法

Python 中自定义函数的语法如下:

```
def functionName(formalParameters):
    functionBody
```

(1) functionName 是函数名, 可以是任何有效的 Python 标识符.

(2) formalParameters 是形式参数 (简称形参) 列表, 在调用该函数时通过给形参赋值来传递调用值, 形参可以有多个、一个或零个参数组成, 当有多个参数时各个参数由逗号分隔; 圆括号是必不可少的, 即使没有参数也不能没有它. 括号外面的冒号也不能少.

(3) functionBody 是函数体, 是函数每次被调用时执行的一组语句, 可以由一个语句或多个语句组成. 多个语句的函数体一定要注意缩进.

函数通常使用三个单引号 `'''...'''` 来注释说明函数; 函数体内容不可为空, 可用 pass 来表示空语句. 在函数调用时, 函数名后面括号中的变量名称称为实际参数 (简称实参). 定义函数时需要注意以下两点:

(1) 函数定义必须放在函数调用前, 否则编译器会由于找不到该函数而报错.

(2) 返回值不是必须的, 如果没有 return 语句, 则 Python 默认返回 None.

例 1.5 先定义求阶乘 $n!$ 的函数, 再调用求 5!.

定义求阶乘的函数如下, 并保存在文件 Pex1_5_1.py 中.

```
def factorial(n):
     r = 1
     while n > 1: r *= n; n -= 1
     return r
```

调用自定义函数 factorial 的程序如下:

```
#程序文件Pex1_5_2.py
from Pex1_5_1 import *
print(factorial(5))
```

也可以把函数的定义和调用代码写在一个文件中, 具体如下:

```
#程序文件Pex1_5_3.py
def factorial(n):
    r = 1
    while n > 1: r *= n; n -= 1
    return r
print(factorial(5))  #调用函数
```

1.4.2 自定义函数的四种参数

Python 的自定义函数有位置参数、默认参数、可变参数和关键字参数四类参数.

1. 位置参数

函数调用时的参数通常采用按位置匹配的方式, 即实参按顺序传递给相应位置的形参. 这些实参的数目应与形参完全匹配.

2. 默认参数

默认参数是指在构造自定义函数的时候已经给某些参数赋予了各自的初值, 当调用函数时, 这样的参数可以不用传值, 默认参数必须指向不变对象. 例如, 计算 1 到 n 的 p 次方和.

```
#程序文件Pz1_14.py
def square_sum(n, p=2):
    result=sum([i**p for i in range(1, n+1)])
    return (n, p, result)
print("1到%d的%d次方和为%d"%square_sum(10))
```

```
print("1到%d的%d次方和为%d"%square_sum(10,3))
```

执行结果:

```
1到10的2次方和为385
1到10的3次方和为3025
```

3. 可变参数

上面的必选参数和默认参数都是在已知这个自定义函数需要多少个形参的情况下构建的, 如果不确定该给自定义函数传入多少个参数值时, 就需要 Python 提供可变参数.

例如, 两个数的求和函数:

```
#程序文件Pz1_15.py
def add(a,b): s=sum([a,b]); return (a,b,s)
print("%d加%d的和为%d"%add(10,13))  #输出: 10加13的和为23
```

如果要求任意个数的和, 必须使用可变参数, 可变参数允许传入 0 个或任意个参数, 这些可变参数在函数调用时自动组装为一个元组.

```
#程序文件Pz1_16.py
def add(*args): print(args, end=''); s=sum(args); return(s)
print("的和为%d"%add(10,12,6,8))
```

运行结果:

```
(10, 12, 6, 8)的和为36
```

如上自定义函数中, 参数 args 前面加了一个星号 $*$, 这样的参数就是可变参数, 该参数是可以接纳任意多个实参的. 之所以能够接纳任意多个实参, 是因为该类型的参数将这些输入的实参进行了捆绑, 并且组装到元组中, 就是自定义函数中 print(args) 语句的效果.

4. 关键字参数

虽然一个可变参数可以接受多个实参, 但是这些实参都被捆绑为元组了, 而且无法将具体的实参指定给具体的形参, 那么有没有一种参数既可以接受多个实参, 又可以把多个实参指定给各自的实参名呢? 答案是关键字参数, 而且这种参数会把带参数名的参数值组装到一个字典中, 键就是具体的实参名, 值就是传入的参数值.

```
#程序文件Pz1_17.py
def person(name, age, **kw):
    print('name:', name, 'age:', age, 'other:', kw)
person('Michael', 30)
person('Bob', 35, city='Beijing')
```

```
person('Adam', 45, gender='M', job='Engineer')
```

执行结果:

```
name: Michael age: 30 other: {}
name: Bob age: 35 other: {'city': 'Beijing'}
name: Adam age: 45 other: {'gender': 'M', 'job': 'Engineer'}
```

如上面程序所示, 在自定义函数 person 中, name 和 age 是位置参数, kw 为关键字参数. 当调用函数时, name 和 age 两个参数必须要传入对应的值, 而其他的参数都是用户任意填写的, 并且关键字参数会把这些任意填写的信息组装为字典.

在 Python 中定义函数, 可以用位置参数、默认参数、可变参数、关键字参数, 这四种参数都可以组合使用. 但是请注意, 参数定义的顺序必须是: 位置参数、默认参数、可变参数、关键字参数.

1.4.3 参数传递

1. 参数传递方式

大多数程序设计语言有两种常见的参数传递方式: 传值调用和传址调用.

(1) 传值 (call by value) 调用: 表示在调用函数时, 会将自变量的值逐个复制给函数的参数, 在函数中对参数值所做的任何修改都不会影响原来的自变量值.

(2) 传址 (pass by reference) 调用: 表示在调用函数时, 所传递函数的参数值是变量的内存地址, 参数值的变动连带着也会影响原来的自变量值.

在 Python 语言中, 当传递的数据是不可变对象 (如数值、字符串) 时, 在传递参数时, 会先复制一份再进行传递. 但是, 如果所传递的数据是可变对象 (如列表), Python 在传递参数时, 会直接以内存地址来传递. 简单地说, 如果可变对象在函数中被修改了内容值, 因为占用的是同一个地址, 所以会连带影响函数外部的值. 以下是函数传值调用的范例.

```
#程序文件Pz1_18.py
def fun(a,b):
    a, b = b, a;
    print("函数内交换数值后: a=%d,\tb=%d"%(a,b))
a=10; b=15
print("调用函数前的数值: a=%d,\tb=%d"%(a,b))
print("----------------------------------")
fun(a,b)   #调用函数
print("----------------------------------")
print("调用函数后的数值: a=%d,\tb=%d"%(a,b))
```

执行结果:

```
调用函数前的数值: a=10, b=15
-----------------------------------
函数内交换数值后: a=15, b=10
-----------------------------------
调用函数后的数值: a=10, b=15
```

下面再举一个传址调用的范例, 参数为列表, 是一种可变对象.

```
#程序文件Pz1_19.py
def change(data):
    data[0], data[1] = data[1], data[0]
    print("函数内交换位置后: ",end='')
    for i in range(2): print("data[%d]=%2d"%(i,data[i]),end='\t')
data=[16, 25]     #主程序
print("原始数据为: ",end='')
for i in range(2): print("data[%d]=%2d"%(i,data[i]),end='\t')
print("\n-----------------------------------------------------------")
change(data)
print("\n-----------------------------------------------------------")
print("排序后数据为: ",end='')
for i in range(2): print("data[%d]=%2d"%(i,data[i]),end='\t')
```

运行结果:

```
原始数据为: data[0]=16  data[1]=25
-----------------------------------------------------------
函数内交换位置后: data[0]=25    data[1]=16
-----------------------------------------------------------
排序后数据为: data[0]=25    data[1]=16
```

2. 参数传递的复合数据解包

传递参数时, 可以使用 Python 列表、元组、集合、字典以及其他可迭代对象作为实参, 并在实参名称前加一个星号, Python 解释器将自动进行解包, 然后传递给多个单变量形参. 但需要注意的是, 如果使用字典作为实参, 则默认使用字典的键, 如果需要将字典中的键值对作为参数则需要使用 items() 方法, 如果需要将字典的值作为参数则需要调用字典的 values() 方法. 最后, 请保证实参中元素个数与形参个数相等, 否则出现错误.

```
#程序文件Pz1_20.py
def fun(a,b,c): print("三个数的和为: ",a+b+c)
```

```
seq=[1,2,3]; fun(*seq)                     #输出: 三个数的和为: 6
tup=(1,2,3); fun(*tup)                     #输出: 三个数的和为: 6
dic={1:'a', 2:'b', 3:'c'}; fun(*dic)       #输出: 三个数的和为: 6
set={1,2,3}; fun(*set)                     #输出: 三个数的和为: 6
```

1.4.4 两个特殊函数

Python 有两类特殊函数: 匿名函数和递归函数. 匿名函数是指没有函数名的简单函数, 只可以包含一个表达式, 不允许包含其他复杂的语句, 表达式的结果是函数的返回值. 递归函数是指直接或间接调用函数本身的函数. 递归函数反映了一种逻辑思想, 用它解决某些问题时显得很简练.

匿名函数前面已经介绍过, 再举几个应用范例.

1. 匿名函数

例 1.6 lambda 函数的定义和调用示例.

```
#程序文件Pex1_6.py
f=lambda a,b=2,c=5: a-b+c              #使用默认值参数
print("f=",f(10,20))                   #输出: f=-5
print("f=",f(10,20,30))                #输出: f=20
print("f=",f(c=20,a=10,b=30))          #使用关键字实参, 输出: f=0
```

例 1.7 先定义函数求 $\sum\limits_{k=1}^{n} k^m$, 然后调用该函数求 $s=\sum\limits_{k=1}^{100} k+\sum\limits_{k=1}^{50} k^2+\sum\limits_{k=1}^{10} \frac{1}{k}$.

```
#程序文件Pex1_7.py
f=lambda n,m:sum([k**m for k in range(1,n+1)])
s=f(100,1)+f(50,2)+f(10,-1)
print("s=%10.4f"%(s))
```

执行结果:

```
s=47977.9290
```

2. 递归函数

递归函数是指一个函数的函数体中又直接或间接地调用该函数本身的函数. 如果函数 a 中又调用函数 a 本身, 则称函数 a 为直接递归. 如果函数 a 中先调用函数 b, 函数 b 中又调用函数 a, 则称函数 a 为间接递归. 程序设计中常用的是直接递归.

数学上递归定义的函数是非常多的. 例如, 当 n 为自然数时, 求 n 的阶乘 $n!$.

$n!$ 的递归表示

$$n! = \begin{cases} 1, & n \leqslant 1, \\ n \cdot (n-1)!, & n > 1. \end{cases}$$

从数学角度来说, 如果要计算出 $f(n)$ 的值, 就必须先算出 $f(n-1)$, 而要求 $f(n-1)$ 就必须先求出 $f(n-2)$, 这样递归下去直到计算 $f(1)$ 时为止. 若已知 $f(1)$, 就可以向回推, 计算出 $f(2)$, 再往回推计算出 $f(3)$, 一直往回推计算出 $f(n)$.

例 1.8　输入 n, 求 $n!$ 的值.

```
#程序文件Pex1_8.py
n=int(input("请输入n的值: "))
def fac(n):
    if n<=1: return 1
    else: return n*fac(n-1)
m=fac(n)      #调用函数
print("%d!=%5d"%(n,m))
```

运行结果:

```
请输入n的值: 6
6!=  720
```

注 1.6　编写递归程序要注意两点: 一要找出正确的递归算法, 这是编写递归程序的基础; 二要确定算法的递归结束条件, 这是决定递归程序能否正常结束的关键.

例 1.9　用递归方法计算下列多项式函数的值.

$$p(x,n) = x - x^2 + x^3 - x^4 + \cdots + (-1)^{n-1}x^n \quad (n > 0).$$

分析: 函数的定义不是递归定义形式, 对原来的定义进行如下数学变换.

$$\begin{aligned} p(x,n) &= x - x^2 + x^3 - x^4 + \cdots + (-1)^{n-1}x^n \\ &= x[1 - (x - x^2 + x^3 - \cdots + (-1)^{n-2}x^{n-1})] = x[1 - p(x,n-1)]. \end{aligned}$$

经变换后, 可以将原来的非递归定义形式转化为等价的递归定义:

$$p(x,n) = \begin{cases} x, & n = 1, \\ x[1 - p(x,n-1)], & n > 1. \end{cases}$$

由此递归定义, 可以确定递归算法和递归结束条件.

```
#程序文件Pex1_9.py
x,n=eval(input("请输入x和n的值: "))
```

```
def p(x,n):
    if n==1: return x
    else: return x*(1-p(x,n-1))
v=p(x,n)      #调用函数
print("p(%d,%d)=%d"%(x,n,v))
```

运行结果:

```
请输入x和n的值: 2,4 ↵
p(2,4)=-10
```

当一个问题蕴含了递归关系且结构比较复杂时, 采用递归函数可以使程序变得简洁、紧凑, 能够很容易地解决一些用非递归算法很难解决的问题. 但递归算法是以牺牲存储空间为代价的, 因为每一次递归调用都要保存相关的参数和变量. 而且递归函数也会影响程序执行速度, 由于反复调用函数, 会增加时间开销.

1.4.5　导入模块

随着程序的变大及代码的增多, 为了更好地维护程序, 一般会把代码进行分类, 分别放在不同的文件中. 公共类、函数都可以放在独立的文件中, 这样其他多个程序都可以使用, 而不必把这些公共类、函数等在每个程序中复制一份, 这样独立的文件就叫做模块.

标准库中有与时间相关的 time, datetime 模块, 随机数的 random 模块, 与操作系统交互的 os 模块, 对 Python 解释器相关操作的 sys 模块, 数学计算的 math 模块等几十个模块. 要查看所有模块, 可以使用命令

```
>>>help("modules")
```

要查看 math 模块的帮助, 可以使用命令

```
>>>import math; help(math)
```

要查看 math 模块的所有函数, 可以使用命令

```
>>>import math; dir(math)
```

导入模块有四种方式.

1. import *模块名* [as *别名*]

使用这种方式导入以后, 使用时需要在对象之前加上模块名作为前缀, 即必须以 “模块名.对象名” 的形式进行访问. 如果模块名字很长的话, 可以为导入的模块设置一个别名, 然后使用 “别名.对象名” 的方式来使用其中的对象.

例如:

```
#程序文件Pz1_21.py
import numpy as np   #导入numpy库，相当于大模块，并设置别名为np
```

```
import numpy.linalg as LA
    #导入numpy库下linalg (线性代数)模块, 别名为LA
a=np.linspace(0,10,5)   #产生0到10之间等间距的5个数
b=LA.norm(a)    #求b的模, 即向量a的长度
print("a的长度为: %7.4f"%b)
```

同时导入的模块有多个时, 模块名字之间用逗号分隔. 例如

```
>>> import time, random   #导入基础库中的time和random模块
```

2. from 模块名 import 对象名 [as 别名]

使用这种方式仅导入明确指定的对象, 并且可以为导入的对象确定一个别名. 这种导入方式可以减少查询次数, 提高访问速度, 同时也可以减少程序员需要输入的代码量, 因为不需要使用模块名作为前缀.

例如:

```
#程序文件Pz1_22.py
from numpy import random as rd
    #从numpy库中导入模块random并设置别名为rd
from math import sin, cos      #导入模块中的正弦函数和余弦函数
from random import randint
a=rd.randint(0,10,(1,3))  #产生[0,10)的3个元素的随机整数数组
b=randint(0,10)  #产生[0,10]上的一个随机整数, 不能产生向量
print("sin(b)=%6.4f"%sin(b))
print("cos(b)=%6.4f"%cos(b))
```

其中一次运行结果:

```
sin(b)=0.9093
cos(b)=-0.4161
```

注 1.7　注意 import random 和 import numpy.random 的差别, import random 是导入 Python 基础库的 random 模块, 而 import numpy.random 是导入 NumPy 库的 random 模块, 建议以后使用函数时, 尽量使用 NumPy 库中的函数, 它的函数可以对向量进行运算, 而基础库中的函数一般对标量进行运算. 基础库中的 random.randint() 函数无法产生向量, NumPy 库中的 numpy.random.randint() 函数可以产生向量.

3. from 模块名 import *

这是第 2 种用法的一种极端情况, 可以一次导入模块中通过 __all__ 变量指定的所有对象 (注意 all 前后是双下划线). 使用这种一次导入库或模块中所有对象的

方式固然简单省事, 但是并不推荐使用, 一旦多个模块中有同名的对象, 这种方式将会导致混乱. 建议使用什么函数就导入什么函数.

例 1.10 求 $y=e^2+\sum_{n=1}^{100}\frac{1+\ln n+\sin n}{2\pi}$.

分析: 定义一个匿名函数求累加项, 循环控制累加 100 次.

```
#程序文件Pex1_10.py
from math import log, exp, sin, pi
f=lambda n:(1+log(n)+sin(n))/(2*pi)
y=exp(2)
for n in range(1,101): y += f(n)
print("y=%7.4f"%y)
```

运行结果:

```
y=81.1752
```

注 1.8 Python 的帮助和 MATLAB 的帮助是类似的, 查看 NumPy 库的模块和帮助信息, 使用命令:

```
>>> help(numpy)
```

或

```
>>> help("numpy")
```

这里使用 help(“numpy”) 不需要预先加载 NumPy 库, 使用 help(numpy) 需要预先加载 NumPy 库.

看 NumPy 库中 random 模块的帮助使用命令:

```
help(numpy.random)或 help("numpy.random")
```

可以看到 numpy.random 模块中所有对象的信息. 如果只查看 numpy.random 模块中的函数名, 那么使用命令 dir(“numpy.random”).

看 numpy.random 模块中的函数 randint() 的帮助使用命令:

```
>>> from numpy.random import randint
>>> help(randint)
```

要学会查询 Python 每个库中有哪些模块, 每个模块有哪些函数.

4. 自定义模块的导入

通常用户将多个函数收集在一个脚本文件中, 创建一个用户自定义的 Python 模块.

例 1.11 创建函数集合 $f(x)=x^2+x+1$, $g(x)=x^3+2x+1$ 和 $h(x)=\frac{1}{f(x)}$ 的自定义 FunctionSet.py 模块. 调用该模块计算 $f(1)$, $g(2)$ 和 $h(3)$ 的值.

```
#程序文件FunctionSet.py
def f(x): return x**2+x+1
def g(x): return x**3+2*x+1
def h(x): return 1/f(x)
```

第一种调用模式:

```
#程序文件Pex1_11_1.py
import FunctionSet as fs
print(fs.f(1),'\t',fs.g(2),'\t',fs.h(3))
```

第二种调用模式:

```
#程序文件Pex1_11_2.py
from FunctionSet import f, g, h
print(f(1),'\t',g(2),'\t',h(3))
```

1.5 Python 程序的书写规则

程序是一件艺术品, 一个符合规范的程序是 "十分漂亮的". 这里 "漂亮" 有以下两层含义.

(1) 满足编程语言的语法规则: 在 Python 中, 体现代码层次关系的缩进 (4 个空格) 和冒号 ":" 都是语法规则, 不能省略.

(2) 符合阅读程序的审美习惯: 编程时, 为了提高程序的可读性和可维护性, 通常会对关键语句添加注释, 也会在不同代码块间增加空行. 这些操作不属于 Python 的语法规则, 虽不是必须的, 但却是常用的.

可见, 养成规范的编程习惯, 对于一个程序员来说是非常重要的.

1. 语法规则

先看下面的例子.

例 1.12　计算 $1\sim1000$ 的累加和.

```
#程序文件Pex1_12.py
i = 1
sum = 0
while i <= 1000:
    sum = sum+i
    i = i+1
print("sum=", sum)
```

从形式上可以看出, while 语句后必须要有冒号 ":", 且 while 中的各条语句都需要空 4 个空格以区分不同的层次结构.

通过例 1.12 可以看出, "缩进"(4 个空格) 和 "冒号" 都是 Python 程序中的语法规则, 必须严格遵守, 否则报错.

编写程序时, 可以通过下面的菜单进行代码块的批量缩进和反缩进:

```
Format→Indent Region/Dedent Region
```

当然, 也可以使用快捷键 Ctrl +] 进行缩进, 使用快捷键 Ctrl + [进行反缩进.

编写 Python 程序时, 请记住几个基本的语法规则: 缩进、冒号、空行.

(1) 缩进: Python 的一种语法规则, 具有特殊含义. Python 用行首前的 4 个空格来表示行与行间的层次关系. 代码缩进一般用在 if, while 等控制语句和函数定义、类定义等语句中. 例 1.12 的 while 循环语句中, "sum = sum + 1" 和 "i = i + 1" 这两条语句是 while 语句的循环体, 所以这两条语句前必须加入 4 个空格进行缩进. 而后面的 print() 语句不属于 while 语句, 所以不需要缩进.

另外, 缩进是可以嵌套的, 缩进的层次不同, 则语句间的从属关系不同.

(2) 冒号: Python 的一种语句规则, 具有特殊的含义. 在 Python 中, 冒号和缩进通常配合使用, 用来区分语句之间的层次关系. 例如, 在 if 和 while 等控制语句以及函数定义、类定义等语句后面要紧跟冒号 ":", 然后在新的一行中缩进 4 个空格, 输入语句主体.

(3) 空行: 不是 Python 的一种语法规则, 当存在多个函数、类定义或相对独立的代码块时, 函数间、类间或代码块间常用空行分隔, 使得程序更加清晰、易读.

2. 注释

注释用于在程序中解释变量的定义、说明函数的功能、标注程序模块的创建者和创建模块的时间等, 以便帮助编程者和阅读者能够更好地理解程序. 据统计, 一个好的可维护性和可读性都很强的程序一般包含 30% 以上的注释, 注释对于团队合作开发具有非常重要的意义.

Python 中有以下两种添加注释的方式.

(1) 单行注释: 以 "#" 开头的一行信息.

(2) 多行注释: 包含在一对三引号 '''... ''' 或 """... """ 之间的内容将被解释器认为是注释.

在 IDLE 开发环境中, 可以通过下面的操作快速注释/解除注释代码块:

Format→Commet Out Region/Uncomment Region

或者使用快捷键 Alt + 3 和 Alt + 4 进行代码块的批量注释和解除注释.

3. 语句行等其他事项

在 Python 中, 程序中的第一行可执行语句或 Python 解释器提示符后的第一列开始, 前面不能有任何空格, 否则会产生语法错误. 每个语句行以回车符结束, 可以在同一行中使用多条语句, 语句之间使用分号分割.

如果语句行太长, 可以使用反斜杠将一行语句分为多行显示, 例如

```
>>> s=1+1/2+1/3+1/4+1/5+1/6+1/7+\
    1/8+1/9
```

如果一行语句太长, 可以使用续行符 \, 但一般建议使用括号来包含多行内容.

设计 Python 程序还有其他一些注意事项, 例如:

(1) 每个 import 语句只导入一个模块, 尽量避免一次导入多个模块.

(2) 使用必要的空格增强代码的可读性. 运算符两侧、函数参数之间、逗号后面建议使用空格进行分割.

(3) 适当使用异常处理结构提高程序容错性, 但不能过多依赖异常处理结构.

注 1.9 本书为了节省空间, 省略了空行和空格, 并且一行写多个语句.

习 题 1

1.1 Python 语言有哪些数据类型?

1.2 使用 pip 命令安装 Matplotlib 模块.

1.3 什么叫序列? 它有哪些类型? 各有什么特点?

1.4 什么是空集合和空字典? 如何创建?

1.5 Python 支持的集合运算有哪些? 集合对象的方法有哪些?

1.6 在 Python 中导入模块中的对象有哪几种方式?

1.7 输入一个整数, 判断它是否为水仙花数. 所谓水仙花数, 是指这样的一些 3 位整数: 各位数字的立方和等于该数本身, 例如, $153 = 1^3 + 5^3 + 3^3$, 因此 153 是水仙花数.

1.8 随机产生一个 3 位整数, 将它的十位数字变为 0. 假设生成的 3 位整数为 738, 则输出为 708.

1.9 输入整数 x, y 和 z, 若 $x^2 + y^2 + z^2$ 大于 1000, 则输出 $x^2 + y^2 + z^2$ 千位以上的数字, 否则输出三个数之和.

1.10 某运输公司在计算运费时, 按运输距离 s 对运费给一定的折扣率 d, 折扣率 d 的标准如表 1.10 所示. 输入基本运费 p, 货物重量 w, 距离 s, 计算总运费 f, 其中, 总运费的计算公式为 $f = pws(1 - d)$.

1.11 编写一个 Python 程序, 将日期作为输入并打印该日期是一周当中的周几. 用户输入有 3 个: m(月)、d(日)、y(年). 对于 m, 用 1 表示一月, 2 表示二月, 以此类推. 对于输出, 0 表示周日、1 表示周一、2 表示周二, 以此类推. 计算阳历日期对应的周几可用以下公式:

表 1.10 折扣率标准

运输距离 s	折扣率 $d/\%$
$s < 250$	0
$250 \leqslant s < 500$	2.5
$500 \leqslant s < 1000$	4.5
$1000 \leqslant s < 2000$	7.5
$2000 \leqslant s < 2500$	9.0
$2500 \leqslant s < 3000$	12.0
$3000 \leqslant s$	15.0

$$
\begin{aligned}
&y_0 = y - (14 - m)//12,\\
&x = y_0 + y_0//4 - y_0//100 + y_0//400,\\
&m_0 = m + 12 \times ((14 - m)//12) - 2,\\
&d_0 = (d + x + (31 \times m_0)//12)\%7.
\end{aligned}
$$

这里符号 “//” 表示整除.

例如, 2019 年 3 月 2 日是周几?

$$
\begin{aligned}
&y_0 = 2019 - (14 - 3)//12 = 2019,\\
&x = 2019 + 2019//4 - 2019//100 + 2019//400 = 2508,\\
&m_0 = 3 + 0 - 2 = 1,\\
&d_0 = (2 + 2508 + (31 \times 1)//12)\%7 = 2512\%7 = 6.
\end{aligned}
$$

1.12 编写一个 Python 程序, 在给定年限 N 和年利率 r 的情况下, 计算当贷款金额为 P 时, 每月需还贷的金额, 每月还贷公式为 $\dfrac{Pr'(1+r')^{N'}}{(1+r')^{N'}-1}$, 其中 $N' = 12N$, $r' = r/12$ 为月利息.

1.13 设地球表面 A 点的经度和纬度分别为 x_1 和 y_1, B 点的经度和纬度分别为 x_2 和 y_2, 编写一个计算并打印地球上 A, B 两点的大圆弧距离 d 的 Python 程序. 大圆弧距离计算公式为

$$
d = R \arccos[\cos(x_1 - x_2)\cos y_1 \cos y_2 + \sin y_1 \sin y_2],
$$

其中 $R = 6370\text{km}$. 请计算所给坐标之间的大圆弧距离 (单位: km).

注意: sin, cos 函数输入的是弧度值, 而程序中给的是角度值, 需要转换.

1.14 如果一个整数等于它的因子 (不包括该数本身) 之和, 则称该数为完数. 例如, 6 的因子为 1, 2, 3, 因为 $6 = 1 + 2 + 3$, 因此 6 就是完数. 找出 1000 以内的所有完数.

1.15 令 `x = [1, 2, 3]`, `y = [-1, -2, -3]`. 代码 `zip(*zip(x,y))` 的结果是什么? 解释其工作原理.

1.16　编写函数, 接收一个字符串, 分别统计大写字母、小写字母、数字、其他字符的个数, 并以元组的形式返回结果.

1.17　编写一个 Python 程序, 将用户输入的一个 $1 \sim 999$ 的整数转换成其对应的英文表示, 例如, 729 将被转换成 seven hundred and twenty nine. 要求在程序中尽可能地使用函数封装一些常用的转换, 至少要使用 1 个函数.

第 2 章　数据处理与可视化

本章依次介绍 Python 数值计算的基础库 NumPy、文件操作、数据处理的工具库 Pandas、主要可视化工具库 Matplotlib 和 scipy.stats 统计模块.

2.1　数值计算工具 NumPy

虽然列表 list 可以完成数组操作, 但不是真正意义上的数组, 当数据量很大时, 其速度很慢, 故提供了 NumPy 扩展库完成数组操作. 很多高级扩展库也依赖于它, 比如 Scipy, Pandas 和 Matplotlib 等.

NumPy 提供了两种基本的对象: ndarray(n-dimensional array object) 和 ufunc (universal function object). ndarray(称为 array 数组, 下文统一称为数组) 是存储单一数据类型的多维数组, 而 ufunc 则是能够对数组进行处理的通用函数.

2.1.1　数组的创建、属性和操作

通过 NumPy 库的 array 函数实现数组的创建, 如果向 array 函数中传入了一个列表或元组, 将构造简单的一维数组; 如果传入多个嵌套的列表或元组, 则可以构造一个二维数组. 构成数组的元素都具有相同的数据类型. 下面分别构造一维数组和二维数组.

1. 数组的创建

例 2.1　利用 array 函数创建数组示例.

```
#程序文件Pex2_1.py
import numpy as np     #导入模块并命名为np
a = np.array([2,4,8,20,16,30]) #单个列表创建一维数组
#嵌套元组创建二维数组
b = np.array(((1,2,3,4,5),(6,7,8,9,10),
              (10,9,1,2,3),(4,5,6,8,9.0)))
print("一维数组: ",a)
print("二维数组: \n",b)
```

执行结果:

```
一维数组:  [ 2  4  8  20  16  30]
```

```
二维数组:
 [[ 1.  2.  3.  4.  5.]
 [ 6.  7.  8.  9. 10.]
 [10.  9.  1.  2.  3.]
 [ 4.  5.  6.  8.  9.]]
```

如上述结果所示, 可以将列表或元组转换为一个数组. 在第二个数组 b 中, 输入的元素含有整型和浮点型两种数据类型, 但输出的数组元素都转化为相同的浮点型.

例 2.2 利用 arange, empty, linspace 等函数生成数组示例.

```
#程序文件Pex2_2.py
import numpy as np
a=np.arange(4,dtype=float)  #创建浮点型数组: [0., 1.,2., 3.]
b=np.arange(0,10,2,dtype=int)  #创建整型数组: [0, 2, 4, 6, 8]
c=np.empty((2,3),int)    #创建2×3的整型空矩阵
d=np.linspace(-1,2,5)  #创建数组: [-1., -0.25,  0.5,  1.25,  2.]
e=np.random.randint(0,3,(2,3))  #生成[0,3)上的2行3列的随机整数数组
```

注 2.1 (1) 上面程序运行后, 没有输出, 如果想看输出结果, 读者可以自己加上 print 语句. 以后的程序设计中, 对于一些不重要的中间结果, 我们也不输出了, 或者使用 Anaconda 运行, 在 Spyder 的控制台下可以直接看到输出结果.

(2) empty 函数只分配数组所使用的内存, 不对数组元素值进行初始化操作, 因此它的运行速度是最快的, 上述程序中 c=np.empty((2,3),int) 的返回值是随机的, 每次运行都是不一样的.

例 2.3 使用虚数单位 “j” 生成数组.

```
#程序文件Pex2_3.py
import numpy as np
a=np.linspace(0,2,5)   #生成数组: [0., 0.5, 1., 1.5, 2.]
b=np.mgrid[0:2:5j]      #等价于np.linspace(0,2,5)
x,y=np.mgrid[0:2:4j,10:20:5j]#生成[0,2]×[10,20]上的4×5的二维数组
print("x={}\ny={}".format(x,y))
```

2. 数组的属性

为了更好地理解和使用数组, 了解数组的基本属性是十分必要的. 数组的属性及其说明如表 2.1 所列.

例 2.4 生成一个 3×5 的 $[1,10]$ 上取值的随机整数矩阵, 并显示它的各个属性.

表 2.1 数组的属性及说明

属性	说明
ndim	返回 int, 表示数组的维数
shape	返回元组, 表示数组的尺寸, 对于 m 行 n 列的矩阵, 返回值为 (m,n)
size	返回 int, 表示数组的元素总数, 等于 shape 属性返回元组中所有元素的乘积
dtype	返回数据类型
itemsize	返回 int, 表示数组每个元素的大小 (以字节为单位)

```
#程序文件Pex2_4.py
import numpy as np
a=np.random.randint(1,11,(3,5))
#生成[1,10]区间上3行5列的随机整数数组
print("维数: ",a.ndim);   #维数: 2
print("维度: ",a.shape)      #维度: (3,5)
print("元素总数: ",a.size);    #元素总数: 15
print("类型: ",a.dtype)      #类型: int32
print("每个元素字节数: ",a.itemsize)  #字节数: 4
```

例 2.5 生成数学上一维向量的三种模式.

```
#程序文件Pex2_5.py
import numpy as np
a=np.array([1,2,3])
print("维度为: ",a.shape)    #维度为: (3,)
b=np.array([[1,2,3]])
print("维度为: ",b.shape)    #维度为: (1,3)
c=np.array([[1],[2],[3]])
print("维度为: ",c.shape)    #维度为: (3,1)
```

注 2.2 形状为 $(1,n)$, $(n,1)$, $(n,)$ 的 array 数组意义是不同的; 形状为 $(n,)$ 的一维数组既可以看成行向量, 又可以看成列向量, 它的转置不变.

3. 数组元素的索引

NumPy 中的 array 数组与 Python 基础数据结构列表 (list) 的区别是: 列表中的元素可以是不同的数据类型, 而 array 数组只允许存储相同的数据类型. ① 对于一维数组来说, Python 原生的列表和 NumPy 的数组的切片操作都是相同的, 无非是记住一个规则: 列表名 (或数组名) [start:end:step], 但不包括索引 end 对应的值. ② 二维数据列表元素的引用方式为 a[i][j]; array 数组元素的引用方式为 a[i,j].

NumPy 比一般的 Python 序列提供更多的索引方式. 除了用整数和切片的一般索引外, 数组还可以用布尔索引及花式索引.

1) 一般索引

例 2.6　数组索引示例.

```
#程序文件Pex2_6.py
import numpy as np
a = np.array([2,4,8,20,16,30])
b = np.array(((1,2,3,4,5),(6,7,8,9,10),
              (10,9,1,2,3),(4,5,6,8,9.0)))
print(a[[2,3,5]]) #一维数组索引, 输出: [ 8 20 30]
print(a[[-1,-2,-3]])  #一维数组索引, 输出: [30 16 20]
print(b[1,2]) #输出第2行第3列元素: 8.0
print(b[2])   #输出第3行元素: [10.  9.  1.  2.  3.]
print(b[2,:]) #输出第3行元素: [10.  9.  1.  2.  3.]
print(b[:,1]) #输出第2列所有元素: [2.  7.  9.  5.]
print(b[[2,3],1:4]) #输出第3、4行, 第2、3、4列的元素
print(b[1:3,1:3])   #输出第2、3行, 第2、3列的元素
```

如上述结果所示, 在一维数组的索引中, 可以将任意位置的索引组装为列表, 用作对应元素的获取; 在二维数组中, 位置索引必须写成 [rows,cols] 的形式, 方括号的前半部分用于控制二维数组的行索引, 后半部分用于控制数组的列索引. 如果需要获取所有的行或列元素, 那么, 对应的行索引或列索引需要用英文状态的冒号表示.

2) 布尔索引

例 2.7　布尔索引示例.

```
#程序文件Pex2_7.py
from numpy import array, nan, isnan
a=array([[1, nan, 2], [4, nan, 3]])
b=a[~isnan(a)]  #提取a中非Nan的数
print("b=",b)
print("b中大于2的元素有: ", b[b>2])
```

运行结果:

```
b= [1. 2. 4. 3.]
b中大于2的元素有:  [4.  3.]
```

3) 花式索引

花式索引的索引值是一个数组. 对于使用一维整型数组作为索引, 如果被索引数据是一维数组, 那么索引的结果就是对应位置的元素; 如果被索引数据是二维数组, 那么索引的结果就是对应下标的行.

对于二维被索引数据来说, 索引值可以是二维数据, 当索引值为两个维度相同

的一维数组组成的二维数组时, 以两个维度作为横纵坐标索引出单值后组合成新的一维数组.

例 2.8 花式索引示例.

```
#程序文件Pex2_8.py
from numpy import array
x = array([[1,2],[3,4],[5,6]])
print("前两行元素为: \n", x[[0,1]])          #输出: [[1,2],[3,4]]
print("x[0][0]和x[1][1]为: ", x[[0,1],[0,1]])    #输出: [1 4]
print("以下两种格式是一样的: ")
print(x[[0,1]][:,[0,1]]) # 输出: [[1,2],[3,4]],
print(x[0:2,0:2])         #同上, 输出第1行、2行, 第1列、2列的元素
```

4. 数组的修改

这里数组的修改是指数组元素的修改和数组维数的扩大或缩小.

例 2.9 数组修改示例.

```
#程序文件Pex2_9.py
import numpy as np
x = np.array([[1,2],[3,4],[5,6]])
x[2,0] = -1  #修改第3行、第1列元素为-1
y=np.delete(x,2,axis=0)   #删除数组的第3行
z=np.delete(y,0, axis=1)  #删除数组的第1列
t1=np.append(x,[[7,8]],axis=0) #增加一行
t2=np.append(x,[[9],[10],[11]],axis=1) #增加一列
```

5. 数组的变形

在对数组进行操作时, 经常要改变数组的维度. 在 NumPy 中, 常用 reshape 函数改变数据的形状, 也就是改变数组的维度. 其参数为一个正整数元组, 分别指定数组在每个维度上的大小. reshape 函数在改变原始数据的形状的同时不改变原始数据的值. 如果指定的维度和数组的元素数目不吻合, 则函数将抛出异常.

数组变形和转换的一些函数 (方法也统称函数) 如表 2.2 所列.

例 2.10 reshape 和 resize 变形示例.

```
#程序文件Pex2_10.py
import numpy as np
a=np.arange(4).reshape(2,2)  #生成数组[[0,1],[2,3]]
b=np.arange(4).reshape(2,2)  #生成数组[[0,1],[2,3]]
```

```
print(a.reshape(4,),'\n',a)  #输出: [0 1 2 3]和[[0,1],[2,3]]
print(b.resize(4,),'\n',b)   #输出: None和[0 1 2 3]
```

表 2.2 数组变形和转换 (假设数组为 a, b, 相关操作维度是兼容的)

函数	功能	调用方式
reshape	改变数组的维度	a.reshape(m,n,s) 把 a 变成 m 个 n 行 s 列的数组, 返回的是视图, a 本身不变
resize	改变数组的维度	a.resize(m,n,s) 把 a 变成 m 个 n 行 s 列的数组, 没有返回, 改变的是 a 数组
c_	列组合	c_[a,b], 构造分块数组 [a,b]
r_	行组合	r_[a,b], 构造分块数组 $\begin{bmatrix} \text{a} \\ \text{b} \end{bmatrix}$
ravel	水平展开数组	a.ravel() 返回的是 a 的视图
flatten	水平展开数组	a.flatten() 返回的是真实数组, 需要分配新的内存空间
hstack	数组横向组合	hstack((a,b)), 输入参数为元组 (a,b)
vstack	数组纵向组合	vstack((a,b))
concatenate	数组横向或纵向组合	concatenate((a,b),axis=1), 同 hstack concatenate((a,b),axis=0), 同 vstack
dstack	深度组合, 如在一幅图像数据的二维数组上组合另一幅图像数据	dstack((a,b))
hsplit	数组横向分割	hsplit(a,n) 把 a 平均分成 n 个列数组
vsplit	数组纵向分割	vsplit(a,m) 把 a 平均分成 m 个行数组
split	数组横向或纵向分割	split(a,n,axis=1) 同 hsplit(a,n) split(a,n,axis=0) 同 vsplit(a,n)
dsplit	沿深度方向分割数组	dsplit(a,n) 沿深度方向平均分成 n 个数组
tolist	把数组转换成 Python 列表	a.tolist()

正如上述结果所示, 虽然 reshape 和 resize 都是用来改变数组形状的, 但是 reshape 只是返回改变形状后的视图, 数组本身是不变的; 而 resize 没有返回, 直接改变数组本身的形状.

如果需要将多维数组降为一维数组, 利用 ravel, flatten 和 reshape 三种方法均可以实现.

例 2.11 数组降维示例.

```
#程序文件Pex2_11.py
import numpy as np
a=np.arange(4).reshape(2,2)  #生成数组[[0,1],[2,3]]
b=np.arange(4).reshape(2,2)  #生成数组[[0,1],[2,3]]
c=np.arange(4).reshape(2,2)  #生成数组[[0,1],[2,3]]
print(a.reshape(-1),'\n',a)  #输出: [0 1 2 3]和[[0,1],[2,3]]
```

```
print(b.ravel(),'\n',b)        #输出: [0 1 2 3]和[[0,1],[2,3]]
print(c.flatten(),'\n',c)      #输出: [0 1 2 3]和[[0,1],[2,3]]
```

从显示效果看, 三种方法是一样的, 原数组都没有修改. 但在平时使用时, flatten() 比较合适, 在使用过程中 flatten() 分配了新的内存; ravel() 返回的是一个数组的视图, e = b.ravel() 是允许的.

例 2.12 数组组合效果示例.

```
#程序文件Pex2_12.py
import numpy as np
a=np.arange(4).reshape(2,2)  #生成数组[[0,1],[2,3]]
b=np.arange(4,8).reshape(2,2)  #生成数组[[4,5],[6,7]]
c1=np.vstack([a,b])  #垂直方向组合
c2=np.r_[a,b]        #垂直方向组合
d1=np.hstack([a,b])  #水平方向组合
d2=np.c_[a,b]        #水平方向组合
```

例 2.13 数组分割示例.

```
#程序文件Pex2_13.py
import numpy as np
a=np.arange(4).reshape(2,2)  #构造2行2列的数组
b=np.hsplit(a,2)  #把a平均分成2个列数组
c=np.vsplit(a,2)  #把a平均分成2个行数组
print(b[0],'\n',b[1],'\n',c[0],'\n',c[1])
```

2.1.2 数组的运算、通用函数和广播运算

1. 四则运算

在 NumPy 库中, 实现四则运算既可以使用运算符号 +, −, ∗, /, 也可以使用函数 add, substract, multiply, divide. 需要注意的是, 函数只能接受两个对象的运算, 如果需要多个对象的运算, 就得使用嵌套方法.

另外还有三个数学运算符, 分别是余数、整除和幂次, 可以使用符号%, //, ∗∗, 也可以使用函数 fmod, modf 和 power. 但是整除的函数应用会稍微复杂一点, 需要写成 np.modf(a/b)[1] 的格式, 因为 modf 可以返回数值的小数部分和整数部分, 而整数部分就是要取的整数值.

例 2.14 数组简单运算示例.

```
#程序文件Pex2_14.py
import numpy as np
a=np.arange(10,15); b=np.arange(5,10)
```

```
c=a+b; d=a*b  #对应元素相加和相乘
e1=np.modf(a/b)[0]  #对应元素相除的小数部分
e2=np.modf(a/b)[1]  #对应元素相除的整数部分
```

2. 比较运算

数组间的比较运算有表 2.3 所示的六种.

表 2.3　比较运算符及其含义

符号	函数	含义
>	greater(a,b)	判断 a 的元素是否大于 b 的元素
>=	greater_equal(a,b)	判断 a 的元素是否大于等于 b 的元素
<	less(a,b)	判断 a 的元素是否小于 b 的元素
<=	less_equal(a,b)	判断 a 的元素是否小于等于 b 的元素
==	equal(a,b)	判断 a 的元素是否等于 b 的元素
!=	not_equal(a,b)	判断 a 的元素是否不等于 b 的元素

运用比较运算符返回的是 bool 类型的值, 即 True 和 False.

例 2.15　比较运算示例.

```
#程序文件Pex2_15.py
import numpy as np
a=np.array([[3,4,9],[12,15,1]])
b=np.array([[2,6,3],[7,8,12]])
print(a[a>b])  #取出a大于b的所有元素, 输出: [ 3  9  12  15]
print(a[a>10]) #取出a大于10的所有元素, 输出: [12  15]
print(np.where(a>10,-1,a)) #a中大于10的元素改为-1
print(np.where(a>10,-1,0)) #a中大于10的元素改为-1, 否则为0
```

最后一个 print 语句输出为

```
[[ 0  0  0]
 [-1 -1  0]]
```

通过上述运行结果可以看出, 多维数组通过 bool 索引返回的都是一维数组; np.where 返回的数组保持原来的形状.

3. ufunc 函数

ufunc 函数全称为通用函数, 是一种能够对数组中的元素逐个进行操作的函数. ufunc 函数是针对数组进行操作的, 并且都以 NumPy 数组作为输出. 使用 ufunc 函数比使用 math 库中的函数效率要高很多. 目前 NumPy 支持超过 60 多种的通用函数. 这些函数包括广泛的操作, 如四则运算、求模、取绝对值、幂函数、指数函数、三角函数、位运算、比较运算和逻辑运算等.

例 2.16 ufunc 函数效率示例.

```
#程序文件Pex2_16.py
import numpy as np, time, math
x=[i*0.01 for i in range(1000000)]
start=time.time()  # 1970纪元后经过的浮点秒数
for (i,t) in enumerate(x): x[i]=math.sin(t)
print("math.sin:", time.time()-start)
y=np.array([i*0.01 for i in range(1000000)])
start=time.time()
y=np.sin(y)
print("numpy.sin:", time.time()-start)
```

运行结果:

```
math.sin: 0.3449997901916504
numpy.sin: 0.010999917984008789
```

可以发现对数组的操作, numpy 函数整体花费时间比 math 模块函数要少得多.

4. ufunc 函数的广播机制

广播 (broadcasting) 是指不同形状的数组之间执行算术运算的方式. 当使用 ufunc 函数进行数组计算时, ufunc 函数会对两个数组的对应元素进行计算. 进行这种计算的前提是两个数组的维度相容. 若两个数组的维度不相容时, 则 NumPy 会实行广播机制. 但是数组的广播功能是有规则的, 如果不满足这些规则, 运算时就会出错. 数组的主要广播规则为:

(1) 各输入数组的维度可以不相等, 但必须确保从右到左的对应维度值相等.

(2) 如果对应维度值不相等, 就必须保证其中一个为 1.

例 2.17 广播机制示例.

```
#程序文件Pex2_17.py
import numpy as np
a=np.arange(0, 20, 10).reshape(-1, 1)
    #变形为1列的数组, 行数自动计算
b=np.arange(0, 3)
print(a+b)
```

运行结果:

```
[[ 0   1   2]
[10  11  12]]
```

2.1.3 NumPy.random 模块的随机数生成

虽然在 Python 内置的 random 模块中可以生成随机数, 但是每次只能随机生成一个随机数, 而且随机数的种类也不够丰富. 建议使用 NumPy.random 模块的随机数生成函数, 一方面可以生成随机向量, 另一方面函数丰富. 关于各种常见的随机数生成函数, 如表 2.4 所列.

表 2.4 常见随机数生成函数

函数	说明
seed(n)	设置随机数种子
beta(a,b,size=None)	生成 Beta 分布随机数
chisquare(df,size=None)	生成自由度为 df 的 χ^2 分布随机数
choice(a,size=None,replace=None,p=None)	从 a 中有放回地随机挑选指定数量的样本
exponential(scale=1.0,size=None)	生成指数分布随机数
f(dfnum,dfden,size=None)	生成 F 分布随机数
gamma(shape,scale=1.0,size=None)	生成伽马分布随机数
geometric(p,size=None)	生成几何分布随机数
hypergeometric(ngood,nbad,nsample,size=None)	生成超几何分布随机数
laplace(loc=0.0,scale=1.0,size=None)	生成 Laplace 分布随机数
logistic(loc=0.0,scale=1.0,size=None)	生成 Logistic 分布随机数
lognormal(mean=0.0,sigma=1.0,size=None)	生成对数正态分布随机数
negative_binomial(n,p,size=None)	生成负二项分布随机数
multinomial(p,pvals,size=None)	生成多项分布随机数
multivariate_normal(mean,cov[,size])	生成多元正态分布随机数
normal(loc=0.0,scale=1.0,size=None)	生成正态分布随机数
pareto(a,size=None)	生成帕累托分布随机数
poisson(lam=1.0,size=None)	生成泊松分布随机数
rand(d0,d1,$\cdots$,dn)	生成 $n+1$ 维的 [0, 1) 上均匀分布随机数
randn(d0,d1,$\cdots$,dn)	生成 $n+1$ 维的标准正态分布随机数
randint(low, high=None, size=None, dtype='l')	生成区间 [low, high) 上的随机整数
random_sample(size=None)	生成 [0, 1) 上的随机数
standard_t(df,size=None)	生成标准的 t 分布随机数
uniform(low=0.0,hign=1.0,size=None)	生成区间 [low, high) 上均匀分布随机数
wald(mean,scale,size=None)	生成 Wald 分布随机数
weibull(a,size=None)	生成 Weibull 分布随机数

2.1.4 文本文件和二进制文件存取

NumPy 提供了多种文件操作函数以方便用户存取数组内容. 文件存取的格式分为两类: 二进制和文本. 而二进制格式的文件又分为 NumPy 专用的格式化二进

制类型和无格式类型.

1. 文本文件的存取

1) savetxt() 和 loadtxt() 存取文本文件

savetxt() 可以把 1 维和 2 维数组保存到文本文件中. loadtxt() 可以把文本文件中的数据加载到 1 维和 2 维数组中.

例 2.18 文本文件存取示例.

```
#程序文件Pex2_18.py
import numpy as np
a=np.arange(0,3,0.5).reshape(2,3)  #生成2×3的数组
np.savetxt("Pdata2_18_1.txt", a)
    #缺省按照'%.18e'格式保存数值, 以空格分隔
b=np.loadtxt("Pdata2_18_1.txt")  #返回浮点型数组
print("b=",b)
np.savetxt("Pdata2_18_2.txt", a, fmt="%d", delimiter=",")
    #保存为整型数据, 以逗号分隔
c=np.loadtxt("Pdata2_18_2.txt",delimiter=",")
    #读入的时候也需要指定逗号分隔
print("c=",c)
```

运行结果:

```
b= [[0.  0.5  1. ]
 [1.5  2.  2.5]]
c= [[0.  0.  1.]
 [1.  2.  2.]]
```

例 2.19 文本文件 Pdata2_19.txt 中存放如下格式的数据:

```
6 2 6 7 4 2 5 9
4 9 5 3 8 5 8 2
5 2 1 9 7 4 3 3
7 6 7 3 9 2 7 1
2 3 9 5 7 2 6 5
5 5 2 2 8 1 4 3
```

把其中的数据读入到数组 a, 并提取数组 a 的前 2 行、第 2 列到第 4 列的元素, 构造一个 2 行 3 列的数组 b.

```
#程序文件Pex2_19.py
import numpy as np
a=np.loadtxt("Pdata2_19.txt")  #返回值a为浮点型数据
b=a[0:2,1:4]  #获取a的第1,2行，第2,3,4列
print("b=",b)
```

程序运行结果如下:

```
b= [[2.  6.  7.]
 [9.  5.  3.]]
```

例 2.20　文本文件 Pdata2_20.txt 中存放如下格式的数据:

姓名,　年龄,　体重,　身高
张三,　30,　75,　165
李四,　45,　60,　179
王五,　15,　39,　120

提取其中的数值数据.

```
#程序文件Pex2_20.py
import numpy as np
a=np.loadtxt("Pdata2_20.txt",dtype=str,delimiter=", ")
b=a[1:,1:].astype(float)  #提取a矩阵的数值行和数值列，并转换类型
print("b=",b)
```

运行结果:

```
b= [[ 30.  75.  165.]
 [ 45.  60.  179.]
 [ 15.  39.  120.]]
```

如果需要处理复杂的数据结构, 比如处理缺失数据等情况, 可以使用genfromtxt.

2) genfromtxt 读入文本文件数据

它的调用格式为

```
genfromtxt(fname,dtype=<class 'float'>,comments='#',
delimiter=None,skip_header=0,skip_footer=0,converters=None,
missing_values=None,filling_values=None,usecols=None,names=None,
excludelist=None,deletechars=None,replace_space='_',
autostrip=False,case_sensitive=True,defaultfmt='f%i',unpack=None,
usemask=False,loose=True,invalid_raise=True,max_rows=None,
encoding='bytes')
```

下面介绍其中的一些常用参数.

(1) fname: 指定需要读入数据的文件名.

(2) dtype：指定读入数据的数据类型，默认为浮点型，如果原数据集中含有字符型数据，必须指定数据类型为 “str”.

(3) comments：指定注释符，默认为 “#”，如果原数据的行首有 “#”，将忽略这些行的读入.

(4) delimiter：指定数据集的列分隔符.

(5) skip_header：是否跳过数据集的首行，默认不跳过.

(6) skip_footer：是否跳过数据集的脚注，默认不跳过.

(7) converters：将指定列的数据转换成其他数值.

(8) missing_values：指定缺失值的标记，如果原数据集含指定的标记，读入后这样的数据就为缺失值.

(9) filling_values：指定缺失值的填充值.

(10) usecols：指定需要读入的列.

(11) names：为读入数据的列设置列名称.

(12) encoding：如果文件中含有中文，有时需要指定字符编码.

例 2.21 纯文本文件 Pdata2_21.txt 中存放如下数据. 分别读取其中的前 6 行前 8 列数据、第 9 列的数值数据、最后一行数据.

6	2	6	7	4	2	5	9	60kg
4	9	5	3	8	5	8	2	55kg
5	2	1	9	7	4	3	3	51kg
7	6	7	3	9	2	7	1	43kg
2	3	9	5	7	2	6	5	41kg
5	5	2	2	8	1	4	−999	52kg
35	37	22	32	41	32	43	38	

```
#程序文件Pex2_21.py
import numpy as np
#读前6行前8列数据
a=np.genfromtxt("Pdata2_21.txt",max_rows=6, usecols=range(8))
b=np.genfromtxt("Pdata2_21.txt",dtype=str,max_rows=6,usecols=[8])
                                                    #读第9列数值数据
b=[float(v.rstrip('kg')) for (i,v) in enumerate(b)]
                                    #删除kg,并转换为浮点型数据
c=np.genfromtxt("Pdata2_21.txt",skip_header=6)  #读最后一行数据
print(a,'\n',b,'\n',c)
```

2. 二进制格式文件存取

1) tofile() 和 fromfile() 存取二进制格式文件

使用数组对象的 tofile() 方法可以方便地将数组中的数据以二进制格式写进文件, tofile() 输出的数据不保存数组形状和元素类型等信息. 因此用 fromfile() 函数读回数据时需要用户指定元素类型, 并对数组的形状进行适当的修改.

例 2.22 tofile 和 fromfile 存取二进制格式文件示例.

```
#程序文件Pex2_22.py
import numpy as np
a=np.arange(6).reshape(2,3)
a.tofile('Pdata2_22.bin')
b=np.fromfile('Pdata2_22.bin',dtype=int).reshape(2,3)
print(b)
```

2) load(), save() 和 savez() 存取 NumPy 专用的二进制格式文件

load() 和 save() 用 NumPy 专用的二进制格式存取数据, 它们会自动处理元素类型和形状等信息.

如果想将多个数组保存到一个文件中, 可以使用 savez(). savez() 的第一个参数是文件名, 其后的参数都是需要保存的数组, 输出的是一个扩展名为 npz 的压缩文件.

例 2.23 存取 NumPy 专用的二进制格式文件示例.

```
#程序文件Pex2_23.py
import numpy as np
a=np.arange(6).reshape(2,3)
np.save("Pdata2_23_1.npy",a)
b=np.load("Pdata2_23_1.npy")
c=np.arange(6,12).reshape(2,3)
d=np.sin(c)
np.savez("Pdata2_23_2.npz",c,d)
e=np.load("Pdata2_23_2.npz")
f1=e["arr_0"]  #提取第一个数组的数据
f2=e["arr_1"]  #提取第二个数组的数据
```

用解压软件打开 “Pdata2_23_2.npz” 文件, 会发现其中有两个文件: “arr_0.npy”, “arr_1.npy”, 分别保存着数组 c, d 的内容. load() 自动识别 npz 文件, 并且返回一个类似于字典的对象, 可以通过数组名作为键获取数组的内容.

2.2 文件操作

按文件中数据的组织形式可以把文件分为文本文件和二进制文件两大类. 文本文件的每一个字节存放一个 ASCII 码, 代表一个字符. 二进制文件是把内存中的数据按其在内存中的存储形式原样输出到磁盘上存放. 文件操作在实际问题应用中经常碰到.

2.2.1 文件基本操作

1. 打开文件

无论是文本文件还是二进制文件, 其操作流程基本都是一致的, 即首先打开文件并创建文件对象, 然后通过该文件对象对文件内容进行读取、写入、删除、修改等操作, 最后关闭并保存文件内容. Python 内置了文件对象, 通过 open() 函数可以按指定模式打开指定文件并创建文件对象, 例如:

```
文件对象名 = open(文件名[, 打开方式[, 缓冲区] )
```

其中, 文件名指定了被打开的文件名称, 如果要打开的文件不在当前目录中, 还需要指定完整路径. 注意, 文件路径中的 “\” 要写成 “\\”, 例如, 要打开 e:\mypython 中的 test.txt 文件, 文件名要写成 “e:\\mypython\\test.txt”. 打开方式 (表 2.5) 指定了打开文件后的处理方式, 例如 “只读”“只写”“追加” 等. 缓冲区指定了读写文件的缓冲模式, 数值 0 表示不缓冲, 数值 1 表示缓冲, 如大于 1 则表示缓冲区的大小, 默认值是缓冲模式. 如果执行正常, open() 函数返回 1 个文件对象, 通过该文件对象可以对文件进行各种操作, 如果指定文件不存在、访问权限不够、磁盘空间不够或其他原因导致创建文件对象失败则抛出异常.

表 2.5 文件操作方式

打开方式	含义	打开方式	含义
r(只读)	为输入打开一个文本文件	r+(读/写)	为读/写打开一个文本文件
w(只写)	为输出建立一个新的文本文件	w+(读/写)	为读/写建立一个新的文本文件
a(追加)	向文本文件尾增加数据	a+(读/写)	为读/写打开一个文本文件
rb(只读)	为输入打开一个二进制文件	rb+(读/写)	为读/写打开一个二进制文件
wb(只写)	为输出建立一个新的二进制文件	wb+(读/写)	为读/写建立一个新的二进制文件
ab(追加)	向二进制文件尾增加数据	ab+(读/写)	为读/写打开一个二进制文件

2. 文件对象属性

文件一旦打开, 通过文件对象的属性可以得到有关该文件的各种信息, 文件对象常用属性如表 2.6 所示.

表 2.6　文件对象常用属性

属性	说明
closed	如果文件被关闭则返回 True, 否则返回 False
mode	返回该文件的打开方式
name	返回文件的名称

3. 文件对象方法

Python 文件对象有很多方法, 通过这些方法可以实现各种文件操作. 文件对象常用方法如表 2.7 所示.

表 2.7　文件对象常用方法

方法	功能说明
flush()	把缓冲区的内容写入文件, 但不关闭文件
close()	把缓冲区的内容写入文件, 同时关闭文件, 并释放文件对象
read([size])	从文件中读取 size 个字符的内容作为结果返回, 如果省略 size 则表示一次性读取所有内容
readline()	从文本文件中读取一行内容作为结果返回
readlines()	把文本文件中的所有内容作为一个字符串存入列表中, 返回该列表
seek(offset[,where])	把文件指针移动到相对于 where 的 offset 位置. where 为 0 表示文件开始处, 这是默认值; 1 表示当前位置; 2 表示文件尾
tell()	返回文件指针的当前位置
truncate()	删除从当前指针位置到文件末尾的内容. 如果指定了 size, 则不论指针在什么位置都只留下前 size 个字节, 其余的删除
write(s)	把字符串 s 的内容写入文件 (文本文件或二进制文件)
write(list)	把 list 列表中的字符串写入文本文件, 不添加换行符
next()	返回文件的下一行, 并将文件操作标记移到下一行

4. 关闭文件

文件使用完毕后, 应当关闭, 这意味着释放文件对象以供别的程序使用, 同时也可以避免文件中数据的丢失. 用文件对象的 close() 方法关闭文件, 其调用格式为

```
文件对象名.close()
```

例 2.24　文件对象属性操作示例.

```
#程序文件Pex2_24.py
f=open("Pdata2_12.txt","w")
print("Name of the file:",f.name)
print("Closed or not:",f.closed)
print("Opening mode:",f.mode)
f.close()
```

程序运行结果如下:

```
Name of the file: Pdata2_1.txt
Closed or not: False
Opening mode: w
```

2.2.2 文本文件的读写操作

本小节主要通过几个示例来演示文本文件的读写操作.

用记事本建立文本文件 Pdata2_25.txt, 其内容如下:

```
Python is very useful.
Programming in Python is very easy.
```

例 2.25 统计文本文件 Pdata2_25.txt 中元音字母出现的次数.

```
#程序文件Pex2_25.py
f=open("Pdata2_25.txt","r")
s=f.read()
print(s)   #显示文件内容
n=0
for c in s:
    if c in "aeiouAEIOU": n+=1
print("元音的个数为: ",n)
```

运行结果:

```
Python is very useful.
Programming in Python is very easy.
元音的个数为:  15
```

例 2.26 向文本文件写入数据示例.

```
#程序文件Pex2_26.py
f1=open("Pdata2_26.txt","w")
str1=['Hello',' ','World!']; str2=['Hello','World!']
f1.writelines(str1); f1.write('\n')
f1.writelines(str2); f1.close()
f2=open('Pdata2_26.txt')
a=f2.read(); print(a)
```

运行结果:

```
Hello World!
HelloWorld!
```

例 2.27 (续例 2.21)　分别读取文本文件 Pdata2_21.txt 中的前 6 行前 8 列数据、第 9 列的数值数据、最后一行数据.

```
#程序文件Pex2_27.py
import numpy as np
a = []; b = []; c = []
with open('Pdata2_21.txt') as file:
    for (i, line) in enumerate(file):
        elements = line.strip().split()
        if i < 6:
            a.append(list(map(float, elements[:8])))
            b.append(float(elements[-1].rstrip('kg')))
        else:
            c = [float(x) for x in elements]
a = np.array(a); b = np.array(b); c = np.array(c)
print(a,'\n',b,'\n',c)
```

注 2.3　用 with 语句打开数据文件并把它绑定到对象 file, 不必操心在操作完资源后去关闭数据文件.

2.2.3　文件管理方法

Python 的 os 模块提供了类似于操作系统级的文件管理功能, 如显示当前目录下的文件和目录列表、文件重命名、文件删除、目录管理等. 要使用这个模块, 需要先导入它, 然后调用相关的方法.

1. 文件和目录列表

listdir() 方法返回指定目录下的文件和目录列表, 它的一般格式为

```
os.listdir("目录名")
```

例 2.28　显示指定目录内容示例.

```
#程序文件Pex2_28.py
import os
a=os.listdir("c:\\")
print(a)      #显示 C 根目录下的文件和目录列表
print("--------------------------------------")
b=os.listdir(".")
print(b)      #显示当前工作目录下的文件和目录列表
```

2. 文件重命名

rename() 方法实现文件重命名, 它的一般格式为

```
os.rename("当前文件名","新文件名")
```

例如, 将文件 test1.txt 重命名为 test2.txt, 命令如下:

```
>>> import os
>>> os.rename("test1.txt","test2.txt")
```

3. Python 中的目录操作

所有的文件都包含在不同的目录中, os 模块有以下几种方法, 可以帮助创建、更改和删除目录.

(1) mkdir() 方法.

mkdir() 方法在当前目录下创建目录, 一般格式为

```
os.mkdir("新目录名")
```

例如, 在当前目录下创建 test 目录, 命令如下:

```
>>> os.mkdir("test")
```

(2) chdir() 方法.

可以使用 chdir() 方法来改变当前目录, 一般格式为

```
os.chdir("要成为当前目录的目录名")
```

例如, 将 "d:\test" 目录设定为当前目录, 命令如下:

```
os.chdir("d:\\test")
```

(3) getcwd() 方法.

getcwd() 方法显示当前的工作目录, 一般格式为

```
os.getcwd()
```

(4) rmdir() 方法.

rmdir() 方法删除空目录, 一般格式为

```
os.rmdir("待删除目录名")
```

在用 rmdir() 方法删除一个目录时, 先要删除目录中的所有内容, 然后才能删除目录.

2.3 数据处理工具 Pandas

Pandas (panel data, 面板数据) 是在 NumPy 的基础上开发的, 是 Python 最强大的数据分析和探索工具之一, 作为金融数据分析工具而开发, 支持类似于 SQL 语句的模型, 支持时间序列分析. 该工具库可以帮助数据分析师轻松地解决数据的预处理问题, 如数据类型的转换、缺失值的处理、描述性统计分析、数据的汇总等.

要看一下 Pandas 工具库中包含的函数, 可以使用如下命令:

```
>>> import pandas as pd
>>> dir(pd)
```

Pandas 中最重要的是 Series 和 DataFrame 子类, 其导入方法如下:

```
from pandas import Series, DataFrame
```

Pandas 可以进行统计特征计算, 包括均值、方差、分位数、相关系数和协方差等, 这些统计特征能反映数据的整体分布.

mean(): 用于计算样本数据的算术平均值.

std(): 用于计算样本数据的标准差.

cov(): 用于计算样本数据的协方差矩阵.

var(): 用于计算样本数据的方差.

describe(): 用于描述样本数据的基本情况, 包括非 NaN 数据个数, 均值, 标准差, 最小值, 最大值以及样本的 25%, 50%和 75%分位数.

2.3.1 Pandas 的序列与数据框

Pandas 数据结构的范围可以从一维到三维. Series(序列) 是一维的, DataFrame (数据框) 是二维的, Panel 是三维甚至更高维的数据结构. 通常, Series 和 DataFrame 可以用于大多数统计、工程、财务和社会科学的场景中.

Series 是一个带标签的一维数组, 可以用于存储任意类型数据, 例如, 整型、浮点型、字符串和其他有效的 Python 对象. 它的行标签称作 index.

DataFrame 是一个带标签的二维数组, 有行和列. 列可以有多种类型. DataFrame 可以看作二维结构的数组, 例如, 电子表格和数据库表格. DataFrame 也可以看作包含多个不同类型的 Series 的集合.

Panel: 在统计学和经济学中, Panel data(面板数据) 指多维数据, 这个多维数据包括不同时间的不同测量结果. 该数据结构的名称来源于其概念. 与 Series 和 DataFrame 相比, 面板数据是不太常用的一种数据结构.

1. 序列

构造一个序列可以使用如下方式实现:

(1) 通过同类型的列表或元组构建.

(2) 通过字典构建.

(3) 通过 NumPy 中的一维数组构建.

(4) 通过数据框中的某一列构建.

例 2.29　序列构建示例.

```
#程序文件Pex2_29.py
```

```
import pandas as pd
import numpy as np
s1=pd.Series(np.array([10.5,20.5,30.5]))  #由数组构造序列
s2=pd.Series({"北京":10.5,"上海":20.5,"广东":30.5})#由字典构造序列
s3= pd.Series([10.5,20.5,30.5],index=['b','c','d'])#给出行标签命名
print(s1); print("--------------"); print(s2)
print("--------------"); print(s3)
```

运行结果 s1, s2 和 s3 的显示如表 2.8 所列.

表 2.8 序列 s1, s2 和 s3 的显示结果

s1		s2		s3	
0	10.5	北京	10.5	b	10.5
1	20.5	上海	20.5	c	20.5
2	30.5	广东	30.5	d	30.5
dtype: float64		dtype: float64		dtype: float64	

通过以上显示结果可以看出, 序列有两列构成. 由数组构造的序列, 其第一列是序列的行索引 (可以理解为行号), 自动从 0 开始, 第二列才是序列的实际值. 通过字典构造的序列, 第一列是具体的行名称 (index), 对应到字典中的键, 第二列是序列的实际值, 对应到字典中的值.

序列与一维数组有极高的相似性, 获取一维数组元素的所有方法都可以应用在序列上, 而且数组的数学和统计函数也同样可以应用到序列对象上, 不同的是, 序列会有更多的其他处理方法.

例 2.30 序列索引和计算示例.

```
#程序文件Pex2_30.py
import pandas as pd
import numpy as np
s=pd.Series([10.5,20.5,98],index=['a','b','c'])
a=s['b']  #取出序列的第2个元素, 输出: 20.5
b1=np.mean(s)  #输出: 43.0
b2=s.mean()  #通过数列方法求均值, 输出: 43.0
```

2. 数据框

DataFrame 是由行和列构成的二维数据结构. 虽然索引和列名称是可选的, 但是最好把它们设置一下. 索引可以看成是行标签, 列名称可以看成是列标签.

数据框的创建方法如下:

```
DataFrame(data=二维数据 [, index=行索引[, columns=列索引[, dtype=
          数据类型]]])
```

其中的 data 可以是二维 NumPy 数组; data 如果是字典时, 其值为一维数组, 键为数据框的列名.

例 2.31　构造数据框示例.

```
#程序文件Pex2_31.py
import pandas as pd
import numpy as np
a=np.arange(1,7).reshape(3,2)
df1=pd.DataFrame(a)
df2=pd.DataFrame(a,index=['a','b','c'], columns=['x1','x2'])
df3=pd.DataFrame({'x1':a[:,0],'x2':a[:,1]})
print(df1); print("---------"); print(df2)
print("---------"); print(df3)
```

运行结果 df1, df2 和 df3 的显示如表 2.9 所列.

表 2.9　序列 df1, df2 和 df3 的显示结果

df1			df2			df3		
	0	1		x1	x2		x1	x2
0	1	2	a	1	2	0	1	2
1	3	4	b	3	4	1	3	4
2	5	6	c	5	6	2	5	6

2.3.2　外部文件的存取

在实际应用中, 更多的情况是通过 Python 读取外部数据, 这些数据可能是文本文件 (如 csv, txt 等类型) 和电子表格 Excel 文件等. 本小节介绍如何基于 Pandas 库实现文本文件和 Excel 文件的读取.

1. 文本文件的读取

Pandas 模块中的 read_csv 函数, 可以读取 txt 或 csv (逗号分隔的文本文件) 文本格式数据.

read_csv 的调用格式为

```
read_csv(filepath_or_buffer, sep=',', delimiter=None,
header='infer', names=None, index_col=None, usecols=None,
squeeze=False, prefix=None, mangle_dupe_cols=True, dtype=None,
engine=None, converters=None, true_values=None,
```

```
    false_values=None, skipinitialspace=False, skiprows=None,
    skipfooter=0, nrows=None, na_values=None, keep_default_na=True,
    na_filter=True, verbose=False, skip_blank_lines=True,
    parse_dates=False, infer_datetime_format=False,
    keep_date_col=False, date_parser=None, dayfirst=False,
    iterator=False, chunksize=None, compression='infer',
    thousands=None, decimal=b'.', lineterminator=None, quotechar='"',
    quoting=0, doublequote=True, escapechar=None, comment=None,
    encoding=None, dialect=None, tupleize_cols=None,
    error_bad_lines=True, warn_bad_lines=True, delim_whitespace=False,
    low_memory=True, memory_map=False, float_precision=None)
```

其中几个重要参数如下：

(1) filepath_or_buffer：可以是 URL 和文件, 可用 URL 类型包括 http, ftp 等.

(2) sep：如果不指定参数, 则会尝试使用逗号分隔.

(3) delimiter：定界符, 备选分隔符 (如果指定该参数, 则 sep 参数失效).

(4) header：header = None, 指明原始数据文件没有列标题, 这样 read_csv 会自动加上列标题. header = 0 表示文件第一行为列标题 (索引从 0 开始). header 参数可以是一个 list, 例如, [0, 1, 3], 这个 list 表示将文件中的第 1, 2, 4 行作为列标题 (意味着每一列有多个标题), 这些行将被忽略掉.

(5) names：如果原数据集中没有字段, 可以通过该参数在数据读取时给数据框添加具体的表头.

(6) index_col：用作行索引的列编号或者列名, 如果给定一个序列则有多个行索引.

(7) skiprows：数据读取时, 指定需要跳过原数据集开头的行数.

(8) skipfooter：数据读取时, 指定需要跳过原数据集末尾的行数.

(9) nrows：指定读取数据的行数.

(10) na_values：指定原数据集中哪些特征的值作为缺失值.

(11) skip_blank_lines：读取数据时是否需要跳过原数据集中的空白行, 默认为 True.

(12) parse_dates：如果参数值为 True, 则尝试解析数据框的行索引; 如果参数为列表, 则尝试解析对应的日期列; 如果参数为嵌套列表, 则将某些列合并为日期列; 如果参数为字典, 则解析对应的列 (字典中的值), 并生成新的字段名 (字典中的键).

(13) thousands：指定原始数据集中的千分位符.

例 2.32 读取如图 2.1 所示的 txt 文本数据.

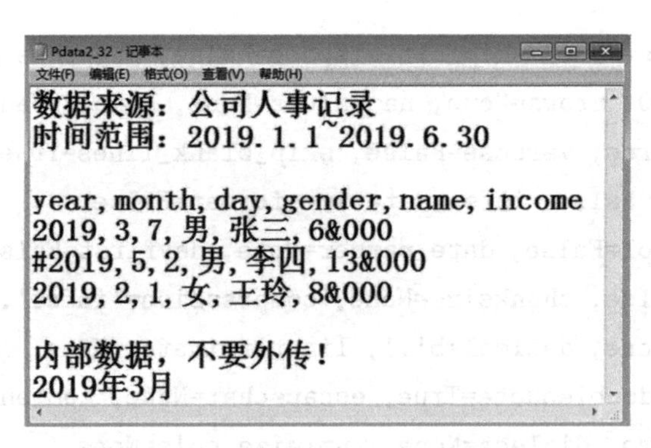
Pdata2_32 - 记事本
文件(F) 编辑(E) 格式(O) 查看(V) 帮助(H)
数据来源：公司人事记录
时间范围：2019.1.1~2019.6.30

year,month,day,gender,name,income
2019,3,7,男,张三,6&000
#2019,5,2,男,李四,13&000
2019,2,1,女,王玲,8&000

内部数据，不要外传！
2019年3月

图 2.1　待读取的 txt 文本数据

```
#程序文件Pex2_32.py
import pandas as pd
a=pd.read_csv("Pdata2_32.txt",sep=',',
     parse_dates={'birthday':[0,1,2]},
#parse_dates参数通过字典实现前三列的日期解析,并合并为新字段birthday
skiprows=2,skipfooter=2,comment='#',thousands='&',engine='python')
print(a)
```

运行结果:

```
    Birthday gender name  income
0 2019-03-07      男   张三     6000
1 2019-02-01      女   王玲     8000
```

2. Excel 文件的存取

read_excel() 函数可以读入 Excel 文件中的数据, 其常用调用格式为

```
read_excel(io, sheet_name=0, header=0, names=None, index_col=None,
parse_cols=None, usecols=None, dtype=None)
```

其中,

(1) io: Excel 文件名.

(2) sheet_name: 表单名或表单序号.

例 2.33　Excel 文件 Pdata2_33.xlsx 中的数据如图 2.2 所示, 试统计其中的数据特征.

```
#程序文件Pex2_33.py
import pandas as pd
a=pd.read_excel("Pdata2_33.xlsx",usecols=range(1,4))
                                        #提取第2列到第4列的数据
```

```
b=a.values  #提取其中的数据
c=a.describe()  #对数据进行统计描述
print(c)
```

	A	B	C	D
1	序号	用户A	用户B	用户C
2	1	235.83	324.03	478.32
3	2	236.27	325.63	515.45
4	3	238.05	328.08	517.09
5	4	235.9		514.89
6	5	236.76	268.82	
7	6		404.04	486.09
8	7	237.41	391.26	516.23
9	8	238.65	380.81	
10	9	237.61	388.02	435.35
11	10	238.03	206.43	487.675

图 2.2 Excel 文件 Pdata2_33.xlsx 中的数据

程序运行结果如下:

```
              用户A         用户B         用户C
count    9.000000    9.000000    8.000000
mean   237.167778  335.235556  493.886875
std      1.021161   65.198685   28.565643
min    235.830000  206.430000  435.350000
25%    236.270000  324.030000  484.147500
50%    237.410000  328.080000  501.282500
75%    238.030000  388.020000  515.645000
max    238.650000  404.040000  517.090000
```

注 2.4 第一次运行上述程序, 可能会提示没有 xlrd 模块, 可以即时在命令提示符下使用 pip install xlrd 命令安装 (一定要连接网络).

下面给出向 Excel 文件写数据的一个例子.

例 2.34 读入 Excel 文件 Pdata2_33.xlsx 中的数据, 然后写入另一个文件 Pdata2_34.xlsx 的两个表单 “sheet1” 和 “sheet2” 中.

```
#程序文件Pex2_34.py
import pandas as pd
import numpy as np
a=pd.read_excel("Pdata2_33.xlsx",usecols=range(1,4))
                                        #提取第2列到第4列的数据
b=a.values  #提取其中的数据
#生成DataFrame类型数据
```

```
c=pd.DataFrame(b,index=np.arange(1,11),
    columns=["用户A","用户B","用户C"])
f=pd.ExcelWriter('Pdata2_34.xlsx') #创建文件对象
c.to_excel(f,"sheet1") #把c写入Excel文件
c.to_excel(f,"sheet2") #c再写入另一个表单中
f.save()
```

注 2.5 第一次运行上述程序, 可能会提示没有 openpyxl 模块, 可以即时在命令提示符下使用 pip install openpyxl 命令安装.

3. 数据子集的获取

有时数据读入后并不是对整体数据进行分析, 而是分析数据中的部分子集. 在 Pandas 库中实现数据框子集的获取可以使用 iloc, loc 两种方法. 这两种方法既可以对数据行进行筛选, 也可以实现变量的筛选, 它们的语法可以表示成 [rows_select, cols_select].

iloc 只能通过行号和列号进行数据的筛选, 该索引方式与数组的索引方式类似, 都是从 0 开始, 可以间隔取号, 对于切片仍然无法取到上限.

loc 可以指定具体的行标签 (行名称) 和列标签 (字段名), 而且还可以将 row_select 指定为具体的筛选条件.

例 2.35 (续例 2.33) 读取用户 A 和用户 B 的前 6 个数据.

```
#程序文件Pex2_35.py
import pandas as pd
import numpy as np
a=pd.read_excel("Pdata2_33.xlsx",usecols=range(1,4))
                              #提取第2列到第4列的数据
b1=a.iloc[np.arange(6),[0,1]] #通过标号筛选数据
b2=a.loc[np.arange(6),["用户A","用户B"]] #通过标签筛选数据
```

2.4 Matplotlib 可视化

Matplotlib 是 Python 强大的数据可视化工具库, 类似于 MATLAB 语言. Matplotlib 提供了一整套与 MATLAB 相似的命令 API, 十分适合进行交互式制图, 而且也可以方便地将它作为绘图控件, 嵌入 GUI 应用程序中.

Matplotlib 是神经生物学家 John D. Hunter 于 2007 年创建的, 其函数设计参考了 MATLAB.

2.4.1 基础用法

Matplotlib 提出了 Object Container (对象容器) 的概念, 它有 Figure, Axes, Axis, Tick 四种类型的对象容器. Figure 负责图形大小、位置等操作; Axes 负责坐标轴位置、绘图等操作; Axis 负责坐标轴的设置等操作. Tick 负责格式化刻度的样式等操作. 四种对象容器之间是层层包含的关系.

Matplotlib.pyplot 模块画折线图的 plot 函数的常用语法和参数含义如下:

```
plot(x, y, s)
```

其中 x 为数据点的 x 坐标, y 为数据点的 y 坐标, s 为指定线条颜色、线条样式和数据点形状的字符串, 详见表 2.10.

表 2.10 绘图常见的样式和颜色类型

符号参数	类型	含义
b	线条颜色	Blue, 蓝色
c		Cyan, 青色
g		Green, 绿色
k		Black, 黑色
m		Magenta, 洋红色
r		Red, 红色
w		White, 白色
y		Yellow, 黄色
-	线条样式	实线 (solid line)
--		虚线 (dashed line)
-.		点画线 (dash-dot line)
:		点线 (dotted line)
.	数据点形状	点 (point)
o		圆圈 (circle)
*		星形 (star)
x		十字架 (cross)
s		正方形 (square)
p		五角星 (pentagon)
D/d		钻石 (diamond)/小钻石
h		六角形 (hexagon)
+		加号
|		竖直线
v ^ <>		分别是下三角、上三角、左三角、右三角
1234		分别是 Tripod 向下、向上、向左、向右

plot 函数也可以使用如下调用格式:

```
plot(x, y, linestyle, linewidth, color, marker, markersize,
markeredgecolor, markerfacecolor, markeredgewidth, label, alpha)
```

其中,

linestyle：指定折线的类型, 可以是实线、虚线和点画线等, 默认为实线.

linewidth：指定折线的宽度.

marker：可以为折线图添加点, 该参数设置点的形状.

markersize：设置点的大小.

markeredgecolor：设置点的边框色.

markerfacecolor：设置点的填充色.

markeredgewidth：设置点的边框宽度.

label：添加折线图的标签, 类似于图例的作用.

alpha：设置图形的透明度.

Matplotlib.pyplot 模块其他常用函数有

(1) pie()：绘制饼状图.

(2) bar()：绘制柱状图.

(3) hist()：绘制二维直方图.

(4) scatter()：绘制散点图.

例如, plt.scatter(x,y,c='r',marker='H',s=20), 表示绘制散点图, x 坐标数据为 x, y 坐标数据为 y, c = 'r' 表示颜色为红色, marker = 'H' 表示数据点为六角形, s = 20 表示数据点的尺寸大小为 20.

Matplotlib 绘图主要包括以下几个步骤：

(1) 导入 Matplotlib.pyplot 模块.

(2) 设置绘图的数据及参数.

(3) 调用 Matplotlib.pyplot 模块的 plot(), pie(), bar(), hist(), scatter() 等函数进行绘图.

注意模块加载的两种方式：

(i) import matplotlib.pyplot as plt 或 from matplotlib import pyplot as plt

画图函数调用为 plt.plot() 等.

(ii) from matplotlib.pyplot import *

画图函数调用为 plot() 等.

(4) 设置绘图的 x 轴、y 轴、标题、网格线、图例等内容.

(5) 调用 show() 函数显示已绘制的图形.

为了将面向对象的绘图库包装成只使用函数的 API, pyplot 模块的内部保存了当前图形以及当前子图等信息. 可以使用 gcf() 和 gca() 获得这两个对象, 它们分别是 "Get Current Figure" 和 "Get Current Axes" 开头字母的缩写. gcf() 获得的是表示图形的 Figure 对象, 而 gca() 获得的则是表示子图的 Axes 对象. 例如：

```
fig = gcf()
axes = gca()
```

例 2.36 画出例 2.33 中三个用户十天消费总额的柱状图.

```
#程序文件Pex2_36.py
import numpy as np, pandas as pd
from matplotlib.pyplot import *
a=pd.read_excel("Pdata2_33.xlsx",usecols=range(1,4))
                                    #提取第2列到第4列的数据
c=np.sum(a)  #求每一列的和
ind=np.array([1,2,3]); width=0.2
rc('font',size=16); bar(ind,c,width); ylabel("消费数据")
xticks(ind,['用户A','用户B','用户C'],rotation=20)  #旋转20度
rcParams['font.sans-serif']=['SimHei']   #用来正常显示中文标签
savefig('figure2_36.png',dpi=500)
    #保存图片为文件figure2_36.png，像素为500
show()
```

所画出的柱状图如图 2.3 所示.

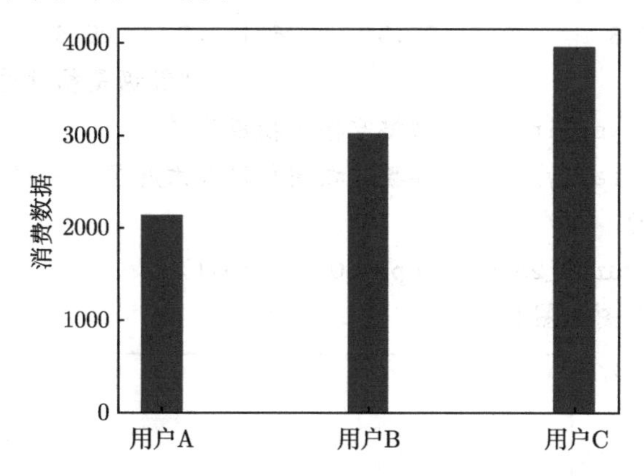

图 2.3 用 Matplotlib 绘制的柱状图

注 2.6 Matplotlib 画图显示中文时通常为乱码, 如果想在图形中显示中文字符、负号等, 则需要使用如下代码进行设置.

```
rcParams['font.sans-serif']=['SimHei']   #用来正常显示中文标签
rcParams['axes.unicode_minus']=False  #用来正常显示负号
```

或者等价地写为

```
rc('font',family='SimHei') #用来正常显示中文标签
```

```
rc('axes',unicode_minus=False) #用来正常显示负号
```

2.4.2 Matplotlib.pyplot 的可视化应用

Matplotlib 工具库依赖于 NumPy 等工具库, 可以绘制多种形式的图形, 是计算结果可视化的重要工具, 下面给出一些可视化示例.

1. 散点图

例 2.37 为了测量刀具的磨损速度, 做这样的实验: 经过一定时间 (如每隔一小时), 测量一次刀具的厚度, 得到一组实验数据 $(t_i, y_i)(i = 1, 2, \cdots, 8)$ 如表 2.11 所示. 试画出观测数据的散点图.

表 2.11 实验观测数据

t_i	0	1	2	3	4	5	6	7
y_i	27.0	26.8	26.5	26.3	26.1	25.7	25.3	24.8

```
#程序文件Pex2_37.py
import numpy as np
from matplotlib.pyplot import *
x=np.array(range(8))
y='27.0  26.8     26.5  26.3     26.1  25.7  25.3   24.8'
                                               #数据是粘贴过来的
y=",".join(y.split())     #把空格替换成逗号
y=np.array(eval(y))       #数据之间加逗号太麻烦, 用程序转换
scatter(x,y)
savefig('figure2_23.png',dpi=500); show()
```

所绘制的散点图如图 2.4 所示.

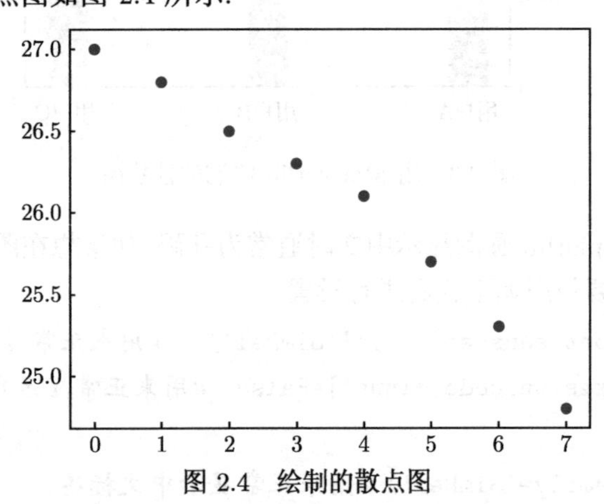

图 2.4 绘制的散点图

2. 多个图形显示在一个图形画面

例 2.38 在同一个图形界面上分别画出 $y = \sin(x)$, $y = \cos(x^2)$, $x \in [0, 2\pi]$ 的图形.

```
#程序文件Pex2_38.py
import numpy as np
from matplotlib.pyplot import *
x=np.linspace(0,2*np.pi,200)
y1=np.sin(x); y2=np.cos(pow(x,2))
rc('font',size=16); rc('text', usetex=True)  #调用tex字库
plot(x,y1,'r',label='$sin(x)$',linewidth=2)  #LaTeX格式显示公式
plot(x,y2,'b--',label='$cos(x^2)$')
xlabel('$x$'); ylabel('$y$',rotation=0)
savefig('figure2_38.png',dpi=500); legend(); show()
```

所画的图形见图 2.5.

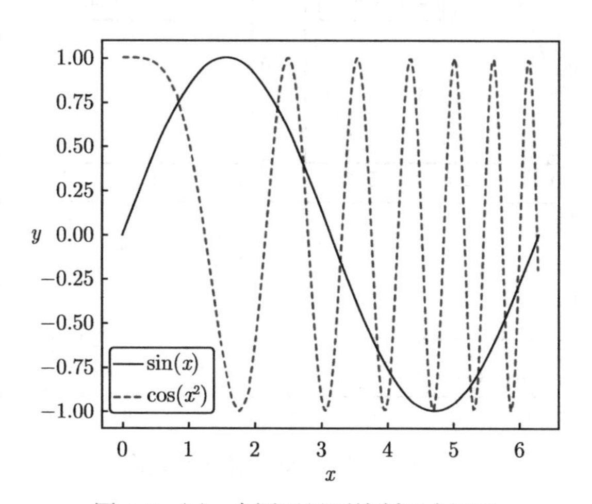

图 2.5 同一个图形界面绘制两个图形

注 2.7 要使用LaTeX格式需要安装LaTeX的两个宏包basic-miktex-2.9.7021x64 和 gs926aw64. 否则把上面的语句 rc('text', usetex=True) 注释掉.

3. 多个图形单独显示

例 2.39 把屏幕开成 3 个子窗口, 上面两个子窗口, 下面一个大的子窗口, 3 个子窗口分别画曲线 $y = \sin(x)$, $y = \cos(x)$, $y = \sin(x^2)$, $x \in [0, 2\pi]$.

```
#程序文件Pex2_39.py
import numpy as np
```

```
from matplotlib.pyplot import *
x=np.linspace(0,2*np.pi,200)
y1=np.sin(x); y2=np.cos(x); y3=np.sin(x*x)
rc('font',size=16); rc('text', usetex=True)  #调用tex字库
ax1=subplot(2,2,1)  #新建左上1号子窗口
ax1.plot(x,y1,'r',label='$sin(x)$') #画图
legend()  #添加图例
ax2=subplot(2,2,2)  #新建右上2号子窗口
ax2.plot(x,y2,'b--',label='$cos(x)$'); legend()
ax3=subplot(2,1,2)  #新建2行、1列的下面子窗口
ax3.plot(x,y3,'k--',label='$sin(x^2)$'); legend();
savefig('figure2_39.png',dpi=500); show()
```

所画的图形如图 2.6 所示.

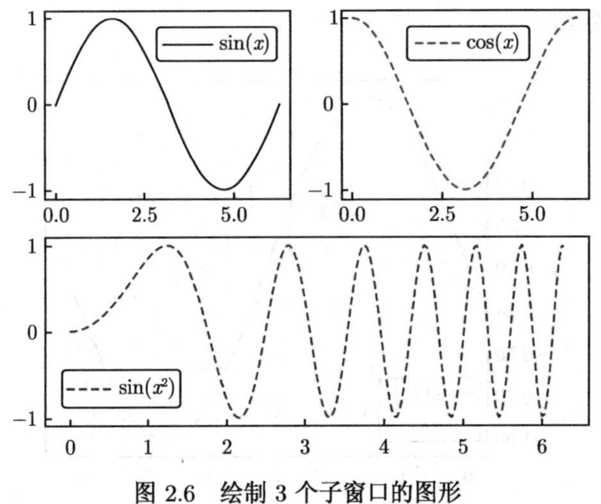

图 2.6 绘制 3 个子窗口的图形

4. 三维空间的曲线

例 2.40 画出三维曲线 $x = t\sin t, y = t\cos t, z = t\ (t \in [0, 100])$ 的图形.

```
#程序文件Pex2_40.py
from mpl_toolkits import mplot3d
import matplotlib.pyplot as plt
import numpy as np
ax=plt.axes(projection='3d')  #设置三维图形模式
z=np.linspace(0, 100, 1000)
```

```
x=np.sin(z)*z; y=np.cos(z)*z
ax.plot3D(x, y, z, 'k')
plt.savefig('figure2_40.png',dpi=500); plt.show()
```

所画的图形如图 2.7 所示.

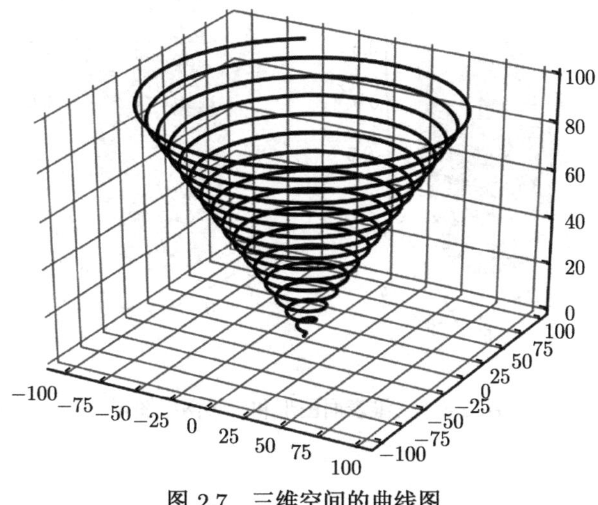

图 2.7 三维空间的曲线图

5. 三维曲面图形

例 2.41 画出三维曲面 $z = \sin\left(\sqrt{x^2+y^2}\right)$ 的三维表面图形和三维网格图形.

```
#程序文件Pex2_41.py
from mpl_toolkits import mplot3d
import matplotlib.pyplot as plt
import numpy as np
x=np.linspace(-6,6,30)
y=np.linspace(-6,6,30)
X,Y=np.meshgrid(x, y)
Z= np.sin(np.sqrt(X ** 2 + Y ** 2))
ax1=plt.subplot(1,2,1,projection='3d')
ax1.plot_surface(X, Y, Z,cmap='viridis')
ax1.set_xlabel('x'); ax1.set_ylabel('y'); ax1.set_zlabel('z')
ax2=plt.subplot(1,2,2,projection='3d');
ax2.plot_wireframe(X, Y, Z,color='c')
ax2.set_xlabel('x'); ax2.set_ylabel('y'); ax2.set_zlabel('z')
```

```
plt.savefig('figure2_41.png',dpi=500); plt.show()
```

所画的图形如图 2.8 所示.

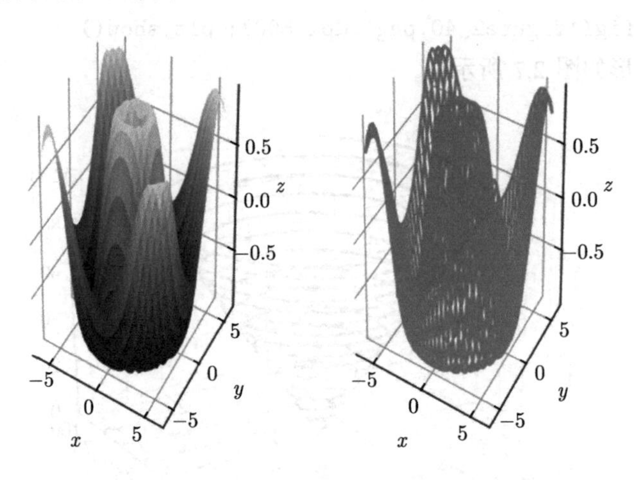

图 2.8　三维表面图形和三维网格图形

6. 等高线图

例 2.42　已知平面区域 $0 \leqslant x \leqslant 1400$, $0 \leqslant y \leqslant 1200$ 步长间隔为 100 的网格节点高程数据见表 2.12 (单位: m).

表 2.12　高程数据表

y \ x	0	100	200	300	400	500	600	700	800	900	1000	1100	1200	1300	1400
1200	1350	1370	1390	1400	1410	960	940	880	800	690	570	430	290	210	150
1100	1370	1390	1410	1430	1440	1140	1110	1050	950	820	690	540	380	300	210
1000	1380	1410	1430	1450	1470	1320	1280	1200	1080	940	780	620	460	370	350
900	1420	1430	1450	1480	1500	1550	1510	1430	1300	1200	980	850	750	550	500
800	1430	1450	1460	1500	1550	1600	1550	1600	1600	1600	1550	1500	1500	1550	1550
700	950	1190	1370	1500	1200	1100	1550	1600	1550	1380	1070	900	1050	1150	1200
600	910	1090	1270	1500	1200	1100	1350	1450	1200	1150	1010	880	1000	1050	1100
500	880	1060	1230	1390	1500	1500	1400	900	1100	1060	950	870	900	936	950
400	830	980	1180	1320	1450	1420	400	1300	700	900	850	810	380	780	750
300	740	880	1080	1130	1250	1280	1230	1040	900	500	700	780	750	650	550
200	650	760	880	970	1020	1050	1020	830	800	700	300	500	550	480	350
100	510	620	730	800	850	870	850	780	720	650	500	200	300	350	320
0	370	470	550	600	670	690	670	620	580	450	400	300	100	150	250

(1) 画出该区域的等高线.

(2) 画出该区域的三维表面图.

画等高线图及三维表面图的程序如下:

```
#程序文件Pex2_42_1.py
from mpl_toolkits import mplot3d
import matplotlib.pyplot as plt
import numpy as np
z=np.loadtxt("Pdata2_42.txt")  #加载高程数据
x=np.arange(0,1500,100)
y=np.arange(1200,-10,-100)
contr=plt.contour(x,y,z); plt.clabel(contr)  #画等高线并标注
plt.xlabel('$x$'); plt.ylabel('$y$',rotation=0)
plt.savefig('figure2_42_1.png',dpi=500)
plt.figure()  #创建一个绘图对象
ax=plt.axes(projection='3d') #用这个绘图对象创建一个三维坐标轴对象
X,Y=np.meshgrid(x,y)
ax.plot_surface(X, Y, z,cmap='viridis')
ax.set_xlabel('x'); ax.set_ylabel('y'); ax.set_zlabel('z')
plt.savefig('figure2_42_2.png',dpi=500); plt.show()
```

所画的图形如图 2.9 所示.

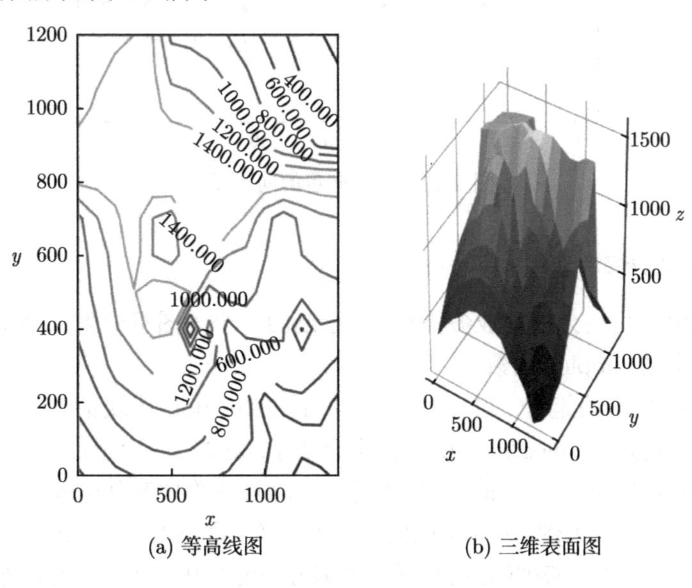

(a) 等高线图 (b) 三维表面图

图 2.9 等高线图和三维表面图

7. 向量图

例 2.43 绘出速度向量 $(u,v)=(y\cos x, y\sin x)$ 的向量场.

```
#程序文件Pex2_43.py
import matplotlib.pyplot as plt
from numpy import *
x=linspace(0,15,11); y=linspace(0,10,12)
x,y=meshgrid(x,y)  #生成网格数据
v1=y*cos(x); v2=y*sin(x)
plt.quiver(x,y,v1,v2)
plt.savefig('figure2_43.png',dpi=500); plt.show()
```

所画的图形如图 2.10 所示.

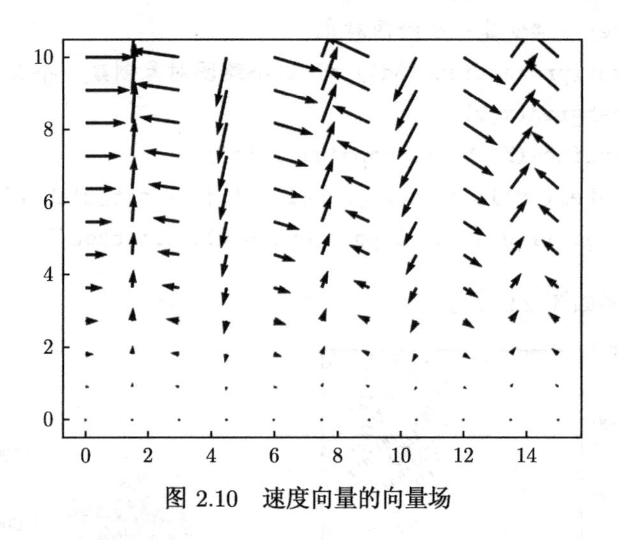

图 2.10 速度向量的向量场

2.4.3 可视化的综合应用

实际应用中往往会根据业务需要, 将绘制的多个子图组合到一个图形界面内, 前面已经使用过 subplot 函数.

关于多种图形的组合, 可以使用 Matplotlib.pyplot 模块的 subplot 函数和 subplot2grid 函数, subplot2grid 函数就不介绍了. 这两个函数的灵活性非常高, 构成的组合图既可以是 $m\times n$ 的风格, 也可以是跨行或跨列的分块风格.

下面以 subplot 为例, 说明子图的编号和位置, 这里以 2×3 的组图布局为例, 说明子图位置与跨行、跨列的概念, 子图的编号是逐行从左到右、从上到下排列, 如图 2.11 所示.

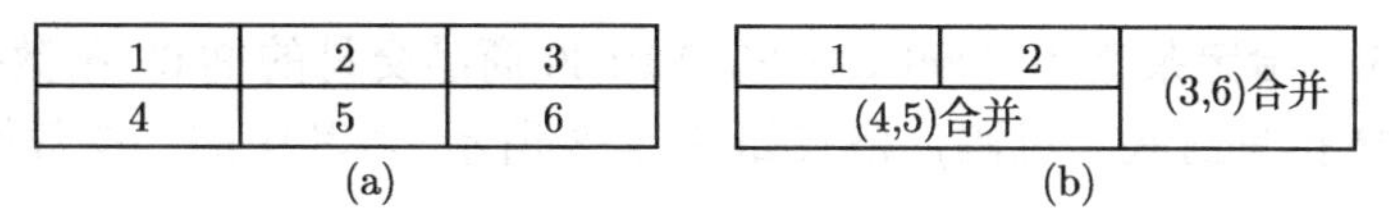

图 2.11 跨行与跨列的效果图

例 2.44 $y_1=\sin(x)$, $y_2=\cos(x)$, $y_3=\sin(x^2)$, $y_4=x\sin x$, $x\in[0,2\pi]$ 的组合图示例.

```
#程序文件Pex2_34.py
import numpy as np
from matplotlib.pyplot import *
x=np.linspace(0,2*np.pi,200)
y1=np.sin(x); y2=np.cos(x); y3=np.sin(x*x); y4=x*np.sin(x)
rc('font',size=16); rc('text', usetex=True)  #调用tex字库
ax1=subplot(2,3,1)  #新建左上1号子窗口
ax1.plot(x,y1,'r',label='$sin(x)$') #画图
legend()  #添加图例
ax2=subplot(2,3,2)  #新建2号子窗口
ax2.plot(x,y2,'b--',label='$cos(x)$'); legend()
ax3=subplot(2,3,(3,6))  #3, 6子窗口合并
ax3.plot(x,y3,'k--',label='$sin(x^2)$'); legend()
ax4=subplot(2,3,(4,5))  #4, 5号子窗口合并
ax4.plot(x,y4,'k--',label='$xsin(x)$'); legend()
savefig('figure2_44.png',dpi=500); show()
```

所画图形见图 2.12.

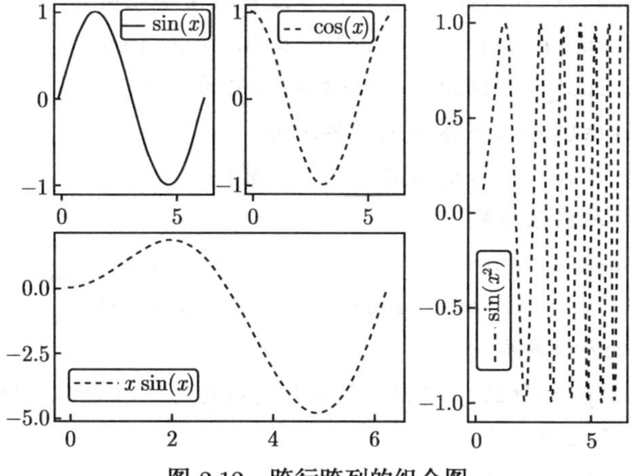

图 2.12 跨行跨列的组合图

例 2.45　给定某集市 2009.1.1~2012.12.30 商品交易的 8568 条数据 (文件名 Trade.xlsx, 数据见封底二维码), 格式如图 2.13 所示, 对其中的一些数据特征进行可视化.

	A	B	C	D	E	F	G	H
1	Date	Order_Class	Sales	Transport	Trans_Cost	Region	Category	Box_Type
2	2010/10/13	低级	261.54	火车	35	华北	办公用品	大型箱子
3	2012/2/20	其他	6	火车	2.56	华南	办公用品	小型包裹
4	2011/7/15	高级	2808.08	火车	5.81	华南	家具产品	中型箱子
5	2011/7/15	高级	1761.4	大卡	89.3	华北	家具产品	巨型纸箱
6	2011/7/15	高级	160.2335	火车	5.03	华北	技术产品	中型箱子

全国订单明细

图 2.13　数据格式图

```
#程序文件Pex2_45.py
import numpy as np
import pandas as pd
from matplotlib.pyplot import *
a=pd.read_excel("Trade.xlsx")
a['year']=a.Date.dt.year  #添加交易年份字段
a['month']=a.Date.dt.month  #添加交易月份字段
rc('font',family='SimHei')  #用来正常显示中文标签
ax1=subplot(2,3,1)  #建立第一个子图窗口
Class_Counts=a.Order_Class[a.year==2012].value_counts()
Class_Percent=Class_Counts/Class_Counts.sum()
ax1.set_aspect(aspect='equal')  #设置纵横轴比例相等
ax1.pie(Class_Percent,labels=Class_Percent.index,
        autopct="%.1f%%")  #添加格式化的百分比显示
ax1.set_title("2012年各等级订单比例")
ax2=subplot(2,3,2)  #建立第二个子图窗口
#统计2012年每月销售额
Month_Sales=a[a.year==2012].groupby(by='month').
                    aggregate({'Sales':np.sum})
#下面使用Pandas画图
Month_Sales.plot(title="2012年各月销售趋势",ax=ax2, legend=False)
ax2.set_xlabel('')
ax3=subplot(2,3,(3,6))
```

```
cost=a['Trans_Cost'].groupby(a['Transport'])
ts = list(cost.groups.keys())
dd = np.array(list(map(cost.get_group, ts)))
boxplot(dd); gca().set_xticklabels(ts)
ax4=subplot(2,3,(4,5))
hist(a.Sales[a.year==2012],bins=40, density=True)
ax4.set_title("2012年销售额分布图");
ax4.set_xlabel("销售额");
savefig("figure2_45.png"); show()
```

注 2.8 画子图 ax3 的几条语句, 等价于下列语句:

```
cost=a['Trans_Cost'].groupby(a['Transport'])
d1=cost.get_group('大卡')
d2=cost.get_group('火车')
d3=cost.get_group('空运')
dd=np.array([d1,d2,d3])
boxplot(dd); gca().set_xticklabels(['大卡','火车','空运'])
```

上面程序中还涉及很多新内容, 如日期数据的处理、数据的分组和聚合等, 希望读者自己用心去体会. 所画的图形如图 2.14 所示.

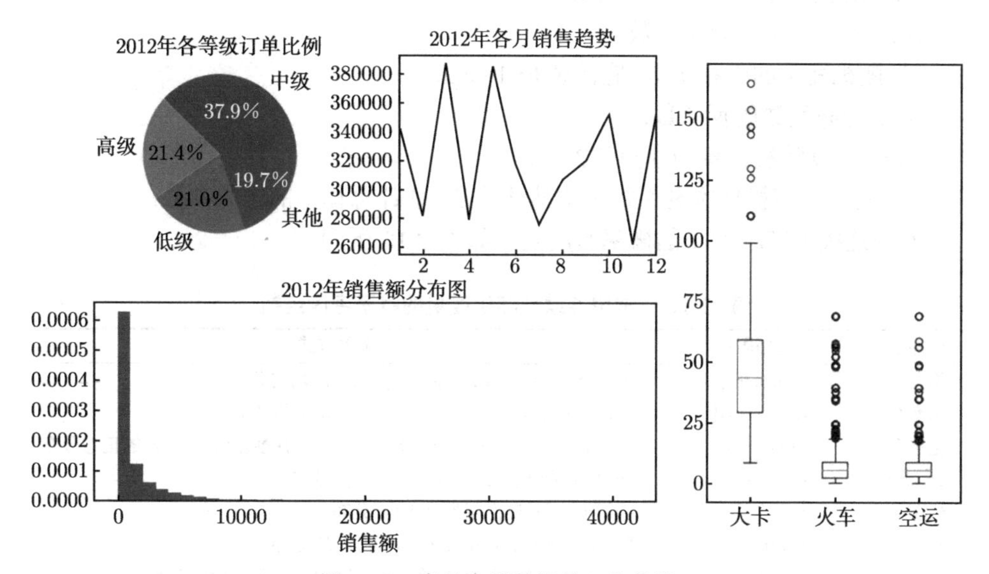

图 2.14 商品交易数据的一些统计

2.5　scipy.stats 模块简介

2.5.1　随机变量及分布

NumPy 能生成一定概率分布的随机数, 但如果需要更具体的概率密度、分布函数等, 就用到 scipy.stats 模块了. Python 做简单的统计分析也可以使用 scipy.stats 模块, 第 4 章再详细介绍.

scipy.stats 模块包含了多种概率分布的随机变量, 随机变量分为连续型和离散型两种. 所有的连续型随机变量都是 rv_continuous 的派生类的对象, 而所有的离散型随机变量都是 rv_discrete 的派生类的对象.

1. 连续型随机变量及分布

可以使用下面的语句获得 scipy.stats 模块中所有的连续型随机变量:

```
from scipy import stats
[k for k, v in stats.__dict__.items() if
     isinstance(v, stats.rv_continuous)]
```

总共有 90 多个连续型随机变量.

连续型随机变量对象都有如下方法.

rvs: 产生随机数, 可以通过 size 参数指定输出的数组的大小.

pdf: 随机变量的概率密度函数.

cdf: 随机变量的分布函数.

sf: 随机变量的生存函数, 它的值是 1−cdf.

ppf: 分布函数的反函数.

stat: 计算随机变量的期望和方差.

fit: 对一组随机样本利用极大似然估计法, 估计总体中的未知参数.

常用连续型随机变量的概率密度函数如表 2.13 所列.

表 2.13　常用连续型随机变量的概率密度函数

分布名称	关键字	调用方式
均匀分布	uniform.pdf	uniform.pdf(x,a,b): $[a,b]$ 区间上的均匀分布
指数分布	expon.pdf	expon.pdf(x,theta): 期望为 theta 的指数分布
正态分布	norm.pdf	norm.pdf(x,mu,sigma): 均值为 mu, 标准差为 sigma 的正态分布
χ^2 分布	chi2.pdf	chi2.pdf(x,n): 自由度为 n 的 χ^2 分布
t 分布	t.pdf	t.pdf(x,n): 自由度为 n 的 t 分布
F 分布	f.pdf	f.pdf(x,m,n): 自由度为 m, n 的 F 分布
Γ 分布	gamma.pdf	gamma.pdf(x,A,B): 形状参数为 A, 尺度参数为 B 的 Γ 分布

正态分布对应的主要函数见表 2.14.

2. 离散型随机变量及分布

在 scipy.stats 模块中所有描述离散分布的随机变量都从 rv_discrete 类继承, 也可以直接用 rv_discrete 类自定义离散概率分布.

表 2.14 正态分布对应的相关函数

函数	调用方式
概率密度	norm.pdf(x,mu,sigma): 均值 mu, 标准差 sigma 的正态分布的概率密度函数
分布函数	norm.cdf(x,mu,sigma): 均值 mu, 标准差 sigma 的正态分布的分布函数
分位数	norm.ppf(alpha,mu,sigma): 均值 mu, 标准差 sigma 的正态分布下 alpha 分位数
随机数	norm.rvs(mu,sigma,size=N): 产生均值 mu, 标准差 sigma 的 N 个正态分布的随机数
最大似然估计	norm.fit(a): 假定数组 a 来自正态分布, 返回 mu 和 sigma 的最大似然估计

可以使用下面的语句获得 scipy.stats 模块中所有的离散型随机变量:

```
>>> from scipy import stats
>>> [k for k, v in stats.__dict__.items()
      if isinstance(v, stats.rv_discrete)]
['binom', 'bernoulli', 'nbinom', 'geom', 'hypergeom', 'logser',
'poisson', 'planck', 'boltzmann', 'randint', 'zipf', 'dlaplace',
'skellam', 'yulesimon']
```

总共有 14 个离散型随机变量.

离散型分布的方法大多数与连续型分布很类似, 但是 pdf 被更换为分布律函数 pmf.

常用离散型随机变量的分布律函数如表 2.15 所列.

表 2.15 常用离散型随机变量的分布律函数

分布名称	关键字	调用方式
二项分布	binom.pmf	binom.pmf (x,n,p) 计算 x 处的概率
几何分布	geom.pmf	geom.pmf (x,p) 计算第 x 处首次成功的概率
泊松分布	poisson.pmf	poisson.pmf (x,lambda) 计算 x 处的概率

2.5.2 概率密度函数和分布律可视化

定义 2.1 如果随机变量 X 的概率密度函数为

$$f(x)=\frac{x^{\alpha-1}}{\beta^{\alpha}}\cdot\frac{e^{-\frac{x}{\beta}}}{\Gamma(\alpha)},\quad x>0,\quad \alpha>0,\quad \beta>0,$$

则称 X 服从参数为 (α,β) 的 Γ 分布, 记为 $X\sim\mathrm{Gamma}(\alpha,\beta)$, 这里 α 称为形状参数, β 称为尺度参数.

注 2.9　$\Gamma(\alpha)=\int_0^{\infty} t^{\alpha-1}e^{-t}dt$, 当 α 是正整数时, $\Gamma(\alpha)=(\alpha-1)!$.

伽马函数的另一个重要而且常用的性质是下面的递推公式

$$\Gamma(\alpha+1)=\alpha\Gamma(\alpha),\quad \alpha>0.$$

scipy.stats 模块中, Γ 分布的概率密度函数的调用格式为

```
gamma.pdf(x, a, loc=0, scale=1)
```

这里 $\mathrm{a}=\alpha$, scale $=\beta$ (默认值为 1).

例 2.46　在一个图形界面上画 4 个不同的 Γ 分布的概率密度曲线.

```
#程序文件Pex2_46.py
from pylab import plot, legend, xlabel, ylabel, savefig, show, rc
from scipy.stats import gamma
from numpy import linspace
x=linspace(0,15,100); rc('font',size=15); rc('text', usetex=True)
plot(x,gamma.pdf(x,4,0,2),'r*-',label="$\\alpha=4, \\beta=2$")
plot(x,gamma.pdf(x,4,0,1),'bp-',label="$\\alpha=4, \\beta=1$")
plot(x,gamma.pdf(x,4,0,0.5),'.k-',label="$\\alpha=4, \\beta=0.5$")
plot(x,gamma.pdf(x,2,0,0.5),'>g-',label="$\\alpha=2, \\beta=0.5$")
legend(); xlabel('$x$'); ylabel('$f(x)$')
savefig("figure2_46.png",dpi=500); show()
```

所画的图形如图 2.15 所示.

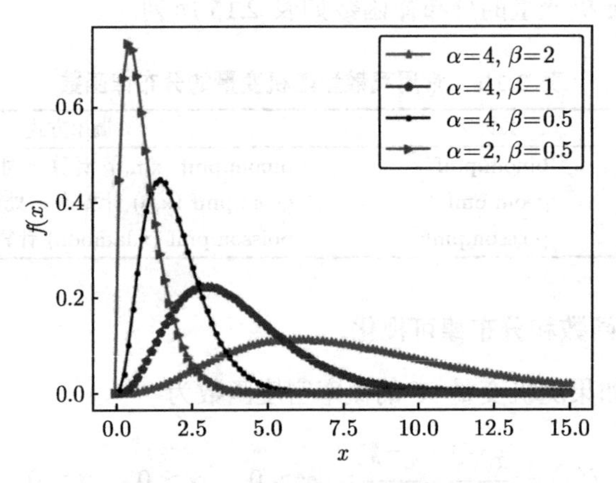

图 2.15　Γ 分布的概率密度曲线

例 2.47　把 4 个不同正态分布的密度函数画在 4 个子窗口中.

```
#程序文件Pex2_47.py
```

```
import matplotlib.pyplot as plt
import numpy as np
from scipy.stats import norm
mu0 = [-1, 0]; s0 = [0.5, 1]
x = np.linspace(-7, 7, 100); plt.rc('font',size=15)
plt.rc('text', usetex=True); plt.rc('axes',unicode_minus=False)
f, ax = plt.subplots(len(mu0), len(s0), sharex=True, sharey=True)
for i in range(2):
    for j in range(2):
        mu = mu0[i]; s = s0[j]
        y = norm(mu, s).pdf(x)
        ax[i,j].plot(x, y)
        ax[i,j].plot(1,0,label="$\\mu$ = {:3.2f}\n$\\sigma$
                                    = {:3.2f}".format(mu,s))
        ax[i,j].legend(fontsize=12)
ax[1,1].set_xlabel('$x$')
ax[0,0].set_ylabel('pdf($x$)')
plt.savefig('figure2_47.png'); plt.show()
```

所画的图形如图 2.16 所示.

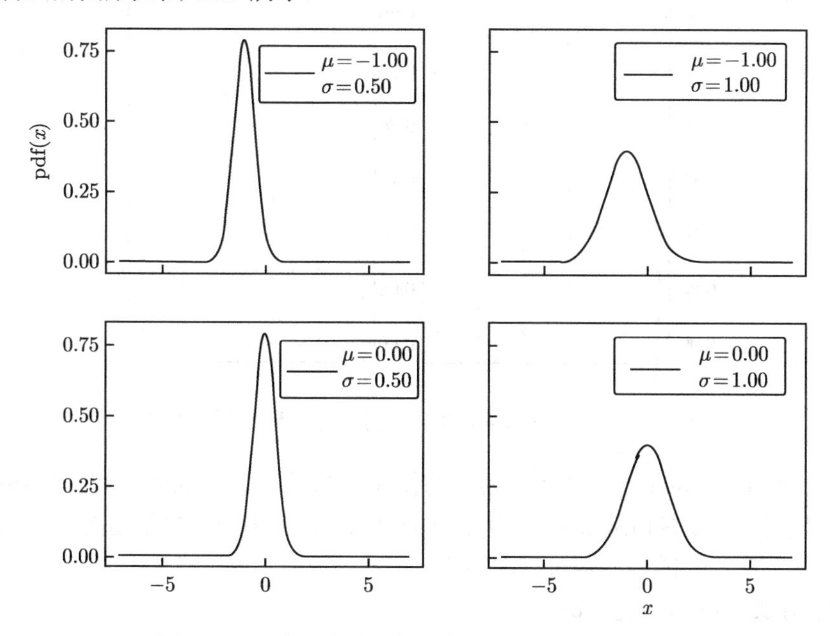

图 2.16　4 个子窗口画的正态分布的概率密度曲线

例 2.48　随机变量 $X \sim b(n,p)$ (二项分布), 则 X 的分布律为

$$P\{X=k\}=\mathrm{C}_n^k p^k(1-p)^{n-k},\quad k=0,1,\cdots,n.$$

画出二项分布 $b(5,0.4)$ 的分布律的 “火柴杆” 图.

```
#程序文件Pex2_48_1.py
from scipy.stats import binom
import matplotlib.pyplot as plt
import numpy as np
n, p=5, 0.4
x=np.arange(6); y=binom.pmf(x,n,p)
plt.subplot(1,2,1); plt.plot(x, y, 'ro')
plt.vlines(x, 0, y, 'k', lw=3, alpha=0.5)
#vlines(x, ymin, ymax)画竖线图
#lw设置线宽度, alpha设置图的透明度
plt.subplot(1,2,2); plt.stem(x, y, use_line_collection=True)
plt.savefig("figure2_48.png", dpi=500); plt.show()
```

所画出的图形见图 2.17.

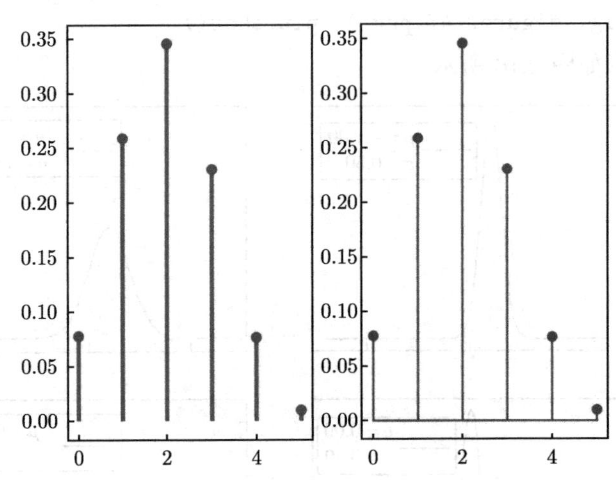

图 2.17　二项分布 $b(5,0.4)$ 的分布律图形的两种画法

matplotlib.pyplot 是生成图形常用的模块, 它提供了 matplotlib 库的绘图接口. 也可以使用 pylab 接口从 numpy 和 matplotlib.pyplot 中载入最常用的命令到当前工作空间. 例 2.48 的程序也可以改写为

```
#程序文件Pex2_48_2.py
from scipy.stats import binom
```

```
import pylab as plt
n, p=5, 0.4
x=plt.arange(6); y=binom.pmf(x,n,p)
plt.subplot(121); plt.plot(x, y, 'ro')
plt.vlines(x, 0, y, 'k', lw=3, alpha=0.5)
#vlines(x, ymin, ymax)画竖线图
#lw设置线宽度, alpha设置图的透明度
plt.subplot(122); plt.stem(x, y, use_line_collection=True)
plt.show()
```

习　题　2

2.1　考虑下面的 3×4 矩阵

$$\boldsymbol{A}=\begin{bmatrix}1 & 2 & 3 & 4\\ 5 & 6 & 7 & 8\\ 9 & 10 & 11 & 12\end{bmatrix}.$$

(1) 使用 array 函数在 Python 中构建该矩阵.

(2) 使用 arange 函数构造该矩阵.

(3) 表达式 A[2,:] 的结果是什么? 类似的表达式 A[2:] 的结果是什么?

2.2　构造范德蒙德矩阵 (Vandermonde matrix)

$$\boldsymbol{V}=\begin{bmatrix}1 & 1 & 1 & 1\\ 1 & 2 & 4 & 8\\ 1 & 3 & 9 & 27\\ 1 & 4 & 16 & 64\end{bmatrix}.$$

提示: NumPy 模块中可以通过 vander 命令直接构建.

2.3　令 $\boldsymbol{v}=[1,\ -1,\ 1]^{\mathrm{T}}$, 构造如下投影矩阵:

$$\boldsymbol{P}=\frac{\boldsymbol{v}\boldsymbol{v}^{\mathrm{T}}}{\boldsymbol{v}^{\mathrm{T}}\boldsymbol{v}}\quad 和\quad \boldsymbol{Q}=\boldsymbol{I}-\boldsymbol{P}.$$

2.4　编写程序, 生成包含 1000 个 0~100 内的随机整数, 并统计每个元素的出现次数.

2.5　编写程序, 生成包含 20 个随机数的数组, 然后将前 10 个元素升序排列, 后 10 个元素降序排列, 并输出结果.

2.6　求矩阵 $\boldsymbol{A}=\begin{bmatrix}9 & 80 & 205 & 40\\ 90 & -60 & 96 & 1\\ 210 & -3 & 101 & 89\end{bmatrix}$ 的鞍点, 即该位置上的元素是该行上的最大值, 是该列上的最小值. 矩阵可能存在多个鞍点, 也可能没有鞍点.

2.7 假设有一个英文文本文件, 编写程序读取其内容, 并将其中的大写字母变为小写字母, 小写字母变为大写字母.

2.8 在同一个图形界面中分别画出 6 条曲线

$$y = kx^2 \sin(x) + 2k + \cos(x^3), \quad k = 1, 2, \cdots, 6.$$

2.9 把屏幕开成 2 行 3 列 6 个子窗口, 每个子窗口画一条曲线, 画出曲线

$$y = kx^2 \sin(x) + 2k + \cos(x^3), \quad k = 1, 2, \cdots, 6.$$

2.10 分别画出下列二次曲面:

(1) 单叶双曲面 $\dfrac{x^2}{8} + \dfrac{y^2}{10} - \dfrac{z^2}{6} = 1$;

(2) 双叶双曲面 $\dfrac{x^2}{8} - \dfrac{y^2}{12} - \dfrac{z^2}{8} = 1$;

(3) 椭圆抛物面 $\dfrac{x^2}{10} + \dfrac{y^2}{6} = z$.

2.11 默比乌斯带是一种拓扑学结构, 它只有一个面和一个边界, 是 1858 年由德国数学家、天文学家默比乌斯和约翰·李斯丁独立发现的. 其参数方程为

$$\begin{cases} x = \left(2 + \dfrac{s}{2}\cos\dfrac{t}{2}\right)\cos t, \\ y = \left(2 + \dfrac{s}{2}\cos\dfrac{t}{2}\right)\sin t, \\ z = \dfrac{s}{2}\sin\dfrac{t}{2}, \end{cases}$$

其中, $0 \leqslant t \leqslant 2\pi$, $-1 \leqslant s \leqslant 1$. 绘制默比乌斯带.

2.12 画出如下函数的等高线, 并进行标注.

(1) $z = xe^{-x^2-y^2}$, $-2 \leqslant x \leqslant 2$, $-2 \leqslant y \leqslant 3$;

(2) $z = (1 - x^2 - y^2)e^{-y^3/3}$, $-1.5 \leqslant x \leqslant 2$, $-1.5 \leqslant y \leqslant 2$.

2.13 附件 1: 区域高程数据.xlsx (数据见封底二维码) 给出了某区域 43.65km × 58.2km 的高程数据, 画出该区域的三维网格图和等高线图，在 $A(30,0)$ 和 $B(43,30)$ (单位: km) 点处建立了两个基地, 在等高线图上标注出这两个点.

第 3 章　Python 在高等数学和线性代数中的应用

科学计算涉及数值计算和符号计算, 在 Python 中作基础数值计算使用 NumPy 和 SciPy 工具库, 作符号运算使用 SymPy 工具库. 第 2 章已经介绍过 NumPy 库, 本章首先介绍 SymPy, SciPy 这两个基础工具库, 然后介绍符号函数画图, 最后给出 Python 在高等数学和线性代数等方面的应用.

3.1　SymPy 工具库介绍

3.1.1　PymPy 工具库简介

SymPy 是 Python 版的开源计算机代数系统实现, 通俗地讲, SymPy 是用于符号运算的工具库. 现在这个工具库包括数十个模块, 使用命令

```
>>> help(''sympy'')
```

可以看到这些模块的名称, 常用的模块有

abc: 符号变量模块;

calculus: 积分相关方法;

core: 基本的加、乘、指数运算等;

discrete: 离散数学;

functions: 基本的函数和特殊函数;

galgebra: 几何代数;

geometry: 几何实体;

integrals: 符号积分;

interactive: 交互会话 (如 IPython);

logic: 布尔代数和定理证明;

matrices: 线性代数和矩阵;

ntheory: 数论函数;

physics: 物理学;

plotting: 用 Pyglet 进行二维和三维的画图;

polys: 多项式代数和因式分解;

printing: 漂亮的打印和代码生成;

series: 级数;

simplify：化简符号表达式;

solvers：方程求解;

stats：统计学.

这些模块可以满足常用的计算需求, 如代数、积分、离散数学、量子物理、画图与打印等, 计算结果还可以输出为 LaTeX 或其他格式. 下面介绍其中几个模块的功能.

1. 微积分模块 (sympy.integrals)

微积分模块支持大量的基础与高级微积分运算功能. 例如, 支持导数、积分、级数展开、微分方程以及有限差分方程. SymPy 还支持积分变换; 在微分中, 还支持数值微分、复合导数和分数阶导数.

2. 离散数学模块 (sympy.discrete)

离散数学指变量特征是离散的数学分支, 与连续变量的数学 (微积分) 区分开来. 它主要处理整数、图形以及逻辑学中的问题. 这个模块对二项式系数、乘积与求和运算有完整的支持.

3. 方程求解模块 (sympy.solvers)

求解器 (solvers) 是 SymPy 中求方程解的模块. 这个模块具有解复数多项式以及多项式组的能力. 它可以解代数方程、常微分方程、偏微分方程和差分方程.

4. 矩阵模块 (sympy.matrices)

SymPy 具有强大的矩阵与行列式计算的功能. 矩阵属于线性代数的分支. SymPy 支持矩阵创建, 如全 0 矩阵、全 1 矩阵、随机矩阵以及矩阵运算. 它还支持一些特殊函数, 如计算黑塞矩阵 (Hessian matrix) 的函数、一组向量的格拉姆–施密特 (Gram-Schmidt) 正交化函数、朗斯基 (Wronskian) 行列式计算的函数等.

另外, SymPy 还支持特征值和特征向量的计算、矩阵的转置以及矩阵与行列式求解. 还支持因式分解算法等. 在计算中, 还有零空间 (null space) 计算, 行列式、代数余子式展开工具以及伴随矩阵.

5. 物理学模块 (sympy.physics)

SymPy 有一个模块可以解决物理学问题. 它支持力学功能, 包括经典力学与量子力学以及高能物理学. 它还支持一维空间与三维空间的泡利代数与量子谐振子, 支持光学相关的功能. 它还有一个独立的模块将物理单位集成到 SymPy 里. 用户可以选择相应的物理单位完成计算和单位转换.

6. 统计学模块 (sympy.stats)

SymPy 的统计学模块支持数学计算中涉及的许多统计函数. 除了常见的连续与离散随机分布函数, 它还支持符号概率相关功能. SymPy 库中的随机分布函数都支持随机数生成功能.

3.1.2 符号运算基础知识

使用 Python 的 SymPy 库进行符号计算, 首先要建立符号变量以及符号表达式. 符号变量是构成符号表达式的基本元素, 可以通过库中的 symbols() 函数创建. 例如

```
>>> from sympy import *
>>> x=symbols('x')
>>> y,z=symbols('y z')
```

构建多个符号变量时, 中间以空格分隔. 注意, 在语句

```
x=symbols('x')
```

中, x 是符号变量的名称, 而 'x' 则是符号变量的值, 用于显示. 符号变量的名称和值不一定相同, 例如

```
>>> var_v=Symbol('v')
```

也同样声明一个值为 'v' 的符号变量 var_v.

定义多个符号变量有两种方法, 第一种方法是用空格分隔的符号名称传入符号函数, 第二种方法是将 m0:3 传入符号函数, 生成一个如 m0, m1, m2 的符号序列.

在符号计算中, 使用 evalf() 或 n() 方法来获得任何对象的浮点近似值, 默认的精度是小数点后 15 位, 而且可以通过调整参数改成任何想要的精度.

例 3.1 符号创建、类型转换及 subs() 方法代入值示例.

```
#程序文件Pex3_2.py
from sympy import *
x,y,z=symbols('x  y  z')
m0,m1,m2,m3=symbols('m0:4')  #创建多个符号变量
x=sin(1)
print("x=",x); print("x=",x.evalf())
print("x=",x.n(16))  #显示小数点后16位数字
print("pi的两种显示格式:{},{}".format(pi,pi.evalf(3)))
                                        #这里不能使用n()函数
expr1=y*sin(y**2)  #创建第一个符号表达式
expr2=y**2+sin(y)*cos(y)+sin(z)  #创建第二个符号表达式
print("expr1=",expr1)
```

```
print("y=5时, expr1=",expr1.subs(y,5))  #代入一个符号变量的值
print("y=2,z=3时, expr2=",expr2.subs({y:2,z:3}))  #代入 y=2,z=3
print("y=2,z=3时, expr2=",expr2.subs({y:2,z:3}).n())
                                                   #以浮点数显示计算结果
```

运行结果如下:

```
x=sin(1)
x=0.841470984807897
x=0.8414709848078965
pi的两种显示格式:pi,3.14
expr1= y*sin(y**2)
y=5时, expr1=5*sin(25)
y=2,z=3时, expr2=sin(2)*cos(2)+sin(3)+4
y=2,z=3时, expr2=3.76271876040590
```

SymPy 有很多函数可以用于处理有理数. 这些函数可以对有理数做简化、展开、合并等操作. 为了计算两个有理数的加法, 用到 together 函数; 类似地, 计算有理数的除法, 用到 apart 函数.

例 3.2 符号函数 together() 及 apart() 使用示例.

```
#程序文件Pex3_2.py
from sympy import *
x1,x2,x3,x4=symbols('m1:5'); x=symbols('x')
print(x1/x2+x3/x4)
print(together(x1/x2+x3/x4))
print((2*x**2+3*x+4)/(x+1))
print(simplify((2*x**2+3*x+4)/(x+1))) # 化简没有效果
print(apart((2*x**2+3*x+4)/(x+1)))
```

运行结果:

```
m1/m2 + m3/m4
(m1*m4 + m2*m3)/(m2*m4)
(2*x**2 + 3*x + 4)/(x + 1)
(2*x**2 + 3*x + 4)/(x + 1)
2*x + 1 + 3/(x + 1)
```

3.2 SciPy 工具库简介

SciPy 是对 NumPy 的功能扩展, 它提供了许多高级数学函数, 例如, 微分、积

分、微分方程、优化算法、数值分析、高级统计函数、方程求解等. SciPy 是在 NumPy 数组框架的基础上实现的, 它对 NumPy 数组和基本的数组运算进行扩展, 满足科学家和工程师解决问题时需要用到的大部分数学计算功能.

SciPy 支持的功能包括文件处理、积分、数值分析、优化方法、统计学、信号与图像处理、聚类分析和空间分析等. 下面简要介绍部分功能模块.

1. 微积分模块 (scipy.integrate)

微积分模块支持数值积分和微分方程数值解的功能.

1) 给定函数的数值积分

quad: 一重数值积分.

dblquad: 二重数值积分.

tplquad: 三重数值积分.

nquad: 通用 N 重积分.

fixed_quad: 使用固定阶高斯求积公式求数值积分.

quadrature: 使用固定误差限的高斯求积公式求数值积分.

romberg: 求函数的 Romberg 数值积分.

注 3.1 以下一般不给出函数用法的详细说明, 读者可以查看相关函数的帮助信息, 例如, 看函数 romberg 的帮助信息, 使用命令:

```
>>> from scipy.integrate import romberg
>>> help(romberg)
```

2) 给定离散点的数值积分

cumtrapz: 用梯形法求数值积分.

simps: 用辛普森法求数值积分.

romb: 用 Romberg 积分法求自变量均匀间隔离散点的数值积分.

3) 微分方程的数值解

odeint: 使用 FORTRAN 库中方法求微分方程组的数值解.

ode: 求一般微分方程组的数值解.

complex_ode: 求复微分方程组的数值解.

2. 线性代数模块 (scipy.linalg)

与 numpy.linalg 相比, scipy.linalg 函数有更高级的特征.

3. 优化模块 (scipy.optimize)

SciPy 的优化模块提供了解决单变量和多变量的目标函数最小值问题的功能. 它通过大量的算法解决最小化问题. 优化模块支持线性回归、搜索函数的最大值与最小值、方程求根、线性规划、拟合等功能.

4. **插值模块** (scipy.interpolate)

插值模块支持一维和多维插值, 例如, 泰勒 (Taylor) 多项式插值, 一维和多维样条插值.

5. **统计学模块** (scipy.stats)

统计模块提供了各种随机变量的分布、统计量的计算、分布拟合、参数检验等功能.

6. **傅里叶变换模块** (scipy.fftpack)

离散傅里叶变换和离散傅里叶逆变换可以分别用 fft 和 ifft 函数来计算.

7. **信号处理模块** (scipy.signal)

信号处理模块包含一系列滤波函数、滤波器设计函数, 以及对一维和二维数据进行 B-样条插值的函数. 这个模块包含的函数可以进行以下操作：卷积、B-样条、滤波、滤波器设计、MATLAB 式的 IIR 滤波器设计、连续时间的线性系统、离散时间的线性系统、线性时不变系统、信号波形、窗函数、小波分析和光谱分析等.

8. **多维图像处理模块** (scipy.ndimage)

通常图像处理可以看作对二维数组的操作. 这个模块提供了图像处理的各种函数, 例如, 图像几何变换、图像滤波等.

9. **空间分析模块** (scipy.spatial)

空间分析是一系列用于分析空间数据的算法. 空间数据是指和地理空间或垂直空间相关的数据对象. 这种数据包括点、线、多边形、其他几何和地理特征信息.

该模块支持 Delaunay 三角剖分、Voronoi 图、N 维凸包等功能, 支持 KD 树 (scipy.spatial.kdtree) 实现快速近邻查找算法, 还可以对初始向量集合进行距离矩阵的计算.

10. **聚类模块** (scipy.cluster)

聚类是将一个大的集合分成多个组的过程. SciPy 聚类模块包括两个子模块：向量量化 (vector quantization, VQ)(scipy.cluster.vq) 和层次聚类 (scipy.cluster.hierarchy). VQ 模块支持 K 均值聚类和向量量化, 层次聚类模块支持分层聚类和聚合聚类.

11. **文件输入/输出模块** (scipy.io)

该模块支持一系列格式文件的读和写. 这些格式文件包括：MATLAB 文件、ALD 文件、Matrix Market 文件、无格式的 FORTRAN 文件、WAV 声音文件、ARFF

文件和 NetCDF 文件.

SciPy 可以使用 MATLAB 的 “.mat” 文件格式读取和写入数据, 函数为 loadmat 和 savemat. 如果要加载数据, 则可以使用如下语法:

```
import scipy.io
data=scipy.io.loadmat('datafile.mat')
```

返回值 data 为一个字典, 该字典包含了与 “.mat” 文件中保存的变量名相对应的键, 对应值为 NumPy 数组格式.

保存数据到 “.mat” 文件涉及创建一个包含要保存的所有变量的字典 (变量名和值), 函数为 savemat, 保存数组 x 和 y 的代码如下

```
data={}; data['x']=x; data['y']=y
scipy.io.savemat('datafile.mat',data)
```

还有其他一些模块: 如附件模块 (scipy.misc), 实现图形读写操作功能; 稀疏矩阵及其相关算法模块 (scipy.sparse); 特殊函数模块 (scipy. special) 等.

3.3 用 SymPy 做符号函数画图

用 SymPy 做符号函数画图很方便. 下面通过一些示例来说明二维图形、三维图形和隐函数符号函数画图方法.

1. 二维曲线画图

plot 的基本使用格式为

```
plot(表达式, 变量取值范围, 属性 = 属性值)
```

多重绘制的使用格式为

```
plot(表达式1, 表达式2, 变量取值范围, 属性 = 属性值)
```

或者

```
plot((表达式1, 变量取值范围1), (表达式2, 变量取值范围2))
```

例 3.3 在同一图形界面上画出 $y_1 = 2\sin x$, $x \in [-6,6]$; $y_2 = \cos\left(x+\frac{\pi}{4}\right)$, $x \in [-5,5]$.

```
#程序文件 Pex3_3.py
from sympy.plotting import plot
from sympy.abc import x,pi #引进符号变量x及常量pi
from sympy.functions import sin,cos
plot((2*sin(x),(x,-6,6)),(cos(x+pi/4),(x,-5,5)))
```

2. 三维曲面画图

例 3.4 (续例 2.41)　画出三维曲面 $z=\sin\left(\sqrt{x^2+y^2}\right)$ 的图形.

```
#程序文件Pex3_4.py
from pylab import rc  #pylab为matplotlib的接口
from sympy.plotting import plot3d
from sympy.abc import x,y  #引进符号变量x,y
from sympy.functions import sin,sqrt
rc('font',size=16); rc('text',usetex=True)
plot3d(sin(sqrt(x**2+y**2)),(x,-10,10),(y,-10,10),xlabel='$x$',
    ylabel='$y$')
```

所画的图形如图 3.1 所示.

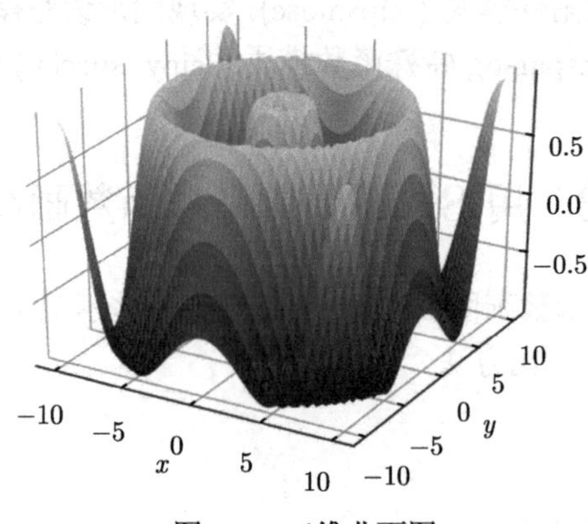

图 3.1　三维曲面图

3. 隐函数画图

例 3.5　绘制隐函数 $(x-1)^2+(y-2)^3-4=0$ 的图形.

```
#程序文件Pex3_5_1.py
from pylab import rc
from sympy import plot_implicit as pt,Eq
from sympy.abc import x,y   #引进符号变量x,y
rc('font',size=16); rc('text',usetex=True)
pt(Eq((x-1)**2+(y-2)**3,4),(x,-6,6),(y,-2,4),xlabel='$x$',
    ylabel='$y$')
```

所画的图形如图 3.2 所示.

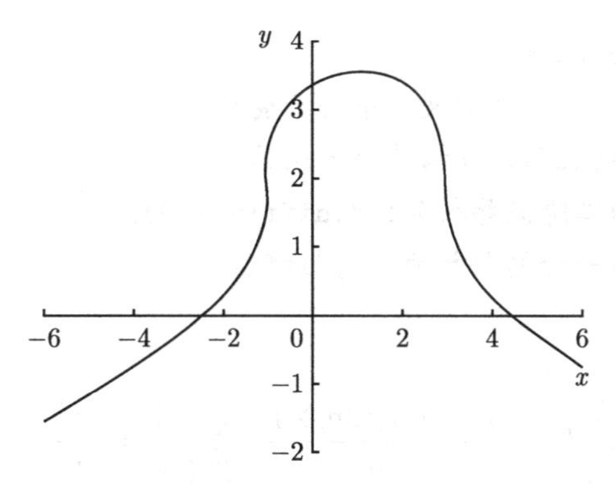

图 3.2 隐函数的图形

或者使用匿名函数 (lambda 函数) 设计如下程序:

```
#程序文件Pex3_5_2.py
from sympy import plot_implicit as pt
from sympy.abc import x,y   #引进符号变量x,y
ezplot=lambda expr:pt(expr)
ezplot((x-1)**2+(y-2)**3-4)
```

3.4 高等数学问题的符号解

SymPy 包括许多功能, 从基本的符号算术到多项式、微积分、求解方程、离散数学和统计等. 它主要处理三种类型的数据: 整型数据、实数和有理数. 有理数包括两个部分: 分子和分母, 可以用 Ration 类定义有理数. 本节通过示例程序来理解 SymPy 的概念及应用.

1. 求极限

例 3.6 验证 $\lim\limits_{x\to 0}\dfrac{\sin x}{x}=1,\ \lim\limits_{x\to+\infty}\left(1+\dfrac{1}{x}\right)^x=e.$

```
#程序文件Pex3_6.py
from sympy import *
x=symbols('x')
print(limit(sin(x)/x,x,0))
print(limit(pow(1+1/x,x),x,oo))  #这里是两个小"o", 表示正无穷
```

2. 求导数

例 3.7 已知 $z=\sin x+x^2e^y$, 求 $\dfrac{\partial^2 z}{\partial x^2},\ \dfrac{\partial z}{\partial y}.$

```
#程序文件Pex3_7.py
```

```
from sympy import *
x,y=symbols('x y')  #定义两个符号变量
z=sin(x)+x**2*exp(y)  #构造符号表达
print("关于x的二阶偏导数为: ",diff(z,x,2))
print("关于y的一阶偏导数为: ",diff(z,y))
```

3. 级数的求和

例 3.8　验证 $\sum_{k=1}^{n} k^2 = \frac{n(n+1)(2n+1)}{6}, \sum_{k=1}^{\infty} \frac{1}{k^2} = \frac{\pi^2}{6}$.

```
#程序文件Pex3_8.py
from sympy import *
k,n=symbols('k  n')
print(summation(k**2,(k,1,n)))
print(factor(summation(k**2,(k,1,n))))  #把计算结果因式分解
print(summation(1/k**2,(k,1,oo)))  #这里是两个小"o"表示正无穷
```

4. 泰勒展开

例 3.9　写出 $\sin x$ 在 0 点处的 3, 5, 7 阶泰勒展开式, 并在同一图形界面上画出 $\sin x$ 及它的上述各阶泰勒展开式在区间 [0, 2] 上的图形.

```
#程序文件Pex3_9.py
from pylab import rc
from sympy import *
from sympy.plotting import *
rc('font',size=16); rc('text',usetex=True)
x=symbols('x'); y=sin(x)
for k in range(3,8,2): print(y.series(x,0,k))
                                        #等价于print(series(y,x,0,k))
plot(y,series(y,x,0,3).removeO(),series(y,x,0,5).removeO(),
    series(y,x,0,7).removeO(),(x,0,2),xlabel='$x$',ylabel='$y$')
```

运行结果:

```
x + O(x**3)
x - x**3/6 + O(x**5)
x - x**3/6 + x**5/120 + O(x**7)
```

所画的图形如图 3.3 所示.

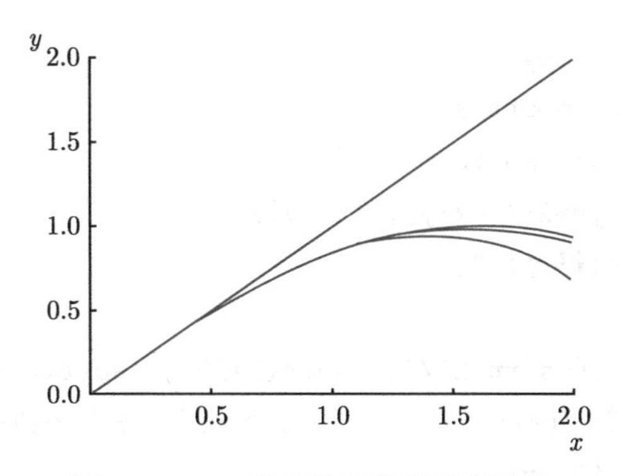

图 3.3 $\sin x$ 及它的泰勒展开式图形

5. 不定积分和定积分

例 3.10 验证 $\int_0^\pi \sin(2x)dx=0, \int_0^{+\infty}\frac{\sin x}{x}dx=\frac{\pi}{2}$.

```
#程序文件 Pex3_10.py
from sympy import integrate, symbols, sin, pi, oo
x=symbols('x')
print(integrate(sin(2*x),(x,0,pi)))
print(integrate(sin(x)/x,(x,0,oo)))
```

6. 求解代数方程 (方程组) 的符号解

例 3.11 求如下代数方程:

(1) $x^3=1$; (2) $(x-2)^2(x-1)^3=0$.

```
#程序文件Pex3_11.py
from sympy import *
x,y=symbols('x  y')
print(solve(x**3-1,x))
print(solve((x-2)**2*(x-1)**3,x))
print(roots((x-2)**2*(x-1)**3,x))  #roots可以得到根的重数信息
```

运行结果:

```
[1, -1/2 - sqrt(3)*I/2, -1/2 + sqrt(3)*I/2]
[1, 2]
{2: 2, 1: 3}
```

例 3.12 求解如下代数方程组

$$\begin{cases} x^2+y^2=1, \\ x-y=0. \end{cases}$$

```
#程序文件Pex3_12.py
from sympy.abc import x, y
from sympy import solve
s=solve([x**2+y**2-1, x-y], [x, y])
print("方程组的解为: ", s)
```

运行结果:

```
方程组的解为: [(-sqrt(2)/2, -sqrt(2)/2), (sqrt(2)/2, sqrt(2)/2)]
```

例 3.13　求函数 $f(x)=2x^3-5x^2+x$ 的驻点, 并求函数在 $[0,1]$ 上的最大值.

```
#程序文件Pex3_13.py
from sympy import *
x=symbols('x'); y=2*x**3-5*x**2+x
x0=solve(diff(y,x),x)  #求驻点
print("驻点的精确解为",x0)
print("驻点的浮点数表示为: ",[x0[i].n()for i in range(len(x0))])
                          #列表中的符号数无法整体转换为浮点数
y0=[y.subs(x,0),y.subs(x,1),y.subs(x,x0[0]).n()]
                          #代入区间端点和一个驻点的值
print("三个点的函数值分别为:",y0)
```

运行结果:

```
驻点的精确解为 [-sqrt(19)/6 + 5/6, sqrt(19)/6 + 5/6]
驻点的浮点数表示为:  [0.106850176076554, 1.55981649059011]
三个点的函数值分别为: [0, -2, 0.0522051838383851]
```

通过运行结果可以看出, 第一个驻点 $x=-\frac{\sqrt{19}+5}{6}$ 在所考虑的区间内为最大点, 对应的最大值为 0.0522.

7. 求微分方程 (方程组) 的符号解

SymPy 库提供了 dsolve 函数求常微分方程的符号解.

在声明时, 可以使用 Function() 函数

```
>>>y=Function('y')
```

或者

```
>>>y=symbols('y',cls=Function)
```

将符号变量声明为函数类型.

例 3.14　求下列微分方程的通解:

(1) 齐次方程: $y''-5y'+6y=0$;

(2) 非齐次方程: $y''-5y'+6y=xe^{2x}$.

```
#程序文件Pex3_14.py
from sympy import *
x=symbols('x'); y=symbols('y',cls=Function)
eq1=diff(y(x),x,2)-5*diff(y(x),x)+6*y(x)
eq2=diff(y(x),x,2)-5*diff(y(x),x)+6*y(x)-x*exp(2*x)
print("齐次方程的解为: ",dsolve(eq1,y(x)))
print("非齐次方程的解为: ",dsolve(eq2,y(x)))
```

运行结果:

```
齐次方程的解为: Eq(y(x),(C1 + C2*exp(x))*exp(2*x))
非齐次方程的解为: Eq(y(x),(C1 + C2*exp(x) - x**2/2 - x)*exp(2*x))
```

即知齐次方程的通解为

$$y(x) = (c_1 + c_2e^x)e^{2x};$$

非齐次方程的通解为

$$y(x) = \left(c_1 + c_2e^x - \frac{x^2}{2} - x\right)e^{2x}.$$

例 3.15 求下列微分方程的解:

(1) 初值问题: $y'' - 5y' + 6y = 0$, $y(0) = 1$, $y'(0) = 0$;

(2) 初值问题: $y'' - 5y' + 6y = xe^{2x}$, $y(0) = 1$, $y(2) = 0$.

```
#程序文件Pex3_15.py
from sympy import *
x=symbols('x'); y=symbols('y',cls=Function)
eq1=diff(y(x),x,2)-5*diff(y(x),x)+6*y(x)
eq2=diff(y(x),x,2)-5*diff(y(x),x)+6*y(x)-x*exp(2*x)
print("初值问题的解为: {}".format(dsolve(eq1,y(x),ics={y(0):1,
    diff(y(x),x).subs(x,0):0})))
y2=dsolve(eq2,y(x),ics={y(0):1,y(2):0})
print("边值问题的解为: {}".format(y2))
```

运行结果:

```
初值问题的解为: Eq(y(x), (-2*exp(x) + 3)*exp(2*x))
边值问题的解为: Eq(y(x), (-x**2/2 - x - 3*exp(x)/(-exp(2) + 1)+
    (-exp(2) + 4)/(-exp(2) + 1))*exp(2*x))
```

3.5　高等数学问题的数值解

大多数实际问题是无法求符号解的, 只能求数值解, 即近似解. 本节介绍调用 SciPy 工具库求数值解, 对其中的一些问题我们自己设计 Python 程序.

3.5.1　泰勒级数与数值导数

1. *泰勒级数*

$\sin x$ 的泰勒级数展开式为

$$\sin x=\sum_{k=0}^{\infty}\frac{(-1)^k x^{2k+1}}{(2k+1)!},\quad x\in(-\infty,\infty).$$

例 3.16　画出 $\sin x$ 及它在 0 点处的 $1,3,5$ 阶泰勒展开式在 $x\in[-2\pi,2\pi]$ 时的图形.

编写如下的函数 mysin 求 $f(x)=\sin x$ 的近似值. 调用自定义函数 mysin 画出泰勒展开式的图形, 设计程序如下:

```
#程序文件Pex3_16.py
import numpy as np
import matplotlib.pyplot as plt
def fac(n): return (1 if n<1 else n*fac(n-1))
def item(n,x): return (-1)**n*x**(2*n+1)/fac(2*n+1)
def mysin(n,x): return (0 if n<0 else mysin(n-1,x)+item(n,x))
x=np.linspace(-2*np.pi,2*np.pi,101)
plt.plot(x,np.sin(x),'*-')
str=['v-','H--','-.']
for n in [1,2,3]: plt.plot(x,mysin(2*n-1,x),str[n-1])
plt.legend(['sin','n=1','n=3','n=5'])
plt.savefig('figure3_16.png',dpi=500); plt.show()
```

所画的图形如图 3.4 所示.

2. *数值导数*

利用泰勒级数可以给出近似计算函数导数的方法. 例如, 若 $f(x)$ 存在一阶导数, 则由泰勒级数

$$f(x+\Delta x)=f(x)+f'(x)\Delta x+o(\Delta x),$$

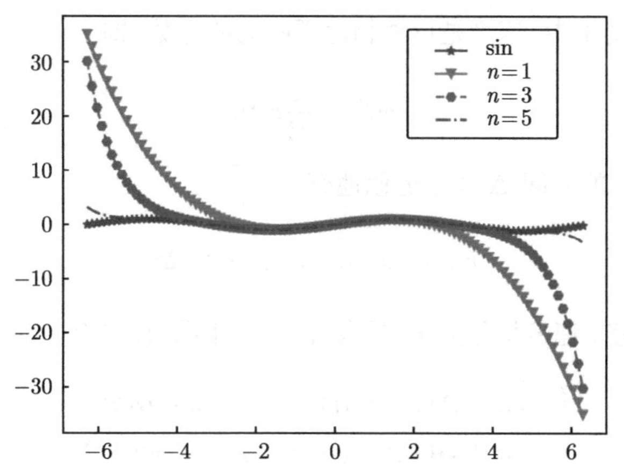

图 3.4 函数 $\sin x$ 与 $n=1,3,5$ 时的麦克劳林级数比较

移项并舍弃高阶无穷小, 得

$$f'(x) \approx \frac{f(x+\Delta x)-f(x)}{\Delta x}, \tag{3.1}$$

这是一个常用的用于估计函数一阶导数的计算公式, 它具有一阶精度. 此外, 还可以推出具有二阶精度的估计公式

$$f'(x) \approx \frac{f(x+\Delta x)-f(x-\Delta x)}{2\Delta x}. \tag{3.2}$$

当函数具有更高阶的导数时, 如利用

$$f(x+\Delta x)=f(x)+f'(x)\Delta x+\frac{f''(x)}{2!}(\Delta x)^2+o((\Delta x)^2)$$

以及

$$f(x-\Delta x)=f(x)-f'(x)\Delta x+\frac{f''(x)}{2!}(\Delta x)^2+o((\Delta x)^2)$$

可得二阶导数的计算公式

$$f''(x) \approx \frac{f(x+\Delta x)-2f(x)+f(x-\Delta x)}{(\Delta x)^2}. \tag{3.3}$$

下面以运动学中的问题来展示数值导数的应用.

例 3.17 甲、乙、丙、丁 4 个人分别位于起始位置 $(-200,200)$, $(200,200)$, $(200,-200)$ 以及 $(-200,-200)$ 处 (单位: m), 并且以恒定的速率 1m/s 行走. 在行走过程中, 甲始终朝向乙的当前位置; 同样, 乙朝向丙、丙朝向丁、丁朝向甲. 试绘制 4 人行走过程的近似轨迹.

分析: 在运动学中, 速度是位移相对于时间的导数, 即

$$v(t) = \frac{d}{dt}r(t),$$

因此, 在一段很短的时间 Δt 内, 近似地有

$$r(t+\Delta t) \approx r(t) + v(t) \cdot \Delta t$$

成立. 又由于位移、速度均是矢量, 因此在 xOy 平面内, 又有

$$\begin{cases} r_x(t+\Delta t) \approx r_x(t) + v(t) \cdot \Delta t \cdot \cos\theta(t), \\ r_y(t+\Delta t) \approx r_y(t) + v(t) \cdot \Delta t \cdot \sin\theta(t), \end{cases} \tag{3.4}$$

其中, $\theta(t)$ 是 t 时刻与 x 轴正向的夹角.

以两个二维数组 xy, xyn 分别存储 4 个人的当前位置和下一时刻的位置, 具体地说, 第 i 个人的当前位置为 xy[i], 下一时刻的位置为 xyn[i], 其中 i 取 $0,1,2,3$ 时分别对应甲、乙、丙、丁. 下面语句

```
j=(i+1)%4; dxy=xy[j]-xy[i]
dd=dxy/ng.norm(dxy) #单位化向量
```

就完成了对夹角余弦值、正弦值的计算.

二维数组 Txy 存放 4 个人的所有位置信息, 其中 Txy[i] 存放第 i 个人所有时刻的位置信息. 具体程序代码如下:

```
#程序文件Pex3_17.py
import numpy as np, numpy.linalg as ng
import matplotlib.pyplot as plt
N=4; v=1.0; d=200.0; time=400.0; divs=201
xy=np.array([[-d,d],[d,d],[d,-d],[-d,-d]])
T=np.linspace(0,time,divs); dt=T[1]-T[0]
xyn=np.empty((4,2)); Txy=xy
for n in range(1,len(T)):
      for i in [0,1,2,3]:
            j=(i+1)%4; dxy=xy[j]-xy[i]
            dd=dxy/ng.norm(dxy) #单位化向量
            xyn[i]=xy[i]+v*dt*dd; #计算下一步的位置
      Txy=np.c_[Txy,xyn]; xy=xyn.copy()
for i in range(N):plt.plot(Txy[i,::2],Txy[i,1::2])
plt.savefig("figure3_17.png",dpi=500); plt.show()
```

程序的运行结果如图 3.5 所示. 可以用二分法, 通过改变 time 变量的值, 来估计 4 人 “汇聚” 在中心点时所需要的时间.

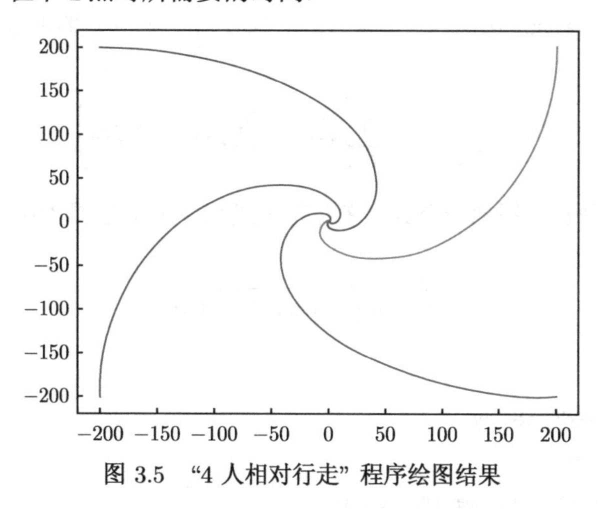

图 3.5 “4 人相对行走” 程序绘图结果

3.5.2 数值积分

1. 一重积分

在实际问题中, 利用牛顿–莱布尼兹公式, 通过求原函数, 计算定积分

$$\int_a^b f(x)dx = F(x)|_a^b = F(b) - F(a)$$

是非常困难的, 这里 $F(x)$ 为 $f(x)$ 的一个原函数. 然而, 我们知道, 当一元函数 $f(x)$ 在区间 $[a,b]$ 上不变号时, 其定积分的值恰好等于 $f(x)$ 与直线 $x=a$, $x=b$ 以及 x 轴所围成的曲边梯形的 “有向面积”.

梯形法的计算思想是把大的曲边梯形剖分成多个小的曲边梯形, 每个小曲边梯形的面积用一个梯形面积作近似, 最后累加求和得到所求定积分的数值解.

下面直接给出积分 $\int_a^b f(x)dx$ 的梯形计算公式和辛普森计算公式.

使用梯形公式时, 把整个区间 $[a,b]$ 进行 n 等分 (此时步长 $h=(b-a)/n$), 分点为 x_i $(i=0,1,\cdots,n)$, 对应的函数值 $f_i=f(x_i)$, 这里 $x_i=a+i\cdot h$, $i=0,1,\cdots,n$. 积分 $\int_a^b f(x)dx$ 的数值解

$$I_1 = \frac{h}{2}\left(f_0 + 2\sum_{i=1}^{n-1} f_i + f_n\right). \tag{3.5}$$

使用辛普森公式时, 将区间 $[a,b]$ 进行 $2n$ 等分, 步长 $h=\dfrac{b-a}{2n}$, 分点 $x_i=a+i\cdot h$ $(i=0,1,\cdots,2n)$, 对应的函数值 $f_i=f(x_i)$. 积分 $\int_a^b f(x)dx$ 的数值解

$$I_2=\frac{h}{3}\left[f_0+2\sum_{i=1}^{n-1}f_{2i}+4\sum_{i=1}^{n}f_{2i-1}+f_{2n}\right]. \tag{3.6}$$

例 3.18　分别使用梯形公式、辛普森公式和 SciPy 工具库中函数 quad 求定积分

$$\int_0^1 \sin\left(\sqrt{\cos x+x^2}\right)dx$$

的数值解.

```
#程序文件Pex3_18.py
import numpy as np
from scipy.integrate import quad
def trapezoid(f,n,a,b):    #定义梯形公式的函数
    xi=np.linspace(a,b,n); h=(b-a)/(n-1)
    return h*(np.sum(f(xi))-(f(a)+f(b))/2)
def simpson(f,n,a,b):    #定义辛普森公式的函数
    xi, h=np.linspace(a,b,2*n+1), (b-a)/(2.0*n)
    xe=[f(xi[i]) for i in range(len(xi)) if i%2==0]
    xo=[f(xi[i]) for i in range(len(xi)) if i%2!=0]
    return h*(2*np.sum(xe)+4*np.sum(xo)-f(a)-f(b))/3.0
a=0; b=1; n=1000
f=lambda x: np.sin(np.sqrt(np.cos(x)+x**2))
print("梯形积分I1=",trapezoid(f,n,a,b))
print("辛普森积分I2=",simpson(f,n,a,b))
print("SciPy积分I3=",quad(f,a,b))
```

运行结果:

```
梯形积分I1= 0.8803354297105352
辛普森积分I2= 0.8803354170924643
SciPy积分I3= (0.8803354170924643, 9.773686494490445e-15)
```

2. 多重积分

关于多重积分使用 SciPy 库中的函数 dblquad, tplquad 直接求数值解. dblquad 的调用格式为

```
dblquad(func, a, b, gfun, hfun, args=(), epsabs=1.49e-08, epsrel=
    1.49e-08)
```

其中, 被积函数 func 的格式为 func(y, x), 最外层 x 的积分区间为 [a, b], 内层 y 的积分区间为 [gfun(x), hfun(x)].

tplquad 的调用格式为

```
tplquad(func, a, b, gfun, hfun, qfun, rfun, args=(), epsabs=1.49
    e-08, epsrel=1.49e-08)
```

其中, 被积函数 func 的格式为 func(z, y, x), 最外层 x 的积分区间为 [a, b], 中间层 y 的积分区间为 [gfun(x), hfun(x)], 最内层 z 的积分区间为 [qfun(x, y), rfun(x, y)].

例 3.19 分别求下列积分的数值解.

(1) $\int_0^2 dx \int_0^1 xy^2 dy$; (2) $I = \iint\limits_{x^2+y^2\leqslant 1} e^{-\frac{x^2}{2}} \sin(x^2+y) dxdy$.

对于 (2) 中的二重积分, 先要化成累次积分

$$I = \int_{-1}^{1} dx \int_{-\sqrt{1-x^2}}^{\sqrt{1-x^2}} e^{-\frac{x^2}{2}} \sin(x^2+y) dy.$$

```
#程序文件Pex3_19.py
import numpy as np
from scipy.integrate import dblquad
f1=lambda y, x: x*y**2  #第一个被积函数
print("I1: ",dblquad(f1, 0, 2, 0, 1))
f2=lambda y, x: np.exp(-x**2/2)*np.sin(x**2+y)
bd=lambda x: np.sqrt(1-x**2)
print("I2:",dblquad(f2, -1, 1, lambda x: -bd(x), bd))
```

运行结果:

```
I1: (0.6666666666666667, 7.401486830834377e-15)
I2: (0.5368603826989582, 3.696155159715886e-09)
```

即第一个积分值为 0.6667, 第二个积分值为 0.5369.

例 3.20 计算 $\iiint\limits_{\Omega} z\sqrt{x^2+y^2+1}\, dxdydz$, 其中 Ω 为柱面 $x^2+y^2-2x=0$ 与 $z=0$, $z=6$ 两平面所围成的空间区域.

先把三重积分化成累次积分

$$I = \int_0^2 dx \int_{-\sqrt{2x-x^2}}^{\sqrt{2x-x^2}} dy \int_0^6 z\sqrt{x^2+y^2+1}\, dz.$$

```
#程序文件Pex3_20.py
import numpy as np
from scipy.integrate import tplquad
f=lambda z, y, x: z*np.sqrt(x**2+y**2+1)
ybd=lambda x: np.sqrt(2*x-x**2)
print("I=",tplquad(f, 0, 2, lambda x: -ybd(x),ybd, 0, 6))
```

求得的积分值为 87.4502.

注 3.2　上述三重积分中, 被积函数的定义, 必须严格按照积分次序书写匿名函数的自变量顺序, 如积分顺序为先对 z 积分, 再对 y 积分, 最后对 x 积分, 则被积函数的匿名函数定义中函数的写法为 f(z, y, z), 不能写成 f(x, y, z) 等其他写法.

3.5.3　非线性方程 (组) 数值解

方程求解一直是数学中的核心问题之一. 然而, 即使是对于形如

$$\sum_{i=0}^{n} a_i x^i = 0$$

这样的代数方程, 当 $n \geqslant 5$ 时也没有统一的求根公式.

在实际应用中, 方程的数值解往往就可以满足工程及计算的需要了. 这里介绍两种较为常用的方程数值解法: 二分法、牛顿迭代法. 读者需要了解这些方法的使用条件.

1. 二分法求根

若 $f(x) \in C[a,b]$ ($[a,b]$ 上的连续函数) 且 $f(a)f(b) < 0$, 则由介值定理, 存在 $c \in [a,b]$, 使得 $f(c) = 0$. 这时, 可以使用二分法对方程进行求根.

(1) 令 $a_0 = a$, $b_0 = b$, $n = 0$.

(2) 令 $c_n = (a_n + b_n)/2$.

(3) 若 $|f(c_n)| < \varepsilon$, 则算法停止, 输出 c_n.

(4) 若 $f(a_n)f(c_n) < 0$, 则 $a_{n+1} \leftarrow a_n$, $b_{n+1} \leftarrow c_n$; 否则, $a_{n+1} \leftarrow c_n$, $b_{n+1} \leftarrow b_n$.

(5) $n \leftarrow n+1$, 转至 (2).

采用二分法对方程求根时, 第 n 次迭代对应的区间长度为 $(b-a)/2^n$, 收敛速度是较快的.

2. 牛顿迭代法求根

若 $f(x) \in C^2[a,b]$ ($[a,b]$ 上的二阶连续可微函数), $f(a)f(b) < 0$ 且 $f'(x)$ 在 $[a,b]$ 上不变号, 则方程 $f(x) = 0$ 在 $[a,b]$ 内必然存在某个根 x^*. 设 x_0 是 x^* 附近的点,

则根据泰勒展开式有

$$0=f(x^*)=f(x_0)+f'(x_0)(x^*-x_0)+\frac{f''(\xi_0)}{2}(x^*-x_0)^2. \tag{3.7}$$

令 $x_1=x_0-\dfrac{f(x_0)}{f'(x_0)}$, 那么

$$\begin{aligned}x^*-x_1&=x^*-x_0+\frac{f(x_0)}{f'(x_0)}\overset{(3.7)}{=\!=\!=}\frac{-f(x_0)-\dfrac{f''(\xi_0)}{2}(x^*-x_0)^2}{f'(x_0)}+\frac{f(x_0)}{f'(x_0)}\\&=-\frac{f''(\xi_0)}{2f'(x_0)}(x^*-x_0)^2,\end{aligned}$$

即

$$\frac{x^*-x_1}{(x^*-x_0)^2}=-\frac{f''(\xi_0)}{2f'(x_0)}.$$

同样, 对每个 i, 若令

$$x_{i+1}=x_i-\frac{f(x_i)}{f'(x_i)}, \tag{3.8}$$

则有

$$\frac{x^*-x_{i+1}}{(x^*-x_i)^2}=-\frac{f''(\xi_i)}{2f'(x_i)}.$$

若存在 $M=\max\limits_{x\in[a,b]}|f''(x)|/\min\limits_{x\in[a,b]}|f'(x)|$, 则

$$\frac{|x^*-x_{i+1}|}{|x^*-x_i|}\leqslant\frac{M}{2}\left|x^*-x_i\right|,$$

这说明该序列能够以较快的速度收敛于 x^*. 该方法称为牛顿迭代法.

3. 用 SciPy 工具库求解非线性方程 (方程组)

例 3.21 求方程 $x^3+1.1x^2+0.9x-1.4=0$ 实根的近似值, 使误差不超过 10^{-6}. 要求用三种方法: ① 二分法; ② 牛顿迭代法; ③ 直接调用 SciPy 工具库求解.

可以验证方程在区间 $(0,1)$ 上有一个零点.

我们自己编写了二分法和牛顿迭代法的函数, 具体程序如下:

```
#程序文件Pex3_21.py
import numpy as np
from scipy.optimize import fsolve
def binary_search(f, eps, a, b):  #二分法函数
    c=(a+b)/2
```

```
    while np.abs(f(c))>eps:
        if f(a)*f(c)<0: b=c
        else: a=c
        c=(a+b)/2
    return c
def newton_iter(f, eps, x0, dx=1E-8):  #牛顿迭代法函数
    def diff(f, dx=dx):   #求数值导数函数
        return lambda x: (f(x+dx)-f(x-dx))/(2*dx)
    df=diff(f,dx)
    x1=x0-f(x0)/df(x0)
    while np.abs(x1-x0)>=eps:
        x1, x0=x1-f(x1)/df(x1), x1
    return x1
f=lambda x: x**3+1.1*x**2+0.9*x-1.4
print("二分法求得的根为: ", binary_search(f,1E-6,0,1))
print("牛顿迭代法求得的根为: ",newton_iter(f,1E-6,0))
print("直接调用SciPy求得的根为: ",fsolve(f,0))
```

运行结果:

```
二分法求得的根为:  0.6706571578979492
牛顿迭代法求得的根为:  0.6706573107258097
直接调用SciPy求得的根为:  [0.67065731]
```

4. 用 fsolve 求非线性方程组的数值解

例 3.22　求下列非线性方程组的数值解.

$$\begin{cases} 5x_2+3=0, \\ 4x_1^2-2\sin(x_2x_3)=0, \\ x_2x_3-1.5=0. \end{cases}$$

```
#程序文件Pex3_22_1.py
from numpy import sin
from scipy.optimize import fsolve
f=lambda x: [5*x[1]+3, 4*x[0]**2-2*sin(x[1]*x[2]), x[1]*x[2]-1.5]
print("result=",fsolve(f, [1.0, 1.0, 1.0]))
```

运行结果:

```
result= [-0.70622057  -0.6        -2.5        ]
```

上面程序中使用的是匿名函数, 但 Python 的下标从 0 开始, 不太方便. 下面利用函数定义方程组, 程序设计如下:

```
#程序文件Pex3_22_2.py
from numpy import sin
from scipy.optimize import fsolve
def Pfun(x):
    x1,x2,x3=x.tolist() #x转换成列表
    return 5*x2+3, 4*x1**2-2*sin(x2*x3), x2*x3-1.5
print("result=",fsolve(Pfun, [1.0, 1.0, 1.0]))
```

3.5.4 函数极值点的数值解

求函数极值点的算法就不介绍了, 下面给出利用 SciPy 库函数求极值点的例子.

1. 一元函数的极值点

例 3.23 求函数 $f(x) = e^x\cos(2x)$ 在区间 $[0,3]$ 上的极小点.

```
#程序文件Pex3_23.py
from numpy import exp,cos
from scipy.optimize import fminbound
f=lambda x: exp(x)*cos(2*x)
x0=fminbound(f,0,3)
print("极小点为: {}, 极小值为: {}".format(x0,f(x0)))
```

运行结果:

```
极小点为: 1.8026199149262752, 极小值为: -5.425165227463772
```

例 3.24 (续例 3.23) 求函数 $f(x) = e^x\cos(2x)$ 在 0 附近的一个极小点.

```
#程序文件Pex3_24.py
from numpy import exp,cos
from scipy.optimize import fmin
f=lambda x: exp(x)*cos(2*x)
x0=fmin(f,0)
print("极小点为: {}, 极小值为: {}".format(x0,f(x0)))
```

2. 多元函数的极值点

先简单介绍 scipy.optimize 模块下的 minimize 函数, 该函数求多元函数的极小点和极小值, 其基本调用格式为

```
minimize(fun, x0, args=(), method=None)
```

其中, method 表示使用的算法, 其取值可为

'Nelder-Mead', 'Powell', 'CG'/'BFGS', 'Newton-CG', 'L-BFGS-B', 'TNC', 'COBYLA', 'SLSQP', 'trust-constr', 'dogleg', 'trust-ncg', 'trust-exact', 'trust-krylov'.

例 3.25　求函数 $f(x)=100(x_2-x_1^2)^2+(1-x_1)^2$ 的极小值.

```
#程序文件Pex3_25.py
from scipy.optimize import minimize
f=lambda x: 100*(x[1]-x[0]**2)**2+(1-x[0])**2;
x0=minimize(f,[2.0, 2.0])
print("极小点为: {}, 极小值为: {}".format(x0.x,x0.fun))
```

运行结果:

```
极小点为:[0.99999565 0.99999129], 极小值为:1.8932820837847567e-11
```

3.6　线性代数问题的符号解和数值解

3.6.1　线性代数问题的符号解

SymPy 线性代数模块的函数和矩阵操作都非常简单易学. 它包括对矩阵的各种操作, 例如, 求矩阵行列式的值, 特殊矩阵的构建, 求矩阵的特征值、特征向量、转置和逆阵等. 如利用 eye, zeros 和 ones 等函数, 可以快速构造特殊矩阵. 如果需要的话, 可以删除矩阵中某些选中的行和列. 基本算术运算, 如 $+,-,*$ 和 $**$, 也可以用于矩阵.

在符号矩阵运算中 $*$ 表示矩阵乘积, $**$ 表示矩阵的幂运算.

1. 矩阵的运算

已知 $\boldsymbol{\alpha}=[a_1,a_2,a_3]^{\mathrm{T}}$, $\boldsymbol{\beta}=[b_1,b_2,b_3]^{\mathrm{T}}$, 则 $\boldsymbol{\alpha}\cdot\boldsymbol{\beta}=a_1b_1+a_2b_2+a_3b_3$, $\boldsymbol{\alpha}\times\boldsymbol{\beta}=\begin{vmatrix} i & j & k \\ a_1 & a_2 & a_3 \\ b_1 & b_2 & b_3 \end{vmatrix}$.

例 3.26　已知 $\boldsymbol{\alpha}=[1,2,3]^{\mathrm{T}}$, $\boldsymbol{\beta}=[4,5,6]^{\mathrm{T}}$, 求 $\|\boldsymbol{\alpha}\|_2$(向量 $\boldsymbol{\alpha}$ 的长度), $\boldsymbol{\alpha}^{\mathrm{T}}$, $\boldsymbol{\alpha}\cdot\boldsymbol{\beta}$, $\boldsymbol{\alpha}\times\boldsymbol{\beta}$.

```
#程序文件Pex3_26.py
import sympy as sp
A=sp.Matrix([[1],[2],[3]])  #列向量, 即3×1矩阵
B=sp.Matrix([[4],[5],[6]])
print("A的模为: ",A.norm())
```

```
print("A的模的浮点数为: ",A.norm().evalf())
print("A的转置矩阵为: ",A.T)
print("A和B的点乘为: ",A.dot(B))
print("A和B的叉乘为: ",A.cross(B))
```

运行结果:

```
A的模为: sqrt(14)
A的模的浮点数为: 3.74165738677394
A的转置矩阵为: Matrix([[1, 2, 3]])
A和B的点乘为: 32
A和B的叉乘为: Matrix([[-3], [6], [-3]])
```

注 3.3 要看 SymPy 库中矩阵操作的一些方法或函数使用如下帮助:

```
>>> from sympy import Matrix
>>> help(Matrix)
```

例 3.27 已知 $\boldsymbol{A}=\begin{bmatrix}1&2&3&4\\5&6&7&8\\9&10&11&12\\13&14&15&16\end{bmatrix}$, $\boldsymbol{B}=\begin{bmatrix}1&0&0&0\\0&1&0&0\\0&0&1&0\\0&0&0&1\end{bmatrix}$, 求 $|\boldsymbol{A}|$, $\boldsymbol{A}$ 的秩 $R(A)$, $\boldsymbol{A}^{\mathrm{T}}$, $(\boldsymbol{A}+10\boldsymbol{E})^{-1}$, $\boldsymbol{A}^2$, $\boldsymbol{AB}$, 构造分块矩阵 $[\boldsymbol{A},\boldsymbol{B}]$, $\begin{bmatrix}\boldsymbol{A}\\\boldsymbol{B}\end{bmatrix}$, $\boldsymbol{A}_1=\begin{bmatrix}1&2\\5&6\end{bmatrix}$(提出 $\boldsymbol{A}$ 的左上角子块构成的矩阵), $\boldsymbol{A}_2=\begin{bmatrix}1&2&3&4\\5&6&7&8\\9&10&11&12\end{bmatrix}$(删除 $\boldsymbol{A}$ 的第 4 行得到的矩阵).

```
#程序文件Pex3_27.py
import sympy as sp
import numpy as np
A=sp.Matrix(np.arange(1,17).reshape(4,4))
B=sp.eye(4)
print("A的行列式为: ",sp.det(A))
print("A的秩为: ",A.rank())
print("A的转置矩阵为: ",A.transpose()) #等价于A.T
print("所求的逆阵为: ",(A+10*B).inv())
print("A的平方为: ",A**2)
print("A,B的乘积为: ",A*B)
```

```
print("横连矩阵为: ",A.row_join(B))
print("纵连矩阵为: ",A.col_join(B))
print("A1为: ",A[0:2,0:2])
A2=A.copy(); A2.row_del(3)
print("A2为: ",A2)
```

运行结果就不给出了.

2. 解线性方程组

例 3.28　求下列线性方程组的符号解.

$$\begin{cases} 2x_1+x_2-5x_3+x_4=8, \\ x_1-3x_2-6x_4=6, \\ 2x_2-x_3+2x_4=-2, \\ x_1+4x_2-7x_3+6x_4=2. \end{cases}$$

解　记上述线性方程组为 $\boldsymbol{Ax}=\boldsymbol{b}$, 可以验证系数矩阵 $\boldsymbol{A}$ 的秩 $R(\boldsymbol{A})=4$, 所以线性方程组有唯一解 $\boldsymbol{x}=\boldsymbol{A}^{-1}\boldsymbol{b}$, 利用 Python 软件求得

$$\boldsymbol{x}=[4,\ -14/9,\ -2/9,\ 4/9]^{\mathrm{T}}.$$

计算的 Python 程序如下:

```
#程序文件Pex3_28.py
import sympy as sp
A=sp.Matrix([[2,1,-5,1],[1,-3,0,-6],[0,2,-1,2],[1,4,-7,6]])
b=sp.Matrix([8, 6, -2, 2]); b.transpose()
print("系数矩阵A的秩为: ",A.rank())
print("线性方程组的唯一解为: ",A.inv()*b)
```

例 3.29　求下列齐次线性方程组的基础解系.

$$\begin{cases} x_1-5x_2+2x_3-3x_4=0, \\ 5x_1+3x_2+6x_3-x_4=0, \\ 2x_1+4x_2+2x_3+x_4=0. \end{cases}$$

```
#程序文件Pex3_29.py
import sympy as sp
A=sp.Matrix([[1, -5, 2, -3],[5, 3, 6, -1], [2, 4, 2, 1]])
print("A的零空间(即基础解系)为: ",A.nullspace())
```

通过运行结果, 可知求得的基础解系为

$$\boldsymbol{\xi}_1=[-9/7,1/7,1,0]^{\mathrm{T}},\quad \boldsymbol{\xi}_2=[1/2,-1/2,0,1]^{\mathrm{T}}.$$

例 3.30 求下列非齐次线性方程组的通解.

$$\begin{cases} x_1 + x_2 - 3x_3 - x_4 = 1, \\ 3x_1 - x_2 - 3x_3 + 4x_4 = 4, \\ x_1 + 5x_2 - 9x_3 - 8x_4 = 0. \end{cases}$$

解 求通解要先使用方法 rref() 把增广阵化成行最简形.

```
#程序文件Pex3_30.py
import sympy as sp
A=sp.Matrix([[1, 1, -3, -1],[3, -1, -3, 4], [1, 5, -9, -8]])
b=sp.Matrix([1, 4, 0]); b.transpose()
C=A.row_join(b) #构造增广阵
print("增广阵的行最简形为: \n",C.rref())
```

运行结果:

```
增广阵的行最简形为:
(Matrix([[1, 0, -3/2, 3/4, 5/4],
[0, 1, -3/2, -7/4, -1/4],
[0, 0, 0, 0, 0]]), (0, 1))
```

通过上述返回值可以看出, 增广阵的列向量组的最大无关组由第 1 列、第 2 列组成, 对应的行最简形的列是单位坐标向量.

求得的行最简形矩阵为

$$\begin{bmatrix} 1 & 0 & -3/2 & 3/4 & 5/4 \\ 0 & 1 & -3/2 & -7/4 & -1/4 \\ 0 & 0 & 0 & 0 & 0 \end{bmatrix}.$$

通过行最简形可以写出原方程组的等价方程组为

$$\begin{cases} x_1 = \dfrac{3}{2}x_3 - \dfrac{3}{4}x_4 + \dfrac{5}{4}, \\ x_2 = \dfrac{3}{2}x_3 + \dfrac{7}{4}x_4 - \dfrac{1}{4}. \end{cases}$$

所以方程组的通解为

$$\begin{bmatrix} x_1 \\ x_2 \\ x_3 \\ x_4 \end{bmatrix} = c_1 \begin{bmatrix} 3/2 \\ 3/2 \\ 1 \\ 0 \end{bmatrix} + c_2 \begin{bmatrix} -3/4 \\ 7/4 \\ 0 \\ 1 \end{bmatrix} + \begin{bmatrix} 5/4 \\ -1/4 \\ 0 \\ 0 \end{bmatrix}, \quad c_1, c_2 \in \mathbb{R}.$$

3. 特征值与特征向量

例 3.31 求下列矩阵的特征值和特征向量.

$$A=\begin{bmatrix}0 & -2 & 2\\ -2 & -3 & 4\\ 2 & 4 & -3\end{bmatrix}.$$

```
#程序文件Pex3_31.py
import sympy as sp
A=sp.Matrix([[0, -2, 2],[-2, -3, 4], [2, 4, -3]])
print("A的特征值为: ",A.eigenvals())
print("A的特征向量为: ",A.eigenvects())
```

求得的特征值为 $\lambda_1=-8, \lambda_1=\lambda_2=1$, 对应于特征值 -8 的特征向量为

$$\boldsymbol{\xi}_1=[-1/2,\ -1,\ 1]^{\mathrm{T}}.$$

对应于特征值 1 的两个线性无关的特征向量为

$$\boldsymbol{\xi}_2=[-2,1,0]^{\mathrm{T}},\quad \boldsymbol{\xi}_3=[2,0,1]^{\mathrm{T}}.$$

例 3.32 把下列矩阵相似对角化, 即求可逆矩阵 $\boldsymbol{P}$, 使得 $\boldsymbol{P}^{-1}\boldsymbol{AP}=\boldsymbol{D}$ 为对角阵.

$$A=\begin{bmatrix}0 & -2 & 2\\ -2 & -3 & 4\\ 2 & 4 & -3\end{bmatrix}.$$

```
#程序文件Pex3_32.py
from sympy import Matrix, diag
A=Matrix([[0, -2, 2],[-2, -3, 4], [2, 4, -3]])
if A.is_diagonalizable():print("A的对角化矩阵为:\n",A.diagonalize())
else: print("A不能对角化")
```

求得的可逆矩阵 $\boldsymbol{P}$ 和对角阵 $\boldsymbol{D}$ 分别为

$$\boldsymbol{P}=\begin{bmatrix}-1 & -2 & 2\\ -2 & 1 & 0\\ 2 & 0 & 1\end{bmatrix},\quad \boldsymbol{D}=\begin{bmatrix}-8 & 0 & 0\\ 0 & 1 & 0\\ 0 & 0 & 1\end{bmatrix}.$$

3.6.2 线性代数问题的数值解

科学计算理论的背后几乎离不开线性代数的计算问题, 如矩阵乘法、矩阵的逆、矩阵分解、特征值和特征向量等. NumPy 库可以解决线性代数相关的计算, 只不过需要调用 NumPy 的子模块 linalg (线性代数的缩写), 该模块几乎提供了线性代数所需的所有功能. 表 3.1 给出了一些 NumPy 库中有关线性代数的重要函数.

表 3.1 NumPy 库中有关线性代数的重要函数 (np 表示 numpy 的别名)

函数	说明	函数	说明
np.eye	生成单位矩阵	np.dot	矩阵乘积
np.ones	生成所有元素为 1 的矩阵	np.inner	计算两个数组的内积
np.zeros	生成零矩阵	np.outer	计算两个向量的外积
np.vander	生成范德蒙德矩阵	np.trace	计算主对角线元素的和
np.diag	矩阵和一维数组的相互转换	np.transpose	矩阵的转置

numpy.linalg 模块下的线性代数函数特别丰富 (表 3.2), 读者可以参看网址: https: //docs.scipy.org/doc/numpy/reference/routines.linalg.html

表 3.2 numpy.linalg 模块中有关线性代数的重要函数

函数	说明	函数	说明
det	计算矩阵的行列式	lstsq	计算 $\boldsymbol{Ax}=\boldsymbol{b}$ 的最小二乘解
eig	计算矩阵特征根和特征向量	qr	计算 QR 分解
eigvals	计算方阵特征根	svd	计算奇异值分解
inv	计算方阵的逆	norm	计算向量或矩阵的范数
pinv	计算矩阵 Moore-Penrose 伪逆	matrix_rank	计算矩阵的秩
solve	计算线性方程组 $\boldsymbol{Ax}=\boldsymbol{b}$ 的解		

强调一下, 在 NumPy 库的 array 数组中, $*$ 和 multiply 运算等价, 都表示矩阵的逐个元素相乘; @和 dot() 函数表示矩阵乘法.

1. 向量和矩阵的运算

例 3.33 (续例 3.26) 已知 $\boldsymbol{\alpha}=[1,2,3]^{\mathrm{T}}$, $\boldsymbol{\beta}=[4,5,6]^{\mathrm{T}}$, 求 $\|\boldsymbol{\alpha}\|_2$(向量 $\boldsymbol{\alpha}$ 的长度), $\boldsymbol{\alpha}\cdot\boldsymbol{\beta}$, $\boldsymbol{\alpha}\times\boldsymbol{\beta}$. 程序设计如下:

```
#程序文件Pex3_33.py
from numpy import arange, cross, inner
from numpy.linalg import norm
a=arange(1,4); b=arange(4,7)  #创建数组
print("a的二范数为: ",norm(a))
print("a,点乘b=", a.dot(b))   #行向量a乘以列向量b
print("a,b的内积=",inner(a,b))   #a,b的内积,这里与dot(a,b)等价
```

```
print("a叉乘b=", cross(a,b))
```

运行结果:

```
a的二范数为: 3.7416573867739413
a点乘 b= 32
a,b的内积= 32
a叉乘b= [-3 6 -3]
```

注 3.4　形状为 $(n,)$ 的一维数组既可以看成行向量, 又可以看成列向量, 因而本例中 inner(a,b) 与矩阵乘法 dot(a,b) 等价.

例 3.34 (续例 3.27)　已知 $\boldsymbol{A}=\begin{bmatrix}1&2&3&4\\5&6&7&8\\9&10&11&12\\13&14&15&16\end{bmatrix}$, $\boldsymbol{B}=\begin{bmatrix}1&0&0&0\\0&1&0&0\\0&0&1&0\\0&0&0&1\end{bmatrix}$, 求 $|\boldsymbol{A}|$, $\boldsymbol{A}$ 的秩 $R(\boldsymbol{A})$, $\boldsymbol{A}^{\mathrm{T}}$, $(\boldsymbol{A}+10\boldsymbol{E})^{-1}$, $\boldsymbol{A}^2$, $\boldsymbol{AB}$, 构造分块矩阵 $[\boldsymbol{A},\boldsymbol{B}]$, $\begin{bmatrix}\boldsymbol{A}\\\boldsymbol{B}\end{bmatrix}$, $\boldsymbol{A}_1=\begin{bmatrix}1&2\\5&6\end{bmatrix}$ (提出 $\boldsymbol{A}$ 的左上角子块构成的矩阵), $\boldsymbol{A}_2=\begin{bmatrix}1&2&3&4\\5&6&7&8\\9&10&11&12\end{bmatrix}$ (删除 $\boldsymbol{A}$ 的第 4 行得到的矩阵).

```
#程序文件Pex3_34.py
import numpy as np
import numpy.linalg as LA
A=np.arange(1,17).reshape(4,4)
B=np.eye(4)
print("A的行列式为: ", LA.det(A))
print("A的秩为: ",LA.matrix_rank(A))
print("A的转置矩阵为: \n",A.transpose())  #等价于A.T
print("所求的逆阵为: \n",LA.inv(A+10*B))
print("A的平方为: \n",A.dot(A))
print("A,B的乘积为: \n",A.dot(B))
print("横连矩阵为: ",np.c_[A,B])
print("纵连矩阵为: ",np.r_[A,B])
print("A1为: ",A[0:2,0:2])
A2=A.copy(); A2=np.delete(A2,3,axis=0)
print("A2为: ",A2)
```

2. 齐次线性方程组的数值解

使用 scipy.linalg 模块的 null_space 函数, 可以求齐次线性方程组的基础解系.

例 3.35 (续例 3.29) 求下列齐次线性方程组的基础解系.

$$\begin{cases} x_1 - 5x_2 + 2x_3 - 3x_4 = 0, \\ 5x_1 + 3x_2 + 6x_3 - x_4 = 0, \\ 2x_1 + 4x_2 + 2x_3 + x_4 = 0. \end{cases}$$

```
#程序文件Pex3_35.py
import numpy as np
from scipy.linalg import null_space
A=np.array([[1, -5, 2, -3],[5, 3, 6, -1], [2, 4, 2, 1]])
print("A的零空间(即基础解系)为: ",null_space(A))
```

通过运行结果, 可知求得的基础解系为

$$\boldsymbol{\xi}_1=[-0.3546,0.4118,-0.0501,-0.8380]^{\mathrm{T}},\boldsymbol{\xi}_2=[0.7151,0.0309,-0.6527,-0.2483]^{\mathrm{T}}.$$

3. 非齐次线性方程组的数值解

定理 3.1 n 元线性方程组 $\boldsymbol{Ax}=\boldsymbol{b}$,

(1) 无解的充分必要条件是 $R(\boldsymbol{A})<R(\boldsymbol{A},\boldsymbol{b})$;

(2) 有唯一解的充分必要条件是 $R(\boldsymbol{A})=R(\boldsymbol{A},\boldsymbol{b})=n$;

(3) 有无穷多解的充分必要条件是 $R(\boldsymbol{A})=R(\boldsymbol{A},\boldsymbol{b})<n$.

无论数学上 $\boldsymbol{Ax}=\boldsymbol{b}$ 是否存在解, 或者是否存在多解, Python 的求解命令 x=pinv(A). dot(b) 总是给出唯一解, 给出解的情况如下:

(1) 当方程组有无穷多解时, Python 给出的是最小范数解.

(2) 当方程组无解时, Python 给出的是最小二乘解 $\boldsymbol{x}^*$, 所谓的最小二乘解 $\boldsymbol{x}^*$ 是满足 $\|\boldsymbol{Ax}^*-\boldsymbol{b}\|^2$ 最小的解, 即方程两边误差平方和最小的解.

下面给出线性方程组的求解例子.

1) 唯一解情形

例 3.36 (续例 3.28) 求下列非齐次线性方程组的数值解.

$$\begin{cases} 2x_1 + x_2 - 5x_3 + x_4 = 8, \\ x_1 - 3x_2 - 6x_4 = 6, \\ 2x_2 - x_3 + 2x_4 = -2, \\ x_1 + 4x_2 - 7x_3 + 6x_4 = 2. \end{cases}$$

解　记上述线性方程组为 $\boldsymbol{A}\boldsymbol{x}=\boldsymbol{b}$, 可以验证系数矩阵 $\boldsymbol{A}$ 的秩 $R(\boldsymbol{A})=4$, 所以线性方程组有唯一解 $\boldsymbol{x}=\boldsymbol{A}^{-1}\boldsymbol{b}$. 利用 Python 求得的数值解为

$$\boldsymbol{x}=[4,\ -1.5556,\ -0.2222,\ 0.4444]^{\mathrm{T}}.$$

```
#程序文件Pex3_36.py
import numpy as np
import numpy.linalg as LA
A=np.array([[2,1,-5,1],[1,-3,0,-6],[0,2,-1,2],[1,4,-7,6]])
b=np.array([[8, 6, -2, 2]]); b=b.reshape(4,1)
print("系数矩阵A的秩为: ",LA.matrix_rank(A))
print("线性方程组的唯一解为: ",LA.inv(A).dot(b)) #使用逆矩阵
print("线性方程组的唯一解为: ",LA.pinv(A).dot(b)) #使用伪逆
print("线性方程组的唯一解为: ",LA.solve(A,b)) #利用solve求解
```

2) 多解情形

例 3.37 (续例 3.30)　下列非齐次线性方程组有无穷多解, 求它的最小范数解.

$$\begin{cases} x_1+x_2-3x_3-x_4=1, \\ 3x_1-x_2-3x_3+4x_4=4, \\ x_1+5x_2-9x_3-8x_4=0. \end{cases}$$

```
#程序文件Pex3_37.py
from numpy import array
from numpy.linalg import pinv
A=array([[1, 1, -3, -1],[3, -1, -3, 4], [1, 5, -9, -8]])
b=array([1, 4, 0]); b.resize(3,1)
x=pinv(A).dot(b) #求最小范数解
print("最小范数解为: ",x)
```

求得的最小范数解为

$$\boldsymbol{x}=[0.3504,\ -0.0916,\ -0.3881,\ 0.4232]^{\mathrm{T}}.$$

3) 无解情形

例 3.38　求下列矛盾方程组的最小二乘解.

$$\begin{cases} x_1+x_2=1, \\ 2x_1+2x_2=3, \\ x_1+2x_2=2. \end{cases}$$

```
#程序文件Pex3_38.py
from numpy import array
from numpy.linalg import pinv
A=array([[1, 1],[2, 2], [1, 2]])
b=array([1, 3, 2]); b.resize(3,1)
x=pinv(A).dot(b)  #求最小二乘解
print("最小二乘解为: ",x)
```

求得的最小二乘解为 $\boldsymbol{x} = [0.8,\ 0.6]^{\mathrm{T}}$.

4. 特征值与特征向量

例 3.39 (续例 3.31) 求下列矩阵的特征值和特征向量.

$$\boldsymbol{A} = \begin{bmatrix} 0 & -2 & 2 \\ -2 & -3 & 4 \\ 2 & 4 & -3 \end{bmatrix}.$$

```
#程序文件Pex3_39.py
import numpy as np
from numpy.linalg import eig
A=np.array([[0, -2, 2],[-2, -3, 4], [2, 4, -3]])
values, vectors=eig(A)
print("A的特征值为: ",values)
print("A的特征向量为: ",vectors)
```

求得的特征值为 $\lambda_1 = 1, \lambda_2 = -8, \lambda_3 = 1$; 对应的特征向量分别为

$$\boldsymbol{\xi}_1 = [0.9428,\ -0.2357,\ 0.2357]^{\mathrm{T}},$$
$$\boldsymbol{\xi}_2 = [-0.3333,\ -0.6667,\ 0.6667]^{\mathrm{T}},$$
$$\boldsymbol{\xi}_3 = [-0.4254,\ 0.7374,\ 0.5247]^{\mathrm{T}}.$$

例 3.40 (续例 3.39) 对于矩阵

$$\boldsymbol{A}=\begin{bmatrix} 0 & -2 & 2 \\ -2 & -3 & 4 \\ 2 & 4 & -3 \end{bmatrix}, \boldsymbol{P}=\begin{bmatrix} 0.9428 & -0.3333 & -0.4254 \\ -0.2357 & -0.6667 & 0.7454 \\ 0.2357 & 0.6667 & 0.5247 \end{bmatrix}, \boldsymbol{\Lambda}=\begin{bmatrix} 1 & 0 & 0 \\ 0 & -8 & 0 \\ 0 & 0 & 1 \end{bmatrix},$$

验证 $\boldsymbol{P}^{-1}\boldsymbol{A}\boldsymbol{P} = \boldsymbol{\Lambda}$.

```
#程序文件Pex3_40.py
```

```
from numpy import array, dot
from numpy.linalg import eig,inv
A=array([[0, -2, 2],[-2, -3, 4], [2, 4, -3]])
values, vectors=eig(A)
check=dot(inv(vectors),A).dot(vectors)
print("check=\n", check)
```

输出结果:

```
check=
 [[ 1.00000000e+00 -2.98175964e-16 -1.24479536e-16]
 [-1.69319250e-17 -8.00000000e+00 -1.82035372e-16]
 [-3.11430858e-18 5.36264070e-16 1.00000000e+00]]
```

注 3.5　$\boldsymbol{P}$ 矩阵是不唯一的.

3.6.3　求超定线性方程组的最小二乘解

建模中经常使用线性最小二乘法, 实际上就是求超定线性方程组 (未知数个数少, 方程个数多) 的最小二乘解, 前面已经使用 pinv() 求超定线性方程组的最小二乘解. 下面再举两个求最小二乘解的例子, 并使用 numpy.linalg 模块的 lstsq() 函数求解.

例 3.41　求超定线性方程组

$$\begin{bmatrix} 0 & 1 \\ 1 & 1 \\ 2 & 1 \\ 3 & 1 \end{bmatrix} \begin{bmatrix} m \\ c \end{bmatrix} = \begin{bmatrix} -1 \\ 0.2 \\ 0.9 \\ 2.1 \end{bmatrix}$$

的最小二乘解, 相当于给定 x 的观测值 $\boldsymbol{x}=[0,1,2,3]^{\mathrm{T}}$, y 的观测值 $\boldsymbol{y}=[-1,0.2,0.9,2.1]^{\mathrm{T}}$, 拟合经验函数 $y=mx+c$.

```
#程序文件Pex3_41.py
import numpy as np
import numpy.linalg as LA
from matplotlib.pyplot import plot, rc, legend, show, savefig
x = np.array([0, 1, 2, 3])
y = np.array([-1, 0.2, 0.9, 2.1])
A = np.c_[x, np.ones_like(x)]
m, c = LA.lstsq(A, y, rcond=None)[0]
print(m,c); rc('font',size=16)
```

```
plot(x, y, 'o', label='原始数据', markersize=5)
plot(x, m*x+c, 'r', label='拟合直线')
rc('font',family='SimHei') #用来正常显示中文标签
rc('axes',unicode_minus=False) #用来正常显示负号
legend(); savefig("figure3_41.png",dpi=500); show()
```

求得的最小二乘解为 $m = 1$, $c = -0.95$. 所画出的散点图及拟合的直线如图 3.6 所示.

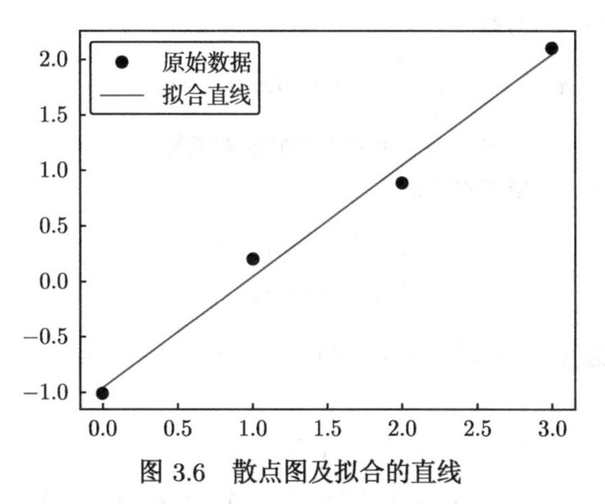

图 3.6 散点图及拟合的直线

例 3.42 为了测量刀具的磨损速度, 做这样的实验: 经过一定时间 (如每隔一小时), 测量一次刀具的厚度, 得到一组实验数据 $(t_i, y_i)(i = 1, 2, \cdots, 8)$ 如表 3.3 所示. 试用实验数据拟合经验公式 $y = at + b$.

表 3.3 实验数据

t_i	0	1	2	3	4	5	6	7
y_i	27.0	26.8	26.5	26.3	26.1	25.7	25.3	24.8

```
#程序文件Pex3_42.py
import numpy as np
import numpy.linalg as LA
import matplotlib.pyplot as plt
t = np.arange(8)
y=np.array([27.0,26.8,26.5,26.3,26.1,25.7,25.3,24.8])
A = np.c_[t, np.ones_like(t)]
ab = LA.lstsq(A, y, rcond=None)[0]  #返回值为向量
print(ab); plt.rc('font',size=16)
```

```
plt.plot(t, y, 'o', label='Original data', markersize=5)
plt.plot(t, A.dot(ab), 'r', label='Fitted line')
plt.legend(); plt.savefig("figure3_42.png",dpi=500); plt.show()
```

求得的经验公式为 $y = -0.3036t + 27.125$.

习 题 3

3.1 求下列积分的符号解.

(1) $\int_0^1 \sqrt{1+4x}\, dx$; (2) $\int_0^{+\infty} e^{-x}\sin x\, dx$.

3.2 求方程 $x^3 - 4x^2 + 6x - 8 = 0$ 的符号解和数值解.

3.3 求方程组的符号解和数值解

$$\begin{cases} x^2 - y - x = 3, \\ x + 3y = 6. \end{cases}$$

3.4 求边值问题 $y'' + y = x\cos 2x$, $y(0) = 1$, $y(2) = 3$ 的符号解.

3.5 已知

$$\boldsymbol{A}_1 = \begin{bmatrix} 1 & 2 \\ 3 & 4 \\ 5 & 6 \end{bmatrix}, \quad \boldsymbol{A}_2 = \begin{bmatrix} 1 & 1 \\ 2 & 2 \\ 3 & 4 \end{bmatrix}, \quad \boldsymbol{A}_3 = [2 \quad 6], \quad \boldsymbol{A}_4 = [3 \quad 2],$$

利用 Python 分块矩阵的组合, 求分块矩阵 $\boldsymbol{A} = \begin{bmatrix} \boldsymbol{A}_1 & \boldsymbol{A}_2 \\ \boldsymbol{A}_3 & \boldsymbol{A}_4 \end{bmatrix}$ 的行列式 $|\boldsymbol{A}|$.

3.6 求解下列线性方程组.

(1) $\begin{cases} x_1 + 2x_2 + x_3 - x_4 = 0, \\ 3x_1 + 6x_2 - x_3 - 3x_4 = 0, \\ 5x_1 + 10x_2 + x_3 - 5x_4 = 0; \end{cases}$ (2) $\begin{cases} 2x + y - z + w = 1, \\ 4x + 2y - 2z + w = 2, \\ 2x + y - z - w = 1. \end{cases}$

3.7 先判断下列线性方程组解的情况, 然后求对应的唯一解、最小二乘解或最小范数解.

(1) $\begin{cases} 4x_1 + 2x_2 - x_3 = 2, \\ 3x_1 - x_2 + 2x_3 = 10, \\ 11x_1 + 3x_2 = 8; \end{cases}$ (2) $\begin{cases} 2x + 3y + z = 4, \\ x - 2y + 4z = -5, \\ 3x + 8y - 2z = 13, \\ 4x - y + 9z = -6. \end{cases}$

3.8 求下列矩阵的特征值和特征向量:

$$\begin{bmatrix} 6 & 2 & 4 \\ 2 & 3 & 2 \\ 4 & 2 & 6 \end{bmatrix}.$$

3.9 已知二次型 $f=x_1^2+x_2^2+x_3^2+2ax_1x_2+2x_1x_2+2x_1x_3+2bx_2x_3$ 经过正交变换化为标准形 $f=y_2^2+2y_3^2$, 求参数 a,b 及所用的正交变换矩阵.

3.10 画出 $\cos\sqrt{x^2+1}$ 及它在 0 点处的 1, 3, 5 阶泰勒展开式在 $x\in[-3,3]$ 时的图形.

3.11 一只兔子在坐标位置 $(20,0)$(单位: m) 处以速率 $v_r=3\text{m/s}$ 沿平行于 y 轴正向的方向奔跑; 与此同时, 一只猎狗在坐标原点处以速率 $v_d=4.5\text{m/s}$ 追击兔子. 猎狗在追击兔子的过程中, 方向始终朝向兔子的当前位置. 请绘制猎狗追击兔子的近似曲线, 并估计追击时间.

3.12 分别求下列积分的数值解:

(1) $\displaystyle\int_0^{+\infty} e^{-x}\sin\sqrt{x^2+2}\,dx$;

(2) $\displaystyle\iint\limits_D (x^2+2y^2)dxdy$, 其中 D 是由曲线 $x=y^2, y=x-2$ 所围成的平面区域;

(3) $\displaystyle\iiint\limits_\Omega z\,dxdydz$, 其中 Ω 是由曲面 $z=x^2+y^2$ 与平面 $z=4$ 所围成的闭区域.

3.13 求函数 $f(x)=2e^{-x}\sin x$ 在 $[0,3]$ 上的极小点和极大点.

3.14 某容器内侧是由曲线 $x^2+y^2=4y\ (1\leqslant y\leqslant 3)$ 与 $x^2+y^2=4\ (y\leqslant 1)$ 绕 y 轴旋转一周而形成的曲面.

(1) 求容器的体积;

(2) 若将容器内盛满的水从容器顶部全部抽出, 至少需要做多少功? (长度单位为 m, 重力加速度 $g=9.8\text{m/s}^2$, 水的密度 $\rho=10^3\text{kg/m}^3$).

要求用 Visio 软件画出容器的示意图.

3.15 (1) 一架重 5000kg 的飞机以 800km/h 的航速开始着陆, 在减速伞的作用下滑行 500m 后减速为 100km/h. 设减速伞的阻力与飞机的速度成正比, 并忽略飞机所受的其他外力, 试计算减速伞的阻力系数.

(2) 将同样的减速伞配备在 8000kg 的飞机上, 现已知机场跑道长度为 1200m, 若飞机着陆速度为 600km/h, 问跑道长度能否保障飞机安全着陆.

3.16 求函数 $f(x_1,x_2)=100(x_2-x_1^2)^2+(1-\sin(x_1))^2\cos(x_2)$ 的一个局部极小点.

第 4 章 概率论与数理统计

概率论与数理统计是数学中的一个有特色的分支, 具有自己独特的概念和方法, 内容丰富, 与很多学科交叉相连, 广泛应用于工业、农业、军事和科学技术领域. 本章主要介绍如何借助 Python 软件解决概率论与数理统计中的相关问题.

4.1 随机变量的概率计算和数字特征

4.1.1 随机变量的概率计算

例 4.1 设 $X \sim N(3, 5^2)$,

(1) 求 $P\{2 < X < 6\}$;

(2) 确定 c, 使得 $P\{-3c < X < 2c\} = 0.6$.

```
#程序文件Pex4_1.py
from scipy.stats import norm
from scipy.optimize import fsolve
print("p=",norm.cdf(6,3,5)-norm.cdf(2,3,5))
f=lambda c: norm.cdf(2*c,3,5)-norm.cdf(-3*c,3,5)-0.6
print("c=",fsolve(f,0))
```

求得 $P\{2 < X < 6\} = 0.3050$, $c = 2.2910$.

定义 4.1 α 分位数 若连续型随机变量 X 的分布函数为 $F(x)$, 对于 $0 < \alpha < 1$, 若 x_α 使得 $P\{X \leqslant x_\alpha\} = \alpha$, 则称 x_α 为这个分布的 α 分位数. 若 $F(x)$ 的反函数 $F^{-1}(x)$ 存在, 则有 $x_\alpha = F^{-1}(\alpha)$.

定义 4.2 上 α 分位数 若连续型随机变量 X 的分布函数为 $F(x)$, 对于 $0 < \alpha < 1$, 若 $\tilde{x}_\alpha$ 使得 $P\{X > \tilde{x}_\alpha\} = \alpha$, 则称 $\tilde{x}_\alpha$ 为这个分布的上 α 分位数. 若 $F(x)$ 的反函数 $F^{-1}(x)$ 存在, 则 $\tilde{x}_\alpha = F^{-1}(1-\alpha)$.

例 4.2 设 $X \sim N(0,1)$, 若 z_α 满足条件 $P\{X > z_\alpha\} = \alpha$, $0 < \alpha < 1$, 则称 z_α 为标准正态分布的上 α 分位数. 试计算几个常用的 z_α 的值, 并画出 $z_{0.1}$ 的示意图.

计算得到几个常用的 z_α 的值见表 4.1, $z_{0.1}$ 的示意图见图 4.1.

表 4.1 标准正态分布的上 α 分位数的值

α	0.001	0.005	0.01	0.025	0.05	0.10
z_α	3.0902	2.5758	2.3263	1.9600	1.6449	1.2816

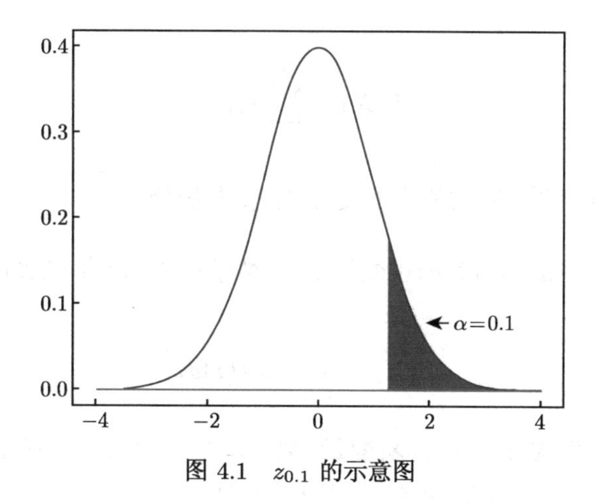

图 4.1 $z_{0.1}$ 的示意图

计算及画图的 Python 程序如下:

```
#程序文件Pex4_2.py
from scipy.stats import norm
from pylab import plot,fill_between,show,text,savefig,rc
from numpy import array, linspace, zeros
alpha=array([0.001, 0.005, 0.01, 0.025, 0.05, 0.10])
za=norm.ppf(1-alpha,0,1)  #求上alpha分位数
print("上alpha分位数分别为", za)
x=linspace(-4, 4, 100); y=norm.pdf(x, 0, 1)
rc('font',size=16); rc('text',usetex=True)
plot(x,y)  #画标准正态分布密度曲线
x2=linspace(za[-1],4,100); y2=norm.pdf(x2);
y1=[0]*len(x2)
fill_between(x2, y1, y2, color='r')  #y1,y2对应的点之间填充
plot([-4,4],[0,0])  #画水平线
text(1.9, 0.07, "$\\leftarrow\\alpha\$=0.1") #标注
savefig("figure4_2.png", dpi=500); show()
```

4.1.2 随机变量数字特征简介

定义 4.3 设随机变量 X 的分布律为

$$P\{X=x_k\}=p_k, \quad k=1,2,\cdots,$$

若级数 $\sum\limits_{k=1}^{\infty} x_k p_k$ 绝对收敛, 则称级数 $\sum\limits_{k=1}^{\infty} x_k p_k$ 的和为随机变量 X 的数学期望, 记

为 $E(X)$, 即

$$E(X)=\sum_{k=1}^{\infty}x_kp_k. \tag{4.1}$$

设连续型随机变量 X 的概率密度为 $f(x)$, 若积分 $\int_{-\infty}^{+\infty}xf(x)dx$ 绝对收敛, 则称积分 $\int_{-\infty}^{+\infty}xf(x)dx$ 的值为随机变量 X 的数学期望, 记为 $E(X)$. 即

$$E(X)=\int_{-\infty}^{+\infty}xf(x)dx. \tag{4.2}$$

定义 4.4　设 X 是一个随机变量, 若 $E\{[X-E(X)]^2\}$ 存在, 则称 $E\{[X-E(X)]^2\}$ 为 X 的方差, 记为 $D(X)$ 或 $\mathrm{Var}(X)$, 即

$$D(X)=\mathrm{Var}(X)=E\{[X-E(X)]^2\}. \tag{4.3}$$

$\sigma(x)=\sqrt{D(X)}$, 称为标准差或均方差.

由定义 4.4 知, 方差实际上就是随机变量 X 的函数 $g(X)=(X-E(X))^2$ 的数学期望.

定义 4.5　随机变量 X 的**偏度**和**峰度**指的是 X 的标准化变量 $(X-E(X))/\sqrt{D(X)}$ 的三阶中心矩和四阶中心矩:

$$\nu_1=E\left[\left(\frac{X-E(X)}{\sqrt{D(X)}}\right)^3\right]=\frac{E\left[(X-E(X))^3\right]}{(D(X))^{3/2}},$$

$$\nu_2=E\left[\left(\frac{X-E(X)}{\sqrt{D(X)}}\right)^4\right]=\frac{E\left[(X-E(X))^4\right]}{(D(X))^2}.$$

定义 4.6　$E\{[X-E(X)][Y-E(Y)]\}$ 称为随机变量 X 与 Y 的协方差. 记为 $\mathrm{Cov}(X,Y)$, 即

$$\mathrm{Cov}(X,Y)=E\{[X-E(X)][Y-E(Y)]\}, \tag{4.4}$$

而

$$\rho_{XY}=\frac{\mathrm{Cov}(X,Y)}{\sqrt{D(X)}\sqrt{D(Y)}} \tag{4.5}$$

称为随机变量 X 与 Y 的相关系数.

定义 4.7　设 X 和 Y 是随机变量, 若 $E(X^k), k=1,2,\cdots$ 存在, 称它为 X 的 k 阶原点矩, 简称 k 阶矩.

若 $E\{[X-E(X)]^k\}$, $k=2,3,\cdots$ 存在, 称它为 X 的 k 阶中心矩.

若 $E(X^kY^l)$, $k,l=1,2,\cdots$ 存在, 称它为 X 和 Y 的 $k+l$ 阶混合矩.

若 $E\{[X-E(X)]^k[Y-E(Y)]^l\}$, $k,l=1,2,\cdots$ 存在, 称它为 X 和 Y 的 $k+l$ 阶混合中心矩.

定义 4.8 设 n 维随机变量 $(X_1,X_2,\cdots,X_n)$ 的二阶混合中心矩

$$c_{ij}=\mathrm{Cov}(X_i,X_j)=E\{[X_i-E(X_i)][X_j-E(X_j)]\},\quad i,j=1,2,\cdots,n$$

都存在, 则称矩阵

$$\boldsymbol{C}=\begin{bmatrix} c_{11} & c_{12} & \cdots & c_{1n} \\ c_{21} & c_{22} & \cdots & c_{2n} \\ \vdots & \vdots & & \vdots \\ c_{n1} & c_{n2} & \cdots & c_{nn} \end{bmatrix}$$

为 n 维随机变量 $(X_1,X_2,\cdots,X_n)$ 的协方差矩阵. 由于 $c_{ij}=c_{ji}(i,j=1,2,\cdots,n)$, 因而上述协方差矩阵是一个对称矩阵.

概率论与数理统计教科书一般都给出如表 4.2 所列的随机变量数字特征, 但没有给出偏度和峰度. 下面用 Python 计算随机变量的数字特征.

表 4.2 重要分布的数学期望和方差

分布	参数	数学期望	方差
两点分布 $b(1,p)$	$0<p<1$	p	$p(1-p)$
二项分布 $b(n,p)$	$n\geqslant 1,\ 0<p<1$	np	$np(1-p)$
泊松分布 $\pi(\lambda)$	$\lambda>0$	λ	λ
均匀分布 $U(a,b)$	$a<b$	$(a+b)/2$	$(b-a)^2/12$
指数分布 $\exp(\theta)$	$\theta>0$	θ	θ^2
正态分布 $N(\mu,\sigma^2)$	$\mu,\ \sigma>0$	μ	σ^2

4.1.3 随机变量数字特征计算及应用

例 4.3 计算二项分布 $b(20,0.8)$ 的均值和方差.

```
#程序文件Pex4_3.py
from scipy.stats import binom
n, p=20, 0.8
print("期望和方差分布为: ", binom.stats(n,p))
```

运行结果:

```
期望和方差分布为: (array(16.), array(3.2))
```

即二项分布 $b(20,0.8)$ 的期望为 16, 方差为 3.2.

例 4.4 计算二项分布 $b(20,0.8)$ 的均值、方差、偏度和峰度.

```
#程序文件Pex4_4.py
from scipy.stats import binom
n, p=20, 0.8
mean,variance,skewness,kurtosis=binom.stats(n,p,moments='mvsk')
#上述语句不显示，只为了说明数据顺序
print("所求的数字特征为：", binom.stats(n, p, moments='mvsk'))
```

运行结果:

```
所求的数字特征为：(array(16.),array(3.2),array(-0.3354102),array(
    0.0125))
```

即均值、方差、偏度和峰度分别为 16, 3.2, −0.3354, 0.0125.

例 4.5　某路政部门负责城市某条道路的路灯维护. 更换路灯时, 需要专用云梯车进行线路检测和更换灯泡, 向相应的管理部门提出电力使用和道路管制申请, 还要向雇用的各类人员支付报酬等, 这些工作需要的费用往往比灯泡本身的费用更高, 灯泡坏 1 个换 1 个的办法是不可取的. 根据多年的经验, 他们采取整批更换的策略, 即到一定的时间, 所有灯泡无论好与坏全部更换.

上级管理部门通过监察灯泡是否正常工作对路政部门进行管理, 一旦出现 1 个灯泡不亮, 管理部门就会按照折合计时对他们进行罚款.

现抽查某品牌灯泡 200 个, 假设其寿命服从 $N(4000, 100^2)$(单位：h) 分布, 每个灯泡的更换费用 (包括灯泡的成本和安装时分摊到每个灯泡的费用) 为 80 元, 管理部门对每个不亮的灯泡制订的惩罚费用为 0.02 元/h, 应多长时间进行一次灯泡的全部更换.

解　记每个灯泡的更换费用为 a, 管理部门对每个不亮灯泡单位时间的罚款为 b. 记灯泡寿命的概率密度函数为 $f(x)$, 更换周期为 T, 灯泡总数为 K, 则更换灯泡的费用为 Ka, 承受的罚款为

$$Kb\int_{-\infty}^{T}(T-x)f(x)dx,$$

一个更换周期内的总费用是两者之和. 路政部门考虑的目标函数是单位时间内的平均费用, 即

$$F(T)=\frac{Ka+Kb\displaystyle\int_{-\infty}^{T}(T-x)f(x)dx}{T}.$$

为得到最佳更换周期, 求 T 使 $F(T)$ 最小. 令 $\dfrac{dF}{dT}=0$, 得

$$\int_{-\infty}^{T}xf(x)dx=\frac{a}{b}. \tag{4.6}$$

记灯泡寿命的分布函数为 $G(x)$, 由 (4.6) 式代入正态分布的概率密度函数并进行分布积分, 得到

$$\mu G(T) - \sigma^2 f(T) = \frac{a}{b}, \tag{4.7}$$

其中参数 μ, σ^2 为正态分布 $N(\mu, \sigma^2)$ 中的均值和方差.

```
#程序文件Pex4_5.py
from scipy.integrate import quad
from numpy import exp, sqrt, pi, abs
a=80; b=0.02; BD=a/b; mu=4000; s=100
y=lambda x: x*exp(-(x-mu)**2/(2*s**2))/sqrt(2*pi)/s
                                                    #定义积分的被积函数
I=0; x1=0; x2=10000
while abs(I-BD)>1E-16:
    c=(x1+x2)/2
    I=quad(y,-10000,c)[0]
                    #由3sigma准则这里积分下限取为-10000,取零效果一样
    if I>BD: x2=c
    else: x1=c
print("最佳更换周期为: ", c)
```

求得最佳更换周期 $T = 4826.66\text{h}$.

注 4.1 上面程序中使用二分法求解, 由于涉及无限区间积分无法直接调用 scipy.integrate 的库函数, 而用符号函数求解速度太慢.

4.2 描述性统计和统计图

4.2.1 统计的基础知识

数理统计研究的对象是受随机因素影响的数据, 简称统计. 统计是以概率论为基础的一门应用科学. 数据样本少则几个, 多则成千上万个, 人们希望能用少数几个包含最多相关信息的数据来体现所研究对象的规律. 描述性统计就是搜集、整理、加工和分析统计数据, 使之系统化、条理化, 以显示出数据资料的趋势、特征和数量关系. 它是统计推断的基础, 实用性较强, 在统计工作中经常使用. 下面介绍统计的基本概念.

1. 样本和总体

在数理统计中, 把所研究的对象的全体称为总体. 通常指研究对象的某项数量指标, 一般记为 X. 如全体在校生的身高 X, 某批灯泡的寿命 Y. 把总体的每一个基

本单位称为个体. 从总体 X 中抽出若干个个体称为样本, 一般记为 $X_1, X_2, \cdots, X_n$, n 称为样本容量. 而对这 n 个个体的一次具体的观察结果记为 $x_1, x_2, \cdots, x_n$, 它是完全确定的一组数值, 但又随着每次抽样观察而改变, 称 $x_1, x_2, \cdots, x_n$ 为样本观察值. 统计的任务是从样本观察值出发, 去推断总体的情况——总体分布.

2. 频数表和直方图

一组样本观察值虽然包含了总体的信息, 但往往是杂乱无章的, 做出它的频数表和直方图, 可以看作是对这组样本值的一个初步整理和直观描述. 将数据的取值范围划分为若干个区间, 然后统计这组样本值在每个区间中出现的次数, 称为频数, 由此得到一个频数表. 以数据的取值为横坐标, 频数或频率 (频率 = 频数/样本容量) 为纵坐标, 画出一个阶梯形的图, 称为直方图.

3. 统计量

样本是进行分析和推断的起点, 但实际上并不直接用样本进行推断, 而需对样本进行加工和提炼, 将分散于样本中的信息集中起来, 为此引入统计量的概念. 统计量是不含未知参数的样本的函数.

下面介绍几种常用的统计量, 以后不区分统计量和统计量的观察值, 统称为统计量. 设有一个容量为 n 的样本 (也不区分样本和样本观察值, 统称为样本), 记为 $x_1, x_2, \cdots, x_n$.

1) 表示位置的统计量——算术平均值和中位数

算术平均值 (简称均值) 描述数据取值的平均位置, 记作 $\bar{x}$,

$$\bar{x} = \frac{1}{n}\sum_{i=1}^{n} x_i, \tag{4.8}$$

中位数是将数据由小到大排序后位于中间位置的那个数值, 当 n 为偶数时, 取值为中间两数的算术平均值.

2) 表示变异程度的统计量——标准差、方差和极差

标准差 s 定义为

$$s = \left[\frac{1}{n-1}\sum_{i=1}^{n}(x_i - \bar{x})^2\right]^{\frac{1}{2}}. \tag{4.9}$$

它是各个数据与均值偏离程度的度量, 这种偏离不妨称为变异. 方差是标准差的平方 s^2.

极差是 $x_1, x_2, \cdots, x_n$ 的最大值与最小值之差.

3) 表示分布形状的统计量——偏度和峰度

偏度

$$\nu_1 = \frac{1}{s^3}\sum_{i=1}^{n}(x_i - \bar{x})^3. \tag{4.10}$$

峰度

$$\nu_2 = \frac{1}{s^4}\sum_{i=1}^{n}(x_i-\bar{x})^4. \tag{4.11}$$

偏度反映分布的对称性, $\nu_1 > 0$ 称为右偏态, 此时数据位于均值右边的比位于左边的多; $\nu_1 < 0$ 称为左偏态, 情况相反; 而 ν_1 接近 0 则可认为分布是对称的.

峰度 ν_2 是分布形状的另一种度量, 正态分布的峰度为 3, 若 ν_2 比 3 大得多, 表示分布有沉重的尾巴, 说明样本中含有较多远离均值的数据, 因而峰度可以用作衡量偏离正态分布的尺度之一.

4) 协方差和相关系数

$\boldsymbol{x}=[x_1,x_2,\cdots,x_n]$ 和 $\boldsymbol{y}=[y_1,y_2,\cdots,y_n]$ 的协方差

$$\mathrm{Cov}(\boldsymbol{x},\boldsymbol{y}) = \frac{\sum_{i=1}^{n}(x_i-\bar{x})(y_i-\bar{y})}{n-1},$$

其中 $\bar{x}=\frac{1}{n}\sum_{i=1}^{n}x_i$, $\bar{y}=\frac{1}{n}\sum_{i=1}^{n}y_i$.

$\boldsymbol{x}$ 和 $\boldsymbol{y}$ 的相关系数

$$\rho_{\boldsymbol{xy}} = \frac{\sum_{i=1}^{n}(x_i-\bar{x})(y_i-\bar{y})}{\sqrt{\sum_{i=1}^{n}(x_i-\bar{x})^2}\sqrt{\sum_{i=1}^{n}(y_i-\bar{y})^2}}.$$

4.2.2 用 Python 计算统计量

1. 使用 NumPy 计算统计量

使用 NumPy 库中的函数可以计算上述统计量, 也可以使用模块 scipy.stats 中的函数计算统计量, 模块 scipy.stats 中的函数就不介绍了.

NumPy 库中计算统计量的函数见表 4.3 所列.

表 4.3 NumPy 库中计算统计量的函数

函数	mean	median	ptp	var	std	cov	corrcoef
计算功能	均值	中位数	极差	方差	标准差	协方差	相关系数

例 4.6 学校随机抽取 100 名学生, 测量他们的身高和体重, 所得数据如表 4.4 所示. 试分别求身高的均值、中位数、极差、方差、标准差; 计算身高与体重的协方差、相关系数.

表 4.4　100 名学生身高和体重数据

身高	体重	身高	体重	身高	体重	身高	体重	身高	体重
172	75	169	55	169	64	171	65	167	47
171	62	168	67	165	52	169	62	168	65
166	62	168	65	164	59	170	58	165	64
160	55	175	67	173	74	172	64	168	57
155	57	176	64	172	69	169	58	176	57
173	58	168	50	169	52	167	72	170	57
166	55	161	49	173	57	175	76	158	51
170	63	169	63	173	61	164	59	165	62
167	53	171	61	166	70	166	63	172	53
173	60	178	64	163	57	169	54	169	66
178	60	177	66	170	56	167	54	169	58
173	73	170	58	160	65	179	62	172	50
163	47	173	67	165	58	176	63	162	52
165	66	172	59	177	66	182	69	175	75
170	60	170	62	169	63	186	77	174	66
163	50	172	59	176	60	166	76	167	63
172	57	177	58	177	67	169	72	166	50
182	63	176	68	172	56	173	59	174	64
171	59	175	68	165	56	169	65	168	62
177	64	184	70	166	49	171	71	170	59

把表 4.4 的数据 (不包括表头的汉字) 保存在 Excel 文件 Pdata4_6_1.xlsx 中. 计算的 Python 程序如下:

```
#程序文件Pex4_6.py
from numpy import reshape, hstack, mean, median, ptp, var, std,
cov, corrcoef
import pandas as pd
df = pd.read_excel("Pdata4_6_1.xlsx",header=None)
a=df.values #提取数据矩阵
h=a[:,::2] #提取奇数列身高
w=a[:,1::2] #提取偶数列体重
h=reshape(h,(-1, 1)) #转换成列向量, 自动计算行数
w=reshape(w,(-1, 1)) #转换成列向量, 自动计算行数
hw=hstack([h,w]) #构造两列的数组
print([mean(h),median(h),ptp(h),var(h),std(h)])
                              #计算均值、中位数、极差、方差、标准差
print("协方差为:{}\n相关系数为:{}".format(cov(hw.T)[0,1],corrcoef
```

```
(hw.T)[0,1]))
```

运行结果:

```
[170.25, 170.0, 31, 28.8875, 5.374709294464213]
协方差为: 16.982323232323235
相关系数为: 0.4560968250128602
```

即身高的均值、中位数、极差、方差、标准差分别为 170.25, 170, 31, 28.8875, 5.3747. 身高与体重的协方差、相关系数分别为 16.9823, 0.4561.

2. 使用 Pandas 的 DataFrame 计算统计量

Pandas 的 DataFrame 数据结构为我们提供了若干统计函数, 表 4.5 给出了部分统计量的方法 (2.3 节已经给出的方法, 这里就不赘述了).

表 4.5 Pandas 中的部分统计量方法

方法	说明
count	返回非 NaN 数据项的个数
mad	计算中位数绝对偏差 (median absolute deviation)
mode	返回众数, 即一组数据中出现次数最多的数据值
skew	返回偏度
kurt	返回峰度
quantile	返回样本分位数, 默认返回样本的50%分位数

例 4.7 (续例 4.6) 使用 Pandas 的 describe 方法计算相关统计量, 并计算身高和体重的偏度、峰度和样本的 25%, 50%, 90%分位数.

```
#程序文件Pex4_7.py
from numpy import reshape, c_
import pandas as pd
df = pd.read_excel("Pdata4_6_1.xlsx",header=None)
a=df.values; h1=a[:,::2]; w1=a[:,1::2]
h2=reshape(h1,(-1, 1)); w2=reshape(w1,(-1, 1))
df2=pd.DataFrame(c_[h2,w2],columns=["身高","体重"]) #构造数据框
print("求得的描述统计量如下: \n",df2.describe())
print("偏度为: \n",df2.skew())
print("峰度为: \n",df2.kurt())
print("分位数为: \n",df2.quantile(0.9))
```

运行结果:

```
求得的描述统计量如下:
             身高           体重
count   100.000000  100.000000
mean    170.250000   61.270000
std       5.401786    6.892911
min     155.000000   47.000000
25%     167.000000   57.000000
50%     170.000000   62.000000
75%     173.000000   65.250000
max     186.000000   77.000000
偏度为:
身高     0.156868
体重     0.140148
dtype: float64
峰度为:
身高     0.648742
体重    -0.290479
dtype: float64
分位数为:
身高     177.0
体重      70.1
Name: 0.9, dtype: float64
```

通过运行结果可知, 身高的偏度、峰度和样本的 90%分位数分别为 0.1569, 0.6487, 177.0; 体重的偏度、峰度和样本的 90%分位数分别为 0.1401, −0.2905, 70.1.

4.2.3 统计图

下面的画图函数除非特殊声明, 使用的都是 matplotlib.pyplot 模块中的函数.

1. 频数表及直方图

计算数据频数并且画直方图的命令为

```
hist(x, bins=None, range=None, density=None,weights=None,
    cumulative=False, bottom=None, histtype='bar',align='mid',
    orientation='vertical', rwidth=None, log=False, color=None,
    label=None, stacked=False)
```

它将区间 [min(x),max(x)] 等分为 bins 份, 统计在每个左闭右开小区间 (最后一个小区间为闭区间) 上数据出现的频数并画直方图. 其中的一些参数含义如下:

(1) range: 指定直方图数据的上下界, 默认为数据的最大值和最小值.

(2) density: 是否将直方图的频数转换成频率.

(3) weights: 该参数可为每个数据点设置权重.

(4) cumulative: 是否需要计算累计频数或频率.

(5) bottom: 可以为直方图的每个条形添加基准线, 默认为 0.

(6) histtype: 指定直方图的类型, 默认为 bar, 还有 barstacked, step 和 stepfilled.

(7) align: 设置条形边界值的对齐方式, 默认为 mid, 还有 left 和 right.

(8) orientation: 设置直方图的摆放方向, 默认为垂直方向.

(9) rwidth: 设置直方图条形的宽度.

(10) log: 是否需要对绘图数据进行 log 变换.

(11) color: 设置直方图的填充色.

(12) label: 设置直方图的标签, 可通过 legend 展示其图例.

(13) stacked: 当有多个数据时, 是否需要将直方图呈堆叠摆放, 默认水平摆放.

例 4.8 (续例 4.6) 画出身高和体重的直方图, 并统计从最小体重到最大体重, 等间距分成 6 个小区间时, 数据出现在每个小区间的频数.

解 画出的直方图如图 4.2 所示. 体重的频数统计结果见表 4.6.

从直方图上可以看出, 身高的分布大致呈中间高、两端低的钟形, 而体重则看不出什么规律. 要想从数值上给出更确切的描述, 需要进一步研究反映数据特征的 “统计量”. 直方图所展示的身高的分布形状可看作正态分布, 当然也可以用这组数据对分布作假设检验.

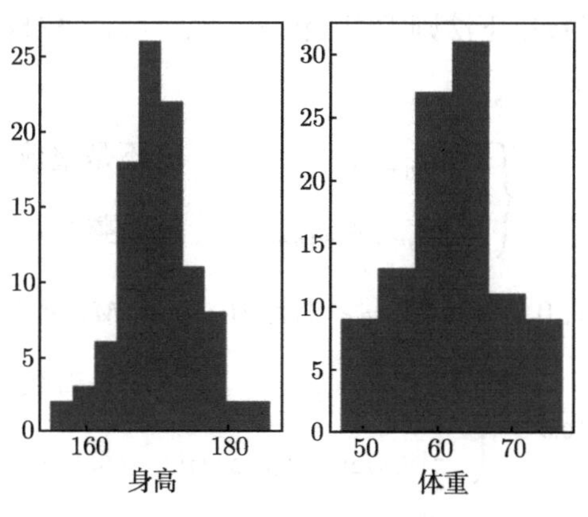

图 4.2 身高和体重的直方图

表 4.6　体重的频数统计结果

区间	[47, 52)	[52, 57)	[57, 62)	[62, 67)	[67, 72)	[72, 77]
频数	9	13	27	31	11	9

Python 程序设计如下:

```
#程序文件Pex4_8.py
import numpy as np
import matplotlib.pyplot as plt
a=np.loadtxt("Pdata4_6_2.txt")
h=a[:,::2]; w=a[:,1::2]
h=np.reshape(h,(-1,1)); w=np.reshape(w,(-1,1))
plt.rc('font',size=16); plt.rc('font',family="SimHei")
plt.subplot(121); plt.xlabel("身高"); plt.hist(h,10)
                                        #只画直方图不返回频数表
plt.subplot(122); ps=plt.hist(w,6)  #画图并返回频数表ps
plt.xlabel("体重"); print("体重的频数表为: ", ps)
plt.savefig("figure4_8.png", dpi=500); plt.show()
```

2. 箱线图

先介绍样本分位数.

定义 4.9　设有容量为 n 的样本观测值 $x_1, x_2, \cdots, x_n$, 样本 p 分位数 $(0 < p < 1)$ 记为 x_p, 它具有以下的性质:

(1) 至少有 np 个观测值小于或等于 x_p;

(2) 至少有 $n(1-p)$ 个观测值大于或等于 x_p.

样本 p 分位数可按以下法则求得. 将 $x_1, x_2, \cdots, x_n$ 按自小到大的次序排列成 $x_{(1)} \leqslant x_{(2)} \leqslant \cdots \leqslant x_{(n)}$.

$$x_p = \begin{cases} x_{([np]+1)}, & np\text{不是整数}, \\ \dfrac{1}{2}[x_{(np)} + x_{(np+1)}], & np\text{是整数}. \end{cases}$$

特别地, 当 $p = 0.5$ 时, 0.5 分位数 $x_{0.5}$ 也记为 Q_2 或 M, 称为样本中位数, 即有

$$x_{0.5} = \begin{cases} x_{([n/2]+1)}, & n\text{是奇数}, \\ \dfrac{1}{2}[x_{(n/2)} + x_{(n/2+1)}], & n\text{是偶数}. \end{cases}$$

当 n 是奇数时, 中位数 $x_{0.5}$ 就是 $x_{(1)} \leqslant x_{(2)} \leqslant \cdots \leqslant x_{(n)}$ 这一数组最中间的一个数; 而当 n 是偶数时, 中位数 $x_{0.5}$ 就是 $x_{(1)} \leqslant x_{(2)} \leqslant \cdots \leqslant x_{(n)}$ 这一数组中最中间

两个数的平均值.

0.25 分位数 $x_{0.25}$ 称为第一四分位数, 又记为 Q_1; 0.75 分位数 $x_{0.75}$ 称为第三四分位数, 又记为 Q_3. $x_{0.25}$, $x_{0.5}$, $x_{0.75}$ 在统计中是很有用的.

下面介绍箱线图.

数据集的箱线图是由箱子和直线组成的图形, 它是基于以下 5 个数的图形概括: 最小值 Min, 第一四分位数 Q_1, 中位数 M, 第三四分位数 Q_3 和最大值 Max. 它的做法如下.

(1) 画一水平数轴, 在轴上标上 Min, Q_1, M, Q_3, Max. 在数轴上方画一个上、下侧平行于数轴的矩形箱子, 箱子的左右两侧分别位于 Q_1, Q_3 的上方, 在 M 点的上方画一条垂直线段, 线段位于箱子内部.

(2) 自箱子左侧引一条水平线直至最小值 Min; 在同一水平高度自箱子右侧引一条水平线直至最大值 Max. 这样就将箱线图做好了, 如图 4.3 所示. 箱线图也可以沿垂直数轴来做. 从箱线图可以形象地看出数据集的以下重要性质.

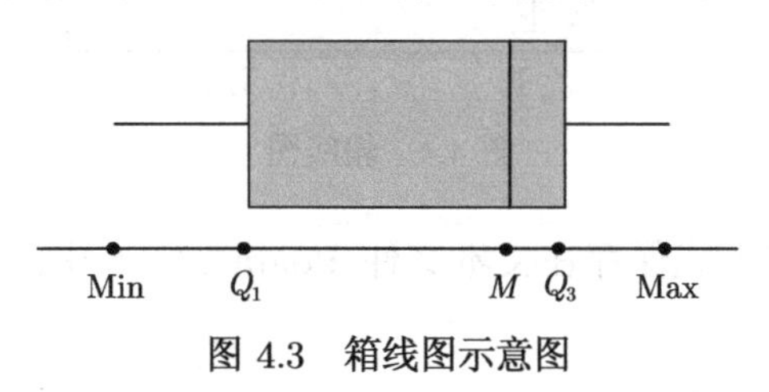

图 4.3 箱线图示意图

(i) 中心位置: 中位数所在的位置就是数据集的中心.

(ii) 散布程度: 全部数据都落在 [Min, Max] 之内, 在区间 [Min, Q_1], $[Q_1, M]$, $[M, Q_3]$, [Q_3, Max] 上的数据个数各占 1/4. 区间较短时, 表示落在该区间的点较集中, 反之较为分散.

(iii) 关于对称性: 若中位数位于箱子的中间位置, 则数据分布较为对称. 又若 Min 离 M 的距离较 Max 离 M 的距离大, 则表示数据分布向左倾斜, 反之表示数据向右倾斜, 且能看出分布尾部的长短.

pyplot 中画箱线图的命令为 boxplot, 其基本调用格式为

```
boxplot(x, notch=None, sym=None, vert=None, whis=None, positions=
    None, widths=None)
```

其中, x 为输入的数据; notch 设置是否创建有凹口的箱盒; sym 设置异常点的颜色和形状, 例如, sym='gx' 设置异常点为绿色, 形状为 "x"; vert 设置为水平或垂直方向箱盒, whis 默认为 1.5(whis*IQR), 见下面异常值的说明; positions 设置箱盒的位置, widths 设置箱盒的宽度.

例 4.9 下面分别给出了 25 个男子和 25 个女子的肺活量数据 (以 L 计, 数

据已经排过序).

女子组：2.7, 2.8, 2.9, 3.1, 3.1, 3.1, 3.2, 3.4, 3.4, 3.4, 3.4, 3.4, 3.5, 3.5, 3.5, 3.6, 3.7, 3.7, 3.7, 3.8, 3.8, 4.0, 4.1, 4.2, 4.2;

男子组：4.1, 4.1, 4.3, 4.3, 4.5, 4.6, 4.7, 4.8, 4.8, 5.1, 5.3, 5.3, 5.3, 5.4, 5.4, 5.5, 5.6, 5.7, 5.8, 5.8, 6.0, 6.1, 6.3, 6.7, 6.7.

画出的箱线图见图 4.4.

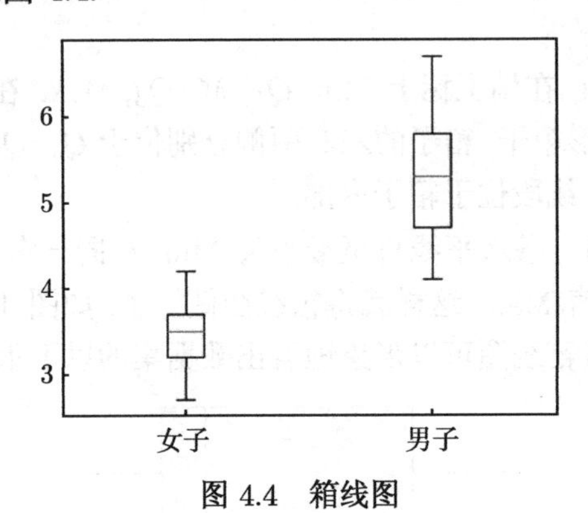

图 4.4　箱线图

把数据以两行的方式保存在文本文件 Pdata4_9.txt 中, 画图的 Python 程序如下：

```
#程序文件Pex4_9.py
import numpy as np
import matplotlib.pyplot as plt
a=np.loadtxt("Pdata4_9.txt") #读入两行的数据
b=a.T  #转置成两列的数据
plt.rc('font',size=16); plt.rc('font',family='SimHei')
plt.boxplot(b, labels=['女子','男子'])
plt.savefig('figure4_9.png', dpi=500); plt.show()
```

箱线图特别适用于比较两个或两个以上数据集的性质, 为此, 将几个数据集的箱线图画在同一个图形界面上. 例如, 在图 4.4 中可以明显地看到男子的肺活量要比女子的肺活量大, 男子的肺活量较女子的肺活量分散.

在数据集中某一个观察值不寻常地大于或小于该数集中的其他数据, 称为疑似异常值. 疑似异常值的存在, 会对随后的计算结果产生不适当的影响. 检查疑似异常值并加以适当的处理是十分必要的.

第一四分位数 Q_1 与第三四分位数 Q_3 之间的距离：$Q_3-Q_1 \xlongequal{\text{记为}} \mathrm{IQR}$, 称为四分位数间距. 若数据小于 $Q_1-1.5\mathrm{IQR}$ 或大于 $Q_3+1.5\mathrm{IQR}$, 就认为它是疑似异

常值.

例 4.10 (续例 4.6) 画身高和体重的箱线图.

```
#程序文件Pex4_10.py
import numpy as np
import matplotlib.pyplot as plt
a=np.loadtxt("Pdata4_6_2.txt")
h=a[:,::2]; w=a[:,1::2]
h=np.reshape(h,(-1,1)); w=np.reshape(w,(-1,1))
hw=np.hstack((h,w)); plt.rc('font',size=16)
plt.rc('font',family='SimHei');
plt.boxplot(hw, labels=["身高", "体重"])
plt.savefig("figure4_10.png",dpi=500); plt.show()
```

所画的身高和体重的箱线图如图 4.5 所示. 从箱线图可以看出身高有异常数据.

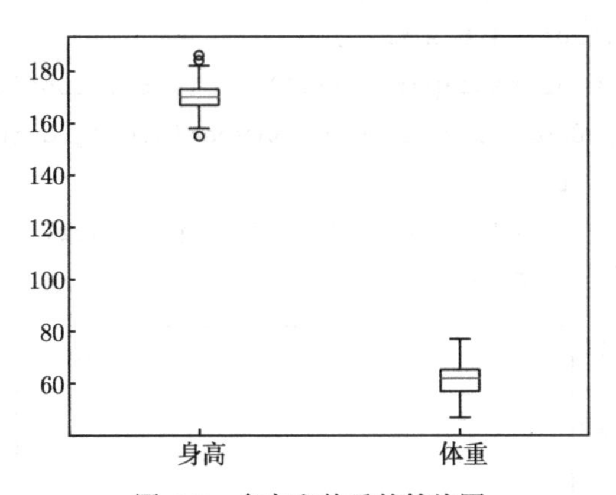

图 4.5 身高和体重的箱线图

3. 经验分布函数

设 $X_1, X_2, \cdots, X_n$ 是总体 F 的一个样本, 用 $S(x)(-\infty < x < +\infty)$ 表示 $X_1, X_2, \cdots, X_n$ 中不大于 x 的随机变量的个数. 定义经验分布函数 $F_n(x)$ 为

$$F_n(x) = \frac{1}{n}S(x), \quad -\infty < x < +\infty.$$

对于一个样本值, 那么经验分布函数 $F_n(x)$ 的观察值是很容易得到的 ($F_n(x)$ 的观察值仍以 $F_n(x)$ 表示).

一般地, 设 $x_1, x_2, \cdots, x_n$ 是总体 F 的一个容量为 n 的样本值. 先将 $x_1, x_2, \cdots, x_n$ 按自小到大的次序排列, 并重新编号, 设为

$$x_{(1)} \leqslant x_{(2)} \leqslant \cdots \leqslant x_{(n)}.$$

则经验分布函数 $F_n(x)$ 的观察值为

$$F_n(x)=\begin{cases} 0, & x<x_{(1)}, \\ \dfrac{k}{n}, & x_{(k)} \leqslant x<x_{(k+1)}, \quad k=1,2,\cdots,n-1, \\ 1, & x \geqslant x_{(n)}. \end{cases}$$

对于经验分布函数 $F_n(x)$, 格里汶科 (Glivenko) 在 1933 年证明了, 当 $n \to +\infty$ 时 $F_n(x)$ 以概率 1 一致收敛于分布函数 $F(x)$. 因此, 对于任一实数 x, 当 n 充分大时, 经验分布函数的任一个观察值 $F_n(x)$ 与总体分布函数 $F(x)$ 只有微小的差别, 从而在实际中可当作 $F(x)$ 来使用.

例 4.11 (续例 4.6)　画出体重的经验分布函数图形.

```
#程序文件Pex4_11.py
import numpy as np
import matplotlib.pyplot as plt
a=np.loadtxt("Pdata4_6_2.txt")
w=a[:,1::2]; w=np.reshape(w,(-1,1)); plt.rc('font',size=16)
h=plt.hist(w,20,density=True, histtype='step', cumulative=True)
print(h); plt.grid()
plt.savefig("figure4_11.png",dpi=500); plt.show()
```

所画的图形如图 4.6 所示.

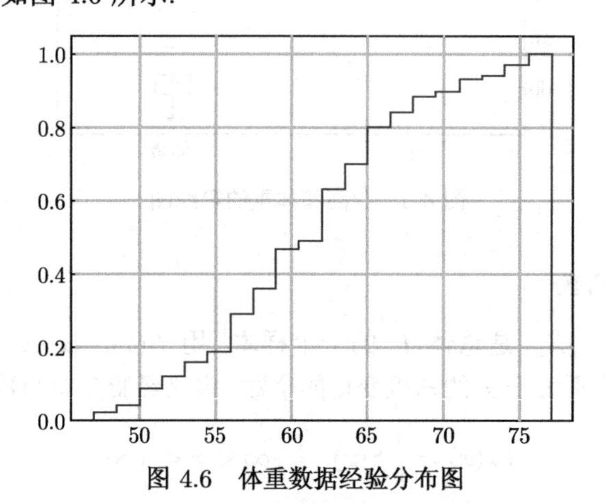

图 4.6　体重数据经验分布图

4. Q-Q 图

Q-Q 图 (quantile-quantile plot) 是检验拟合优度的好方法, 目前在国外被广泛使用, 它的图示方法简单直观, 易于使用.

对于一组观察数据 $x_1, x_2, \cdots, x_n$, 利用参数估计方法确定了分布模型的参数 θ 后, 分布函数 $F(x;\theta)$ 就知道了, 现在我们希望知道观测数据与分布模型的拟合效果如何. 如果拟合效果好, 观测数据的经验分布就应当非常接近分布模型的理论分布, 而经验分布函数的分位数自然也应当与分布模型的理论分位数近似相等. Q-Q 图的基本思想就是基于这个观点, 将经验分布函数的分位数点和分布模型的理论分位数点作为一对数组画在直角坐标图上, 就是一个点, n 个观测数据对应 n 个点, 如果这 n 个点看起来像一条直线, 说明观测数据与分布模型的拟合效果很好, 以下给出计算步骤.

判断观测数据 $x_1, x_2, \cdots, x_n$ 是否来自分布 $F(x)$, Q-Q 图的计算步骤如下:

(1) 将 $x_1, x_2, \cdots, x_n$ 依大小顺序排列成 $x_{(1)} \leqslant x_{(2)} \leqslant \cdots \leqslant x_{(n)}$;

(2) 取 $y_i = F^{-1}((i-1/2)/n), i = 1, 2, \cdots, n$;

(3) 将 $(y_i, x_{(i)}), i = 1, 2, \cdots, n$, 这 n 个点画在直角坐标图上;

(4) 如果这 n 个点看起来呈一条 45° 角的直线, 从 $(0,0)$ 到 $(1,1)$ 分布, 我们就相信 $x_1, x_2, \cdots, x_n$ 拟合分布 $F(x)$ 的效果很好.

例 4.12 对于例 4.6 中的身高数据, 如果它们来自正态分布, 求该正态分布的参数, 试画出它们的 Q-Q 图, 判断拟合效果.

解 (1) 采用矩估计方法估计参数的取值. 先从所给的数据算出样本均值和标准差

$$\bar{x} = 170.25, \quad s = 5.3747,$$

正态分布 $N(\mu, \sigma^2)$ 中参数的估计值为 $\hat{\mu} = 170.25, \hat{\sigma} = 5.3747$.

(2) 画 Q-Q 图.

(i) 将观测数据记为 $x_1, x_2, \cdots, x_{100}$, 并依从小到大顺序排列为 $x_{(1)} \leqslant x_{(2)} \leqslant \cdots \leqslant x_{(100)}$.

(ii) 取 $y_i = F^{-1}((i-1/2)/n), i = 1, 2, \cdots, 100$, 这里 $F^{-1}(x)$ 是参数 $\mu = 170.25$, $\sigma = 5.3747$ 的正态分布函数的反函数.

(iii) 将$(y_i, x_{(i)})$ $(i = 1, 2, \cdots, 100)$ 这 100 个点画在直角坐标系上, 如图 4.7 所示.

(iv) 这些点看起来接近一条 45° 角的直线, 说明拟合结果较好.

计算及画图的 Python 程序如下:

```
#程序文件Pex4_12.py
import numpy as np
import matplotlib.pyplot as plt
from scipy.stats import norm, probplot
a=np.loadtxt("Pdata4_6_2.txt")
h=a[:,::2]; h=h.flatten()
mu=np.mean(h); s=np.std(h); print([mu,s])
```

```
sh=np.sort(h) #按从小到大排序
n=len(sh); xi=(np.arange(1,n+1)-1/2)/n
yi=norm.ppf(xi,mu,s)
plt.rc('font',size=16);plt.rc('font',family='SimHei')
plt.rc('axes',unicode_minus=False) #用来正常显示负号
plt.subplot(121); plt.plot(yi, sh, 'o', label='QQ图');
plt.plot([155,185],[155,185],'r-',label='参照直线')
plt.legend(); plt.subplot(122)
res = probplot(h,plot=plt)
plt.savefig("figure4_12.png",dpi=500); plt.show()
```

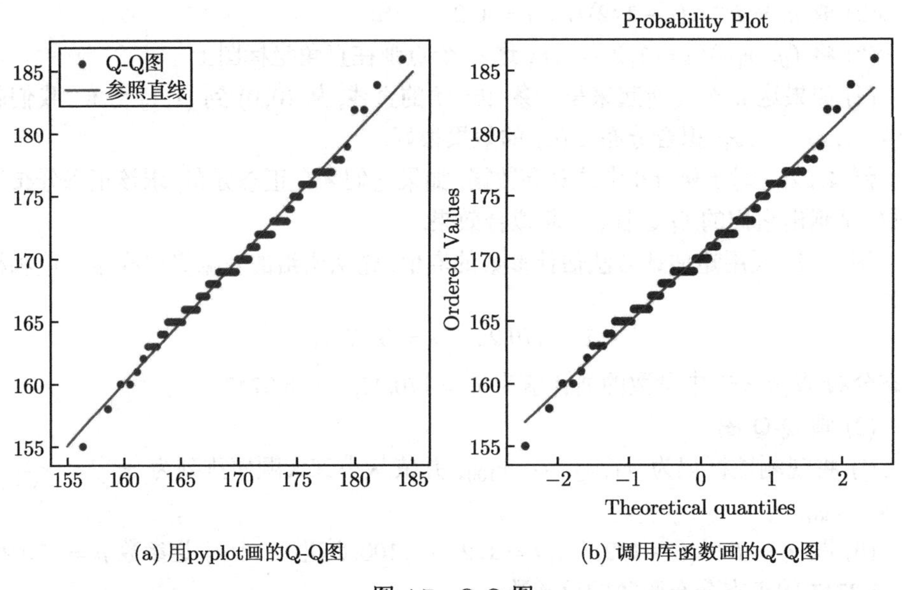

(a) 用pyplot画的Q-Q图　　(b) 调用库函数画的Q-Q图

图 4.7　Q-Q 图

4.3　参数估计和假设检验

4.3.1　参数估计

参数估计是利用样本对总体进行统计推断的一类方法, 即假定总体的概率分布类型已知, 但其中含有未知参数, 由样本估计未知参数的值. 参数估计的方法主要有点估计和区间估计, 其中点估计中有矩估计和极大似然估计等方法. 这些数学理论我们就不介绍了.

1. 极大似然估计

例 4.13 假定例 4.6 中学生的身高服从正态分布, 求总体均值和标准差的极大似然估计.

```
#程序文件Pex4_13.py
import numpy as np
import matplotlib.pyplot as plt
from scipy.stats import norm
a=np.loadtxt("Pdata4_6_2.txt")
h=a[:,::2]; h=h.flatten()
mu=np.mean(h); s=np.std(h);
print("样本均值和标准差为: ",[mu,s])
print("极大似然估计值为: ", norm.fit(h))
```

从程序计算结果可知, 总体均值和标准差的极大似然估计就是样本均值和样本标准差, 分别为 170.25, 5.3747.

2. 区间估计

在 scipy.stats 模块中，还使用一个统计量，称为样本均值的标准误差 (SEM)，其定义为

$$\mathrm{SEM}=\frac{s}{n}\sqrt{\frac{\sum_{i=1}^{n}(x_i-\bar{x})^2}{n-1}}\cdot\frac{1}{\sqrt{n}}.$$

对应的 Python 函数为 stats.sem(x)，其中 x 为样本的观测值向量。

例 4.14 有一大批糖果, 现从中随机地取 16 袋, 称得重量 (以 g 计) 如下

506 508 499 503 504 510 497 512
514 505 493 496 506 502 509 496

设袋装糖果的重量近似地服从正态分布. 试求总体均值 μ 的置信水平为 0.95 的置信区间.

解 μ 的一个置信水平为 $1-\alpha$ 的置信区间为 $\left(\bar{X}\pm\frac{S}{\sqrt{n}}t_{\alpha/2}(n-1)\right)$, 这里显著性水平 $\alpha=0.05$, $\alpha/2=0.025$, $n-1=15$, $t_{0.025}(15)=2.1315$, 由给出的数据算得 $\bar{x}=503.75$, $s=6.2022$. 计算得总体均值 μ 的置信水平为 0.95 的置信区间为

$$(500.4451,\ 507.0549)$$

```
#程序文件Pex4_14_1.py
from numpy import array, sqrt
from scipy.stats import t
```

```
a=array([506, 508, 499, 503, 504, 510, 497, 512,
514, 505, 493, 496, 506, 502, 509, 496])
# ddof取值为1时，标准偏差除的是(N-1); NumPy中的std计算默认是除以N
mu=a.mean(); s=a.std(ddof=1)  #计算均值和标准差
print(mu, s); alpha=0.05; n=len(a)
val=(mu-s/sqrt(n)*t.ppf(1-alpha/2,n-1),mu+s/sqrt(n)*t.ppf(1-alpha/
    2,n-1))
print("置信区间为: ",val)
```

直接调用库函数求置信区间的 Python 程序如下：

```
#程序文件Pex4_14_2.py
import numpy as np
import scipy.stats as ss
from scipy import stats
a=np.array([506,  508,  499,  503,  504,  510,  497,  512,
514,  505,  493,  496,  506,  502,  509,  496])
alpha=0.95; df=len(a)-1
ci=ss.t.interval(alpha,df,loc=a.mean(),scale=ss.sem(a))
print("置信区间为: ",ci)
```

4.3.2 参数假设检验

假设检验是统计推断的另一类重要问题, 分为参数假设检验和非参数假设检验. 参数假设检验是总体的分布函数形式已知, 但其中含有未知参数. 为了推断总体的某些性质, 提出某些关于总体参数的假设, 然后根据样本对所提出的假设作出判断, 是接受还是拒绝, 这类统计推断问题就是所谓的参数假设检验问题. 在总体的分布函数完全未知的情况下, 进行的假设检验称为非参数假设检验.

下面给出几个参数假设检验的例子.

1. 单个总体均值的假设检验

1) 正态总体标准差 σ 已知的 Z 检验法

设总体 $X \sim N(\mu, \sigma^2)$, 其中 μ 未知, σ 已知, $X_1, X_2, \cdots, X_n$ 是来自 X 的样本. 提出原假设 $H_0: \mu = \mu_0$, 备择假设 $H_1: \mu \neq \mu_1$.

检验统计量为

$$Z = \frac{\bar{X} - \mu_0}{\sigma/\sqrt{n}},$$

检验的显著性水平为 α, 标准正态分布的上 $\alpha/2$ 分位数记作 $z_{\alpha/2}$, 当 Z 的观测值 z 满足 $|z| > z_{\alpha/2}$ 时, 拒绝原假设 H_0, 接受 H_1; 否则, 接受 H_0.

例 4.15 某车间用一台包装机包装糖果. 包得的袋装糖重是一个随机变量, 它服从正态分布. 当机器正常时, 其均值为 0.5kg, 标准差为 0.015kg. 某日开工后为检验包装机是否正常, 随机地抽取它所包装的糖 9 袋, 称得净重 (kg) 为

0.497 0.506 0.518 0.524 0.498 0.511 0.520 0.515 0.512

问机器是否正常?

解 按题意总体 $X \sim N(\mu, \sigma^2)$, μ 未知, $\sigma = 0.015$ 已知, 要求在显著性水平 $\alpha = 0.05$ 下检验假设

$H_0 : \mu = 0.5, \quad H_1 : \mu \neq 0.5.$

因 σ 已知, 故采用 Z 检验, 取检验统计量为 $Z = \dfrac{\bar{X} - 0.5}{\sigma/\sqrt{n}}$, 令 $n = 9, \bar{x} = 0.5112$, $\alpha = 0.05$, $z_{\alpha/2} = 1.96$, 拒绝域为

$$|z| = \left| \frac{\bar{x} - 0.5}{\sigma/\sqrt{n}} \right| = 2.2444 > 1.96.$$

因 Z 的观测值 z 落在拒绝域内, 故在显著性水平 $\alpha = 0.05$ 下拒绝原假设 H_0, 认为这天包装机工作不正常.

statsmodels 库中做总体均值检验的函数为 statsmodels.stats.weightstats.ztest, 其调用格式为

```
tstat,pvalue=statsmodels.stats.weightstats.ztest(x1,x2=None,value=
0, alternative='two-sided', usevar='pooled', ddof=1.0)
```

帮助文档参看

https://www.statsmodels.org/stable/generated/statsmodels.
stats.weightstats.ztest.html

statsmodels 库中 ztest 函数的检验统计量为

$$T = \frac{\bar{X} - \mu_0}{s/\sqrt{n}},$$

其中, s 为样本方差, 实际上它是我们下面介绍的单个总体 t 检验的统计量. 可以借助 T 统计量计算 Z 统计量的观测值, 它们之间的关系为 $z = t\dfrac{s}{\sigma}$.

计算例 4.15 的 Python 程序如下:

```
#程序文件Pex4_15.py
import numpy as np
from statsmodels.stats.weightstats import ztest
sigma=0.015
a=np.array([0.497,0.506,0.518,0.524,0.498,0.511,0.520,0.515,
    0.512])
tstat1, pvalue=ztest(a,value=0.5)  #计算T统计量的观测值及p值
```

```
tstat2=tstat1*a.std(ddof=1)/sigma  #转换为Z统计量的观测值
print('t值为: ',round(tstat1,4))
print('z值为: ',round(tstat2,4)); print('p值为:',round(pvalue,4))
```

2) 正态总体标准差 σ 未知的 t 检验法

设总体 $X \sim N(\mu,\sigma^2)$, 其中 μ,σ^2 未知, $X_1,X_2,\cdots,X_n$ 是来自总体 X 的样本. 提出原假设 $H_0:\mu=\mu_0$, 备择假设 $H_1:\mu\neq\mu_0$.

检验统计量为

$$T=\frac{\bar{X}-\mu_0}{S/\sqrt{n}},$$

检验的显著性水平为 α, 自由度为 $n-1$ 的 t 分布的上 $\alpha/2$ 分位数为 $t_{\alpha/2}(n-1)$, 拒绝域为 T 的观测值 t 满足

$$|t|=\left|\frac{\bar{x}-\mu_0}{s/\sqrt{n}}\right|\geqslant t_{\alpha/2}(n-1).$$

例 4.16　某批矿砂的 5 个样品中的镍含量 (%), 经测定为

3.25　3.27　3.24　3.26　3.24

设测定值总体服从正态分布, 但参数均未知, 问在 $\alpha=0.01$ 下能否接受假设: 这批矿砂的镍含量的均值为 3.25.

解　按题意总体 $X\sim N(\mu,\sigma^2)$, μ,σ^2 均未知, 要求在显著性水平 $\alpha=0.01$ 下检验假设

$H_0:\mu=3.25,\quad H_1:\mu\neq 3.25.$

因 σ^2 未知, 故采用 t 检验, 取检验统计量为 $t=\dfrac{\bar{X}-3.25}{S/\sqrt{n}}$, 令 $n=5$, $\bar{x}=3.252$, $s=0.0130$, $\alpha=0.01$, $t_{\alpha/2}(n-1)=t_{0.005}(4)=4.6041$, 拒绝域为

$$|t|=\left|\frac{\bar{x}-3.25}{s/\sqrt{n}}\right|\geqslant t_{\alpha/2}(n-1)=4.6041.$$

因 $|t|$ 的观测值 $|t|=\left|\dfrac{3.252-3.25}{0.013/\sqrt{5}}\right|=0.3430<4.6041$, 不落在拒绝域之内, 故在显著性水平 $\alpha=0.01$ 下接受原假设 H_0, 即认为这批矿砂镍含量的均值为 3.25.

```
#程序文件Pex4_16.py
import numpy as np
from statsmodels.stats.weightstats import ztest
a=np.array([3.25, 3.27, 3.24, 3.26, 3.24])
tstat, pvalue=ztest(a,value=3.25)
print('检验统计量为: ',tstat); print('p值为:',pvalue)
```

例 4.17　按规定, 100g 罐头番茄汁中的平均维生素 C 含量 (mg/g) 不得少于 21mg/g. 现从工厂的产品中抽取 17 个罐头, 其 100g 番茄汁中, 测得维生素 C 含量记录如下

16 25 21 20 23 21 19 15 13 23 17 20 29 18 22 16 22

设维生素含量服从正态分布 $N(\mu,\sigma^2)$, μ,σ^2 均未知, 问这批罐头是否符合要求 (取显著性水平 $\alpha=0.05$).

解 本题需检验假设 ($\alpha=0.05$),

$$H_0:\mu\geqslant 21,\quad H_1:\mu<21.$$

令 $n=17$, $\bar{x}=20$, $s=3.9843$, $t_{0.05}(16)=1.7459$, 拒绝域为 $t=\dfrac{\bar{x}-21}{s/\sqrt{n}}<-1.7459$. 检验统计量的观测值

$$t=\frac{20-21}{3.9843/\sqrt{17}}=-1.0348>-1.7459.$$

故接受 H_0, 认为这批罐头是符合规定的.

计算的 Python 程序如下:

```
#程序文件Pex4_17.py
import numpy as np
from statsmodels.stats.weightstats import ztest
a=np.array([16, 25, 21, 20, 23, 21, 19, 15, 13,
            23, 17, 20, 29, 18, 22, 16, 22])
tstat, pvalue=ztest(a,value=21, alternative='smaller')
print('检验统计量为: ',tstat); print('p值为:',pvalue)
```

2. 两个总体均值的假设检验

例 4.18 表 4.7 分别给出两位文学家马克 • 吐温 (Mark Twain) 的 8 篇小品文以及斯诺特格拉斯 (Snodgrass) 的 10 篇小品文中由 3 个字母组成的单词的比例.

表 4.7 两位作家作品中单词统计数据

马克 • 吐温	0.225	0.262	0.217	0.240	0.230	0.229	0.235	0.217		
斯诺特格拉斯	0.209	0.205	0.196	0.210	0.202	0.207	0.224	0.223	0.220	0.201

设两组数据分别来自正态总体, 且两总体方差相等, 但参数均未知. 两样本相互独立. 问两位作家所写的小品文中包含由 3 个字母组成的单词的比例是否有显著的差异 (取 $\alpha=0.05$)?

解 按题意总体 $X\sim N(\mu_1,\sigma^2)$, $Y\sim N(\mu_2,\sigma^2)$, 两样本相互独立. 本题需在显著性水平 $\alpha=0.05$ 下检验假设

$$H_0:\mu_1=\mu_2,\quad H_1:\mu_1\neq\mu_2.$$

采用 t 检验, 取检验统计量为 $t=\dfrac{\bar{X}-\bar{Y}}{\sqrt{\dfrac{(n_1-1)S_1^2+(n_2-1)S_2^2}{n_1+n_2-1}}\cdot\sqrt{\dfrac{1}{n_1}+\dfrac{1}{n_2}}}$, 拒绝域为

$$|t|=\left|\frac{\bar{x}-\bar{y}}{\sqrt{\dfrac{(n_1-1)S_1^2+(n_2-1)S_2^2}{n_1+n_2-2}}\cdot\sqrt{\dfrac{1}{n_1}+\dfrac{1}{n_2}}}\right|\geqslant t_{\alpha/2}(n_1+n_2-2).$$

令 $n_1=8$, $n_2=10$, $\bar{x}=0.2319$, $\bar{y}=0.2097$, $s_1^2=0.0146^2$, $s_2^2=0.0097^2$, $t_{0.025}(16)=2.1199$.

因观测值 $|t|=3.8781>2.1199$, 落在拒绝域之内, 故拒绝 H_0, 认为两位作家所写的小品文中包含由 3 个字母组成的单词的比例有显著的差异.

计算的 Python 程序如下:

```
#程序文件Pex4_18.py
import numpy as np
from statsmodels.stats.weightstats import ttest_ind
a=np.array([0.225, 0.262, 0.217, 0.240, 0.230, 0.229,0.235,0.217])
b=np.array([0.209, 0.205, 0.196, 0.210, 0.202, 0.207,
            0.224, 0.223, 0.220, 0.201])
tstat, pvalue, df=ttest_ind(a, b, value=0)
print('检验统计量为: ',tstat); print('p值为:',pvalue)
print('自由度为: ',df)
```

4.3.3　非参数假设检验

在实际建模中, 对样本数据服从什么分布, 完全是未知的, 需要进行非参数假设检验. 下面介绍两种非参数假设检验方法: 分布拟合检验和 Kolmogorov-Smirnov 检验.

1. 分布拟合检验

在实际问题中, 有时不能预知总体服从什么类型的分布, 这时就需要根据样本来检验关于分布的假设. 下面介绍 χ^2 检验法.

若总体 X 是离散型的, 则建立待检假设 H_0: 总体 X 的分布律为 $P\{X=x_i\}=p_i$, $i=1,2,\cdots$.

若总体 X 是连续型的, 则建立待检验假设 H_0: 总体 X 的概率密度为 $f(x)$.

可按照下面的五个步骤进行检验:

(1) 建立待检验假设 H_0: 总体 X 的分布函数为 $F(x)$.

(2) 在数轴上选取 $k-1$ 个分点 $t_1, t_2, \cdots, t_{k-1}$, 将数轴分成 k 个区间: $(-\infty, t_1)$, $[t_1, t_2)$, $\cdots$, $[t_{k-2}, t_{k-1})$, $[t_{k-1}, +\infty)$, 令 p_i 为分布函数 $F(x)$ 的总体 X 在第 i 个区间内取值的概率, 设 m_i 为 n 个样本观察值中落入第 i 个区间上的个数, 也称为组频数.

(3) 选取统计量 $\chi^2 = \sum\limits_{i=1}^{k} \dfrac{(m_i - np_i)^2}{np_i} = \sum\limits_{i=1}^{k} \dfrac{m_i^2}{np_i} - n$, 如果 H_0 为真, 则 $\chi^2 \sim \chi^2(k-1-r)$, 其中 r 为分布函数 $F(x)$ 中未知参数的个数.

(4) 对于给定的显著性 α, 确定 χ_α^2, 使其满足 $P\{\chi^2(k-1-r) > \chi_\alpha^2\} = \alpha$, 并且依据样本计算统计量 χ^2 的观察值.

(5) 作出判断: 若 $\chi^2 < \chi_\alpha^2$, 则接受 H_0; 否则拒绝 H_0, 即不能认为总体 X 的分布函数为 $F(x)$.

例 4.19 根据某市公路交通部门某年上半年交通事故记录, 统计得星期一至星期日发生交通事故的次数如表 4.8 所示. 试检验交通事故的发生次数是否服从离散均匀分布, 即交通事故的发生与星期几无关.

表 4.8 某市上半年交通事故数据表

星期	1	2	3	4	5	6	7
次数	36	23	29	31	34	60	25

解 (1) 设 X 为 "一周内各天发生交通事故的总体", 若交通事故的发生与星期几无关, 则 X 的分布律为 $P\{X=i\} = p_i = \dfrac{1}{7}$, $i = 1, 2, \cdots, 7$, 那么我们的问题就是检验假设 $H_0: p_i = \dfrac{1}{7}$, $i = 1, 2, \cdots, 7$.

(2) 将每天看成一个小区间, 设组频数为 m_i, $i = 1, 2, \cdots, 7$.

(3) 选取统计量 $\chi^2 = \sum\limits_{i=1}^{7} \dfrac{(m_i - np_i)^2}{np_i} = \sum\limits_{i=1}^{7} \dfrac{m_i^2}{np_i} - n$, 其中, $n = 36 + 23 + 29 + 31 + 34 + 60 + 25 = 238$, 当 H_0 为真时, $\chi^2 \sim \chi^2(7-1)$.

(4) 对于 $\alpha = 0.05$, 查表得临界值为 $\chi_\alpha^2(6) = 12.592$, 并且根据样本可计算得到检验统计量 χ^2 的观察值为

$$\chi^2 = \sum_{i=1}^{7} \frac{m_i^2}{238 \times \dfrac{1}{7}} - 238 = 26.9412.$$

(5) 作出判断, 因为 $\chi^2 = 26.941 > \chi_{0.05}^2(6) = 12.5916$, 所以应拒绝 H_0, 即认为交通事故的发生与星期几有关.

计算的 Python 程序如下:

```
#程序文件Pex4_19.py
```

```
import numpy as np
import scipy.stats as ss
bins=np.arange(1,8)
mi=np.array([36, 23, 29, 31, 34, 60, 25])
n=mi.sum(); p=np.ones(7)/7
cha=(mi-n*p)**2/(n*p); st=cha.sum()
bd=ss.chi2.ppf(0.95,len(bins)-1) #计算上alpha分位数
print("统计量为: {}, 临界值为: {}".format(st,bd))
```

例 4.20 某车间生产滚珠, 随机地抽出了 50 粒, 测得它们的直径 (单位: mm) 为

15.0 15.8 15.2 15.1 15.9 14.7 14.8 15.5 15.6 15.3
15.1 15.3 15.0 15.6 15.7 14.8 14.5 14.2 14.9 14.9
15.2 15.0 15.3 15.6 15.1 14.9 14.2 14.6 15.8 15.2
15.9 15.2 15.0 14.9 14.8 14.5 15.1 15.5 15.5 15.1
15.1 15.0 15.3 14.7 14.5 15.5 15.0 14.7 14.6 14.2

经过计算知样本均值 $\bar{x} = 15.0780$, 样本标准差 $s = 0.4282$, 试问滚珠直径是否服从正态分布 $N(15.0780, 0.4282^2)(\alpha = 0.05)$?

解 检验假设 H_0: 滚珠直径 $X \sim N$ (15.0780, 0.4282^2).

找出样本值中最大值和最小值 $x_{\max} = 15.9, x_{\min} = 14.2$, 然后将区间 $(-\infty, +\infty)$ 分成 6 个区间, 计算结果见表 4.9.

表 4.9 χ^2 检验计算过程数据表

i	区间	频数f_i	概率p_i
1	$(-\infty, 14.625)$	8	0.1450
2	$[14.625, 14.8375)$	6	0.1421
3	$[14.8375, 15.05)$	10	0.1868
4	$[15.05, 15.2625)$	10	0.1928
5	$[15.2625, 15.475)$	4	0.1564
6	$[15.475, +\infty)$	12	0.1769

计算得 $\chi^2 = 3.2999$, 自由度 $k - r - 1 = 6 - 2 - 1 = 3$, 查 χ^2 分布表, $\alpha = 0.05$, 得临界值 $\chi^2_{0.05}(3) = 7.8147$, 因 $\chi^2 = 3.2999 < 7.8147$, 所以 H_0 成立, 即滚珠直径服从正态分布 $N(15.0780, 0.4282^2)$.

计算的 Python 程序如下:

```
#程序文件Pex4_20.py
import numpy as np
import matplotlib.pyplot as plt
```

```
import scipy.stats as ss
n=50; k=8 #初始小区间划分的个数
a=np.loadtxt("Pdata4_20.txt")
a=a.flatten(); mu=a.mean(); s=a.std()
print("均值为: ", mu); print("标准差为: ", s)
print("最大值为: ",a.max()); print("最小值为: ",a.min())
bins=np.array([14.2,14.625,14.8375,15.05,15.2625,15.475,15.9])
h=plt.hist(a,bins)
f=h[0]; x=h[1] #提取各个小区间的频数和小区间端点的取值
print("各区间的频数为: ",f,"\n小区间端点值为: ",x)
p=ss.norm.cdf(x, mu, s)  #计算各个分点分布函数的取值
dp=np.diff(p)  #计算各小区间取值的理论概率
dp[0]=ss.norm.cdf(x[1],mu,s)  #修改第一个区间的概率值
dp[-1]=1-ss.norm.cdf(x[-2],mu,s)  #修改最后一个区间的概率值
print("各小区取值的理论概率为: ",dp)
cha=(n2-n*dp)**2/(n*dp); st=cha.sum() #计算卡方统计量的值
bd=ss.chi2.ppf(0.95,k-5) #计算上alpha分位数
print("统计量为: {}, 临界值为: {}".format(st,bd))
```

2. Kolmogorov-Smirnov 检验

检验拟合优度最自然的想法就是: 测量经验分布函数 $F_n(x)$ 和所拟合的分布函数 $F(x)$ 之间的距离, 距离越小, 说明拟合效果越好. 这个距离通常由上确界或二次范数来测量, 称经验分布函数 $F_n(x)$ 和所拟合的分布函数 $F(x)$ 之间距离的统计量为经验分布函数 (empirical distribution function, EDF) 统计量, 记这些 EDF 统计量为 T.

在计算了这些统计量之后, 目的是依据这些统计量判断分布函数 $F(x)$ 是否可以接受, 也就是检验它与经验分布的拟合优度. 通常, 检验拟合优度的过程如下: 零假设为所指定的分布是可接受的, 对立假设为拒绝,

$$H_0: F_n(x) = F(x;\theta), \quad H_1: F_n(x) \neq F(x;\theta),$$

θ 是所拟合分布中的参数 (或参数向量). 统计量 T 取较小的值时, 说明经验分布函数 $F_n(x)$ 和所拟合分布函数 $F(x)$ 之间的距离较小, 证明零假设是可接受的. 当统计量 T 的值较大时, 说明零假设是不能被接受的. 为了看看到底统计量 T 取多大的值时, 零假设是可以接受的, 来计算 p 值:

$$p = P\{T \geqslant t\}, \tag{4.12}$$

这里的 t 是由样本计算出来的检验值, 即 EDF 统计量的值. 当得到较小的 p 值时, 就拒绝零假设.

定义 4.10 定义 Kolmogorov-Smirnov 检验统计量为

$$T=\sup_{x}\left|F_n(x)-F(x)\right|, \tag{4.13}$$

这是最常用的统计量, 因为上确界是测量经验分布函数 $F_n(x)$ 和理论分布函数 $F(x)$ 之间距离的最自然的量.

例 4.21 (续例 4.6) 检验学生的体重是否服从正态分布.

计算得样本均值和样本标准差分别为

$$\bar{x}=61.27, \quad s=6.8584.$$

提出假设 $H_0: F(x)=\dfrac{1}{\sqrt{2\pi}\hat{\sigma}}e^{-\frac{(x-\hat{\mu})^2}{2\hat{\sigma}^2}}$, $H_1: F(x)\neq\dfrac{1}{\sqrt{2\pi}\hat{\sigma}}e^{-\frac{(x-\hat{\mu})^2}{2\hat{\sigma}^2}}$, 其中 $\hat{\mu}=\bar{x}=61.27$, $\hat{\sigma}=s=6.8584$, 利用 Python 软件, 计算得 KS 统计量的值为 0.0590, p 值为 0.8767, 所以接受原假设, 认为学生的体重服从正态分布.

```
#程序文件Pex4_21py
import numpy as np
import matplotlib.pyplot as plt
import scipy.stats as ss
a=np.loadtxt("Pdata4_6_2.txt")
w=a[:,1::2]; w=w.flatten()
mu=w.mean(); s=w.std(ddof=1) #计算样本均值和标准差
print("均值和标准差分别为：", (mu, s))
statVal, pVal=ss.kstest(w,'norm',(mu,s))
print("统计量和P值分别为：", [statVal, pVal])
```

注 4.2 NumPy 库中, 标准差和方差默认除以 n (n 为样本容量), statsmodels 库中, 标准差和方差默认除以 $n-1$.

4.4 方 差 分 析

方差分析是用于两个及两个以上总体均值差别的显著性检验. 例如, 生产某种产品, 为了使生产过程稳定, 达到优质、高产, 需要对影响产品质量的因素进行分析, 找出有显著影响的那些因素, 方差分析就是鉴别各因素效应的一种有效的统计方法.

4.4.1 单因素方差分析及 Python 实现

若在一项试验中, 只考虑一个因素 A 的变化, 其他因素保持不变, 称这种试验为单因素试验. 具体做法是: A 取几个水平, 在每个水平上作若干个试验, 试验过程中除 A 外其他影响指标的因素都保持不变 (只有随机因素存在), 我们的任务是从试验结果推断, 因素 A 对指标有无显著影响, 即当 A 取不同水平时指标有无显著差别. A 取某个水平下的指标可视为随机变量, 判断 A 取不同水平时指标有无显著差异, 相当于检验若干总体的均值是否相等.

例 4.22 用 4 种工艺 A1, A2, A3, A4 生产灯泡, 从各种工艺制成的灯泡中各抽出了若干个测量其寿命, 结果如表 4.10 所示, 试推断这几种工艺制成的灯泡寿命是否有显著差异.

表 4.10 4 种工艺生产的灯泡寿命 (单位: h)

A1	A2	A3	A4
1620	1580	1460	1500
1670	1600	1540	1550
1700	1640	1620	1610
1750	1720	1680	
1800			

该例中不同配料的灯丝称为因素或因子, 属单因素的试验, 灯丝的不同配料方案称为水平, 共有 A_1, A_2, A_3, A_4 四种水平. 一般情况下, 单因素 A 的 r 种不同水平分别记为 $A_1, A_2, \cdots, A_r$.

例 4.22 中在不同配料方案下各抽取若干样品作检验, 每一种方案生产出灯泡的寿命都构成一个总体, 为此要检验各种灯丝配料方案对灯泡寿命是否有显著影响, 即检验四个总体的均值是否相等. 由于在实际问题中通常遇到的是各总体都服从或近似服从正态分布的情形, 故可将这类问题归结为如下的数学模型.

设有 r 个正态总体 $X_i \sim N(\mu_i, \sigma^2)\,(i = 1, 2, \cdots, r)$ 且相互独立. 对这 r 个总体作如下假设:

$$H_0 : \mu_1 = \mu_2 = \cdots = \mu_r.$$

现独立地从各总体中随机抽取若干样品, 如表 4.11 所列, 要求利用该表中数据检验假设 H_0 是否成立.

表 4.11 样品数据表

总体	X_1	X_2	$\cdots$	X_r
样本	$X_{11}, X_{12}, \cdots, X_{1n_1}$	$X_{21}, X_{22}, \cdots, X_{2n_2}$	$\cdots$	$X_{r1}, X_{r2}, \cdots, X_{rn_r}$
样本均值	$\bar{X}_1$	$\bar{X}_2$	$\cdots$	$\bar{X}_r$

由假设检验的知识, 对于假设 H_0, 可以用 t 检验法来检验任何两相邻总体均值是否相等就可以了, 但这样就需要检验 $r-1$ 次, 如果 r 较大时会很烦琐, 为此采用离差分解法来分析. 将每个总体中抽出来的样品组成一组, 共有 r 组, 记各组内的样本平均值为

$$\bar{X}_i = \frac{1}{n_i}\sum_{j=1}^{n_i} X_{ij}, \quad i=1,2,\cdots,r,$$

所以样本的总平均值为

$$\bar{X} = \frac{1}{n}\sum_{i=1}^{r}\sum_{j=1}^{n_i} X_{ij} = \frac{1}{n}\sum_{i=1}^{r} n_i\bar{X}_i,$$

其中 $n=\sum\limits_{i=1}^{r} n_i$.

计算各样本值与总的平均值之间的离差平方和:

$$\begin{aligned}
S_T &= \sum_{i=1}^{r}\sum_{j=1}^{n_i}(X_{ij}-\bar{X})^2 = \sum_{i=1}^{r}\sum_{j=1}^{n_i}[(X_{ij}-\bar{X}_i)+(\bar{X}_i-\bar{X})]^2 \\
&= \sum_{i=1}^{r}\sum_{j=1}^{n_i}(X_{ij}-\bar{X}_i)^2 + 2\sum_{i=1}^{r}\sum_{j=1}^{n_i}(X_{ij}-\bar{X}_i)(\bar{X}_i-\bar{X}) + \sum_{i=1}^{r}\sum_{j=1}^{n_i}(\bar{X}_i-\bar{X})^2 \\
&= \sum_{i=1}^{r}\sum_{j=1}^{n_i}(X_{ij}-\bar{X}_i)^2 + \sum_{i=1}^{r} n_i(\bar{X}_i-\bar{X})^2,
\end{aligned}$$

记

$$S_E = \sum_{i=1}^{r}\sum_{j=1}^{n_i}(X_{ij}-\bar{X}_i)^2, \quad S_A = \sum_{i=1}^{r} n_i(\bar{X}_i-\bar{X})^2,$$

则有

$$S_T = S_E + S_A,$$

该式称为离差平方和分解公式, 其中 S_E 反映了各组内部 X_{ij} 之间的差异 (即同一组内随机抽样产生的误差), 称为组内离差平方和; S_A 反映各组之间由于因素水平不同而引起的差异 (不同水平下的差异即条件误差), 称为组间离差平方和. 方差分析就是通过对组内、组间离差平方和的比较来检验假设的.

在实际中, 为了简化计算步骤, 常按下面一组公式去计算 S_T, S_E, S_A.

$$S_T = \sum_{i=1}^{r}\sum_{j=1}^{n_i} X_{ij}^2 - \frac{1}{n}\left(\sum_{i=1}^{r}\sum_{j=1}^{n_i} X_{ij}\right)^2,$$

$$S_E = \sum_{i=1}^{r}\sum_{j=1}^{n_i} X_{ij}^2 - \sum_{i=1}^{r}\frac{1}{n_i}\left(\sum_{j=1}^{n_i} X_{ij}\right)^2,$$

$$S_A = S_T - S_E.$$

定理 4.1 (1) $E(S_A) = (r-1)\sigma^2 + \sum_{i=1}^{r} n_i(\mu_i - \mu)^2$;

(2) $E(S_E) = (n-r)\sigma^2$;

(3) $\frac{S_E}{\sigma^2} \sim \chi^2(n-r)$;

其中, $\mu = \frac{1}{n}\sum_{i=1}^{r} n_i\mu_i$.

定理 4.2 当 $H_0: \mu_1 = \mu_2 = \cdots = \mu_r$ 成立时, 有

(1) $\frac{S_A}{\sigma^2} \sim \chi^2(r-1)$;

(2) S_E 与 S_A 相互独立且 $F = \frac{S_A/(r-1)}{S_E/(n-r)} \sim F(r-1, n-r)$.

根据定理 4.2, 构造检验统计量

$$F = \frac{S_A/(r-1)}{S_E/(n-r)},$$

当 H_0 成立时, $F \sim F(r-1, n-r)$. 于是, 在给定的显著性水平 α 下, 检验假设

$$H_0: \mu_1 = \mu_2 = \cdots = \mu_r,$$

若由试验数据算得结果有 $F > F_\alpha(r-1, n-r)$, 则拒绝 H_0, 即认为因素 A 对试验结果有显著影响; 若 $F < F_\alpha(r-1, n-r)$, 则接受 H_0, 即认为因素 A 对试验结果没有显著影响.

在方差分析中, 还作如下规定:

(1) 如果取 $\alpha = 0.01$ 时拒绝 H_0, 即 $F > F_{0.01}(r-1, n-r)$, 则称因素 A 的影响高度显著.

(2) 如果取 $\alpha = 0.05$ 时拒绝 H_0, 但取 $\alpha = 0.01$ 时不拒绝 H_0, 即

$$F_{0.01}(r-1, n-r) \geqslant F > F_{0.05}(r-1, n-r),$$

则称因素 A 的影响显著.

将上述统计过程归纳为方差分析表, 见表 4.12. 最后一列给出 $F(r-1, n-r)$ 分布大于 F 值的概率 p, 当 $p < \alpha$ 时拒绝原假设, 否则接受原假设.

表 4.12 单因素方差分析表

方差来源	平方和	自由度	均方和	F 值	概率
因素A(组间)	S_A	$r-1$	$S_A/(r-1)$	$F = \frac{S_A/(r-1)}{S_E/(n-r)}$	p
误差 (组内)	S_E	$n-r$	$S_E/(n-r)$		
总和	S_T	$n-1$			

下面使用 statsmodels 库中的 anova_lm 函数进行单因素方差分析, 输出值 F 是 F 统计量的值, 输出值 PR 是一个概率值, 当 PR $> \alpha$(α 为显著性水平) 时接受原假设, 即认为因素 A 对指标无显著影响.

```
#程序文件Pex4_22.py
import numpy as np
import statsmodels.api as sm
y=np.array([1620, 1670, 1700, 1750, 1800, 1580, 1600, 1640, 1720,
            1460, 1540, 1620, 1680, 1500, 1550, 1610])
x=np.hstack([np.ones(5), np.full(4,2), np.full(4,3), np.full(3,4)])
d= {'x':x,'y':y}  #构造字典
model = sm.formula.ols("y~C(x)",d).fit()  #构建模型
anovat = sm.stats.anova_lm(model) #进行单因素方差分析
print(anovat)
```

程序运行结果如下:

```
            df        sum_sq        mean_sq         F    PR(>F)
C(x)       3.0  60153.333333  20051.111111  3.727742  0.042004
Residual  12.0  64546.666667   5378.888889       NaN       NaN
```

$PR = 0.042004 < 0.05$, 所以这几种工艺制成的灯泡寿命有显著差异.

例 4.23 (均衡数据)　为考察 5 名工人的劳动生产率是否相同, 记录了每人 4 天的产量, 如表 4.13 所列. 你能从这些数据推断出他们的生产率有无显著差别吗?

表 4.13　劳动生产率数据

天 \ 工人	I	II	III	IV	V
1	256	254	250	248	236
2	242	330	277	280	252
3	280	290	230	305	220
4	298	295	302	289	252

把表 4.13 中的 4 行 5 列数据保存到 Excel 文件 Pdata4_23.xlsx.

```
#程序文件Pex4_23.py
import numpy as np
import pandas as pd
import statsmodels.api as sm
df = pd.read_excel("Pdata4_23.xlsx", header=None)
a=df.values.T.flatten()
```

```
b=np.arange(1,6)
x=np.tile(b,(4,1)).T.flatten()
d={'x':x,'y':a} #构造求解需要的字典
model = sm.formula.ols("y~C(x)",d).fit()  #构建模型
anovat = sm.stats.anova_lm(model)  #进行单因素方差分析
print(anovat)
```

程序运行结果如下:

```
              df    sum_sq     mean_sq          F      PR(>F)
C(x)         4.0    6125.7    1531.425   2.261741    0.110913
Residual    15.0   10156.5     677.100        NaN         NaN
```

求得 $\mathrm{PR} = 0.110913 > \alpha = 0.05$, 故认为 5 名工人的生产率没有显著差异.

注 4.3 认为 5 名工人的劳动生产率没有显著差异, 是将 5 名工人的生产率作为一个整体进行假设检验的结果, 并不表明取其中 2 名工人的生产率作两总体的均值检验时, 也一定接受均值相等的假设.

4.4.2 双因素方差分析及 Python 实现

如果要考虑两个因素对指标的影响, 就要采用双因素方差分析. 它的基本思想是: 对每个因素各取几个水平, 然后对各因素不同水平的每个组合作一次或若干次试验, 对所得数据进行方差分析. 对双因素方差分析可分为无重复和等重复试验两种情况, 无重复试验只需检验两因素是否分别对指标有显著影响; 而对等重复试验还要进一步检验两因素是否对指标有显著的交互影响.

1. 数学模型

设 A 取 s 个水平 $A_1, A_2, \cdots, A_s$, B 取 r 个水平 $B_1, B_2, \cdots, B_r$, 在水平组合 (B_i, A_j) 下总体 X_{ij} 服从正态分布 $N(\mu_{ij}, \sigma^2)$, $i = 1, \cdots, r$, $j = 1, \cdots, s$. 又设在水平组合 (B_i, A_j) 下作了 t 个试验, 所得结果记作 X_{ijk}, X_{ijk} 服从 $N(\mu_{ij}, \sigma^2)$, $i = 1, \cdots, r$, $j = 1, \cdots, s$, $k = 1, \cdots, t$, 且相互独立. 将这些数据列成表 4.14 的形式.

表 4.14 双因素试验数据表

	A_1	A_2	$\cdots$	A_s
B_1	$X_{111}, \cdots, X_{11t}$	$X_{121}, \cdots, X_{12t}$	$\cdots$	$X_{1s1}, \cdots, X_{1st}$
B_2	$X_{211}, \cdots, X_{21t}$	$X_{221}, \cdots, X_{22t}$	$\cdots$	$X_{2s1}, \cdots, X_{2st}$
$\vdots$	$\vdots$	$\vdots$		$\vdots$
B_r	$X_{r11}, \cdots, X_{r1t}$	$X_{r21}, \cdots, X_{r2t}$	$\cdots$	$X_{rs1}, \cdots, X_{rst}$

将 X_{ijk} 分解为

$$X_{ijk} = \mu_{ij} + \varepsilon_{ijk}, \quad i = 1, \cdots, r, \quad j = 1, \cdots, s, \quad k = 1, \cdots, t,$$

其中 $\varepsilon_{ijk} \sim N(0, \sigma^2)$, 且相互独立. 记

$$\mu = \frac{1}{rs}\sum_{i=1}^{r}\sum_{j=1}^{s}\mu_{ij}, \quad \mu_{\cdot j} = \frac{1}{r}\sum_{i=1}^{r}\mu_{ij}, \quad \alpha_j = \mu_{\cdot j} - \mu,$$

$$\mu_{i\cdot} = \frac{1}{s}\sum_{j=1}^{s}\mu_{ij}, \quad \beta_i = \mu_{i\cdot} - \mu, \quad \gamma_{ij} = (\mu_{ij} - \mu) - \alpha_i - \beta_j,$$

μ 是总均值, α_j 是水平 A_j 对指标的效应, β_i 是水平 B_i 对指标的效应, γ_{ij} 是水平 B_i 与 A_j 对指标的交互效应. 模型表为

$$\begin{cases} X_{ijk} = \mu + \alpha_j + \beta_i + \gamma_{ij} + \varepsilon_{ijk}, \\ \sum_{j=1}^{s}\alpha_j = 0, \sum_{i=1}^{r}\beta_i = 0, \sum_{i=1}^{r}\gamma_{ij} = \sum_{j=1}^{s}\gamma_{ij} = 0, \\ \varepsilon_{ijk} \sim N(0, \sigma^2), \quad i = 1, \cdots, r; j = 1, \cdots, s; k = 1, \cdots, t. \end{cases} \tag{4.14}$$

原假设为

$$H_{01}: \alpha_j = 0 \ (j = 1, \cdots, s), \tag{4.15}$$

$$H_{02}: \beta_i = 0 \ (i = 1, \cdots, r), \tag{4.16}$$

$$H_{03}: \gamma_{ij} = 0 \ (i = 1, \cdots, r; j = 1, \cdots, s). \tag{4.17}$$

2. *无交互影响的双因素方差分析*

如果根据经验或某种分析能够事先判定两因素之间没有交互影响, 每组试验就不必重复, 即可令 $t = 1$, 过程大为简化.

假设 $\gamma_{ij} = 0$, 于是

$$\mu_{ij} = \mu + \alpha_j + \beta_i, \quad i = 1, \cdots, r, \quad j = 1, \cdots, s,$$

此时, 模型 (4.14) 可写成

$$\begin{cases} X_{ij} = \mu + \alpha_j + \beta_i + \varepsilon_{ij}, \\ \sum_{j=1}^{s}\alpha_j = 0, \sum_{i=1}^{r}\beta_i = 0, \\ \varepsilon_{ij} \sim N(0, \sigma^2), \quad i = 1, \cdots, r; j = 1, \cdots, s. \end{cases} \tag{4.18}$$

对这个模型所要检验的假设为式 (4.15) 和式 (4.16). 下面采用与单因素方差分析模型类似的方法导出检验统计量.

记

$$\bar{X}=\frac{1}{rs}\sum_{i=1}^{r}\sum_{j=1}^{s}X_{ij},\bar{X}_{i\cdot}=\frac{1}{s}\sum_{j=1}^{s}X_{ij},\bar{X}_{\cdot j}=\frac{1}{r}\sum_{i=1}^{r}X_{ij},S_T=\sum_{i=1}^{r}\sum_{j=1}^{s}(X_{ij}-\bar{X})^2,$$

其中 S_T 为全部试验数据的总变差, 称为总平方和, 对其进行分解

$$\begin{aligned}S_T&=\sum_{i=1}^{r}\sum_{j=1}^{s}(X_{ij}-\bar{X})^2\\&=\sum_{i=1}^{r}\sum_{j=1}^{s}(X_{ij}-\bar{X}_{i\cdot}-\bar{X}_{\cdot j}+\bar{X})^2+s\sum_{i=1}^{r}(\bar{X}_{i\cdot}-\bar{X})^2+r\sum_{j=1}^{s}(\bar{X}_{\cdot j}-\bar{X})^2\\&=S_E+S_A+S_B\end{aligned}$$

可以验证, 在上述平方和分解中交叉项均为 0, 其中

$$S_E=\sum_{i=1}^{r}\sum_{j=1}^{s}(X_{ij}-\bar{X}_{i\cdot}-\bar{X}_{\cdot j}+\bar{X})^2,\ S_A=r\sum_{j=1}^{s}(\bar{X}_{\cdot j}-\bar{X})^2,\ S_B=s\sum_{i=1}^{r}(\bar{X}_{i\cdot}-\bar{X})^2.$$

先来看看 S_A 的统计意义. 因为 $\bar{X}_{\cdot j}$ 是水平 A_j 下所有观测值的平均, 所以 $\sum_{j=1}^{s}(\bar{X}_{\cdot j}-\bar{X})^2$ 反映了 $\bar{X}_{\cdot 1},\bar{X}_{\cdot 2},\cdots,\bar{X}_{\cdot s}$ 差异的程度. 这种差异是由因素 A 的不同水平所引起的, 因此 S_A 称为因素 A 的平方和. 类似地, S_B 称为因素 B 的平方和. 至于 S_E 的意义不甚明显, 可以这样来理解: 因为 $S_E=S_T-S_A-S_B$, 在所考虑的两因素问题中, 除了因素 A 和 B 之外, 剩余的再没有其他系统性因素的影响, 因此从总平方和中减去 S_A 和 S_B 之后, 剩下的数据变差只能归入随机误差, 故 S_E 反映了试验的随机误差.

有了总平方和的分解式 $S_T=S_E+S_A+S_B$ 以及各个平方和的统计意义, 我们就可以明白, 假设 (4.15) 的检验统计量应取为 S_A 与 S_E 的比.

和单因素方差分析相类似, 可以证明, 当 H_{01} 成立时,

$$F_A=\frac{\dfrac{S_A}{s-1}}{\dfrac{S_E}{(r-1)(s-1)}}\sim F(s-1,(r-1)(s-1)).$$

当 H_{02} 成立时,

$$F_B=\frac{\dfrac{S_B}{r-1}}{\dfrac{S_E}{(r-1)(s-1)}}\sim F(r-1,(r-1)(s-1)).$$

检验规则为

$$\text{当 } F_A < F_\alpha(s-1,(r-1)(s-1))\text{时接受}H_{01},\text{否则拒绝}H_{01};$$

$$\text{当 } F_B < F_\alpha(r-1,(r-1)(s-1))\text{时接受}H_{02},\text{否则拒绝}H_{02}.$$

我们可以写出方差分析表, 如表 4.15 所示.

表 4.15 无交互效应的两因素方差分析表

方差来源	平方和	自由度	均方和	F 比
因素A	S_A	$s-1$	$\dfrac{S_A}{s-1}$	$F_A=\dfrac{S_A/(s-1)}{S_E/[(r-1)(s-1)]}$
因素B	S_B	$r-1$	$\dfrac{S_B}{r-1}$	$F_B=\dfrac{S_B/(r-1)}{S_E/[(r-1)(s-1)]}$
误差	S_E	$(r-1)(s-1)$	$\dfrac{S_E}{(r-1)(s-1)}$	
总和	S_T	$rs-1$		

3. 关于交互效应的双因素方差分析

与前面方法类似, 记

$$\bar{X}=\frac{1}{rst}\sum_{i=1}^{r}\sum_{j=1}^{s}\sum_{k=1}^{t}X_{ijk},\quad \bar{X}_{ij\cdot}=\frac{1}{t}\sum_{k=1}^{t}X_{ijk},$$

$$\bar{X}_{i\cdot\cdot}=\frac{1}{st}\sum_{j=1}^{s}\sum_{k=1}^{t}X_{ijk},\qquad \bar{X}_{\cdot j\cdot}=\frac{1}{rt}\sum_{i=1}^{r}\sum_{k=1}^{t}X_{ijk}.$$

将全体数据对 $\bar{X}$ 的偏差平方和

$$S_T=\sum_{i=1}^{r}\sum_{j=1}^{s}\sum_{k=1}^{t}(X_{ijk}-\bar{X})^2$$

进行分解, 可得

$$S_T=S_E+S_A+S_B+S_{AB},$$

其中

$$S_E=\sum_{i=1}^{r}\sum_{j=1}^{s}\sum_{k=1}^{t}(X_{ijk}-\bar{X}_{ij\cdot})^2,\quad S_A=rt\sum_{j=1}^{s}(\bar{X}_{\cdot j\cdot}-\bar{X})^2,$$

$$S_B=st\sum_{i=1}^{r}(\bar{X}_{i\cdot\cdot}-\bar{X})^2,\quad S_{AB}=t\sum_{i=1}^{r}\sum_{j=1}^{s}(\bar{X}_{ij\cdot}-\bar{X}_{i\cdot\cdot}-\bar{X}_{\cdot j\cdot}+\bar{X})^2.$$

称 S_E 为误差平方和, S_A 为因素 A 的平方和 (或列间平方和), S_B 为因素 B 的平方和 (或行间平方和), S_{AB} 为交互作用的平方和 (或格间平方和).

可以证明, 当 H_{03} 成立时

$$F_{AB}=\frac{\dfrac{S_{AB}}{(r-1)(s-1)}}{\dfrac{S_E}{rs(t-1)}}\sim F((r-1)(s-1),rs(t-1)), \tag{4.19}$$

据此统计量, 可以检验 H_{03}.

可以用 F 检验法去检验诸假设. 对于给定的显著性水平 α, 检验的结论为:

若 $F_A>F_\alpha(r-1,rs(t-1))$, 则拒绝 H_{01};

若 $F_B>F_\alpha(s-1,rs(t-1))$, 则拒绝 H_{02};

若 $F_{AB}>F_\alpha((r-1)(s-1),rs(t-1))$, 则拒绝 H_{03}, 即认为交互作用显著.
将试验数据按上述分析、计算的结果排成表 4.16 的形式, 称为双因素方差分析表.

表 4.16 关于交互效应的两因素方差分析表

方差来源	平方和	自由度	均方和	F 比
因素A	S_A	$s-1$	$\dfrac{S_A}{s-1}$	$F_A=\dfrac{S_A/(s-1)}{S_E/[rs(t-1)]}$
因素B	S_B	$r-1$	$\dfrac{S_B}{r-1}$	$F_B=\dfrac{S_B/(r-1)}{S_E/[rs(t-1)]}$
交互效应	S_{AB}	$(r-1)(s-1)$	$\dfrac{S_{AB}}{(r-1)(s-1)}$	$F_{AB}=\dfrac{S_{AB}/[(r-1)(s-1)]}{S_E/[rs(t-1)]}$
误差	S_E	$rs(t-1)$	$\dfrac{S_E}{rs(t-1)}$	
总和	S_T	$rst-1$		

4. statsmodels 实现

例 4.24 表 4.17 给出了某种化工过程在三种浓度、四种温度水平下的得率数据. 试在水平 $\alpha=0.05$ 下, 检验在不同温度 (因素 A)、不同浓度 (因素 B) 下的得率是否有显著差异? 交互作用是否显著?

表 4.17 某化工过程在三种浓度、四种温度下的得率

浓度 (因素 B)	温度 (因素 A)			
	10	24	38	52
2	11	11	13	10
	10	11	9	12
4	9	10	7	6
	7	8	11	10
6	5	13	12	14
	11	14	13	10

```
#程序文件Pex4_24.py
import numpy as np
```

```
import statsmodels.api as sm
y=np.array([[11, 11, 13, 10], [10, 11, 9, 12],
            [9, 10, 7, 6], [7, 8, 11, 10],
            [5, 13, 12, 14], [11, 14, 13, 10]]).flatten()
A=np.tile(np.arange(1,5),(6,1)).flatten()
B=np.tile(np.arange(1,4).reshape(3,1),(1,8)).flatten()
d={'x1':A,'x2':B,'y':y}
model = sm.formula.ols("y~C(x1)+C(x2)+C(x1):C(x2)",d).fit()
                                                  #注意交互作用公式的写法
anovat = sm.stats.anova_lm(model)  #进行双因素方差分析
print(anovat)
```

运行结果:

```
                  df     sum_sq   mean_sq          F    PR(>F)
C(x1)            3.0  19.125000  6.375000   1.330435  0.310404
C(x2)            2.0  40.083333  20.041667  4.182609  0.041856
C(x1):C(x2)      6.0  18.250000  3.041667   0.634783  0.701009
Residual        12.0  57.500000  4.791667        NaN       NaN
```

其中 $\mathrm{PR}=0.310404, 0.041856, 0.701009$, 即认为温度影响不显著, 而浓度因素有显著差异, 交互作用不显著.

注 4.4 交互作用公式 C(x1)+C(x2)+C(x1):C(x2) 也可以缩写为 C(x1)*C(x2), 其中大写的 C 表示分类变量.

4.5 一元线性回归模型

变量间的关系有两类: 一类可用函数关系表示, 称为确定性关系; 另一类关系不能用函数来表示, 称为相关关系. 具有相关关系的变量虽然不具有确定的函数关系, 但可以借助函数关系来表示它们之间的统计规律. 回归分析方法是处理变量之间相关关系的一种统计方法, 它不仅提供建立变量间关系的数学表达式——经验公式, 而且利用概率统计知识进行了分析讨论, 从而判断经验公式的正确性.

下面介绍一元线性回归分析.

4.5.1 一元线性回归分析

1. 一元线性回归模型的一般形式

如果已知实际检测数据 (x_i, y_i) $(i=1,2,\cdots,n)$ 大致成为一条直线, 则变量 y 与 x 之间的关系大致可以看作是近似的线性关系. 一般来说, 这些点又不完全在一条直线上, 这表明 y 与 x 之间的关系还没有确切到给定 x 就可以唯一确定 y 的程度. 事实上, 还有许多其他不确定因素产生的影响, 如果主要是研究 y 与 x 之间的关系, 则可以假定有如下关系:

$$y=\beta_0+\beta_1 x+\varepsilon, \tag{4.20}$$

其中 β_0 和 β_1 是未知待定常数, ε 表示其他随机因素对 y 的影响, 并且服从 $N(0,\sigma^2)$ 分布. 模型 (4.20) 称为一元线性回归模型, x 称为回归变量, y 称为响应变量, β_0 和 β_1 称为回归系数.

2. 参数 β_0 和 β_1 的最小二乘估计

要确定一元线性回归模型, 首先是要确定回归系数 β_0 和 β_1. 以下用最小二乘法估计参数 β_0 和 β_1 的值, 即要确定一组 β_0 和 β_1 的估计值, 使得回归模型 (4.20) 与直线方程 $y=\beta_0+\beta_1 x$ 在所有数据点 (x_i,y_i) $(i=1,2,\cdots,n)$ 都比较 "接近".

为了刻画这种 "接近" 程度, 只要使 y 的观察值与估计值偏差的平方和最小, 即只需求函数

$$Q=\sum_{i=1}^{n}(y_i-\beta_0-\beta_1 x_i)^2 \tag{4.21}$$

的最小值, 这种方法叫最小二乘法.

为此, 分别对 (4.21) 式求关于 β_0 和 β_1 的偏导数, 并令它们等于零, 得到正规方程组

$$\begin{cases} n\beta_0+\left(\sum_{i=1}^{n}x_i\right)\beta_1=\sum_{i=1}^{n}y_i, \\ \left(\sum_{i=1}^{n}x_i\right)\beta_0+\left(\sum_{i=1}^{n}x_i^2\right)\beta_1=\sum_{i=1}^{n}x_i y_i. \end{cases} \tag{4.22}$$

求解得

$$\hat{\beta}_1=\frac{L_{xy}}{L_{xx}},\quad \hat{\beta}_0=\bar{y}-\hat{\beta}_1\bar{x},$$

其中 $\bar{x}=\dfrac{1}{n}\sum_{i=1}^{n}x_i$, $\bar{y}=\dfrac{1}{n}\sum_{i=1}^{n}y_i$, $L_{xy}=\sum_{i=1}^{n}(x_i-\bar{x})(y_i-\bar{y})$, $L_{xx}=\sum_{i=1}^{n}(x_i-\bar{x})^2$.

于是, 所求的线性回归方程为

$$\hat{y}=\hat{\beta}_0+\hat{\beta}_1 x.$$

若将 $\hat{\beta}_0=\bar{y}-\hat{\beta}_1\bar{x}$ 代入上式, 则线性回归方程变为

$$\hat{y}=\bar{y}+\hat{\beta}_1(x-\bar{x}). \tag{4.23}$$

3. 相关性检验与判定系数 (拟合优度)

建立一元线性回归模型的目的, 就是试图以 x 的线性函数 $(\hat{\beta}_0+\hat{\beta}_1x)$ 来解释 y 的变异. 那么, 回归模型 $\hat{y}=\hat{\beta}_0+\hat{\beta}_1x$ 究竟能以多大的精度来解释 y 的变异呢? 又有多大部分是无法用这个回归方程来解释的呢?

$y_1,y_2,\cdots,y_n$ 的变异程度可采用样本方差来测度, 即

$$s^2=\frac{1}{n-1}\sum_{i=1}^{n}(y_i-\bar{y})^2.$$

根据式 (4.23), 得拟合值 $\hat{y}_i=\hat{\beta}_0+\hat{\beta}_1x_i=\bar{y}+\hat{\beta}_1(x_i-\bar{x})$, 所以拟合值 $\hat{y}_1,\hat{y}_2,\cdots,\hat{y}_n$ 的均值也是 $\bar{y}$, 其变异程度可以用下式测度

$$\hat{s}^2=\frac{1}{n-1}\sum_{i=1}^{n}(\hat{y}_i-\bar{y})^2.$$

下面看一下 s^2 与 $\hat{s}^2$ 之间的关系, 有

$$\sum_{i=1}^{n}(y_i-\bar{y})^2=\sum_{i=1}^{n}(y_i-\hat{y}_i)^2+\sum_{i=1}^{n}(\hat{y}_i-\bar{y})^2+2\sum_{i=1}^{n}(y_i-\hat{y}_i)(\hat{y}_i-\bar{y}).$$

由于

$$\begin{aligned}\sum_{i=1}^{n}(y_i-\hat{y}_i)(\hat{y}_i-\bar{y})&=\sum_{i=1}^{n}(y_i-\hat{\beta}_0-\hat{\beta}_1x_i)(\hat{\beta}_0+\hat{\beta}_1x_i-\bar{y})\\&=\hat{\beta}_0\sum_{i=1}^{n}(y_i-\hat{\beta}_0-\hat{\beta}_1x_i)+\hat{\beta}_1\sum_{i=1}^{n}x_i(y_i-\hat{\beta}_0-\hat{\beta}_1x_i)\\&\quad-\bar{y}\sum_{i=1}^{n}(y_i-\hat{\beta}_0-\hat{\beta}_1x_i)=0,\end{aligned}$$

其中, 由正规方程组 (4.22) 的第 2 个式子, 知 $\hat{\beta}_1\sum\limits_{i=1}^{n}x_i(y_i-\hat{\beta}_0-\hat{\beta}_1x_i)=0$.

因此, 得到正交分解式为

$$\sum_{i=1}^{n}(y_i-\bar{y})^2=\sum_{i=1}^{n}(\hat{y}_i-\bar{y})^2+\sum_{i=1}^{n}(y_i-\hat{y}_i)^2. \tag{4.24}$$

记

SST $=\sum\limits_{i=1}^{n}(y_i-\bar{y})^2=L_{yy}$, 这是原始数据 y_i 的总变异平方和, 其自由度为 $\mathrm{df}_T=n-1$;

$\text{SSR} = \sum_{i=1}^{n} (\hat{y}_i - \bar{y})^2$, 这是用拟合直线 $\hat{y}_i = \hat{\beta}_0 + \hat{\beta}_1 x_i$ 可解释的变异平方和, 其自由度为 $\text{df}_R = 1$;

$\text{SSE} = \sum_{i=1}^{n} (y_i - \hat{y}_i)^2$, 这是残差平方和, 其自由度为 $\text{df}_E = n - 2$.

所以, 有

$$\text{SST} = \text{SSR} + \text{SSE}, \quad \text{df}_T = \text{df}_R + \text{df}_E.$$

从上式可以看出, y 的变异是由两方面的原因引起的: 一方面是由于 x 的取值不同, 而给 y 带来的系统性变异; 另一方面是由除 x 以外的其他因素的影响.

注意到对于一个确定的样本 (一组实现的观测值), SST 是一个定值. 所以, 可解释变异 SSR 越大, 则必然有残差 SSE 越小. 这个分解式可同时从两个方面说明拟合方程的优良程度:

(1) SSR 越大, 用回归方程来解释 y_i 变异的部分越大, 回归方程对原数据解释得越好;

(2) SSE 越小, 观测值 y_i 绕回归直线越紧密, 回归方程对原数据的拟合效果越好.

因此, 可以定义一个测量标准来说明回归方程对原始数据的拟合程度, 这就是所谓的判定系数, 有些文献上也称之为拟合优度.

判定系数是指可解释的变异占总变异的百分比, 用 R^2 表示, 有

$$R^2 = \frac{\text{SSR}}{\text{SST}} = 1 - \frac{\text{SSE}}{\text{SST}}. \tag{4.25}$$

从判定系数的定义看, R^2 有以下简单性质:

(1) $0 \leqslant R^2 \leqslant 1$;

(2) 当 $R^2 = 1$ 时, 有 $\text{SSR} = \text{SST}$, 也就是说, 此时原数据的总变异完全可以由拟合值的变异来解释, 并且残差为零 ($\text{SSE} = 0$), 即拟合点与原数据完全吻合;

(3) 当 $R^2 = 0$ 时, 回归方程完全不能解释原数据的总变异, y 的变异完全由与 x 无关的因素引起, 这时 $\text{SSE} = \text{SST}$.

判定系数是一个很有趣的指标, 一方面它可以从数据变异的角度指出可解释的变异占总变异的百分比, 从而说明回归直线拟合的优良程度; 另一方面, 它还可以从相关性的角度, 说明因变量 y 与拟合变量 $\hat{y}$ 的相关程度, 从这个角度看, 拟合变量 $\hat{y}$ 与因变量 y 的相关度越大, 拟合直线的优良度就越高.

定义 x 与 y 的相关系数

$$r = \frac{L_{xy}}{\sqrt{L_{xx} L_{yy}}}, \tag{4.26}$$

它反映了 x 与 y 的线性关系程度. 可以证明 $|r| \leqslant 1$.

$r = \pm 1$ 表示有精确的线性关系. 如 $y_i = a + bx_i\ (i = 1, 2, \cdots, n)$, 则 $b > 0$ 时 $r = 1$, 表示正线性相关; $b < 0$ 时 $r = -1$, 表示负线性相关.

可以证明, y 与自变量 x 的相关系数 $r = \pm\sqrt{R^2}$, 而相关系数的正、负号与回归系数 $\hat{\beta}_1$ 的符号相同.

4. 回归方程的显著性检验

在以上的讨论中, 假定 y 关于 x 的回归方程 $f(x)$ 具有形式 $\beta_0 + \beta_1 x$. 在实际中, 需要检验 $f(x)$ 是否为 x 的线性函数, 若 $f(x)$ 与 x 成线性函数为真, 则 β_1 不应为零. 因为若 $\beta_1 = 0$, 则 y 与 x 就无线性关系了. 因此需要做假设检验.

提出假设 $H_0 : \beta_1 = 0,\ H_1 : \beta_1 \neq 0$.

若假设 $H_0 : \beta_1 = 0$ 成立, 则 SSE/σ^2 与 SSR/σ^2 是独立的随机变量, 且

$$\mathrm{SSE}/\sigma^2 \sim \chi^2(n-2), \quad \mathrm{SSR}/\sigma^2 \sim \chi^2(1),$$

使用检验统计量

$$F = \frac{\mathrm{SSR}}{\mathrm{SSE}/(n-2)} \sim F(1, n-2). \tag{4.27}$$

对于检验水平 α, 按自由度 $n_1 = 1$, $n_2 = n - 2$ 查 F 分布表, 得到拒绝域的临界值 $F_\alpha(1, n-2)$(这里 $F_\alpha(1, n-2)$ 为 $F(1, n-2)$ 分布的上 α 分位数, 即 $\mathrm{P}\{F > F_\alpha(1, n-2)\} = \alpha$). 决策规则为

(1) $F_{0.01}(1, n-2) < F$, 线性关系极其显著.

(2) $F_{0.05}(1, n-2) < F < F_{0.01}(1, n-2)$, 线性关系显著.

(3) $F < F_{0.05}(1, n-2)$, 无线性关系.

4.5.2 一元线性回归应用举例

例 4.25 适量饮用葡萄酒可以预防心脏病, 表 4.18 是 19 个国家每人平均饮用葡萄酒中所摄取酒精升数, 以及一年中心脏病死亡率 (每 10 万人死亡人数).

表 4.18 葡萄酒与心脏病死亡率数据

国家	摄取酒精/L	死亡率	国家	摄取酒精/L	死亡率
澳大利亚	2.5	211	荷兰	1.8	167
奥地利	3.9	167	新西兰	1.9	266
比利时	2.9	131	挪威	0.8	277
加拿大	2.4	191	西班牙	6.5	86
丹麦	2.9	220	瑞典	1.6	207
芬兰	0.8	297	瑞士	5.8	115
法国	9.1	71	英国	1.3	285
冰岛	0.8	211	美国	1.2	199
爱尔兰	0.7	300	德国	2.7	172
意大利	7.9	107			

(1) 根据表 4.18 中数据作散点图.

(2) 求回归系数的点估计; 并预测摄取酒精为 8L 时, 心脏病的死亡率.

解 (1) 记心脏病死亡率为 y, 酒精摄取量为 x, 将 y 与 x 作散点图如图 4.8 所示. 从散点图可以看出这 19 个点大致位于一条直线附近, 因此可以用一元线性回归方法确定回归系数的点估计.

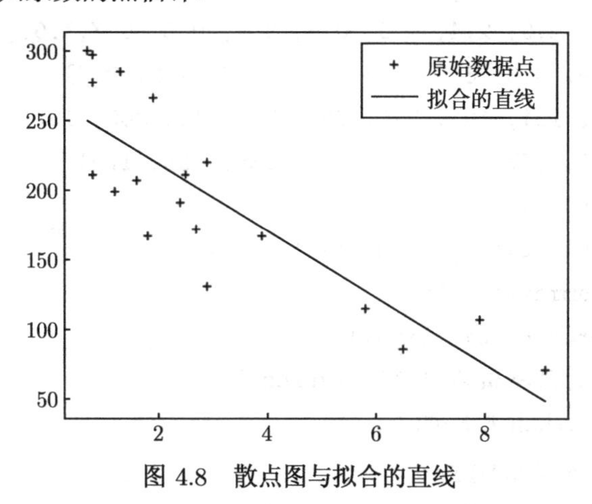

图 4.8 散点图与拟合的直线

(2) 拟合参数时, 可以使用 NumPy 库中的 polyfit 函数, 或者使用 scipy.optimize 模块的 curve_fit 函数. 利用 Python 软件求得经验公式为 $y=-23.9506x+266.1663$, 并计算得到摄取酒精为 8L 时, 心脏病死亡率为 74.56.

```
#程序文件Pex4_25_1.py
import matplotlib.pyplot as plt
import numpy as np
x=[2.5, 3.9, 2.9, 2.4, 2.9, 0.8, 9.1, 0.8, 0.7,7.9, 1.8, 1.9, 0.8,
    6.5, 1.6, 5.8, 1.3, 1.2, 2.7]
y=[211, 167, 131, 191, 220, 297, 71, 211, 300, 107, 167, 266, 277,
    86, 207, 115, 285, 199, 172]
plt.plot(x,y,'+k', label="原始数据点")
p=np.polyfit(x,y,deg=1)  #拟合一次多项式
print("拟合的多项式为:{}*x+{}".format(p[0],p[1]))
plt.rc('font',size=16); plt.rc('font',family='SimHei')
plt.plot(x, np.polyval(p,x), label="拟合的直线")
print("预测值为: ", np.polyval(p, 8)); plt.legend()
plt.savefig("figure4_25.png", dpi=500); plt.show()
```

为了得到线性回归模型的一些检验统计量, 可以使用 statsmodels 库函数进行

计算, statsmodels 可以使用两种模式求解回归分析模型, 一种是基于公式的模式, 另一种是基于数组的模式.

基于公式的 Python 程序如下:

```
#程序文件Pex4_25_2.py
import statsmodels.api as sm
x=[2.5, 3.9, 2.9, 2.4, 2.9, 0.8, 9.1, 0.8, 0.7,7.9,
    1.8, 1.9, 0.8, 6.5, 1.6, 5.8, 1.3, 1.2, 2.7]
y=[211, 167, 131, 191, 220, 297, 71, 211, 300, 107,
    167, 266, 277, 86, 207, 115, 285, 199, 172]
df={'x':x,'y':y}
res=sm.formula.ols('y~x',data=df).fit()
print(res.summary(),'\n')
ypred=res.predict(dict(x=8))
print('所求的预测值为:',list(ypred))
```

基于数组的 Python 程序如下:

```
#程序文件Pex4_25_3.py
import statsmodels.api as sm
import numpy as np
x=np.array([2.5, 3.9, 2.9, 2.4, 2.9, 0.8, 9.1, 0.8, 0.7,
              7.9, 1.8, 1.9, 0.8, 6.5, 1.6, 5.8, 1.3, 1.2, 2.7])
y=np.array([211, 167, 131, 191, 220, 297, 71, 211, 300,
              107, 167, 266, 277, 86, 207, 115, 285, 199, 172])
X=sm.add_constant(x)
md=sm.OLS(y,X).fit()  #构建并拟合模型
print(md.params,'\n--------\n')  #提取回归系数
print(md.summary2())
ypred=md.predict([1,8])  #第一列必须加1
print("预测值为: ",ypred)
```

4.6 常用的数据清洗方法

在数据处理的过程中, 一般都需要进行数据的清洗工作, 如数据集是否存在重复、是否存在缺失、数据是否具有完整性和一致性、数据中是否存在异常值等. 当发现数据中存在如上可能的问题时, 都需要有针对性地处理, 本节介绍如何识别和处理重复观测、缺失值和异常值.

4.6.1 重复观测处理

重复观测是指观测行存在重复的现象, 重复观测的存在会影响数据分析和挖掘结果的准确性, 所以在数据分析和建模之前需要进行观测的重复性检验, 如果存在重复观测, 还需要进行重复项的删除.

在搜集数据过程中, 可能会存在重复观测, 例如, 通过网络爬虫就比较容易产生重复数据. 如图 4.9 所示, 就是通过网络爬虫获得某 APP 市场中电商类 APP 的部分下载数据, 通过肉眼, 是能够发现这 10 行数据中的重复项的, 例如, 唯品会出现了两次、当当出现了三次. 如果搜集上来的数据不是 10 行, 而是 10 万行, 就无法通过肉眼的方式检测数据是否存在重复项了. 下面介绍如何运用 Pandas 对读入的数据进行重复项检查, 以及如何删除数据中的重复项.

	A	B	C	D	E	F	G
1	appcategory	appname	comments	install	love	size	update
2	网上购物-商城-团购-优惠-快递	每日优鲜	1297	204.7万	89.00%	15.16MB	2017年10月11日
3	网上购物-商城	苏宁易购	577	7996.8万	73.00%	58.9MB	2017年09月21日
4	网上购物-商城-优惠	唯品会	2543	7090.1万	86.00%	41.43MB	2017年10月13日
5	网上购物-商城-优惠	唯品会	2543	7090.1万	86.00%	41.43MB	2017年10月13日
6	网上购物-商城	拼多多	1921	3841.9万	95.00%	13.35MB	2017年10月11日
7	网上购物-商城-优惠	寺库奢侈品	1964	175.4万	100.00%	17.21MB	2017年09月30日
8	网上购物-商城	淘宝	14244	4.6亿	68.00%	73.78MB	2017年10月13日
9	网上购物-商城-团购-优惠	当当	134	1615.3万	61.00%	37.01MB	2017年10月17日
10	网上购物-商城-团购-优惠	当当	134	1615.3万	61.00%	37.01MB	2017年10月17日
11	网上购物-商城-团购-优惠	当当	134	1615.3万	61.00%	37.01MB	2017年10月17日

图 4.9 待清洗数据

检测数据集的记录是否存在重复, Pandas 中使用 duplicated 方法, 该方法返回的是数据行每一行的检验结果, 即每一行返回一个 bool 值. 使用 drop_duplicates 方法移除重复值.

例 4.26 重复观测处理示例.

```
#程序文件Pex4_26.py
import pandas as pd
a=pd.read_excel("Pdata4_26_1.xlsx")
print("是否存在重复观测: ",any(a.duplicated()))  #输出: True
a.drop_duplicates(inplace=True)
                                    #inplace=True时, 直接删除a中的重复数据
f=pd.ExcelWriter('Pdata4_26_2.xlsx')  #创建文件对象
a.to_excel(f)  #把a写入新Excel文件中
f.save()       #保存文件, 数据才真正写入Excel文件
```

4.6.2 缺失值处理

数据缺失在大部分数据分析应用中都很常见, Pandas 使用浮点值 NaN 表示浮点或非浮点数组中的缺失数据, Python 内置的 None 值也会被当作缺失值处理. Pandas 使用方法 isnull 检测是否为缺失值, 检测对象的每个元素返回一个 bool 值.

例 4.27　缺失值检测示例.

```
#程序文件Pex4_27.py
from numpy import NaN
from pandas import Series
data=Series([10.0, None, 20, NaN, 30])
print(data.isnull())  #输出每个元素的检测结果
print("是否存在缺失值: ", any(data.isnull()))  #输出: True
```

可以看出, data 数据中的第 2 个和第 4 个元素都被视为缺失值.

缺失值的处理可以采用三种方法, 分别是过滤法、填充法和插值法. 过滤法又称删除法, 是指当缺失的观测比例非常低时 (如 5% 以内), 直接删除存在缺失的观测; 或者当某些变量的缺失比例非常高时 (如 85% 以上), 直接删除这些缺失的变量. 填充法又称替换法, 是指用某种常数直接替换那些缺失值, 例如, 对连续变量而言, 可以使用均值或中位数替换; 对于离散变量, 可以使用众数替换. 插值法是指根据其他非缺失的变量或观测来预测缺失值, 常见的插值法有线性插值法、K 近邻插值法、Lagrange 插值法等.

1. **数据过滤** (dropna)

数据过滤 dropna 方法的语法格式如下:

```
dropna(axis=0, how='any', thresh=None)
```

其中: (1) axis = 0 表示删除行 (记录); axis = 1 表示删除列 (变量).

(2) how 参数可选值为 any 或 all, all 表示删除全有 NaN 的行.

(3) thresh 为整数类型, 表示删除的条件, 如 thresh = 3, 表示一行中至少有 3 个非 NaN 值时, 才将其保留.

要看 dropna 方法的帮助, 可以使用下面命令:

```
>>>import pandas
>>>help(pandas.DataFrame.dropna)
```

删除列的方式为 drop.

例 4.28 (续例 2.33)　第 2 章 Excel 文件 Pdata2_33.xlsx 的过滤操作.

```
#程序文件Pex4_28.py
from pandas import read_excel
a=read_excel("Pdata2_33.xlsx",usecols=range(1,4))
```

```
b1=a.dropna()  #删除所有的缺失值
b2=a.dropna(axis=1, thresh=9)  #删除有效数据个数小于9的列
b3=a.drop('用户B', axis=1)      #删除用户B的数据
print(b1,'\n---------------\n',b2,'\n---------------\n',b3)
```

2. **数据填充** (fillna)

当数据中出现缺失值时, 还可以用其他的数值进行填充. 常用的方法是 fillna, 其基本语法格式为

```
fillna(value=None, method=None, axis=None, inplace=False)
```

其中 value 值除了基本类型外, 还可以使用字典, 这样可以实现对不同的列填充不同的值. method 表示采用的填补数据的方法, 默认是 None. 下面通过示例说明 fillna 的用法.

例 4.29 Excel 文件 Pdata4_29.xlsx 中的数据如图 4.10 所示, 试对其中的缺失数据进行填充.

	A	B	C	D	E
1	uid	regit_date	gender	age	income
2	81200457	2016/10/30	M	23	6500
3	81201135	2016/11/8	M	27	10300
4	80043782	2016/10/13	F		13500
5	84639281	2017/4/17	M	26	6000
6	73499801	2016/3/21			4500
7	72399510	2016/1/18	M	19	
8	63881943	2015/10/7	M	21	10000
9	35442690	2015/4/10	F		5800
10	77638351	2016/7/12	M	25	18000
11	85200189	2017/5/18	M	22	

图 4.10 Pdata4_29.xlsx 中的数据

```
#程序文件Pex4_29.py
from pandas import read_excel
a=read_excel("Pdata4_29.xlsx")
b1=a.fillna(0)  #用0填补所有的缺失值
b2=a.fillna(method='ffill')  #用前一行的值填补缺失值
b3=a.fillna(method='bfill')  #用后一行的值填补,最后一行缺失值不处理
b4=a.fillna(value={'gender':a.gender.mode()[0], #性别使用众数替换
                   'age':a.age.mean(),           #年龄使用均值替换
                   'income':a.income.median()}) #收入使用中位数替换
```

3. 插值法

当出现缺失值时, 也可以使用插值法对缺失值进行插补, 插值的数学原理在第 7 章介绍. 其中的插值方法可以使用: 'linear', 'nearest', 'zero', 'slinear', 'quadratic', 'cubic', 'spline', 'barycentric', 'polynomial'.

例 4.30 对数值型缺失数据利用插值法进行替换.

```
#程序文件Pex4_30.py
from pandas import read_excel
import numpy as np
a=read_excel("Pdata4_29.xlsx")
b=a.fillna(value={'gender':a.gender.mode()[0],   #性别使用众数替换
        'age':a.age.interpolate(method='polynomial',order=2),
#年龄使用二次多项式插值替换
        'income':a.income.interpolate()})
                                          #收入使用线性插值替换
```

4.6.3 异常值处理

异常值 (outlier) 是指那些远离正常值的观测, 即 "不合群" 观测. 异常值的出现会对模型的创建和预测产生严重的后果. 当然异常值的出现也不一定都是坏事, 有些情况下, 通过寻找异常值就能够给业务带来良好的发展, 如销毁 "钓鱼" 网站, 关闭 "薅羊毛" 用户的权限等.

对于异常值的检测, 一般采用两种方法, 一种是标准差法, 另一种是箱线图判别法. 标准差法的判别公式是 $\text{outlier} > \bar{x} + n\sigma$ 或 $\text{outlier} < \bar{x} - n\sigma$, 其中 $\bar{x}$ 为样本均值, σ 为样本标准差. 当 $n = 2$ 时, 满足条件的观测就是异常值; 当 $n = 3$ 时, 满足条件的观测即是极端异常值. 箱线图的判别公式是 $\text{outlier} > Q_3 + n\text{IQR}$ 或 $\text{outlier} < Q_1 - n\text{IQR}$, 其中 Q_1 为下四分位数 (25%), Q_3 为上四分位数 (75%), IQR 为上四分位数与下四分位数的差. 当 $n = 1.5$ 时, 满足条件的观测为异常值; 当 $n = 3$ 时, 满足条件的观测即为极端异常值.

这两种方法的选择标准如下, 如果数据近似服从正态分布, 因为数据的分布相对比较对称, 优先选择标准差法. 否则优先选择箱线图法, 因为分位数并不会受到极端值的影响. 当数据存在异常时, 若异常观测的比例不太大, 一般可以使用删除法将异常值删除; 也可以使用替换法, 可以考虑使用低于判别上限的最大值替换上端异常值、高于判别下限的最小值替换下端异常值, 或使用均值或中位数替换等.

例 4.31 太阳黑子个数文件 sunspots.csv 数据用 Excel 软件打开后的格式如图 4.11(a) 所示, 用记事本打开的格式如图 4.11(b) 所示, 时间范围是 1700~1988 年, 总共 289 个记录, 识别并处理其中的异常值.

	A	B
1	year	counts
2	1700	5
3	1701	11
4	1702	16
5	1703	23
6	1704	36

(a) Excel打开

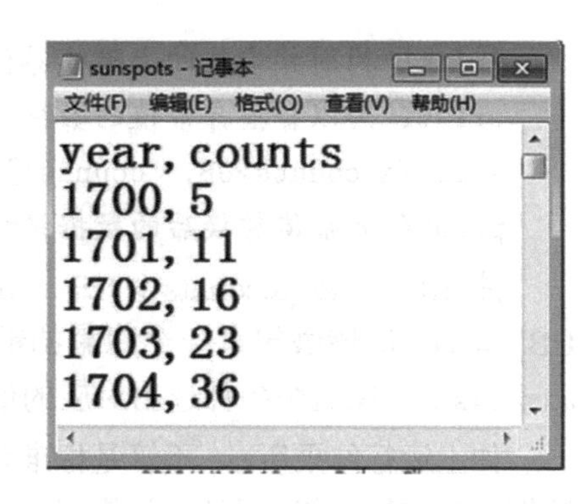

(b) 记事本打开

图 4.11 sunspots.csv 数据

```
#程序文件Pex4_31.py
from pandas import read_csv
import numpy as np
import matplotlib.pyplot as plt
a=read_csv("sunspots.csv")
mu=a.counts.mean()  #计算黑子个数年平均值
s=a.counts.std()  #计算黑子个数标准差
print("标准差法异常值上限检测: ",any(a.counts>mu+2*s)) #输出: True
print("标准差法异常值下限检测: ",any(a.counts<mu-2*s)) #输出: False
Q1=a.counts.quantile(0.25)  #计算下四分位数
Q3=a.counts.quantile(0.75)  #计算上四分位数
IQR=Q3-Q1
print("箱线图法异常值上限检测: ",any(a.counts>Q3+1.5*IQR))
                                                        #输出: True
print("箱线图法异常值下限检测: ",any(a.counts<Q1-1.5*IQR))
                                                        #输出: False
plt.style.use('ggplot')  #设置绘图风格
a.counts.plot(kind='hist',bins=30,density=True)  #绘制直方图
a.counts.plot(kind='kde')  #绘制核密度曲线
plt.show()
print("异常值替换前的数据统计特征",a.counts.describe())
UB=Q3+1.5*IQR;
st=a.counts[a.counts<UB].max()  #找出低于判别上限的最大值
```

```
print("判别异常值的上限临界值为:",UB)
print("用以替换异常值的数据为: ",st)
a.loc[a.counts>UB, 'counts']=st  #替换超过判别上限异常值
print("异常值替换后的数据统计特征",a.counts.describe())
```

注 4.5 a.loc[a.counts > UB, 'counts'] = st 实际上等价于 a.counts[a.counts > UB] = st, 但该语句有一个隐藏的链式操作, 就是先选出 a.counts, 然后再根据 a.counts > UB 这个条件选出对应的值.

如上运行结果所示, 不管是标准差检验法还是箱线图检验法, 都发现太阳黑子数据中存在异常值, 而且异常值都是超过上限临界值的. 绘制的太阳黑子数量的直方图和核密度曲线图如图 4.12 所示, 从图中的直方图和核密度曲线都可以看出, 数据分布形状是有偏的.

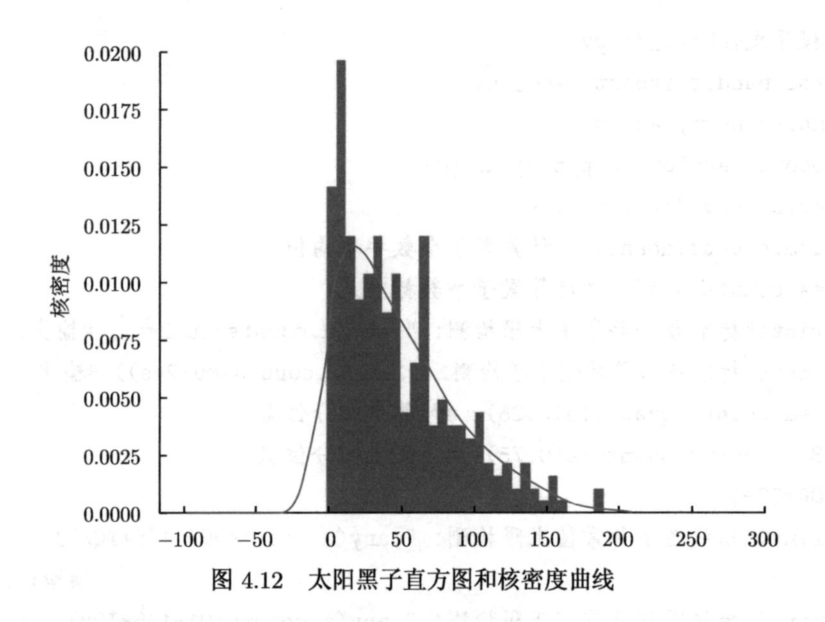

图 4.12 太阳黑子直方图和核密度曲线

异常值的替换这里就不赘述了, 最后给出异常值处理前后的统计描述对比如表 4.19 所列, 从表中可看出, 对于异常值的替换, 改变了原始数据的均值、标准差和最大值, 并且这些值改变后都降低了, 这是显而易见的.

表 4.19 异常值处理前后的统计描述对比

	count	mean	std	min	25%	50%	75%	max
替换前	289	48.6135	39.4741	0	15.6	39	68.9	190.2
替换后	289	48.0660	37.9189	0	15.6	39	68.9	141.7

习 题 4

4.1 一家工厂生产的某种元件的寿命 X (以 h 计) 服从均值 $\mu = 160$, 标准差 $\sigma(\sigma > 0)$ 的正态分布, 若要求 $P\{120 < X \leqslant 200\} \geqslant 0.80$, 允许 σ 最大为多少?

4.2 报童每天清晨从报站批发报纸零售, 晚上将没有卖完的报纸退回. 设每份报纸的批发价为 b, 零售价为 a, 退回价为 c, 且设 $a > b > c > 0$. 因此, 报童每售出一份报纸赚 $a-b$, 退回一份报纸赔 $b-c$. 报童每天如果批发的报纸太少, 不够卖的话就会少赚钱; 如果批发的报纸太多, 卖不完的话就会赔钱. 报童应如何确定他每天批发的报纸数量, 才能获得最大的收益?

4.3 某商店对某种家用电器的销售采用先使用后付款的方式. 记使用寿命为 X (以年计), 规定: $X \leqslant 1$, 一台电器付款 1500 元; $1 < X \leqslant 2$, 一台电器付款 2000 元; $2 < X \leqslant 3$, 一台电器付款 2500 元; $X > 3$, 一台电器付款 3000 元.

设寿命 X 服从指数分布, 概率密度为

$$f(x) = \begin{cases} \dfrac{1}{8}e^{-x/8}, & x > 0, \\ 0, & x \leqslant 0. \end{cases}$$

试求该商店一台这种家用电器收费 Y 的数学期望.

4.4 表 4.20 列出了某一地区在夏季的一个月中由 100 个气象站报告的雷暴雨的次数. 试用 χ^2 拟合检验法检验雷暴雨的次数 X 是否服从均值 $\lambda = 1$ 的泊松分布 (取显著性水平 $\alpha = 0.05$)

表 4.20 气象报告数据

次数i	0	1	2	3	4	5	$\geqslant 6$
次数i的频数f_i	22	37	20	13	6	2	0

4.5 试用 χ^2 拟合检验法检验例 4.6 中学生身高的数据是否服从正态分布.

4.6 在 7 个不同实验室中测量某种氯苯那敏药片的氯苯那敏有效含量 (以 mg 计), 得到的结果如表 4.21 所列, 试做单因素方差分析.

表 4.21 氯苯那敏有效含量测量值

实验室 1	实验室 2	实验室 3	实验室 4	实验室 5	实验室 6	实验室 7
4.13	3.86	4.00	3.88	4.02	4.02	4.00
4.07	3.85	4.02	3.88	3.95	3.86	4.02
4.04	4.08	4.01	3.91	4.02	3.96	4.03
4.07	4.11	4.01	3.95	3.89	3.97	4.04
4.05	4.08	4.04	3.92	3.91	4.00	4.10
4.04	4.01	3.99	3.97	4.01	3.82	3.81
4.02	4.02	4.03	3.92	3.89	3.98	3.91
4.06	4.04	3.97	3.90	3.89	3.99	3.96
4.10	3.97	3.98	3.97	3.99	4.02	4.05
4.04	3.95	3.98	3.90	4.00	3.93	4.06

4.7　表 4.22 列出了 18 名 5~8 岁儿童的体重和体积测量值.

表 4.22　18 名儿童体重和体积测量值

体重x/kg	17.1	10.5	13.8	15.7	11.9	10.4	15.0	16.0	17.8
体积y/dm^3	16.7	10.4	13.5	15.7	11.6	10.2	14.5	15.8	17.6
体重x/kg	15.8	15.1	12.1	18.4	17.1	16.7	16.5	15.1	15.1
体积y/dm^3	15.2	14.8	11.9	18.3	16.7	16.6	15.9	15.1	14.5

(1) 画出散点图.

(2) 求 y 关于 x 的线性回归方程 $\hat{y}=\hat{a}x+\hat{b}$.

(3) 检验假设 H_0：$a=0$, H_1：$a\neq 0$.

第5章 线性规划

线性规划 (linear programming, LP) 是运筹学的一个重要分支, 它起源于工业生产组织管理的决策问题, 在数学上用来确定多变量线性函数在变量满足线性约束条件下的最优值. 线性规划模型通常由三个要素——决策变量、目标函数和约束条件构成. 一般来讲, 决策变量是决策者为了达到预定目标而要控制的那些量, 问题的求解就是找出决策变量的最终取值; 目标函数是决策者希望对其进行优化的那个指标, 它是决策变量的线性函数, 描述决策变量与预定目标之间的关系; 约束条件是决策者在现实世界中所受到的限制, 或者说决策变量在这些限制范围之内才有意义.

5.1 线性规划的概念和理论

1. 线性规划的一般模型

线性规划模型的一般形式为

$$\max(\min) \quad z=\sum_{j=1}^{n} c_j x_j, \tag{5.1}$$

$$\text{s.t.} \quad \begin{cases} \displaystyle\sum_{j=1}^{n} a_{ij} x_j \leqslant (\geqslant, =) b_i, & i=1,2,\cdots,m, \\ x_j \geqslant 0, & j=1,2,\cdots,n. \end{cases} \tag{5.2}$$

也可以表示为矩阵形式

$$\max(\min) \quad z=\boldsymbol{c}^{\mathrm{T}} \boldsymbol{x},$$
$$\text{s.t.} \quad \begin{cases} \boldsymbol{A x} \leqslant (\geqslant, =) \boldsymbol{b}, \\ \boldsymbol{x} \geqslant \boldsymbol{0}, \end{cases}$$

向量形式

$$\max(\min) \quad z=\boldsymbol{c}^{\mathrm{T}} \boldsymbol{x},$$
$$\text{s.t.} \quad \begin{cases} \displaystyle\sum_{j=1}^{n} \boldsymbol{p}_j x_j \leqslant (\geqslant, =) \boldsymbol{b}, \\ \boldsymbol{x} \geqslant \boldsymbol{0}. \end{cases}$$

上面的表达式中, 式 (5.1) 称为目标函数, 式 (5.2) 称为约束条件, 其中 $\boldsymbol{c} = [c_1, c_2, \cdots, c_n]^{\mathrm{T}}$, 称其为价值向量 (或目标向量); $\boldsymbol{x} = [x_1, x_2, \cdots, x_n]^{\mathrm{T}}$, 称其为决策向量; $\boldsymbol{b} = [b_1, b_2, \cdots, b_m]^{\mathrm{T}}$, 称其为资源向量; $\boldsymbol{A} = (a_{ij})_{m\times n}$, 称其为约束条件的系数矩阵; $\boldsymbol{p}_j = [a_{1j}, a_{2j}, \cdots, a_{mj}]^{\mathrm{T}} (j = 1, 2, \cdots, n)$, 称其为约束条件的系数向量.

从上面的模型可以看出, 线性规划的目标函数可以是最大化问题, 也可以是最小化问题; 约束条件有的是 "⩽", 有的是 "⩾", 也可以是 "=".

在一些实际问题中决策变量可以是非负的, 也可以是非正的, 甚至可以是无约束的 (即可以取任何值). 为了便于研究, 在数学理论上规定线性规划模型的标准形为

$$\max \quad z = \boldsymbol{c}^{\mathrm{T}}\boldsymbol{x}, \tag{5.3}$$

$$\text{s.t.} \quad \begin{cases} \boldsymbol{A}\boldsymbol{x} = \boldsymbol{b}, \\ \boldsymbol{x} \geqslant \boldsymbol{0}. \end{cases} \tag{5.4}$$

2. 线性规划解的概念及理论

线性规划所研究的内容是线性代数的应用和发展, 属于线性不等式组理论, 或者说是高维空间中凸多面体理论. 其基本点就是在满足一定的约束条件下, 使预定目标达到最优.

定义 5.1 对于线性规划模型,

(1) 满足全部约束条件的决策向量 $\boldsymbol{x} \in \mathbb{R}^n$ 称为可行解;

(2) 全部可行解构成的集合 (它是 n 维欧氏空间 $\mathbb{R}^n$ 中的点集, 而且是一个 "凸多面体") 称为可行域;

(3) 使目标函数达到最优值 (最大值或最小值, 并且有界) 的可行解称为最优解.

定理 5.1 当线性规划问题有最优解时, 一定可以在可行域的某个顶点上取到. 当有唯一解时, 最优解就是可行域的某个顶点. 当有无穷多个最优解时, 其中至少有一个解是可行域的一个顶点.

根据定理 5.1, 线性规划模型的最优解有以下几种情况:

(1) 有最优解时, 可能有唯一最优解, 也可能有无穷多个最优解. 如果最优解不唯一, 则最优解一定有无穷多个, 不可能有有限个. 最优解对应的目标函数值 (最优值) 均相等.

(2) 没有最优解时, 也有两种情形. 一是可行域为空集, 即无可行解; 二是可行域非空, 但目标函数值无界 (求最大时无上界, 求最小时无下界).

美国数学家 G. B. Dantzig 于 1947 年提出了求解线性规划的单纯形法, 给出了一个在凸多面体的顶点中有效地寻求最优解的迭代策略.

如果将凸多面体顶点所对应的可行解称为基本可行解, 单纯形法的基本思想就是: 先找出一个基本可行解, 对它进行鉴别, 看是否是最优解; 若不是, 则按照一定

法则转换到另一改进的基本可行解, 再鉴别; 若仍不是, 则再转换, 按此重复进行. 因基本可行解的个数有限, 故经有限次转换必能得出问题的最优解. 即使问题无最优解也可用此法判别.

单纯形的详细计算步骤这里就不赘述了, 有兴趣的读者可以参阅运筹学的有关书籍.

3. 可转化为线性规划的问题

很多看起来不是线性规划的问题也可以通过变换转化为线性规划问题来求解, 如问题

$$\begin{aligned} \min \quad & |x_1| + |x_2| + \cdots + |x_n|, \\ \text{s.t.} \quad & \boldsymbol{A}\boldsymbol{x} \leqslant \boldsymbol{b}, \end{aligned}$$

式中, $\boldsymbol{x} = [x_1, x_2, \cdots, x_n]^{\mathrm{T}}$, $\boldsymbol{A}$ 和 $\boldsymbol{b}$ 为相应维数的矩阵和向量.

要把上面的问题转化成线性规划问题, 主要注意到事实: 对任意的 x_i, 存在 $u_i, v_i \geqslant 0$ 满足

$$x_i = u_i - v_i, \quad |x_i| = u_i + v_i.$$

事实上, 只要取 $u_i = \dfrac{x_i + |x_i|}{2}$, $v_i = \dfrac{|x_i| - x_i}{2}$ 就可以满足上面的条件.

这样, 记 $\boldsymbol{u} = [u_1, u_2, \cdots, u_n]^{\mathrm{T}}$, $\boldsymbol{v} = [v_1, v_2, \cdots, v_n]^{\mathrm{T}}$ 就可把上面的问题变成

$$\begin{aligned} \min \quad & \sum_{i=1}^{n} (u_i + v_i), \\ \text{s.t.} \quad & \left\{ \begin{array}{l} [\boldsymbol{A}, -\boldsymbol{A}] \begin{bmatrix} \boldsymbol{u} \\ \boldsymbol{v} \end{bmatrix} \leqslant \boldsymbol{b}, \\ \boldsymbol{u}, \boldsymbol{v} \geqslant \boldsymbol{0}. \end{array} \right. \end{aligned}$$

对于目标函数为 min max 或 max min 等问题, 也可以线性化, 下面案例中再介绍, 这里就不赘述了.

5.2 线性规划的 Python 求解

5.2.1 用 scipy.optimize 模块求解

SciPy 的 scipy.optimize 模块提供了一个求解线性规划的函数 linprog. 这个函数集中了求解线性规划的常用算法, 如单纯形法和内点法, 会根据问题的规模或用户的指定选择算法进行求解.

SciPy 中线性规划模型的标准形为

$$
\min \quad z = \boldsymbol{c}^{\mathrm{T}}\boldsymbol{x},
$$
$$
\text{s.t.} \quad \begin{cases} \boldsymbol{A}\cdot\boldsymbol{x} \leqslant \boldsymbol{b}, \\ \mathbf{Aeq}\cdot\boldsymbol{x} = \mathbf{beq}, \\ \mathbf{Lb} \leqslant \boldsymbol{x} \leqslant \mathbf{Ub}. \end{cases}
$$

linprog 的基本调用格式为

```
from scipy.optimize import linprog
res=linprog(c, A, b, Aeq, beq) #默认每个决策变量下界为0,上界为+∞
res=linprog(c, A=None, b=None, Aeq=None, beq=None, bounds=None,
    method='simplex')
print(res.fun)   #显示目标函数最小值
print(res.x)     #显示最优解
```

其中, c 对应于上述标准形中的目标向量, A, b 对应于不等号约束, Aeq, beq 对应于等号约束, bounds 是决策向量的下界向量和上界向量所组成的 n 个元素的元组, 下面通过例子说明 bounds 的写法, bounds 的默认取值下界都是 0, 上界都是 $+\infty$; 返回值 res.x 是求得的最优解, res.fun 是目标函数的最优值.

读者可以按如下方式看 linprog 函数的帮助.

```
>>> from scipy.optimize import linprog
>>> help(linprog)
```

下面给出 linprog 函数帮助中的一个例子.

例 5.1　求解线性规划问题

$$
\min \quad z = -x_1 + 4x_2,
$$
$$
\text{s.t.} \quad \begin{cases} -3x_1 + x_2 \leqslant 6, \\ x_1 + 2x_2 \leqslant 4, \\ x_2 \geqslant -3. \end{cases}
$$

上述模型中 x_1 的取值是任意的, 即 $-\infty < x_1 < +\infty$, SciPy 中 $x_{1\_\text{bounds}} = (x_{1\_\min}, x_{1\_\max}) = (\text{None}, \text{None})$; x_2 的取值范围为 $-3 \leqslant x_2 < +\infty$, SciPy 中 $x_{2\_\text{bounds}} = (x_{2\_\min}, x_{2\_\max}) = (-3, \text{None})$. 因而在 Python 中上述问题的 bounds = ((None, None), (−3, None)).

计算的 Python 程序如下:

```
#程序文件Pex5_1.py
from scipy.optimize import linprog
c = [-1, 4]; A = [[-3, 1], [1, 2]]
```

```
b = [6, 4]; bounds=((None,None),(-3,None))
res=linprog(c,A,b,None,None,bounds)
print("目标函数的最小值: ",res.fun)
print("最优解为: ",res.x)
```

程序运行显示结果如下：

```
目标函数的最小值:  -22.0
最优解为:  [10. -3.]
```

即所求问题的最优解为 $x_1 = 10, x_2 = -3$, 目标函数的最优值为 -22.

例 5.2 求解下列线性规划问题

$$
\max \quad z = x_1 - 2x_2 - 3x_3,
$$
$$
\text{s.t.} \quad \begin{cases} -2x_1 + x_2 + x_3 \leqslant 9, \\ -3x_1 + x_2 + 2x_3 \geqslant 4, \\ 4x_1 - 2x_2 - x_3 = -6, \\ x_1 \geqslant -10, x_2 \geqslant 0, \quad x_3\text{取值无约束}. \end{cases}
$$

首先化成 SciPy 中标准形

$$
\min \quad w = -x_1 + 2x_2 + 3x_3,
$$
$$
\text{s.t.} \quad \begin{cases} -2x_1 + x_2 + x_3 \leqslant 9, \\ 3x_1 - x_2 - 2x_3 \leqslant -4, \\ 4x_1 - 2x_2 - x_3 = -6, \\ x_1 \geqslant -10, x_2 \geqslant 0, \quad x_3\text{取值无约束}. \end{cases}
$$

```
#程序文件Pex5_2_1.py
from scipy.optimize import linprog
c=[-1, 2, 3]; A = [[-2, 1, 1], [3, -1, -2]]
b=[[9], [-4]]; Aeq=[[4, -2, -1]]; beq=[-6]
LB=[-10, 0, None];
UB=[None]*len(c)  #生成3个None的列表
bound=tuple(zip(LB, UB))   #生成决策向量界限的元组
res=linprog(c,A,b,Aeq,beq,bound)
print("目标函数的最小值: ",res.fun)
print("最优解为: ",res.x)
```

程序运行结果如下：

```
目标函数的最小值:  0.3999999999999947
最优解为:  [-1.6 0. -0.4]
```

即所求问题的最优解为 $x_1 = -1.6, x_2 = 0, x_3 = -0.4$, 原目标函数的最大值为 -0.4.

因为列表中的元素不能取相反数, 也可以利用数组编写如下程序:

```
#程序文件Pex5_2_2.py
from scipy.optimize import linprog
import numpy as np
c=np.array([1, -2, -3])  #为了下面取相反数，这里使用数组
A =[[-2, 1, 1], [3, -1, -2]]
b=[[9], [-4]]; Aeq=[[4, -2, -1]]; beq=[-6]
LB=[-10, 0, None];
UB=[None]*len(c)  #生成3个None的列表
bound=tuple(zip(LB, UB))  #生成决策向量界限的元组
res=linprog(-c,A,b,Aeq,beq,bound)
print("目标函数的最小值: ",res.fun)
print("最优解为: ",res.x)
```

例 5.3 加工一种食用油需要精炼若干种原料油并把它们混合起来. 原料油的来源有两类共 5 种: 植物油 VEG1、植物油 VEG2、非植物油 OIL1、非植物油 OIL2、非植物油 OIL3. 购买每种原料油的价格 (英镑/吨) 如表 5.1 所示, 最终产品以 150 英镑/吨的价格出售. 植物油和非植物油需要在不同的生产线上进行精炼. 每月能够精炼的植物油不超过 200 吨, 非植物油不超过 250 吨; 在精炼过程中, 重量没有损失, 精炼费用可忽略不计. 最终产品要符合硬度的技术条件. 按照硬度计量单位, 它必须为 3~6. 假定硬度的混合是线性的, 而原材料的硬度如表 5.2 所示.

为使利润最大, 应该怎样指定它的月采购和加工计划.

表 5.1 原料油价格

原料油	VEG1	VEG2	OIL1	OIL2	OIL3
价格	110	120	130	110	115

表 5.2 原料油硬度表

原料油	VEG1	VEG2	OIL1	OIL2	OIL3
硬度值	8.8	6.1	2.0	4.2	5.0

解 设 $x_1, x_2, \cdots, x_5$ 为每月需要采购的 5 种原料油吨数, x_6 为每月加工的成品油吨数.

(1) 目标函数是使净利润

$$z = -110x_1 - 120x_2 - 130x_3 - 110x_4 - 115x_5 + 150x_6$$

达到最大值.

(2) 约束条件分为如下 4 类.

(i) 精炼能力限制:

植物油的精炼能力限制: $x_1 + x_2 \leqslant 200$;

非植物油的精炼能力限制: $x_3 + x_4 + x_5 \leqslant 250$.

(ii) 硬度限制:

硬度上限的限制: $8.8x_1 + 6.1x_2 + 2.0x_3 + 4.2x_4 + 5.0x_5 \leqslant 6x_6$;

硬度下限的限制: $8.8x_1 + 6.1x_2 + 2.0x_3 + 4.2x_4 + 5.0x_5 \geqslant 3x_6$.

(iii) 均衡性限制

$$x_1 + x_2 + x_3 + x_4 + x_5 = x_6.$$

(iv) 非负性限制

$$x_i \geqslant 0, \quad i = 1, 2, \cdots, 6.$$

综上所述, 建立如下的线性规划模型

$$\max \quad z = -110x_1 - 120x_2 - 130x_3 - 110x_4 - 115x_5 + 150x_6,$$
$$\text{s.t.} \quad \begin{cases} x_1 + x_2 \leqslant 200, \\ x_3 + x_4 + x_5 \leqslant 250, \\ 8.8x_1 + 6.1x_2 + 2.0x_3 + 4.2x_4 + 5.0x_5 \leqslant 6x_6, \\ 8.8x_1 + 6.1x_2 + 2.0x_3 + 4.2x_4 + 5.0x_5 \geqslant 3x_6, \\ x_1 + x_2 + x_3 + x_4 + x_5 = x_6, \\ x_i \geqslant 0, \quad i = 1, 2, \cdots, 6. \end{cases}$$

利用 Python 软件求解上述线性规划模型时, 需要将其改写为 Python 的标准形:

$$\min \quad w = 110x_1 + 120x_2 + 130x_3 + 110x_4 + 115x_5 - 150x_6,$$
$$\text{s.t.} \quad \begin{cases} x_1 + x_2 \leqslant 200, \\ x_3 + x_4 + x_5 \leqslant 250, \\ 8.8x_1 + 6.1x_2 + 2.0x_3 + 4.2x_4 + 5.0x_5 - 6x_6 \leqslant 0, \\ -8.8x_1 - 6.1x_2 - 2.0x_3 - 4.2x_4 - 5.0x_5 + 3x_6 \leqslant 0, \\ x_1 + x_2 + x_3 + x_4 + x_5 - x_6 = 0, \\ x_i \geqslant 0, \quad i = 1, 2, \cdots, 6. \end{cases}$$

调用 linprog 函数可求得月采购与生产计划如表 5.3 所示.

表 5.3 月采购与生产计划

原料油	VEG1	VEG2	OIL1	OIL2	OIL3
采购量/吨	159.2593	40.7407	0	250	0
生产量/吨	450		利润/英镑	1.7593×10^4	

计算的 Python 程序如下：

```
#程序文件Pex5_3.py
from scipy.optimize import linprog
c=[110, 120, 130, 110, 115,-150]    #目标向量
A =[[1,1,0,0,0, 0],[0,0,1,1,1,0],[8.8,6.1,2.0,4.2,5.0,-6],[-8.8,
    -6.1,-2.0,-4.2,-5.0,3]]
b=[[200],[250],[0],[0]]; Aeq=[[1,1,1,1,1,-1]]; beq=[0]
res=linprog(c,A,b,Aeq,beq)
print("目标函数的最小值: ",res.fun)
print("最优解为: ",res.x)
```

5.2.2 用 cvxopt.solvers 模块求解

cvxopt.solvers 模块求解线性规划模型的标准形如下：

$$\min \quad z = \boldsymbol{c}^{\mathrm{T}}\boldsymbol{x},$$
$$\text{s.t.} \quad \begin{cases} \boldsymbol{A}\cdot\boldsymbol{x} \leqslant \boldsymbol{b}, \\ \mathbf{Aeq}\cdot\boldsymbol{x} = \mathbf{beq}. \end{cases}$$

例 5.4 求解线性规划

$$\min \quad z = -4x_1 - 5x_2,$$
$$\text{s.t.} \quad \begin{cases} 2x_1 + x_2 \leqslant 3, \\ x_1 + 2x_2 \leqslant 3, \\ x_1 \geqslant 0,\ x_2 \geqslant 0. \end{cases}$$

解 利用 Python 软件求得上述线性规划的最优解为 $x_1 = 1$, $x_2 = 1$; 目标函数的最优值为 -9.

```
#程序文件Pex5_4.py
import numpy as np
from cvxopt import matrix, solvers
c=matrix([-4.,-5]); A=matrix([[2.,1],[1,2],[-1,0],[0,-1]]).T
b=matrix([3.,3,0,0]); sol=solvers.lp(c,A,b)
print("最优解为: \n",sol['x'])
print("最优值为: ",sol['primal objective'])
```

注 5.1 (1) 在程序中虽然没有直接使用 NumPy 库中的函数, 也必须加载, 否则出错.

(2) 数据如果全部为整型数据, 也必须写成浮点型数据, 否则出错.

例 5.5 求解线性规划

$$\max \quad z=-2x_1-x_2,$$
$$\text{s.t.} \quad \begin{cases} -x_1+x_2 \leqslant 1, \\ x_1+x_2 \geqslant 2, \\ x_1-2x_2 \leqslant 4, \\ x_2 \geqslant 0, \\ x_1+2x_2=3.5. \end{cases}$$

解 标准形为

$$\min \quad z=2x_1+x_2,$$
$$\text{s.t.} \quad \begin{cases} -x_1+x_2 \leqslant 1, \\ -x_1-x_2 \leqslant -2, \\ x_1-2x_2 \leqslant 4, \\ -x_2 \leqslant 0, \\ x_1+2x_2=3.5. \end{cases}$$

利用 Python 软件求得最优解为 $x_1=0.5$, $x_2=1.5$; 目标函数的最优值为 2.5.

```
#程序文件Pex5_5.py
import numpy
from cvxopt import matrix, solvers
c=matrix([2.,1]); A=matrix([[-1.,1],[-1,-1],[1,-2],[0,-1]]).T
b=matrix([1.,-2,4,0]); Aeq=matrix([1.,2],(1,2)) #Aeq为行向量
beq=matrix(3.5); sol=solvers.lp(c,A,b,Aeq,beq)
print("最优解为: \n",sol['x'])
print("最优值为: ",sol['primal objective'])
```

5.2.3 用 cvxpy 求解

首先介绍求解凸优化的 cvxpy 库.

cvxpy 与 MATLAB 中 cvx 的工具库类似, 用于求解凸优化问题. cvx 与 cvxpy 都是由 CIT 的 Stephen Boyd 教授课题组开发的. cvx 是用于 MATLAB 的库, cvxpy 是用于 Python 的库. 下载、安装及学习地址如下：

cvx：http://cvxr.com/cvx/; cvxpy：http://www.cvxpy.org/.

cvxpy 库目前只支持 Python 3.7.2 版本, 不支持高版本的 Python.

例 5.6 已知某种商品 6 个仓库的存货量, 8 个客户对该商品的需求量, 单位商品运价如表 5.4 所示. 试确定 6 个仓库到 8 个客户的商品调运数量, 使总的运输费用最小.

表 5.4　单位商品运价表

单位运价 客户 / 仓库	V1	V2	V3	V4	V5	V6	V7	V8	存货量
W1	6	2	6	7	4	2	5	9	60
W2	4	9	5	3	8	5	8	2	55
W3	5	2	1	9	7	4	3	3	51
W4	7	6	7	3	9	2	7	1	43
W5	2	3	9	5	7	2	6	5	41
W6	5	5	2	2	8	1	4	3	52
需求量	35	37	22	32	41	32	43	38	

解　设 $x_{ij}(i=1,2,\cdots,6;j=1,2,\cdots,8)$ 表示第 i 个仓库运到第 j 个客户的商品数量, c_{ij} 表示第 i 个仓库到第 j 个客户的单位运价, d_j 表示第 j 个客户的需求量, e_i 表示第 i 个仓库的存货量, 建立如下线性规划模型:

$$
\min \quad \sum_{i=1}^{6}\sum_{j=1}^{8} c_{ij}x_{ij},
$$

$$
\text{s.t.} \begin{cases} \sum\limits_{j=1}^{8} x_{ij} \leqslant e_i, & i=1,2,\cdots,6, \\ \sum\limits_{i=1}^{6} x_{ij} = d_j, & j=1,2,\cdots,8, \\ x_{ij} \geqslant 0, & i=1,2,\cdots,6; j=1,2,\cdots,8. \end{cases}
$$

利用 cvxpy 库, 求得目标函数的最优值为 664, 问题的最优解就不给出了. 把表 5.4 中的 7 行 9 列数据保存到 Excel 文件 Pdata5_6.xlsx 中.

```
#程序文件Pex5_6.py
import cvxpy as cp
import numpy as np
import pandas as pd
d1=pd.read_excel("Pdata5_6.xlsx",header=None)
d2=d1.values; c=d2[:-1,:-1]
d=d2[-1,:-1].reshape(1,-1); e=d2[:-1,-1].reshape(-1,1)
x=cp.Variable((6,8))
obj=cp.Minimize(cp.sum(cp.multiply(c,x)))  #构造目标函数
con=[cp.sum(x,axis=1,keepdims=True)<=e,
cp.sum(x,axis=0,keepdims=True)==d,x>=0]  #构造约束条件
prob=cp.Problem(obj,con)  #构造模型
prob.solve(solver='GLPK_MI',verbose=True)     #求解模型
```

```
print("最优值为：",prob.value)
print("最优解为：\n",x.value)
```

注 5.2 在上面程序的目标函数中, 我们需要的是两个矩阵对应元素相乘, 使用的函数是 cvxpy.multiply. 使用 help(cvxpy.multiply) 可以看到该函数的帮助, 该函数在模块

```
cvxpy.atoms.affine.binary_operators
```

中, 调用该函数时, 没有必要指明具体的模块, 使用 cvxpy.multiply 调用就可以了. Python 的一些其他第三方库的部分函数调用也可以用类似的方式, 即库名. 函数 (或别名. 函数) 的方式, 不需要指明内部模块的名称. 当然先加载具体的模块, 再调用该模块下的函数也是可以的.

5.3 灵敏度分析

灵敏度分析是指对系统因周围条件变化显示出来的敏感程度的分析.

在前面讨论的线性规划问题中, 都设定 a_{ij}, b_i, c_j 是常数, 但在许多实际问题中, 这些系数往往是估计值或预测值, 经常有少许的变动.

例如, 在模型 (5.1) 和 (5.2) 中, 如果市场条件发生变化, c_j 值就会随之变化; 生产工艺条件发生改变, 会引起 b_i 变化; a_{ij} 也会由于种种原因产生改变.

因此提出这样两个问题:

(1) 如果参数 a_{ij}, b_i, c_j 中的一个或者几个发生了变化, 现行最优方案会有什么变化;

(2) 将这些参数的变化限制在什么范围内, 原最优解仍是最优的.

当然, 有一套关于 "优化后分析" 的理论方法, 可以进行灵敏度分析. 具体参见有关的运筹学教科书.

但在实际应用中, 给定参变量一个步长使其重复求解线性规划问题, 以观察最优解的变化情况, 这不失为一种可用的数值方法, 特别是使用计算机求解时.

例 5.7 一家奶制品加工厂用牛奶生产 A, B 两种奶制品, 1 桶牛奶可以在甲类设备上用 12h 加工成 3kg A, 或者在乙类设备上用 8h 加工成 4kg B. 假定根据市场需求, 生产的 A, B 全部能售出, 且每千克 A 获利 24 元, 每千克 B 获利 16 元. 现在加工厂每天能得到 50 桶牛奶的供应, 每天正式工人总的劳动时间为 480h, 并且甲类设备每天至多能加工 100kg A, 乙类设备的加工能力没有限制. 试为该厂制订一个生产计划, 使每天获利最大, 并进一步讨论以下两个附加问题:

(1) 若可以聘用临时工人以增加劳动时间, 是否聘用临时工人.

(2) 假设由于市场需求变化, 每千克 A 的获利增加到 30 元, 是否改变生产计划.

解 (1) 设每天用 x_1 桶牛奶生产 A, 用 x_2 桶牛奶生产 B, 每天获利 z 元. 根据题意建立问题的数学模型为

$$\max \quad z = 72x_1 + 64x_2,$$

$$\text{s.t.} \begin{cases} x_1 + x_2 \leqslant 50, \\ 12x_1 + 8x_2 \leqslant 480, \\ 3x_1 \leqslant 100, \\ x_1 \geqslant 0,\ x_2 \geqslant 0. \end{cases}$$

编写 Python 程序如下:

```
#程序文件Pex5_7.py
from scipy.optimize import linprog
c=[-72, -64]     #目标向量
A =[[1, 1],[12, 8]]; b=[[50],[480]]
bound=((0,100/3.0),(0,None))
res=linprog(c,A,b,None,None,bound,method='simplex',options={"disp":
   True})
print("求解结果如下: ",res)
```

程序运行结果如下:

```
Optimization terminated successfully.
         Current function value: -3360.000000
          Iterations: 4
求解结果如下:              con: array([], dtype=float64)
     fun: -3360.0
 message: 'Optimization terminated successfully.'
     nit: 4
   slack: array([0., 0.])
  status: 0
 success: True
       x: array([20., 30.])
```

即最优解为 $x_1 = 20, x_2 = 30$, 最大收益为 3360 元.

从 slack 的两个分量都为 0 可以知道, 两个约束条件都是 "紧约束", 即最优解使得不等式的约束条件达到了边界, 约束条件实际上是等式约束. 所以增加劳动时间, 会提高收益, 因而附加问题 (1) 中应该聘用临时工人.

(2) 由于 Python 软件灵敏度分析做得不太好, 附加问题 (2) 中参数变化时, 只能用软件重新计算, 求得的最优解不变, 最优值为 3720 元. 所以不应该改变生产计划.

5.4 投资的收益和风险

1. 问题提出

市场上有 n 种资产 s_i $(i=1,2,\cdots,n)$ 可以选择, 现用数额为 M 的相当大的资金作一个时期的投资. 这 n 种资产在这一时期内购买 s_i 的平均收益率为 r_i, 风险损失率为 q_i, 投资越分散, 总的风险越少, 总体风险可用投资的 s_i 中最大的一个风险来度量.

购买 s_i 时要付交易费, 费率为 p_i, 当购买额不超过给定值 u_i 时, 交易费按购买 u_i 计算. 另外, 假定同期银行存款利率是 r_0, 既无交易费又无风险 $(r_0=5\%)$.

已知 $n=4$ 时相关数据如表 5.5 所列.

表 5.5 投资的相关数据

s_i	$r_i/\%$	$q_i/\%$	$p_i/\%$	u_i/元
u_i	28	2.5	1	103
s_2	21	1.5	2	198
s_3	23	5.5	4.5	52
s_4	25	2.6	6.5	40

试给该公司设计一种投资组合方案, 即用给定资金 M, 有选择地购买若干种资产或存银行生息, 使净收益尽可能大, 使总体风险尽可能小.

2. 符号规定和基本假设

1) 符号规定

s_i 表示第 i 种投资项目, 如股票、债券等, $i=0,1,\cdots,n$, 其中 s_0 指存入银行;

r_i,p_i,q_i 分别表示 s_i 的平均收益率、交易费率、风险损失率, $i=0,1,\cdots,n$, 其中 $p_0=0$, $q_0=0$;

u_i 表示 s_i 的交易定额, $i=1,\cdots,n$;

x_i 表示投资项目 s_i 的资金, $i=0,1,\cdots,n$;

a 表示投资风险度;

Q 表示总体收益.

2) 基本假设

(1) 投资数额 M 相当大, 为了便于计算, 假设 $M=1$;

(2) 投资越分散, 总的风险越小;

(3) 总体风险用投资项目 s_i 中最大的一个风险来度量;

(4) $n+1$ 种资产 s_i 之间是相互独立的;

(5) 在投资的这一时期内, r_i,p_i,q_i 为定值, 不受意外因素影响;

(6) 净收益和总体风险只受 r_i, p_i, q_i 影响, 不受其他因素干扰.

3. 模型的分析与建立

(1) 总体风险用所投资的 s_i 中最大的一个风险来衡量, 即

$$\max\{q_i x_i | i = 1, 2, \cdots, n\}.$$

(2) 购买 s_i $(i = 1, 2, \cdots, n)$ 所付交易费是一个分段函数, 即

$$\text{交易费} = \begin{cases} p_i x_i, & x_i > u_i, \\ p_i u_i, & 0 \leqslant x_i \leqslant u_i. \end{cases}$$

而题目所给的定值 u_i(单位: 元) 相对总投资 M 很少, $p_i u_i$ 更小, 这样购买 s_i 的净收益可以简化为 $(r_i - p_i)x_i$.

要使净收益尽可能大, 总体风险尽可能小, 这是一个多目标规划模型.

目标函数为

$$\begin{cases} \max \displaystyle\sum_{i=0}^{n} (r_i - p_i) x_i, \\ \min \left\{ \displaystyle\max_{1 \leqslant i \leqslant n} \{q_i x_i\} \right\}. \end{cases}$$

约束条件为

$$\begin{cases} \displaystyle\sum_{i=0}^{n} (1 + p_i) x_i = M, \\ x_i \geqslant 0, \quad i = 0, 1, \cdots, n. \end{cases}$$

模型简化:

(i) 在实际投资中, 投资者承受风险的程度不一样, 若给定风险的一个界限 a, 使最大的一个风险 $\dfrac{q_i x_i}{M} \leqslant a$, 可找到相应的投资方案. 这样把多目标规划变成一个目标的线性规划.

模型一　固定风险水平, 优化收益

$$\max \quad \sum_{i=0}^{n} (r_i - p_i) x_i,$$

$$\text{s.t.} \quad \begin{cases} \dfrac{q_i x_i}{M} \leqslant a, & i = 1, 2, \cdots, n, \\ \displaystyle\sum_{i=0}^{n} (1 + p_i) x_i = M, & x_i \geqslant 0, \quad i = 0, 1, \cdots, n. \end{cases}$$

(ii) 若投资者希望总盈利至少达到水平 k 以上, 在风险最小的情况下寻求相应的投资组合.

模型二 固定盈利水平, 极小化风险

$$\min \quad \left\{ \max_{1 \leqslant i \leqslant n} \{q_i x_i\} \right\},$$

$$\text{s.t.} \quad \begin{cases} \sum\limits_{i=0}^{n} (r_i - p_i) x_i \geqslant k, \\ \sum\limits_{i=0}^{n} (1 + p_i) x_i = M, \\ x_i \geqslant 0, \quad i = 0, 1, \cdots, n. \end{cases}$$

(iii) 投资者在权衡资产风险和预期收益两方面时, 希望选择一个令自己满意的投资组合. 因此对风险、收益分别赋予权重 s $(0 < s \leqslant 1)$ 和 $(1 - s)$, s 称为投资偏好系数.

模型三 两个目标函数加权求和

$$\min \quad s \left\{ \max_{1 \leqslant i \leqslant n} \{q_i x_i\} \right\} - (1 - s) \sum_{i=0}^{n} (r_i - p_i) x_i,$$

$$\text{s.t.} \quad \begin{cases} \sum\limits_{i=0}^{n} (1 + p_i) x_i = M, \\ x_i \geqslant 0, \quad i = 0, 1, 2, \cdots, n. \end{cases}$$

4. 模型一的求解及分析

1) 求解

模型一为

$$\min \quad f = [-0.05, -0.27, -0.19, -0.185, -0.185] \cdot [x_0, x_1, x_2, x_3, x_4]^{\mathrm{T}},$$

$$\text{s.t.} \quad \begin{cases} x_0 + 1.01 x_1 + 1.02 x_2 + 1.045 x_3 + 1.065 x_4 = 1, \\ 0.025 x_1 \leqslant a, \\ 0.015 x_2 \leqslant a, \\ 0.055 x_3 \leqslant a, \\ 0.026 x_4 \leqslant a, \\ x_i \geqslant 0, \quad i = 0, 1, \cdots, 4. \end{cases}$$

由于 a 是任意给定的风险度, 到底怎样没有一个准则, 不同的投资者有不同的风险度. 从 $a = 0$ 开始, 以步长 $\Delta a = 0.001$ 进行循环搜索, 编制程序如下:

```
#程序文件Pan5_1_1.py
import matplotlib.pyplot as plt
from numpy import ones, diag, c_, zeros
```

```
from scipy.optimize import linprog
plt.rc('text',usetex=True); plt.rc('font',size=16)
c = [-0.05,-0.27,-0.19,-0.185,-0.185]
A = c_[zeros(4),diag([0.025,0.015,0.055,0.026])]
Aeq =[[1,1.01,1.02,1.045,1.065]]; beq = [1]
a=0; aa=[]; ss=[];
while a<0.05:
    b = ones(4)*a
    res = linprog(c,A,b,Aeq,beq)
    x = res.x; Q = -res.fun
    aa.append(a); ss.append(Q) #把最优值都保存起来
    a = a+0.001
plt.plot(aa,ss,'r*')
plt.xlabel('$a$'); plt.ylabel('$Q$',rotation=90)
plt.savefig('figure5_1_1.png',dpi=500); plt.show()
```

2) 结果分析

风险 a 与收益 Q 之间的关系见图 5.1. 从图 5.1 可以看出:

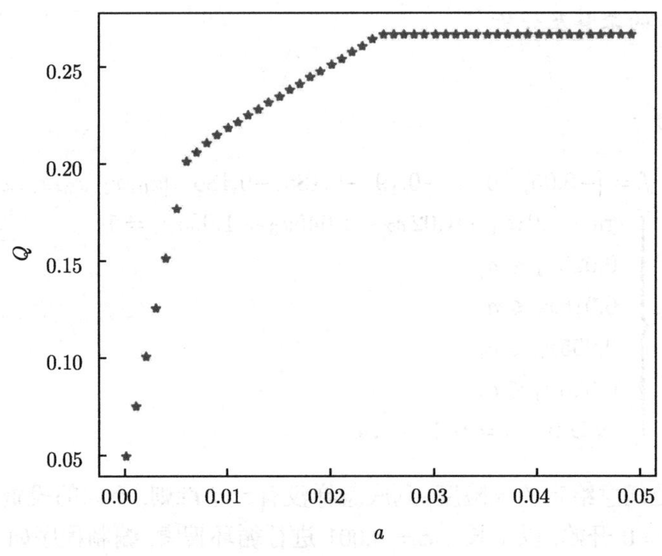

图 5.1　风险与收益的关系图

(1) 风险大, 收益也大.

(2) 当投资越分散时, 投资者承担的风险越小, 这与题意一致. 冒险的投资者会出现集中投资的情况, 保守的投资者则尽量分散投资.

(3) 在 $a = 0.006$ 附近有一个转折点, 在这一点左边, 风险增加很少时, 利润增长很快. 在这一点右边, 风险增加很大时, 利润增长很缓慢, 所以对于风险和收益没有特殊偏好的投资者来说, 应该选择曲线的转折点作为最优投资组合, 大约是 $a = 0.6\%$, $Q = 20\%$, 所对应投资方案为

$$
\begin{aligned}
&\text{风险度 } a = 0.006, \quad \text{收益 } Q = 0.2019,\\
&x_0 = 0, \quad x_1 = 0.24, \quad x_2 = 0.4, \quad x_3 = 0.1091, \quad x_4 = 0.2212.
\end{aligned}
$$

5. 模型二的求解及分析

1) 线性化

设 $x_{n+1} = \max\limits_{1\leqslant i\leqslant n} \{q_i x_i\}$, 则模型二可以线性化为

$$
\begin{aligned}
&\min \quad x_{n+1},\\
&\text{s.t.} \quad \begin{cases}
q_i x_i \leqslant x_{n+1}, \quad i = 1, 2, \cdots, n,\\
\sum\limits_{i=0}^{n} (r_i - p_i) x_i \geqslant k,\\
\sum\limits_{i=0}^{n} (1 + p_i) x_i = M,\\
x_i \geqslant 0, \quad i = 0, 1, \cdots, n.
\end{cases}
\end{aligned}
$$

具体写出 Python 的标准形为

$$
\begin{aligned}
&\min \quad x_5,\\
&\text{s.t.} \quad \begin{cases}
0.025x_1 - x_5 \leqslant 0,\\
0.015x_2 - x_5 \leqslant 0,\\
0.055x_3 - x_5 \leqslant 0,\\
0.026x_4 - x_5 \leqslant 0,\\
-0.05x_0 - 0.27x_1 - 0.19x_2 - 0.185x_3 - 0.185x_4 \leqslant -k,\\
x_0 + 1.01x_1 + 1.02x_2 + 1.045x_3 + 1.065x_4 = 1,\\
x_i \geqslant 0, \quad i = 0, 1, \cdots, 5.
\end{cases}
\end{aligned}
$$

2) 求解及结果分析

将 k 赋值为 0.05, 以 0.005 步长迭代, 仿照模型一编写类似的 Python 程序. 下面给出使用 cvxpy 库的 Python 程序:

```
#程序文件Pan5_1_2.py
import pylab as plt
```

```
import numpy as np
import cvxpy as cp
plt.rc('text',usetex=True); plt.rc('font',size=16)
x=cp.Variable(6,pos=True)
obj=cp.Minimize(x[5])
a1=np.array([0.025, 0.015, 0.055, 0.026])
a2=np.array([0.05, 0.27, 0.19, 0.185, 0.185])
a3=np.array([1, 1.01, 1.02, 1.045, 1.065])
k=0.05; kk=[]; ss=[]
while k<0.27:
    con=[cp.multiply(a1,x[1:5])-x[5]<=0,
         a2@x[:-1]>=k, a3@x[:-1]==1]
    prob=cp.Problem(obj,con)
    prob.solve(solver='GLPK_MI')
    kk.append(k); ss.append(prob.value)
    k=k+0.005
plt.plot(kk,ss,'r*')
plt.xlabel('$k$'); plt.ylabel('$R$',rotation=90)
plt.savefig('figure5_1_2.png',dpi=500); plt.show()
```

收益与风险的关系见图 5.2, 从图中可以看到收益在 0.21 之后, 风险增长率较大, 所以为了规避风险, 将收益定到 0.21.

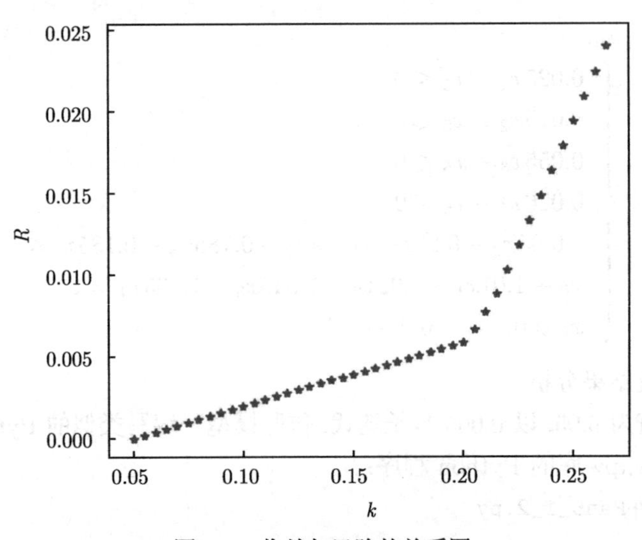

图 5.2 收益与风险的关系图

当收益 $k=0.21$ 时, $x_0=0, x_1=0.3089, x_2=0.5148, x_3=0.1404, x_4=0.0152$; 最小风险为 0.0077.

模型三的求解作为习题 5.2.

习 题 5

5.1 求下列线性规划的解.

$$\max \quad z=8x_1-2x_2+3x_3-x_4-2x_5,$$
$$\text{s.t.} \quad \begin{cases} x_1+x_2+x_3+x_4+x_5 \leqslant 400, \\ x_1+2x_2+2x_3+x_4+6x_5 \leqslant 800, \\ 2x_1+x_2+6x_3 \leqslant 200, \\ x_3+x_4+5x_5 \leqslant 200, \\ 0 \leqslant x_i \leqslant 99, \quad i=1,2,3,4; \quad x_5 \geqslant -10. \end{cases}$$

5.2 求 5.4 节模型三的解.

5.3 某股民决定对 6 家公司的股票进行投资, 根据对这 6 家公司的了解, 估计了这 6 家公司股票的明年预期收益和这 6 种股票收益的协方差矩阵的数据见表 5.6. 要获得至少 25% 的预期收益, 最小风险是多少?

表 5.6 公司股票明年预期收益和收益的协方差矩阵数据

股票	收益率/%	协方差					
		公司 1	公司 2	公司 3	公司 4	公司 5	公司 6
公司 1	20	0.032	0.005	0.03	−0.031	−0.027	0.01
公司 2	42	0.005	0.1	0.085	−0.07	−0.05	0.02
公司 3	100	0.03	0.085	0.333	−0.11	−0.02	0.042
公司 4	50	−0.031	−0.07	−0.11	0.125	0.05	−0.06
公司 5	46	−0.027	−0.05	−0.02	0.05	0.065	−0.02
公司 6	30	0.01	0.02	0.042	−0.06	−0.02	0.08

5.4 某糖果厂用原料 A, B, C 加工成三种不同牌号的糖果甲、乙、丙. 已知各种牌号糖果中 A, B, C 含量、原料成本、各种原料的每月限制用量, 三种牌号糖果的单位加工费及售价, 如表 5.7 所示. 问该厂每月生产这三种牌号糖果各多少千克, 才能使其获利最大. 试建立这个问题的线性规划模型.

表 5.7 生产规格等数据

原料	甲	乙	丙	原料成本/(元/kg)	每月限制用量/kg
A	⩾60%	⩾30%		2	2000
B				1.5	2500
C	⩽20%	⩽50%	⩽60%	1	1200
加工费/(元/kg)	0.5	0.4	0.3		
售价/(元/kg)	3.4	2.85	2.25		

5.5　试求解多目标线性规划问题

$$
\begin{aligned}
\max \quad & z_1 = 100x_1 + 90x_2 + 80x_3 + 70x_4, \\
\min \quad & z_2 = 3x_2 + 2x_4, \\
\text{s.t.} \quad & \begin{cases} x_1 + x_2 \geqslant 30, \\ x_3 + x_4 \geqslant 30, \\ 3x_1 + 2x_3 \leqslant 120, \\ 3x_2 + 2x_4 \leqslant 48, \\ x_i \geqslant 0, \quad i = 1,2,3,4. \end{cases}
\end{aligned}
$$

第 6 章　整数规划与非线性规划

对于许多实际问题来说, 若决策变量代表产品的件数、箱数、人员的个数等整数量时, 变量只有取整数才有意义, 因此有必要在规划模型中增加这些决策变量为整数的限制, 称这类含有整数决策变量的规划问题为整数规划.

如果目标函数或约束条件中包含非线性函数, 就称这种规划问题为非线性规划问题. 一般来说, 求解非线性规划要比线性规划困难得多, 而且不像线性规划有单纯形法这样通用的方法. 非线性规划目前还没有适用于各种问题的一般算法, 各个方法都有自己特定的适用范围.

6.1　整数规划

在线性规划模型中, 决策变量只需取连续型数值即可. 但还有大量的实际问题, 虽然形式上与线性规划类似, 却增加了某些约束条件, 要求部分甚至全部决策变量必须取离散的非负整数值才有意义. 对于限制全部或部分决策变量取离散非负整数值的线性规划, 称之为整数线性规划, 简称为整数规划. 在整数规划中, 如果所有决策变量都限制为整数, 则称为纯整数规划; 如果仅一部分变量限制为整数, 则称为混合整数规划. 整数规划的一种特殊情形是 0-1 整数规划, 它的决策变量仅限于 0 或 1, 也分为纯 0-1 整数规划和混合 0-1 整数规划两种形式.

6.1.1　整数规划问题与求解

目前, 没有一种方法可以有效地求解一切整数规划. 常见的整数规划求解算法有:

(1) 分支定界法: 可求纯或混合整数线性规划;

(2) 割平面法: 可求纯或混合整数线性规划;

(3) 隐枚举法: 用于求解 0-1 整数规划, 有过滤隐枚举法和分枝隐枚举法;

(4) 匈牙利法: 解决指派问题 (0-1 整数规划特殊情形);

(5) Monte Carlo 法: 求解各种类型规划.

整数规划的算法就不介绍了. 下面给出用 cvxpy 库求解整数规划的范例.

例 6.1　求解下列整数线性规划问题:

$$
\min \quad z = 40x_1 + 90x_2,
$$

$$
\text{s.t.} \begin{cases} 9x_1 + 7x_2 \leqslant 56, \\ 7x_1 + 20x_2 \geqslant 70, \\ x_1, x_2 \geqslant 0 \text{ 为整数}. \end{cases}
$$

解　利用 cvxpy 库, 求得的最优解为 $x_1 = 2$, $x_2 = 3$; 目标函数的最优值为 $z = 350$.

```
#程序文件Pex6_1.py
import cvxpy as cp
from numpy import array
c=array([40,90])  #定义目标向量
a=array([[9,7],[-7,-20]])  #定义约束矩阵
b=array([56,-70])  #定义约束条件的右边向量
x=cp.Variable(2,integer=True)  #定义两个整数决策变量
obj=cp.Minimize(c*x)  #构造目标函数
cons=[a*x<=b, x>=0]    #构造约束条件
prob=cp.Problem(obj, cons)  #构建问题模型
prob.solve(solver='GLPK_MI',verbose=True)  #求解问题
print("最优值为:",prob.value)
print("最优解为: \n",x.value)
```

6.1.2　指派问题及求解

许多实际应用问题可以归结为这样的形式：将不同的任务分派给若干人去完成, 由于任务的难易程度以及人员的素质高低不尽相同, 因此每个人完成不同任务的效率存在差异. 于是需要考虑应该分派何人去完成哪种任务能够使得总效率最高. 这一类问题通常称为指派问题.

指派问题是运筹学中的经典问题, 其中的 “任务” 可以是任何类型的活动, 而 “人” 则可以是任何类型的资源. 所以, 基于指派问题的科学决策方法在资源优化、项目选址、生产调度、物流管理、决策系统支持建立以及军事作战等方面有着广泛的应用.

1. 标准指派模型

标准指派问题的一般提法是：拟分派 n 个人 $A_1, A_2, \cdots, A_n$ 去完成 n 项工作 $B_1, B_2, \cdots, B_n$, 要求每项工作需且仅需一个人去完成, 每个人需完成且仅需完成一项工作. 已知 A_i 完成工作 B_j 的时间或费用等成本型指标值为 c_{ij}, 则应如何指派才能使总的工作效率最高?

引入 0-1 决策变量

$$x_{ij}=\begin{cases}1, & \text{指派 } A_i \text{ 去完成工作 } B_j,\\ 0, & \text{否则},\end{cases}\qquad i,j=1,2,\cdots,n.$$

则标准指派问题的数学模型为

$$\begin{aligned}&\min\quad z=\sum_{i=1}^{n}\sum_{j=1}^{n}c_{ij}x_{ij},\\ &\text{s.t.}\quad \begin{cases}\displaystyle\sum_{j=1}^{n}x_{ij}=1, & i=1,2,\cdots,n,\\ \displaystyle\sum_{i=1}^{n}x_{ij}=1, & j=1,2,\cdots,n,\\ x_{ij}=0 \text{ 或 } 1, & i,j=1,2,\cdots,n,\end{cases}\end{aligned}\tag{6.1}$$

这是一个纯 0-1 整数规划模型.

若将模型 (6.1) 中的 c_{ij} 组成一个 n 阶方阵 $\boldsymbol{C}=(c_{ij})_{n\times n}$, 则称 $\boldsymbol{C}$ 为效率矩阵. 这样, 标准指派问题中的工作效率就可以很方便地用矩阵 $\boldsymbol{C}$ 来表示, 并且效率矩阵 $\boldsymbol{C}$ 与标准指派问题一一对应. 同样地, 模型 (6.1) 的最优解也可以用 n 阶方阵 $\boldsymbol{X}^*$ 的形式来表示, 称之为指派问题的最优解方阵. 由于标准指派问题要求 "每项工作需且仅需一个人去完成, 每个人需完成且仅需完成一项工作", 故最优解方阵一定是一个置换矩阵, 即矩阵的每一行、每一列都恰好有一个 "1", 其余元素均为 0.

标准指派问题的数学模型表现为 0-1 整数规划的形式, 当然可以通过整数规划的分支定界法或 0-1 整数规划的隐枚举法来求得最优解. 但标准指派问题的数学模型具有独特的结构, 因此, 为提高求解的效率, 1955 年美国数学家 H. W. Kuhn 根据匈牙利数学家 D. König 关于矩阵中独立零元素定理, 提出了一个求解标准指派模型的有效算法 —— 匈牙利算法.

定理 6.1 设效率矩阵 $\boldsymbol{C}=(c_{ij})_{n\times n}$ 中任何一行 (列) 的各元素都减去一个常数 k (可正可负) 后得到的新矩阵为 $\boldsymbol{B}=(b_{ij})_{n\times n}$, 则以 $\boldsymbol{B}=(b_{ij})_{n\times n}$ 为效率矩阵的指派问题与原问题有相同的最优解, 但其最优值比原问题的最优值小 k.

定理 6.2 (独立零元素定理) 若一方阵中的一部分元素为 0, 一部分元素为非 0, 则覆盖方阵内所有 0 元素的最少直线数恰好等于那些位于不同行、不同列的 0 元素的最多个数.

定理 6.1 告诉我们如何将效率矩阵中的元素转换为每行每列都有零元素, 而定理 6.2 告诉我们效率矩阵中有多少个独立的零元素.

匈牙利算法主要是基于上面两个定理建立的, 匈牙利算法的计算步骤这里就不给出了. 对于 0-1 整数规划模型直接使用 cvxpy 求解就可以了.

例 6.2　某商业公司计划开办 5 家新商店, 决定由 5 家建筑公司分别承建. 已知建筑公司 A_i $(i=1,2,3,4,5)$ 对新商店 B_j $(j=1,2,3,4,5)$ 的建造费用报价 (万元) 为 c_{ij} $(i,j=1,2,3,4,5)$, 见表 6.1. 为节省费用, 商业公司应当对 5 家建筑公司怎样分配建造任务, 才能使总的建造费用最少?

表 6.1　建造费用报价数据

	B_1	B_2	B_3	B_4	B_5
A_1	4	8	7	15	12
A_2	7	9	17	14	10
A_3	6	9	12	8	7
A_4	6	7	14	6	10
A_5	6	9	12	10	6

解　这是一个标准的指派问题. 引进 0-1 变量

$$x_{ij}=\begin{cases}1, & A_i \text{ 承建 } B_j,\\ 0, & A_i \text{ 不承建 } B_j,\end{cases}\qquad i,j=1,2,\cdots,5.$$

则问题的数学模型为

$$\min \quad z=\sum_{i=1}^{5}\sum_{j=1}^{5}c_{ij}x_{ij},$$

$$\text{s.t.}\quad\begin{cases}\displaystyle\sum_{j=1}^{5}x_{ij}=1, & i=1,2,\cdots,5,\\ \displaystyle\sum_{i=1}^{5}x_{ij}=1, & j=1,2,\cdots,5,\\ x_{ij}=0 \text{ 或 } 1, & i,j=1,2,\cdots,5.\end{cases}$$

利用 cvxpy 库, 求得的最优解为

$$\begin{bmatrix}1 & 2 & 3 & 4 & 5\\ 3 & 2 & 1 & 4 & 5\end{bmatrix},$$

也就是说, 最优指派方案是让 A_1 承建 B_3, A_2 承建 B_2, A_3 承建 B_1, A_4 承建 B_4, A_5 承建 B_5. 这样安排能使总的建造费用最少, 最小费用为 34 万元.

```
#程序文件Pex6_2.py
import cvxpy as cp
```

```
import numpy as np
c=np.array([[4, 8, 7, 15, 12],
            [7, 9, 17, 14, 10],
            [6, 9, 12, 8, 7],
            [6, 7, 14, 6, 10],
            [6, 9, 12, 10, 6]])
x = cp.Variable((5,5),integer=True)
obj = cp.Minimize(cp.sum(cp.multiply(c,x)))
con= [0 <= x, x <= 1, cp.sum(x, axis=0, keepdims=True)==1,
      cp.sum(x, axis=1, keepdims=True)==1]
prob = cp.Problem(obj, con)
prob.solve(solver='GLPK_MI')
print("最优值为:",prob.value)
print("最优解为: \n",x.value)
```

2. 广义指派模型

在实际应用中, 常会遇到各种非标准形式的指派问题 —— 广义指派问题. 通常的处理方法是先将它们转化为标准形式, 然后用匈牙利算法求解.

1) 最大化指派问题

一些指派问题中, 每人完成各项工作的效率可能是诸如利润、业绩等效益型指标, 此时则以总的工作效率最大为目标函数, 即

$$\max \quad z=\sum_{i=1}^{n}\sum_{j=1}^{n}c_{ij}x_{ij}.$$

对于最大化指派问题, 若令 $M=\max\limits_{1\leqslant i,j\leqslant n}\{c_{ij}\}$, 再考虑到约束条件 $\sum\limits_{i=1}^{n}\sum\limits_{j=1}^{n}x_{ij}=n$, 则有

$$\begin{aligned}\min \sum_{i=1}^{n}\sum_{j=1}^{n}(M-c_{ij})x_{ij}&=\min\left(\sum_{i=1}^{n}\sum_{j=1}^{n}Mx_{ij}-\sum_{i=1}^{n}\sum_{j=1}^{n}c_{ij}x_{ij}\right)\\&=nM-\max\sum_{i=1}^{n}\sum_{j=1}^{n}c_{ij}x_{ij}.\end{aligned}$$

于是, 以 $\boldsymbol{C}=(c_{ij})_{n\times n}$ 为效率矩阵的最大化指派问题, 就可转化为以 $(M-c_{ij})_{n\times n}$ 为效率矩阵的标准指派问题.

2) 人数和任务数不等的指派问题

一些指派问题中, 可能出现人数和任务数不相等的情况. 对于这样的指派问题, 通常的处理方式为：若人数少于任务数, 则可添加一些虚拟的 "人". 这些虚拟的人完成各项任务的效率取为 0, 理解为这些效率值实际上不会发生. 若人数多于任务数, 则可添加一些虚拟的 "任务". 这些虚拟的任务被每个人完成的效率同样也取为 0.

3) 一个人可完成多项任务的指派问题

一些指派问题中, 可能出现要求某人完成几项任务的情形. 对于这样的指派问题, 可将该人看作相同的几个人来接受指派, 只需令其完成同一项任务的效率都一样即可.

4) 某项任务一定不能由某人完成的指派问题

一些指派问题中, 可能出现某人不能完成某项任务的情形. 对于这样的指派问题, 只需将相应的效率值 (成本型) 取成足够大的数即可.

注 6.1　如果用匈牙利算法手工求解指派问题, 需要把广义指派问题转化为标准的指派问题. 如果使用软件求解各种广义指派问题, 只要直接建立 0-1 整数规划模型, 不需要把广义指派问题化成标准的指派问题.

6.1.3　整数规划实例 —— 装箱问题

例 6.3 (装箱问题)　有 7 种规格的包装箱要装到两辆铁路平板车上去. 包装箱的宽和高是一样的, 但厚度 l (cm) 及重量 w (kg) 是不同的, 表 6.2 给出了每种包装箱的厚度、重量以及数量, 每辆平板车有 10.2m 长的地方来装包装箱, 载重为 40t, 由于当地货运的限制, 对 C_5, C_6, C_7 类的包装箱的总数有一个特别的限制：这类箱子所占的空间 (厚度) 不能超过 302.7cm. 要求给出最好的装运方式.

表 6.2　各类包装箱数据

	C_1	C_2	C_3	C_4	C_5	C_6	C_7
l/cm	48.7	52.0	61.3	72.0	48.7	52.0	64.0
w/kg	2000	3000	1000	500	4000	2000	1000
件数	8	7	9	6	6	4	8

解　这是 1988 年美国大学生数学建模竞赛 B 题. 题中所有包装箱共重 89t, 而两辆平板车一共只能载重 80t, 因此不可能全装下. 究竟在两辆车上各装哪些种类箱子且各为多少才合适, 必须有评价的标准. 这个标准就是遵守题中说明的厚度、重量、件数等方面的约束条件, 尽可能多装, 而尽可能多装有两种理解：一是尽可能在体积上多装, 由于规定是按面包片重叠那样的装法, 故等价于尽可能使两辆车上的装箱总厚度尽可能大; 二是尽可能在重量上多装, 即使得两辆车上的装箱总重量尽可能大.

设决策变量 $x_{ij}(i=1,2;j=1,2,\cdots,7)$ 表示第 i 辆车上装第 j 种包装箱的件数, $l_j,w_j,a_j(j=1,2,\cdots,7)$ 分别表示第 j 种包装箱的厚度、重量和件数.

下面先就第一种理解, 建立数学模型.

1. 装箱总厚度最大的模型

首先考虑约束条件.

(1) 件数限制

$$\sum_{i=1}^{2} x_{ij} \leqslant a_j, \quad j=1,2,\cdots,7.$$

(2) 长度限制

$$\sum_{j=1}^{7} l_j x_{ij} \leqslant 1020, \quad i=1,2.$$

(3) 重量限制

$$\sum_{j=1}^{7} w_j x_{ij} \leqslant 40000, \quad i=1,2.$$

(4) 特殊限制

$$\sum_{j=5}^{7} l_j(x_{1j}+x_{2j}) \leqslant 302.7.$$

另外变量 x_{ij} 为整型变量.

目标函数为

$$\max\ z_1=\sum_{j=1}^{7} l_j(x_{1j}+x_{2j}).$$

由此得到问题的数学模型:

$$\max \quad z_1=\sum_{j=1}^{7} l_j(x_{1j}+x_{2j}),$$

$$\text{s.t.} \quad \begin{cases} \displaystyle\sum_{i=1}^{2} x_{ij} \leqslant a_j, & j=1,2,\cdots,7, \\ \displaystyle\sum_{j=1}^{7} l_j x_{ij} \leqslant 1020, & i=1,2, \\ \displaystyle\sum_{j=1}^{7} w_j x_{ij} \leqslant 40000, & i=1,2, \\ \displaystyle\sum_{j=5}^{7} l_j(x_{1j}+x_{2j}) \leqslant 302.7, & \\ x_{ij} \geqslant 0 \text{ 且为整数}, & i=1,2;j=1,2,\cdots,7. \end{cases}$$

利用 cvxpy 库, 可得到问题的最优解:

$$x^* = (x_{ij})_{2\times 7} = \begin{bmatrix} 4 & 1 & 5 & 3 & 3 & 2 & 0 \\ 4 & 6 & 4 & 3 & 0 & 1 & 0 \end{bmatrix}, \quad z_1 = 2039.4.$$

```
#程序文件Pex6_3_1.py
import cvxpy as cp
import numpy as np
L=np.array([48.7,52.0,61.3,72.0,48.7,52.0,64.0])
w=np.array([2000,3000,1000,500,4000,2000,1000])
a=np.array([8,7,9,6,6,4,8])
x=cp.Variable((2,7), integer=True)
obj=cp.Maximize(cp.sum(x*L))
con=[cp.sum(x,axis=0,keepdims=True)<=a.reshape(1,7),
     x*L<=1020, x*w<=40000, cp.sum(x[:,4:]*L[4:])<=302.7, x>=0]
prob = cp.Problem(obj, con)
prob.solve(solver='GLPK_MI',verbose =True)
print("最优值为:",prob.value)
print("最优解为: \n",x.value)
```

2. 装箱总重量最大的模型

要使两辆平板车的装箱总重量之和最大, 目标函数为

$$\max \quad z_2 = \sum_{j=1}^{7} w_j (x_{1j} + x_{2j}).$$

约束条件与前述模型相同. 利用 cvxpy 库, 可得到问题的最优解:

$$x^* = (x_{ij})_{2\times 7} = \begin{bmatrix} 6 & 0 & 0 & 6 & 6 & 0 & 0 \\ 2 & 7 & 9 & 0 & 0 & 0 & 0 \end{bmatrix}, \quad z_2 = 73000.$$

6.2 非线性规划

6.2.1 非线性规划概念和理论

人们通常将非线性规划问题划分为无约束和有约束两大类来讨论.

1. 非线性规划模型

与线性规划问题不同, 非线性规划问题可以有约束条件, 也可以没有约束条件. 非线性规划模型的一般形式描述如下

$$
\begin{array}{ll}
\min & f(\boldsymbol{x}), \\
\text{s.t.} & \left\{\begin{array}{ll}
g_i(\boldsymbol{x}) \leqslant 0, & i=1,2,\cdots,m, \\
h_j(\boldsymbol{x}) = 0, & j=1,2,\cdots,l,
\end{array}\right.
\end{array} \tag{6.2}
$$

其中 $\boldsymbol{x}=[x_1,x_2,\cdots,x_n]^{\mathrm{T}} \in \mathbb{R}^n$, 而 f,g_i,h_j 都是定义在 $\mathbb{R}^n$ 上的实值函数.

如果采用向量表示法, 则非线性规划的一般形式还可以写成

$$
\begin{array}{ll}
\min & f(\boldsymbol{x}), \\
\text{s.t.} & \left\{\begin{array}{l}
\boldsymbol{G}(\boldsymbol{x}) \leqslant \mathbf{0}, \\
\boldsymbol{H}(\boldsymbol{x}) = \mathbf{0},
\end{array}\right.
\end{array} \tag{6.3}
$$

其中 $\boldsymbol{G}(\boldsymbol{x})=[g_1(\boldsymbol{x}),g_2(\boldsymbol{x}),\cdots,g_m(\boldsymbol{x})]^{\mathrm{T}}$, $\boldsymbol{H}(\boldsymbol{x})=[h_1(\boldsymbol{x}),h_2(\boldsymbol{x}),\cdots,h_l(\boldsymbol{x})]^{\mathrm{T}}$.

至于求目标函数的最大值或约束条件为大于等于零的情况, 都可通过取其相反数转化为上述一般形式.

定义 6.1 记非线性规划问题 (6.2) 或 (6.3) 的可行域为 K.

(1) 若 $\boldsymbol{x}^* \in K$ 且 $\forall \boldsymbol{x} \in K$, 都有 $f(\boldsymbol{x}^*) \leqslant f(\boldsymbol{x})$, 则称 $\boldsymbol{x}^*$ 为 (6.2) 或 (6.3) 的全局最优解, 称 $f(\boldsymbol{x}^*)$ 为其全局最优值. 如果 $\forall \boldsymbol{x} \in K, \boldsymbol{x} \neq \boldsymbol{x}^*$, 都有 $f(\boldsymbol{x}^*) < f(\boldsymbol{x})$, 则称 $\boldsymbol{x}^*$ 为 (6.2) 或 (6.3) 的严格全局最优解, 称 $f(\boldsymbol{x}^*)$ 为其严格全局最优值.

(2) 若 $\boldsymbol{x}^* \in K$, 且存在 $\boldsymbol{x}^*$ 的邻域 $N_\delta(\boldsymbol{x}^*)$, $\forall \boldsymbol{x} \in N_\delta(\boldsymbol{x}^*) \cap K$, 都有 $f(\boldsymbol{x}^*) \leqslant f(\boldsymbol{x})$, 则称 $\boldsymbol{x}^*$ 为 (6.2) 或 (6.3) 的局部最优解, 称 $f(\boldsymbol{x}^*)$ 为其局部最优值. 如果 $\forall \boldsymbol{x} \in N_\delta(\boldsymbol{x}^*) \cap K, \boldsymbol{x} \neq \boldsymbol{x}^*$, 都有 $f(\boldsymbol{x}^*) < f(\boldsymbol{x})$, 则称 $\boldsymbol{x}^*$ 为 (6.2) 或 (6.3) 的严格局部最优解, 称 $f(\boldsymbol{x}^*)$ 为其严格局部最优值.

我们知道, 如果线性规划的最优解存在, 最优解只能在可行域的边界上达到 (特别是在可行域的顶点上达到), 且求出的是全局最优解. 但是非线性规划却没有这样好的性质, 其最优解 (如果存在) 可能在可行域的任意一点达到, 而一般非线性规划算法给出的也只能是局部最优解, 不能保证是全局最优解.

2. 无约束非线性规划的求解

根据一般形式 (6.2) 或 (6.3), 无约束非线性规划问题可具体表示为

$$
\min\ f(\boldsymbol{x}), \quad \boldsymbol{x} \in \mathbb{R}^n. \tag{6.4}
$$

高等数学讨论了求二元函数极值的方法, 该方法可以平行地推广到无约束优化问题中. 首先引入下面的定理.

定理 6.3 设 $f(\boldsymbol{x})$ 具有连续的一阶偏导数, 且 $\boldsymbol{x}^*$ 是无约束问题的局部极小点, 则 $\nabla f(\boldsymbol{x}^*)=\boldsymbol{0}$. 这里 $\nabla f(\boldsymbol{x})$ 表示函数 $f(\boldsymbol{x})$ 的梯度.

定义 6.2 设函数 $f(\boldsymbol{x})$ 具有对各个变量的二阶偏导数, 称矩阵

$$\begin{bmatrix} \dfrac{\partial^2 f}{\partial x_1^2} & \dfrac{\partial^2 f}{\partial x_1 \partial x_2} & \cdots & \dfrac{\partial^2 f}{\partial x_1 \partial x_n} \\ \dfrac{\partial^2 f}{\partial x_2 \partial x_1} & \dfrac{\partial^2 f}{\partial x_2^2} & \cdots & \dfrac{\partial^2 f}{\partial x_2 \partial x_n} \\ \vdots & \vdots & & \vdots \\ \dfrac{\partial^2 f}{\partial x_n \partial x_1} & \dfrac{\partial^2 f}{\partial x_n \partial x_2} & \cdots & \dfrac{\partial^2 f}{\partial x_n^2} \end{bmatrix}$$

为函数的黑塞矩阵, 记为 $\nabla^2 f(\boldsymbol{x})$.

定理 6.4 (无约束优化问题有局部最优解的充分条件) 设 $f(\boldsymbol{x})$ 具有连续的二阶偏导数, 点 $\boldsymbol{x}^*$ 满足 $\nabla f(\boldsymbol{x}^*)=\boldsymbol{0}$; 并且 $\nabla^2 f(\boldsymbol{x}^*)$ 为正定阵, 则 x^* 为无约束优化问题的局部最优解.

定理 6.3 和定理 6.4 给出了求解无约束优化问题的理论方法, 但困难的是求解方程 $\nabla f(\boldsymbol{x}^*)=\boldsymbol{0}$, 对于比较复杂的函数, 常用的方法是数值解法, 如最速降线法、牛顿法和拟牛顿法等, 这里就不介绍了.

3. 有约束非线性规划的求解

实际应用中, 绝大多数优化问题都是有约束的. 线性规划已有单纯形法这一通用解法, 但非线性规划目前还没有适合于各种问题的一般算法, 各个算法都有其特定的适用范围, 且带有一定的局限性.

一般来讲, 对于式 (6.2) 或 (6.3) 给出的有约束非线性规划问题, 求解时除了要使目标函数在每次迭代时有所下降, 还要时刻注意解的可行性, 这就给寻优工作带来很大困难. 因此, 比较常见的处理思路是: 可能的话将非线性问题转化为线性问题, 将约束问题转化为无约束问题.

1) 求解有等式约束非线性规划的 Lagrange 乘数法

对于特殊的只有等式约束的非线性规划问题的情形:

$$\begin{aligned} &\min \quad f(\boldsymbol{x}), \\ &\text{s.t.} \quad \begin{cases} h_j(\boldsymbol{x})=0, \quad j=1,2,\cdots,l, \\ \boldsymbol{x}\in\mathbb{R}^n. \end{cases} \end{aligned} \tag{6.5}$$

有如下的 Lagrange 定理.

定理 6.5 (Lagrange 定理) 设函数 $f, h_j\ (j=1,2,\cdots,l)$ 在可行点 $\boldsymbol{x}^*$ 的某个

邻域 $N(\boldsymbol{x}^*,\varepsilon)$ 内可微, 向量组 $\nabla h_j(\boldsymbol{x}^*)$ 线性无关, 令

$$L(\boldsymbol{x},\boldsymbol{\lambda}) = f(\boldsymbol{x}) - \boldsymbol{\lambda}^{\mathrm{T}}\boldsymbol{H}(\boldsymbol{x}),$$

其中 $\boldsymbol{\lambda} = [\lambda_1,\lambda_2,\cdots,\lambda_l]^{\mathrm{T}} \in \mathbb{R}^l$, $\boldsymbol{H}(\boldsymbol{x}) = [h_1(\boldsymbol{x}),h_2(\boldsymbol{x}),\cdots,h_l(\boldsymbol{x})]^{\mathrm{T}}$. 若 $\boldsymbol{x}^*$ 是问题 (6.5) 的局部最优解, 则存在实向量 $\boldsymbol{\lambda}^* = [\lambda_1^*,\lambda_2^*,\cdots,\lambda_l^*]^{\mathrm{T}} \in \mathbb{R}^l$, 使得 $\nabla L(\boldsymbol{x}^*,\boldsymbol{\lambda}^*) = \mathbf{0}$, 即

$$\nabla f(\boldsymbol{x}^*) - \sum_{j=1}^{l}\lambda_j^*\nabla h_j(\boldsymbol{x}^*) = \mathbf{0}.$$

显然, Lagrange 定理的意义在于能将问题 (6.5) 的求解转化为无约束问题的求解.

2) 求解有约束非线性规划的罚函数法

对于一般形式的有约束非线性规划问题 (6.2), 由于存在不等式约束, 无法直接应用 Lagrange 定理将其转化为无约束问题. 为此, 人们引入了求解一般非线性规划问题的罚函数法.

罚函数法的基本思想是: 利用问题 (6.2) 的目标函数和约束条件构造出带参数的所谓增广目标函数, 从而把有约束非线性规划问题转化为一系列无约束非线性规划问题来求解. 而增广目标函数通常由两个部分构成, 一部分是原问题的目标函数, 另一部分是由约束条件构造出的 “惩罚” 项, “惩罚” 项的作用是对 “违规” 的点进行 “惩罚”.

比较有代表性的一种罚函数法是所谓的外部罚函数法, 或称外点法, 这种方法的迭代点一般在可行域的外部移动, 随着迭代次数的增加, “惩罚” 的力度也越来越大, 从而迫使迭代点向可行域靠近. 具体操作方式为: 根据不等式约束 $g_i(\boldsymbol{x}) \leqslant 0$ 与等式约束 $\max\{0,g_i(\boldsymbol{x})\} = 0$ 的等价性, 构造增广目标函数 (也称为罚函数)

$$T(\boldsymbol{x},M) = f(\boldsymbol{x}) + M\sum_{i=1}^{m}[\max\{0,g_i(\boldsymbol{x})\}] + M\sum_{j=1}^{l}[h_j(\boldsymbol{x})]^2,$$

从而将问题 (6.2) 转化为无约束问题:

$$\min\ T(\boldsymbol{x},M), \quad \boldsymbol{x} \in \mathbb{R}^n,$$

其中 M 是一个较大的正数.

注 6.2 罚函数法的计算精度可能较差, 除非算法要求达到实时, 一般都是直接使用软件工具库求解非线性规划问题.

6.2.2 非线性规划的 Python 求解

求解非线性规划可以使用 scipy.optimize 模块、cvxopt 库和 cvxpy 库. 下面通过一些例子来说明 Python 求解非线性规划的方法.

1. 用 scipy.optimize 模块的 minimize 函数求解

例 6.4 求解非线性规划问题

$$\begin{aligned} &\min \quad \frac{2+x_1}{1+x_2}-3x_1+4x_3, \\ &\text{s.t.} \quad 0.1 \leqslant x_i \leqslant 0.9, \quad i=1,2,3. \end{aligned}$$

解 利用 Python 软件求得最优解为 $x_1=x_2=0.9$, $x_3=0.1$; 目标函数的最优值为 -0.7737.

```
#程序文件Pex6_4.py
from scipy.optimize import minimize
from numpy import ones
def obj(x):
    x1,x2,x3=x
    return (2+x1)/(1+x2)-3*x1+4*x3
LB=[0.1]*3; UB=[0.9]*3
bound=tuple(zip(LB, UB))   #生成决策向量界限的元组
res=minimize(obj,ones(3),bounds=bound) #第2个参数为初值
print(res.fun,'\n',res.success,'\n',res.x)
                 #输出最优值、求解状态、最优解
```

例 6.5 求解下列非线性规划问题

$$\max \quad z=x_1^2+x_2^2+3x_3^2+4x_4^2+2x_5^2-8x_1-2x_2-3x_3-x_4-2x_5,$$

$$\text{s.t.} \quad \begin{cases} x_1+x_2+x_3+x_4+x_5 \leqslant 400, \\ x_1+2x_2+2x_3+x_4+6x_5 \leqslant 800, \\ 2x_1+x_2+6x_3 \leqslant 200, \\ x_3+x_4+5x_5 \leqslant 200, \\ 0 \leqslant x_i \leqslant 99, \quad i=1,2,\cdots,5. \end{cases}$$

解 利用 Python 软件, 求得最优解

$$x_1=50.5, \quad x_2=99, \quad x_3=0, \quad x_4=99, \quad x_5=20.2,$$

目标函数的最优值为 51629.93.

```
#程序文件Pex6_5.py
from scipy.optimize import minimize
import numpy as np
c1=np.array([1,1,3,4,2]); c2=np.array([-8,-2,-3,-1,-2])
```

```
A=np.array([[1,1,1,1,1],[1,2,2,1,6],
            [2,1,6,0,0],[0,0,1,1,5]])
b=np.array([400,800,200,200])
obj=lambda x: np.dot(-c1,x**2)+np.dot(-c2,x)
cons={'type':'ineq','fun':lambda x:b-A@x}
bd=[(0,99) for i in range(A.shape[1])]
res=minimize(obj,np.ones(5)*90,constraints=cons,bounds=bd)
print(res)  #输出解的信息
```

注 6.3 该题只能求得局部最优解, 求解时多取几个初值试试.

2. 用 cvxopt.solvers 模块求解

第 5 章已经介绍利用 cvxopt.solvers 模块求解线性规划模型. 这里介绍利用 cvxopt.solvers 模块求解二次规划模型.

定义 6.3 若非线性规划的目标函数为决策向量 $\boldsymbol{x}$ 的二次函数, 约束条件又全是线性的, 就称这种规划为二次规划.

cvxopt.solvers 模块中二次规划的标准形为

$$
\begin{aligned}
&\min \quad \frac{1}{2}\boldsymbol{x}^{\mathrm{T}}\boldsymbol{P}\boldsymbol{x}+\boldsymbol{q}^{\mathrm{T}}\boldsymbol{x},\\
&\text{s.t.} \quad \left\{\begin{array}{l}
\boldsymbol{A}\boldsymbol{x}\leqslant \boldsymbol{b},\\
\mathbf{Aeq}\cdot\boldsymbol{x}=\mathbf{beq}.
\end{array}\right.
\end{aligned}
$$

例 6.6 求解二次规划模型

$$
\begin{aligned}
&\min \quad z=1.5x_1^2+x_2^2+0.85x_3^2+3x_1-8.2x_2-1.95x_3,\\
&\text{s.t.} \quad \left\{\begin{array}{l}
x_1+x_3\leqslant 2,\\
-x_1+2x_2\leqslant 2,\\
x_2+2x_3\leqslant 3,\\
x_1+x_2+x_3=3.
\end{array}\right.
\end{aligned}
$$

解 先化成标准形, 其中

$$
\boldsymbol{P}=\begin{bmatrix}3&0&0\\0&2&0\\0&0&1.7\end{bmatrix},\quad \boldsymbol{q}=\begin{bmatrix}3\\-8.2\\-1.95\end{bmatrix},\quad \boldsymbol{A}=\begin{bmatrix}1&0&1\\-1&2&0\\0&1&2\end{bmatrix},\quad \boldsymbol{b}=\begin{bmatrix}2\\2\\3\end{bmatrix},
$$

$$
\mathbf{Aeq}=[1,1,1],\quad \mathbf{beq}=[3].
$$

利用 cvxopt.solvers 模块, 求得最优解为 $x_1=0.8$, $x_2=1.4$, $x_3=0.8$, 目标函数的最优值为 -7.1760.

```
#程序文件Pan6_6.py
import numpy as np
from cvxopt import matrix,solvers
n=3; P=matrix(0.,(n,n))
P[::n+1]=[3,2,1.7]; q=matrix([3,-8.2,-1.95])
A=matrix([[1.,0,1],[-1,2,0],[0,1,2]]).T
b=matrix([2.,2,3])
Aeq=matrix(1.,(1,n)); beq=matrix(3.)
s=solvers.qp(P,q,A,b,Aeq,beq)
print("最优解为: ",s['x'])
print("最优值为: ",s['primal objective'])
```

3. 用 cvxpy 库求解

例 6.7　求解下列非线性整数规划问题

$$\min \quad z=x_1^2+x_2^2+3x_3^2+4x_4^2+2x_5^2-8x_1-2x_2-3x_3-x_4-2x_5,$$

$$\text{s.t.}\quad\begin{cases}0\leqslant x_i\leqslant 99,\text{ 且 } x_i \text{ 为整数 } (i=1,\cdots,5),\\ x_1+x_2+x_3+x_4+x_5\leqslant 400,\\ x_1+2x_2+2x_3+x_4+6x_5\leqslant 800,\\ 2x_1+x_2+6x_3\leqslant 200,\\ x_3+x_4+5x_5\leqslant 200.\end{cases}$$

解　利用 cvxpy 库, 求得的最优解为

$$x_1=4,\quad x_2=x_5=1,\quad x_3=x_4=0,$$

目标函数的最优值为 -17.

```
#程序文件Pex6_7.py
import cvxpy as cp
import numpy as np
c1=np.array([1, 1, 3, 4, 2])
c2=np.array([-8, -2, -3, -1, -2])
a=np.array([[1, 1, 1, 1, 1], [1, 2, 2, 1, 6], [2, 1, 6, 0, 0],
            [0, 0, 1, 1, 5]])
b=np.array([400, 800, 200, 200])
x=cp.Variable(5,integer=True)
obj=cp.Minimize(c1*x**2+c2*x)
```

```
con=[0<=x, x<=99, a*x<=b]
prob = cp.Problem(obj, con)
prob.solve()
print("最优值为:",prob.value)
print("最优解为: \n",x.value)
```

6.2.3 飞行管理问题

在约 10km 高空的某边长 160km 的正方形区域内, 经常有若干架飞机做水平飞行. 区域内每架飞机的位置和速度向量均由计算机记录其数据, 以便进行飞行管理. 当一架欲进入该区域的飞机到达区域边缘时, 记录其数据后, 要立即计算并判断是否会与区域内的飞机发生碰撞. 如果会发生碰撞, 则应计算如何调整各架 (包括新进入的) 飞机飞行的方向角, 以避免碰撞. 现假定条件如下:

(1) 不碰撞的标准为任意两架飞机的距离大于 8km;

(2) 飞机飞行方向角调整的幅度不应超过 30°;

(3) 所有飞机飞行速度均为 800km/h;

(4) 进入该区域的飞机在到达区域边缘时, 与区域内飞机的距离应在 60km 以上;

(5) 最多需考虑 6 架飞机;

(6) 不必考虑飞机离开此区域后的状况.

请对这个避免碰撞的飞行管理问题建立数学模型, 列出计算步骤, 对以下数据进行计算 (方向角误差不超过 0.01°), 要求飞机飞行方向角调整的幅度尽量小.

设该区域 4 个顶点的坐标为 $(0,0),(160,0),(160,160),(0,160)$. 记录数据见表 6.3.

表 6.3 飞行记录数据

飞机编号	横坐标 x	纵坐标 y	方向角/(°)
1	150	140	243
2	85	85	236
3	150	155	220.5
4	145	50	159
5	130	150	230
新进入	0	0	52

注: 方向角指飞行方向与 x 轴正向的夹角.

为方便以后的讨论, 引进如下记号:

a 为飞机飞行速度, $a=800\text{km/h}$;

(x_i^0, y_i^0) 为第 i 架飞机的初始位置, $i=1,\cdots,6, i=6$ 对应新进入的飞机;

$(x_i(t), y_i(t))$ 为第 i 架飞机在 t 时刻的位置;

θ_i^0 为第 i 架飞机的原飞行方向角, 即飞行方向与 x 轴夹角, $0 \leqslant \theta_i^0 < 2\pi$;

$\Delta\theta_i$ 为第 i 架飞机的方向角调整量, $-\dfrac{\pi}{6} \leqslant \Delta\theta_i \leqslant \dfrac{\pi}{6}$;

$\theta_i = \theta_i^0 + \Delta\theta_i$ 为第 i 架飞机调整后的飞行方向角.

模型建立

根据相对运动的观点在考察两架飞机 i 和 j 的飞行时, 可以将飞机 i 视为不动而飞机 j 以相对速度

$$v = v_j - v_i = (a\cos\theta_j - a\cos\theta_i, a\sin\theta_j - a\sin\theta_i), \tag{6.6}$$

相对于飞机 i 运动, 对 (6.6) 式进行适当的计算可得

$$\begin{aligned} v &= 2a\sin\frac{\theta_j - \theta_i}{2}\left(-\sin\frac{\theta_j + \theta_i}{2}, \cos\frac{\theta_j + \theta_i}{2}\right) \\ &= 2a\sin\frac{\theta_j - \theta_i}{2}\left(\cos\left(\frac{\pi}{2} + \frac{\theta_j + \theta_i}{2}\right), \sin\left(\frac{\pi}{2} + \frac{\theta_j + \theta_i}{2}\right)\right), \end{aligned} \tag{6.7}$$

不妨设 $\theta_j \geqslant \theta_i$, 此时相对飞行方向角为 $\beta_{ij} = \dfrac{\pi}{2} + \dfrac{\theta_i + \theta_j}{2}$, 见图 6.1.

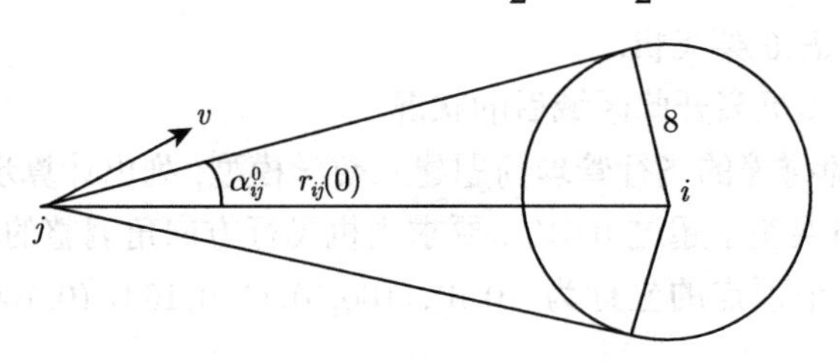

图 6.1 相对飞行方向角

由于两架飞机的初始距离为

$$r_{ij}(0) = \sqrt{(x_i^0 - x_j^0)^2 + (y_i^0 - y_j^0)^2}, \tag{6.8}$$

$$\alpha_{ij}^0 = \arcsin\frac{8}{r_{ij}(0)}, \tag{6.9}$$

于是, 只要当相对飞行方向角 β_{ij} 满足

$$\alpha_{ij}^0 < \beta_{ij} < 2\pi - \alpha_{ij}^0 \tag{6.10}$$

时, 两架飞机不可能碰撞 (图 6.1).

记 β_{ij}^0 为调整前第 j 架飞机相对于第 i 架飞机的相对速度 (矢量) 与这两架飞机连线 (从 j 指向 i 的矢量) 的夹角 (以连线矢量为基准, 逆时针方向为正, 顺时针

方向为负). 则由式 (6.10) 知, 两架飞机不碰撞的条件为

$$\left|\beta_{ij}^0+\frac{1}{2}(\Delta\theta_i+\Delta\theta_j)\right|>\alpha_{ij}^0, \tag{6.11}$$

其中

$$\begin{aligned}\beta_{mn}^0 &= \text{相对速度 } v_{mn} \text{ 的辐角 } - \text{ 从 } n \text{ 指向 } m \text{ 的连线矢量的辐角}\\ &=\arg\frac{e^{\mathrm{i}\theta_n^0}-e^{\mathrm{i}\theta_m^0}}{(x_m+\mathrm{i}y_m)-(x_n+\mathrm{i}y_n)}.\end{aligned}$$

注意: β_{mn}^0 表达式中的 i 表示虚数单位, 这里为了区别虚数单位 i 或 j, 下标改写成 m,n. 这里利用复数的辐角, 可以很方便地计算角度 β_{mn}^0 $(m,n=1,2,\cdots,6)$.

本问题中的优化目标函数可以有不同的形式: 如使所有飞机的最大调整量最小; 所有飞机的调整量绝对值之和最小等. 这里以所有飞机的调整量绝对值之和最小为目标函数, 可以得到如下的数学规划模型

$$\min \quad \sum_{i=1}^{6}|\Delta\theta_i|,$$

$$\text{s.t.}\quad\begin{cases}\left|\beta_{ij}^0+\dfrac{1}{2}(\Delta\theta_i+\Delta\theta_j)\right|>\alpha_{ij}^0, & i=1,\cdots,5,\quad j=i+1,\cdots,6,\\ |\Delta\theta_i|\leqslant 30^\circ, & i=1,2,\cdots,6.\end{cases}$$

```
#程序文件Pan6_1_1.py
import numpy as np
import pandas as pd
x0=np.array([150, 85, 150, 145, 130, 0])
y0=np.array([140, 85, 155, 50, 150, 0])
q=np.array([243, 236, 220.5, 159, 230, 52])
d=np.zeros((6,6)); a0=np.zeros((6,6)); b0=np.zeros((6,6))
xy0=np.c_[x0,y0]
for i in range(6):
    for j in range(6): d[i,j]=np.linalg.norm(xy0[i]-xy0[j])
d[np.where(d==0)]=np.inf
a0=np.arcsin(8./d)*180/np.pi
xy1=x0+1j*y0; xy2=np.exp(1j*q*np.pi/180)
for m in range(6):
    for n in range(6):
        if n!=m:b0[m,n]=np.angle((xy2[n]-xy2[m])/(xy1[m]-xy1[n]))
```

```
b0=b0*180/np.pi
f=pd.ExcelWriter('Pan6_1.xlsx')#创建文件对象
pd.DataFrame(a0).to_excel(f,"sheet1",index=None)#把a0写入Excel文件
pd.DataFrame(b0).to_excel(f,"sheet2",index=None)#把b0写入表单2
f.save()
```

利用上述 Python 程序, 求得 α_{ij}^0 的值如表 6.4 所示. 求得 β_{ij}^0 的值如表 6.5 所示.

表 6.4　α_{ij}^0 的值

	1	2	3	4	5	6
1	0	5.39119	32.23095	5.091816	20.96336	2.234507
2	5.39119	0	4.804024	6.61346	5.807866	3.815925
3	32.23095	4.804024	0	4.364672	22.83365	2.125539
4	5.091816	6.61346	4.364672	0	4.537692	2.989819
5	20.96336	5.807866	22.83365	4.537692	0	2.309841
6	2.234507	3.815925	2.125539	2.989819	2.309841	0

表 6.5　β_{ij}^0 的值

	1	2	3	4	5	6
1	0	109.26	−128.25	24.18	173.07	14.475
2	109.26	0	−88.871	−42.244	−92.305	9
3	−128.25	−88.871	0	12.476	−58.786	0.31081
4	24.18	−42.244	12.476	0	5.9692	−3.5256
5	173.07	−92.305	−58.786	5.9692	0	1.9144
6	14.475	9	0.31081	−3.5256	1.9144	0

```
#程序文件Pan6_1_2.py
import numpy as np
import pandas as pd
from scipy.optimize import minimize
a0=pd.read_excel("Pan6_1.xlsx")     #读入第1个表单
b0=pd.read_excel("Pan6_1.xlsx",1)  #读入第2个表单
a0=a0.values; b0=b0.values  #提取数值
obj=lambda x: np.sum(np.abs(x))
bd=[(-30,30) for i in range(6)]   #决策向量的界限
x0=np.ones((1,6))
cons=[]
for i in range(5):
```

```
    for j in range(i+1,6):
        cons.append({'type': 'ineq', 'fun': lambda x: np.abs
                    (b0[i,j]+(x[i]+x[j])/2)-a0[i,j]})
res = minimize(obj, np.ones((1, 6)), constraints=cons, bounds=bd)
print(res)
```

利用上述 Python 程序, 求得的最优解为 $\Delta\theta_3 = 0.3955°$, $\Delta\theta_6 = 0.3955°$, 其他调整角度为 0, 总的调整角度为 0.7909°.

习 题 6

6.1 某公司有 5 个项目被列入投资计划, 各项目的投资额和期望的投资收益如表 6.6 所示.

表 6.6 不同项目的投资额和期望收益

项目	投资额/百万元	投资收益/百万元
1	210	150
2	300	210
3	100	60
4	130	80
5	260	180

该公司只有 600 百万元资金可用于投资, 由于技术上的原因投资受到以下约束:

(1) 在项目 1, 2 和 3 中有且仅有一项被选中.

(2) 项目 3 和项目 4 只能选中一项.

(3) 项目 5 被选中的前提是项目 1 必须被选中.

如何在上述条件下选择一个最好的投资方案, 使投资收益最大?

6.2 一架货机, 有效载重为 24 吨, 可运输物品的重量及运费收入如表 6.7 所示, 其中各物品只有一件可供选择, 问如何选运物品使得运费总收入最多?

表 6.7 运输品的重量及运费

物品	1	2	3	4	5	6
重量/吨	8	13	6	9	5	7
收入/万元	3	5	2	4	2	3

6.3 有 4 名同学到一家公司参加三个阶段的面试: 公司要求每名同学都必须首先找公司秘书初试, 然后到部门主管处复试, 最后到经理处参加面试, 并且不允许插队 (即在任何一个阶段 4 名同学的顺序是一样的). 由于 4 名同学的专业背景不同, 所以每人在三个阶段的面试时间也不同, 如表 6.8 所示. 这 4 名同学约定他们全部面试完以后一起离开公司. 假定现在时间是早晨 8:00, 请问他们最早何时能离开公司?

表 6.8　面试时间要求

	秘书初试	主管复试	经理面试
同学甲	14	16	21
同学乙	19	17	10
同学丙	10	15	12
同学丁	9	12	13

6.4　某工厂向用户提供发动机, 按合同规定, 其交货数量和日期是: 第一季度末交 40 台, 第二季度末交 60 台, 第三季度末交 80 台. 工厂的最大生产能力为每季 100 台, 每季的生产费用是 $f(x)=50000x+200x^2$(元), 此处 x 为该季生产发动机的台数. 若工厂生产的多, 多余的发动机可移到下季向用户交货, 这样, 工厂就需支付存储费, 每台发动机每季的存储费为 4000 元. 问该厂每季应生产多少台发动机, 才能既满足交货合同, 又使工厂所花费的费用最少 (假定第一季度开始时发动机无存货).

6.5　已知矩阵 $\boldsymbol{A}=\begin{bmatrix}1&4&5\\4&2&6\\5&6&3\end{bmatrix}$, $\boldsymbol{x}=\begin{bmatrix}x_1\\x_2\\x_3\end{bmatrix}$, 求二次型 $f(x_1,x_2,x_3)=\boldsymbol{x}^{\mathrm{T}}\boldsymbol{A}\boldsymbol{x}$ 在单位球面 $x_1^2+x_2^2+x_3^2=1$ 上的最小值.

6.6　某银行营业部设立 3 个服务窗口, 分别为个人业务、公司业务和特殊业务 (如外汇和理财等). 现有 3 名服务人员, 每人处理不同业务的效率 (每天服务的最大顾客数) 见表 6.9, 以及每人处理不同业务的质量 (如顾客满意度) 见表 6.10. 如何为服务人员安排相应的工作 (服务窗口) 才能使服务效率和服务质量都高.

表 6.9　最大顾客数

	个人业务	公司业务	特殊业务
员工 1	20	12	10
员工 2	12	15	9
员工 3	6	5	10

表 6.10　顾客满意度

	个人业务	公司业务	特殊业务
员工 1	6	8	10
员工 2	6	5	9
员工 3	9	10	8

第 7 章　插值与拟合

在数学建模过程中, 通常要处理由试验、测量得到的大量数据或一些过于复杂而不便于计算的函数表达式, 针对此情况, 很自然的想法就是, 构造一个简单的函数作为要考察数据或复杂函数的近似. 插值和拟合就可以解决这样的问题.

给定一组数据, 需要确定满足特定要求的曲线 (或曲面), 如果所求曲线通过所给定的有限个数据点, 这就是插值. 有时由于给定的数据存在测量误差, 往往具有一定的随机性. 因而, 通过所有数据点求曲线不现实也不必要. 如果不要求曲线通过所有数据点, 而是要求它反映对象整体的变化态势, 得到简单实用的近似函数, 这就是曲线拟合. 插值和拟合都是根据一组数据构造一个函数作为近似.

7.1　插　　值

实际应用中经常遇到如下问题, 通过试验观测, 得到某个未知函数 $y=f(x)$ 的一系列数据点 (x_i,y_i) $(i=0,1,\cdots,n)$, 一般要求 $x_0<x_1<\cdots<x_n$, 但对于 x 的其他值对应的函数值是未知的. 因此, 我们希望能通过这些数据点, 得到函数的解析表达式, 插值法是寻求函数近似表达式的有效方法之一.

为此, 从性质优良、便于计算的函数类 $\{P(x)\}$ 中, 选出一个使 $P(x_i)=y_i$ 成立的 $P(x)$ 作为 $f(x)$ 的近似, 这就是最基本的插值问题. 通常 $x_0,x_1,\cdots,x_n$ 称为插值节点, $\{P(x)\}$ 称为插值函数类, $P(x_i)=y_i\,(i=0,1,\cdots,n)$ 称为插值条件, 求出的函数 $P(x)$ 称为插值函数, $f(x)$ 称为被插值函数.

插值函数类的取法有很多, 可以是代数多项式, 也可以是三角函数多项式或有理函数. 由于代数多项式最简单, 所以常用它来近似表达一些复杂的函数.

一维插值方法有很多, 这里介绍一维 Lagrange 插值、分段线性插值、分段二次插值、牛顿插值和样条插值. 二维插值仅介绍二维数据的双三次样条插值的思想.

7.1.1　插值方法

1. Lagrange 插值

如果插值多项式为

$$P(x)=\sum_{i=0}^{n}l_i(x)y_i, \tag{7.1}$$

其中, $l_i(x) = \prod_{j=0,j\neq i}^{n} \frac{x-x_j}{x_i-x_j}$, 则称其为 Lagrange 插值多项式, 由 $l_i(x)$ 所表示的 n 次多项式称为以 $x_0, x_1, \cdots, x_n$ 为节点的 Lagrange 插值基函数.

例 7.1 编写函数 Lag_intp(x, y, x0), 实现 Lagrange 插值. 其中, x 和 y 是两个具有相同长度的 NumPy 数组.

```
#程序文件名Pfun7_1.py
def h(x,y,a):
    s=0.0
    for i in range(len(y)):
        t=y[i]
        for j in range(len(y)):
            if i !=j:
                t*=(a-x[j])/(x[i]-x[j])
        s +=t
    return s
```

2. 分段线性插值

实际工作中, 并非插值多项式次数越高误差越小, 常采用分段多项式插值. 分段多项式插值就是求一个分段 (共 n 段) 多项式 $P(x)$, 使其满足插值条件或更高要求.

分段一次多项式插值, 几何上就是用折线代替曲线 $y = f(x)$, 也称折线插值或分段线性插值. 分段线性插值多项式 $P_1(x)$ 为

$$P_1(x) = \frac{x-x_i}{x_{i+1}-x_i} y_{i+1} + \frac{x-x_{i+1}}{x_i-x_{i+1}} y_i, \quad x \in [x_i, x_{i+1}], \quad i = 0, 1, \cdots, n-1. \tag{7.2}$$

3. 分段二次插值

这里插值函数 $P_2(x)$ 是一个二次多项式, 在几何上就是分段抛物线代替曲线 $y = f(x)$, 也称分段抛物线插值, 此时要求有 $2n+1$ 个节点, 其插值公式为

$$\begin{aligned} P_2(x) = & \frac{(x-x_{2i+1})(x-x_{2i+2})}{(x_{2i}-x_{2i+1})(x_{2i}-x_{2i+2})} y_{2i} + \frac{(x-x_{2i})(x-x_{2i+2})}{(x_{2i+1}-x_{2i})(x_{2i+1}-x_{2i+2})} y_{2i+1} \\ & + \frac{(x-x_{2i})(x-x_{2i+1})}{(x_{2i+2}-x_{2i})(x_{2i+2}-x_{2i+1})} y_{2i+2}, \end{aligned} \tag{7.3}$$

其中, $x \in [x_{2i}, x_{2i+2}]$, $i = 0, 1, 2, \cdots, n-1$.

4. 牛顿插值

在导出牛顿插值公式前, 先介绍公式表示中所需要用到的差分和差商概念.

1) 函数的差分

设有函数 $f(x)$ 以及等距节点 $x_i = x_0 + ih$ $(i = 0, 1, \cdots, n)$, 步长 h 为常数, $f_i = f(x_i)$. 称相邻两个节点 x_i, x_{i+1} 处的函数值的增量 $f_{i+1} - f_i$ $(i = 0, 1, \cdots, n-1)$ 为函数 $f(x)$ 在点 x_i 处以 h 为步长的一阶前向差分, 记为 Δf_i, 即

$$\Delta f_i = f_{i+1} - f_i, \quad i = 0, 1, \cdots, n-1.$$

类似地, 定义差分的差分为高阶差分. 如二阶前向差分为

$$\Delta^2 f_i = \Delta f_{i+1} - \Delta f_i, \quad i = 0, 1, \cdots, n-2.$$

一般地, 归纳定义 $f(x)$ 的 m 阶前向差分 $\Delta^m f(x)$ 如下:

(1) $\Delta^0 f(x) = f(x)$;

(2) $\Delta^m f(x) = \Delta^{m-1} f(x+h) - \Delta^{m-1} f(x)$.

例 7.2　下面的函数递归地计算 $\Delta^k f(x)$.

```
#程序文件名Pfun7_2.py
def diff_forward(f, k, h, x):
    if k<=0: return f(x)
    else: return diff_forward(f, k-1, h, x+h) - diff_forward
        (f, k-1, h, x)
```

2) 函数的差商

设有函数 $f(x)$ 及一系列相异的节点 $x_0 < x_1 < \cdots < x_n$, 则称 $\dfrac{f(x_i) - f(x_j)}{x_i - x_j}$ $(i \neq j)$ 为函数 $f(x)$ 关于节点 x_i, x_j 的一阶差商, 记为 $f[x_i, x_j]$, 即

$$f[x_i, x_j] = \frac{f(x_i) - f(x_j)}{x_i - x_j}.$$

称一阶差商的差商

$$\frac{f[x_i, x_j] - f[x_j, x_k]}{x_i - x_k}$$

为 $f(x)$ 关于点 x_i, x_j, x_k 的二阶差商, 记为 $f[x_i, x_j, x_k]$. 一般地, 称

$$\frac{f[x_0, x_1, \cdots, x_{k-1}] - f[x_1, x_2, \cdots, x_k]}{x_0 - x_k}$$

为 $f(x)$ 关于点 $x_0, x_1, \cdots, x_k$ 的 k 阶差商, 记为

$$f[x_0, x_1, \cdots, x_k] = \frac{f[x_0, x_1, \cdots, x_{k-1}] - f[x_1, x_2, \cdots, x_k]}{x_0 - x_k}.$$

例 7.3　下面的函数用来递归计算 $f(x)$ 在给定点上的相应差商.

```
#程序文件名Pfun7_3.py
"""计算n阶差商 f[x0, x1, x2, ..., xn]
输入参数: xi为所有插值节点的数组
输入参数: fi为所有插值节点函数值的数组
返回值: 返回xi的i阶差商(i为xi长度减1)"""
def diff_quo(xi=[], fi=[]):
    if len(xi)>2 and len(fi)>2:
        return (diff_quo(xi[:len(xi)-1],fi[:len(fi)-1])-
         diff_quo(xi[1:len(xi)],fi[1:len(fi)]))\
               /float(xi[0]-xi[-1])  #续行
    return (fi[0]- fi[1])/float(xi[0]-xi[1])
```

3) 牛顿插值公式

由于 $y=f(x)$ 关于两节点 x_0,x_1 的线性插值多项式为

$$N_1(x)=f(x_0)+\frac{f(x_1)-f(x_0)}{x_1-x_0}(x-x_0),$$

可将其表示成 $N_1(x)=f(x_0)+(x-x_0)f[x_0,x_1]$, 称为一次牛顿插值多项式.

一般地, 由各阶差商的定义, 依次可得

$f(x)=f(x_0)+(x-x_0)f[x,x_0]$,

$f[x,x_0]=f[x_0,x_1]+(x-x_1)f[x,x_0,x_1]$,

$f[x,x_0,x_1]=f[x_0,x_1,x_2]+(x-x_2)f[x,x_0,x_1,x_2]$,

$\cdots\cdots$

$f[x,x_0,\cdots,x_{n-1}]=f[x_0,x_1,\cdots,x_n]+(x-x_n)f[x,x_0,\cdots,x_n]$.

将以上各式分别乘以 1, $(x-x_0)$, $(x-x_0)(x-x_1)$, $\cdots$, $(x-x_0)(x-x_1)\cdots(x-x_{n-1})$, 然后相加并消去两边相等的部分, 即得

$$\begin{aligned}&f(x)\\=&f(x_0)+(x-x_0)f[x_0,x_1]+\cdots+(x-x_0)(x-x_1)\cdots(x-x_{n-1})f[x_0,x_1,\cdots,x_n]\\&+(x-x_0)(x-x_1)\cdots(x-x_n)f[x,x_0,x_1,\cdots,x_n],\end{aligned}$$

记

$$\begin{aligned}N_n(x)=&f(x_0)+(x-x_0)f[x_0,x_1]\\&+\cdots+(x-x_0)(x-x_1)\cdots(x-x_{n-1})f[x_0,x_1,\cdots,x_n],\end{aligned}$$

$$R_n(x)=(x-x_0)(x-x_1)\cdots(x-x_n)f[x,x_0,x_1,\cdots,x_n],$$

显然, $N_n(x)$ 是至多 n 次的多项式, 且满足插值条件, 因而它是 $f(x)$ 的 n 次插值多项式. 这种形式的插值多项式称为牛顿插值多项式. $R_n(x)$ 称为牛顿插值余项.

牛顿插值的优点是: 每增加一个节点, 插值多项式只增加一项, 即

$$N_{n+1}(x) = N_n(x) + (x - x_0)\cdots(x - x_n)f[x_0, x_1, \cdots, x_{n+1}],$$

因而便于递推运算. 而且牛顿插值的计算量小于 Lagrange 插值.

牛顿插值的 Python 函数就不给出了, 就像上面的 Lagrange 插值函数只能计算单点处的插值, 意义不大. 如果要计算多点处的插值, 函数就复杂了.

5. **样条插值**

许多工程技术中提出的计算问题对插值函数的光滑性有较高要求, 如飞机的机翼外形, 内燃机的进气门、排气门的凸轮曲线, 都要求曲线不仅连续, 而且具有连续的曲率, 这即是样条函数提出的背景之一.

样条 (spline) 本来是工程设计中的一种绘图工具, 是富有弹性的细木条或细金属条, 绘图员利用它把已知点连接成一条光滑曲线 (称为样条曲线), 并使连接点处有连续曲率. 三次样条插值就是由此抽象出来的. 数学上将具有一定光滑性的分段多项式称为样条函数. 具体地讲, 给定区间 $[a, b]$ 的一个划分

$$\Delta:\ a = x_0 < x_1 < \cdots < x_n = b.$$

如果函数 $S(x)$ 满足:

(1) 在每个小区间 $[x_i, x_{i+1}]$ $(i = 0, 1, \cdots, n-1)$ 上是 m 次多项式;

(2) 在区间 $[a, b]$ 上具有 $m-1$ 阶连续导数.

则称 $S(x)$ 为关于划分 Δ 的 m 次样条函数, 其图形为 m 次样条曲线. 显然, 折线是一次样条曲线.

利用样条函数进行插值, 称为样条插值. 分段线性插值为一次样条插值. 这里介绍三次样条插值, 即给定函数 $y = f(x)$ 在区间 $[a, b]$ 上的 $n+1$ 个节点的值 $y_i = f(x_i)\,(i = 0, 1, \cdots, n)$, 计算插值函数 $S(x)$, 使得 $S(x)$ 为分段三次多项式, 在区间 $[a, b]$ 上二阶连续可导, 且 $S(x_i) = y_i\,(i = 0, 1, \cdots, n)$. 不妨记

$$S(x) = \{S_i(x) = a_i x^3 + b_i x^2 + c_i x + d_i,\ x \in [x_i, x_{i+1}],\ i = 0, 1, \cdots, n-1\},$$

其中 a_i, b_i, c_i, d_i 为待定系数, 共 $4n$ 个. 由此得到 $4n-2$ 个方程

$$\begin{cases} S(x_i) = y_i, & i = 0, 1, \cdots, n, \\ S_i(x_{i+1}) = S_{i+1}(x_{i+1}), & i = 0, 1, \cdots, n-2, \\ S_i'(x_{i+1}) = S_{i+1}'(x_{i+1}), & i = 0, 1, \cdots, n-2, \\ S_i''(x_{i+1}) = S_{i+1}''(x_{i+1}), & i = 0, 1, \cdots, n-2. \end{cases}$$

为求解 $4n$ 个待定系数, 需要考虑边界条件. 常用的边界条件有三种类型:

(1) $S'(a)=y_0'$, $S'(b)=y_n'$;

(2) $S''(a)=y_0''$, $S''(b)=y_n''$;

(3) $S'(a+0)=S'(b-0)$, $S''(a+0)=S''(b-0)$, 称为周期条件.

6. 二维数据的双三次样条插值

对于二维数据的插值, 首先要考虑两个问题: 一是二维区域是任意区域还是规则区域; 二是给定的数据是有规律分布的还是散乱、随机分布的.

第一个问题比较容易处理, 只需将不规则区域划分为规则区域或扩充为规则区域来讨论即可. 对于第二个问题, 当给定的数据是有规律分布时, 方法较多也较成熟; 而给定的数据是散乱、随机分布时, 没有固定的方法, 但一般的处理思想是从给定的数据出发, 依据一定的规律恢复出规则分布点上的数据, 转化为数据分布有规律的情形来处理.

当给定的二维数据在规则区域上有规律分布时, 一种常用的插值方法是所谓的双三次样条插值. 其基本思想是对于给定未知函数 $z=f(x,y)$ 的二维观测数据如表 7.1 所示. 它们对 x 轴和 y 轴的分割:

$$\Delta x:\ x_1<x_2<\cdots<x_m,\quad \Delta y:\ y_1<y_2<\cdots<y_n$$

可以导出 xOy 平面上矩形区域 R 的一个矩形网格分割 $\Delta:\ \Delta x\times\Delta y$, 如图 7.1 所示.

表 7.1　二维规则数据

	y_1	y_2	$\cdots$	y_n
x_1	z_{11}	z_{12}	$\cdots$	z_{1n}
x_2	z_{21}	z_{22}	$\cdots$	z_{2n}
$\vdots$	$\vdots$	$\vdots$		$\vdots$
x_m	z_{m1}	z_{m2}	$\cdots$	z_{mn}

如果令 $R_{ij}:\ [x_i,x_{i+1}]\times[y_j,y_{j+1}]$, $i=1,2,\cdots,m-1$, $j=1,2,\cdots,n-1$, 则所谓双三次样条插值就是求一个关于 x 和 y 都是三次的多项式 $S(x,y)$, 使其满足:

(1) 插值条件 $S(x_i,y_j)=z_{ij}$, $i=1,2,\cdots,m$, $j=1,2,\cdots,n$;

(2) 在整个 R 上, 函数 $S(x,y)$ 的偏导数 $\dfrac{\partial^{\alpha+\beta}S(x,y)}{\partial x^\alpha\partial y^\beta}$ $(\alpha,\beta=0,1,2)$ 都是连续的, 则称多项式 $S(x,y)$ 为双三次样条插值函数, 其插值公式为

$$S(x,y)=\sum_{k=0}^{3}\sum_{l=0}^{3}a_{kl}^{ij}(x-x_i)^k(y-y_j)^l,\quad (x,y)\in R_{ij}. \tag{7.4}$$

实际上, 双三次样条插值函数是由两个一维三次样条插值函数作直积产生的.

对任意固定的 $y_0 \in [y_1, y_n]$, $S(x, y_0)$ 是关于 x 的三次样条函数; 同理, 对任意固定的 $x_0 \in [x_1, x_m]$, $S(x_0, y)$ 是关于 y 的三次样条函数.

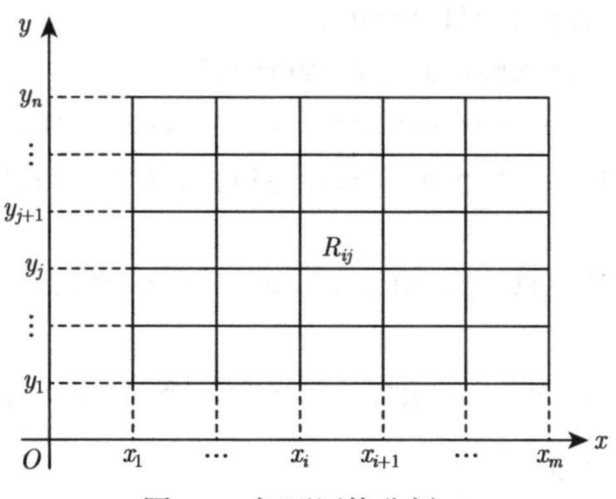

图 7.1 矩形网格分割 Δ

7.1.2 用 Python 求解插值问题

scipy.interpolate 模块有一维插值函数 interp1d、二维插值函数 interp2d、多维插值函数 interpn, interpnd.

interp1d 的基本调用格式为

```
interp1d(x, y, kind ='linear')
```

其中 kind 的取值是字符串, 指明插值方法, kind 的取值可以为：'linear', 'nearest', 'zero', 'slinear', 'quadratic', 'cubic'等, 这里的'zero', 'slinear', 'quadratic'和'cubic'分别指的是 0 阶, 1 阶, 2 阶和 3 阶样条插值.

其他插值函数的调用格式就不介绍了.

1. 一维插值

例 7.4 在一天 24h 内, 从零点开始每间隔 2h 测得的环境温度 (℃) 如表 7.2 所示. 分别进行分段线性插值和三次样条插值, 并画出插值曲线.

表 7.2 24h 环境温度数据

时间	0	2	4	6	8	10	12	14	16	18	20	22	24
温度	12	9	9	10	18	24	28	27	25	20	18	15	13

```
#程序文件名Pex7_4.py
import numpy as np
import matplotlib.pyplot as plt
from scipy.interpolate import interp1d
x=np.arange(0,25,2)
```

```
y=np.array([12, 9, 9, 10, 18, 24, 28, 27, 25, 20, 18, 15, 13])
xnew=np.linspace(0, 24, 500)  #插值点
f1=interp1d(x, y); y1=f1(xnew);
f2=interp1d(x, y,'cubic'); y2=f2(xnew)
plt.rc('font',size=16); plt.rc('font',family='SimHei')
plt.subplot(121), plt.plot(xnew, y1); plt.xlabel("(A)分段线性
                                                        插值")
plt.subplot(122); plt.plot(xnew, y2); plt.xlabel("(B)三次样条
                                                        插值")
plt.savefig("figure7_4.png", dpi=500); plt.show()
```

2. 二维网格节点插值

例 7.5 已知平面区域 $0 \leqslant x \leqslant 1400, 0 \leqslant y \leqslant 1200$ 的高程数据见表 7.3 (单位: m). 求该区域地表面积的近似值, 并用插值数据画出该区域的等高线图和三维表面图.

表 7.3 高程数据表

y \ x	0	100	200	300	400	500	600	700	800	900	1000	1100	1200	1300	1400
1200	1350	1370	1390	1400	1410	960	940	880	800	690	570	430	290	210	150
1100	1370	1390	1410	1430	1440	1140	1110	1050	950	820	690	540	380	300	210
1000	1380	1410	1430	1450	1470	1320	1280	1200	1080	940	780	620	460	370	350
900	1420	1430	1450	1480	1500	1550	1510	1430	1300	1200	980	850	750	550	500
800	1430	1450	1460	1500	1550	1600	1550	1600	1600	1600	1550	1500	1500	1550	1550
700	950	1190	1370	1500	1200	1100	1550	1600	1550	1380	1070	900	1050	1150	1200
600	910	1090	1270	1500	1200	1100	1350	1450	1200	1150	1010	880	1000	1050	1100
500	880	1060	1230	1390	1500	1500	1400	900	1100	1060	950	870	900	936	950
400	830	980	1180	1320	1450	1420	400	1300	700	900	850	810	380	780	750
300	740	880	1080	1130	1250	1280	1230	1040	900	500	700	780	750	650	550
200	650	760	880	970	1020	1050	1020	830	800	700	300	500	550	480	350
100	510	620	730	800	850	870	850	780	720	650	500	200	300	350	320
0	370	470	550	600	670	690	670	620	580	450	400	300	100	150	250

解 原始数据给出 100×100 网格节点上的高程数据, 为了提高计算精度, 利用双三次样条插值, 得到给定区域 10×10 网格节点上的高程数据.

利用分点 $x_i = 10i\ (i = 0, 1, \cdots, 140)$ 把 $0 \leqslant x \leqslant 1400$ 剖分成 140 个小区间, 利用分点 $y_j = 10j (j = 0, 1, \cdots, 120)$ 把 $0 \leqslant y \leqslant 1200$ 剖分成 120 个小区间, 把平面区域 $0 \leqslant x \leqslant 1400, 0 \leqslant y \leqslant 1200$ 剖分成 140×120 个小矩形, 对应地把所计算的三维曲面剖分成 140×120 个小曲面进行计算, 每个小曲面的面积用对应的三维空间中 4 个点所构成的两个小三角形面积的和作为近似值.

计算三角形面积时，使用海伦公式，即设 $\triangle ABC$ 的边长分别为 a,b,c, $p=(a+b+c)/2$, 则 $\triangle ABC$ 的面积 $s=\sqrt{p(p-a)(p-b)(p-c)}$.

利用 Python 求得的地表面积的近似值为 $4.7827\times10^6\mathrm{m}^2$, 所画的等高线图和三维表面图如图 7.2 所示.

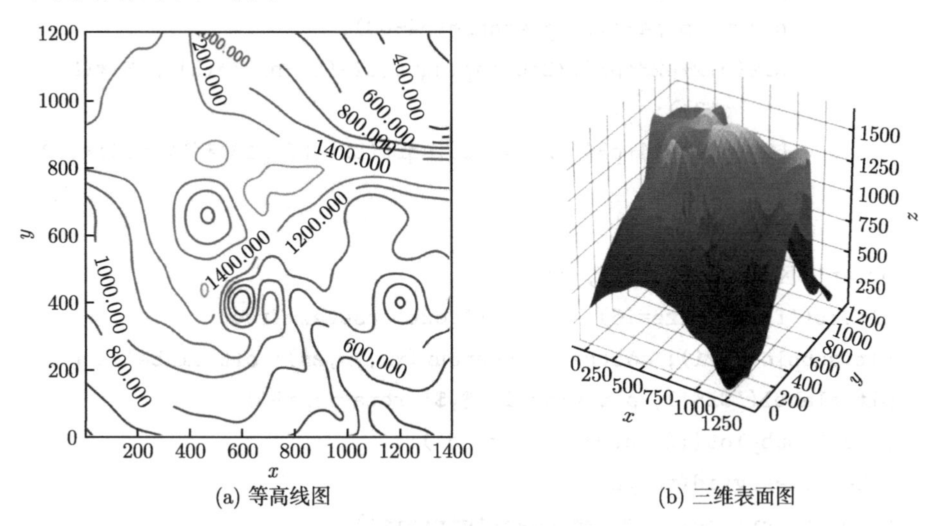

(a) 等高线图　　(b) 三维表面图

图 7.2　等高线图和三维表面图

```
#程序文件名Pex7_5.py
from mpl_toolkits import mplot3d
import matplotlib.pyplot as plt
import numpy as np
from numpy.linalg import norm
from scipy.interpolate import interp2d
z=np.loadtxt("Pdata7_5.txt")  #加载高程数据
x=np.arange(0,1500,100)
y=np.arange(1200,-100,-100)
f=interp2d(x, y, z, 'cubic')
xn=np.linspace(0,1400,141)
yn=np.linspace(0,1200,121)
zn=f(xn, yn)
m=len(xn); n=len(yn); s=0;
for i in np.arange(m-1):
    for j in np.arange(n-1):
        p1=np.array([xn[i],yn[j],zn[j,i]])
```

```
        p2=np.array([xn[i+1],yn[j],zn[j,i+1]])
        p3=np.array([xn[i+1],yn[j+1],zn[j+1,i+1]])
        p4=np.array([xn[i],yn[j+1],zn[j+1,i]])
        p12=norm(p1-p2); p23=norm(p3-p2); p13=norm(p3-p1);
        p14=norm(p4-p1); p34=norm(p4-p3);
        L1=(p12+p23+p13)/2;s1=np.sqrt(L1*(L1-p12)*(L1-p23)*(L1-
            p13));
        L2=(p13+p14+p34)/2; s2=np.sqrt(L2*(L2-p13)*(L2-p14)*(L2-
            p34));
        s=s+s1+s2;
print("区域的面积为: ", s)
plt.rc('font',size=16); plt.rc('text',usetex=True)
plt.subplot(121); contr=plt.contour(xn,yn,zn); plt.clabel(contr)
plt.xlabel('$x$'); plt.ylabel('$y$',rotation=90)
ax=plt.subplot(122,projection='3d');
X,Y=np.meshgrid(xn,yn)
ax.plot_surface(X, Y, zn,cmap='viridis')
ax.set_xlabel('$x$'); ax.set_ylabel('$y$'); ax.set_zlabel('$z$')
plt.savefig('figure7_5.png',dpi=500); plt.show()
```

3. 二维散乱点插值

例 7.6 在某海域测得一些点 (x,y) 处的水深 z 由表 7.4 给出, 画出海底区域的地形和等高线图.

表 7.4 海底水深数据

x	129	140	103.5	88	185.5	195	105	157.5	107.5	77	81	162	162	117.5
y	7.5	141.5	23	147	22.5	137.5	85.5	−6.5	−81	3	56.5	−66.5	84	−33.5
z	4	8	6	8	6	8	8	9	9	8	8	9	4	9

```
#程序文件名Pex7_6.py
from mpl_toolkits import mplot3d
import matplotlib.pyplot as plt
import numpy as np
from scipy.interpolate import griddata
x=np.array([129,140,103.5,88,185.5,195,105,157.5,107.5,77,81,162,
        162,117.5])
```

```
y=np.array([7.5,141.5,23,147,22.5,137.5,85.5,-6.5,-81,3,56.5,
            -66.5,84,-33.5])
z=-np.array([4,8,6,8,6,8,8,9,9,8,8,9,4,9])
xy=np.vstack([x,y]).T
xn=np.linspace(x.min(), x.max(), 100)
yn=np.linspace(y.min(), y.max(), 100)
xng, yng = np.meshgrid(xn,yn)  #构造网格节点
zn=griddata(xy, z, (xng, yng), method='nearest')  #最近邻点插值
plt.rc('font',size=16); plt.rc('text',usetex=True)
ax=plt.subplot(121,projection='3d');
ax.plot_surface(xng, yng, zn,cmap='viridis')
ax.set_xlabel('$x$'); ax.set_ylabel('$y$'); ax.set_zlabel('$z$')
plt.subplot(122); c=plt.contour(xn,yn,zn,8); plt.clabel(c)
plt.savefig('figure7_6.png',dpi=500); plt.show()
```

输出结果如图 7.3 所示.

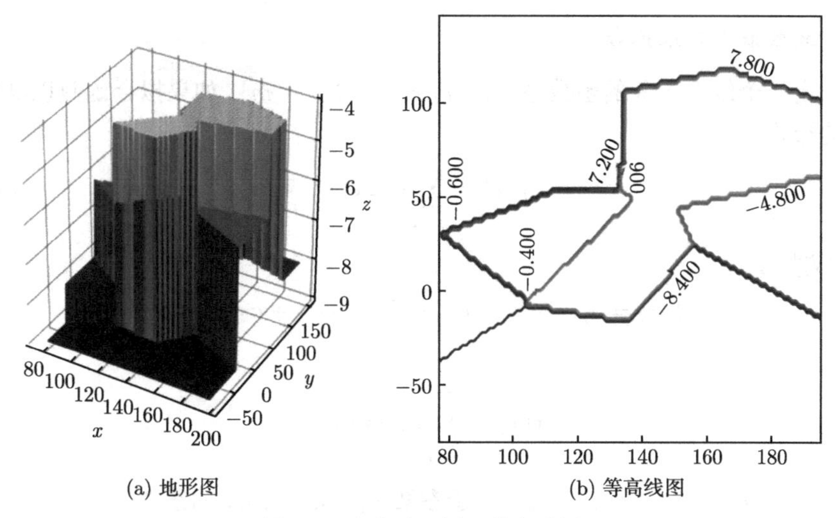

(a) 地形图　　(b) 等高线图

图 7.3　海底地形图及等高线图

7.2 拟　合

7.2.1 最小二乘拟合

已知一组二维数据, 即平面上的 n 个点 (x_i, y_i) $(i = 1, 2, \cdots, n)$, x_i 互不相同, 要寻求一个函数 (曲线) $y = f(x)$, 使 $f(x)$ 在某种准则下与所有数据点最为接近, 即

曲线拟合得最好. 记

$$\delta_i = f(x_i) - y_i, \quad i = 1, 2, \cdots, n,$$

则称 δ_i 为拟合函数 $f(x)$ 在 x_i 点处的偏差 (或残差). 为使 $f(x)$ 在整体上尽可能与给定数据最为接近, 可以采用 "偏差的平方和最小" 作为判定准则, 即通过使

$$J = \sum_{i=1}^{n} (f(x_i) - y_i)^2 \tag{7.5}$$

达到最小值. 这一原则称为最小二乘原则, 根据最小二乘原则确定拟合函数 $f(x)$ 的方法称为最小二乘法.

一般来讲, 拟合函数应是自变量 x 和待定参数 $a_1, a_2, \cdots, a_m$ 的函数, 即

$$f(x) = f(x, a_1, a_2, \cdots, a_m). \tag{7.6}$$

因此, 按照 $f(x)$ 关于参数 $a_1, a_2, \cdots, a_m$ 的线性与否, 最小二乘法也分为线性最小二乘拟合和非线性最小二乘拟合两类.

1. 线性最小二乘拟合

给定一个线性无关的函数系 $\{\varphi_k(x) | k = 1, 2, \cdots, m\}$, 如果拟合函数以其线性组合的形式

$$f(x) = \sum_{k=1}^{m} a_k \varphi_k(x) \tag{7.7}$$

出现, 例如

$$f(x) = a_m x^{m-1} + a_{m-1} x^{m-2} + \cdots + a_2 x + a_1,$$

或者

$$f(x) = \sum_{k=1}^{m} a_k \cos(kx),$$

则 $f(x) = f(x, a_1, a_2, \cdots, a_m)$ 就是关于参数 $a_1, a_2, \cdots, a_m$ 的线性函数.

将式 (7.7) 代入式 (7.5), 则目标函数 $J = J(a_1, a_2, \cdots, a_k)$ 是关于参数 $a_1, a_2, \cdots, a_m$ 的多元函数. 由

$$\frac{\partial J}{\partial a_k} = 0, \quad k = 1, 2, \cdots, m,$$

亦即

$$\sum_{i=1}^{n} [(f(x_i) - y_i) \varphi_k(x_i)] = 0, \quad k = 1, 2, \cdots, m.$$

可得

$$\sum_{j=1}^{m}\left[\sum_{i=1}^{n}\varphi_j(x_i)\varphi_k(x_i)\right]a_j=\sum_{i=1}^{n}y_i\varphi_k(x_i),\quad k=1,2,\cdots,m. \tag{7.8}$$

于是式 (7.8) 形成了一个关于 $a_1,a_2,\cdots,a_m$ 的线性方程组, 称为正规方程组.

记

$$\boldsymbol{R}=\begin{bmatrix}\varphi_1(x_1) & \varphi_2(x_1) & \cdots & \varphi_m(x_1)\\ \varphi_1(x_2) & \varphi_2(x_2) & \cdots & \varphi_m(x_2)\\ \vdots & \vdots & & \vdots\\ \varphi_1(x_n) & \varphi_2(x_n) & \cdots & \varphi_m(x_n)\end{bmatrix},\quad \boldsymbol{A}=\begin{bmatrix}a_1\\ a_2\\ \vdots\\ a_m\end{bmatrix},\quad \boldsymbol{Y}=\begin{bmatrix}y_1\\ y_2\\ \vdots\\ y_n\end{bmatrix},$$

则正规方程组 (7.8) 可表示为

$$\boldsymbol{R}^{\mathrm{T}}\boldsymbol{R}\boldsymbol{A}=\boldsymbol{R}^{\mathrm{T}}\boldsymbol{Y}. \tag{7.9}$$

由代数知识可知, 当矩阵 $\boldsymbol{R}$ 是列满秩时, $\boldsymbol{R}^{\mathrm{T}}\boldsymbol{R}$ 是可逆的. 于是正规方程组 (7.9) 有唯一解, 即

$$\boldsymbol{A}=(\boldsymbol{R}^{\mathrm{T}}\boldsymbol{R})^{-1}\boldsymbol{R}^{\mathrm{T}}\boldsymbol{Y} \tag{7.10}$$

为所求的拟合函数的系数, 就可得到最小二乘拟合函数 $f(x)$.

2. 非线性最小二乘拟合

对于给定的线性无关函数系 $\{\varphi_k(x)|k=1,2,\cdots,m\}$, 如果拟合函数不能以其线性组合的形式出现, 例如

$$f(x)=\frac{x}{a_1x+a_2}\quad 或者\quad f(x)=a_1+a_2e^{-a_3x}+a_4e^{-a_5x},$$

则 $f(x)=f(x,a_1,a_2,\cdots,a_m)$ 就是关于参数 $a_1,a_2,\cdots,a_m$ 的非线性函数.

将 $f(x)$ 代入式 (7.5) 中, 则形成一个非线性函数的极小化问题. 为得到最小二乘拟合函数 $f(x)$ 的具体表达式, 可用非线性优化方法求解出参数 $a_1,a_2,\cdots,a_m$.

3. 拟合函数的选择

数据拟合时, 首要也是最关键的一步就是选取恰当的拟合函数. 如果能够根据问题的背景通过机理分析得到变量之间的函数关系, 那么只需估计相应的参数即可. 但很多情况下, 问题的机理并不清楚. 此时, 一个较为自然的方法是先做出数据的散点图, 从直观上判断应选用什么样的拟合函数.

一般来讲, 如果数据分布接近于直线, 则宜选用线性函数 $f(x)=a_1x+a_2$ 拟合; 如果数据分布接近于抛物线, 则宜选用二次多项式 $f(x)=a_1x^2+a_2x+a_3$ 拟

合; 如果数据分布特点是开始上升较快随后逐渐变缓, 则宜选用双曲线型函数或指数型函数, 即用

$$f(x)=\frac{x}{a_1x+a_2} \quad 或 \quad f(x)=a_1e^{-\frac{a_2}{x}}$$

拟合. 如果数据分布特点是开始下降较快随后逐渐变缓, 则宜选用

$$f(x)=\frac{1}{a_1x+a_2},\quad f(x)=\frac{1}{a_1x^2+a_2} \quad 或 \quad f(x)=a_1e^{-a_2x}$$

等函数拟合.

常被选用的非线性拟合函数有对数函数 $y=a_1+a_2\ln x$, S 形曲线函数 $y=\dfrac{1}{a+be^{-x}}$ 等.

7.2.2 数据拟合的 Python 实现

Python 的多个模块中, 有很多函数或方法可以拟合未知参数. 例如, NumPy 库中的多项式拟合函数 polyfit; scipy.optimize 模块中的函数 leastsq, curve_fit 都可以拟合函数. 下面介绍 polyfit 和 curve_fit 的使用方法.

1. polyfit 的用法

例 7.7 对表 7.5 的数据进行二次多项式拟合. 并求当 $x=0.25,\ 0.35$ 时, y 的预测值.

表 7.5 待拟合数据

x_i	0	0.1	0.2	0.3	0.4	0.5	0.6	0.7	0.8	0.9	1.0
y_i	−0.447	1.978	3.28	6.16	7.08	7.34	7.66	9.56	9.48	9.30	11.2

解 拟合的二次多项式为 $y=-9.8108x^2+20.1293x-0.0317$; 当 $x=0.25, 0.35$ 时, y 的预测值分别为 4.3875, 5.8118.

```
#程序文件名Pex7_7.py
from numpy import polyfit, polyval, array, arange
from matplotlib.pyplot import plot,show,rc
x0=arange(0, 1.1, 0.1)
y0=array([-0.447, 1.978, 3.28, 6.16, 7.08, 7.34, 7.66, 9.56, 9.48,
      9.30, 11.2])
p=polyfit(x0, y0, 2) #拟合二次多项式
print("拟合二次多项式的从高次幂到低次幂系数分别为:",p)
yhat=polyval(p,[0.25, 0.35]); print("预测值分别为: ", yhat)
rc('font',size=16)
```

```
plot(x0, y0, '*', x0, polyval(p, x0), '-'); show()
```

2. curve_fit 的用法

curve_fit 的调用格式为

```
popt, pcov = curve_fit(func, xdata, ydata)
```

其中 func 是拟合的函数, xdata 是自变量的观测值, ydata 是函数的观测值, 返回值 popt 是拟合的参数, pcov 是参数的协方差矩阵.

例 7.8 (续例 7.7)　用 curve_fit 函数拟合二次多项式, 并求预测值.

```
#程序文件名Pex7_8.py
import numpy as np
from scipy.optimize import curve_fit
y=lambda x, a, b, c: a*x**2+b*x+c
x0=np.arange(0, 1.1, 0.1)
y0=np.array([-0.447, 1.978, 3.28, 6.16, 7.08, 7.34, 7.66, 9.56,
             9.48, 9.30, 11.2])
popt, pcov=curve_fit(y, x0, y0)
print("拟合的参数值为: ", popt)
print("预测值分别为: ", y(np.array([0.25, 0.35]), *popt))
```

运行结果如下:

```
拟合的参数值为:  [-9.81083901 20.12929291 -0.03167108]
预测值分别为:  [4.38747471 5.81175366]
```

例 7.9　用表 7.6 的数据拟合函数 $z = ae^{bx} + cy^2$.

表 7.6　x_1, x_2, y 的观测值

x	6	2	6	7	4	2	5	9
y	4	9	5	3	8	5	8	2
z	5	2	1	9	7	4	3	3

```
#程序文件名Pex7_9.py
import numpy as np
from scipy.optimize import curve_fit
x0=np.array([6, 2, 6, 7, 4, 2, 5, 9])
y0=np.array([4, 9, 5, 3, 8, 5, 8, 2])
z0=np.array([5, 2, 1, 9, 7, 4, 3, 3])
xy0=np.vstack((x0, y0))
def Pfun(t, a, b, c):
```

```
    return a*np.exp(b*t[0])+c*t[1]**2
popt, pcov=curve_fit(Pfun, xy0, z0)
print("a, b, c的拟合值为: ", popt)
```

求得 $a=5.0891, b=-0.0026, c=-0.0215$.

例 7.10 利用模拟数据拟合曲面 $z=e^{-\frac{(x-\mu_1)^2+(y-\mu_2)^2}{2\sigma^2}}$, 并画出拟合曲面的图形.

解 利用函数 $z=e^{-\frac{(x-\mu_1)^2+(y-\mu_2)^2}{2\sigma^2}}$, 其中 $\mu_1=1, \mu_2=2, \sigma=3$, 生成加噪声的模拟数据, 利用模拟数据拟合参数 μ_1, μ_2, σ, 最后画出拟合曲面的图形.

```
#程序文件Pex7_10.py
from mpl_toolkits import mplot3d
import numpy as np
from scipy.optimize import curve_fit
import matplotlib.pyplot as plt
m=200; n=300
x=np.linspace(-6, 6, m); y=np.linspace(-8, 8, n);
x2, y2 = np.meshgrid(x, y)
x3=np.reshape(x2,(1,-1)); y3=np.reshape(y2, (1,-1))
xy=np.vstack((x3,y3))
def Pfun(t, m1, m2, s):
    return np.exp(-((t[0]-m1)**2+(t[1]-m2)**2)/(2*s**2))
z=Pfun(xy, 1, 2, 3); zr=z+0.2*np.random.normal(size=z.shape)
                                                        #噪声数据
popt, pcov=curve_fit(Pfun, xy, zr)   #拟合参数
print("三个参数的拟合值分别为: ",popt)
zn=Pfun(xy, *popt)  #计算拟合函数的值
zn2=np.reshape(zn, x2.shape)
plt.rc('font',size=16)
ax=plt.axes(projection='3d') #创建一个三维坐标轴对象
ax.plot_surface(x2, y2, zn2,cmap='gist_rainbow')
plt.savefig("figure7_10.png", dpi=500); plt.show()
```

拟合曲面的图形如图 7.4 所示.

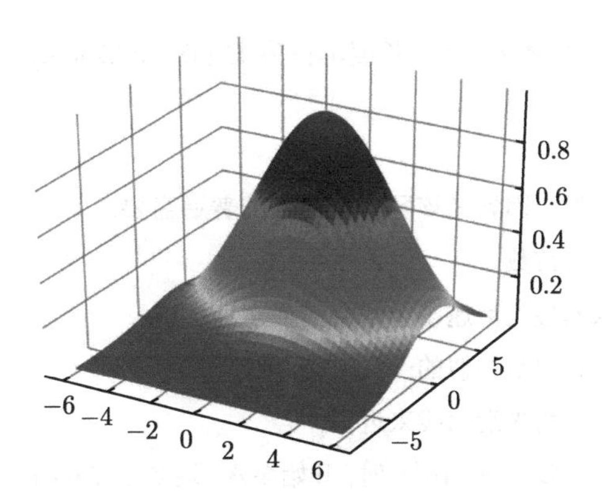

图 7.4 拟合曲面的图形

习 题 7

7.1 交通管理部门为了掌握一座桥梁的通行情况, 在桥梁的一端每间隔一段不等的时间连续记录 1min 内通过桥梁的车辆数, 连续观测一天 24h 的通过车辆数据如表 7.7 所示. 试建模分析估计这一天中总共有多少车辆通过这座桥梁.

表 7.7 24h 通过桥梁的车辆统计数据

时间	0:00	2:00	4:00	5:00	6:00	7:00	8:00	9:00	10:30	11:30	12:30
车辆数	2	2	0	2	5	8	25	12	5	10	12
时间	14:00	16:00	17:00	18:00	19:00	20:00	21:00	22:00	23:00	24:00	
车辆数	7	9	28	22	10	9	11	8	9	3	

7.2 为了检验 X 射线的杀菌作用, 用 X 射线来照射细菌, 每次照射 6min, 照射次数记为 t, 共照射 15 次, 各次照射后所剩细菌数 y 见表 7.8, 试找出其规律.

表 7.8 细菌数观测值

次数 t	1	2	3	4	5	6	7	8	9	10	11	12	13	14	15
y	352	211	197	160	142	106	104	60	56	38	36	32	21	19	15

7.3 在区间 $[0,1]$ 上等间距取 1000 个点 x_i $(i=1,2,\cdots,1000)$, 计算在这些 x_i 点处函数 $f(x)=\dfrac{x+2}{\sqrt{x+1}}$ 的值 y_i, 利用点 (x_i,y_i) $(i=1,2,\cdots,1000)$, 求插值函数 $\hat{f}(x)$, 画出插值函数的图形, 并求积分 $\int_0^1 f(x)dx$ 和 $\int_0^1 \hat{f}(x)dx$.

7.4 (水箱水流量问题) 许多供水单位由于没有测量流入或流出水箱流量的设备, 而只能测量水箱中的水位. 试通过测得的某时刻水箱中水位的数据, 估计在任意时刻 (包括水泵灌水期间) t 流出水箱的流量 $f(t)$.

给出原始数据如表 7.9 所列, 其中长度单位为 E (1E=30.24cm). 水箱为圆柱体, 其直径为 57E.

假设:

(1) 影响水箱流量的唯一因素是该区公众对水的普通需要;

(2) 水泵的灌水速度为常数;

(3) 从水箱中流出水的最大流速小于水泵的灌水速度;

(4) 每天的用水量分布都是相似的;

(5) 水箱的流水速度可用光滑曲线来近似;

(6) 当水箱的水容量达到 514×10^3g 时, 开始泵水; 达到 677.6×10^3g 时, 便停止泵水.

表 7.9　水位数据表

时间/s	水位/10^{-2}E	时间/s	水位/10^{-2}E
0	3175	44636	3350
3316	3110	49953	3260
6635	3054	53936	3167
10619	2994	57254	3087
13937	2947	60574	3012
17921	2892	64554	2927
21240	2850	68535	2842
25223	2795	71854	2767
28543	2752	75021	2697
32284	2697	79254	泵水
35932	泵水	82649	泵水
39332	泵水	85968	3475
39435	3550	89953	3397
43318	3445	93270	3340

7.5　20 世纪 60 年代世界人口增长情况见表 7.10, 试求最佳拟合曲线.

表 7.10　世界人口数　　(单位: 百万)

年份	1960	1961	1962	1963	1964	1965	1966	1967	1968
人口	2972	3061	3151	3213	3234	3285	3356	3420	3483

7.6　某年美国旧车价格的调查资料如表 7.11 所示, 其中 x_i 表示轿车的使用年数, y_i 表示相应的平均价格. 试分析用什么形式的曲线拟合表中所给的数据, 并预测使用 4.5 年后轿车的平均价格大致为多少?

表 7.11　某年美国旧车价格调查数据　　(单位: 美元)

x_i	1	2	3	4	5	6	7	8	9	10
y_i	2615	1943	1494	1087	765	538	484	290	226	204

7.7 已知欧洲一个国家的地图, 为了算出它的国土面积和边界长度, 首先对地图作如下测量: 以由西向东方向为 x 轴正向, 由南向北方向为 y 轴正向, 选择方便的原点, 并将从最西边界点到最东边界点在 x 轴上的区间适当地分为若干段, 在每个分点的 y 方向测出南边界点和北边界点的 y 坐标 y_1 和 y_2, 这样就得到了表 7.12 的数据 (单位: mm).

表 7.12 边界点数据

x	7.0	10.5	13.0	17.5	34.0	40.5	44.5	48.0	56.0
y_1	44	45	47	50	50	38	30	30	34
y_2	44	59	70	72	93	100	110	110	110
x	61.0	68.5	76.5	80.5	91.0	96.0	101.0	104.0	106.5
y_1	36	34	41	45	46	43	37	33	28
y_2	117	118	116	118	118	121	124	121	121
x	111.5	118.0	123.5	136.5	142.0	146.0	150.0	157.0	158.0
y_1	32	65	55	54	52	50	66	66	68
y_2	121	122	116	83	81	82	86	85	68

根据地图的比例我们知道 18mm 相当于 40km, 试由测量数据计算该国国土边界的近似长度和近似面积, 并与国土面积的精确值 41288km^2 比较.

第8章 微分方程模型

在实际问题中经常需要寻求某个变量 y 随另一变量 t 的变化规律 $y = y(t)$, 这个函数关系式常常不能直接求出. 然而有时容易建立包含变量及导数在内的关系式, 即建立变量能满足的微分方程, 从而通过求解微分方程对所研究的问题进行解释说明.

8.1 微分方程模型的求解方法

在高等数学中, 介绍了一些特殊类型微分方程的解析解法, 但是大量的微分方程由于过于复杂往往难以求出解析解. 此时可以应用数值解法, 求得微分方程的近似解.

8.1.1 微分方程的数值解

考虑一阶常微分方程的初值问题

$$\begin{cases} \dfrac{dy}{dx} = f(x, y), \\ y(x_0) = y_0 \end{cases} \tag{8.1}$$

在区间 $[a, b]$ 上的解, 其中 $f(x, y)$ 为 x, y 的连续函数, y_0 是给定的初始值. 将上述问题的精确解记为 $y(x)$.

所谓数值解法, 就是求问题 (8.1) 的解 $y(x)$ 在若干点

$$a = x_0 < x_1 < x_2 < \cdots < x_N = b$$

处的近似值 $y_n\,(n = 1, 2, \cdots, N)$ 的方法, $y_n\,(n = 1, 2, \cdots, N)$ 称为问题 (8.1) 的数值解, $h_n = x_{n+1} - x_n$ 称为由 x_n 到 x_{n+1} 的步长, 一般取等步长 $h = (b - a)/N$.

建立数值解法, 首先要将微分方程离散化, 一般采用以下几种方法.

1. 用差商近似导数

若用向前差商 $\dfrac{y(x_{n+1}) - y(x_n)}{h}$ 代替 $y'(x_n)$, 代入 (8.1) 中的微分方程, 则得

$$\frac{y(x_{n+1}) - y(x_n)}{h} \approx f(x_n, y(x_n)), \quad n = 0, 1, \cdots, N-1.$$

化简得

$$y(x_{n+1}) \approx y(x_n) + hf(x_n, y(x_n)).$$

如果用 $y(x_n)$ 的近似值 y_n 代入上式右端, 所得结果作为 $y(x_{n+1})$ 的近似值, 记为 y_{n+1}, 则有

$$y_{n+1} = y_n + hf(x_n, y_n), \quad n = 0, 1, \cdots, N-1.$$

这样, 问题 (8.1) 的数值解可通过求解下述问题

$$\begin{cases} y_{n+1} = y_n + hf(x_n, y_n), & n = 0, 1, \cdots, N-1, \\ y_0 = y(a) \end{cases} \tag{8.2}$$

得到, 按式 (8.2) 由初值 y_0 可逐次算出 $y_1, y_2, \cdots, y_N$. 式 (8.2) 是个离散化的问题, 称为差分方程初值问题.

2. 用数值积分方法

将问题 (8.1) 的解表成积分形式, 用数值积分方法离散化. 例如, 对微分方程两端积分, 得

$$y(x_{n+1}) - y(x_n) = \int_{x_n}^{x_{n+1}} f(x, y(x))dx, \quad n = 0, 1, \cdots, N-1, \tag{8.3}$$

右边的积分用矩形公式或梯形公式计算.

3. 泰勒多项式近似

将函数 $y(x)$ 在 x_n 处展开, 取一次泰勒多项式近似, 则得

$$y(x_{n+1}) \approx y(x_n) + hy'(x_n) = y(x_n) + hf(x_n, y(x_n)),$$

再将 $y(x_n)$ 的近似值 y_n 代入上式右端, 所得结果作为 $y(x_{n+1})$ 的近似值 y_{n+1}, 得到离散化的计算公式

$$y_{n+1} = y_n + hf(x_n, y_n).$$

以上三种方法都是将微分方程离散化的常用方法, 每一类方法又可导出不同形式的计算公式. 其中的泰勒展开法, 不仅可以得到求数值解的公式, 而且容易估计截断误差.

8.1.2 用 Python 求解微分方程

1. 符号解法

第 3 章中已经介绍过微分方程的符号解, 下面再举几个例子.

例 8.1　求下述微分方程的特解

$$\begin{cases} \dfrac{d^2y}{dx^2}+2\dfrac{dy}{dx}+2y=0, \\ y(0)=0, \quad y'(0)=1. \end{cases}$$

```
#程序文件Pex8_1.py
from sympy.abc import x
from sympy import diff, dsolve, simplify, Function
y=Function('y')
eq=diff(y(x),x,2)+2*diff(y(x),x)+2*y(x)  #定义方程
con={y(0): 0, diff(y(x),x).subs(x,0): 1}  #定义初值条件
y=dsolve(eq, ics=con)
print(simplify(y))
```

求得符号解为 $y(x)=e^{-x}\sin x$.

例 8.2　求下述微分方程的解：

$$\begin{cases} \dfrac{d^2y}{dx^2}+2\dfrac{dy}{dx}+2y=\sin x, \\ y(0)=0, \quad y'(0)=1. \end{cases}$$

```
#程序文件Pex8_2.py
from sympy.abc import x  #引进符号变量x
from sympy import Function, diff, dsolve, sin
y=Function('y')
eq=diff(y(x),x,2)+2*diff(y(x),x)+2*y(x)-sin(x)  #定义方程
con={y(0): 0, diff(y(x), x).subs(x,0): 1}  #定义初值条件
y=dsolve(eq, ics=con)
print(y)
```

求得的符号解为 $y(x)=\left(\dfrac{6\sin x}{5}+\dfrac{2\cos x}{5}\right)e^{-x}+\dfrac{\sin x}{5}-\dfrac{2\cos x}{5}$.

例 8.3　求下列微分方程组的解：

$$\begin{cases} \dfrac{dx_1}{dt}=2x_1-3x_2+3x_3, \quad x_1(0)=1, \\ \dfrac{dx_2}{dt}=4x_1-5x_2+3x_3, \quad x_2(0)=2, \\ \dfrac{dx_3}{dt}=4x_1-4x_2+2x_3, \quad x_3(0)=3. \end{cases}$$

```
#程序文件Pex8_3_1.py
```

```
import sympy as sp
t=sp.symbols('t')
x1,x2,x3=sp.symbols('x1,x2,x3',cls=sp.Function)
eq=[x1(t).diff(t)-2*x1(t)+3*x2(t)-3*x3(t),
    x2(t).diff(t)-4*x1(t)+5*x2(t)-3*x3(t),
    x3(t).diff(t)-4*x1(t)+4*x2(t)-2*x3(t)]
con={x1(0):1, x2(0):2, x3(0):3}
s=sp.dsolve(eq, ics=con); print(s)
```

或者编写如下简洁的 Python 程序:

```
#程序文件Pex8_3_2.py
import sympy as sp
t=sp.symbols('t')
x1,x2,x3=sp.symbols('x1:4',cls=sp.Function)
x=sp.Matrix([x1(t),x2(t),x3(t)])
A=sp.Matrix([[2,-3,3],[4,-5,3],[4,-4,2]])
eq=x.diff(t)-A*x
s=sp.dsolve(eq,ics={x1(0):1,x2(0):2,x3(0):3})
print(s)
```

求得的符号解为

$$\begin{cases} x_1(t) = 2e^{2t} - e^{-t}, \\ x_2(t) = 2e^{2t} - e^{-t} + e^{-2t}, \\ x_3(t) = 2e^{2t} + e^{-2t}. \end{cases}$$

2. 数值解法

Python 对常微分方程的数值求解是基于一阶方程进行的, 高阶微分方程必须化成一阶方程组, 通常采用龙格–库塔方法. scipy.integrate 模块的 odeint 函数求常微分方程的数值解, 其基本调用格式为

```
sol=odeint(func, y0, t)
```

其中 func 是定义微分方程的函数或匿名函数, y0 是初始条件的序列, t 是一个自变量取值的序列 (t 的第一个元素一定为初始时刻), 返回值 sol 是对应于序列 t 中元素的数值解, 如果微分方程组中有 n 个函数, 返回值 sol 是 n 列的矩阵, 第 $i\,(i=1,2,\cdots,n)$ 列对应于第 i 个函数的数值解.

例 8.4 求微分方程

$$\begin{cases} y' = -2y + x^2 + 2x, \\ y(1) = 2. \end{cases}$$

在 $1 \leqslant x \leqslant 10$ 步长间隔为 0.5 点上的数值解.

```
#程序文件Pex8_4.py
from scipy.integrate import odeint
from numpy import arange
dy=lambda y, x: -2*y+x**2+2*x
x=arange(1, 10.5, 0.5)
sol=odeint(dy, 2, x)
print("x={}\n对应的数值解y={}".format(x, sol.T))
```

例 8.5 (续例 8.1)　求例 8.1 的数值解, 并在同一个图形界面上画出符号解和数值解的曲线.

解　引进 $y_1 = y, y_2 = y'$, 则可以把原来的二阶微分方程化为如下一阶微分方程组:

$$\begin{cases} y_1' = y_2, & y_1(0) = 0, \\ y_2' = -2y_1 - 2y_2, & y_2(0) = 1. \end{cases}$$

求数值解和画图的程序如下:

```
#程序文件Pex8_5.py
from scipy.integrate import odeint
from sympy.abc import t
import numpy as np
import matplotlib.pyplot as plt
def Pfun(y,x):
    y1, y2=y;
    return np.array([y2, -2*y1-2*y2])
x=np.arange(0, 10, 0.1)  #创建时间点
sol1=odeint(Pfun, [0.0, 1.0], x)  #求数值解
plt.rc('font',size=16); plt.rc('font',family='SimHei')
plt.plot(x, sol1[:,0],'r*',label="数值解")
plt.plot(x, np.exp(-x)*np.sin(x), 'g', label="符号解曲线")
plt.legend(); plt.savefig("figure8_5.png"); plt.show()
```

所画出的数值解和符号解的图形如图 8.1 所示.

例 8.6　Lorenz 模型的混沌效应.

Lorenz 模型是由美国气象学家 Lorenz 在研究大气运动时, 通过简化对流模型, 只保留 3 个变量提出的一个完全确定性的一阶自治常微分方程组 (不显含时间变

量), 其方程为

$$
\begin{cases}
\dot{x} = \sigma(y - x), \\
\dot{y} = \rho x - y - xz, \\
\dot{z} = xy - \beta z.
\end{cases}
$$

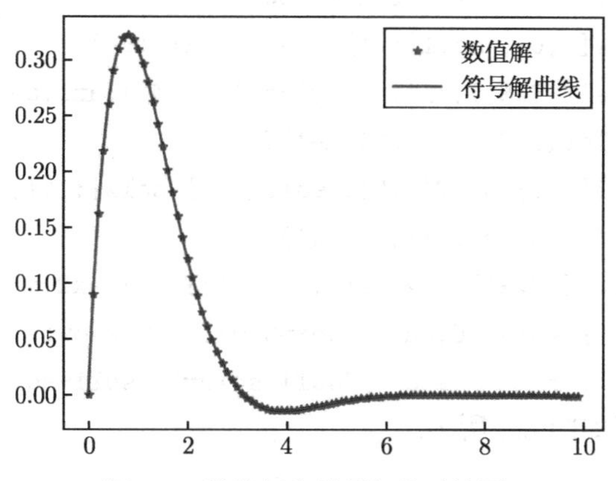

图 8.1 数值解和符号解的对比图

其中, 参数 σ 为 Prandtl 数, ρ 为 Rayleigh 数, β 为方向比. Lorenz 模型如今已经成为混沌领域的经典模型, 第一个混沌吸引子 —— Lorenz 吸引子也是在这个系统中被发现的. 系统中三个参数的选择对系统会不会进入混沌状态起着重要的作用. 图 8.2(a) 给出了 Lorenz 模型在 $\sigma = 10, \rho = 28, \beta = 8/3$ 时系统的三维演化轨迹. 由图 8.2(a) 可见, 经过长时间运行后, 系统只在三维空间的一个有限区域内运动, 即在三维相空间里的测度为零. 图 8.2(a) 显示出我们经常听到的 "蝴蝶效应". 图 8.2(b) 给出了系统从两个靠得很近的初值出发 (相差仅 0.0001) 后, 解的偏差演化曲线. 随着时间的增大, 可以看到两个解的差异越来越大, 这正是动力学系统对初值敏感性的直观表现, 由此可断定此系统的这种状态为混沌态. 混沌运动是确定性系统中存在随机性, 它的运动轨道对初始条件极端敏感.

```
#程序文件Pex8_6.py
from scipy.integrate import odeint
import numpy as np
from mpl_toolkits import mplot3d
import matplotlib.pyplot as plt
def lorenz(w,t):
    sigma=10; rho=28; beta=8/3
    x, y, z=w;
    return np.array([sigma*(y-x), rho*x-y-x*z, x*y-beta*z])
```

```
t=np.arange(0, 50, 0.01)  #创建时间点
sol1=odeint(lorenz, [0.0, 1.0, 0.0], t)  #第一个初值问题求解
sol2=odeint(lorenz, [0.0, 1.0001, 0.0], t)  #第二个初值问题求解
plt.rc('font',size=16); plt.rc('text',usetex=True)
ax1=plt.subplot(121,projection='3d')
ax1.plot(sol1[:,0], sol1[:,1], sol1[:,2],'r')
ax1.set_xlabel('$x$');ax1.set_ylabel('$y$');ax1.set_zlabel('$z$')
ax2=plt.subplot(122,projection='3d')
ax2.plot(sol1[:,0]-sol2[:,0], sol1[:,1]-sol2[:,1],
        sol1[:,2]-sol2[:,2],'g')
ax2.set_xlabel('$x$');ax2.set_ylabel('$y$');ax2.set_zlabel('$z$')
plt.savefig("figure8_6.png", dpi=500); plt.show()
print("sol1=",sol1, '\n\n', "sol1-sol2=", sol1-sol2)
```

所画出的图形如图 8.2 所示.

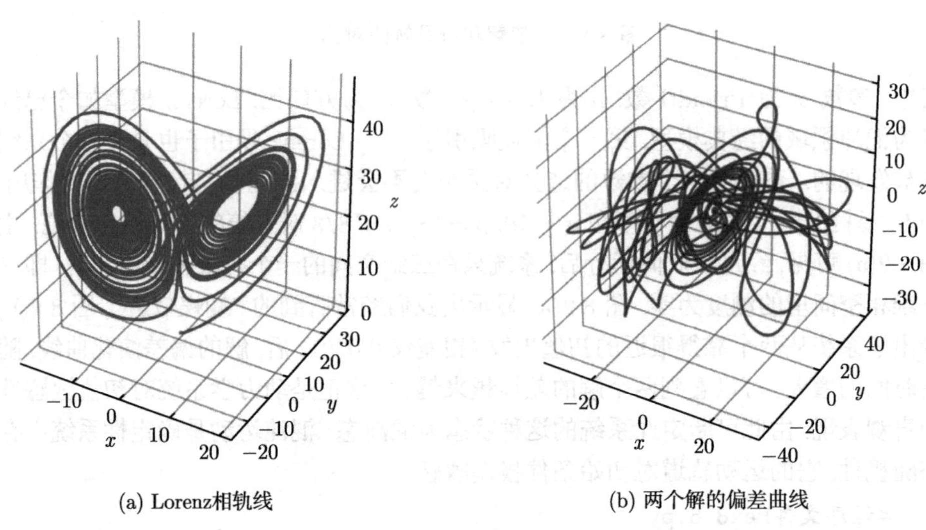

(a) Lorenz相轨线 (b) 两个解的偏差曲线

图 8.2 混沌效应图

8.2 微分方程建模方法

建立微分方程模型一般可分为以下三步:

(1) 根据实际要求确定研究的量 (自变量、未知函数、必要的参数等), 并确定坐标系.

(2) 找出这些量所满足的基本规律.

(3) 运用这些规律列出方程和定解条件.

下面通过实例介绍几类常用的利用微分方程建立数学模型的方法.

1. 按规律直接列方程

例 8.7 建立物体冷却过程的数学模型.

将某物体放置于空气中, 在时刻 $t=0$ 测量得它的温度为 $u_0=150$℃, 10min 后测量得它的温度为 $u_1=100$℃. 要求建立此物体的温度 u 和时间 t 的关系, 并计算 20min 后物体的温度. 其中假设空气的温度保持为 $\tilde{u}=24$℃.

解 牛顿冷却定律是温度高于周围环境的物体向周围媒质传递热量逐渐冷却时所遵循的规律: 当物体表面与周围存在温度差时, 单位时间从单位面积散失的热量与温度差成正比, 比例系数称为热传递系数.

假设该物体在时刻 t 的温度为 $u=u(t)$, 则由牛顿冷却定律, 得到

$$\frac{du}{dt}=-k(u-\tilde{u}), \tag{8.4}$$

其中, $k>0$, 方程 (8.4) 就是物体冷却过程的数学模型.

注意到 $\tilde{u}=24$ 为常数, $u-\tilde{u}>0$, 可将方程 (8.4) 改写为

$$\frac{d(u-24)}{u-24}=-kdt.$$

两边积分得到

$$\int_{150}^{u}\frac{d(u-24)}{u-24}=\int_{0}^{t}-kdt,$$

化简得

$$u=24+126e^{-kt}. \tag{8.5}$$

把条件 $t=10$, $u=u_1=100$ 代入式 (8.5), 得 $k=\frac{1}{10}\ln\frac{126}{76}=0.0506$, 故此物体的温度 u 和时间 t 的关系为 $u=24+126e^{-0.0506t}$. 20 分钟后物体的温度为 69.8413℃.

计算的 Python 程序如下:

```
#程序文件Pex8_7.py
import sympy as sp
sp.var('t, k')  #定义符号变量t,k
u = sp.var('u', cls=sp.Function)  #定义符号函数
eq = sp.diff(u(t), t) + k * (u(t) - 24)  #定义方程
uu = sp.dsolve(eq, ics={u(0): 150}) #求微分方程的符号解
print(uu)
```

```
kk = sp.solve(uu, k)  #kk返回值是列表，可能有多个解
k0 = kk[0].subs({t: 10.0, u(t): 100.0})
print(kk, '\t', k0)
u1 = uu.args[1]  #提出符号表达式
u0 = u1.subs({t: 20, k: k0})  #代入具体值
print("20分钟后的温度为：", u0)
```

2. 微元分析法

该方法的基本思想是通过分析研究对象的有关变量在一个很短时间内的变化规律, 寻找一些微元之间的关系式.

例 8.8　有高为 1m 的半球形容器, 水从它的底部小孔流出. 小孔横截面积为 1cm^2. 开始时容器内盛满了水, 求水从小孔流出过程中容器里水面的高度 h (水面与孔口中心的距离) 随时间 t 变化的规律.

解　如图 8.3 所示, 以底部中心为坐标原点, 垂直向上为坐标轴的正向建立坐标系.

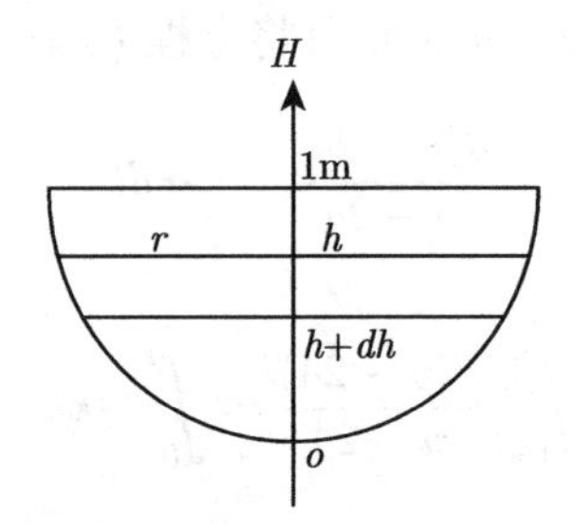

图 8.3　半球形容器及坐标系

由水力学知, 水从孔口流出的流量 Q 为 "通过孔口横截面的水的体积 V 对时间 t 的变化率", 满足

$$Q = \frac{dV}{dt} = 0.62S\sqrt{2gh}, \tag{8.6}$$

式 (8.6) 中, 0.62 为流量系数; g 为重力加速度 (取 9.8m/s^2), S 为孔口横截面积 (单位: m^2), h 为 t 时刻水面高度 (单位: cm). 当 $S = 1\text{cm}^2 = 0.0001\text{m}^2$ 时,

$$dV = 0.000062\sqrt{2gh}dt. \tag{8.7}$$

在微小时间间隔 $[t, t+dt]$ 内, 水面高度由 h 降到 $h+dh$(这里 $dh<0$), 容器中水的体积改变量近似为

$$dV = -\pi r^2 dh, \tag{8.8}$$

式 (8.8) 中, r 为 t 时刻的水面半径, 右端置负号是由于 $dh < 0$, 而 $dV > 0$; 这里

$$r^2 = [1^2 - (1-h)^2] = 2h - h^2. \tag{8.9}$$

由式 (8.7)—(8.9), 得

$$0.000062\sqrt{2gh}dt = \pi(h^2 - 2h)dh.$$

再考虑到初始条件, 得到如下的微分方程模型

$$\begin{cases} \dfrac{dt}{dh} = \dfrac{10000\pi}{0.62\sqrt{2g}}(h^{\frac{3}{2}} - 2h^{\frac{1}{2}}), \\ t(1) = 0, \end{cases}$$

利用分离变量法, 可以求得微分方程的解为

$$t(h) = -15260.5042h^{\frac{3}{2}} + 4578.1513h^{\frac{5}{2}} + 10682.3530.$$

上式表达了水从小孔流出的过程中容器内水面高度 h 与时间 t 之间的关系.

计算的 Python 程序如下:

```
#程序文件Pex8_8.py
import sympy as sp
sp.var('h')  #定义符号变量
sp.var('t', cls=sp.Function)  #定义符号函数
g = 9.8
eq = t(h).diff(h) -10000*sp.pi/0.62/sp.sqrt(2*g)*(h**(3/2)-
     2*h**(1/2))  #定义方程
t = sp.dsolve(eq, ics={t(1): 0}) #求微分方程的符号解
t = sp.simplify(t)
print(t.args[1].n(9))
```

运行结果如下

```
-15260.5042*h**1.5 + 4578.15127*h**2.5 + 10682.353
```

3. 模拟近似法

该方法的基本思想是在不同的假设下模拟实际的现象, 即建立模拟近似的微分方程, 从数学上求解或分析解的性质, 再去和实际情况作对比, 观察这个模型能否模拟、近似某些实际的现象.

例 8.9 (交通管理问题) 在交通十字路口, 都会设置红绿灯. 为了让那些正行驶在交叉路口或离交叉路口太近而无法停下的车辆通过路口, 红绿灯转换中间还要亮起一段时间的黄灯. 那么, 黄灯应亮多长时间才最为合理呢?

分析: 黄灯状态持续的时间包括驾驶员的反应时间、车通过交叉路口的时间以及通过刹车距离所需的时间.

解　记 v_0 是法定速度, I 是交通路口的长度, L 是典型的车身长度, 则车通过路口的时间为 $\dfrac{I+L}{v_0}$.

下面计算刹车距离, 刹车距离就是从开始刹车到速度 $v=0$ 时汽车驶过的距离. 设 W 为汽车的重量, μ 为摩擦系数. 显然, 地面对汽车的摩擦力为 μW, 其方向与运动方向相反. 由牛顿第二定律, 汽车在停车过程中, 行驶的距离 x 与时间 t 的关系可由下面的微分方程表示

$$\frac{W}{g}\cdot\frac{d^2x}{dt^2}=-\mu W, \tag{8.10}$$

其中, g 为重力加速度. 化简 (8.10) 式, 得

$$\frac{d^2x}{dt^2}=-\mu g. \tag{8.11}$$

再考虑初始条件, 建立如下的二阶微分方程模型

$$\begin{cases}\dfrac{d^2x}{dt^2}=-\mu g,\\[2mm] x|_{t=0}=0, \quad \left.\dfrac{dx}{dt}\right|_{t=0}=v_0.\end{cases} \tag{8.12}$$

先求解二阶微分方程 (8.11) 式, 对 (8.11) 式两边从 0 到 t 积分, 利用初始条件得

$$\frac{dx}{dt}=-\mu gt+v_0. \tag{8.13}$$

再积分 (8.13) 式一次, 求得二阶微分方程初值问题 (8.12) 式的解为

$$x(t)=-\frac{1}{2}\mu gt^2+v_0t. \tag{8.14}$$

在 (8.13) 式中令 $\dfrac{dx}{dt}=0$, 可得刹车所用时间 $t_0=\dfrac{v_0}{\mu g}$, 从而得到刹车距离 $x(t_0)=\dfrac{v_0^2}{2\mu g}$.

下面计算黄灯状态的时间 T, 则

$$T=\frac{x(t_0)+I+L}{v_0}+T_0, \tag{8.15}$$

其中 T_0 是驾驶员的反应时间, 代入 $x(t_0)$ 得

$$T=\frac{v_0}{2\mu g}+\frac{I+L}{v_0}+T_0. \tag{8.16}$$

设 $T_0=1\text{s}$, $L=4.5\text{m}$, $I=9\text{m}$. 另外, 取具有代表性的 $\mu=0.7$, 当 $v_0=45\text{km/h}$, 65km/h 以及 80km/h 时, 黄灯时间 T 如表 8.1 所列.

表 8.1 不同速度下计算的黄灯时长

v_0/(km/s)	45	65	80
T/s	4.58	5.95	7.00

计算黄灯时间的 Python 程序如下:

```
#程序文件Pex8_9.py
from numpy import array
v0=array([45, 65, 80])
T0=1; L=4.5; I=9; mu=0.7; g=9.8
T=v0/(2*mu*g)+(I+L)/v0+T0
print(T)
```

8.3 微分方程建模实例

8.3.1 Malthus 模型

1789 年, 英国神父 Malthus 在分析了一百多年人口统计资料之后, 提出了 Malthus 模型.

1. 模型假设

(1) 设 $x(t)$ 表示 t 时刻的人口数, 且 $x(t)$ 连续可微.

(2) 人口的增长率 r 是常数 (增长率 = 出生率 − 死亡率).

(3) 人口数量的变化是封闭的, 即人口数量的增加与减少只取决于人口中个体的生育和死亡, 且每一个体都具有同样的生育能力与死亡率.

2. 建模与求解

由假设, t 时刻到 $t+\Delta t$ 时刻人口的增量为 $x(t+\Delta t)-x(t)=rx(t)\Delta t$, 于是得

$$\begin{cases} \dfrac{dx}{dt}=rx, \\ x(0)=x_0, \end{cases} \tag{8.17}$$

其解为

$$x(t)=x_0e^{rt}. \tag{8.18}$$

3. 模型评价

考虑二百多年来人口增长的实际情况, 1961 年世界人口总数为 3.06×10^9, 在 1961~1970 年这段时间内, 每年平均的人口自然增长率为 2%, 则 (8.18) 式可写为

$$x(t)=3.06\times10^9\cdot e^{0.02(t-1961)}. \tag{8.19}$$

根据 1700~1961 年世界人口统计数据, 发现这些数据与 (8.19) 式的计算结果相当符合. 因为在这期间地球上人口大约每 35 年增加 1 倍, 而 (8.19) 式算出每 34.6 年增加 1 倍.

但是, 利用 (8.19) 式对世界人口进行预测, 也会得出惊人的结论, 当 $t = 2670$ 年时, $x(t) = 4.4 \times 10^{15}$, 即 4400 万亿, 这相当于地球上每平方米要容纳至少 20 人.

显然, 用这一模型进行预测的结果远高于实际人口增长, 误差的原因是对增长率 r 的估计过高. 由此, 可以对 r 是常数的假设提出疑问.

8.3.2 Logistic 模型

如何对增长率 r 进行修正呢? 我们知道, 地球上的资源是有限的, 它只能提供一定数量的生命生存所需的条件. 随着人口数量的增加, 自然资源、环境条件等对人口再增长的限制作用将越来越显著. 如果在人口较少时, 可以把增长率 r 看成常数, 那么当人口增加到一定数量之后, 就应当视 r 为一个随着人口的增加而减小的量, 即将增长率 r 表示为人口 $x(t)$ 的函数 $r(x)$, 且 $r(x)$ 为 x 的减函数.

1. 模型假设

(1) 设 $r(x)$ 为 x 的线性函数, $r(x) = r - sx$ (工程师原则, 首先用线性).

(2) 自然资源与环境条件所能容纳的最大人口数为 x_m, 即当 $x = x_m$ 时, 增长率 $r(x_m) = 0$.

2. 建模与求解

由假设 (1), (2) 可得 $r(x) = r\left(1 - \dfrac{x}{x_m}\right)$, 则有

$$\begin{cases} \dfrac{dx}{dt} = r\left(1 - \dfrac{x}{x_m}\right)x, \\ x(t_0) = x_0. \end{cases} \tag{8.20}$$

(8.20) 式是一个可分离变量的方程, 其解为

$$x(t) = \frac{x_m}{1 + \left(\dfrac{x_m}{x_0} - 1\right)e^{-r(t-t_0)}}. \tag{8.21}$$

3. 模型检验

由 (8.20) 式, 计算可得

$$\frac{d^2x}{dt^2} = r^2\left(1 - \frac{x}{x_m}\right)\left(1 - \frac{2x}{x_m}\right)x. \tag{8.22}$$

人口总数 $x(t)$ 有如下规律:

(1) $\lim\limits_{t\to+\infty} x(t)=x_m$, 即无论人口初值 x_0 如何, 人口总数以 x_m 为极限.

(2) 当 $0<x_0<x_m$ 时, $\dfrac{dx}{dt}=r\left(1-\dfrac{x}{x_m}\right)x>0$, 这说明 $x(t)$ 是单调增加的; 又由 (8.22) 式知, 当 $x<\dfrac{x_m}{2}$ 时, $\dfrac{d^2x}{dt^2}>0$, $x=x(t)$ 为凹函数; 当 $x>\dfrac{x_m}{2}$ 时, $\dfrac{d^2x}{dt^2}<0$, $x=x(t)$ 为凸函数.

(3) 人口变化率 $\dfrac{dx}{dt}$ 在 $x=\dfrac{x_m}{2}$ 时取到最大值, 即人口总数达到极限值一半以前是加速生长时期, 经过这一点之后, 增长速率会逐渐变小, 最终达到零.

8.3.3 美国人口的预报模型

例 8.10 利用表 8.2 给出的近两个世纪的美国人口统计数据 (以百万为单位), 建立人口预测模型, 最后用它估计 2010 年美国的人口.

表 8.2 美国人口统计数据

年份	1790	1800	1810	1820	1830	1840	1850	1860
人口	3.9	5.3	7.2	9.6	12.9	17.1	23.2	31.4
年份	1870	1880	1890	1900	1910	1920	1930	1940
人口	38.6	50.2	62.9	76.0	92.0	106.5	123.2	131.7
年份	1950	1960	1970	1980	1990	2000		
人口	150.7	179.3	204.0	226.5	251.4	281.4		

1. 建模与求解

记 $x(t)$ 为第 t 年的人口数量, 设人口年增长率 $r(x)$ 为 x 的线性函数, $r(x)=r-sx$. 自然资源与环境条件所能容纳的最大人口数为 x_m, 即当 $x=x_m$ 时, 增长率 $r(x_m)=0$, 可得 $r(x)=r\left(1-\dfrac{x}{x_m}\right)$, 建立 Logistic 人口模型

$$\begin{cases}\dfrac{dx}{dt}=r\left(1-\dfrac{x}{x_m}\right)x,\\ x(t_0)=x_0,\end{cases}$$

其解为

$$x(t)=\frac{x_m}{1+\left(\dfrac{x_m}{x_0}-1\right)e^{-r(t-t_0)}}. \tag{8.23}$$

2. 参数估计

把表 8.2 中的全部数据保存到文本文件 Pdata8_10_1.txt 中.

1) 非线性最小二乘法

把表 8.2 中的第 1 个数据作为初始条件, 利用余下的数据拟合式 (8.23) 中的参数 x_m 和 r, 编写的 Python 程序如下

```
#程序文件Pex8_10_1.py
import numpy as np
from scipy.optimize import curve_fit
a=[]; b=[];
with open("Pdata8_10_1.txt") as f:    #打开文件并绑定对象f
    s=f.read().splitlines()  #返回每一行的数据
for i in range(0, len(s),2):  #读入奇数行数据
    d1=s[i].split("\t")
    for j in range(len(d1)):
        if d1[j]!="": a.append(eval(d1[j]))
                    #把非空的字符串转换为年代数据
for i in range(1, len(s), 2):  #读入偶数行数据
    d2=s[i].split("\t")
    for j in range(len(d2)):
        if d2[j] != "": b.append(eval(d2[j]))
                    #把非空的字符串转换为人口数据
c=np.vstack((a,b))  #构造两行的数组
np.savetxt("Pdata8_10_2.txt", c)  #把数据保存起来供下面使用
x=lambda t, r, xm: xm/(1+(xm/3.9-1)*np.exp(-r*(t-1790)))
bd=((0, 200), (0.1,1000))  #约束两个参数的下界和上界
popt, pcov=curve_fit(x, a[1:], b[1:], bounds=bd)
print(popt); print("2010年的预测值为: ", x(2010, *popt))
```

注 8.1 用 with 语句打开数据文件并把它绑定到对象 f. 不必操心在操作完资源后去关闭数据文件, 因为 with 语句的上下文管理器会帮助处理. 这在操作资源型文件时非常方便, 因为它能确保在代码执行完毕后资源会被释放掉 (比如关闭文件).

求得 $r = 0.0274$, $x_m = 342.4419$, 2010 年人口的预测值为 282.6798 百万.

2) 线性最小二乘法

为了利用简单的线性最小二乘法估计这个模型的参数 r 和 x_m, 把 Logistic 方程表示为

$$\frac{1}{x}\cdot\frac{dx}{dt} = r - sx, \quad s = \frac{r}{x_m}. \tag{8.24}$$

记 1790, 1800, ⋯, 2000 年分别用 $k=1,2,\cdots,22$ 表示, 利用向前差分, 得到差分方程

$$\frac{1}{x(k)}\cdot\frac{x(k+1)-x(k)}{\Delta t}=r-sx(k),\quad k=1,2,\cdots,21. \tag{8.25}$$

其中步长 $\Delta t=10$, 下面先拟合其中的参数 r 和 s. 编写 Python 程序如下:

```
#程序文件Pex8_10_2.py
import numpy as np
d=np.loadtxt("Pdata8_10_2.txt")  #加载文件中的数据
t0=d[0]; x0=d[1]   #提取年代数据及对应的人口数据
b=np.diff(x0)/10/x0[:-1]  #构造线性方程组的常数项列
a=np.vstack([np.ones(len(x0)-1),-x0[:-1]]).T #构造线性方程组系数
                                              矩阵
rs=np.linalg.pinv(a)@b;  r=rs[0]; xm=r/rs[1]
print("人口增长率r和人口最大值xm的拟合值分别为",np.round([r,xm],4))
xhat=xm/(1+(xm/3.9-1)*np.exp(-r*(2010-1790)))  #求预测值
print("2010年的预测值为: ",round(xhat,4))
```

求得 $r=0.0325$, $x_m=294.3860$. 2010 年人口的预测值为 277.9634 百万.

从上面的两种拟合方法可以看出, 拟合同样的参数, 方法不同可能结果相差很大.

8.3.4 传染病模型

传染病动力学是用数学模型研究某种传染病在某一地区是否蔓延下去, 成为当地的 “地方病”, 或最终该病将被消除. 下面以 Kermack 和 Mckendrick 提出的阈值模型为例说明传染病动力学数学模型的建模过程.

1. 模型假设

(1) 被研究人群是封闭的, 总人数为 n. $s(t), i(t)$ 和 $r(t)$ 分别表示 t 时刻人群中易感染者、感染者 (病人) 和免疫者的人数. 起始条件为 s_0 个易感染者, i_0 个感染者, 免疫者 $n-s_0-i_0$ 个.

(2) 易感人数的变化率与当时的易感人数和感染人数之积成正比, 比例系数为 λ.

(3) 免疫者人数的变化率与当时的感染者人数成正比, 比例系数为 μ.

(4) 三类人总的变化率代数和为零.

2. 模型建立

根据上述假设, 可以建立如下模型:

$$\begin{cases} \dfrac{ds}{dt} = -\lambda si, \\ \dfrac{di}{dt} = \lambda si - \mu i, \\ \dfrac{dr}{dt} = \mu i, \\ s(t) + i(t) + r(t) = n. \end{cases} \tag{8.26}$$

以上模型又称 Kermack-Mckendrick 方程.

3. 模型求解与分析

对于方程 (8.26) 无法求出 $s(t)$, $i(t)$ 和 $r(t)$ 的解析解, 转到平面 $s-i$ 上来讨论解的性质. 由方程 (8.26) 中的前两个方程消去 dt, 可得

$$\begin{cases} \dfrac{di}{ds} = \dfrac{1}{\sigma s} - 1, \\ i\big|_{s=s_0} = i_0, \end{cases} \tag{8.27}$$

其中 $\sigma = \lambda/\mu$, 是一个传染期内每个患者有效接触的平均人数, 称为接触数. 用分离变量法可求出 (8.27) 式的解为

$$i = (s_0 + i_0) - s + \frac{1}{\sigma}\ln\frac{s}{s_0}. \tag{8.28}$$

s 与 i 的关系如图 8.4 所示, 从图中可以看出, 当初始值 $s_0 \leqslant 1/\sigma$ 时, 传染病不会蔓延. 患者人数一直在减少并逐渐消失. 而当 $s_0 > 1/\sigma$ 时, 患者人数会增加, 传染病开始蔓延, 健康者的人数在减少. 当 $s(t)$ 减少至 $1/\sigma$ 时, 患者在人群中的比例达到最大值, 然后患者数逐渐减少至零. 由此可知, $1/\sigma$ 是一个阈值, 要想控制传染病的流行, 应控制 s_0 使之小于此阈值.

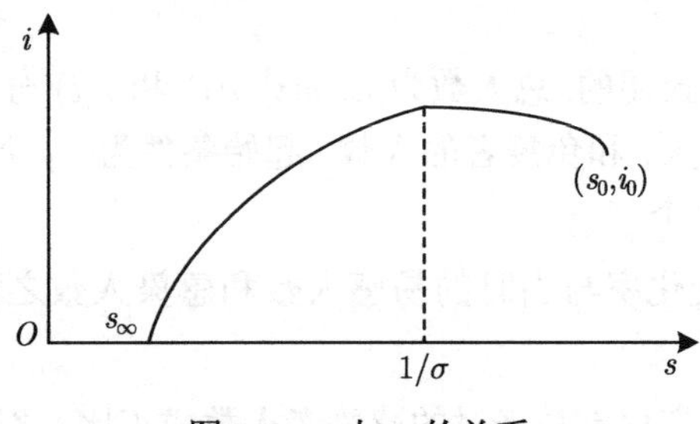

图 8.4　s 与 i 的关系

由上述分析可知, 要控制疫后有免疫力的此类传染病的流行可通过两个途径: 一是提高卫生和医疗水平, 卫生水平越高, 传染性接触率 λ 就越小; 医疗水平越高, 恢复系数 μ 就越大. 这样, 阈值 $1/\sigma$ 就越大, 因此提高卫生和医疗水平有助于控制传染病的蔓延. 另一条途径是通过降低 s_0 来控制传染病的蔓延. 由 $s_0+i_0+r_0=n$ 可知, 要想减少 s_0 可通过提高 r_0 来实现, 而这又可通过预防接种和群体免疫等措施来实现.

4. 参数估计

参数 σ 的值可由实际数据估计得到, 记 s_∞, i_∞ 分别是传染病流行结束后的健康者人数和患者人数. 当流行结束后, 患者都将转为免疫者. 所以, $i_\infty=0$. 则由 (8.28) 式可得

$$i_\infty = 0 = s_0 + i_0 - s_\infty + \frac{1}{\sigma}\ln\frac{s_\infty}{s_0},$$

解出 σ 得

$$\sigma = \frac{\ln s_0 - \ln s_\infty}{s_0 + i_0 - s_\infty}. \tag{8.29}$$

于是, 当已知某地区某种传染病流行结束后的 s_∞ 时, 那么可由 (8.29) 计算出 σ 的值, 而此 σ 的值可在今后同种传染病和同类地区的研究中使用.

5. 模型应用

这里以 1950 年上海市某全托幼儿所发生的一起水痘流行过程为例, 应用 K-M 模型进行模拟, 并对模拟结果进行讨论. 该所儿童总人数 n 为 196 人; 既往患过水痘而此次未感染者 40 人, 查不出水痘患病史而本次流行期间感染水痘者 96 人, 既往无明确水痘史, 本次又未感染的幸免者 60 人. 全部流行期间 79 天, 病例成代出现, 每代间隔约 15 天. 各代病例数、易感染者数及间隔时间如表 8.3 所示.

表 8.3 某全托幼儿所水痘流行过程中各代病例数

代	病例数	易感染者	间隔时间/天
1	1	155	
2	2	153	15
3	14	139	32
4	38	101	46
5	34	67	
6	7	33	
合计	96		

以初始值 $s_0=155$, $s_\infty=60$ 代入 (8.29) 式可得 $\sigma=0.0099$. 将 σ 代入 (8.28) 可得该流行过程的模拟结果如表 8.4 所列.

表 8.4　用 K-M 模型模拟水痘流行过程的数值解

易感者数 s	155	153	139	101
病例数 i	1	1.7	6.0	11.7

计算的 Python 程序如下:

```
#程序文件Pex8_1.py
import numpy as np
s0=155.0;  i0=1.0;  s_inf=60.0;
sigma=(np.log(s0)-np.log(s_inf))/(s0+i0-s_inf)
print("sigma=",sigma)
S=np.array([155, 153, 139, 101])
I=(s0+i0)-S+1/sigma*np.log(S/s0)
print("所求的解为: \n",I)
```

从表 8.4 的计算结果可以看出, 模拟效果与实际统计数据差异较大, 说明所建的模型不够理想, 需要继续完善.

8.4　拉氏变换求常微分方程 (组) 的符号解

例 8.11　利用拉氏变换解初值问题

$$y^{(4)}+2y''+y=4te^t;$$
$$y(0)=y'(0)=y''(0)=y^{(3)}(0)=0.$$

解　设 $L(y(t))=Y(s)$, 利用初值条件, 对微分方程两边取拉氏变换得

$$s^4Y(s)+2s^2Y(s)+Y(s)=\frac{4}{(s-1)^2},$$

解之得

$$Y(s)=\frac{4}{(s-1)^2(s^2+1)^2}=\frac{1}{(s-1)^2}-\frac{2}{s-1}+\frac{2s}{(s^2+1)^2}+\frac{2s+1}{s^2+1}.$$

两边取拉氏逆变换得

$$y(t)=(t-2)e^t+(t+1)\sin t+2\cos t.$$

计算的 Python 程序如下:

```
#程序文件Pex8_11.py
import sympy as sp
```

```
sp.var('t',positive=True); sp.var('s')  #定义符号变量
sp.var('Y',cls=sp.Function)  #定义符号函数
g=4*t*sp.exp(t)
Lg=sp.laplace_transform(g,t,s)  #方程右端项的拉氏变换
d=s**4*Y(s)+2*s**2*Y(s)+Y(s)
de=d-Lg[0]     #定义取拉氏变换后的代数方程
Ys=sp.solve(de,Y(s))[0]  #求像函数
Ys=sp.factor(Ys)
yt=sp.inverse_laplace_transform(Ys,s,t)
print("y(t)=",yt); yt=yt.rewrite(sp.exp)
#这里的变换只是为了把解化成指数函数, 并且不出现虚数
yt=yt.as_real_imag(); print("y(t)=",yt)
yt=sp.simplify(yt[0]); print("y(t)=",yt)
```

例 8.12 解方程组

$$\begin{cases} 2x'' = -6x + 2y, \\ y'' = 2x - 2y + 40\sin 3t. \end{cases}$$

初值条件为

$$x(0) = x'(0) = y(0) = y'(0) = 0,$$

并画出解曲线 $x(t), y(t)$.

解 记 $X(s) = L(x(t))$, $Y(s) = L(y(t))$, 利用初值条件, 对微分方程组两边取拉氏变换得

$$\begin{cases} 2s^2X(s) = -6X(s) + 2Y(s), \\ s^2Y(s) = 2X(s) - 2Y(s) + \dfrac{120}{s^2+9}. \end{cases}$$

解之, 得

$$\begin{cases} X(s) = \dfrac{120}{(s^2+1)(s^2+4)(s^2+9)} = \dfrac{5}{s^2+1} + \dfrac{8}{s^2+4} + \dfrac{3}{s^2+9}, \\ Y(s) = \dfrac{120(s^2+3)}{(s^2+1)(s^2+4)(s^2+9)} = \dfrac{10}{s^2+1} + \dfrac{8}{s^2+4} - \dfrac{18}{s^2+9}. \end{cases}$$

取拉氏逆变换得

$$\begin{cases} x(t) = 5\sin t - 4\sin 2t + \sin 3t, \\ y(t) = 10\sin t + 4\sin 2t - 6\sin 3t. \end{cases}$$

解曲线 $x(t), y(t)$ 的图形见图 8.5.

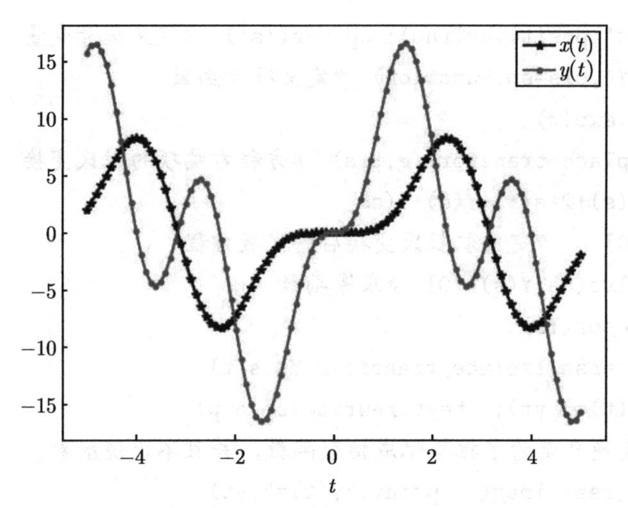

图 8.5 $x(t)$ 和 $y(t)$ 的解曲线

计算及画图的 Python 程序如下:

```
#程序文件Pex8_12.py
import sympy as sp
import pylab as plt
import numpy as np
sp.var('t',positive=True); sp.var('s')  #定义符号变量
sp.var('X,Y',cls=sp.Function)  #定义符号函数
g=40*sp.sin(3*t)
Lg=sp.laplace_transform(g,t,s)
eq1=2*s**2*X(s)+6*X(s)-2*Y(s)
eq2=s**2*Y(s)-2*X(s)+2*Y(s)-Lg[0]
eq=[eq1,eq2]    #定义取拉氏变换后的代数方程组
XYs=sp.solve(eq,(X(s),Y(s)))  #求像函数
Xs=XYs[X(s)]; Ys=XYs[Y(s)]
Xs=sp.factor(Xs); Ys=sp.factor(Ys)
xt=sp.inverse_laplace_transform(Xs,s,t)
yt=sp.inverse_laplace_transform(Ys,s,t)
print("x(t)=",xt); print("y(t)=",yt)
fx=sp.lambdify(t,xt,'numpy')  #转换为匿名函数
fy=sp.lambdify(t,yt,'numpy')
t=np.linspace(-5,5,100)
```

```
plt.rc('text',usetex=True)
plt.plot(t,fx(t),'*-k',label='$x(t)$')
plt.plot(t,fy(t),'.-r',label='$y(t)$')
plt.xlabel('$t$'); plt.legend(); plt.show()
```

习 题 8

8.1 求下列微分方程的符号解:

(1) $y'-2y^2=1,\ y(0)=0$;

(2) $y'''-2y''+y=0,\ y(0)=y'(0)=1,\ y''(0)=0$.

8.2 求下列微分方程的符号解, 并分别画出 $x(t)$ 和 $y(t)$ $(t\in[0,1])$ 的解曲线.

$$\begin{cases}\dfrac{dx}{dt}=x-2y,\\ \dfrac{dy}{dt}=x+2y,\\ x(0)=1,\ y(0)=0.\end{cases}$$

8.3 求微分方程组 (竖直加热板的自然对流) 的数值解.

$$\begin{cases}\dfrac{d^3f}{d\eta^3}+3f\dfrac{d^2f}{d\eta^2}-2\left(\dfrac{df}{d\eta}\right)^2+T=0,\\ \dfrac{d^2T}{d\eta^2}+2.1f\dfrac{dT}{d\eta}=0.\end{cases}$$

已知当 $\eta=0$ 时, $f=0$, $\dfrac{df}{d\eta}=0$, $\dfrac{d^2f}{d\eta^2}=0.68$, $T=1$, $\dfrac{dT}{d\eta}=-0.5$. 要求在区间 $[0,10]$ 上, 画出 $f(\eta),T(\eta)$ 的解曲线.

8.4 捕食者–被捕食者方程组

$$\begin{cases}\dfrac{dx}{dt}=0.2x-0.005xy, \quad x(0)=70,\\ \dfrac{dy}{dt}=-0.5y+0.01xy, \quad y(0)=40,\end{cases}\tag{8.30}$$

其中 $x(t)$ 表示第 t 个月时兔子的总体数量, $y(t)$ 表示狐狸的总体数量.

研究如下问题:

(1) $x(t)$ 和 $y(t)$ 的变化周期;

(2) $x(t)$ 的最大值和最小值, 以及它们第一次出现的时间;

(3) $y(t)$ 的最大值和最小值, 以及它们第一次出现的时间.

8.5 对 8.3.4 节中的传染病模型进行改进, 提高预测精度.

8.6 某地区野兔的数量连续 9 年的统计数量 (单位: 十万) 如表 8.5 所示. 预测 $t=9,10$ 时野兔的数量.

表 8.5　野兔数量观测值

t	0	1	2	3	4	5	6	7	8
$x(t)$	5	5.9945	7.0932	8.2744	9.5073	10.7555	11.9804	13.1465	14.2247

8.7　捕食者–被捕食者方程组

$$\begin{cases} \dfrac{dx}{dt} = ax - bxy, & x(0) = 60, \\ \dfrac{dy}{dt} = -cy + dxy, & y(0) = 30, \end{cases} \tag{8.31}$$

其中 $x(t)$ 表示第 t 个月时兔子的总体数量, $y(t)$ 表示第 t 个月时狐狸的总体数量, 参数 a,b,c,d 未知. 利用表 8.6 的 13 对观测值, 拟合式 (8.31) 中的未知参数 a,b,c,d.

表 8.6　种群数量观测值

t	0	1	2	3	4	5	6	8	10	12	14	16	18
$x(t)$	60	63	64	63	61	58	53	44	39	38	41	46	53
$y(t)$	30	34	38	44	50	55	58	56	47	38	30	27	26

第 9 章　综合评价方法

在实际应用中, 经常遇到有关综合评价问题, 如医疗质量和环境质量的综合评价等. 所谓综合评价是指根据一个系统同时受到多种因素影响的特点, 在综合考察多个有关因素, 依据多个相关指标对系统进行总评价的方法. 目前, 已经提出了很多综合评价的方法, 如 TOPSIS 方法、层次分析法、模糊综合评价法、灰色系统法等. 这些方法各具特色也各有利弊, 由于受到多方面因素的影响, 如何使评价更准确和更科学, 一直是人们不断研究的课题. 本章介绍一些常用的评价方法的基本原理、主要步骤以及它们在实际中的应用.

9.1　综合评价的基本理论和数据预处理

9.1.1　综合评价的基本概念

一般地, 一个综合评价问题是由评价对象、评价指标、权重系数、综合评价模型和评价者五个基本要素组成.

1. 评价对象

评价对象就是综合评价问题中所研究的对象, 或称为系统. 通常情况下, 在一个问题中评价对象是属于同一类的, 且个数要大于 1, 不妨假设一个综合评价问题中有 n 个评价对象, 分别记为 $S_1, S_2, \cdots, S_n\,(n > 1)$.

2. 评价指标

评价指标是反映评价对象的运行 (或发展) 状况的基本要素. 通常的问题都是有多项指标构成, 每一项指标都是从不同的侧面刻画系统所具有某种特征大小的一个度量.

一个综合评价问题的评价指标一般可用一个向量 $\boldsymbol{x}$ 表示, 称为评价指标向量, 其中每一个分量就是从一个侧面反映系统的状态; 也称为综合评价的指标体系. 在建立评价指标体系时, 一般应遵循以下原则: ① 系统性; ② 独立性; ③ 可观测性; ④ 科学性; ⑤ 可比性. 不失一般性, 设系统有 m 个评价指标, 分别记为 $x_1, x_2, \cdots, x_m\,(m > 1)$, 即评价指标向量为 $\boldsymbol{x} = [x_1, x_2, \cdots, x_m]$.

3. 权重系数

每一个综合评价问题都有相应的评价目的, 针对某种评价目的, 各评价指标之间的相对重要性是不同的, 评价指标之间的这种相对重要性的大小, 可用权重系数来刻画. 如果用 $w_j\,(j=1,2,\cdots,m)$ 来表示评价指标 x_j 的权重系数, 一般应满足

$$w_j \geqslant 0, \quad j=1,2,\cdots,m \quad 且 \quad \sum_{j=1}^{m} w_j = 1.$$

当各评价对象和评价指标值都确定以后, 综合评价结果就依赖于权重系数的取值了, 即权重系数确定的合理与否, 直接关系到综合评价结果的可信度, 甚至影响到最后决策的正确性. 因此, 权重系数的确定要特别谨慎, 应按一定的方法和原则来确定.

4. 综合评价模型

对于多指标 (或多因素) 的综合评价问题, 就是要通过建立一定的数学模型将多个评价指标值综合成为一个整体的综合评价值, 作为综合评价的依据, 从而得到相应的评价结果.

不妨假设第 $i\,(i=1,2,\cdots,n)$ 个评价对象的 m 个评价指标值构成的向量为 $\boldsymbol{a}_i=[a_{i1},a_{i2},\cdots,a_{im}]$, 指标权重向量为 $\boldsymbol{w}=[w_1,w_2,\cdots,w_m]$, 由此构造综合评价模型

$$y=f(\boldsymbol{x},\boldsymbol{w}),$$

并计算出第 i 个评价对象的综合评价值 $b_i=f(\boldsymbol{a}_i,\boldsymbol{w})$, 根据 $b_i\,(i=1,2,\cdots,n)$ 值的大小, 将这 n 个评价对象进行排序或分类, 即得到综合评价结果.

5. 评价者

评价者是直接参与评价的人, 可以是一个人, 也可以是一个团体. 对于评价目的的选择、评价指标体系确定、权重系数的确定和评价模型的建立都与评价者有关. 因此, 评价者在评价过程中的作用是不可小视的.

9.1.2 综合评价体系的构建

综合评价过程包括评价指标体系的建立、评价指标的预处理、指标权重的确定和评价模型的选择等重要环节. 其中评价指标体系的构建与评价指标的筛选是综合评价的重要基础, 也是做好综合评价的保证.

1. 评价指标和评价指标体系

所谓指标就是用来评价系统的参量. 例如, 在校学生规模、教育质量、师资结构、科研水平等, 可以作为评价高等院校综合水平的主要指标. 一般来说, 任何一个指标都反映和刻画事物的一个侧面.

从指标值的特征来看, 指标可以分为定性指标和定量指标. 定性指标是用定性的语言作为指标描述值. 例如, 旅游景区质量等级有 5A, 4A, 3A, 2A 和 1A 之分, 则旅游景区质量等级是定性指标, 而景区年旅客接待量、门票收入等就是定量指标.

从指标值的变化对评价目的的影响来看, 可以将指标分为以下四类:

(1) 极大型指标 (又称为效益型指标) 是指标值越大越好的指标;

(2) 极小型指标 (又称为成本型指标) 是指标值越小越好的指标;

(3) 居中型指标是指标值既不是越大越好, 也不是越小越好, 而是适中为最好的指标;

(4) 区间型指标是指标值取在某个区间内为最好的指标.

例如, 在评价企业的经济效益时, 利润作为指标, 其值越大, 经济效益就越好, 这就是效益型指标; 而管理费用作为指标, 其值越小, 经济效益就越好, 所以管理费用是成本型指标. 投标报价既不能太高又不能太低, 其值的变化范围一般是 (90%, 105%) $\times$ 标的价, 超过此范围的都将被淘汰, 因此投标报价为区间型指标. 投标工期既不能太长又不能太短, 就是居中型指标.

在实际中, 不论按什么方式对指标进行分类, 不同类型的指标可以通过相应的数学方法进行相互转换. 所谓评价指标体系就是由众多评价指标组成的指标系统. 在指标体系中, 每个指标对系统的某种特征进行度量, 共同形成对系统的完整刻画.

2. 评价指标的筛选方法

筛选评价指标, 要根据综合评价的目的, 针对具体的评价对象、评价内容收集有关指标信息, 采用适当的筛选方法对指标进行筛选, 合理地选取主要指标, 剔除次要指标, 以简化评价指标体系. 常用的评价指标筛选方法主要有专家调研法、最小均方差法、极大极小离差法等.

1) 专家调研法 (Delphi 法)

评价者根据评价目标和评价对象的特征, 首先设计出一系列指标的调查表, 向若干专家咨询和征求对指标的意见, 然后进行统计处理, 并反馈意见处理结果, 经过几轮咨询后, 当专家意见趋于集中时, 将专家意见集中的指标作为评价指标, 从而建立起综合评价指标体系.

2) 最小均方差法

对于 n 个评价对象 $S_1, S_2, \cdots, S_n$, 每个评价对象有 m 个指标, 其观测值分别为

$$a_{ij} \quad (i = 1, 2, \cdots, n; j = 1, 2, \cdots, m).$$

如果 n 个评价对象关于某项指标的观测值都差不多, 那么不管这个评价指标重要与否, 对于这 n 个评价对象的评价结果所起的作用将是很小的. 因此, 在评价过程中就可以删除这样的评价指标.

最小均方差法的筛选过程如下:

(1) 求出第 j 项指标的平均值和均方差

$$\mu_j = \frac{1}{n}\sum_{i=1}^{n} a_{ij}, \quad s_j = \sqrt{\frac{1}{n}\sum_{i=1}^{n}(a_{ij}-\mu_j)^2}, \quad j = 1, 2, \cdots, m.$$

(2) 求出最小均方差

$$s_{j_0} = \min_{1\leqslant j\leqslant m}\{s_j\}.$$

(3) 如果最小均方差 $s_{j_0} \approx 0$, 则可删除与 s_{j_0} 对应的指标 x_{j_0}. 考察完所有指标, 即可得到最终的评价指标体系.

最小均方差法只考虑了指标的差异程度, 容易将重要的指标删除.

3) 极大极小离差法

对于 n 个评价对象 $S_1, S_2, \cdots, S_n$, 每个评价对象有 m 个指标, 其观测值分别为

$$a_{ij} \quad (i = 1, 2, \cdots, n; j = 1, 2, \cdots, m).$$

极大极小离差法的筛选过程如下:

(1) 求出第 j 项指标的最大离差

$$d_j = \max_{1\leqslant i<k\leqslant n}\{|a_{ij} - a_{kj}|\}, \quad j = 1, 2, \cdots, m.$$

(2) 求出最小离差

$$d_{j_0} = \min_{1\leqslant j\leqslant m}\{d_j\}.$$

(3) 如果最小离差 $d_{j_0} \approx 0$, 则可删除与 d_{j_0} 对应的指标 x_{j_0}, 考察完所有指标, 即可得到最终的评价指标体系.

常用的评价指标筛选方法还有条件广义方差极小法、极大不相关法等, 详细介绍可参阅相关资料.

9.1.3 评价指标的预处理方法

一般情况下, 在综合评价指标中, 各指标值可能属于不同类型、不同单位或不同数量级, 从而使得各指标之间存在着不可公度性, 给综合评价带来了诸多不便. 为了尽可能地反映实际情况, 消除由于各项指标间的这些差别带来的影响, 避免出现不合理的评价结果, 就需要对评价指标进行一定的预处理, 包括对指标的一致化处理和无量纲化处理.

1. 指标的一致化处理

所谓一致化处理就是将评价指标的类型进行统一. 一般来说, 在评价指标体系中, 可能会同时存在极大型指标、极小型指标、居中型指标和区间型指标, 它们都具有不同的特点. 若指标体系中存在不同类型的指标, 必须在综合评价之前将评价指标的类型做一致化处理. 例如, 将各类指标都转化为极大型指标或极小型指标. 一般的做法是将非极大型指标转化为极大型指标. 但是, 在不同的指标权重确定方法和评价模型中, 指标一致化处理也有差异.

1) 极小型指标化为极大型指标

对极小型指标 x_j, 将其转化为极大型指标时, 只需对指标 x_j 取倒数:

$$x'_j = \frac{1}{x_j}$$

或做平移变换:

$$x'_j = M_j - x_j,$$

其中 $M_j = \max\limits_{1\leqslant i\leqslant n}\{a_{ij}\}$, 即 n 个评价对象第 j 项指标值 a_{ij} 最大者.

2) 居中型指标化为极大型指标

对居中型指标 x_j, 令 $M_j = \max\limits_{1\leqslant i\leqslant n}\{a_{ij}\}$, $m_j = \min\limits_{1\leqslant i\leqslant n}\{a_{ij}\}$, 取

$$x'_j = \begin{cases} \dfrac{2(x_j - m_j)}{M_j - m_j}, & m_j \leqslant x_j \leqslant \dfrac{M_j + m_j}{2}, \\ \dfrac{2(M_j - x_j)}{M_j - m_j}, & \dfrac{M_j + m_j}{2} < x_j \leqslant M_j, \end{cases}$$

就可以将 x_j 转化为极大型指标.

3) 区间型指标化为极大型指标

对区间型指标 x_j, x_j 取值属于 $[b_j^{(1)}, b_j^{(2)}]$ 时为最好, 指标值离该区间越远就越差. 令 $M_j = \max\limits_{1\leqslant i\leqslant n}\{a_{ij}\}$, $m_j = \min\limits_{1\leqslant i\leqslant n}\{a_{ij}\}$, $c_j = \max\{b_j^{(1)} - m_j, M_j - b_j^{(2)}\}$, 取

$$x'_j = \begin{cases} 1 - \dfrac{b_j^{(1)} - x_j}{c_j}, & x_j < b_j^{(1)}, \\ 1, & b_j^{(1)} \leqslant x_j \leqslant b_j^{(2)}, \\ 1 - \dfrac{x_j - b_j^{(2)}}{c_j}, & x_j > b_j^{(2)}, \end{cases}$$

就可以将区间型指标 x_j 转化为极大型指标.

类似地, 通过适当的数学变换, 也可以将极大型指标、居中型指标转化为极小型指标.

2. 指标的无量纲化处理

所谓无量纲化, 也称为指标的规范化, 是通过数学变换来消除原始指标的单位及其数值数量级影响的过程, 因此, 就有指标的实际值和评价值之分. 一般地, 将指标无量纲化处理以后的值称为指标评价值. 无量纲化过程就是将指标实际值转化为指标评价值的过程.

对于 n 个评价对象 $S_1, S_2, \cdots, S_n$, 每个评价对象有 m 个指标, 其观测值分别为

$$a_{ij} \quad (i=1,2,\cdots,n; j=1,2,\cdots,m).$$

1) 标准样本变换法

令

$$a_{ij}^* = \frac{a_{ij}-\mu_j}{s_j} \quad (1 \leqslant i \leqslant n, 1 \leqslant j \leqslant m),$$

其中样本均值 $\mu_j = \dfrac{1}{n}\sum\limits_{i=1}^{n} a_{ij}$, 样本标准差 $s_j = \sqrt{\dfrac{1}{n}\sum\limits_{i=1}^{n}(a_{ij}-\mu_j)^2}$.

注 9.1 对于要求评价指标值 $a_{ij}^* > 0$ 的评价方法, 如熵权法和几何加权平均法等, 该数据处理方法不适用.

2) 比例变换法

对于极大型指标, 令

$$a_{ij}^* = \frac{a_{ij}}{\max\limits_{1 \leqslant i \leqslant n} a_{ij}} \quad \left(\max_{1 \leqslant i \leqslant n} a_{ij} \neq 0, 1 \leqslant i \leqslant n, 1 \leqslant j \leqslant m\right).$$

对极小型指标, 令

$$a_{ij}^* = \frac{\min\limits_{1 \leqslant i \leqslant n} a_{ij}}{a_{ij}} \quad (1 \leqslant i \leqslant n,\ 1 \leqslant j \leqslant m)$$

或

$$a_{ij}^* = 1 - \frac{a_{ij}}{\max\limits_{1 \leqslant i \leqslant n} a_{ij}} \quad \left(\max_{1 \leqslant i \leqslant n} a_{ij} \neq 0,\ 1 \leqslant i \leqslant n,\ 1 \leqslant j \leqslant m\right).$$

该方法的优点是这些变换前后的属性值成比例. 但对任一指标来说, 变换后的 $a_{ij}^* = 1$ 和 $a_{ij}^* = 0$ 不一定同时出现.

3) 向量归一化法

对于极大型指标, 令

$$a_{ij}^* = \frac{a_{ij}}{\sqrt{\sum\limits_{i=1}^{n} a_{ij}^2}} \quad (i=1,2,\cdots,n,\ 1 \leqslant j \leqslant m).$$

对于极小型指标, 令

$$a_{ij}^* = 1 - \frac{a_{ij}}{\sqrt{\sum_{i=1}^{n} a_{ij}^2}} \quad (i = 1, 2, \cdots, n,\ 1 \leqslant j \leqslant m).$$

4) 极差变换法

对于极大型指标, 令

$$a_{ij}^* = \frac{a_{ij} - \min\limits_{1 \leqslant i \leqslant n} a_{ij}}{\max\limits_{1 \leqslant i \leqslant n} a_{ij} - \min\limits_{1 \leqslant i \leqslant n} a_{ij}} \quad (1 \leqslant i \leqslant n,\ 1 \leqslant j \leqslant m).$$

对于极小型指标, 令

$$a_{ij}^* = \frac{\max\limits_{1 \leqslant i \leqslant n} a_{ij} - a_{ij}}{\max\limits_{1 \leqslant i \leqslant n} a_{ij} - \min\limits_{1 \leqslant i \leqslant n} a_{ij}} \quad (1 \leqslant i \leqslant n,\ 1 \leqslant j \leqslant m).$$

其特点为经过极差变换后, 均有 $0 \leqslant a_{ij}^* \leqslant 1$, 且最优指标值 $a_{ij}^* = 1$, 最劣指标值 $a_{ij}^* = 0$. 该方法的缺点是变换前后的各指标值不成比例.

5) 功效系数法

令

$$a_{ij}^* = c + \frac{a_{ij} - \min\limits_{1 \leqslant i \leqslant n} a_{ij}}{\max\limits_{1 \leqslant i \leqslant n} a_{ij} - \min\limits_{1 \leqslant i \leqslant n} a_{ij}} \times d \quad (1 \leqslant i \leqslant n,\ 1 \leqslant j \leqslant m),$$

其中 c, d 均为确定的常数, c 表示 "平移量", 表示指标实际基础值; d 表示 "旋转量", 即表示 "放大" 或 "缩小" 倍数, 则 $a_{ij}^* \in [c,\ c+d]$.

通常取 $c = 60$, $d = 40$, 即

$$a_{ij}^* = 60 + \frac{a_{ij} - \min\limits_{1 \leqslant i \leqslant n} a_{ij}}{\max\limits_{1 \leqslant i \leqslant n} a_{ij} - \min\limits_{1 \leqslant i \leqslant n} a_{ij}} \times 40 \quad (1 \leqslant i \leqslant n,\ 1 \leqslant j \leqslant m),$$

则 a_{ij}^* 实际基础值为 60, 最大值为 100, 即 $a_{ij}^* \in [60,\ 100]$.

3. 定性指标的定量化

在综合评价工作中, 有些评价指标是定性指标, 即只给出定性的描述, 例如, 质量很好、性能一般、可靠性高等. 对于这些指标, 在进行综合评价时, 必须先通过适当的方式进行赋值, 使其量化. 一般来说, 对于指标最优值可赋值 1, 对于指标最劣值可赋值 0. 对极大型和极小型定性指标常按以下方式赋值.

1) 极大型定性指标量化方法

对于极大型定性指标而言, 如果指标能够分为很低、低、一般、高和很高五个等级, 则可以分别取量化值为 0, 0.3, 0.5, 0.7, 1, 对应关系如表 9.1 所示. 介于两个等级之间的可以取两个分值之间的适当数值作为量化值.

表 9.1　极大型定性指标对应量化值

等级	很低	低	一般	高	很高
量化值	0	0.3	0.5	0.7	1

2) 极小型定性指标量化方法

对于极小型定性指标而言, 如果指标能够分为很高、高、一般、低和很低五个等级, 则可以分别取量化值为 0, 0.3, 0.5, 0.7, 1, 对应关系如表 9.2 所示. 介于两个等级之间的可以取两个分值之间的适当数值作为量化值.

表 9.2　极小型定性指标对应量化值

等级	很高	高	一般	低	很低
量化值	0	0.3	0.5	0.7	1

9.1.4　评价指标预处理示例

下面考虑一个战斗机性能的综合评价问题.

例 9.1　战斗机的性能指标主要包括最大速度、飞行半径、最大负载、隐身性能、垂直起降性能、可靠性、灵敏度等指标和相关费用. 综合各方面因素与条件, 忽略了隐身性能和垂直起降性能, 只考虑余下的六项指标, 请就 A_1, A_2, A_3 和 A_4 四种类型战斗机的性能进行评价分析, 其六项指标值如表 9.3 所示.

表 9.3　四种战斗机性能指标数据

	最大速度/马赫	飞行半径/km	最大负载/磅	费用/美元	可靠性	灵敏度
A_1	2.0	1500	20000	5500000	一般	很高
A_2	2.5	2700	18000	6500000	低	一般
A_3	1.8	2000	21000	4500000	高	高
A_4	2.2	1800	20000	5000000	一般	一般

下面对这些指标数据进行预处理.

假设将六项指标依次记为 $x_1, x_2, \cdots, x_6$, 首先将 x_5 和 x_6 两项定性指标进行量化处理, 量化后的数据如表 9.4 所示.

数值型指标中 x_1, x_2, x_3 为极大型指标, 费用 x_4 为极小型指标. 下面给出几种处理方式的结果. 采用向量归一化法对各指标进行标准化处理, 可得评价矩阵

$$
R_1 = \begin{bmatrix} 0.4671 & 0.3662 & 0.5056 & 0.4931 & 0.4811 & 0.7089 \\ 0.5839 & 0.6591 & 0.4550 & 0.4010 & 0.2887 & 0.3544 \\ 0.4204 & 0.4882 & 0.5308 & 0.5853 & 0.6736 & 0.4962 \\ 0.5139 & 0.4394 & 0.5056 & 0.5392 & 0.4811 & 0.3544 \end{bmatrix}.
$$

采用比例变换法对各数值型指标进行标准化处理, 可得评价矩阵

$$
R_2 = \begin{bmatrix} 0.8 & 0.5556 & 0.9524 & 0.8182 & 0.7143 & 1 \\ 1 & 1 & 0.8571 & 0.6923 & 0.4286 & 0.5 \\ 0.72 & 0.7407 & 1 & 1 & 1 & 0.7 \\ 0.88 & 0.6667 & 0.9524 & 0.9 & 0.7143 & 0.5 \end{bmatrix}.
$$

采用极差变换法对各数值型指标进行标准化处理, 可得评价矩阵

$$
R_3 = \begin{bmatrix} 0.2857 & 0 & 0.6667 & 0.5 & 0.5 & 1 \\ 1 & 1 & 0 & 0 & 0 & 0 \\ 0 & 0.4167 & 1 & 1 & 1 & 0.4 \\ 0.5714 & 0.25 & 0.75 & 0.75 & 0.5 & 0 \end{bmatrix}.
$$

表 9.4 可靠性与灵敏度指标量化值

	最大速度x_1	飞行半径x_2	最大负载x_3	费用x_4	可靠性x_5	灵敏度x_6
A_1	2.0	1500	20000	5500000	0.5	1
A_2	2.5	2700	18000	6500000	0.3	0.5
A_3	1.8	2000	21000	4500000	0.7	0.7
A_4	2.2	1800	20000	5000000	0.5	0.5

```
#程序文件Pex9_1.py
import numpy as np
import pandas as pd
a=np.loadtxt("Pdata9_1_1.txt",)
R1=a.copy(); R2=a.copy(); R3=a.copy()  #初始化
#注意R1=a,它们的内存地址一样, R1改变时, a也改变
for j in [0,1,2,4,5]:
    R1[:,j]=R1[:,j]/np.linalg.norm(R1[:,j]) #向量归一化
    R2[:,j]=R1[:,j]/max(R1[:,j])       #比例变换
    R3[:,j]=(R3[:,j]-min(R3[:,j]))/(max(R3[:,j])-min(R3[:,j]));
R1[:,3]=1-R1[:,3]/np.linalg.norm(R1[:,3])
R2[:,3]=min(R2[:,3])/R2[:,3]
```

```
R3[:,3]=(max(R3[:,3])-R3[:,3])/(max(R3[:,3])-min(R3[:,3]))
np.savetxt("Pdata9_1_2.txt", R1); #把数据写入文本文件，供下面使用
np.savetxt("Pdata9_1_3.txt", R2); np.savetxt("Pdata9_1_4.txt", R3)
DR1=pd.DataFrame(R1)  #生成DataFrame类型数据
DR2=pd.DataFrame(R2); DR3=pd.DataFrame(R3)
f=pd.ExcelWriter('Pdata9_1_5.xlsx')  #创建文件对象
DR1.to_excel(f,"sheet1")  #把DR1写入Excel文件1号表单中,方便做表
DR2.to_excel(f,"sheet2"); DR3.to_excel(f, "Sheet3"); f.save()
```

从这三个评价矩阵可以看出, 用不同的预处理方法得到的评价矩阵略有不同, 即各指标的值略有不同, 但对评价对象的特征反映趋势是一致的.

9.2　常用的综合评价数学模型

综合评价数学模型就是将同一评价对象不同方面的多个指标值综合在一起, 得到一个整体性评价指标值的一个数学表达式. 通常根据评价的特点与需要来选择合适的综合评价数学模型. 针对 n 个评价对象, m 个评价指标 $x_1, x_2, \cdots, x_m$, 第 $i\,(i=1,2,\cdots,n)$ 个评价对象的指标值 $\boldsymbol{a}_i=[a_{i1}, a_{i2}, \cdots, a_{im}]$, 经过预处理的指标值为 $\boldsymbol{b}_i=[b_{i1}, b_{i2}, \cdots, b_{im}]$.

9.2.1　线性加权综合评价模型

设指标变量的权重系数向量为 $\boldsymbol{w}=[w_1, w_2, \cdots, w_m]$, 这里的权重向量可以利用专家咨询主观赋权, 也可以利用熵权法、主成分分析法等方法得到客观权重.

线性加权综合模型是使用最普遍的一种简单综合评价模型. 其实质是在指标权重确定后, 对每个评价对象求各个指标的加权和, 即令

$$f_i=\sum_{j=1}^{m} w_j b_{ij} \quad (i=1,2,\cdots,n),$$

则 f_i 就是第 i 个评价对象的加权综合评价值.

线性加权模型的主要特点:

(1) 由于总的权重之和为 1, 各指标可以线性相互补偿;

(2) 权重系数对评价结果的影响明显, 权重大的指标对综合指标作用较大;

(3) 计算简单, 可操作性强;

(4) 线性加权综合评价模型适用于各评价指标之间相互独立的情况, 若 m 个评价指标不完全独立, 其结果将导致各指标间信息的重复起作用, 使评价结果不能客观地反映实际.

9.2.2 TOPSIS 法

TOPSIS 法是理想解的排序方法 (technique for order preference by similarity to ideal solution) 的英文缩写. 它借助于评价问题的正理想解和负理想解, 对各评价对象进行排序. 所谓正理想解是一个虚拟的最佳对象, 其每个指标值都是所有评价对象中该指标的最好值; 而负理想解则是另一个虚拟的最差对象, 其每个指标值都是所有评价对象中该指标的最差值. 求出各评价对象与正理想解和负理想解的距离, 并以此对各评价对象进行优劣排序.

设综合评价问题含有 n 个评价对象、m 个指标, 相应的指标观测值分别为

$$a_{ij} \quad (i=1,2,\cdots,n;\ j=1,2,\cdots,m),$$

则 TOPSIS 法的计算过程如下:

(1) 将评价指标进行预处理, 即进行一致化 (全部化为极大型指标) 和无量纲化, 并构造评价矩阵 $\boldsymbol{B}=(b_{ij})_{n\times m}$.

(2) 确定正理想解 $\boldsymbol{C}^+$ 和负理想解 $\boldsymbol{C}^-$.

设正理想解 $\boldsymbol{C}^+$ 的第 j 个属性值为 c_j^+, 即 $\boldsymbol{C}^+=[c_1^+,c_2^+,\cdots,c_m^+]$; 负理想解 $\boldsymbol{C}^-$ 的第 j 个属性值为 c_j^-, 即 $\boldsymbol{C}^-=[c_1^-,c_2^-,\cdots,c_m^-]$, 则

$$c_j^+=\max_{1\leqslant i\leqslant n} b_{ij}, \quad j=1,2,\cdots,m,$$

$$c_j^-=\min_{1\leqslant i\leqslant n} b_{ij}, \quad j=1,2,\cdots,m.$$

(3) 计算各评价对象到正理想解及到负理想解的距离.

各评价对象到正理想解的距离为

$$s_i^+=\sqrt{\sum_{j=1}^m (b_{ij}-c_j^+)^2}, \quad i=1,2,\cdots,n.$$

各评价对象到负理想解的距离为

$$s_i^-=\sqrt{\sum_{j=1}^m (b_{ij}-c_j^-)^2}, \quad i=1,2,\cdots,n.$$

(4) 计算各评价对象对理想解的相对接近度

$$f_i=s_i^-/(s_i^-+s_i^+), \quad i=1,2,\cdots,n.$$

(5) 按 f_i 由大到小排列各评价对象的优劣次序.

注 9.2 若已求得指标权重向量 $\boldsymbol{w}=[w_1,w_2,\cdots,w_m]$, 则可利用评价矩阵 $\boldsymbol{B}=(b_{ij})_{n\times m}$, 构造加权规范评价矩阵 $\tilde{\boldsymbol{B}}=(\tilde{b}_{ij})$, 其中 $\tilde{b}_{ij}=w_j b_{ij}$, $i=1,2,\cdots,n$; $j=1,2,\cdots,m$. 在上面的计算步骤中以 $\tilde{\boldsymbol{B}}$ 代替 $\boldsymbol{B}$ 做评价.

9.2.3 灰色关联度分析

设综合评价问题含有 n 个评价对象、m 个指标, 相应的指标观测值分别为

$$a_{ij} \quad (i=1,2,\cdots,n;\ j=1,2,\cdots,m).$$

灰色关联度分析具体步骤如下：

(1) 将评价指标进行预处理, 即进行一致化 (全部化为极大型指标) 和无量纲化, 并构造评价矩阵 $\boldsymbol{B}=(b_{ij})_{n\times m}$.

(2) 确定比较数列 (评价对象) 和参考数列 (评价标准).

比较数列为

$$\boldsymbol{b}_i=\{b_{ij}|j=1,2,\cdots,m\},\quad i=1,2,\cdots,n,$$

即 $\boldsymbol{b}_i$ 为第 i 个评价对象的标准化指标向量值.

参考数列为 $\boldsymbol{b}_0=\{b_{0j}|j=1,2,\cdots,m\}$, 这里 $b_{0j}=\max\limits_{1\leqslant i\leqslant n} b_{ij}$, $j=1,2,\cdots,m$. 即参考数列相当于一个虚拟的最好评价对象的各指标值.

(3) 计算灰色关联系数

$$\xi_{ij}=\frac{\min\limits_{1\leqslant s\leqslant n}\min\limits_{1\leqslant k\leqslant m}|b_{0k}-b_{sk}|+\rho\max\limits_{1\leqslant s\leqslant n}\max\limits_{1\leqslant k\leqslant m}|b_{0k}-b_{sk}|}{|b_{0j}-b_{ij}|+\rho\max\limits_{1\leqslant s\leqslant n}\max\limits_{1\leqslant k\leqslant m}|b_{0k}-b_{sk}|},$$

$$i=1,2,\cdots,n,\quad j=1,2,\cdots,m.$$

ξ_{ij} 为比较数列 $\boldsymbol{b}_i$ 对参考数列 $\boldsymbol{b}_0$ 在第 j 个指标上的关联系数, 其中 $\rho\in[0,1]$ 为分辨系数. 称式中 $\min\limits_{1\leqslant s\leqslant n}\min\limits_{1\leqslant k\leqslant m}|b_{0k}-b_{sk}|$, $\max\limits_{1\leqslant s\leqslant n}\max\limits_{1\leqslant k\leqslant m}|b_{0k}-b_{sk}|$ 分别为两级最小差及两级最大差.

一般来讲, 分辨系数 ρ 越大, 分辨率越大; ρ 越小, 分辨率越小.

(4) 计算灰色关联度.

灰色关联度的计算公式为

$$r_i=\sum_{j=1}^{m}w_j\xi_{ij},\quad i=1,2,\cdots,n.$$

其中 w_j 为第 j 个指标变量 x_j 的权重, 若权重没有确定, 各指标变量也可以取等权重, 即 $w_j=1/m$, r_i 为第 i 个评价对象对理想对象的灰色关联度.

(5) 评价分析.

根据灰色关联度的大小, 对各评价对象进行排序, 可建立评价对象的关联度, 关联度越大其评价结果越好.

9.2.4 熵值法

在信息论中信息熵是信息不确定性的一种度量. 一般来说, 信息量越大, 熵值越小, 信息的效用值越大; 反之, 信息量越小, 熵值越大, 信息的效用值越小. 而熵值法就是通过计算各指标观测值的信息熵, 根据各指标的相对变化程度对系统整体的影响来确定指标权重系数的一种赋权方法. 熵值法的计算过程如下.

(1) 计算在第 j 项指标下第 i 个评价对象的特征比重.

设第 i 个评价对象的第 j 个观测值的标准化数据 $b_{ij}>0(i=1,2,\cdots,n;\ j=1,2,\cdots,m)$, 则在第 j 项指标下第 i 个评价对象的特征比重为

$$p_{ij}=\frac{b_{ij}}{\sum\limits_{i=1}^{n}b_{ij}}\quad(i=1,2,\cdots,n;\ j=1,2,\cdots,m).$$

(2) 计算第 j 项指标的熵值为

$$e_j=-\frac{1}{\ln n}\sum_{i=1}^{n}p_{ij}\ln p_{ij}\quad(j=1,2,\cdots,m),$$

不难看出, 如果第 j 项指标的观测值差异越大, 熵值越小; 反之, 熵值越大.

(3) 计算第 j 项指标的差异系数为

$$g_j=1-e_j\quad(j=1,2,\cdots,m).$$

如果第 j 项指标的观测值差异越大, 则差异系数 g_j 就越大, 第 j 项指标也就越重要.

(4) 确定第 j 项指标的权重系数

$$w_j=\frac{g_j}{\sum\limits_{k=1}^{m}g_k}\quad(j=1,2,\cdots,m).\tag{9.1}$$

(5) 计算第 i 个评价对象的综合评价值

$$f_i=\sum_{j=1}^{m}w_jp_{ij},$$

评价值越大越好.

9.2.5 秩和比法

秩和比 (rank sum ratio, RSR) 综合评价法的基本原理是在一个 n 行 m 列矩阵中, 通过秩转换, 获得无量纲统计量 RSR; 以 RSR 值对评价对象的优劣直接排序, 从而对评价对象做出综合评价.

先介绍一下样本秩的概念.

定义 9.1 (样本秩)　设 $c_1, c_2, \cdots, c_n$ 是从一元总体抽取的容量为 n 的样本, 其从小到大的顺序统计量是 $c_{(1)}, c_{(2)}, \cdots, c_{(n)}$. 若 $c_i = c_{(k)}$, 则称 k 是 c_i 在样本中的秩, 记作 R_i, 对每一个 $i = 1, 2, \cdots, n$, 称 R_i 是第 i 个秩统计量. $R_1, R_2, \cdots, R_n$ 总称为秩统计量.

例如, 对样本数据

$$-0.8, -3.1, 1.1, -5.2, 4.2,$$

顺序统计量是

$$-5.2, -3.1, -0.8, 1.1, 4.2,$$

而秩统计量是

$$3, 2, 4, 1, 5.$$

设综合评价问题含有 n 个评价对象 m 个指标, 相应的指标观测值分别为 a_{ij}, $i = 1, 2, \cdots, n; j = 1, 2, \cdots, m$, 构造数据矩阵 $\boldsymbol{A} = (a_{ij})_{n\times m}$.

秩和比综合评价法的步骤如下.

(1) 编秩.

对数据矩阵 $\boldsymbol{A} = (a_{ij})_{n\times m}$ 逐列编秩, 即分别编出每个指标值的秩, 其中极大型指标从小到大编秩, 极小型指标从大到小编秩, 指标值相同时编平均秩, 得到的秩矩阵记为 $\boldsymbol{R} = (R_{ij})_{n\times m}$.

(2) 计算秩和比 (RSR).

如果各评价指标权重相同, 根据公式

$$\mathrm{RSR}_i = \frac{1}{mn}\sum_{j=1}^{m} R_{ij}, \quad i = 1, 2, \cdots, n,$$

计算秩和比. 当各评价指标的权重不同时, 计算加权秩和比, 其计算公式为

$$\mathrm{RSR}_i = \frac{1}{n}\sum_{j=1}^{m} w_j R_{ij}, \quad i = 1, 2, \cdots, n,$$

其中 w_j 为第 j 个评价指标的权重, $\sum\limits_{j=1}^{m} w_j = 1$.

(3) 秩和比排序.

根据秩和比 $\mathrm{RSR}_i\ (i = 1, 2, \cdots, n)$ 对各评价对象进行排序, 秩和比越大其评价结果越好.

9.2.6 综合评价示例

例 9.2 (续例 9.1) 采用比例变换法得到的评价矩阵

$$
\boldsymbol{R}_2=\begin{bmatrix} 0.8 & 0.5556 & 0.9524 & 0.8182 & 0.7143 & 1 \\ 1 & 1 & 0.8571 & 0.6923 & 0.4286 & 0.5 \\ 0.72 & 0.7407 & 1 & 1 & 1 & 0.7 \\ 0.88 & 0.6667 & 0.9524 & 0.9 & 0.7143 & 0.5 \end{bmatrix}.
$$

作为标准化数据矩阵 $\boldsymbol{B}=(b_{ij})_{4\times 6}$, 分别利用 TOPSIS 法、灰色关联度、熵值法与秩和比法对战斗机的性能进行综合评价.

1. 利用 TOPSIS 法进行综合评价

(1) 确定正理想和负理想解分别为

$$
\boldsymbol{C}^+=[1,1,1,1,1,1],
$$
$$
\boldsymbol{C}^-=[0.72,0.5556,0.8571,0.6923,0.4286,0.5].
$$

(2) 由计算公式

$$
s_i^+=\sqrt{\sum_{j=1}^{6}(b_{ij}-c_j^+)^2},\quad s_i^-=\sqrt{\sum_{j=1}^{6}(b_{ij}-c_j^-)^2},\quad i=1,2,3,4,
$$

计算各评价对象到正理想解和负理想解的距离分别为

$$
\boldsymbol{s}^+=[0.5954,\ 0.8316,\ 0.4854,\ 0.6851],
$$
$$
\boldsymbol{s}^-=[0.6025,\ 0.5253,\ 0.7183,\ 0.4145].
$$

(3) 由公式

$$
f_i=s_i^-/(s_i^-+s_i^+),\quad i=1,2,3,4.
$$

计算各机型对理想解的相对接近度为

$$
\boldsymbol{F}=[f_1,f_2,f_3,f_4]=[0.5029,0.3871,0.5967,0.3769].
$$

(4) 根据相对接近度对各机型按优劣次序排序如下

$$
A_3>A_1>A_2>A_4.
$$

2. 灰色关联度评价

(1) 灰色关联度的计算数据如表 9.5 所示.

表 9.5 灰色关联系数及关联度计算数据

	最大速度 x_1	飞行半径 x_2	最大负载 x_3	费用 x_4	可靠性 x_5	灵敏度x_6	r_i
A_1	0.5882	0.3913	0.8571	0.6111	0.5	1	0.6580
A_2	1	1	0.6667	0.4815	0.3333	0.3636	0.6409
A_3	0.5051	0.5243	1	1	1	0.4878	0.7529
A_4	0.7042	0.4615	0.8571	0.7407	0.5	0.3636	0.6045

(2) 根据灰色关联度对各机型按优劣次序排序如下

$$A_3 > A_1 > A_2 > A_4.$$

3. 熵值法

(1) 利用公式

$$p_{ij} = \frac{b_{ij}}{\sum\limits_{i=1}^{4} b_{ij}} \quad (i = 1, 2, 3, 4;\ j = 1, 2, \cdots, 6).$$

求各指标的特征比重为

$$\boldsymbol{P} = \begin{bmatrix} 0.2353 & 0.1875 & 0.2532 & 0.2399 & 0.25 & 0.3704 \\ 0.2941 & 0.3375 & 0.2278 & 0.2030 & 0.15 & 0.1852 \\ 0.2118 & 0.25 & 0.2658 & 0.2932 & 0.35 & 0.2593 \\ 0.2588 & 0.225 & 0.2532 & 0.2639 & 0.25 & 0.1852 \end{bmatrix}.$$

(2) 利用公式

$$e_j = -\frac{1}{\ln 4} \sum_{i=1}^{4} p_{ij} \ln p_{ij} \quad (j = 1, 2, \cdots, 6),$$

计算各指标的熵值为

$$\boldsymbol{e} = [e_1, e_2, \cdots, e_6] = [0.9947,\ 0.9829,\ 0.9989,\ 0.9936,\ 0.9703,\ 0.9684].$$

(3) 利用公式

$$g_j = 1 - e_j \quad (j = 1, 2, \cdots, 6),$$

计算各指标的差异系数为

$$\boldsymbol{g} = [g_1, g_2, \cdots, g_6] = [0.0053,\ 0.0171,\ 0.0011,\ 0.0064,\ 0.0297,\ 0.0316].$$

(4) 由公式

$$w_j = \frac{g_j}{\sum\limits_{k=1}^{6} g_k} \quad (j = 1, 2, \cdots, 6),$$

求得各指标的权重向量为

$$\boldsymbol{W}_2=[w_1,w_2,\cdots,w_6]=[0.0583,\ 0.1870,\ 0.0122,\ 0.0700,\ 0.3255,\ 0.3470].$$

(5) 计算第 i 个评价对象的综合评价值

$$f_i=\sum_{j=1}^{6}w_jp_{ij},\quad i=1,2,3,4,$$

得 4 个评价对象的评价值向量

$$\boldsymbol{F}=[f_1,\ f_2,\ f_3,\ f_4]=[0.2785,0.2103,0.2868,0.2244],$$

各机型按优劣次序排序如下

$$A_3>A_1>A_4>A_2.$$

4. 利用秩和比法进行综合评价

1) 编秩

对于各机型的评价指标进行编秩, 结果如表 9.6 所示.

表 9.6 各机型指标值的编秩值

	最大速度x_1	飞行半径x_2	最大负载x_3	费用x_4	可靠性x_5	灵敏度x_6
A_1	2	1	2.5	2	2.5	4
A_2	4	4	1	1	1	1.5
A_3	1	3	4	4	4	3
A_4	3	2	2.5	3	2.5	1.5

2) 计算秩和比

用公式 $\mathrm{RSR}_i=\sum_{j=1}^{6}w_jR_{ij}/4,\ i=1,2,3,4$, 这里取 $w_j=\frac{1}{6}(j=1,2,\cdots,6)$, 计算加权秩和比为

$$\mathbf{RSR}=[0.5833,\ 0.5208,\ 0.7917,\ 0.6042].$$

3) 秩和比排序

根据 $\mathrm{RSR}_i\ (i=1,2,3,4)$ 对 4 种机型的性能按优劣次序排序为

$$A_3>A_4>A_1>A_2.$$

上述 4 种评价方法的 Python 程序如下：

```
#程序文件Pex9_2.py
import numpy as np
from scipy.stats import rankdata
```

```
a=np.loadtxt("Pdata9_1_3.txt")
cplus=a.max(axis=0)   #逐列求最大值
cminus=a.min(axis=0)  #逐列求最小值
print("正理想解=",cplus,"负理想解=",cminus)
d1=np.linalg.norm(a-cplus, axis=1)  #求到正理想解的距离
d2=np.linalg.norm(a-cminus, axis=1) #求到负理想解的距离
print(d1, d2)   #显示到正理想解和负理想解的距离
f1=d2/(d1+d2); print("TOPSIS的评价值为: ", f1)

t=cplus-a   #计算参考序列与每个序列的差
mmin=t.min(); mmax=t.max()  #计算最小差和最大差
rho=0.5  #分辨系数
xs=(mmin+rho*mmax)/(t+rho*mmax)  #计算灰色关联系数
f2=xs.mean(axis=1)  #求每一行的均值
print("\n关联系数=", xs,'\n关联度=',f2)
          #显示灰色关联系数和灰色关联度
[n, m]=a.shape
cs=a.sum(axis=0)  #逐列求和
P=1/cs*a   #求特征比重矩阵
e=-(P*np.log(P)).sum(axis=0)/np.log(n)  #计算熵值
g=1-e   #计算差异系数
w=g/sum(g)  #计算权重
F=P@w  #计算各对象的评价值
print("\nP={}\n,e={}\n,g={}\n,w={}\nF={}".format(P,e,g,w,F))
R=[rankdata(a[:,i]) for i in np.arange(6)]  #求每一列的秩
R=np.array(R).T   #构造秩矩阵
print("\n秩矩阵为: \n",R)
RSR=R.mean(axis=1)/n; print("RSR=", RSR)
```

9.3 层次分析法案例

1. 问题提出

春天来了, 张勇、李雨、王刚、赵宇四位大学生相约去寻找那生机勃勃、盎然向上的春天, 去呼吸那沁人心脾的春天的气息. “五一” 长假终于到了, 但他们却发生

了争执. 原来张勇想到风光绮丽的苏杭去看园林的春色, 李雨却想到风景迷人的黄山去看巍峨挺拔的黄山松, 王刚则想到风光秀丽的庐山去寻找庐山的真面目. 三个人争得面红耳赤, 只有赵宇坐在一旁手里拿着笔, 不停地写着, 最后站起来说: “别吵了, 我计算过了, 去苏杭是明智的选择. ” 说着他拿起笔在纸上画了一张分析图 (图 9.1), 并讲解起来.

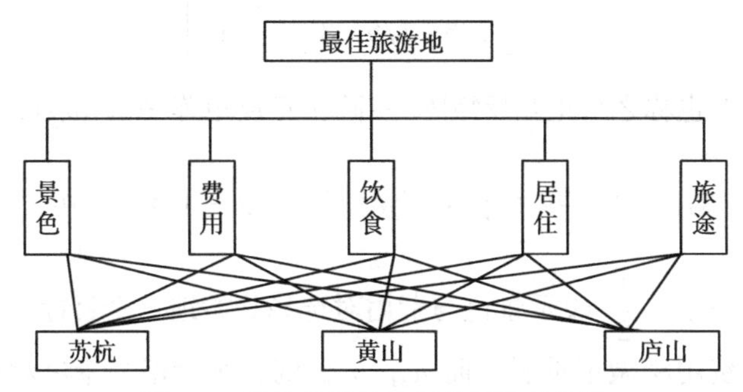

图 9.1 最佳旅游地选择的层次结构图

2. 问题分析

图 9.1 是一个递阶层次结构, 它分三个层次, 第一层 (选择最佳旅游地) 称之为目标层; 第二层 (旅游的倾向) 称之为准则层; 第三层 (旅游地点) 称之为方案层. 各层之间的联系用相连的直线表示. 要依据喜好对这三个层次相互比较判断进行综合, 在三个旅游地中确定哪一个为最佳地点.

3. 模型建立与求解

具体的做法是通过相互比较, 假设各准则对目标的权重和各方案对每一准则的权重. 首先在准则层对目标层进行赋权, 认为费用应占最大的比重 (因为是学生), 其次是景色 (目的主要是旅游), 再者是旅途, 至于吃住对年轻人来说不太重要. 表 9.7 是采用两两比较判断法得到的数据.

表 9.7 旅游决策准则层对目标层的两两比较表

项目	景色	费用	饮食	居住	旅途
景色	1	1/2	5	5	3
费用	2	1	7	7	5
饮食	1/5	1/7	1	1/2	1/3
居住	1/5	1/7	2	1	1/2
旅途	1/3	1/5	3	2	1

把表 9.7 中的数据用矩阵 $\boldsymbol{A}=(a_{ij})_{5\times 5}$ 表示, 则

$$
\boldsymbol{A}=\begin{bmatrix}
1 & 1/2 & 5 & 5 & 3\\
2 & 1 & 7 & 7 & 5\\
1/5 & 1/7 & 1 & \dfrac{1}{2} & \dfrac{1}{3}\\
1/5 & 1/7 & 2 & 1 & \dfrac{1}{2}\\
1/3 & 1/5 & 3 & 2 & 1
\end{bmatrix}.
$$

比较判断矩阵 $\boldsymbol{A}$ 也称之为正互反矩阵. n 阶正互反矩阵 $\boldsymbol{B}=(b_{ij})_{n\times n}$ 的特点是

$$
b_{ij}>0,\quad b_{ji}=\frac{1}{b_{ij}},\quad b_{ii}=1,\quad i,j=1,2,\cdots,n.
$$

矩阵 $\boldsymbol{A}$ 中 $a_{12}=\dfrac{1}{2}$, 表示景色与费用对选择旅游地这个目标来说的重要之比为 1:2 (景色比费用稍微不重要), 而 $a_{21}=2$ 则表示费用与景色对选择旅游地这个目标来说的重要之比为 2:1 (费用比景色稍微重要); $a_{13}=5$ 表示景色与饮食对旅游地这个目标来说的重要之比为 5:1 (景色比饮食明显重要), 而 $a_{31}=\dfrac{1}{5}$ 则表示饮食与景色对选择旅游地这个目标来说的重要之比为 1:5 (饮食比景色明显不重要); $a_{23}=7$ 表示费用与饮食对选择旅游地这个目标来说的重要之比为 7:1 (费用比饮食强烈重要), 而 $a_{32}=\dfrac{1}{7}$ 则表示饮食与费用对选择旅游地这个目标来说的重要之比为 1:7 (饮食比景色强烈不重要). 由此可见, 在进行两两比较时, 只需要进行 $4+3+2+1=10$ 次比较即可.

现在的问题是怎样由正互反矩阵确定诸因素对目标层的权重. 由于 $\boldsymbol{A}$ 是正矩阵, 由 Perron(佩罗) 定理知, 正互反矩阵一定存在一个最大的特征值 $\lambda_{\max}$, 并且 $\lambda_{\max}$ 所对应的特征向量 $\boldsymbol{X}$ 为正向量, 即 $\boldsymbol{AX}=\lambda_{\max}\boldsymbol{X}$, 将 $\boldsymbol{X}$ 归一化 (各个分量之和等于 1) 作为权向量 $\boldsymbol{W}$, 即 $\boldsymbol{W}$ 满足 $\boldsymbol{AW}=\lambda_{\max}\boldsymbol{W}$.

利用 Python 可以求出最大特征值 $\lambda_{\max}=5.0976$, 对应的特征向量经归一化得

$$
\boldsymbol{W}=[0.2863,0.4809,0.0485,0.0685,0.1157]^{\mathrm{T}},
$$

就是准则层对目标层的排序向量. 用同样的方法, 给出第三层 (方案层) 对第二层 (准则层) 的每一准则比较判断矩阵, 由此求出各排序向量 (最大特征值所对应的特征向量归一化).

$$
\boldsymbol{B}_1\,(\text{景色})=\begin{bmatrix}
1 & 1/3 & 1/2\\
3 & 1 & 1/2\\
2 & 2 & 1
\end{bmatrix},\quad
\boldsymbol{P}_1=\begin{bmatrix}
0.1677\\
0.3487\\
0.4836
\end{bmatrix},
$$

$$\boldsymbol{B}_2\,(\text{费用}) = \begin{bmatrix} 1 & 3 & 2 \\ 1/3 & 1 & 2 \\ 1/2 & 1/2 & 1 \end{bmatrix}, \quad \boldsymbol{P}_2 = \begin{bmatrix} 0.5472 \\ 0.2631 \\ 0.1897 \end{bmatrix},$$

$$\boldsymbol{B}_3\,(\text{饮食}) = \begin{bmatrix} 1 & 4 & 3 \\ 1/4 & 1 & 2 \\ 1/3 & 1/2 & 1 \end{bmatrix}, \quad \boldsymbol{P}_3 = \begin{bmatrix} 0.6301 \\ 0.2184 \\ 0.1515 \end{bmatrix},$$

$$\boldsymbol{B}_4\,(\text{居住}) = \begin{bmatrix} 1 & 3 & 2 \\ 1/3 & 1 & 2 \\ 1/2 & 1/2 & 1 \end{bmatrix}, \quad \boldsymbol{P}_4 = \begin{bmatrix} 0.5472 \\ 0.2631 \\ 0.1897 \end{bmatrix},$$

$$\boldsymbol{B}_5\,(\text{旅途}) = \begin{bmatrix} 1 & 2 & 3 \\ 1/2 & 1 & 1/2 \\ 1/3 & 2 & 1 \end{bmatrix}, \quad \boldsymbol{P}_5 = \begin{bmatrix} 0.5472 \\ 0.1897 \\ 0.2631 \end{bmatrix}.$$

最后, 将由各准则对目标的权向量 $\boldsymbol{W}$ 和各方案对每一准则的权向量, 计算各方案对目标的权向量, 称为组合权向量.

若记

$$\boldsymbol{P} = [\boldsymbol{P}_1, \boldsymbol{P}_2, \boldsymbol{P}_3, \boldsymbol{P}_4, \boldsymbol{P}_5] = \begin{bmatrix} 0.1677 & 0.5472 & 0.6301 & 0.5472 & 0.5472 \\ 0.3487 & 0.2631 & 0.2184 & 0.2631 & 0.1897 \\ 0.4836 & 0.1897 & 0.1515 & 0.1897 & 0.2631 \end{bmatrix},$$

则根据矩阵乘法, 可得组合权向量

$$\boldsymbol{K} = \begin{bmatrix} k_1 \\ k_2 \\ k_3 \end{bmatrix} = \boldsymbol{PW} = \begin{bmatrix} 0.4426 \\ 0.2769 \\ 0.2805 \end{bmatrix}.$$

4. 模型的一致性检验

如果一个正互反矩阵 $\boldsymbol{A} = (a_{ij})_{n\times n}$ 满足

$$a_{ij}a_{jk} = a_{ik}, \quad i, j, k = 1, 2, \cdots, n, \tag{9.2}$$

则称 $\boldsymbol{A}$ 为一致性判断矩阵, 简称一致阵.

通过两两成对比较得到的判断矩阵 $\boldsymbol{A}$ 不一定满足矩阵的一致性条件 (9.2), 我们希望能找到一个数量标准来衡量矩阵 $\boldsymbol{A}$ 不一致的程度.

关于正互反矩阵 $\boldsymbol{A}$, 根据矩阵论的 Perron-Frobenius 定理, 有下面的结论.

定理 9.1　正互反矩阵 $\boldsymbol{A}$ 存在正实数的按模最大的特征值, 这个特征值是单值, 其余的特征值的模均小于它, 并且这个最大特征值对应着正的特征向量.

定理 9.2　n 阶正互反矩阵 $\boldsymbol{A}=(a_{ij})_{n\times n}$ 是一致阵当且仅当其最大特征值 $\lambda_{\max}=n$.

根据定理 9.2, 就可以检验判断矩阵是否具有一致性, 如果判断矩阵不具有一致性, 则 $\lambda_{\max}\neq n$, 并且这时的特征向量 $\boldsymbol{W}$ 就不能真实反映各指标的权重. 衡量不一致程度的数量指标称为一致性指标, Saaty 将它定义为

$$\mathrm{CI}=\frac{\lambda_{\max}-n}{n-1}. \tag{9.3}$$

由于矩阵 $\boldsymbol{A}$的所有特征值的和 $\sum\limits_{i=1}^{n}\lambda_i=n$, 实际上 CI 是 $n-1$ 个特征值 $\lambda_2,\lambda_3,\cdots,\lambda_n$ (最大特征值 $\lambda_{\max}$ 除外) 的平均值的相反数. 当然对于一致性正互反阵来说, 一致性指标 CI 等于零.

显然, 仅依靠 CI 值来作为判断矩阵 $\boldsymbol{A}$ 是否具有满意一致性的标准是不够的, 因为客观事物的复杂性和人们认识的多样性, 以及可能产生的片面性与问题的因素多少、规模大小有关, 即随着 n 值 (1~9) 的增大, 误差相应也会增大, 为此, Saaty 又提出了平均随机一致性指标 RI.

平均随机一致性指标 RI 是这样得到的: 对于固定的 n, 随机构造正互反矩阵 $\boldsymbol{A}'=(a'_{ij})_{n\times n}$, 其中 a'_{ij} 是从 $1,2,\cdots,9,\frac{1}{2},\frac{1}{3},\cdots,\frac{1}{9}$ 中随机抽取的, 这样的 $\boldsymbol{A}'$ 是最不一致的, 取充分大的子样本 (500 个样本) 得到 $\boldsymbol{A}'$ 的最大特征值的平均值 $\lambda'_{\max}$, 定义

$$\mathrm{RI}=\frac{\lambda'_{\max}-n}{n-1}. \tag{9.4}$$

对于 1~9 阶的判断矩阵, Saaty 给出 RI 值, 如表 9.8 所示.

表 9.8　平均随机一致性指标 RI

n	1	2	3	4	5	6	7	8	9
RI	0	0	0.58	0.90	1.12	1.24	1.32	1.41	1.45

令 CR = CI/RI, CR 为一致性比率, 当 CR <0.1 时, 认为判断矩阵具有满意的一致性, 否则就需要调整判断矩阵, 使之具有满意的一致性.

在上述模型中矩阵 $\boldsymbol{A}$ 的一致性比率 CR $=0.0218<0.1$, 通过了一致性检验. 对于其他判断矩阵的一致性检验和总体一致性检验, 这里就省略了.

计算的 python 程序如下：

```
#程序文件Pan9_1.py
from scipy.sparse.linalg import eigs
```

```
from numpy import array, hstack
a=array([[1,1/2,5,5,3],[2,1,7,7,5],[1/5,1/7,1,1/2,1/3],
        [1/5,1/7,2,1,1/2],[1/3,1/5,3,2,1]])
L,V=eigs(a,1);
CR=(L-5)/4/1.12  #计算矩阵A的一致性比率
W=V/sum(V); print("最大特征值为: ",L)
print("最大特征值对应的特征向量W=\n",W)
print("CR=",CR)
B1=array([[1,1/3,1/2],[3,1,1/2],[2,2,1]])
L1,P1=eigs(B1,1); P1=P1/sum(P1)
print("P1=",P1)
B2=array([[1,3,2],[1/3,1,2],[1/2,1/2,1]])
t2,P2=eigs(B2,1); P2=P2/sum(P2)
print("P2=",P2)
B3=array([[1,4,3],[1/4,1,2],[1/3,1/2,1]])
t3, P3=eigs(B3,1); P3=P3/sum(P3)
print("P3=",P3)
B4=array([[1,3,2],[1/3,1,2],[1/2,1/2,1]])
t4, P4=eigs(B4,1); P4=P4/sum(P4)
print("P4=", P4)
B5=array([[1,2,3],[1/2,1,1/2],[1/3,2,1]])
t5, P5=eigs(B5,1); P5=P5/sum(P5)
print("P5=",P5)
K=hstack([P1,P2,P3,P4,P5])@W  #矩阵乘法
print("K=",K)
```

5. 结果分析

上述结果表明: 方案 1 (苏杭) 在旅游选择中占的权重为 0.4426, 接近 0.5, 远大于方案 2 (黄山权重为 0.2769)、方案 3 (庐山权重为 0.2805), 因此他们应该去苏杭.

以上分析方法称为 “层次分析法” (analytic hierarchy process, AHP) 是一种现代管理决策方法, 由美国运筹学家 T. L. Saaty 提出, 它的应用比较广泛, 遍及经济计划与管理、能源政策与分配、行为科学、军事指挥、运输、农业、教育、环境、人才等诸多领域, 如大学生的择业决策、科技人员要选择研究课题、医生要为疑难病确定治疗方案、经理要从若干个应试者中挑选秘书等, 都可用这种方法, 其特点是将定性分析用定量方法来解决.

习 题 9

9.1 某公司需要对其信息化建设方案进行评估, 方案由 4 家信息咨询公司分别提供, 记为方案 1 (S_1)、方案 2 (S_2)、方案 3 (S_3)、方案 4 (S_4). 每套方案的评估标准均包括以下 6 项内容: x_1 (目标指标)、x_2 (经济成本)、x_3 (实施可行性)、x_4 (技术可行性)、x_5 (人力资源成本)、x_6 (抗风险能力). 其中, x_2 和 x_5 是成本型指标, 其他为效益型指标. 这里每个方案所对应的属性值均由评估专家打分给出, 表 9.9 列出了专家对各方案属性的评分结果, 请对 4 个方案进行综合评价.

表 9.9　属性值专家评分数据

方案	属性					
	x_1	x_2	x_3	x_4	x_5	x_6
S_1	8.1	255	12.6	13.2	76	5.4
S_2	6.7	210	13.2	10.7	102	7.2
S_3	6.0	233	15.3	9.5	63	3.1
S_4	4.5	202	15.2	13	120	2.6

9.2 对一个企业的经济效益评价也是一个较复杂的问题, 能够反映企业经济效益的主要指标有 4 项: x_1(总产值/消耗)、x_2(净产值)、x_3(赢利/资金占有)、x_4(销售收入/成本). 现设有 20 家企业的 4 项经济指标如表 9.10 所示. 试用两种以上的综合评价方法对 20 家企业经济效益进行综合评价排序.

表 9.10　企业的经济效益评价指标数据

企业	x_1	x_2	x_3	x_4
A_1	1.611	10.59	0.69	1.67
A_2	1.429	9.44	0.61	1.50
A_3	1.447	5.97	0.24	1.25
A_4	1.572	10.78	0.75	1.71
A_5	1.483	10.99	0.75	1.44
A_6	1.371	6.46	0.41	1.31
A_7	1.665	10.51	0.53	1.52
A_8	1.403	6.11	0.17	1.32
A_9	2.62	21.51	1.40	2.59
A_{10}	2.033	24.15	1.80	1.89
A_{11}	2.015	26.86	1.93	2.02
A_{12}	1.501	9.74	0.87	1.48
A_{13}	1.578	14.52	1.12	1.47
A_{14}	1.735	14.64	1.21	1.91
A_{15}	1.453	12.88	0.87	1.52
A_{16}	1.765	17.94	0.89	1.40
A_{17}	1.532	29.42	2.52	1.80
A_{18}	1.488	9.23	0.81	1.45
A_{19}	2.586	16.07	0.82	1.83
A_{20}	1.992	2.63	1.01	1.89

第10章 图论模型

图论是运筹学的一个经典和重要分支, 专门研究图与网络模型的特点、性质以及求解方法. 许多优化问题, 可以利用图与网络的固有特性所形成的特定方法来解决, 比用数学规划等其他模型求解往往要简单且有效得多.

图论起源于 1736 年欧拉对哥尼斯堡七桥问题的抽象和论证. 1936 年, 匈牙利数学家柯尼西 (D. König) 出版的第一部图论专著《有限图与无限图理论》, 树立了图论发展的第一座里程碑. 近几十年来, 计算机科学和技术的飞速发展, 大大地促进了图论的研究和应用, 其理论和方法已经渗透到物理学、化学、计算机科学、通信科学、建筑学、生物遗传学、心理学、经济学、社会学等各个学科中.

10.1 图的基础理论及 networkx 简介

10.1.1 图的基本概念

所谓图, 概括地讲就是由一些点和这些点之间的连线组成的. 定义为 $G=(V,E)$, V 是顶点的非空有限集合, 称为顶点集. E 是边的集合, 称为边集. 边一般用 (v_i,v_j) 表示, 其中 v_i,v_j 属于顶点集 V.

以下用 $|V|$ 表示图 $G=(V,E)$ 中顶点的个数, $|E|$ 表示边的条数.

图 10.1 是三个图的示例, 其中图 10.1(a) 中的图有 3 个顶点、2 条边, 将其表示为 $G=(V,E)$, $V=\{v_1,v_2,v_3\}$, $E=\{(v_1,v_2),(v_1,v_3)\}$.

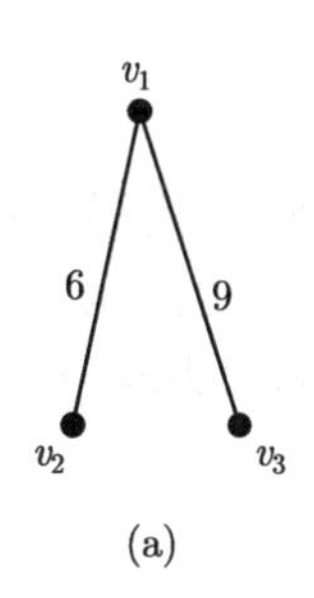

(a)

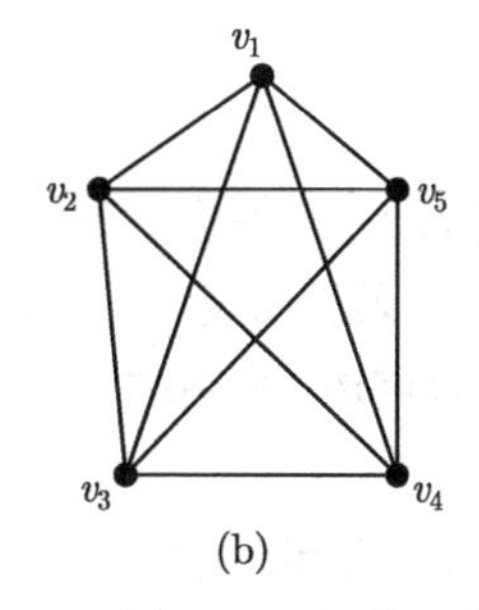

(b)

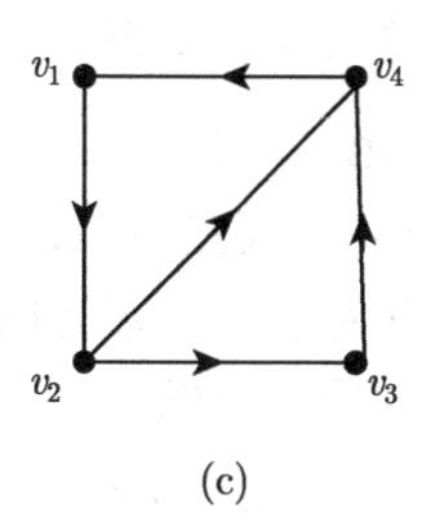

(c)

图 10.1 图的示意图

1. 无向图和有向图

如果图的边是没有方向的, 则称此图为无向图 (简称为图), 无向图的边称为无向边 (简称边). 图 10.1(a) 和 (b) 中的图都是无向图. 连接两顶点 v_i 和 v_j 的无向边记为 (v_i, v_j) 或 (v_j, v_i).

如果图的边是有方向 (带箭头) 的, 则称此图为有向图, 有向图的边称为弧 (或有向边), 如图 10.1(c) 中的图是一个有向图. 连接两顶点 v_i 和 v_j 的弧记为 $\langle v_i, v_j\rangle$, 其中 v_i 称为起点, v_j 称为终点. 显然此时弧 $\langle v_i, v_j\rangle$ 与弧 $\langle v_j, v_i\rangle$ 是不同的两条有向边. 有向图的弧的起点称为弧头, 弧的终点称为弧尾. 有向图一般记为 $D = (V, A)$, 其中 V 为顶点集, A 为弧集.

例如, 图 10.1(c) 可以表示为 $D = (V, A)$, 顶点集 $V = \{v_1, v_2, v_3, v_4\}$, 弧集为 $A = \{\langle v_1, v_2\rangle, \langle v_2, v_3\rangle, \langle v_2, v_4\rangle, \langle v_3, v_4\rangle, \langle v_4, v_1\rangle\}$.

对于图除非指明是有向图, 一般地, 所谓的图都是指无向图. 有向图也可以用 G 表示.

例 10.1 设 $V = \{v_1, v_2, v_3, v_4, v_5\}$, $E = \{e_1, e_2, e_3, e_4, e_5\}$, 其中

$$e_1 = (v_1, v_2),\quad e_2 = (v_2, v_3),\quad e_3 = (v_2, v_3),\quad e_4 = (v_3, v_4),\quad e_5 = (v_4, v_4).$$

则 $G = (V, E)$ 是一个图, 其图形如图 10.2 所示.

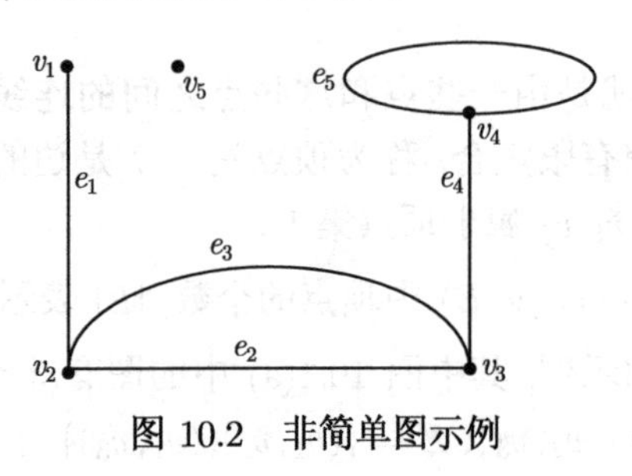

图 10.2 非简单图示例

2. 简单图和完全图

定义 10.1 设 $e = (u, v)$ 是图 G 的一条边, 则称 u, v 是 e 的端点, 并称 u 与 v 相邻, 边 e 与顶点 u (或 v) 相关联. 若两条边 e_i 与 e_j 有共同的端点, 则称边 e_i 与 e_j 相邻; 称有相同端点的两条边为重边; 称两端点均相同的边为环; 称不与任何边相关联的顶点为孤立点.

图 10.2 中, 边 e_2 与 e_3 为重边, e_5 为环, 顶点 v_5 为孤立点.

定义 10.2 无环且无重边的图称为简单图.

图 10.2 不是简单图, 因为图中既含重边 (e_2 与 e_3) 又含环 (e_5).

定义 10.3 任意两点均相邻的简单图称为完全图. 含 n 个顶点的完全图记为 K_n.

3. 赋权图

定义 10.4 如果图 G 的每条边 e 都附有一个实数 $w(e)$, 则称图 G 为赋权图, 实数 $w(e)$ 称为边 e 的权.

赋权图也称为网络, 图 10.1(a) 中的图就是一个赋权图. 赋权图中的权可以是距离、费用、时间、效益、成本等.

如果有向图 D 的每条弧都被赋予了权, 则称 D 为有向赋权图.

4. 顶点的度

定义 10.5 (1) 在无向图中, 与顶点 v 关联的边的数目 (环算两次) 称为 v 的度, 记为 $d(v)$.

(2) 在有向图中, 从顶点 v 引出的弧的数目称为 v 的出度, 记为 $d^+(v)$, 从顶点 v 引入的弧的数目称为 v 的入度, 记为 $d^-(v)$, $d(v) = d^+(v) + d^-(v)$ 称为 v 的度.

度为奇数的顶点称为奇顶点, 度为偶数的顶点称为偶顶点.

定理 10.1 给定图 $G = (V, E)$, 所有顶点的度数之和是边数的 2 倍, 即

$$\sum_{v \in V} d(v) = 2\left|E\right|.$$

推论 10.1 任何图中奇顶点的总数必为偶数.

5. 子图

定义 10.6 设 $G_1 = (V_1, E_1)$ 与 $G_2 = (V_2, E_2)$ 是两个图, 并且满足 $V_1 \subset V_2$, $E_1 \subset E_2$, 则称 G_1 是 G_2 的子图. 如果 G_1 是 G_2 的子图, 且 $V_1 = V_2$, 则称 G_1 是 G_2 的生成子图.

6. 道路与回路

设 $W = v_0 e_1 v_1 e_2 \cdots e_k v_k$, 其中 $e_i \in E(i = 1, 2, \cdots, k)$, $v_j \in V(j = 0, 1, \cdots, k)$, e_i 与 v_{i-1} 和 v_i 关联, 称 W 是图 G 的一条道路, 简称路, k 为路长, v_0 为起点, v_k 为终点; 各边相异的道路称为迹 (trail); 各顶点相异的道路称为轨道 (path), 记为 $P(v_0, v_k)$; 起点和终点重合的道路称为回路; 起点和终点重合的轨道称为圈, 即对轨道 $P(v_0, v_k)$, 当 $v_0 = v_k$ 时成为一个圈. 称以两顶点 u, v 分别为起点和终点的最短轨道之长为顶点 u, v 的距离.

7. 连通图与非连通图

在无向图 G 中, 如果从顶点 u 到顶点 v 存在道路, 则称顶点 u 和 v 是连通的. 如果图 G 中的任意两个顶点 u 和 v 都是连通的, 则称图 G 是连通图, 否则称为非连通图. 非连通图中的连通子图, 称为连通分支.

在有向图 G 中, 如果对于任意两个顶点 u 和 v, 从 u 到 v 和从 v 到 u 都存在道路, 则称图 G 是强连通图.

10.1.2 图的表示及 networkx 简介

本节均假设图 $G=(V,E)$ 为简单图, 其中 $V=\{v_1,v_2,\cdots,v_n\}$, $E=\{e_1,e_2,\cdots,e_m\}$.

1. 关联矩阵

对于无向图 G, 其关联矩阵 $\boldsymbol{M}=(m_{ij})_{n\times m}$, 其中

$$m_{ij}=\begin{cases}1, & v_i \text{ 与 } e_j \text{ 相关联},\\ 0, & v_i \text{ 与 } e_j \text{ 不关联}.\end{cases}$$

对有向图 G, 其关联矩阵 $\boldsymbol{M}=(m_{ij})_{n\times m}$, 其中

$$m_{ij}=\begin{cases}1, & v_i \text{ 是 } e_j \text{ 的起点},\\ -1, & v_i \text{ 是 } e_j \text{ 的终点},\\ 0, & v_i \text{ 与 } e_j \text{ 不关联}.\end{cases}$$

2. 邻接矩阵

对无向非赋权图 G, 其邻接矩阵 $\boldsymbol{W}=(w_{ij})_{n\times n}$, 其中

$$w_{ij}=\begin{cases}1, & v_i \text{ 与 } v_j \text{ 相邻},\\ 0, & v_i \text{ 与 } v_j \text{ 不相邻}.\end{cases}$$

对有向非赋权图 D, 其邻接矩阵 $\boldsymbol{W}=(w_{ij})_{n\times n}$, 其中

$$w_{ij}=\begin{cases}1, & \langle v_i,v_j\rangle\in A,\\ 0, & \langle v_i,v_j\rangle\notin A.\end{cases}$$

对无向赋权图 G, 其邻接矩阵 $\boldsymbol{W}=(w_{ij})_{n\times n}$, 其中

$$w_{ij}=\begin{cases}\text{顶点 } v_i \text{ 与 } v_j \text{ 之间边的权}, & (v_i,v_j)\in E,\\ 0\,(\text{或 } \infty), & v_i \text{ 与 } v_j \text{ 之间无边}.\end{cases}$$

注 10.1 当两个顶点之间不存在边时, 根据实际问题的含义或算法需要, 对应的权可以取为 0 或 ∞.

有向赋权图的邻接矩阵可类似定义.

3. networkx 简介

networkx 是一个用 Python 语言开发的图论与复杂网络建模工具, 内置了常用的图与复杂网络分析算法, 可以方便地进行复杂网络数据分析、仿真建模等工作.

networkx 支持创建简单无向图、有向图和多重图; 内置许多标准的图论算法, 顶点可为任意数据; 支持任意的边值维度.

networkx 的一些常用函数举例如下:

(1) Graph(): 创建无向图;

(2) Graph(A): 由邻接矩阵 A 创建无向图;

(3) DiGraph(): 创建有向图;

(4) DiGraph(A): 由邻接矩阵 A 创建有向图;

(5) MultiGraph(): 创建多重无向图;

(6) MultiDigraph(): 创建多重有向图;

(7) add_edge(): 添加一条边;

(8) add_edges_from(List): 从列表中添加多条边;

(9) add_node(): 添加一个顶点;

(10) add_nodes_from(List): 添加顶点集合;

(11) dijkstra_path(G, source, target, weight='weight'): 求最短路径;

(12) dijkstra_path_length(G, source, target, weight='weight'): 求最短距离.

例 10.2　图 10.3 所示的无向图, 其邻接矩阵为

$$\boldsymbol{A}=\begin{bmatrix}0&9&2&4&7\\9&0&3&4&0\\2&3&0&8&4\\4&4&8&0&6\\7&0&4&6&0\end{bmatrix}.$$

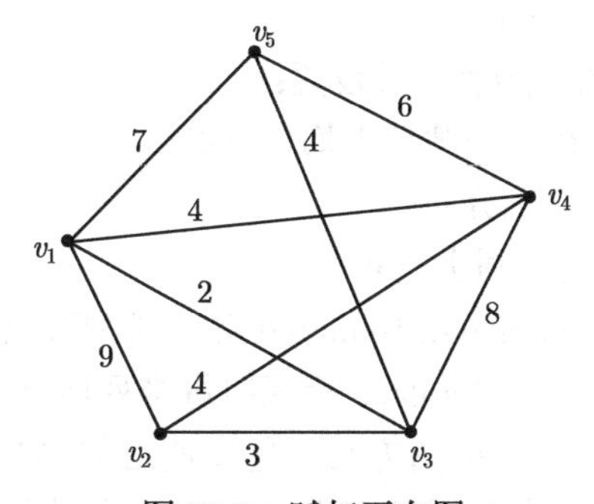

图 10.3　赋权无向图

用 Python 重新画图 10.3 的程序如下：

```
#程序文件Pex10_2_1.py
import numpy as np
import networkx as nx
import pylab as plt
a=np.zeros((5,5))
a[0,1:5]=[9, 2, 4, 7]; a[1,2:4]=[3,4]
a[2,[3,4]]=[8, 4]; #输入邻接矩阵的上三角元素
a[3,4]=6; print(a); np.savetxt("Pdata10_2.txt",a)
                                    #保存邻接矩阵供以后使用
i,j=np.nonzero(a)  #提取顶点的编号
w=a[i,j]  #提出a中的非零元素
edges=list(zip(i,j,w))
G=nx.Graph()
G.add_weighted_edges_from(edges)
key=range(5); s=[str(i+1) for i in range(5)]
s=dict(zip(key,s))  #构造用于顶点标注的字符字典
plt.rc('font',size=18)
plt.subplot(121); nx.draw(G,font_weight='bold',labels=s)
plt.subplot(122); pos=nx.shell_layout(G)  #布局设置
nx.draw_networkx(G,pos,node_size=260,labels=s)
w = nx.get_edge_attributes(G,'weight')
nx.draw_networkx_edge_labels(G,pos,font_size=12,edge_labels=w)
   #标注权重
plt.savefig("figure10_2.png", dpi=500); plt.show()
```

所画的图形如图 10.4 所示.

注 10.2 (1) 图形的布局有五种设置：

circular_layout：顶点在一个圆环上均匀分布;

random_layout：顶点随机分布;

shell_layout：顶点在同心圆上分布;

spring_layout：用 Fruchterman-Reingold 算法排列顶点;

spectral_layout：根据图的 Laplace 特征向量排列顶点.

(2) 上面使用较复杂的构造图方法, 直接使用邻接矩阵 a 构造图的命令为 Graph(a), 这里是为了让读者熟悉各种数据结构的使用方法. 直接输入列表构造赋权图的 Python 程序如下：

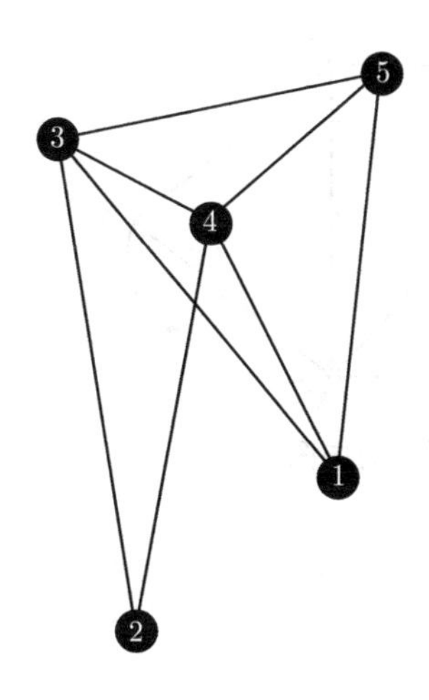

(a) 边不标注权重

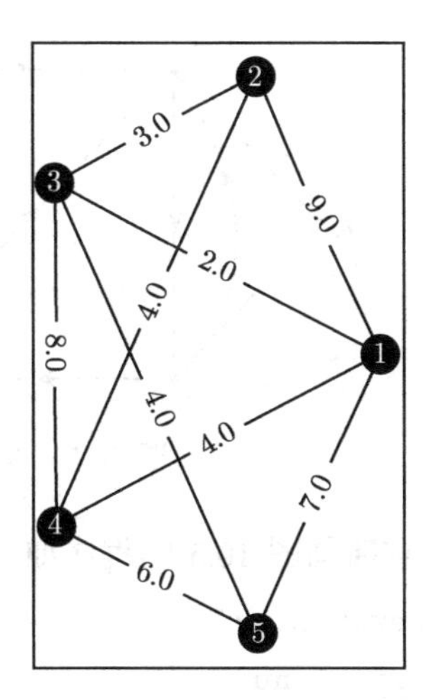

(b) 边标注权重

图 10.4 Python 所画的无向图

```
#程序文件Pex10_2_2.py
import networkx as nx
import pylab as plt
import numpy as np
List=[(1,2,9),(1,3,2),(1,4,4),(1,5,7),
      (2,3,3),(2,4,4),(3,4,8),(3,5,4),(4,5,6)]
G=nx.Graph()
G.add_nodes_from(range(1,6))
G.add_weighted_edges_from(List)
pos=nx.shell_layout(G)
w = nx.get_edge_attributes(G,'weight')
nx.draw(G, pos,with_labels=True, font_weight='bold',font_size=12)
nx.draw_networkx_edge_labels(G,pos,edge_labels=w)
plt.show()
```

例 10.3 图 10.5 所示的有向图的邻接矩阵为

$$\boldsymbol{A}=\begin{bmatrix}0&1&1&0&0&0\\0&0&1&0&0&0\\0&1&0&0&1&0\\0&1&0&0&0&1\\0&1&0&1&0&1\\0&0&0&0&1&0\end{bmatrix}.$$

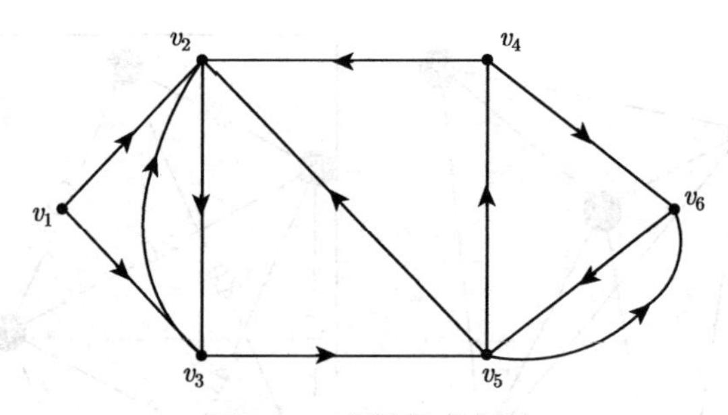

图 10.5　非赋权有向图

用 Python 重新画图 10.5 的程序如下:

```
#程序文件Pex10_3.py
import numpy as np
import networkx as nx
import pylab as plt
G=nx.DiGraph()
List=[(1,2),(1,3),(2,3),(3,2),(3,5),(4,2),(4,6),
      (5,2),(5,4),(5,6),(6,5)]
G.add_nodes_from(range(1,7))
G.add_edges_from(List)
plt.rc('font',size=16)
pos=nx.shell_layout(G)
nx.draw(G,pos,with_labels=True, font_weight='bold',node_color='r')
plt.savefig("figure10_3.png", dpi=500); plt.show()
```

所画的图形如图 10.6 所示.

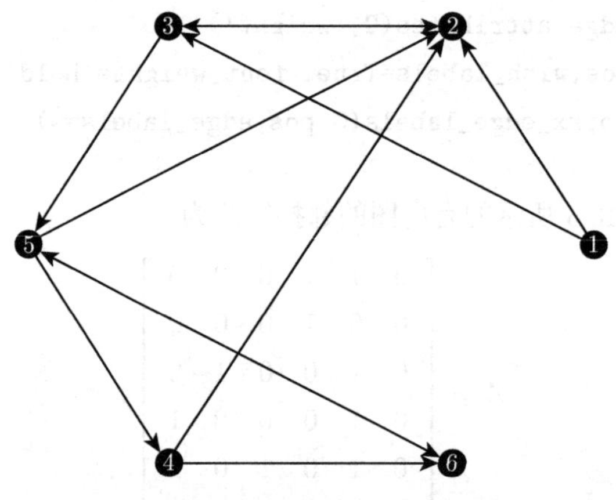

图 10.6　Python 所画的有向图

4. 图的其他表示和图数据的导出

描述图的方法有多种, 还可以使用邻接表 (adjacency list). 它列出了每个顶点的邻居顶点.

为了使描述更清楚, 可以将图表示为列表的字典. 这里, 顶点名称就是字典的键, 值是顶点的邻接表.

例 10.4 图的相关操作示例.

```
#程序文件Pex10_4.py
import numpy as np
import networkx as nx
import pylab as plt
a=np.loadtxt("Pdata10_2.txt")
G=nx.Graph(a)      #利用邻接矩阵构造赋权无向图
print("图的顶点集为：", G.nodes(),"\n边集为：", G.edges())
print("邻接表为：", list(G.adjacency()))  #显示图的邻接表
print("列表字典为：", nx.to_dict_of_lists(G))
B=nx.to_numpy_matrix(G)  #从图G中导出邻接矩阵B，这里B=a
C=nx.to_scipy_sparse_matrix(G)  #从图G中导出稀疏矩阵C
```

程序运行结果如下：

```
图的顶点集为： [0, 1, 2, 3, 4]
边集为： [(0, 1), (0, 2), (0, 3), (0, 4), (1, 2), (1, 3), (2, 3),
    (2, 4), (3, 4)]
邻接表为： [(0, {1: {'weight': 9.0}, 2: {'weight': 2.0}, 3:
    {'weight': 4.0}, 4: {'weight': 7.0}}), (1, {0: {'weight':
    9.0}, 2: {'weight': 3.0}, 3: {'weight': 4.0}}), (2, {0:
    {'weight': 2.0}, 1: {'weight': 3.0}, 3: {'weight': 8.0},
    4: {'weight': 4.0}}), (3, {0: {'weight': 4.0}, 1: {'weight':
    4.0}, 2: {'weight': 8.0}, 4: {'weight': 6.0}}), (4, {0:
    {'weight': 7.0}, 2: {'weight': 4.0}, 3: {'weight': 6.0}})]
列表字典为： {0: [1, 2, 3, 4], 1: [0, 2, 3], 2: [0, 1, 3, 4], 3:
    [0, 1, 2, 4], 4: [0, 2, 3]}
```

10.2 最短路算法及其 Python 实现

最短路径问题是图论中非常经典的问题之一, 旨在寻找图中两顶点之间的最短路径. 作为一个基本工具, 实际应用中的许多优化问题, 如管道铺设、线路安排、厂

区布局、设备更新等, 都可被归结为最短路径问题来解决.

定义 10.7　设图 G 是赋权图, Γ 为 G 中的一条路. 则称 Γ 的各边权之和为路 Γ 的长度.

对于 G 的两个顶点 u_0 和 v_0, 从 u_0 到 v_0 的路一般不止一条, 其中最短的 (长度最小的) 一条称为从 u_0 到 v_0 的最短路; 最短路的长称为从 u_0 到 v_0 的距离, 记为 $d(u_0, v_0)$.

求最短路的算法有 Dijkstra (迪杰斯特拉) 标号算法和 Floyd (弗洛伊德) 算法等方法, 但 Dijkstra 标号算法只适用于边权是非负的情形. 最短路径问题也可以归结为一个 0-1 整数规划模型.

10.2.1　固定起点到其余各点的最短路算法

寻求从一固定起点 u_0 到其余各点的最短路, 最有效的算法之一是 E. W. Dijkstra 于 1959 年提出的 Dijkstra 算法. 这个算法是一种迭代算法, 它的依据有一个重要而明显的性质: 最短路是一条路, 最短路上的任一子段也是最短路.

对于给定的赋权图 $G = (V, E, \boldsymbol{W})$, 其中 $V = \{v_1, \cdots, v_n\}$ 为顶点集合, E 为边的集合, 邻接矩阵 $\boldsymbol{W} = (w_{ij})_{n\times n}$, 这里

$$w_{ij} = \begin{cases} v_i \text{ 与 } v_j \text{ 之间边的权值}, & v_i \text{ 与 } v_j \text{ 之间有边}, \\ \infty, & v_i \text{ 与 } v_j \text{ 之间无边}, \end{cases} \quad (i \neq j),$$

$$w_{ii} = 0, \quad i = 1, 2, \cdots, n.$$

u_0 为 V 中的某个固定起点, 求顶点 u_0 到 V 中另一顶点 v_0 的最短距离 $d(u_0, v_0)$, 即为求 u_0 到 v_0 的最短路.

Dijkstra 算法的基本思想是: 按距离固定起点 u_0 从近到远为顺序, 依次求得 u_0 到图 G 某个顶点 v_0 或所有顶点的最短路和距离.

为避免重复并保留每一步的计算信息, 对于任意顶点 $v \in V$, 定义两个标号

$l(v)$: 顶点 v 的标号, 表示从起点 u_0 到 v 的当前路的长度;

$z(v)$: 顶点 v 的父顶点标号, 用以确定最短路的路线.

另外用 S_i 表示具有永久标号的顶点集. Dijkstra 标号算法的计算步骤如下.

(1) 令 $l(u_0) = 0$, 对 $v \neq u_0$, 令 $l(v) = \infty$, $z(v) = u_0$, $S_0 = \{u_0\}$, $i = 0$.

(2) 对每个 $v \in \bar{S}_i$ $(\bar{S}_i = V \backslash S_i)$, 令

$$l(v) = \min_{u \in S_i}\{l(v), l(u) + w(uv)\},$$

这里 $w(uv)$ 表示顶点 u 和 v 之间边的权值, 如果此次迭代利用顶点 $\tilde{u}$ 修改了顶点 v 的标号值 $l(v)$, 则 $z(v) = \tilde{u}$, 否则 $z(v)$ 不变. 计算 $\min\limits_{v \in \bar{S}_i}\{l(v)\}$, 把达到这个最小值的一个顶点记为 u_{i+1}, 令 $S_{i+1} = S_i \cup \{u_{i+1}\}$.

(3) 若 $i=|V|-1$ 或 v_0 进入 S_i, 算法终止; 否则, 用 $i+1$ 代替 i, 转 (2).

算法结束时, 从 u_0 到各顶点 v 的距离由 v 的最后一次标号 $l(v)$ 给出. 在 v 进入 S_i 之前的标号 $l(v)$ 叫 T 标号, v 进入 S_i 时的标号 $l(v)$ 叫 P 标号. 算法就是不断修改各顶点的 T 标号, 直至获得 P 标号. 若在算法运行过程中, 将每一顶点获得 P 标号所得来的边在图上标明, 则算法结束时, u_0 至各顶点的最短路也在图上标示出来了.

例 10.5 求图 10.7 所示的图 G 中从 v_3 到所有其余顶点的最短路及最短距离.

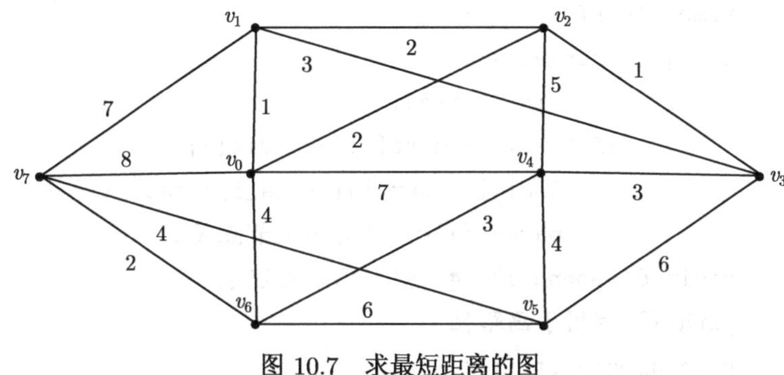

图 10.7 求最短距离的图

解 先写出邻接矩阵

$$
\boldsymbol{W}=\begin{bmatrix}
0 & 1 & 2 & \infty & 7 & \infty & 4 & 8\\
1 & 0 & 2 & 3 & \infty & \infty & \infty & 7\\
2 & 2 & 0 & 1 & 5 & \infty & \infty & \infty\\
\infty & 3 & 1 & 0 & 3 & 6 & \infty & \infty\\
7 & \infty & 5 & 3 & 0 & 4 & 3 & \infty\\
\infty & \infty & \infty & 6 & 4 & 0 & 6 & 4\\
4 & \infty & \infty & \infty & 3 & 6 & 0 & 2\\
8 & 7 & \infty & \infty & \infty & 4 & 2 & 0
\end{bmatrix}.
$$

编写 Python 程序如下:

```
#程序文件Pex10_5.py
import numpy as np
inf=np.inf
def Dijkstra_all_minpath( matr,start):
    #matr为邻接矩阵的数组, start表示起点
    n=len( matr) #该图的节点数
```

```
    dis=[]; temp=[]
    dis.extend(matr[start])  #添加数组matr的start行元素
    temp.extend(matr[start]) #添加矩阵matr的start行元素
    temp[start] = inf  #临时数组会把处理过的节点的值变成inf
    visited=[start]  #start已处理
    parent=[start]*n   #用于画路径，记录此路径中该节点的父节点
    while len(visited)<n:
        i= temp.index(min(temp)) #找最小权值的节点的坐标
        temp[i]=inf
        for j in range(n):
            if j not in visited:
                if (dis[i]+ matr[i][j])<dis[j]:
                    dis[j] = temp[j] =dis[i]+ matr[i][j]
                    parent[j]=i  #说明父节点是i
        visited.append(i)  #该索引已经处理了
        path=[]  #用于画路径
        path.append(str(i))
        k=i
        while(parent[k]!=start):
            #找该节点的父节点添加到path，直到父节点是start
            path.append(str(parent[k]))
            k=parent[k]
        path.append(str(start))
        path.reverse()   #path反序产生路径
        print(str(i)+':','->'.join(path))  #打印路径
    return dis
a=[[0,1,2,inf,7,inf,4,8],[1,0,2,3,inf,inf,inf,7],
  [2,2,0,1,5,inf,inf,inf],[inf,3,1,0,3,6,inf,inf],
  [7,inf,5,3,0,4,3,inf],[inf,inf,inf,6,4,0,6,4],
  [4,inf,inf,inf,3,6,0,2],[8,7,inf,inf,inf,4,2,0]]
d=Dijkstra_all_minpath(a,3)
print("v3到所有顶点的最短距离为: ",d)
```

运行结果如下：

```
2: 3->2
0: 3->2->0
```

```
1: 3->1
4: 3->4
5: 3->5
6: 3->4->6
7: 3->4->6->7
v3到所有顶点的最短距离为： [3, 3, 1, 0, 3, 6, 6, 8]
```

例 10.6 (续例 10.5) 求图 10.7 所示的图 G 中从 v_3 到 v_7 的最短路及最短距离. 直接调用 networkx 库函数, 编写如下的 Python 程序:

```
#程序文件Pex10_6.py
import numpy as np
import networkx as nx
List=[(0,1,1),(0,2,2),(0,4,7),(0,6,4),(0,7,8),(1,2,2),(1,3,3),
      (1,7,7),(2,3,1),(2,4,5),(3,4,3),(3,5,6),(4,5,4),(4,6,3),
      (5,6,6),(5,7,4),(6,7,2)]
G=nx.Graph()
G.add_weighted_edges_from(List)
A=nx.to_numpy_matrix(G, nodelist=range(8))  #导出邻接矩阵
np.savetxt('Pdata10_6.txt',A)
p=nx.dijkstra_path(G, source=3, target=7, weight='weight')
                                                  #求最短路径;
d=nx.dijkstra_path_length(G, 3, 7, weight='weight') #求最短距离
print("最短路径为: ",p,"; 最短距离为: ",d)
```

求得的最短路径为: $v_3 \to v_4 \to v_6 \to v_7$; 最短距离为 8.

注 10.3 在利用 networkx 库函数计算时, 如果两个顶点之间没有边, 对应的邻接矩阵元素为 0, 而不是像数学理论上对应的邻接矩阵元素为 ∞. 下面同样约定算法上的数学邻接矩阵和 networkx 库函数调用时的邻接矩阵是不同的.

10.2.2 每对顶点间的最短路算法

利用 Dijkstra 算法, 当然还可以寻求赋权图中所有顶点对之间的最短路. 具体方法是: 每次以不同的顶点作为起点, 用 Dijkstra 算法求出从该起点到其余顶点的最短路, 反复执行 $n-1$ (n 为顶点个数) 次这样的操作, 就可得到每对顶点之间的最短路. 但这样做需要大量的重复计算, 效率不高. 为此, R. W. Floyd 另辟蹊径, 于 1962 年提出了一个直接寻求任意两顶点之间最短路的算法.

对于赋权图 $G=(V,E,\boldsymbol{A}_0)$, 其中顶点集 $V=\{v_1,\cdots,v_n\}$, 邻接矩阵

$$
\boldsymbol{A}_0 = \begin{bmatrix} a_{11} & a_{12} & \cdots & a_{1n} \\ a_{21} & a_{22} & \cdots & a_{2n} \\ \vdots & \vdots & & \vdots \\ a_{n1} & a_{n2} & \cdots & a_{nn} \end{bmatrix},
$$

这里

$$
a_{ij} = \begin{cases} v_i \text{ 与 } v_j \text{ 之间边的权值}, & v_i \text{ 与 } v_j \text{ 之间有边}, \\ \infty, & v_i \text{ 与 } v_j \text{ 之间无边} \end{cases} \quad (i \neq j),
$$

$$
a_{ii} = 0, \quad i = 1, 2, \cdots, n.
$$

对于无向图, $\boldsymbol{A}_0$ 是对称矩阵, $a_{ij} = a_{ji},\ i, j = 1, 2, \cdots, n$.

Floyd 算法是一个经典的动态规划算法, 其基本思想是递推产生一个矩阵序列 $\boldsymbol{A}_1, \boldsymbol{A}_2, \cdots, \boldsymbol{A}_k, \cdots, \boldsymbol{A}_n$, 其中矩阵 $\boldsymbol{A}_k = (a_k(i,j))_{n\times n}$, 其第 i 行第 j 列元素 $a_k(i,j)$ 表示从顶点 v_i 到顶点 v_j 的路径上所经过的顶点序号不大于 k 的最短路径长度.

计算时用迭代公式

$$
a_k(i,j) = \min(a_{k-1}(i,j), a_{k-1}(i,k) + a_{k-1}(k,j)),
$$

k 是迭代次数, $i, j, k = 1, 2, \cdots, n$.

最后, 当 $k = n$ 时, $\boldsymbol{A}_n$ 即是各顶点之间的最短距离值.

如果在求得两点间的最短距离时, 还需要求得两点间的最短路径, 需要在上面距离矩阵 $\boldsymbol{A}_k$ 的迭代过程中, 引入一个路由矩阵 $\boldsymbol{R}_k = (r_k(i,j))_{n\times n}$ 来记录两点间路径的前驱后继关系, 其中 $r_k(i,j)$ 表示从顶点 v_i 到顶点 v_j 的路径经过编号为 $r_k(i,j)$ 的顶点.

路径矩阵的迭代过程如下.

(1) 初始时

$$
\boldsymbol{R}_0 = \boldsymbol{O}_{n\times n}.
$$

(2) 迭代公式为

$$
\boldsymbol{R}_k = (r_k(i,j))_{n\times n},
$$

其中

$$
r_k(i,j) = \begin{cases} k, & a_{k-1}(i,j) > a_{k-1}(i,k) + a_{k-1}(k,j), \\ r_{k-1}(i,j), & \text{否则}. \end{cases}
$$

直到迭代到 $k = n$, 算法终止.

查找 v_i 到 v_j 最短路径的方法如下.

若 $r_n(i,j) = p_1$, 则点 v_{p_1} 是顶点 v_i 到顶点 v_j 的最短路的中间点, 然后用同样的方法再分头查找. 若

(1) 向顶点 v_i 反向追踪得：$r_n(i,p_1)=p_2$, $r_n(i,p_2)=p_3$, $\cdots$, $r_n(i,p_s)=0$;

(2) 向顶点 v_j 正向追踪得：$r_n(p_1,j)=q_1$, $r_n(q_1,j)=q_2$, $\cdots$, $r_n(q_t,j)=0$;

则由点 v_i 到 v_j 的最短路径为：$v_i,v_{p_s},\cdots,v_{p_2},v_{p_1},v_{q_1},v_{q_2},\cdots,v_{q_t},v_j$.

networkx 求所有顶点对之间最短路径的函数为

```
shortest_path(G, source=None, target=None, weight=None,
              method='dijkstra')
```

返回值是可迭代类型, 其中 method 可以取值'dijkstra', 'bellman-ford'.

networkx 求所有顶点对之间最短距离的函数为

```
shortest_path_length(G, source=None, target=None, weight=None,
                     method='dijkstra')
```

返回值是可迭代类型, 其中 method 可以取值'dijkstra', 'bellman-ford'.

例 10.7 (续例 10.5) 求图 10.7 所示的图 G 中所有顶点对之间的最短距离.

编写 Python 程序如下：

```
#程序文件py10_7.py
import numpy as np
def floyd(graph):
    m = len(graph)
    dis = graph
    path = np.zeros((m, m))#路由矩阵初始化
    for k in range(m):
        for i in range(m):
            for j in range(m):
                if dis[i][k] + dis[k][j] < dis[i][j]:
                    dis[i][j] = dis[i][k] + dis[k][j]
                    path[i][j] = k


    return dis, path
inf=np.inf
a=np.array([[0,1,2,inf,7,inf,4,8],[1,0,2,3,inf,inf,inf,7],
  [2,2,0,1,5,inf,inf,inf],[inf,3,1,0,3,6,inf,inf],
  [7,inf,5,3,0,4,3,inf],[inf,inf,inf,6,4,0,6,4],
  [4,inf,inf,inf,3,6,0,2],[8,7,inf,inf,inf,4,2,0]]) #输入邻接矩阵
dis, path=floyd(a)
print("所有顶点对之间的最短距离为：\n", dis, '\n',"路由矩阵为：
     \n", path)
```

运行结果如下

```
所有顶点对之间的最短距离为:
 [[0. 1. 2. 3. 6. 9. 4. 6.]
 [1. 0. 2. 3. 6. 9. 5. 7.]
 [2. 2. 0. 1. 4. 7. 6. 8.]
 [3. 3. 1. 0. 3. 6. 6. 8.]
 [6. 6. 4. 3. 0. 4. 3. 5.]
 [9. 9. 7. 6. 4. 0. 6. 4.]
 [4. 5. 6. 6. 3. 6. 0. 2.]
 [6. 7. 8. 8. 5. 4. 2. 0.]]
 路由矩阵为:
 [[0. 0. 0. 2. 3. 3. 0. 6.]
 [0. 0. 0. 0. 3. 3. 0. 0.]
 [0. 0. 0. 0. 3. 3. 0. 6.]
 [2. 0. 0. 0. 0. 0. 4. 6.]
 [3. 3. 3. 0. 0. 0. 0. 6.]
 [3. 3. 3. 0. 0. 0. 0. 0.]
 [0. 0. 0. 4. 0. 0. 0. 0.]
 [6. 0. 6. 6. 6. 0. 0. 0.]]
```

例 10.8 (续例 10.5)　求图 10.7 所示的图 G 中所有顶点对之间的最短距离和最短路径. 直接调用 networkx 库函数, 编写的程序如下:

```
#程序文件Pex10_8.py
import numpy as np
import networkx as nx
a=np.loadtxt("Pdata10_6.txt")
G=nx.Graph(a)      #利用邻接矩阵构造赋权无向图
d=nx.shortest_path_length(G,weight='weight')  #返回值是可迭代类型
Ld=dict(d)  #转换为字典类型
print("顶点对之间的距离为: ",Ld)  #显示所有顶点对之间的最短距离
print("顶点0到顶点4的最短距离为:",Ld[0][4])
       #显示一对顶点之间的最短距离
m,n=a.shape; dd=np.zeros((m,n))
for i in range(m):
   for j in range(n): dd[i,j]=Ld[i][j]
print("顶点对之间最短距离的数组表示为: \n",dd)
```

```
        #显示所有顶点对之间最短距离
np.savetxt('Pdata10_8.txt',dd) #把最短距离数组保存到文本文件中
p=nx.shortest_path(G, weight='weight')  #返回值是可迭代类型
dp=dict(p)  #转换为字典类型
print("\n顶点对之间的最短路径为: ", dp)
print("顶点0到顶点4的最短路径为: ",dp[0][4])
```

求得顶点对之间的最短距离矩阵为

$$\begin{bmatrix} 0 & 1 & 2 & 3 & 6 & 9 & 4 & 6 \\ 1 & 0 & 2 & 3 & 6 & 9 & 5 & 7 \\ 2 & 2 & 0 & 1 & 4 & 7 & 6 & 8 \\ 3 & 3 & 1 & 0 & 3 & 6 & 6 & 8 \\ 6 & 6 & 4 & 3 & 0 & 4 & 3 & 5 \\ 9 & 9 & 7 & 6 & 4 & 0 & 6 & 4 \\ 4 & 5 & 6 & 6 & 3 & 6 & 0 & 2 \\ 6 & 7 & 8 & 8 & 5 & 4 & 2 & 0 \end{bmatrix}.$$

求得的顶点对之间的最短路径这里就不一一列举了.

10.2.3 最短路应用范例

例 10.9 (设备更新问题) 某种工程设备的役龄为 4 年, 每年年初都面临着是否更新的问题: 若卖旧买新, 就要支付一定的购置费用; 若继续使用, 则要支付更多的维护费用, 且使用年限越长维护费用越多. 若役龄期内每年的年初购置价格、当年维护费用及年末剩余净值如表 10.1 所示. 请为该设备制订一个 4 年役龄期内的更新计划, 使总的支付费用最少.

表 10.1 相关费用数据

年份	1	2	3	4
年初购置价格/万元	25	26	28	31
当年维护费用/万元	10	14	18	26
年末剩余净值/万元	20	16	13	11

解 可以把这个问题化为图论中的最短路问题.

构造赋权有向图 $D=(V,A,\boldsymbol{W})$, 其中顶点集 $V=\{v_1,v_2,\cdots,v_5\}$, 这里 $v_i(i=1,2,3,4)$ 表示第 i 年年初的时刻, v_5 表示第 4 年年末的时刻, A 为弧的集合, 邻接矩阵 $\boldsymbol{W}=(w_{ij})_{5\times5}$, 这里 w_{ij} 为第 i 年年初至第 j 年年初 (或 $j-1$ 年年末) 期间

所支付的费用, 计算公式为

$$w_{ij} = p_i + \sum_{k=1}^{j-i} a_k - r_{j-i},$$

其中 p_i 为第 i 年年初的购置价格, a_k 为使用到第 k 年当年的维护费用, r_i 为使用 i 年旧设备的出售价格 (残值). 则邻接矩阵

$$\boldsymbol{W} = \begin{bmatrix} 0 & 15 & 33 & 54 & 82 \\ \infty & 0 & 16 & 34 & 55 \\ \infty & \infty & 0 & 18 & 36 \\ \infty & \infty & \infty & 0 & 21 \\ \infty & \infty & \infty & \infty & 0 \end{bmatrix}.$$

那么制订总的支付费用最小的设备更新计划, 就是在图 10.8 所示的有向图 D 中求从顶点 v_1 到顶点 v_5 的费用最短路.

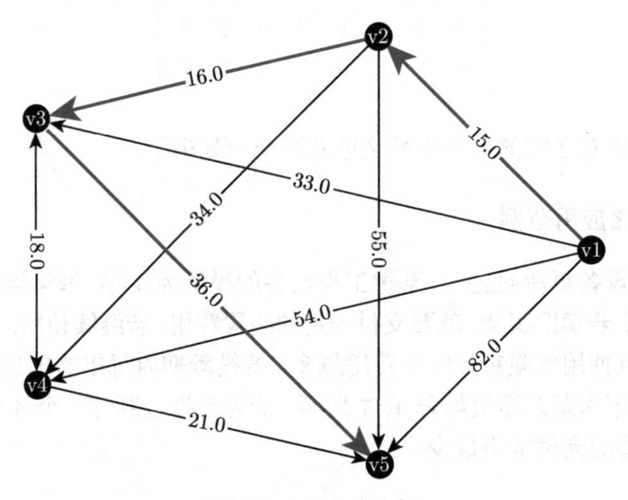

图 10.8　赋权有向图

利用 Dijkstra 算法, 使用 Python 软件, 求得 v_1 到 v_5 的最短路径为 $v_1 \to v_2 \to v_3 \to v_5$, 最短路径的长度为 67. 即设备更新计划为第 1 年年初买进新设备, 使用到第 1 年年底, 第 2 年年初购进新设备, 使用到第 2 年年底, 第 3 年年初再购进新设备, 使用到第 4 年年底.

计算及画图的 Python 程序如下:

```
#程序文件Pex10_9.py
import numpy as np
import networkx as nx
```

```
import pylab as plt
p=[25,26,28,31]; a=[10,14,18,26]; r=[20,16,13,11];
b=np.zeros((5,5)); #邻接矩阵(非数学上的邻接矩阵)初始化
for i in range(5):
    for j in range(i+1,5):
        b[i,j]=p[i]+np.sum(a[0:j-i])-r[j-i-1];
print(b)
G=nx.DiGraph(b)
p=nx.dijkstra_path(G, source=0, target=4, weight='weight')
                                              #求最短路径;
print("最短路径为:",np.array(p)+1)  #python下标从0开始
d=nx.dijkstra_path_length(G, 0, 4, weight='weight') #求最短距离
print("所求的费用最小值为: ",d)
s=dict(zip(range(5),range(1,6))) #构造用于顶点标注的标号字典
plt.rc('font',size=16)
pos=nx.shell_layout(G)  #设置布局
w=nx.get_edge_attributes(G,'weight')
nx.draw(G,pos,font_weight='bold',labels=s,node_color='r')
nx.draw_networkx_edge_labels(G,pos,edge_labels=w)
path_edges=list(zip(p,p[1:]))
nx.draw_networkx_edges(G,pos,edgelist=path_edges,
            edge_color='r',width=3)
plt.savefig("figure10_9.png",pdi=500); plt.show()
```

重心问题 有些公共服务设施 (例如邮局、学校等) 的选址, 要求设施到所有服务对象点的距离总和最小. 一般要考虑人口密度问题, 或者全体被服务对象来往的总路程最短.

例 10.10 某矿区有六个产矿点, 如图 10.9 所示. 已知各产矿点每天的产矿量 (标在图 10.9 的各顶点旁) 为 q_it $(i=1,2,\cdots,6)$, 现要从这六个产矿点选一个来建造选矿厂, 问应选在哪个产矿点, 才能使各产矿点所产的矿石运到选矿厂所在地的总运力 (t·km) 最小.

解 令 $d_{ij}(i,j=1,2,\cdots,6)$ 表示顶点 v_i 与 v_j 之间的距离. 若选矿厂设在 v_i 并且各产矿点到选矿厂的总运力为 m_i, 则确定选矿厂的位置就转化为求 m_k, 使得 $m_k=\min\limits_{1\leqslant i\leqslant 6} m_i$.

由于各产矿点到选矿厂的总运力依赖于任意两顶点之间的距离, 即任意两顶点

之间最短路的长度, 因此可首先利用 Dijkstra (或 Floyd) 算法求出所有顶点对之间的最短距离, 然后计算出顶点 v_i 作为设立选矿厂时各产矿点到 v_i 的总运力

$$m_i=\sum_{j=1}^{6} q_j d_{ij},\quad i=1,2,\cdots,6.$$

具体的计算结果见表 10.2.

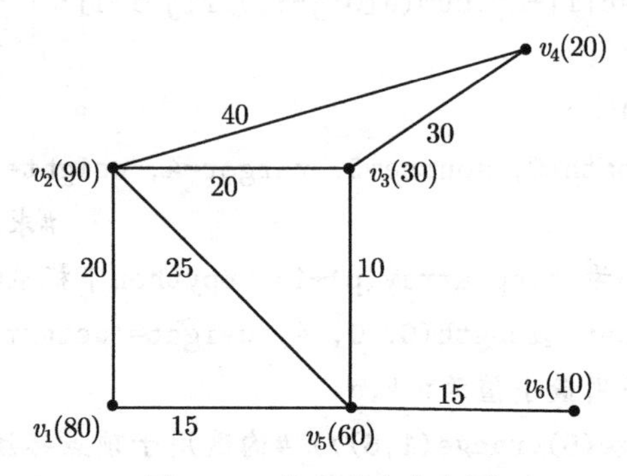

图 10.9　各产矿点分布图

表 10.2　各顶点对之间的最短距离和总运力计算数据

产矿点	v_1	v_2	v_3	v_4	v_5	v_6	总运力 m_i
v_1	0	20	25	55	15	30	4850
v_2	20	0	20	40	25	40	4900
v_3	25	20	0	30	10	25	5250
v_4	55	40	30	0	40	55	11850
v_5	15	25	10	40	0	15	4700
v_6	30	40	25	55	15	0	8750

最后利用 $m_5=\min\limits_{1\leqslant i\leqslant 6} m_i$, 求得 v_5 为设置选矿厂的位置.

计算的 Python 程序如下:

```
#程序文件Pex10_10.py
import numpy as np
import networkx as nx
List=[(1,2,20),(1,5,15),(2,3,20),(2,4,40),
      (2,5,25),(3,4,30),(3,5,10),(5,6,15)]
G=nx.Graph()
G.add_nodes_from(range(1,7))
G.add_weighted_edges_from(List)
c=dict(nx.shortest_path_length(G,weight='weight'))
d=np.zeros((6,6))
```

```
for i in range(1,7):
    for j in range(1,7): d[i-1,j-1]=c[i][j]
print(d)
q=np.array([80,90,30,20,60,10])
m=d@q  #计算运力，这里使用矩阵乘法
mm=m.min()  #求运力的最小值
ind=np.where(m==mm)[0]+1  #python下标从0开始，np.where返回值为元组
print("运力m=",m,'\n最小运力mm=',mm,"\n选矿厂的设置位置为：",ind)
```

10.3 最小生成树算法及其 networkx 实现

树 (tree) 是图论中非常重要的一类图, 它非常类似于自然界中的树, 结构简单、应用广泛, 最小生成树问题则是其中的经典问题之一. 在实际应用中, 许多问题的图论模型都是最小生成树, 如通信网络建设、有线电缆铺设、加工设备分组等.

10.3.1 基本概念

定义 10.8 连通的无圈图称为树.

例如, 图 10.10 给出的 G_1 是树, 但 G_2 和 G_3 则不是树.

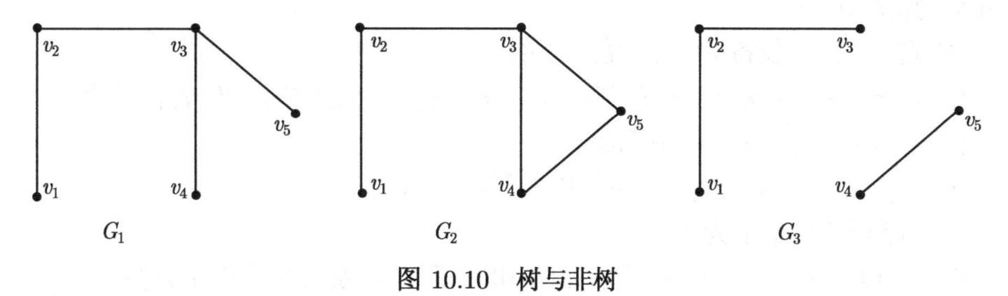

图 10.10 树与非树

定理 10.2 设 G 是具有 n 个顶点 m 条边的图, 则以下命题等价.

(1) 图 G 是树;

(2) 图 G 中任意两个不同顶点之间存在唯一的路;

(3) 图 G 连通, 删除任一条边均不连通;

(4) 图 G 连通, 且 $n=m+1$;

(5) 图 G 无圈, 添加任一条边可得唯一的圈;

(6) 图 G 无圈, 且 $n=m+1$.

定义 10.9 若图 G 的生成子图 H 是树, 则称 H 为 G 的生成树或支撑树.

一个图的生成树通常不唯一.

定理 10.3 连通图的生成树一定存在.

证明　给定连通图 G, 若 G 无圈, 则 G 本身就是自己的生成树. 若 G 有圈, 则任取 G 中一个圈 C, 记删除 C 中一条边后所得之图为 G'. 显然 G' 中圈 C 已经不存在, 但 G' 仍然连通. 若 G' 中还有圈, 再重复以上过程, 直至得到一个无圈的连通图 H. 易知 H 是 G 的生成树.

定理 10.3 的证明方法也是求生成树的一种方法, 称为 "破圈法".

定义 10.10　在赋权图 G 中, 边权之和最小的生成树称为 G 的最小生成树.

一个简单连通图只要不是树, 其生成树一般不唯一, 而且非常多. 一般地, n 个顶点的完全图, 其不同生成树的个数为 n^{n-2}. 因而, 寻求一个给定赋权图的最小生成树, 一般是不能用枚举法的. 例如, 20 个顶点的完全图有 20^{18} 个生成树, 20^{18} 有 24 位. 所以, 通过枚举求最小生成树是无效的算法, 必须寻求有效的算法.

10.3.2　求最小生成树的算法

对于赋权连通图 $G=(V,E,\boldsymbol{W})$, 其中 V 为顶点集合, E 为边的集合, $\boldsymbol{W}$ 为邻接矩阵, 这里顶点集合 V 中有 n 个顶点, 构造它的最小生成树. 构造连通图最小生成树的算法有 Kruskal 算法和 Prim 算法.

1. Kruskal 算法

Kruskal 算法思想：每次将一条权最小的边加入子图 T 中, 并保证不形成圈. Kruskal 算法如下：

(1) 选 $e_1 \in E$, 使得 e_1 是权值最小的边.

(2) 若 $e_1, e_2, \cdots, e_i$ 已选好, 则从 $E-\{e_1, e_2, \cdots, e_i\}$ 中选取 e_{i+1}, 使得

(i) $\{e_1, e_2, \cdots, e_i, e_{i+1}\}$ 中无圈,

(ii) e_{i+1} 是 $E-\{e_1, e_2, \cdots, e_i\}$ 中权值最小的边.

(3) 直到选得 e_{n-1} 为止.

例 10.11　用 Kruskal 算法求如图 10.11 所示连通图的最小生成树.

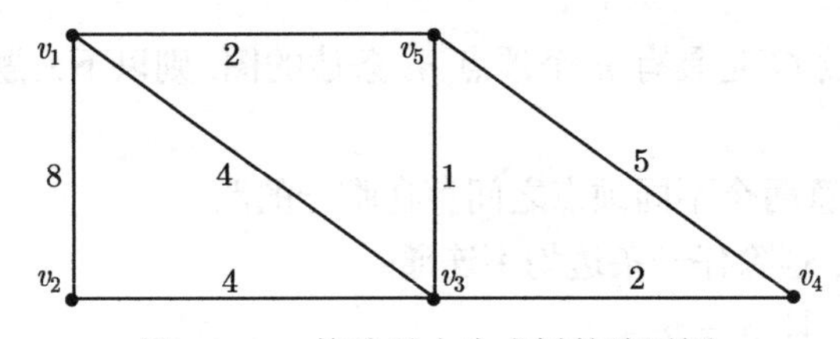

图 10.11　构造最小生成树的连通图

解　首先将给定图 G 的边按照权值从小到大进行排序, 如表 10.3 所列.

表 10.3　按照权值排列的边数据

边	(v_3,v_5)	(v_1,v_5)	(v_3,v_4)	(v_1,v_3)	(v_2,v_3)	(v_4,v_5)	(v_1,v_2)
取值	1	2	2	4	4	5	8

其次, 依照 Kruskal 算法的步骤, 迭代 4 步完成最小生成树的构造. 按照边的排列顺序, 前三次取定

$$e_1 = (v_3, v_5), \quad e_2 = (v_1, v_5), \quad e_3 = (v_3, v_4).$$

由于下一个未选边中的最小权边 (v_1, v_3) 与已选边 e_1, e_2 构成圈, 所以排除. 第 4 次选 $e_4 = (v_2, v_3)$, 得到图 10.12 所示的树就是图 G 的一棵最小生成树, 它的权值是 9.

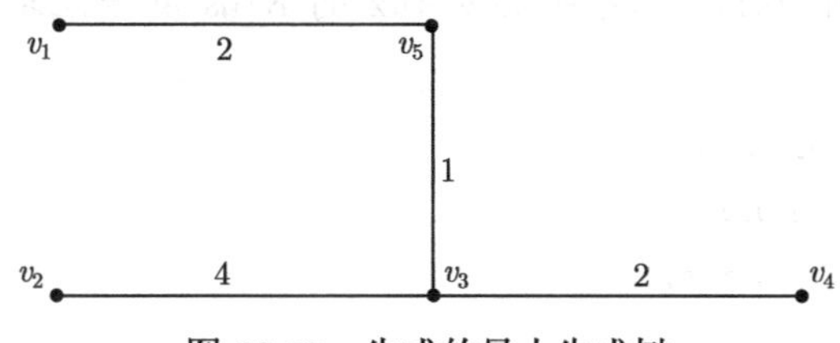

图 10.12 生成的最小生成树

2. Prim 算法

设置两个集合 P 和 Q, 其中 P 用于存放 G 的最小生成树中的顶点, 集合 Q 存放 G 的最小生成树中的边. 令集合 P 的初值为 $P = \{v_1\}$ (假设构造最小生成树时, 从顶点 v_1 出发), 集合 Q 的初值为 $Q = \varnothing$ (空集). Prim 算法的思想是, 从所有 $p \in P, v \in V - P$ 的边中, 选取具有最小权值的边 pv, 将顶点 v 加入集合 P 中, 将边 pv 加入集合 Q 中, 如此不断重复, 直到 $P = V$ 时, 最小生成树构造完毕, 这时集合 Q 中包含了最小生成树的所有边.

Prim 算法如下:

(1) $P = \{v_1\}, Q = \varnothing$;

(2) while $P \sim= V$

找最小边 pv, 其中 $p \in P, v \in V - P$;

$P = P + \{v\}$;

$Q = Q + \{pv\}$;

end

例 10.12 (续例 10.11) 用 Prim 算法求图 10.11 所示连通图的最小生成树.

解 按照 Prim 算法的步骤, 迭代 4 步完成最小生成树的构造.

(0) 第 0 步初始化, 顶点集 $P = \{v_1\}$, 边集 $Q = \varnothing$;

(1) 第 1 步, 找到最小边 (v_1, v_5), $P = \{v_1, v_5\}$, $Q = \{(v_1, v_5)\}$;

(2) 第 2 步, 找到最小边 (v_3, v_5), $P = \{v_1, v_3, v_5\}$, $Q = \{(v_1, v_5), (v_3, v_5)\}$;

(3) 第 3 步, 找到最小边 (v_3, v_4), $P = \{v_1, v_3, v_4, v_5\}$, $Q = \{(v_1, v_5), (v_3, v_5), (v_3, v_4)\}$;

(4) 第 4 步, 找到最小边 (v_2, v_3), $P = \{v_1, v_2, v_3, v_4, v_5\}$, $Q = \{(v_1, v_5), (v_3, v_5), (v_3, v_4), (v_2, v_3)\}$ 最小生成树构造完毕.

10.3.3　用 networkx 求最小生成树及应用

networkx 求最小生成树函数为 minimum_spanning_tree, 其调用格式为

T=minimum_spanning_tree(G, weight='weight', algorithm='kruskal')

其中 G 为输入的图, algorithm 的取值有三种字符串: 'kruskal', 'prim'或'boruvka', 缺省值为'kruskal'; 返回值 T 为所求得的最小生成树的可迭代对象.

例 10.13 (续例 10.11)　利用 networkx 的 Kruskal 算法求例 10.11 的最小生成树.

```
#程序文件Pex10_13.py
import numpy as np
import networkx as nx
import pylab as plt
L=[(1,2,8),(1,3,4),(1,5,2),(2,3,4),(3,4,2),(3,5,1),(4,5,5)]
b=nx.Graph()
b.add_nodes_from(range(1,6))
b.add_weighted_edges_from(L)
T=nx.minimum_spanning_tree(b)  #返回可迭代对象
w=nx.get_edge_attributes(T,'weight') #提取字典数据
TL=sum(w.values())  #计算最小生成树的长度
print("最小生成树为:",w)
print("最小生成树的长度为: ",TL)
pos=nx.shell_layout(b)
nx.draw(T,pos,node_size=280,with_labels=True,node_color='r')
nx.draw_networkx_edge_labels(T,pos,edge_labels=w)
plt.show()
```

例 10.14　已知 8 口油井, 相互之间的距离如表 10.4 所列. 已知 1 号油井离海岸最近, 为 5n mile(1n mile = 1.852km). 问从海岸经 1 号油井铺设油管将各油井连接起来, 应如何铺设使油管长度最短.

表 10.4　各油井间距离　　(单位: n mile)

	2	3	4	5	6	7	8
1	1.3	2.1	0.9	0.7	1.8	2.0	1.5
2		0.9	1.8	1.2	2.6	2.3	1.1
3			2.6	1.7	2.5	1.9	1.0
4				0.7	1.6	1.5	0.9
5					0.9	1.1	0.8
6						0.6	1.0
7							0.5

解 这是一个求最小生成树的问题, 利用 Python 程序求解如下:

```
#程序文件Pex10_14.py
import numpy as np
import networkx as nx
import pandas as pd
import pylab as plt
a=pd.read_excel("Pdata10_14.xlsx",header=None)
b=a.values; b[np.isnan(b)]=0
c=np.zeros((8,8))  #邻接矩阵初始化
c[0:7,1:8]=b  #构造图的邻接矩阵
G=nx.Graph(c)
T=nx.minimum_spanning_tree(G)  #返回可迭代对象
d=nx.to_numpy_matrix(T)  #返回最小生成树的邻接矩阵
print("邻接矩阵c=\n",d)
W=d.sum()/2+5  #求油管长度
print("油管长度W=",W)
s=dict(zip(range(8),range(1,9))) #构造用于顶点标注的标号字典
plt.rc('font',size=16); pos=nx.shell_layout(G)
nx.draw(T,pos,node_size=280,labels=s,node_color='r')
w=nx.get_edge_attributes(T,'weight')
nx.draw_networkx_edge_labels(T,pos,edge_labels=w)
plt.savefig('figure10_14.png'); plt.show()
```

求得的油管长度的最小值为 10.2n mile. 所求的最小生成树如图 10.13 所示.

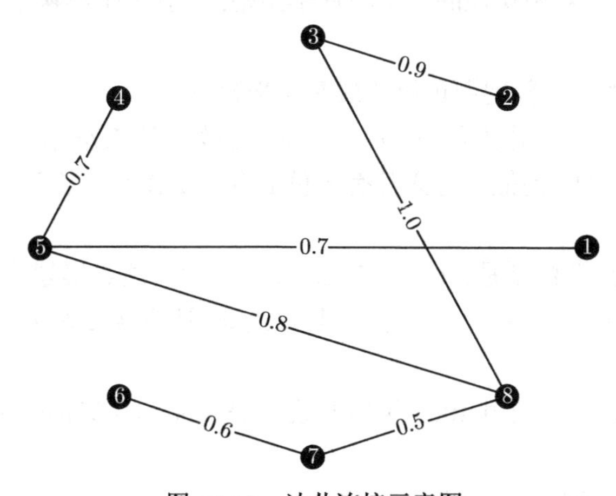

图 10.13 油井连接示意图

10.4 匹 配 问 题

定义 10.11 在图 $G=(V,E)$ 中, 若 $M\subset E, \forall e_i,e_j\in M$, e_i 与 e_j 无公共端点 $(i\neq j)$, 则称 M 为图 G 中的一个对集; M 中的一条边的两个端点叫做在对集 M 中相配; M 中的端点称为被 M 许配; G 中每个顶点皆被 M 许配时, M 称为完美对集; G 中已无使 $|M'|>|M|$ 的对集 M', 则 M 称为最大对集; 若 G 中有一轨, 其边交替地在对集 M 内外出现, 则称此轨为 M 的交错轨, 交错轨的起止顶点都未被许配时, 此交错轨称为可增广轨.

若把可增广轨上在 M 外的边纳入对集, 把 M 内的边从对集中删除, 则被许配的顶点数增加 2, 对集中的 "对儿" 增加一个.

1957 年, 贝尔热 (Berge) 得到最大对集的充要条件:

定理 10.4 M 是图 G 中的最大对集当且仅当 G 中无 M 可增广轨.

1935 年, 霍尔 (Hall) 得到下面的许配定理:

定理 10.5 G 为二分图, X 与 Y 是顶点集的划分, G 中存在把 X 中顶点皆许配的对集的充要条件是, $\forall S\subset X$, 有 $|N(S)|\geqslant|S|$, 其中 $N(S)$ 是 S 中顶点的邻集.

由上述定理可以得出:

推论 10.2 若 G 是 k 次 $(k>0)$ 正则二分图, 则 G 有完美对集. 所谓 k 次正则图, 即每个顶点皆为 k 度的图.

由此推论得出下面的婚配定理:

定理 10.6 每个姑娘都结识 $k(k\geqslant 1)$ 个小伙子, 每个小伙子都结识 k 个姑娘, 则每个姑娘都能和她认识的一个小伙子结婚, 并且每个小伙子也能和他认识的一个姑娘结婚.

人员分派问题等实际问题可以化成对集来解决.

人员分派问题 工作人员 $x_1,x_2,\cdots,x_n$ 去做 n 件工作 $y_1,y_2,\cdots,y_n$, 每人适合做其中一件或几件, 问能否每人都有一份适合的工作? 如果不能, 最多几人可以有适合的工作?

这个问题的数学模型是: $G=(V,E)$ 是二分图, 顶点集划分为 $V=X\cup Y$, $X=\{x_1,\cdots,x_n\}$, $Y=\{y_1,\cdots,y_n\}$, 当且仅当 x_i 适合做工作 y_j 时, $x_iy_j\in E$, 求 G 中的最大对集.

解决这个问题可以利用 1965 年埃德蒙兹 (Edmonds) 提出的匈牙利算法.

匈牙利算法

(1) 从 G 中任意取定一个初始对集 M.

(2) 若 M 把 X 中的顶点皆许配, 停止, M 即完美对集; 否则取 X 中未被 M 许配的一顶点 u, 记 $S=\{u\}, T=\varnothing$.

(3) 若 $N(S)=T$, 停止, 无完美对集; 否则取 $y\in N(S)-T$.

(4) 若 y 是被 M 许配的, 设 $yz\in M$, $S=S\cup\{z\}$, $T=T\cup\{y\}$, 转 (3); 否则, 取可增广轨 $P(u,y)$, 令 $M=(M-E(P))\cup(E(P)-M)$, 这里 $E(P)$ 表示增广轨 P 上的边, 转 (2).

把以上算法稍加修改就能够用来求二分图的最大完美对集.

最优分派问题 在人员分派问题中, 工作人员适合做的各项工作效益未必一致, 需要制订一个分派方案, 使公司总效益最大.

这个问题的数学模型是: 在人员分派问题的模型中, 图 $G=(V,E,\boldsymbol{W})$ 为赋权图, 每边加了权 $w(x_iy_j)\geqslant 0$, 表示 x_i 干 y_j 工作的效益, 求赋权图 G 的权最大的完美对集.

解决这个问题可以用库恩–曼克莱斯 (Kuhn-Munkres) 算法. 为此, 要引入可行顶点标号与相等子图的概念.

定义 10.12 在赋权二分图 $G=(V,E,\boldsymbol{W})$ 中, 若映射 $l:V(G)\to\mathbb{R}$, 满足 $\forall x\in X, y\in Y$,

$$l(x)+l(y)\geqslant w(xy),$$

则称 l 是二分图 G 的可行顶点标号. 令

$$E_l=\{xy|xy\in E(G),\ l(x)+l(y)=w(xy)\},$$

称以 E_l 为边集的 G 的生成子图为相等子图, 记作 G_l.

可行顶点标号是存在的. 例如

$$l(x)=\max_{y\in Y}w(xy),\quad x\in X;\quad l(y)=0,\quad y\in Y.$$

定理 10.7 G_l 的完美对集即为 G 的权最大的完美对集.

Kuhn-Munkres 算法

(1) 选定初始可行顶点标号 l, 确定 G_l, 在 G_l 中选取一个对集 M.

(2) 若 X 中顶点皆被 M 许配, 停止, M 即 G 的权最大的完美对集; 否则, 取 G_l 中未被 M 许配的顶点 u, 令 $S=\{u\}, T=\varnothing$.

(3) 若 $N_{G_l}(S)\supset T$, 转 (4); 若 $N_{G_l}(S)=T$, 取

$$\alpha_l=\min_{x\in S,y\notin T}\{l(x)+l(y)-w(xy)\},$$

$$\bar{l}(v)=\begin{cases} l(v)-\alpha_l, & v\in S,\\ l(v)+\alpha_l, & v\in T,\\ l(v), & \text{其他}.\end{cases}$$

$$l=\bar{l},\quad G_l=G_{\bar{l}}.$$

(4) 选 $N_{G_l}(S)-T$ 中一顶点 y, 若 y 已被 M 许配, 且 $yz\in M$, 则 $S=S\cup\{z\}$, $T=T\cup\{y\}$, 转 (3); 否则, 取 G_l 中一个 M 可增广轨 $P(u,y)$, 令

$$M=(M-E(P))\cup(E(P)-M),$$

转 (2). 其中, $N_{G_l}(S)$ 是 G_l 中 S 的相邻顶点集.

例 10.15 假设要分配 5 个人做 5 项不同工作, 每个人做不同工作产生的效益由邻接矩阵

$$\boldsymbol{W}=(w_{ij})_{5\times5}=\begin{bmatrix}3&5&5&4&1\\2&2&0&2&2\\2&4&4&1&0\\0&2&2&1&0\\1&2&1&3&3\end{bmatrix}$$

表示, 即 $w_{ij}(i,j=1,2,\cdots,5)$ 表示第 i 个人干第 j 项工作的效益, 试求使效益达到最大的分配方案.

解 构造赋权图 $G=(V,E,\widetilde{\boldsymbol{W}})$, 顶点集 $V=\{v_1,v_2,\cdots,v_{10}\}$, 其中 $v_1,v_2,\cdots,v_5$ 分别表示 5 个人, v_6,v_7,v_8,v_9,v_{10} 分别表示 5 项工作, 邻接矩阵为

$$\widetilde{\boldsymbol{W}}=\begin{bmatrix}\boldsymbol{O}&\boldsymbol{W}\\\boldsymbol{O}&\boldsymbol{O}\end{bmatrix}_{10\times10},$$

则问题归结为求赋权图 G 的权最大的完美对集.

```
#程序文件Pex10_15.py
import numpy as np
import networkx as nx
from networkx.algorithms.matching import max_weight_matching
a=np.array([[3,5,5,4,1],[2,2,0,2,2],[2,4,4,1,0],
            [0,2,2,1,0],[1,2,1,3,3]])
b=np.zeros((10,10)); b[0:5,5:]=a; G=nx.Graph(b)
s0=max_weight_matching(G)  #返回值为(人员, 工作)的集合
s=[sorted(w) for w in s0]
L1=[x[0] for x in s]; L1=np.array(L1)+1  #人员编号
L2=[x[1] for x in s]; L2=np.array(L2)-4  #工作编号
c=a[L1-1,L2-1]  #提取对应的效益
d=c.sum()  #计算总的效益
```

```
    print("工作分配对应关系为: \n人员编号: ",L1)
    print("工作编号: ", L2); print("总的效益为: ",d)
```

程序运行结果如下:

```
工作分配对应关系为:
人员编号:  [3 2 5 4 1]
工作编号:  [3 1 5 2 4]
总的效益为:  15
```

即分配第一个人去做第 4 项工作, 第二个人去做第 1 项工作, 第三个人去做第 3 项工作, 第四个人去做第 2 项工作, 第五个人去做第 5 项工作, 总的效益为 15.

10.5　最大流与最小费用流问题

10.5.1　最大流问题

许多系统包含了流量问题, 如公路系统中有车辆流、物资调配系统中有物资流、金融系统中有现金流等. 这些流问题都可归结为网络流问题, 且都存在一个如何安排使流量最大的问题, 即最大流问题. 下面先介绍最大流问题的相关概念.

1. 基本概念

定义 10.13　给定一个有向图 $D=(V,A)$, 其中 A 为弧集, 在 V 中指定了一点, 称为发点或源 (记为 v_s), 该点只有发出的弧; 同时指定一个点称为收点或汇 (记为 v_t), 该点只有进入的弧; 其余的点叫中间点, 对于每一条弧 $(v_i,v_j)\in A$, 对应有一个 $c(v_i,v_j)\geqslant 0$ (或简写为 c_{ij}), 称为弧的容量. 通常就把这样的有向图 D 叫做一个网络, 记作 $D=(V,A,\boldsymbol{C})$, 其中 $\boldsymbol{C}=\{c_{ij}\}$.

所谓网络上的流, 是指定义在弧集合 A 上的一个函数 $f=\{f_{ij}\}=\{f(v_i,v_j)\}$, 并称 f_{ij} 为弧 (v_i,v_j) 上的流量.

定义 10.14　满足下列条件的流 f 称为可行流.

(1) 容量限制条件: 对每一弧 $(v_i,v_j)\in A$, $0\leqslant f_{ij}\leqslant c_{ij}$;

(2) 平衡条件: 对于中间点, 流出量 = 流入量, 即对于每个 $i\,(i\neq s,t)$ 有

$$\sum_{j:(v_i,v_j)\in A} f_{ij}-\sum_{j:(v_j,v_i)\in A} f_{ji}=0,$$

对于发点 v_s, 记

$$\sum_{(v_s,v_j)\in A} f_{sj}-\sum_{(v_j,v_s)\in A} f_{js}=v,$$

实际上 $\sum_{(v_j,v_s)\in A} f_{js}=0$, 只是为了所有的顶点统一描述. 对于收点 v_t, 有

$$\sum_{(v_t,v_j)\in A} f_{tj}-\sum_{(v_j,v_t)\in A} f_{jt}=-v,$$

式中 v 称为这个可行流的流量, 即发点的净输出量.

可行流总是存在的, 例如零流.

最大流问题可以写为如下的线性规划模型

$$\begin{aligned}&\max\quad v,\\&\text{s.t.}\quad \begin{cases}\displaystyle\sum_{j:(v_i,v_j)\in A} f_{ij}-\sum_{j:(v_j,v_i)\in A} f_{ji}=\begin{cases}v, & i=s,\\-v, & i=t,\\0, & i\neq s,t,\end{cases}\\0\leqslant f_{ij}\leqslant c_{ij},\quad \forall (v_i,v_j)\in A.\end{cases}\end{aligned}\tag{10.1}$$

若给定一个可行流 $f=\{f_{ij}\}$, 把网络中使 $f_{ij}=c_{ij}$ 的弧称为饱和弧, 使 $f_{ij}<c_{ij}$ 的弧称为非饱和弧. 把 $f_{ij}=0$ 的弧称为零流弧, $f_{ij}>0$ 的弧称为非零流弧.

若 μ 是网络中连接发点 v_s 和收点 v_t 的一条路, 定义路的方向是从 v_s 到 v_t, 则路上的弧被分为两类: 一类是弧的方向与路的方向一致, 叫做前向弧, 前向弧的全体记为 μ^+; 另一类弧与路的方向相反, 称为后向弧, 后向弧的全体记为 μ^-.

定义 10.15　设 f 是一个可行流, μ 是从 v_s 到 v_t 的一条路, 若 μ 满足: 前向弧是非饱和弧, 后向弧是非零流弧, 则称 μ 为 (关于可行流 f) 一条增广路.

2. 寻求最大流的标号法 (Ford-Fulkerson)

从 v_s 到 v_t 的一个可行流出发 (若网络中没有给定 f, 则可以设 f 是零流), 经过标号过程与调整过程, 即可求得从 v_s 到 v_t 的最大流. 这两个过程的步骤分述如下.

1) 标号过程

在下面的算法中, 每个顶点 v_x 的标号值有两个, v_x 的第一个标号值表示在可能的增广路上, v_x 为前驱顶点; v_x 的第二个标号值记为 δ_x, 表示在可能的增广路上可以调整的流量.

(1) 初始化, 给发点 v_s 标号为 $(0,\infty)$.

(2) 若顶点 v_x 已经标号, 则对 v_x 的所有未标号的邻接顶点 v_y 按以下规则标号:

(i) 若 $(v_x,v_y)\in A$, 且 $f_{xy}<c_{xy}$, 令 $\delta_y=\min\{c_{xy}-f_{xy},\delta_x\}$, 则给顶点 v_y 标号为 (v_x,δ_y), 若 $f_{xy}=c_{xy}$, 则不给顶点 v_y 标号.

(ii) 若 $(v_y, v_x) \in A$, 且 $f_{yx} > 0$, 令 $\delta_y = \min\{f_{yx}, \delta_x\}$, 则给 v_y 标号为 $(-v_x, \delta_y)$, 这里第一个标号值为 $-v_x$, 表示在可能的增广路上, (v_y, v_x) 为反向弧; 若 $f_{yx} = 0$, 则不给 v_y 标号.

(3) 不断地重复步骤 (2) 直到收点 v_t 被标号, 或不再有顶点可以标号为止. 当 v_t 被标号时, 表明存在一条从 v_s 到 v_t 的增广路, 则转向增流过程 2). 如若 v_t 点不能被标号, 且不存在其他可以标号的顶点时, 表明不存在从 v_s 到 v_t 的增广路, 算法结束, 此时所获得的流就是最大流.

2) 增流过程

(1) 令 $v_y = v_t$.

(2) 若 v_y 的标号为 (v_x, δ_t), 则 $f_{xy} = f_{xy} + \delta_t$; 若 v_y 的标号为 $(-v_x, \delta_t)$, 则 $f_{yx} = f_{yx} - \delta_t$.

(3) 若 $v_y = v_s$, 把全部标号去掉, 并回到标号过程 1). 否则, 令 $v_y = v_x$, 并回到增流过程 (2).

3. 用 networkx 求网络最大流

例 10.16 求如图 10.14 所示的网络从 v_s 到 v_t 的最大流.

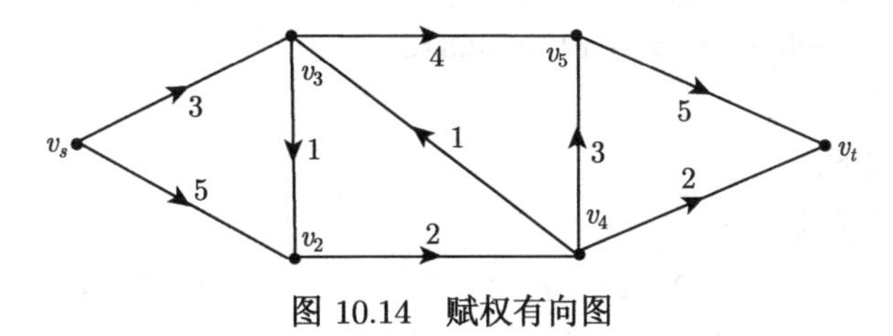

图 10.14 赋权有向图

```
#程序文件Pex10_16.py
import numpy as np
import networkx as nx
import pylab as plt
L=[(1,2,5),(1,3,3),(2,4,2),(3,2,1),(3,5,4),
   (4,3,1),(4,5,3),(4,6,2),(5,6,5)]
G=nx.DiGraph()
for k in range(len(L)):
    G.add_edge(L[k][0]-1,L[k][1]-1, capacity=L[k][2])
value, flow_dict= nx.maximum_flow(G, 0, 5)
print("最大流的流量为: ",value)
print("最大流为: ", flow_dict)
n = len(flow_dict)
```

```
adj_mat = np.zeros((n, n), dtype=int)
for i, adj in flow_dict.items():
    for j, weight in adj.items():
        adj_mat[i,j] = weight
print("最大流的邻接矩阵为: \n",adj_mat)
ni,nj=np.nonzero(adj_mat)  #非零弧的两端点编号
key=range(n)
s=['v'+str(i+1) for i in range(n)]
s=dict(zip(key,s)) #构造用于顶点标注的字符字典
plt.rc('font',size=16)
pos=nx.shell_layout(G)  #设置布局
w=nx.get_edge_attributes(G,'capacity')
nx.draw(G,pos,font_weight='bold',labels=s,node_color='r')
nx.draw_networkx_edge_labels(G,pos,edge_labels=w)
path_edges=list(zip(ni,nj))
nx.draw_networkx_edges(G,pos,edgelist=path_edges,
            edge_color='r',width=3)
plt.show()
```

程序运行结果如下:

```
最大流的流量为:  5
最大流为:  {0: {1: 2, 2: 3}, 1: {3: 2}, 2: {1: 0, 4: 3}, 3: {2: 0,
   4: 0, 5: 2}, 4: {5: 3}, 5: {}}
最大流的邻接矩阵为:
 [[0 2 3 0 0 0]
 [0 0 0 2 0 0]
 [0 0 0 0 3 0]
 [0 0 0 0 0 2]
 [0 0 0 0 0 3]
 [0 0 0 0 0 0]]
```

由字典的第一个元素 0: {1: 2, 2: 3}, 得知 $f_{s2}=2$, $f_{s3}=3$; 由第二个元素 1: {3: 2}, 知 $f_{24}=2$; 由第三个元素 2: {1: 0, 4: 3}知, $f_{32}=0$, $f_{35}=3$; 由第四个元素 3: {2: 0, 4: 0, 5: 2}, 知 $f_{43}=0$, $f_{45}=0$, $f_{4t}=2$; 由第五个元素 4: {5: 3}知, $f_{5t}=3$.

10.5.2 最小费用流问题

在许多实际问题中, 往往还要考虑网络上流的费用问题. 例如, 在运输问题中,

人们总是希望在完成运输任务的同时, 寻求一个使总的运输费用最小的运输方案.

设 f_{ij} 为弧 (v_i, v_j) 上的流量, b_{ij} 为弧 (v_i, v_j) 上的单位费用, c_{ij} 为弧 (v_i, v_j) 上的容量, 则最小费用流问题可以用如下的线性规划问题描述:

$$\min \sum_{(v_i,v_j)\in A} b_{ij} f_{ij},$$
$$\text{s.t.} \begin{cases} \displaystyle\sum_{j:(v_i,v_j)\in A} f_{ij} - \sum_{j:(v_j,v_i)\in A} f_{ji} = \begin{cases} v, & i = s, \\ -v, & i = t, \\ 0, & i \neq s, t, \end{cases} \\ 0 \leqslant f_{ij} \leqslant c_{ij}, \quad \forall (v_i, v_j) \in A. \end{cases} \tag{10.2}$$

当 $v =$ 最大流 $v_{\max}$ 时, 本问题就是最小费用最大流问题; 如果 $v > v_{\max}$, 本问题无解.

1961 年, Busacker 和 Gowan 提出了一种求最小费用流的迭代法. 其步骤如下:

(1) 求出从发点到收点的最小费用通路 $\mu(v_s, v_t)$.

(2) 对该通路 $\mu(v_s, v_t)$ 分配最大可能的流量:

$$\bar{f} = \min_{(v_i,v_j)\in\mu(v_s,v_t)} \{c_{ij}\},$$

并让通路上的所有边的容量相应减少 $\bar{f}$. 这时, 对于通路上的饱和边, 其单位流费用相应改为 ∞.

(3) 作该通路 $\mu(v_s, v_t)$ 上所有边 (v_i, v_j) 的反向边 (v_j, v_i). 令

$$c_{ji} = \bar{f}, \quad b_{ji} = -b_{ij}.$$

(4) 在这样构成的新网络中, 重复上述步骤 (1), (2), (3), 直到从发点到收点的全部流量等于 v 为止.

例 10.17 (续例 10.16) 如图 10.15 所示带有运费的网络, 求从 v_s 到 v_t 的最小费用最大流, 其中弧上权重的第 1 个数字是网络的容量, 第 2 个数字是网络的单位运费.

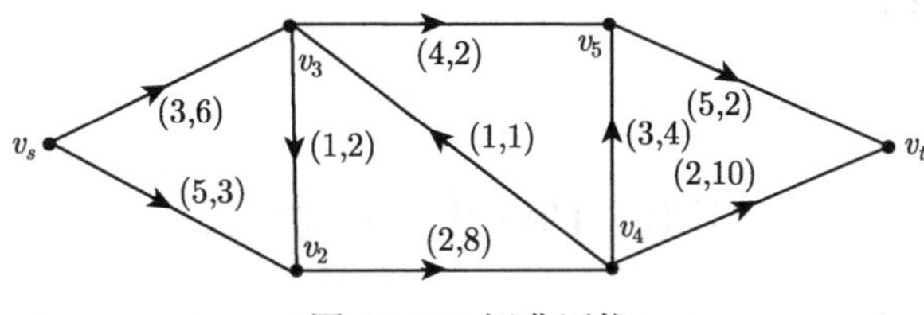

图 10.15 运费网络

```
#程序文件Pex10_17.py
import numpy as np
import networkx as nx
L=[(1,2,5,3),(1,3,3,6),(2,4,2,8),(3,2,1,2),(3,5,4,2),
   (4,3,1,1),(4,5,3,4),(4,6,2,10),(5,6,5,2)]
G=nx.DiGraph()
for k in range(len(L)):
    G.add_edge(L[k][0]-1,L[k][1]-1, capacity=L[k][2],
               weight=L[k][3])
mincostFlow=nx.max_flow_min_cost(G,0,5)
print("所求流为: ",mincostFlow)
mincost=nx.cost_of_flow(G, mincostFlow)
print("最小费用为: ", mincost)
flow_mat=np.zeros((6,6),dtype=int)
for i,adj in mincostFlow.items():
    for j,f in adj.items():
        flow_mat[i,j]=f
print("最小费用最大流的邻接矩阵为: \n",flow_mat)
```

程序运行结果如下：

```
所求流为: {0: {1: 2, 2: 3}, 1: {3: 2}, 2: {1: 0, 4: 4},
          3: {2: 1, 4: 1, 5: 0}, 4: {5: 5}, 5: {}}
最小费用为: 63
最小费用最大流的邻接矩阵为:
 [[0 2 3 0 0 0]
 [0 0 0 2 0 0]
 [0 0 0 0 4 0]
 [0 0 1 0 1 0]
 [0 0 0 0 0 5]
 [0 0 0 0 0 0]]
```

10.6 PageRank 算法

PageRank 算法是基于网页链接分析对关键字匹配搜索结果进行处理的. 它借鉴传统引文分析思想: 当网页甲有一个链接指向网页乙, 就认为乙获得了甲对它贡献的分值, 该值的多少取决于网页甲本身的重要程度, 即网页甲的重要性越大, 网页乙获得的贡献值就越高. 由于网络中网页链接的相互指向, 该分值的计算为一个迭代过程, 最终网页根据所得分值进行检索排序.

互联网是一张有向图, 每一个网页是图的一个顶点, 网页间的每一个超链接是图的一条弧, 邻接矩阵 $\boldsymbol{B}=(b_{ij})_{N\times N}$, 如果从网页 i 到网页 j 有超链接, 则 $b_{ij}=1$, 否则为 0.

记矩阵 $\boldsymbol{B}$ 的行和为 $r_i=\sum\limits_{j=1}^{N}b_{ij}$, 它表示页面 i 发出的链接数目.

假如在上网时浏览页面并选择下一个页面的过程, 与过去浏览过哪些页面无关, 而仅依赖于当前所在的页面. 那么这一选择过程可以认为是一个有限状态、离散时间的随机过程, 其状态转移规律用 Markov 链描述. 定义矩阵 $\boldsymbol{A}=(a_{ij})_{N\times N}$ 如下

$$a_{ij}=\frac{1-d}{N}+d\frac{b_{ij}}{r_i},\quad i,j=1,2,\cdots,N,$$

其中 d 是模型参数, 通常取 $d=0.85$, $\boldsymbol{A}$ 是 Markov 链的转移概率矩阵, a_{ij} 表示从页面 i 转移到页面 j 的概率. 根据 Markov 链的基本性质, 对于正则 Markov 链存在平稳分布 $\boldsymbol{x}=[x_1,\cdots,x_N]^{\mathrm{T}}$, 满足

$$\boldsymbol{A}^{\mathrm{T}}\boldsymbol{x}=\boldsymbol{x},\quad \sum_{i=1}^{N}x_i=1,$$

$\boldsymbol{x}$ 表示在极限状态 (转移次数趋于无限) 下各网页被访问的概率分布, Google 将它定义为各网页的 PageRank 值. 假设 $\boldsymbol{x}$ 已经得到, 则它按分量满足方程

$$x_k=\sum_{i=1}^{N}a_{ik}x_i=(1-d)+d\sum_{i:b_{ik}=1}\frac{x_i}{r_i}.$$

网页 i 的 PageRank 值是 x_i, 它链出的页面有 r_i 个, 于是页面 i 将它的 PageRank 值分成 r_i 份, 分别 "投票" 给它链出的网页. x_k 为网页 k 的 PageRank 值, 即网络上所有页面 "投票" 给网页 k 的最终值.

根据 Markov 链的基本性质还可以得到, 平稳分布 (即 PageRank 值) 是转移概率矩阵 $\boldsymbol{A}$ 的转置矩阵 $\boldsymbol{A}^{\mathrm{T}}$ 的最大特征值 $(=1)$ 所对应的归一化特征向量.

例 10.18 已知一个 $N=6$ 的网络如图 10.16 所示, 求它的 PageRank 取值.

解 相应的邻接矩阵 $\boldsymbol{B}$ 和 Markov 链状态转移概率矩阵 $\boldsymbol{A}$ 分别为

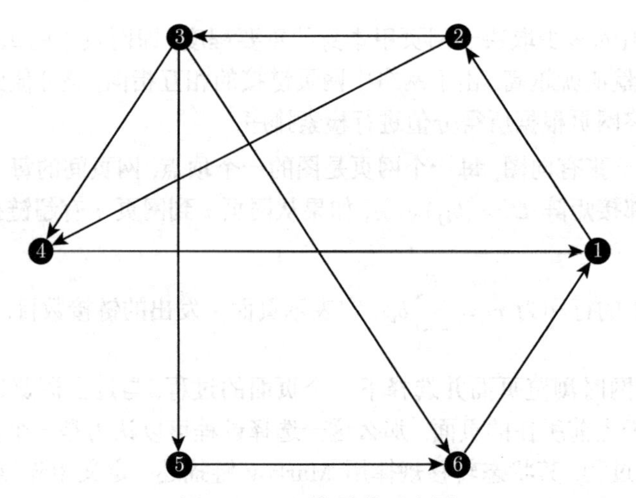

图 10.16　网络结构示意图

$$
\boldsymbol{B} = \begin{bmatrix} 0 & 1 & 0 & 0 & 0 & 0 \\ 0 & 0 & 1 & 1 & 0 & 0 \\ 0 & 0 & 0 & 1 & 1 & 1 \\ 1 & 0 & 0 & 0 & 0 & 0 \\ 0 & 0 & 0 & 0 & 0 & 1 \\ 1 & 0 & 0 & 0 & 0 & 0 \end{bmatrix},
$$

$$
\boldsymbol{A} = \begin{bmatrix} 0.025 & 0.875 & 0.025 & 0.025 & 0.025 & 0.025 \\ 0.025 & 0.025 & 0.45 & 0.45 & 0.025 & 0.025 \\ 0.025 & 0.025 & 0.025 & 0.3083 & 0.3083 & 0.3083 \\ 0.875 & 0.025 & 0.025 & 0.025 & 0.025 & 0.025 \\ 0.025 & 0.025 & 0.025 & 0.025 & 0.025 & 0.875 \\ 0.875 & 0.025 & 0.025 & 0.025 & 0.025 & 0.025 \end{bmatrix}.
$$

计算得到该 Markov 链的平稳分布为

$$
\boldsymbol{x} = [0.2675, 0.2524, 0.1323, 0.1697, 0.0625, 0.1156]^{\mathrm{T}}.
$$

这就是 6 个网页的 PageRank 值, 其柱状图如图 10.17 所示.

编号 1 的网页的 PageRank 值最高, 编号 5 的网页的 PageRank 值最低, 网页的 PageRank 值从大到小的排序依次为 $1, 2, 4, 3, 6, 5$.

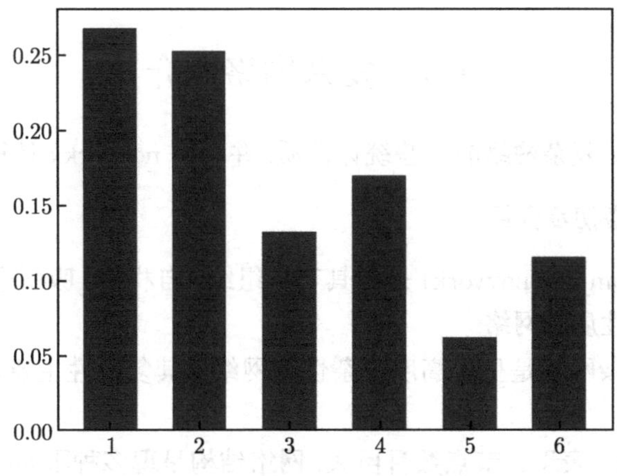

图 10.17 PageRank 值的柱状图

计算和画图的 Python 程序如下:

```
#程序文件Pex10_18.py
import numpy as np,networkx as nx
import pylab as plt
from scipy.sparse.linalg import eigs
L=[(1,2),(2,3),(2,4),(3,4),(3,5),(3,6),
   (4,1),(5,6),(6,1)]
G=nx.DiGraph()
G.add_nodes_from(range(1,7))  #添加顶点集
G.add_edges_from(L)  #添加边集
B=np.array(nx.to_numpy_matrix(G))  #提取邻接矩阵
plt.rc('font',size=16); pos=nx.shell_layout(G)
nx.draw(G,pos,node_size=280,font_weight='bold',
        node_color='r',with_labels=True)
plt.savefig("figure10_18_1.png")
A=B/np.tile(B.sum(axis=1,keepdims=True),(1,B.shape[1]))
A=0.15/B.shape[0]+0.85*A  #计算状态转移概率矩阵
print("A=",A)
W,V=eigs(A.T,1); V=V.real
V=V.flatten(); #展开成(n,)形式的数组
V=V/V.sum(); print("V=",V); plt.figure(2)
plt.bar(range(1,B.shape[0]+1),V, width=0.6, color='b')
plt.savefig("figure10_18_2.png"); plt.show()
```

10.7　复杂网络简介

本节主要介绍复杂网络的一些统计性质, 并利用 networkx 计算这些统计性质.

10.7.1　复杂网络初步介绍

复杂网络 (complex network) 是指具有自组织、自相似、吸引子、小世界、无标度中部分或全部性质的网络.

简而言之复杂网络是呈现高度复杂性的网络. 其复杂性主要表现在以下几个方面:

(1) 结构复杂: 表现在节点数目巨大, 网络结构呈现多种不同特征.

(2) 网络进化: 表现在节点或连接的产生与消失. 例如万维网, 网页随时可能出现链接或断开, 导致网络结构不断发生变化.

(3) 连接多样性: 节点之间的连接权重存在差异, 且有可能存在方向性.

(4) 动力学复杂性: 节点集可能属于非线性动力学系统, 例如, 节点状态随时间发生复杂变化.

(5) 节点多样性: 复杂网络中的节点可以代表任何事物, 例如, 人际关系构成的复杂网络节点代表单独个体, 万维网组成的复杂网络节点可以表示不同网页.

(6) 多重复杂性融合: 即以上多重复杂性相互影响, 导致更为难以预料的结果. 例如, 设计一个电力供应网络需要考虑此网络的进化过程, 其进化过程决定网络的拓扑结构. 当两个节点之间频繁进行能量传输时, 他们之间的连接权重会随之增加, 通过不断的学习与记忆逐步改善网络性能.

目前, 复杂网络研究的内容主要包括: 网络的几何性质、网络的形成机制、网络演化的统计规律、网络上的模型性质, 以及网络的结构稳定性、网络的演化动力学机制等问题. 其中在自然科学领域, 网络研究的基本测度包括: 度 (degree) 及其分布特征、度的相关性、集聚程度及其分布特征、最短距离及其分布特征、介数 (betweenness) 及其分布特征、连通集团的规模分布.

复杂网络一般具有以下特性:

(1) 小世界. 它以简单的措辞描述了大多数网络尽管规模很大但是任意两个节点间却有一条相当短的路径的事实. 例如, 在社会网络中, 人与人相互认识的关系很少, 但是却可以找到很远的无关系的其他人. 正如麦克卢汉所说, 地球变得越来越小, 变成一个地球村, 也就是说, 变成一个小世界.

(2) 集群. 例如, 社会网络中总是存在熟人圈或朋友圈, 其中每个成员都认识其他成员. 集聚程度的意义是网络集团化的程度; 这是一种网络的内聚倾向. 连通集团概念反映的是一个大网络中各集聚的小网络分布和相互联系的状况. 例如, 它可以反映这个朋友圈与另一个朋友圈的相互关系.

(3) 幂律 (power law) 度分布. 度指的是网络中某个节点与其他节点关系 (用网络中的边表示) 的数量; 度的相关性指节点之间关系的联系紧密性. 无标度网络 (scale-free network) 的特征主要集中反映了集聚的集中性.

实际网络都兼有确定和随机两大特征, 确定性的法则或特征通常隐藏在统计性质中.

10.7.2 复杂网络的统计描述

人们在刻画复杂网络结构的统计特性上提出了许多概念和方法, 其中包含: 节点的度和度分布、平均路径长度、聚类系数.

1. 节点的度和度分布

节点 v_i 的度 k_i 定义为与该节点连接的边数. 直观上看, 一个节点的度越大就意味着这个节点在某种意义上越 "重要".

定义 10.16 网络中所有节点 v_i 的度 k_i 的平均值称为网络的平均度, 记为 $\langle k\rangle$, 即

$$\langle k\rangle=\frac{1}{N}\sum_{i=1}^{N}k_i. \tag{10.3}$$

无向无权图的邻接矩阵 $\boldsymbol{A}=(a_{ij})_{N\times N}$ 与节点 v_i 的度 k_i 的函数关系很简单: 邻接矩阵二次幂 $\boldsymbol{A}^2=(a_{ij}^{(2)})_{N\times N}$ 的对角线元素 $a_{ii}^{(2)}$ 就等于节点 v_i 的度, 即

$$k_i=a_{ii}^{(2)}. \tag{10.4}$$

实际上, 无向无权图的邻接矩阵 $\boldsymbol{A}$ 的第 i 行或第 i 列元素之和也是度, 从而无向无权网络的平均度就是 $\boldsymbol{A}^2$ 的对角线元素之和除以节点数, 即

$$\langle k\rangle=\mathrm{tr}(\boldsymbol{A}^2)/N, \tag{10.5}$$

式中, $\mathrm{tr}(\boldsymbol{A}^2)$ 表示矩阵 $\boldsymbol{A}^2$ 的迹 (trace), 即对角线元素之和.

网络中节点的度分布情况可用分布函数 $P(k)$ 来描述, $P(k)$ 表示的是网络中度为 k 的节点在整个网络中所占的比率, 也就是说, 在网络中随机抽取到度为 k 的节点的概率为 $P(k)$. 一般地, 可以用一个直方图来描述网络的度分布 (degree distribution) 性质.

对于规则的网格来说, 由于所有的节点具有相同的度, 所以其度分布集中在一个单一尖峰上, 是一种 Delta 分布. 网络中的任何随机化倾向都将使这个尖峰的形状变宽. 完全随机网络 (completely stochastic network) 的度分布近似为泊松分布,

其形状在远离峰值 $\langle k\rangle$ 处呈指数下降. 这意味着当 $k>\langle k\rangle$ 时, 度为 k 的节点实际上是不存在的. 因此, 这类网络也称为均匀网络 (homogeneous network).

近几年的大量研究表明, 许多实际网络的度分布明显地不同于泊松分布. 特别地, 许多网络的度分布可以用幂律形式 $P(k)\propto k^{-\gamma}$ 来更好地描述.

2. 平均路径长度

网络中两个节点 v_i 和 v_j 之间的距离 d_{ij} 定义为连接这两个节点的最短路径上的边数, 它的倒数 $1/d_{ij}$ 称为节点 v_i 和 v_j 之间的效率, 记为 ε_{ij}. 通常效率用来度量节点间的信息传递速度. 当 v_i 和 v_j 之间没有路径连通时, $d_{ij}=\infty$, 而 $\varepsilon_{ij}=0$.

网络中任意两个节点之间的距离的最大值称为网络的直径, 记为 D, 即

$$D=\max_{1\leqslant i<j\leqslant N} d_{ij}, \tag{10.6}$$

其中, N 为网络节点数.

定义 10.17 网络的平均路径长度 L 定义为任意两个节点之间的距离的平均值, 即

$$L=\frac{1}{\mathrm{C}_N^2}\sum_{1\leqslant i<j\leqslant N} d_{ij}. \tag{10.7}$$

3. 聚类系数

在你的朋友关系网络中, 你的两个朋友很可能彼此也是朋友, 这种属性在复杂网络理论中称为网络的聚类特性. 一般地, 假设网络中的一个节点 v_i 有 k_i 条边将它和其他节点相连, 这 k_i 个节点就称为节点 v_i 的邻居. 显然, 在这 k_i 个节点之间最多可能有 $\mathrm{C}_{k_i}^2$ 条边.

定义 10.18 节点 v_i 的 k_i 个邻居节点之间实际存在的边数 E_i 和总的可能的边数 $\mathrm{C}_{k_i}^2$ 之比就定义为节点 v_i 的聚类系数 C_i, 即

$$C_i=\frac{E_i}{\mathrm{C}_{k_i}^2}. \tag{10.8}$$

从几何特点看, (10.8) 式的一个等价定义为

$$C_i=\frac{\text{与节点 } v_i \text{ 相连的三角形的数量}}{\text{与节点 } v_i \text{ 相连的三元组的数量}}=\frac{n_1}{n_2}, \tag{10.9}$$

其中, 与节点 v_i 相连的三元组是指包括节点 v_i 的三个节点, 并且至少存在从节点 v_i 到其他两个节点的两条边 (图 10.18).

下面讨论如何根据无权无向图的邻接矩阵 $\boldsymbol{A}$ 来求节点 v_i 的聚类系数 C_i. 显然, 邻接矩阵二次幂 $\boldsymbol{A}^2$ 的对角元素 $a_{ii}^{(2)}$ 表示的是与节点 v_i 相连的边数, 也就是节

点 v_i 的度 k_i. 而邻接矩阵三次幂 $\boldsymbol{A}^3$ 的对角线元素 $a_{ii}^{(3)}$ 表示的是从节点 v_i 出发经过三条边回到节点 v_i 的路径数, 也就是与节点 v_i 相连的三角形数的两倍 (正向走和反向走). 因此, 由聚类系数的表达式 (10.9) 可知

$$C_i = \frac{n_1}{n_2} = \frac{2n_1}{2\mathrm{C}_{k_i}^2} = \frac{2n_1}{k_i(k_i-1)} = \frac{a_{ii}^{(3)}}{a_{ii}^{(2)}(a_{ii}^{(2)}-1)}, \tag{10.10}$$

整个网络的聚类系数 C 就是所有节点 v_i 的聚类系数 C_i 的平均值, 即

$$C = \frac{1}{N}\sum_{i=1}^{N} C_i. \tag{10.11}$$

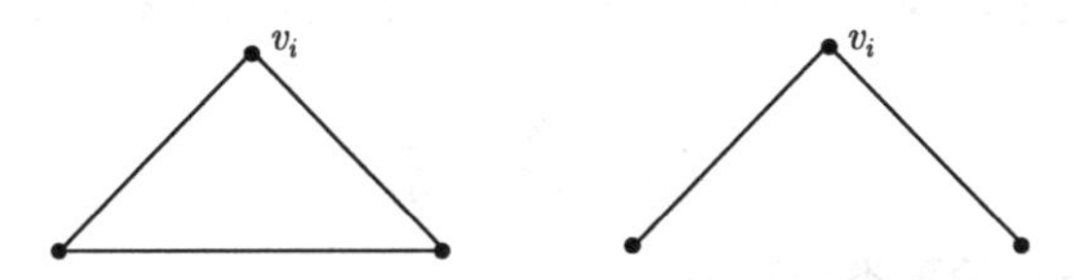

图 10.18 以节点 v_i 为顶点之一的三元组的两种可能形式

显然, $0 \leqslant C \leqslant 1$. 当所有的节点均为孤立节点, 即没有任何连接边时, $C = 0$; $C = 1$ 当且仅当网络是全局耦合的, 即网络中任意两个节点都直接相连.

对于一个含有 N 个节点的完全随机的网络, 当 N 很大时, $C = O(N^{-1})$. 而许多大规模的实际网络都具有明显的聚类效应, 它们的聚类系数尽管远小于 1 但却比 $O(N^{-1})$ 大得多. 事实上, 在很多类型的网络中, 随着网络规模的增加, 聚类系数趋向于某个非零常数, 即当 $N \to \infty$ 时, $C = O(1)$. 这意味着这些实际的复杂网络并不是完全随机的, 而是在某种程度上具有类似于社会关系网络中 "物以类聚, 人以群分" 的特性.

例 10.19 计算图 10.19 所示简单无向网络的直径 D、平均路径长度 L 和聚类系数.

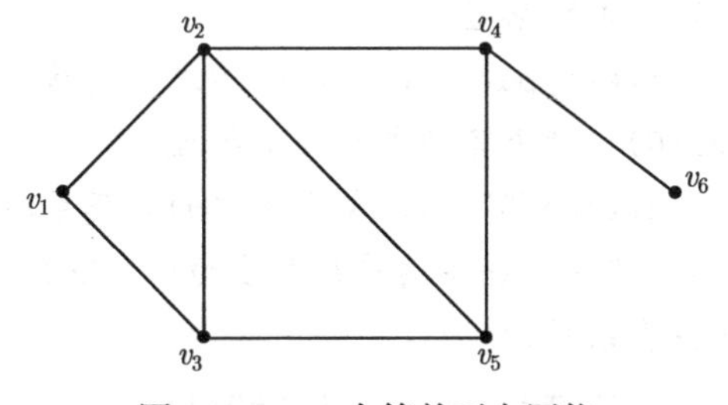

图 10.19 一个简单无向网络

解 首先构造图 10.19 对应的图 $G = (V, E)$ 的邻接矩阵

$$A = \begin{bmatrix} 0 & 1 & 1 & 0 & 0 & 0 \\ 1 & 0 & 1 & 1 & 1 & 0 \\ 1 & 1 & 0 & 0 & 1 & 0 \\ 0 & 1 & 0 & 0 & 1 & 1 \\ 0 & 1 & 1 & 1 & 0 & 0 \\ 0 & 0 & 0 & 1 & 0 & 0 \end{bmatrix},$$

然后应用 Floyd 算法求出任意节点之间的最短距离. 其中的最大距离为网络直径, 网络直径 $D = d_{16} = d_{36} = 3$, 把所有节点对之间的距离求和 (只需求对应矩阵上三角元素的和), 再除以 C_6^2, 求得网络的平均路径长度 $L = 1.6$.

下面以节点 v_2 的聚类系数计算为例, 节点 v_2 与 4 个节点相邻, 这 4 个节点之间可能存在的最大边数为 $\mathrm{C}_4^2 = 6$, 而这 4 个节点之间实际存在的边数为 3, 由定义可得

$$C_2 = \frac{3}{\mathrm{C}_4^2} = \frac{1}{2},$$

同理可求得其他节点的聚类系数为

$$C_1 = 1, \quad C_3 = \frac{2}{3}, \quad C_4 = \frac{1}{3}, \quad C_5 = \frac{2}{3}, \quad C_6 = 0.$$

整个网络的聚类系数 $C = \dfrac{19}{36}$.

```
#程序文件Pex10_19.py
import numpy as np
import networkx as nx
L=[(1,2),(1,3),(2,3),(2,4),(2,5),(3,5),
   (4,5),(4,6)]
G=nx.Graph()   #构造无向图
G.add_nodes_from(range(1,7)) #添加顶点集
G.add_edges_from(L)
D=nx.diameter(G)  #求网络直径
LH=nx.average_shortest_path_length(G) #求平均路径长度
Ci=nx.clustering(G)   #求各顶点的聚类系数
C=nx.average_clustering(G)  #求整个网络的聚类系数
print("网络直径为: ",D,"\n平均路径长度为: ",LH)
print("各顶点的聚类系数为: ")
for index,value in enumerate(Ci.values()):
    print("(顶点v{:d}: {:.4f}); ".format(index+1,value),end=' ')
print("\n整个网络的聚类系数为: {:.4f}".format(C))
```

程序运行结果如下:

```
网络直径为: 3
平均路径长度为: 1.6
各顶点的聚类系数为:
(顶点v1: 1.0000); (顶点v2: 0.5000); (顶点v3: 0.6667);
(顶点v4: 0.3333); (顶点v5: 0.6667); (顶点v6: 0.0000);
整个网络的聚类系数为: 0.5278
```

习 题 10

10.1 写出图 10.20 所示非赋权无向图的关联矩阵和邻接矩阵.

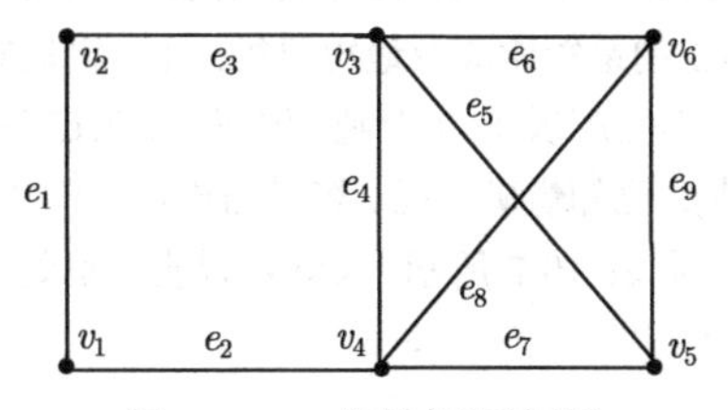

图 10.20 非赋权无向图

10.2 计算图 10.21 所示赋权无向图中从 v_1 到 v_5 的最短距离和最短路径.

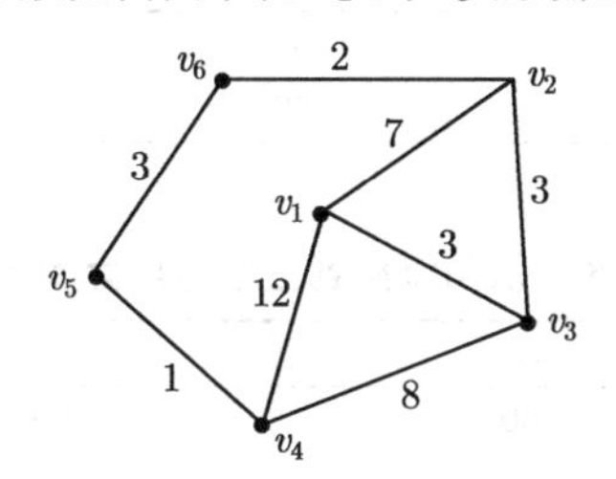

图 10.21 赋权无向图

10.3 求图 10.21 所示赋权无向图的最小生成树.

10.4 已知有 6 个村子, 相互间道路的距离如图 10.22 所示. 拟合建一所小学, 已知 A 处有小学生 100 人、B 处 80 人、C 处 60 人、D 处 40 人、E 处 70 人、F 处 90 人. 问小学应建在哪一个村庄, 使学生上学最方便 (走的总路程最短).

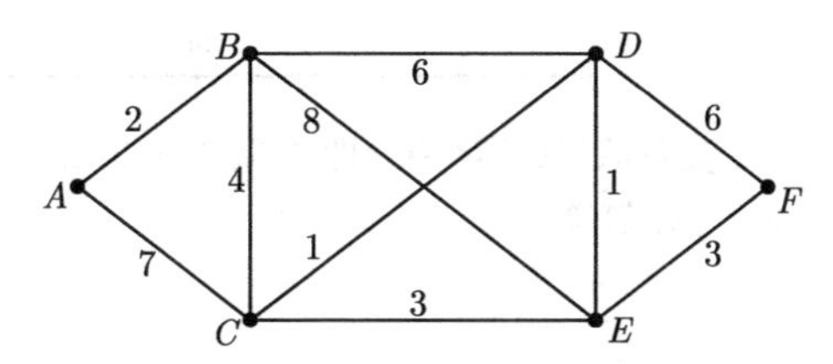

图 10.22 村庄之间道路示意图

10.5　已知 95 个目标点的数据见 Excel 文件 Pex10_5.xlsx (数据见封底二维码), 第 1 列是这 95 个点的编号, 第 2,3 列是这 95 个点的 x, y 坐标, 第 4 列是这些点重要性分类, 标明 "1" 的是第一类重要目标点, 标明 "2" 的是第二类重要目标点, 未标明类别的是一般目标点, 第 5, 6, 7 列标明了这些点的连接关系. 如第三行的数据

$$C \quad -1160 \quad 587.5 \quad\quad D \quad\quad F$$

表示顶点 C 的坐标为 $(-1160, 587.5)$, 它是一般目标点, C 点和 D 点相连, C 点也和 F 点相连. 完成如下问题:

(1) 画出上面的无向图, 第一类重要目标点用 "☆" 画出, 第二类重要目标点用 "*" 画出, 一般目标点用 "·" 画出. 这里要求画出无向图的度量图, 即顶点的位置坐标必须准确, 不要画出无向图的拓扑图.

(2) 当边的权值为两点间的距离时, 求上面无向图的最小生成树, 并画出最小生成树.

(3) 求顶点 L 到顶点 $M3$ 的最短距离及最短路径, 并画出最短路径.

10.6　甲、乙两个煤矿分别生产煤 500 万吨, 供应 A, B, C 三个电厂发电需要, 各电厂用量分别为 300, 300, 400(万吨). 已知煤矿之间、煤矿与电厂之间以及各电厂之间相互距离 (单位: 千米) 如表 10.5、表 10.6 和表 10.7 所示. 又煤可以直接运达, 也可经转运抵达, 试确定从煤矿到各电厂间煤的最优调运方案.

表 10.5　两煤矿之间的距离

	甲	乙
甲	0	120
乙	100	0

表 10.6　从两煤矿到三个电厂之间的距离

	A	B	C
甲	150	120	80
乙	60	160	40

表 10.7　三个电厂之间的距离

	A	B	C
A	0	70	100
B	50	0	120
C	100	150	0

10.7　图 10.23 给出了 6 支球队的比赛结果, 即 1 队战胜 2, 4, 5, 6 队, 而输给了 3 队; 5 队战胜 3, 6 队, 而输给 1, 2, 4 队; 等等.

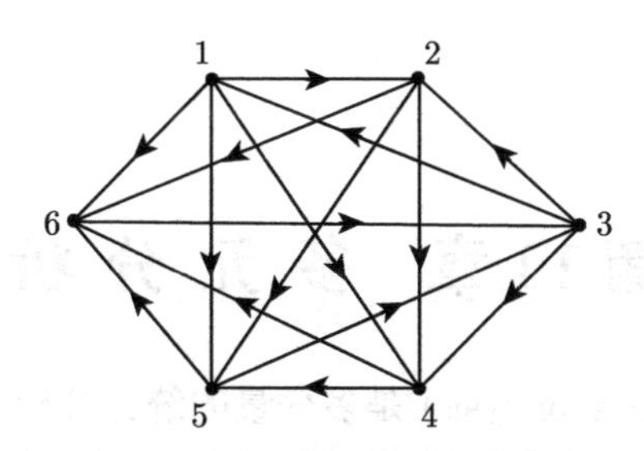

图 10.23 球队的比赛结果

(1) 利用竞赛图的适当方法, 给出 6 支球队的一个排名顺序;

(2) 利用 PageRank 算法, 再次给出 6 支球队的排名顺序.

10.8 计算图 10.24 所示网络的度分布、网络直径、平均路径长度、各节点的聚类系数和整个网络的聚类系数.

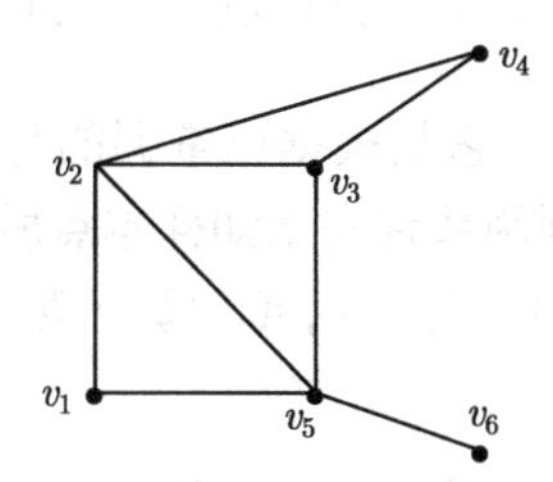

图 10.24 简单的无权网络

第11章　多元分析

多元分析 (multivariate analysis) 是多变量的统计分析方法, 内容广泛, 通常包括回归分析、判别分析、主成分分析、因子分析、聚类分析、典型相关分析、对应分析等内容, 限于篇幅, 本章介绍判别分析、主成分分析、因子分析、聚类分析的部分内容.

11.1　判别分析

判别分析是一种分类方法, 它是根据已掌握的每个类别的若干样本的数据信息, 求出判别函数, 再根据判别函数判别未知样本点所属的类别.

假定已有 r 类判别对象 $A_1, A_2, \cdots, A_r$, 每一类 A_i 由 m 个指标的 n_i 个样本确定, 即 A_i 类有样本值矩阵

$$\boldsymbol{A}_i = \begin{bmatrix} a_{11}^{(i)} & a_{12}^{(i)} & \cdots & a_{1m}^{(i)} \\ a_{21}^{(i)} & a_{22}^{(i)} & \cdots & a_{2m}^{(i)} \\ \vdots & \vdots & & \vdots \\ a_{n_i1}^{(i)} & a_{n_i2}^{(i)} & \cdots & a_{n_im}^{(i)} \end{bmatrix} = \begin{bmatrix} (\boldsymbol{a}_1^{(i)})^{\mathrm{T}} \\ (\boldsymbol{a}_2^{(i)})^{\mathrm{T}} \\ \vdots \\ (\boldsymbol{a}_{n_i}^{(i)})^{\mathrm{T}} \end{bmatrix}, \tag{11.1}$$

其中, $\boldsymbol{A}_i$ 矩阵的第 k 行是 A_i 的第 k 个样本点的观测值向量. 问待判定对象 $\boldsymbol{x} = [x_1, x_2, \cdots, x_m]^{\mathrm{T}}$ 属于 $A_i\ (i = 1, 2, \cdots, r)$ 的哪一类?

为了能对不同的 $A_i\ (i = 1, 2, \cdots, r)$ 作出判别, 应有一个一般规则, 依据 $\boldsymbol{x}$ 的值, 便可以根据该规则作出判断, 称这样的规则为判别规则. 判别规则往往通过函数表达, 这些函数称为判别函数, 记为 $W(i, \boldsymbol{x})\ (i = 1, 2, \cdots, r)$.

记 $n = \sum\limits_{i=1}^{r} n_i$, $\boldsymbol{\mu}_i$ 和 $\boldsymbol{L}_i$ 分别表示第 $A_i\ (i = 1, 2, \cdots, r)$ 类的样本均值向量和离差矩阵, 即

$$\boldsymbol{\mu}_i = \frac{1}{n_i} \sum_{k=1}^{n_i} \boldsymbol{a}_k^{(i)}, \quad \boldsymbol{L}_i = \sum_{k=1}^{n_i} (\boldsymbol{a}_k^{(i)} - \boldsymbol{\mu}_i)(\boldsymbol{a}_k^{(i)} - \boldsymbol{\mu}_i)^{\mathrm{T}}, \tag{11.2}$$

并用 $\boldsymbol{x} \in A_i$ 表示 $\boldsymbol{x}$ 归属于 A_i.

11.1.1　距离判别法

距离判别法就是建立待判定对象 $\boldsymbol{x}$ 到 A_i 的距离 $d(\boldsymbol{x}, A_i)$, 然后根据距离最

近原则进行判别, 即判别函数 $W(i,\boldsymbol{x})=d(\boldsymbol{x},A_i)$. 若 $W(k,\boldsymbol{x})=\min\{W(i,\boldsymbol{x})|i=1,2,\cdots,r\}$, 则 $\boldsymbol{x}\in A_k$.

距离 $d(\boldsymbol{x},A_i)$ 一般采用 Mahalanobis 距离 (马氏距离).

1. r 个总体协方差矩阵相等的情况

待判对象 $\boldsymbol{x}$ 到第 A_i $(i=1,2,\cdots,r)$ 类的马氏距离定义为

$$d(\boldsymbol{x},A_i)=\left((\boldsymbol{x}-\boldsymbol{\mu}_i)^{\mathrm{T}}\boldsymbol{\Sigma}^{-1}(\boldsymbol{x}-\boldsymbol{\mu}_i)\right)^{\frac{1}{2}}, \tag{11.3}$$

其中, $\boldsymbol{\Sigma}=\dfrac{1}{n-r}\sum\limits_{i=1}^{r}\boldsymbol{L}_i$.

2. r 个总体协方差矩阵都不相等的情况

待判对象 $\boldsymbol{x}$ 到第 A_i $(i=1,2,\cdots,r)$ 类的马氏距离定义为

$$d(\boldsymbol{x},A_i)=\sqrt{(\boldsymbol{x}-\boldsymbol{\mu}_i)^{\mathrm{T}}\boldsymbol{\Sigma}_i^{-1}(\boldsymbol{x}-\boldsymbol{\mu}_i)}, \tag{11.4}$$

其中, $\boldsymbol{\Sigma}_i=\dfrac{1}{n_i-1}\boldsymbol{L}_i$.

3. sklearn.neighbors 模块的 KNeighborsClassifier 函数

sklearn.neighbors 模块的 KNeighborsClassifier 函数实现距离判别法的分类, 其调用格式为

```
KNeighborsClassifier(n_neighbors=5, weights='uniform', algorithm=
'auto', leaf_size=30, p=2, metric='minkowski', metric_params=None)
```

其中, 第一个参数 n_neighbors 指定分类的类别数; algorithm 的取值可以为: `'auto'`, `'ball_tree'`, `'kd_tree'`, `'brute'`; metric 的默认取值为 `'minkowski'`, 即默认的距离为欧氏距离, metric 的取值及其含义见表 11.1.

表 11.1 metric 的取值及其含义 $(\boldsymbol{x}=[x_1,x_2,\cdots,x_m],\boldsymbol{y}=[y_1,y_2,\cdots,y_m])$

字符串	含义
'euclidean'	$\boldsymbol{x},\boldsymbol{y}$的欧氏距离: $\sqrt{\sum\limits_{i=1}^{m}(x_i-y_i)^2}$
'manhattan'	$\boldsymbol{x},\boldsymbol{y}$的曼哈顿距离: $\sum\limits_{i=1}^{m}\|x_i-y_i\|$
'chebyshev'	$\boldsymbol{x},\boldsymbol{y}$的切比雪夫距离: $\max\{\|x_i-y_i\|,i=1,2,\cdots,m\}$

续表

字符串	含义
'minkowski'	$\boldsymbol{x},\boldsymbol{y}$的闵可夫斯基距离: $\sqrt[p]{\sum_{i=1}^{m}\|x_i-y_i\|^p}$, $p=1$为曼哈顿距离, $p=2$为欧氏距离
'wminkowski'	$\boldsymbol{x},\boldsymbol{y}$的带权重闵可夫斯基距离: $\sqrt[p]{\sum_{i=1}^{m}(w_i\|x_i-y_i\|)^p}$, 其中$\boldsymbol{w}=[w_1,w_2,\cdots,w_m]$为权重
'seuclidean'	标准化欧氏距离, 即各指标变量的数据都标准化为均值为 0, 标准差为 1
'mahalanobis'	$\boldsymbol{x},\boldsymbol{y}$ 的马氏距离: $\sqrt{(\boldsymbol{x}-\boldsymbol{y})^{\mathrm{T}}\boldsymbol{\Sigma}^{-1}(\boldsymbol{x}-\boldsymbol{y})}$, $\boldsymbol{\Sigma}$ 为样本的协方差矩阵. 当 r 个类别的总体相互独立时, $\boldsymbol{\Sigma}$ 为单位阵, 此时马氏距离等同于欧氏距离

例 11.1 (1989 年国际大学生数学建模竞赛 A 题: 蠓虫分类)　蠓虫是一种昆虫, 分为很多类型, 其中有一种名为 Af, 是能传播花粉的益虫; 另一种名为 Apf, 是会传播疾病的害虫. 这两种类型的蠓虫在形态上十分相似, 很难区别. 现测得 9 只 Af 和 6 只 Apf 蠓虫的触角长度和翅膀长度数据.

Af: (1.24, 1.27), (1.36, 1.74), (1.38, 1.64), (1.38, 1.82), (1.38, 1.90), (1.40, 1.70), (1.48, 1.82), (1.54, 1.82), (1.56, 2.08);

Apf: (1.14, 1.78), (1.18, 1.96), (1.20, 1.86), (1.26, 2.00), (1.28, 2.00), (1.30, 1.96). 若两类蠓虫协方差矩阵相等, 试判别 (1.24, 1.80), (1.28, 1.84) 与 (1.40, 2.04) 3 只蠓虫属于哪一类.

程序设计如下:

```
#程序文件Pex11_1.py
import numpy as np
from sklearn.neighbors import KNeighborsClassifier
x0=np.array([[1.24,1.27], [1.36,1.74], [1.38,1.64], [1.38,1.82],
    [1.38,1.90], [1.40,1.70],
    [1.48,1.82], [1.54,1.82], [1.56,2.08], [1.14,1.78],
    [1.18,1.96], [1.20,1.86],
    [1.26,2.00], [1.28,2.00], [1.30,1.96]])  #输入已知样本数据
x=np.array([[1.24,1.80], [1.28,1.84], [1.40,2.04]])
                                              #输入待判样本点数据
g=np.hstack([np.ones(9),2*np.ones(6)])#g为已知样本数据的类别标号
v=np.cov(x0.T)  #计算协方差
knn=KNeighborsClassifier(2,metric='mahalanobis',
    metric_params={'V':v}) #马氏距离分类
knn.fit(x0,g); pre=knn.predict(x); print("马氏距离分类结果: ",pre)
```

```
print("马氏距离已知样本的误判率为: ",1-knn.score(x0,g))
knn2=KNeighborsClassifier(2)  #欧氏距离分类
knn2.fit(x0,g); pre2=knn2.predict(x)
print("欧氏距离分类结果: ", pre2)
print("欧氏距离已知样本的误判率为: ",1-knn2.score(x0,9))
```

程序运行结果如下:

```
马氏距离分类结果:  [2. 2. 1.]
马氏距离已知样本的误判率为:  0.0
欧氏距离分类结果:  [2. 1. 2.]
欧氏距离已知样本的误判率为:  0.0
```

从程序运行结果看, 使用马氏距离分类时, 把前两个样本点判为 Apf, 第三个样本点判为 Af; 使用欧氏距离分类时, 把第一个和第三个样本点判为 Apf, 第二个样本点判为 Af, 但两种分类法对已知样本点的误判率都为 0, 但我们倾向于使用马氏距离进行分类.

例 11.2 从健康人群、硬化症患者和冠心病患者中分别随机选取 10 人、6 人和 4 人, 考察了他们各自心电图的 5 个不同指标 (记作 x_1, x_2, x_3, x_4, x_5) 如表 11.2 所示, 试对两个待判样品作出判断.

表 11.2 已知数据和样本

序号	x_1	x_2	x_3	x_4	x_5	类型
1	8.11	261.01	13.23	5.46	7.36	1
2	9.36	185.39	9.02	5.66	5.99	1
3	9.85	249.58	15.61	6.06	6.11	1
4	2.55	137.13	9.21	6.11	4.35	1
5	6.01	231.34	14.27	5.21	8.79	1
6	9.46	231.38	13.03	4.88	8.53	1
7	4.11	260.25	14.72	5.36	10.02	1
8	8.90	259.51	14.16	4.91	9.79	1
9	7.71	273.84	16.01	5.15	8.79	1
10	7.51	303.59	19.14	5.7	8.53	1
11	6.8	308.9	15.11	5.52	8.49	2
12	8.68	258.69	14.02	4.79	7.16	2
13	5.67	355.54	15.13	4.97	9.43	2
14	8.1	476.69	7.38	5.32	11.32	2
15	3.71	316.12	17.12	6.04	8.17	2
16	5.37	274.57	16.75	4.98	9.67	2
17	5.22	330.34	18.19	4.96	9.61	3

续表

序号	x_1	x_2	x_3	x_4	x_5	类型
18	4.71	331.47	21.26	4.3	13.72	3
19	4.71	352.5	20.79	5.07	11	3
20	3.36	347.31	17.9	4.65	11.19	3
21	8.06	231.03	14.41	5.72	6.15	待判
22	9.89	409.42	19.47	5.19	10.49	待判

把表 11.2 中的数据保存到 Excel 文件 Pdata11_2.xlsx 中 (数据见封底二维码), 文件没有表头, 总共 22 行, 7 列数据.

```
#程序文件Pex11_2.py
import numpy as np
import pandas as pd
from sklearn.neighbors import KNeighborsClassifier
a=pd.read_excel("Pdata11_2.xlsx",header=None)
b=a.values
x0=b[:-2,1:-1].astype(float)  #提取已知样本点的观测值
y0=b[:-2,-1].astype(int)
x=b[-2:,1:-1]  #提取待判样本点的观察值
v=np.cov(x0.T)  #计算协方差
knn=KNeighborsClassifier(3,metric='mahalanobis',metric_params=
    {'V':v}) #马氏距离分类
knn.fit(x0,y0); pre=knn.predict(x); print("分类结果: ",pre)
print("已知样本的误判率为: ",1-knn.score(x0,y0))
```

程序运行结果如下:

```
分类结果:  [1 1]
已知样本的误判率为:  0.15000000000000002
```

即样品 1 和样品 2 都属于第 1 类.

已知样本的误判率为 15%, 是比较高的. 我们把可以使用的距离判别都测试了一遍, 马氏距离的误判率是最低的.

11.1.2 Fisher判别法

Fisher 判别法是基于方差分析的判别法, 判别函数 $W(\boldsymbol{x})=\boldsymbol{u}^{\mathrm{T}}\boldsymbol{x}$, 其中 $\boldsymbol{u}$ 为判别系数向量, 其计算公式如下:

(1) 计算 $\boldsymbol{L}=\boldsymbol{L}_1+\boldsymbol{L}_2+\cdots+\boldsymbol{L}_r$ 及 $\boldsymbol{L}^{-1}$;

(2) 计算 $\boldsymbol{B}=\sum_{i=1}^{r}n_i(\boldsymbol{\mu}_i-\boldsymbol{\mu})(\boldsymbol{\mu}_i-\boldsymbol{\mu})^{\mathrm{T}}$, 其中 $\boldsymbol{\mu}=\frac{1}{n}\sum_{i=1}^{r}n_i\boldsymbol{\mu}_i$;

(3) 计算 $\boldsymbol{B}\boldsymbol{L}^{-1}$ 的最大特征值对应的特征向量 $\boldsymbol{p}$, 特别当 $r=2$ 时, 计算 $\boldsymbol{p}=\boldsymbol{\mu}_1-\boldsymbol{\mu}_2$;

(4) 计算 $\boldsymbol{u}=\boldsymbol{L}^{-1}\boldsymbol{p}$.

为确定判别规则, 计算 $w_i=W(\boldsymbol{\mu}_i)=\boldsymbol{u}^{\mathrm{T}}\boldsymbol{\mu}_i\ (i=1,2,\cdots,r)$. 将 A_i 重新排序, 使得 $w_1<w_2<\cdots<w_r$, 然后令 $c_0=-\infty$, $c_i=(w_i+w_{i+1})/2$ 或 $c_i=(n_iw_i+n_{i+1}w_{i+1})/(n_i+n_{i+1})\ (i=1,2,\cdots,r-1)$, $c_r=+\infty$.

Fisher 判别规则为: 若 $c_{k-1}<W(\boldsymbol{x})<c_k$, 则 $\boldsymbol{x}\in A_k$.

例 11.3 (续例 11.1)　用 Fisher 准则再判别例 11.1 中的问题.

```
#程序文件Pex11_3.py
import numpy as np
from sklearn.discriminant_analysis import\
LinearDiscriminantAnalysis as LDA
x0=np.array([[1.24,1.27], [1.36,1.74], [1.38,1.64], [1.38,1.82],
    [1.38,1.90], [1.40,1.70],
    [1.48,1.82], [1.54,1.82], [1.56,2.08], [1.14,1.78],
    [1.18,1.96], [1.20,1.86],
    [1.26,2.00], [1.28,2.00], [1.30,1.96]])   #输入已知样本数据
x=np.array([[1.24,1.80], [1.28,1.84], [1.40,2.04]])
                                             #输入待判样本点数据
y0=np.hstack([np.ones(9),2*np.ones(6)])  #y0为已知样本数据的类别
clf = LDA()
clf.fit(x0, y0)
print("判别结果为: ",clf.predict(x))
print("已知样本的误判率为: ",1-clf.score(x0,y0))
```

程序运行结果如下:

```
判别结果为:  [2. 2. 2.]
已知样本的误判率为:  0.0
```

例 11.4 (续例 11.2)　用 Fisher 准则再判别例 11.2 中的问题.

```
#程序文件Pex11_4.py
import pandas as pd
from sklearn.discriminant_analysis import\
LinearDiscriminantAnalysis as LDA
```

```
a=pd.read_excel("Pdata11_2.xlsx",header=None)
b=a.values
x0=b[:-2,1:-1].astype(float)  #提取已知样本点的观测值
y0=b[:-2,-1].astype(int)
x=b[-2:,1:-1]  #提取待判样本点的观察值
clf = LDA()
clf.fit(x0, y0)
print("判别结果为: ",clf.predict(x))
print("已知样本的误判率为: ",1-clf.score(x0,y0))
```

程序运行结果如下:

```
判别结果为:  [1 2]
已知样本的误判率为:  0.0
```

从上面的例子可以看出, Fisher 线性判别法的效果比距离判别法的效果要好.

11.1.3 贝叶斯判别法

假定 r 个 m 维总体的密度函数分别为已知 $\phi_i(\boldsymbol{x})$ $(i=1,2,\cdots,r)$, 且判别之前有足够的理由可认为待判别对象 $\boldsymbol{x}\in A_i$ 的概率为 p_i. 如果没有任何附加先验信息, 通常取 $p_i=1/r$. 贝叶斯判别函数 $W(i,\boldsymbol{x})=p_i\phi_i(\boldsymbol{x})$, 判别规则为: 若 $W(k,\boldsymbol{x})=\max\{W(i,\boldsymbol{x})|i=1,2,\cdots,r\}$, 则 $\boldsymbol{x}\in A_k$. 高斯–贝叶斯分类的函数为 GaussianNB.

例 11.5 (续例 11.1) 用贝叶斯判别法再判别例 11.1 中的问题.

```
#程序文件Pex11_5.py
import numpy as np
from sklearn.naive_bayes import GaussianNB
x0=np.array([[1.24,1.27], [1.36,1.74], [1.38,1.64], [1.38,1.82],
    [1.38,1.90], [1.40,1.70],
    [1.48,1.82], [1.54,1.82], [1.56,2.08], [1.14,1.78],
    [1.18,1.96], [1.20,1.86],
    [1.26,2.00], [1.28,2.00], [1.30,1.96]])  #输入已知样本数据
x=np.array([[1.24,1.80], [1.28,1.84], [1.40,2.04]])
                                          #输入待判样本点数据
y0=np.hstack([np.ones(9),2*np.ones(6)])  #y0为已知样本数据的类别
clf = GaussianNB()
clf.fit(x0, y0)
print("判别结果为: ",clf.predict(x))
```

```
print("已知样本的误判率为：",1-clf.score(x0,y0))
```

程序运行结果如下：

```
判别结果为： [2. 2. 1.]
已知样本的误判率为： 0.0
```

11.1.4 判别准则的评价

当一个判别准则提出以后, 还要研究它的优良性, 即考察它的误判率. 以训练样本为基础的误判率的估计思想如下: 若属于 G_1 的样品被误判为属于 G_2 的个数为 N_1 个, 属于 G_2 的样品被误判为属于 G_1 的个数为 N_2 个, 两类总体的样品总数为 N, 则误判率 P 的估计为

$$\hat{P}=\frac{N_1+N_2}{N}.$$

针对具体情况, 通常采用回代法和交叉法进行误判率的估计.

1. 回代误判率

设 G_1,G_2 为两个总体, $\boldsymbol{x}_1,\boldsymbol{x}_2,\cdots,\boldsymbol{x}_m$ 和 $\boldsymbol{y}_1,\boldsymbol{y}_2,\cdots,\boldsymbol{y}_n$ 是分别来自 G_1,G_2 的训练样本, 以全体训练样本作为 $m+n$ 个新样品, 逐个代入已建立的判别准则中判别其归属, 这个过程称为回判. 回判结果中若属于 G_1 的样品被误判为属于 G_2 的个数为 N_1 个, 属于 G_2 的样品被误判为属于 G_1 的个数为 N_2 个, 则误判率估计为

$$\hat{P}=\frac{N_1+N_2}{m+n}.$$

误判率的回代估计易于计算. 但是, $\hat{P}$ 是由建立判别函数的数据回代判别函数而得到的. 因此 $\hat{P}$ 作为真实误判率的估计是有偏的, 往往比真实误判率小. 当训练样本容量较大时, $\hat{P}$ 可以作为真实误判率的一种估计, 具有一定的参考价值.

2. 交叉误判率

交叉误判率估计是每次删除一个样品, 利用其余的 $m+n-1$ 个训练样品建立判别准则, 再用所建立的准则对删除的样品进行判别. 对训练样品中每个样品都做如上分析, 以其误判的比例作为误判率, 具体步骤如下:

(1) 从总体 G_1 的训练样品开始, 剔除其中一个样品, 剩余的 $m-1$ 个样品与 G_2 的全部样品建立判别函数.

(2) 用建立的判别函数对剔除的样品进行判别.

(3) 重复步骤 (1) 和 (2), 直到 G_1 中的全部样品依次被删除又进行判别, 其误判的样品个数记为 N_1^*.

(4) 对 G_2 的样品重复步骤 (1), (2) 和 (3), 直到 G_2 中的全部样品依次被删除又进行判别, 其误判的样品个数记为 N_2^*.

于是交叉误判率估计为

$$\hat{P}^* = \frac{N_1^* + N_2^*}{m+n}.$$

用交叉法估计真实误判率是较为合理的.

当训练样品足够大时, 可留出一些已知类别的样品不参加建立判别准则而是作为检验集, 并把错判的比例作为错判率的估计. 此法当检验集较小时, 估计的方差大.

sklearn 库中 sklearn.model_selection 模块的 cross_val_score 函数可以计算交叉检验的精度, 其调用格式为

```
cross_val_score(model, x0, y0, cv = k)
```

其中 model 是所建立的模型; x0 是已知样本点的数据; y0 是已知样本的标号值; cv = k 表示把已知样本点分成 k 组, 其中 $k-1$ 组被用作训练集, 剩下一组被用作评估集, 这样一共可以对分类器做 k 次训练, 并且得到 k 个训练结果; 该函数的返回值是每组评估数据分类的准确率.

例 11.6 (续例 11.4)　把例 11.4 中的数据分成 2 组, 计算线性判别法的交叉验证准确率.

```
#程序文件Pex11_6.py
import numpy as np
import pandas as pd
from sklearn.discriminant_analysis import\
LinearDiscriminant Analysis
from sklearn.model_selection import cross_val_score
a=pd.read_excel("Pdata11_2.xlsx",header=None)
b=a.values
x0=b[:-2,1:-1].astype(float) #提取已知样本点的观测值
y0=b[:-2,-1].astype(int)
model = LinearDiscriminantAnalysis()
print(cross_val_score(model, x0, y0,cv=2))
```

程序运行结果如下:

```
[0.9     0.8]
```

即两组测试数据的准确率分别为 90%和 80%.

11.2 主成分分析

主成分分析由 Hotelling 于 1933 年提出, 它是利用降维的方法, 把多指标转化为几个综合指标的多元统计分析的方法, 主要目的是希望用较少的变量去解释原来资料中的大部分信息. 通常选出的变量要比原始指标的变量少, 能解释大部分资料中变异的几个新指标变量, 即所谓的主成分, 并以此解释资料的综合性指标.

11.2.1 主成分分析的基本原理和步骤

1. 主成分分析的基本原理

设 $X_1, X_2, \cdots, X_m$ 表示以 $x_1, x_2, \cdots, x_m$ 为样本观测值的随机变量, 如果能找到 $c_1, c_2, \cdots, c_m$, 使得方差

$$\operatorname{Var}(c_1X_1 + c_2X_2 + \cdots + c_mX_m) \tag{11.5}$$

的值达到最大 (由于方差反映了数据差异程度), 就表明了这 m 个变量的最大差异. 当然, (11.5) 必须附加某种限制, 否则极值可取无穷大而没有意义. 通常规定 $\sum\limits_{k=1}^{m} c_k^2 = 1$. 在此约束下, 求 (11.5) 式的最大值. 这个解是 m 维空间的一个单位向量, 它代表一个 “方向”, 就是常说的主成分方向.

一般来说, 代表原来 m 个变量的主成分不止一个, 但不同主成分的信息之间不能相互包含, 统计上的描述就是两个主成分的协方差为 0, 几何上就是两个主成分的方向正交. 具体确定各个主成分的方法如下.

设 $F_i\ (i = 1, 2, \cdots, m)$ 表示第 i 个主成分, 且

$$F_i = c_{i1}x_1 + c_{i2}x_2 + \cdots + c_{im}x_m, \quad i = 1, 2, \cdots, m, \tag{11.6}$$

其中 $\sum\limits_{j=1}^{m} c_{ij}^2 = 1$, $\boldsymbol{c}_1 = [c_{11}, c_{12}, \cdots, c_{1m}]^{\mathrm{T}}$ 使得 $\operatorname{Var}(F_1)$ 的值达到最大. $\boldsymbol{c}_2 = [c_{21}, c_{22}, \cdots, c_{2m}]^{\mathrm{T}}$ 不仅垂直于 $\boldsymbol{c}_1$, 且使 $\operatorname{Var}(F_2)$ 达到最大. $\boldsymbol{c}_3 = [c_{31}, c_{32}, \cdots, c_{3m}]^{\mathrm{T}}$ 同时垂直于 $\boldsymbol{c}_1, \boldsymbol{c}_2$, 且使 $\operatorname{Var}(F_3)$ 达到最大. 以此类推可得到全部 m 个主成分. 在具体问题中, 究竟需要确定几个主成分, 注意以下几点:

(1) 主成分分析的结果受量纲的影响, 由于各变量的单位可能不同, 结果可能不同. 这是主成分分析的最大问题. 因此, 在实际问题中, 需要先对各变量进行无量纲化处理, 然后用协方差或相关系数矩阵进行分析.

(2) 在实际研究中, 由于主成分的目的是降维, 减少变量的个数, 因此一般选取少量的主成分 (一般不超过 6 个), 只要累积贡献率超过 85% 即可.

2. 主成分分析的基本步骤

假设有 n 个研究对象, m 个指标变量 $x_1, x_2, \cdots, x_m$, 第 i 个对象第 j 个指标取值 a_{ij}, 则构成数据矩阵 $\boldsymbol{A} = (a_{ij})_{n\times m}$.

(1) 对原来的 m 个指标进行标准化, 得到标准化的指标变量

$$y_j = \frac{x_j - \mu_j}{s_j}, \quad j = 1, 2, \cdots, m,$$

其中, $\mu_j = \frac{1}{n}\sum_{i=1}^{n} a_{ij}$, $s_j = \sqrt{\frac{1}{n-1}\sum_{i=1}^{n}(a_{ij} - \mu_j)^2}$. 对应地, 得到标准化的数据矩阵 $\boldsymbol{B} = (b_{ij})_{n\times m}$, 其中 $b_{ij} = \frac{a_{ij} - \mu_j}{s_j}$, $i = 1, 2, \cdots, n$, $j = 1, 2, \cdots, m$.

(2) 根据标准化的数据矩阵 $\boldsymbol{B}$ 求出相关系数矩阵 $\boldsymbol{R} = (r_{ij})_{m\times m}$, 其中

$$r_{ij} = \frac{\sum_{k=1}^{n} b_{ki} b_{kj}}{n-1}, \quad i, j = 1, 2, \cdots, m.$$

(3) 计算相关系数矩阵 $\boldsymbol{R}$ 的特征值 $\lambda_1 \geqslant \lambda_2 \geqslant \cdots \geqslant \lambda_m$ 及对应的标准正交化特征向量 $\boldsymbol{u}_1, \boldsymbol{u}_2, \cdots, \boldsymbol{u}_m$, 其中 $\boldsymbol{u}_j = [u_{1j}, u_{2j}, \cdots, u_{mj}]^{\mathrm{T}}$, 由特征向量组成 m 个新的指标变量

$$\begin{cases} F_1 = u_{11}y_1 + u_{21}y_2 + \cdots + u_{m1}y_m, \\ F_2 = u_{12}y_1 + u_{22}y_2 + \cdots + u_{m2}y_m, \\ \qquad\cdots\cdots \\ F_m = u_{1m}y_1 + u_{2m}y_2 + \cdots + u_{mm}y_m, \end{cases}$$

式中, F_1 是第 1 主成分, F_2 是第 2 主成分, $\cdots$, F_m 是第 m 主成分.

(4) 计算主成分贡献率及累积贡献率, 主成分 F_j 的贡献率为

$$w_j = \frac{\lambda_j}{\sum_{k=1}^{m}\lambda_k}, \quad j = 1, 2, \cdots, m,$$

前 i 个主成分的累积贡献率为

$$\frac{\sum_{k=1}^{i}\lambda_k}{\sum_{k=1}^{m}\lambda_k}.$$

一般取累积贡献率达 85%以上的特征值 $\lambda_1, \lambda_2, \cdots, \lambda_k$ 所对应的第1, 第2, $\cdots$, 第 k $(k \leqslant p)$ 主成分.

(5) 最后利用得到的主成分 $F_1, F_2, \cdots, F_k$ 分析问题, 或者继续进行评价、回归、聚类等其他建模.

3. sklearn.decomposition 模块的 PCA 函数

sklearn.decomposition 模块的 PCA 函数实现主成分分析, 其调用格式为

```
sklearn.decomposition.PCA(n_components = None, copy = True)
```

其中, n_components: 类型为 int 或字符串, 缺省时默认为 None, 所有成分被保留; 赋值为 int, 比如 n_components = 2, 将提取两个主成分; 赋值为 (0, 1) 上的浮点数, 将自动选择主成分的个数, 使得满足信息贡献率的要求.

copy: 类型为 bool, True 或者 False, 缺省时默认为 True; 表示是否在运行算法时, 将原始训练数据复制一份. 若为 True, 则运行 PCA 算法后, 原始训练数据的值不会有任何改变, 因为是在原始数据的副本上进行运算; 若为 False, 则运行 PCA 算法后, 原始训练数据的值会改变, 因为是在原始数据上进行降维计算.

例 11.7 对 10 名男中学生的身高 x_1、胸围 x_2 和体重 x_3 进行测量, 得数据见表 11.3, 对其作主成分分析.

表 11.3 男中学生的身高、胸围和体重数据

序号	身高 x_1/cm	胸围 x_2/cm	体重 x_3/kg	序号	身高 x_1/cm	胸围 x_2/cm	体重 x_3/kg
1	149.5	69.5	38.5	6	156.1	74.5	45.5
2	162.5	77	55.5	7	172.0	76.5	51.0
3	162.7	78.5	50.8	8	173.2	81.5	59.5
4	162.2	87.5	65.5	9	159.5	74.5	43.5
5	156.5	74.5	49.0	10	157.7	79	53.5

把表 11.3 中的 5 行 8 列数据保存到文本文件 Pdata11_7.txt 中.

编写的 Python 程序如下:

```
#程序文件Pex11_7.py
import numpy as np
from sklearn.decomposition import PCA
a=np.loadtxt("Pdata11_7.txt")
b=np.r_[a[:,1:4],a[:,-3:]]  #构造数据矩阵
md=PCA().fit(b)  #构造并训练模型
print("特征值为: ",md.explained_variance_)
print("各主成分的贡献率: ",md.explained_variance_ratio_)
print("奇异值为: ",md.singular_values_)
print("各主成分的系数: \n",md.components_)  #每行是一个主成分
"""下面直接计算特征值和特征向量, 和库函数进行对比"""
```

```
cf=np.cov(b.T)  #计算协方差阵
c,d=np.linalg.eig(cf) #求特征值和特征向量
print("特征值为: ",c)
print("特征向量为: \n",d)
print("各主成分的贡献率为: ",c/np.sum(c))
```

程序运行结果如下:

```
特征值为:  [110.00413886  25.32447973   1.56804807]
各主成分的贡献率:  [0.80355601  0.18498975  0.01145425]
奇异值为:  [31.46485738  15.09703009  3.75665179]
各主成分的系数:
 [[-0.55915657 -0.42128705 -0.71404562]
 [ 0.82767368 -0.33348264 -0.45138188]
 [-0.04796048 -0.84338992  0.53515721]]
特征值为:  [110.00413886  25.32447973   1.56804807]
特征向量为:
 [[ 0.55915657  0.82767368 -0.04796048]
 [ 0.42128705 -0.33348264 -0.84338992]
 [ 0.71404562 -0.45138188  0.53515721]]
各主成分的贡献率为:  [0.80355601  0.18498975  0.01145425]
```

注 11.1 (1) 从上面程序运行结果可以看出, PCA 函数使用协方差阵作的主成分分析. 主成分分析也可以使用相关系数阵, 两者计算结果略有差异, 使用相关系数阵作主成分分析, 相当于对数据进行了标准化处理.

(2) 从程序的运行结果看, 主成分的系数可以相差一个负号, 因为特征向量乘以 -1 后仍然为特征向量. 用主成分分析做评价等其他模型时, 觉得很难把握, 主成分的系数变成了相反数, 模型的解释都变了.

各主成分的贡献率分别为 80.36%, 18.50%, 1.15%. 因此, 前两个主成分的累积贡献率已达 98.86%, 应用中可取前两个主成分

$$F_1 = 0.5592x_1 + 0.4213x_2 + 0.7140x_3,$$

$$F_2 = 0.8277x_1 - 0.3335x_2 - 0.4514x_3.$$

第一主成分 F_1 是身高值 x_1、胸围值 x_2 和体重值 x_3 的加权和, 当一个学生的 F_1 值较大时, 可以推断他较高或较胖或又高又胖; 反之, 当一个学生比较魁梧时, 所对应的 F_1 值一般也较大, 故第一主成分是反映学生身材是否魁梧的综合指标, 一般称之为 “大小” 因子. 而在第二主成分的表达式中, 身高 x_1 前的系数为正, 而胸

围 x_2 和体重 x_3 前的系数为负, 当一个学生的 F_2 值较大时, 说明 x_1 的值较大, 而 x_2 和 x_3 的值相对较小, 即该生较高且瘦; 反之, 瘦高型学生的 F_2 值会较大, 故 F_2 是反映学生体型特征的综合指标, 一般称之为“形状”因子.

11.2.2 主成分分析的应用

主成分分析的应用范围非常广泛, 诸如投资组合风险管理、企业效益的综合分析、图像特征识别等. 将主成分分析与聚类分析、判别分析以及回归分析方法相结合, 还可以解决更多实际问题. 下面给出一个主成分综合评价的应用.

主成分分析用于综合评价的一般步骤:

(1) 若各指标的属性不同 (成本型、利润型等), 则将原始数据矩阵 $\boldsymbol{A}=(a_{ij})_{n\times m}$ 统一趋势化, 得到属性一致的指标数据矩阵 $\boldsymbol{B}$.

(2) 计算 $\boldsymbol{B}$ 的协方差矩阵 $\boldsymbol{\Sigma}$ 或相关系数矩阵 $\boldsymbol{R}$ (当 $\boldsymbol{B}$ 的量纲不同或协方差矩阵 $\boldsymbol{\Sigma}$ 主对角线元素差距过大时, 用相关系数矩阵 $\boldsymbol{R}$, 以下全部使用相关系数矩阵).

(3) 计算 $\boldsymbol{R}=(r_{ij})_{m\times m}$ 的特征值 $\lambda_1\geqslant\lambda_2\geqslant\cdots\geqslant\lambda_m$ 与相应的特征向量 $\boldsymbol{u}_1,\boldsymbol{u}_2,\cdots,\boldsymbol{u}_m$.

(4) 根据特征值计算累积贡献率, 确定主成分的个数, 而特征向量 $\boldsymbol{u}_i$ 就是第 i 主成分的系数向量.

(5) 计算主成分的得分矩阵, 若选定 k 个主成分, 则主成分得分矩阵为

$$\boldsymbol{F}=\boldsymbol{B}\cdot[\boldsymbol{u}_1,\boldsymbol{u}_2,\cdots,\boldsymbol{u}_k].$$

(6) 计算综合评价值$\boldsymbol{Z}=\boldsymbol{FW}$, 其中 $\boldsymbol{W}=[w_1,w_2,\cdots,w_k]^{\mathrm{T}}$, 这里 $w_i=\dfrac{\lambda_i}{\sum\limits_{j=1}^{m}\lambda_j}$ $(i=1,2,\cdots,k)$是第 i 主成分的贡献率. 根据综合评价值进行排序, 若为效益型指标值, 则评价值越大排名越靠前; 若为成本型指标值, 则评价值越小排名越靠前.

上面例 11.7 已经演示了, 使用库函数 PCA 进行主成分分析, 主成分的系数的正负号是不可控的, 下面主成分的计算, 我们还是直接计算特征值和特征向量.

例 11.8 根据 2008 年安徽省统计年鉴资料, 选择 x_1(工业总产值的现价)、x_2(工业销售按当年价的产值)、x_3(流动资产年平均余额)、x_4(固定资产净值年平均余额)、x_5(业务收入)、x_6(利润总额) 6 项指标进行主成分分析, 表 11.4 列出了安徽省各市大中型工业企业主要经济指标的统计数据. (1) 选取指标是否合适? (2) 给出各市大中型工业企业排名.

表 11.4 安徽省各市大中型工业企业主要经济指标 (单位: 亿元)

地区	x_1	x_2	x_3	x_4	x_5	x_6
合肥市	1932.27	1900.53	653.83	570.95	1810.70	119.53
淮北市	367.05	366.08	186.16	252.07	395.43	32.82
亳州市	86.89	85.38	40.85	51.71	83.26	8.95
宿州市	154.27	147.07	30.68	57.96	146.30	−1.27
蚌埠市	197.21	193.28	104.56	90.15	182.60	7.85
阜阳市	244.17	231.55	56.37	121.96	224.04	26.49
淮南市	497.74	483.69	206.80	501.37	496.59	27.76
滁州市	308.91	296.99	118.65	76.90	277.42	19.32
六安市	191.77	189.05	70.19	62.31	191.98	23.08
马鞍山市	905.32	894.61	351.52	502.99	1048.02	53.88
巢湖市	254.99	242.38	106.66	75.48	234.76	19.65
芜湖市	867.07	852.34	418.82	217.76	806.94	37.01
宣城市	219.36	207.07	82.58	54.74	192.74	11.02
铜陵市	570.33	563.33	224.23	190.77	697.91	20.61
池州市	59.11	57.32	16.97	40.33	56.56	6.03
安庆市	430.58	426.25	103.08	147.05	442.04	0.79
黄山市	65.03	64.36	28.38	8.58	60.48	2.88

注: 数据来源《安徽统计年鉴 2008》.

解 (1) 利用 Python 软件, 求得相关系数矩阵

$$
\boldsymbol{R}=\begin{bmatrix}
1.0000 & 1.0000 & 0.9754 & 0.8231 & 0.9914 & 0.9375\\
1.0000 & 1.0000 & 0.9758 & 0.8236 & 0.9920 & 0.9369\\
0.9754 & 0.9758 & 1.0000 & 0.8245 & 0.9712 & 0.9127\\
0.8231 & 0.8236 & 0.8245 & 1.0000 & 0.8502 & 0.8020\\
0.9914 & 0.9920 & 0.9712 & 0.8502 & 1.0000 & 0.9212\\
0.9375 & 0.9369 & 0.9127 & 0.8020 & 0.9212 & 1.0000
\end{bmatrix},
$$

由于 $r_{12}=r_{21}=1$, 表明指标 x_1,x_2 完全线性相关, 所以选取的指标不合适, 只需保留 x_1,x_2 中的一个指标, 这里删除指标 x_1.

(2) 各市大中型工业企业排名的数学原理在这里就不赘述了. 我们只给出计算结果和 Python 程序.

第一主成分信息贡献率达到 92.2%, 选取一个主成分进行评价即可, 主成分及信息贡献率计算结果见表 11.5. 根据第一主成分的评价结果见表 11.6.

表 11.5 特征值、特征向量及贡献率

特征值	特征向量	贡献率/%
4.6100	$[0.4595, 0.4552, 0.4158, 0.4600, 0.4441]^{\mathrm{T}}$	92.2009
0.2475	$[0.2517, 0.2103, -0.9054, 0.1315, 0.2354]^{\mathrm{T}}$	4.9501
0.1050	$[0.1926, 0.3702, -0.0390, 0.3029, -0.8559]^{\mathrm{T}}$	2.1007
0.0322	$[-0.3510, 0.7779, 0.0275, -0.5153, 0.0738]^{\mathrm{T}}$	0.6431
0.0053	$[-0.7518, 0.0803, -0.0719, 0.6434, 0.0965]^{\mathrm{T}}$	0.1053

表 11.6 各市第一主成分得分排名

排名	地区	得分	排名	地区	得分	排名	地区	得分
1	合肥市	6.2827	7	安庆市	−0.5654	13	宣城市	−1.1219
2	马鞍山市	2.6810	8	滁州市	−0.6892	14	亳州市	−1.4888
3	芜湖市	1.6979	9	阜阳市	−0.7568	15	宿州市	−1.5324
4	淮南市	0.9914	10	巢湖市	−0.8118	16	池州市	−1.6711
5	铜陵市	0.5144	11	六安市	−0.9758	17	黄山市	−1.7484
6	淮北市	0.2516	12	蚌埠市	−1.0575			

把表11.4中的 $x_1, x_2, \cdots, x_6$ 的6列17行数据保存到文本文件 Pdata11_8.txt 中.

```
#程序文件Pex11_8.py
import numpy as np
from scipy.stats import zscore
a=np.loadtxt("Pdata11_8.txt")
print("相关系数阵为: \n",np.corrcoef(a.T))
b=np.delete(a,0,axis=1) #删除第1列数据
c=zscore(b); r=np.corrcoef(c.T) #数据标准化并计算相关系数阵
d,e=np.linalg.eig(r) #求特征值和特征向量
rate=d/d.sum()  #计算各主成分的贡献率
print("特征值为: ",d)
print("特征向量为: \n",e)
print("各主成分的贡献率为: ",rate)
k=1; #提出主成分的个数
F=e[:,:k]; score_mat=c.dot(F) #计算主成分得分矩阵
score1=score_mat.dot(rate[0:k])  #计算各评价对象的得分
score2=-score1  #通过观测, 调整得分的正负号
print("各评价对象的得分为: ",score2)
index=score1.argsort()+1   #排序后的每个元素在原数组中的位置
print("从高到低各个城市的编号排序为: ",index)
```

11.3 因子分析

因子分析可以视为主成分分析的推广, 它是统计分析中常用的一种降维方法. 因子分析有确定的统计模型, 观察数据在模型中被分解为公共因子、特殊因子和误差三个部分.

11.3.1 因子分析的数学理论

1. 因子分析模型

与主成分分析中构造原始变量 $x_1, x_2, \cdots, x_m$ 的线性组合 $F_1, F_2, \cdots, F_m$((11.6) 式) 不同, 因子分析是将原始变量 $x_1, x_2, \cdots, x_m$ 分解为若干个因子的线性组合, 表示为

$$\begin{cases} x_1 = \mu_1 + a_{11}f_1 + a_{12}f_2 + \cdots + a_{1p}f_p + \varepsilon_1, \\ x_2 = \mu_2 + a_{21}f_1 + a_{22}f_2 + \cdots + a_{2p}f_p + \varepsilon_2, \\ \qquad \cdots\cdots \\ x_m = \mu_m + a_{m1}f_1 + a_{m2}f_2 + \cdots + a_{mp}f_p + \varepsilon_m, \end{cases} \tag{11.7}$$

简记作

$$\boldsymbol{x} = \boldsymbol{\mu} + \boldsymbol{A}\boldsymbol{f} + \boldsymbol{\varepsilon}, \tag{11.8}$$

其中 $\boldsymbol{x} = [x_1, x_2, \cdots, x_m]^{\mathrm{T}}$, $\boldsymbol{\mu} = [\mu_1, \mu_2, \cdots, \mu_m]^{\mathrm{T}}$ 是 $\boldsymbol{x}$ 的期望向量; $\boldsymbol{f} = [f_1, f_2, \cdots, f_p]^{\mathrm{T}}(p \leqslant m)$ 称为公共因子向量; $\boldsymbol{\varepsilon} = [\varepsilon_1, \varepsilon_2, \cdots, \varepsilon_m]^{\mathrm{T}}$ 称为特殊因子向量, 均为不可观测的变量; $\boldsymbol{A} = (a_{ij})_{m\times p}$ 称为因子载荷矩阵, a_{ij} 是变量 x_i 在公共因子 f_j 上的载荷, 反映 f_j 对 x_i 的重要程度. 通常对模型 (11.7) 作如下假设: f_j 互不相关且具有单位方差; ε_i 互不相关且与 f_j 互不相关, $\mathrm{Cov}(\boldsymbol{\varepsilon}) = \boldsymbol{\psi}$ 为对角阵. 在这些假设下, 由 (11.8) 式可得

$$\mathrm{Cov}(\boldsymbol{x}) = \boldsymbol{A}\boldsymbol{A}^{\mathrm{T}} + \boldsymbol{\psi}, \quad \mathrm{Cov}(\boldsymbol{x}, \boldsymbol{f}) = \boldsymbol{A}. \tag{11.9}$$

对因子模型 (11.7), 每个原始变量 x_i 的方差都可以分解成共性方差 (也称共同度) h_i^2 和特殊方差 σ_i^2 之和, 其中 $h_i^2 = \sum\limits_{j=1}^{p} a_{ij}^2$ 反映全部公共因子对变量 x_i 的方差贡献, $\sigma_i^2 = D(\varepsilon_i)$ (即 $\boldsymbol{\psi}$ 的对角线上的元素) 是特殊因子对 x_i 的方差贡献. 显然, $\sum\limits_{i=1}^{m} h_i^2 = \sum\limits_{i=1}^{m}\sum\limits_{j=1}^{p} a_{ij}^2$ 是全部公共因子对 $\boldsymbol{x}$ 总方差的贡献, 令 $b_j^2 = \sum\limits_{i=1}^{m} a_{ij}^2$, 则 b_j^2 是公共因子 f_j 对 $\boldsymbol{x}$ 总方差的贡献, b_j^2 越大, f_j 越重要, 称 $\dfrac{b_j^2}{\sum\limits_{i=1}^{m}(h_i^2 + \sigma_i^2)}$ 为 f_j 的贡献率.

特别地, 若 $\boldsymbol{x}$ 的各分量已经标准化, 则有 $h_i^2+\sigma_i^2=1$, 故 f_j 的贡献率为 $\dfrac{b_j^2}{m}=\dfrac{\lambda_j}{m}$, 其中 λ_j 是 $\boldsymbol{x}$ 的相关系数矩阵的第 j 大特征值.

根据模型 (11.8), (11.9) 式计算因子载荷矩阵 $\boldsymbol{A}$ 的过程比较复杂, 并且这个矩阵不唯一, 只要 $\boldsymbol{T}$ 为 p 阶正交矩阵, 则 $\boldsymbol{AT}$ 仍为该模型的因子载荷矩阵. 矩阵 $\boldsymbol{A}$ 右乘正交矩阵 $\boldsymbol{T}$ 相当于作因子旋转, 目的是找到简单结构的因子载荷矩阵, 使得每个变量都只在少数的因子上有较大的载荷值, 即只受少数几个因子的影响. 通常, 在因子分析模型建立后, 还需要对每个样本估计公共因子的值, 即所谓因子得分.

因子分析的基本问题是估计因子载荷矩阵 $\boldsymbol{A}$ 和特殊因子的方差 σ_i^2. 常用的方法有主成分分析法、主因子法. 下面介绍利用主成分分析法求因子载荷矩阵.

设 $\lambda_1\geqslant\lambda_2\geqslant\cdots\geqslant\lambda_m$ 为相关系数矩阵 $\boldsymbol{R}$ 的特征值, $\boldsymbol{u}_1,\boldsymbol{u}_2,\cdots,\boldsymbol{u}_m$ 为对应的正交特征向量, $p<m$, 则因子载荷矩阵 $\boldsymbol{A}$ 为

$$\boldsymbol{A}=\left[\sqrt{\lambda_1}\boldsymbol{u}_1,\ \sqrt{\lambda_2}\boldsymbol{u}_2,\cdots,\sqrt{\lambda_p}\boldsymbol{u}_p\right],$$

特殊因子的方差用 $\boldsymbol{R}-\boldsymbol{A}\boldsymbol{A}^{\mathrm{T}}$ 的对角元估计, 即

$$\sigma_i^2=1-\sum_{j=1}^{p}a_{ij}^2,\quad i=1,2,\cdots,p.$$

例 11.9 假定某地固定资产投资率 x_1、通货膨胀率 x_2、失业率 x_3、相关系数矩阵为

$$\begin{bmatrix}1 & 1/5 & -1/5\\ 1/5 & 1 & -2/5\\ -1/5 & -2/5 & 1\end{bmatrix},$$

试用主成分分析法求因子分析模型.

解 特征值为 $\lambda_1=1.5464$, $\lambda_2=0.8536$, $\lambda_3=0.6$, 对应的特征向量为

$$\boldsymbol{u}_1=\begin{bmatrix}0.4597\\0.628\\-0.628\end{bmatrix},\quad \boldsymbol{u}_2=\begin{bmatrix}0.8881\\-0.3251\\0.3251\end{bmatrix},\quad \boldsymbol{u}_3=\begin{bmatrix}0\\0.7071\\0.7071\end{bmatrix}.$$

载荷矩阵为

$$\boldsymbol{A}=\left[\ \sqrt{\lambda_1}\boldsymbol{u}_1,\quad \sqrt{\lambda_2}\boldsymbol{u}_2,\quad \sqrt{\lambda_3}\boldsymbol{u}_3\ \right]=\begin{bmatrix}0.5717 & 0.8205 & 0\\ 0.7809 & -0.3003 & 0.5477\\ -0.7809 & 0.3003 & 0.5477\end{bmatrix}.$$

$$x_1=0.5717f_1+0.8205f_2,$$

$$x_2 = 0.7809f_1 - 0.3003f_2 + 0.5477f_3,$$

$$x_3 = -0.7809f_1 + 0.3003f_2 + 0.5477f_3.$$

可取前两个因子 f_1 和 f_2 为公共因子, 第一公共因子 f_1 为物价因子, 对 $\boldsymbol{x}$ 的贡献为 1.5464, 第二公共因子 f_2 为投资因子, 对 $\boldsymbol{x}$ 的贡献为 0.8536, 信息贡献实际上等于对应的特征值. 共同度分别为 1, 0.7, 0.7.

```
#程序文件Pex11_9.py
import numpy as np
r=np.array([[1, 1/5, -1/5],[1/5, 1, -2/5],[-1/5, -2/5, 1]])
[val,vec]=np.linalg.eig(r)  #求相关系数矩阵的特征值和特征向量
A1=np.tile(np.sqrt(val),(3,1))*vec
                                #利用同维数矩阵逐个元素相乘求载荷矩阵
A2=vec*np.sqrt(val)   #利用广播运算求载荷矩阵
print('val:',val,'\n---------\n',A1,'\n----------\n',A2)
num=int(input("请输入选择公共因子的个数: "))
A=A1[:,:num]  #提出num个因子的载荷矩阵
Ac=np.sum(A**2, axis=0)   #逐列元素求和
Ar=np.sum(A**2, axis=1)   #逐行元素求和
print("对x的贡献为: ",Ac)
print("共同度为: ",Ar)
```

2. 因子旋转

一般来说, 理想的载荷结构是, 每一列或每一行的各载荷平方值靠近 0 或接近 1, 否则难以做出解释, 此时需要对因子载荷矩阵进行旋转, 使得旋转后的载荷矩阵简化, 每一列或每一行的元素绝对值尽量拉开距离, 旋转后的因子称为旋转因子.

根据线性代数的知识, 乘以一个正交矩阵就相当于作了一次正交变换或因子旋转. 因此, 因子旋转的关键是正交变换矩阵 $\boldsymbol{T}$, 使得旋转后的因子载荷矩阵 $\boldsymbol{A}$ 具有尽可能的简单结构. 常用的方法是最大方差旋转法, 也就是从简化载荷矩阵的每一列开始, 使和每个因子有关的载荷平方的方差最大. 当只有少数几个变量在某个因子上有较高的载荷时, 对因子的解释最简单. 方差最大的直观意义是希望通过因子旋转后, 使每个因子上的载荷尽量拉开距离, 一部分的载荷趋于 ± 1, 另一部分趋于 0.

具体来说, 选取方差最大的正交旋转矩阵 $\boldsymbol{P}$, 就是将原坐标系 $(f_1, f_2, \cdots, f_p)$ 下的点 $\boldsymbol{x}$ 变换到新坐标系 $(\boldsymbol{P}^{\mathrm{T}}f_1, \boldsymbol{P}^{\mathrm{T}}f_2, \cdots, \boldsymbol{P}^{\mathrm{T}}f_p)$ 下, 使得新的载荷矩阵 $\boldsymbol{B}$ 的结构简化

$$\boldsymbol{x} - \boldsymbol{\mu} = (\boldsymbol{AP})(\boldsymbol{P}^{\mathrm{T}}\boldsymbol{f}) + \varepsilon = \boldsymbol{B}\bar{\boldsymbol{f}} + \varepsilon.$$

例 11.10 在一项关于消费者爱好的研究中, 随机地邀请一些顾客对某种新食品进行评价, 共有 5 项指标 (变量为 1–味道、2–价格、3–风味、4–适于快餐、5–能量补充), 均采用 7 级打分法, 它们的相关系数矩阵

$$\boldsymbol{R}=\begin{bmatrix} 1 & 0.02 & 0.96 & 0.42 & 0.01 \\ 0.02 & 1 & 0.13 & 0.71 & 0.85 \\ 0.96 & 0.13 & 1 & 0.5 & 0.11 \\ 0.42 & 0.71 & 0.5 & 1 & 0.79 \\ 0.01 & 0.85 & 0.11 & 0.79 & 1 \end{bmatrix}.$$

从相关系数矩阵 $\boldsymbol{R}$ 可以看出, 变量 1 和 3、2 和 5 各成一组, 而变量 4 似乎更接近 (2, 5) 组, 于是, 我们可以期望, 因子模型可以取两个、至多三个公共因子.

$\boldsymbol{R}$ 的前两个特征值为 2.8531 和 1.8063, 其余三个均小于 1, 这两个公共因子对样本方差的累积贡献率为 0.9319, 于是, 选 $m=2$, 因子载荷、贡献率和特殊方差的估计列入表 11.7 中.

表 11.7 因子分析表

变量	因子载荷估计		旋转因子载荷估计		共同度	特殊方差(未旋转)
	f_1	f_2	$\boldsymbol{P}^{\mathrm{T}}f_1$	$\boldsymbol{P}^{\mathrm{T}}f_2$		
1	0.5599	0.8161	0.0198	0.9895	0.9795	0.0205
2	0.7773	−0.5242	0.9374	−0.0113	0.8789	0.1211
3	0.6453	0.7479	0.1286	0.9795	0.9759	0.0241
4	0.9391	−0.1049	0.8425	0.4280	0.8929	0.1071
5	0.7982	−0.5432	0.9654	−0.0157	0.9322	0.0678
特征值	2.8531	1.8063				
累积贡献	0.5706	0.9319				

因为 $\boldsymbol{A}\boldsymbol{A}^{\mathrm{T}}+\mathrm{Cov}(\boldsymbol{\varepsilon})$ 与 $\boldsymbol{R}$ 比较接近, 所以从直观上, 可以认为两个因子的模型给出了数据较好的拟合. 另一方面, 五个共同度都比较大, 表明了这两个公共因子确实解释了每个变量方差的绝大部分.

很明显, 变量 2, 4, 5 在 $\boldsymbol{P}^{\mathrm{T}}f_1$ 上有大载荷, 而在 $\boldsymbol{P}^{\mathrm{T}}f_2$ 上的载荷较小或可忽略. 相反, 变量 1, 3 在 $\boldsymbol{P}^{\mathrm{T}}f_2$ 上有大载荷, 而在 $\boldsymbol{P}^{\mathrm{T}}f_1$ 上的载荷却是可以忽略的. 因此, 有理由称 $\boldsymbol{P}^{\mathrm{T}}f_1$ 为营养因子, $\boldsymbol{P}^{\mathrm{T}}f_2$ 为滋味因子. 旋转的效果一目了然.

sklearn.decomposition 中的 Factoranalysis 函数, 没有因子旋转的选项, 但是 Python 的另一个库 factor_analyzer 提供了因子旋转的算法, 这里就不给出 Python 程序了.

3. 因子得分

因子得分主要用于模型诊断, 也可以作为下一步分析的原始数据. 因子得分并

不是通常意义下的参数估计, 而是对不可观测、抽象的随机潜在变量 f_j 的估计. 因子得分函数

$$f_j = c_j + b_{j1}x_1 + b_{j2}x_2 + \cdots + b_{jm}x_m, \quad j = 1, 2, \cdots, p.$$

由于 $p < m$, 所以不能得到精确得分, 只能通过估计. 对于用主成分分析法建立的因子分析模型, 常用加权最小二乘法估计因子得分, 寻求 f_j 的一组取值 $\hat{f}_j$ 使加权的残差平方和

$$\sum_{i=1}^{m} \frac{1}{\sigma_i^2}((x_i - \mu_i) - (a_{i1}\hat{f}_1 + a_{i2}\hat{f}_2 + \cdots + a_{ip}\hat{f}_p))^2$$

达到最小, 这样求得因子得分 $\hat{f}_1, \hat{f}_2, \cdots, \hat{f}_p$. 利用微积分极值求法, 得到

$$\hat{\boldsymbol{f}} = (\boldsymbol{A}^{\mathrm{T}}\boldsymbol{D}^{-1}\boldsymbol{A})^{-1}\boldsymbol{A}^{\mathrm{T}}\boldsymbol{D}^{-1}(\boldsymbol{x} - \boldsymbol{\mu}),$$

其中, $\boldsymbol{D} = \mathrm{diag}(\sigma_1^2, \sigma_2^2, \cdots, \sigma_m^2)$, $\hat{\boldsymbol{f}} = [\hat{f}_1, \hat{f}_2, \cdots, \hat{f}_p]^{\mathrm{T}}$.

11.3.2 学生成绩的因子分析模型

1. 问题提出

某高校数学系为开展研究生的推荐免试工作, 对报名参加推荐的 52 名学生已修过的 6 门课的考试分数统计如表 11.8 所示. 这 6 门课是: 数学分析、高等代数、概率论、微分几何、抽象代数和数值分析, 其中前 3 门基础课采用闭卷考试, 后 3 门为开卷考试.

表 11.8 52 名学生的原始考试成绩

学生序号	数学分析	高等代数	概率论	微分几何	抽象代数	数值分析
A1	62	71	64	75	70	68
A2	52	65	57	67	60	58
⋮	⋮	⋮	⋮	⋮	⋮	⋮
A52	70	73	70	88	79	69

注: 全部数据见数据文件 Pan11_1_1.xlsx (数据见封底二维码)

在以往的推荐免试工作中, 该系是按照学生 6 门课成绩的总分进行学业评价, 再根据其他要求确定最后的推荐顺序. 但是这种排序办法没有考虑到课程之间的相关性, 以及开闭卷等因素, 丢弃了一些信息. 我们的任务是研究在学生评价中如何体现开闭卷的影响, 找到成绩背后的潜在因素, 并科学地针对考试成绩进行合理排序.

2. 模型的建立与求解

用 x_j $(j=1,2,\cdots,6)$ 分别表示数学分析、高等代数、概率论、微分几何、抽象代数和数值分析的成绩, 记第 i $(i=1,2,\cdots,52)$ 个学生的 x_j $(j=1,2,\cdots,6)$ 的值为 c_{ij}, 构造数据矩阵 $\boldsymbol{C}=(c_{ij})_{52\times 6}$.

(1) 对原来的 6 个指标进行标准化, 得到标准化的指标变量

$$x_j^*=\frac{x_j-\mu_j}{s_j},\quad j=1,2,\cdots,6,$$

其中, $\mu_j=\frac{1}{52}\sum_{i=1}^{52}a_{ij}$, $s_j=\sqrt{\frac{1}{51}\sum_{i=1}^{52}(a_{ij}-\mu_j)^2}$. 对应地, 得到标准化的数据矩阵 $\boldsymbol{D}=(d_{ij})_{52\times 6}$, 其中 $d_{ij}=\frac{c_{ij}-\mu_j}{s_j}$, $i=1,2,\cdots,52$, $j=1,2,\cdots,6$.

(2) 根据标准化的数据矩阵 $\boldsymbol{D}$ 求出相关系数矩阵 $\boldsymbol{R}=(r_{ij})_{6\times 6}$, 其中

$$r_{ij}=\frac{\sum_{k=1}^{52}d_{ki}d_{kj}}{51},\quad i,j=1,2,\cdots,6.$$

这里得到

$$\boldsymbol{R}=\begin{bmatrix} 1 & 0.8133 & 0.8347 & -0.3795 & -0.5612 & -0.5054\\ 0.8133 & 1 & 0.8188 & -0.2737 & -0.4474 & -0.3568\\ 0.8347 & 0.8188 & 1 & -0.2437 & -0.4382 & -0.4611\\ -0.3795 & -0.2737 & -0.2437 & 1 & 0.6916 & 0.5738\\ -0.5612 & -0.4474 & -0.4382 & 0.6916 & 1 & 0.6463\\ -0.5054 & -0.3568 & -0.4611 & 0.5738 & 0.6463 & 1 \end{bmatrix}. \tag{11.10}$$

从 $\boldsymbol{R}$ 中的相关系数可以发现, 变量 x_1,x_2,x_3 之间具有较强的正相关性, 相关系数均在 0.8 以上, 变量 x_4,x_5,x_6 之间也存在较强的正相关性, 因此有理由相信他们的背后都会有一个或多个共同因素 (公共因子) 在驱动.

(3) 计算相关系数矩阵 $\boldsymbol{R}$ 的特征根. $\boldsymbol{R}$ 的 6 个特征根按大小排列为 $\lambda_1=3.7099$, $\lambda_2=1.2604$, $\lambda_3=0.4365$, $\lambda_4=0.2758$, $\lambda_5=0.1703$, $\lambda_6=0.1470$. 前两个公共因子的累积贡献率为 $(\lambda_1+\lambda_2)/6=0.8284$, 超过 80%, 认为公共因子个数 $m=2$ 是合适的. 实际上, 一个经验确定 m 的方法, 是将 m 定为 $\boldsymbol{R}$ 中大于 1 的特征根个数, 这与上面得到的结果一致.

(4) 利用 Python 软件求得因子载荷矩阵 $\boldsymbol{A}$, 根据因子载荷矩阵的输出结果可

以得到

$$\begin{cases} x_1^* = 0.9188f_1 - 0.0980f_2 + \varepsilon_1^*, \\ x_2^* = 0.8568f_1 - 0.2400f_2 + \varepsilon_2^*, \\ x_3^* = 0.8830f_1 - 0.2583f_2 + \varepsilon_3^*, \\ x_4^* = -0.4831f_1 - 0.6582f_2 + \varepsilon_4^*, \\ x_5^* = -0.6688f_1 - 0.5597f_2 + \varepsilon_5^*, \\ x_6^* = -0.6007f_1 - 0.4323f_2 + \varepsilon_6^*. \end{cases} \tag{11.11}$$

(11.11) 式中特殊方差的估计为

$$D(\boldsymbol{\varepsilon}^*) = [0.1463,\ 0.2075,\ 0.1548,\ 0.3334,\ 0.2414,\ 0.4513]^{\mathrm{T}}.$$

由标准化指标变量 x_i^* $(i = 1, 2, \cdots, 6)$ 不难转换为原始变量 x_i 的因子分析模型.

3. 结果分析

在 (11.11) 式中第一公共因子 f_1 与数学分析、高等代数、概率论 3 门课程有很强的正相关, 说明 f_1 对这 3 门课的解释力非常高, 而对其他 3 门课就没那么重要了. 由于数学分析、高等代数、概率论是数学系学生最重要的基础课, 所以将 f_1 取名为 “基础课因子”; 而微分几何、抽象代数与数值分析均为开卷考试, f_2 能解释这 3 门课, 为了区分考试类型的不同, 不妨将 f_2 叫做 “开闭卷因子”. f_1 和 f_2 的方差贡献率分别为 $\lambda_1/6 = 0.6183$ 和 $\lambda_2/6 = 0.2101$, f_1 的影响要比 f_2 大得多.

利用 Python 软件, 求得两个公共因子的得分, 以基础课因子 f_1 的得分为横轴, 开闭卷因子 f_2 的得分为纵轴, 画出因子得分的散点图, 见图 11.1.

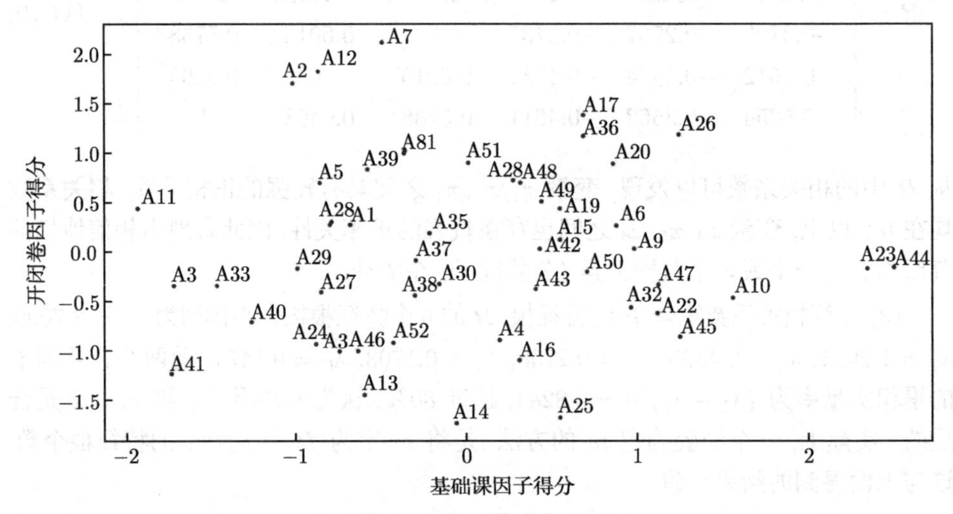

图 11.1　因子得分示意图

从图 11.1 可以发现, 学生 A_{44}, A_{23}, A_{10} 在 f_1 上有较高的得分, 说明他们 3 门基础课的成绩表现非常好, 而学生 A_{11}, A_3, A_{41} 在 f_1 上的得分偏低, 3 门基础课的表现不够好.

以两个公共因子 f_1 和 f_2 的方差贡献率所占的比重加权, 可以构造一个因子综合得分

$$F = c_1 f_1 + c_2 f_2, \tag{11.12}$$

这里权重 $c_1 = \lambda_1/(\lambda_1+\lambda_2) = 0.7464$, $c_2 = \lambda_2/(\lambda_1+\lambda_2) = 0.2536$, 由 (11.12) 式计算出每位学生的因子综合得分值, 并按得分值的大小对学生进行排序. 计算结果这里就不给出了.

```
#程序文件Pan11_1.py(加载数据见封底二维码)
import numpy as np; import pandas as pd
from sklearn import decomposition as dc
from scipy.stats import zscore
import matplotlib.pyplot as plt
c=pd.read_excel("Pan11_1_1.xlsx",usecols=np.arange(1,7))
c=c.values.astype(float)
d=zscore(c)          #数据标准化
r=np.corrcoef(d.T)   #求相关系数矩阵
f=pd.ExcelWriter('Pan11_1_2.xlsx')
pd.DataFrame(r).to_excel(f); f.save()
val,vec=np.linalg.eig(r)
cs=np.cumsum(val) #求特征值的累加和
print("特征值为: ",val,"\n累加和为: ",cs)
fa = dc.FactorAnalysis(n_components = 2)  #构建模型
fa.fit(d)   #求解最大方差的模型
print("载荷矩阵为: \n",fa.components_)
print("特殊方差为: \n",fa.noise_variance_)
dd=fa.fit_transform(d)   #计算因子得分
w=val[:2]/sum(val[:2])  #计算两个因子的权重
df=np.dot(dd,w)         #计算每个评价对象的因子总分
tf=np.sum(c,axis=1)      #计算每个评价对象的实分总分
#构造pandas数据框,第1列到第5列数据分别为因子1得分, 因子2得分,
  #因子总分、实分总分和序号
pdf=pd.DataFrame(np.c_[dd,df,tf,np.arange(1,53)],columns=['f1',
```

```
    'f2','yf','tf','xh'])
spdf1=pdf.sort_values(by='yf',ascending = False)
#y因子总分从高到低排序
spdf2=pdf.sort_values(by='tf',ascending=False)
#实分总分从高到低排序
print("排序结果为: \n",spdf1,'\n',spdf2)
s=['A'+str(i) for i in range(1,53)]
plt.rc('font',family='SimHei'); plt.rc('axes',unicode_minus=False)
plt.plot(dd[:,0],dd[:,1],'.')
for i in range(len(s)): plt.text(dd[i,0],dd[i,1]+0.03,s[i])
plt.xlabel("基础课因子得分"); plt.ylabel("开闭卷因子得分");
plt.show()
```

11.4 聚类分析

聚类分析又称群分析, 它是研究分类问题的一种多元统计分析. 所谓类, 通俗地说, 就是指相似元素的集合. 要将相似元素聚为一类, 通常选取元素的许多共同指标, 然后通过分析元素的指标值来分辨元素间的差距, 从而达到分类的目的. 聚类分析可以分为 Q 型聚类 (样本聚类)、R 型聚类 (指标聚类).

聚类分析内容非常丰富, 有层次聚类法、有序样品聚类法、动态聚类法、模糊聚类法、图论聚类法等. 本节主要介绍常用的层次聚类、K 均值聚类.

11.4.1 数据变换

设有 n 个样品, 每个样品测得 p 项指标 (变量), 原始数据阵为

$$\boldsymbol{A}=\begin{bmatrix} a_{11} & a_{12} & \cdots & a_{1p} \\ a_{21} & a_{22} & \cdots & a_{2p} \\ \vdots & \vdots & & \vdots \\ a_{n1} & a_{n2} & \cdots & a_{np} \end{bmatrix}.$$

其中 a_{ij} $(i=1,\cdots,n;j=1,\cdots,p)$ 为第 i 个样品 $\boldsymbol{\omega}_i$ 的第 j 个指标的观测数据.

由于样本数据矩阵由多个指标组成, 不同指标一般有不同的量纲, 为消除量纲的影响, 通常需要进行数据变换处理. 常用的数据变换方法有以下两种.

1) 规格化变换

规格化变换是从数据矩阵的每一个变量值中找出其最大值和最小值, 这两者之差称为极差, 然后从每个变量值的原始数据中减去该变量值的最小值, 再除以极差,

就得到规格化数据, 即有

$$b_{ij} = \frac{a_{ij} - \min\limits_{1\leqslant i\leqslant n}(a_{ij})}{\max\limits_{1\leqslant i\leqslant n}(a_{ij}) - \min\limits_{1\leqslant i\leqslant n}(a_{ij})} \quad (i=1,\cdots,n; j=1,\cdots,p).$$

2) 标准化变换

首先对每个变量进行中心化变换, 然后用该变量的标准差进行标准化, 即有

$$b_{ij} = \frac{a_{ij} - \mu_j}{s_j} \quad (i=1,\cdots,n; j=1,\cdots,p),$$

其中 $\mu_j = \frac{\sum\limits_{i=1}^{n} a_{ij}}{n}$, $s_j = \sqrt{\frac{1}{n-1}\sum\limits_{i=1}^{n}(a_{ij}-\mu_j)^2}$.

记变换处理后的数据矩阵为

$$\boldsymbol{B} = \begin{bmatrix} b_{11} & b_{12} & \cdots & b_{1p} \\ b_{21} & b_{22} & \cdots & b_{2p} \\ \vdots & \vdots & & \vdots \\ b_{n1} & b_{n2} & \cdots & b_{np} \end{bmatrix}. \tag{11.13}$$

11.4.2 样品间亲疏程度的测度计算

研究样品的亲疏程度或相似程度的数量指标通常有两种: 一种是相似系数, 性质越接近的样品, 其取值越接近于 1 或 -1, 而彼此无关的样品相似系数则接近于 0, 相似的归为一类, 不相似的归为不同类. 另一种是距离, 它将每个样品看成 p 维空间的一个点, n 个样品组成 p 维空间的 n 个点. 用各点之间的距离来衡量各样品之间的相似程度. 距离近的点归为一类, 距离远的点属于不同的类.

1. 常用距离的计算

令 d_{ij} 表示样品 $\boldsymbol{\omega}_i$ 与 $\boldsymbol{\omega}_j$ 的距离. 常用的距离有以下几种.

1) 闵氏 (Minkowski) 距离

$$d_{ij}(q) = \left(\sum_{k=1}^{p} |b_{ik} - b_{jk}|^q\right)^{1/q}.$$

当 $q=1$ 时,

$$d_{ij}(1) = \sum_{k=1}^{p} |b_{ik} - b_{jk}|, \quad 即绝对值距离.$$

当 $q=2$ 时,

$$d_{ij}(2)=\left(\sum_{k=1}^{p}(b_{ik}-b_{jk})^2\right)^{1/2},\quad \text{即欧氏距离.}$$

当 $q=\infty$ 时,

$$d_{ij}(\infty)=\max_{1\leqslant k\leqslant p}|b_{ik}-b_{jk}|,\quad \text{即切比雪夫距离.}$$

2) 马氏 (Mahalanobis) 距离

马氏距离是由印度统计学家马哈拉诺比斯于 1936 年定义的, 故称为马氏距离. 其计算公式为

$$d_{ij}=\sqrt{(\boldsymbol{B}_i-\boldsymbol{B}_j)\boldsymbol{\Sigma}^{-1}(\boldsymbol{B}_i-\boldsymbol{B}_j)^{\mathrm{T}}},$$

这里 $\boldsymbol{B}_i$ 表示矩阵 $\boldsymbol{B}$ 的第 i 行, $\boldsymbol{\Sigma}$ 表示观测变量之间的协方差阵, $\boldsymbol{\Sigma}=(\sigma_{ij})_{p\times p}$, 其中

$$\sigma_{ij}=\frac{1}{n-1}\sum_{k=1}^{n}(b_{ki}-\mu_i)(b_{kj}-\mu_j),$$

这里 $\mu_j=\dfrac{1}{n}\sum_{k=1}^{n}b_{kj}$.

2. 相似系数的计算

研究样品之间的关系, 除了用距离表示外, 还有相似系数. 相似系数是描述样品之间相似程度的一个统计量, 常用的相似系数有以下几种.

1) 夹角余弦

将任何两个样品 $\boldsymbol{\omega}_i$ 与 $\boldsymbol{\omega}_j$ 看成 p 维空间的两个向量, 这两个向量的夹角余弦用 $\cos\theta_{ij}$ 表示, 则

$$\cos\theta_{ij}=\frac{\sum_{k=1}^{p}b_{ik}b_{jk}}{\sqrt{\sum_{k=1}^{p}b_{ik}^2}\cdot\sqrt{\sum_{k=1}^{p}b_{jk}^2}},\quad i,j=1,2,\cdots,n.$$

当 $\cos\theta_{ij}=1$ 时, 说明两个样品 $\boldsymbol{\omega}_i$ 与 $\boldsymbol{\omega}_j$ 完全相似; $\cos\theta_{ij}$ 接近 1 时, 说明 $\boldsymbol{\omega}_i$ 与 $\boldsymbol{\omega}_j$ 相似密切; $\cos\theta_{ij}=0$ 时, 说明 $\boldsymbol{\omega}_i$ 与 $\boldsymbol{\omega}_j$ 完全不一样; $\cos\theta_{ij}$ 接近 0 时, 说明 $\boldsymbol{\omega}_i$ 与 $\boldsymbol{\omega}_j$ 差别大. 把所有两两样品的相似系数都计算出来, 可排成相似系数矩阵

$$\boldsymbol{\Theta}=\begin{bmatrix}\cos\theta_{11} & \cos\theta_{12} & \cdots & \cos\theta_{1n}\\ \cos\theta_{21} & \cos\theta_{22} & \cdots & \cos\theta_{2n}\\ \vdots & \vdots & & \vdots\\ \cos\theta_{n1} & \cos\theta_{n2} & \cdots & \cos\theta_{nn}\end{bmatrix},$$

其中 $\cos\theta_{11}=\cdots=\cos\theta_{nn}=1$. 根据 $\boldsymbol{\Theta}$ 可对 n 个样品进行分类, 把比较相似的样品归为一类, 不怎么相似的样品归为不同的类.

2) 皮尔逊相关系数

第 i 个样品与第 j 个样品之间的相关系数定义为

$$r_{ij}=\frac{\sum\limits_{k=1}^{p}(b_{ik}-\bar{\mu}_i)(b_{jk}-\bar{\mu}_j)}{\sqrt{\sum\limits_{k=1}^{p}(b_{ik}-\bar{\mu}_i)^2}\cdot\sqrt{\sum\limits_{k=1}^{p}(b_{jk}-\bar{\mu}_j)^2}},\quad i,j=1,2,\cdots,n,$$

其中, $\bar{\mu}_i=\dfrac{\sum\limits_{k=1}^{p}b_{ik}}{p}$.

实际上, r_{ij} 就是两个向量 $\boldsymbol{B}_i-\bar{\boldsymbol{B}}_i$ 与 $\boldsymbol{B}_j-\bar{\boldsymbol{B}}_j$ 的夹角余弦, 其中 $\bar{\boldsymbol{B}}_i=\bar{\mu}_i[1,2,\cdots,1]$. 若将原始数据标准化, 满足 $\bar{\boldsymbol{B}}_i=\bar{\boldsymbol{B}}_j=0$, 这时 $r_{ij}=\cos\theta_{ij}$.

$$\boldsymbol{R}=(r_{ij})_{n\times n}=\begin{bmatrix}r_{11} & r_{12} & \cdots & r_{1n}\\ r_{21} & r_{22} & \cdots & r_{2n}\\ \vdots & \vdots & & \vdots\\ r_{n1} & r_{n2} & \cdots & r_{nn}\end{bmatrix},$$

其中 $r_{11}=\cdots=r_{nn}=1$, 可根据 $\boldsymbol{R}$ 对 n 个样品进行分类.

11.4.3 scipy.cluster.hierarchy模块的层次聚类

scipy.cluster.hierarchy 模块的层次聚类函数介绍如下.

1. distance.pdist

B = pdist(A, `metric='euclidean'`) 用 `metric` 指定的方法计算 $n\times p$ 矩阵 A (看作 n 个 p 维行向量, 每行是一个对象的数据) 中两两对象间的距离, `metric` 可取表 11.9 中的特征字符串. 输出 B 是包含距离信息的长度为 $(n-1)\cdot n/2$ 的向量. 可用 distance.squareform 函数将此向量转换为方阵, 这样可使矩阵中的 (i,j) 元素对应原始数据集中对象 i 和 j 间的距离.

表 11.9　常用的 'metric' 取值及含义

字符串	含义
'euclidean'	欧氏距离 (缺省值)
'cityblock'	绝对值距离
'minkowski'	Minkowski 距离
'chebychev'	Chebychev 距离
'mahalanobis'	Mahalanobis 距离

metric 的取值很多, 读者可以自己看帮助.

```
>>>import scipy.cluster.hierarchy as sch
>>>help(sch.distance.pdist)
```

2. linkage

Z = linkage(B, 'method') 使用由 'method' 指定的算法计算生成聚类树, 输入矩阵 B 为 pdist 函数输出的 $n\cdot(n-1)/2$ 维距离行向量, 'method' 可取表 11.10 中特征字符串值.

表 11.10　'metric' 取值及含义

字符串	含义
'single'	最短距离 (缺省值)
'average'	无权平均距离
'centroid'	重心距离
'complete'	最大距离
'ward'	离差平方和方法 (Ward 方法)

输出 Z 为包含聚类树信息的 $(n-1)\times 4$ 矩阵. 聚类树上的叶节点为原始数据集中的对象, 其编号由 0 到 $n-1$, 它们是单元素的类, 级别更高的类都由它们生成. 对应于 Z 中第 j 行每个新生成的类, 其索引为 $n+j$, 其中 n 为初始叶节点的数量.

Z 的第 1 列和第 2 列, 即 Z [:, :2] 包含了被两两连接生成一个新类的所有对象的索引. Z [j, :2] 生成的新类索引为 $n+j$. 共有 $n-1$ 个级别更高的类, 它们对应于聚类树中的内部节点.

Z 的第 3 列 Z [:, 2] 包含了相应的在类中的两两对象间的连接距离. Z 的第 4 列 Z [:, 3] 表示当前类中原始对象的个数.

3. fcluster

T = fcluster(Z,t) 从 linkage 的输出 Z, 根据给定的阈值 t 创建聚类.

4. H = dendrogram(Z,p)

由 linkage 产生的数据矩阵 Z 画聚类树状图. p 是结点数, 默认值是 30.

11.4.4 基于类间距离的层次聚类

层次聚类法是聚类分析方法中使用最多的方法. 其基本思想是: 距离相近的样品 (或变量) 先聚为一类, 距离远的后聚成类, 此过程一直进行下去, 每个样品总能聚到合适的类中. 它包括如下步骤:

(1) 将每个样品独自聚成一类, 构造 n 个类.

(2) 根据所确定的样品距离公式, 计算 n 个样品 (或变量) 两两间的距离, 构造距离矩阵, 记为 $\boldsymbol{D}_{(0)}$.

(3) 把距离最近的两类归为一新类, 其他样品仍各自聚为一类, 共聚成 $n-1$ 类.

(4) 计算新类与当前各类的距离, 将距离最近的两个类进一步聚成一类, 共聚成 $n-2$ 类. 以上步骤一直进行下去, 最后将所有的样品聚成一类.

(5) 画聚类谱系图.

(6) 决定类的个数及各类包含的样品数, 并对类做出解释.

正如样品之间的距离可以有不同的定义方法一样, 类与类之间的距离也有各种定义. 例如, 可以定义类与类之间的距离为两类之间最近样品的距离, 或者定义为两类之间最远样品的距离, 也可以定义为两类重心之间的距离等. 类与类之间用不同的方法定义距离, 就产生了不同的层次聚类方法. 常用的层次聚类方法有, 最短距离法、最长距离法、中间距离法、重心法、类平均法、可变类平均法、可变法和离差平方和法.

下面介绍两种常用的层次聚类法.

1) 最短距离法

最短距离法定义类 G_i 与 G_j 之间的距离为两类间最邻近的两样品之距离, 即 G_i 与 G_j 两类间的距离 D_{ij} 定义为

$$D_{ij} = \min_{\boldsymbol{\omega}_s \in G_i, \boldsymbol{\omega}_t \in G_j} d_{st}.$$

设类 G_p 与 G_q 合并成一个新类记为 G_r, 则任一类 G_k 与 G_r 的距离是

$$D_{kr} = \min_{\boldsymbol{\omega}_i \in G_k, \boldsymbol{\omega}_j \in G_r} d_{ij} = \min\{\min_{\boldsymbol{\omega}_i \in G_k, \boldsymbol{\omega}_j \in G_p} d_{ij}, \min_{\boldsymbol{\omega}_i \in G_k, \boldsymbol{\omega}_j \in G_q} d_{ij}\} = \min\{D_{kp}, D_{kq}\}.$$

最短距离法聚类的步骤如下:

(1) 定义样品之间的距离: 计算样品两两间的距离, 得一距离矩阵记为 $\boldsymbol{D}_{(0)} = (d_{ij})_{n\times n}$, 开始每个样品自成一类, 显然这时 $D_{ij} = d_{ij}$.

(2) 找出 $\boldsymbol{D}_{(0)}$ 的非对角线最小元素, 设为 d_{pq}, 则将 G_p 和 G_q 合并成一个新类, 记为 G_r, 即 $G_r = \{G_p, G_q\}$.

(3) 给出计算新类与其他类的距离公式:

$$D_{kr} = \min\{D_{kp}, D_{kq}\}.$$

将 $\boldsymbol{D}_{(0)}$ 中第 p,q 行及 p,q 列, 用上面公式合并成一个新行新列, 新行新列对应 G_r, 所得到的矩阵记为 $\boldsymbol{D}_{(1)}$.

(4) 对 $\boldsymbol{D}_{(1)}$ 重复上述类似 $\boldsymbol{D}_{(0)}$ 的 (2), (3) 两步得到 $\boldsymbol{D}_{(2)}$. 如此下去, 直到所有的元素并成一类为止.

如果某一步 $\boldsymbol{D}_{(k)}$ 中非对角线最小的元素不止一个, 则对应这些最小元素的类可以同时合并.

例 11.11　在某地区有 7 个矽卡岩体, 对 7 个岩体的三种元素 Cu, W, Mo 作分析的原始数据见表 11.11, 对这 7 个样品进行聚类.

表 11.11　7 个矽卡岩体数据

	1	2	3	4	5	6	7
Cu	2.9909	3.2044	2.8392	2.5315	2.5897	2.9600	3.1184
W	0.3111	0.5348	0.5696	0.4528	0.3010	3.0480	2.8395
Mo	0.5324	0.7718	0.7614	0.4893	0.2735	1.4997	1.9850

数学原理及聚类过程就不赘述了. 按照最短距离聚类时, 所画的聚类图如图 11.2 所示. 如果取阈值 $d = 0.5$, 则可把这些岩体划分成两类, 6, 7 为一类, 1, 2, $\cdots$, 5 为另一类.

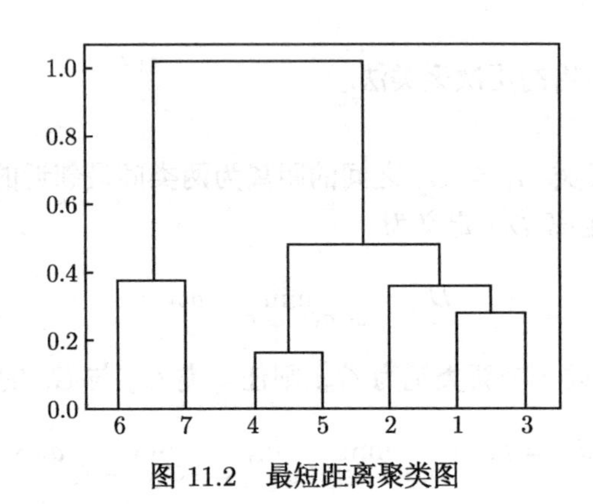

图 11.2　最短距离聚类图

```
#程序文件Pex11_11.py
import numpy as np
from sklearn import preprocessing as pp
import scipy.cluster.hierarchy as sch
import matplotlib.pyplot as plt
a=np.loadtxt("Pdata11_11.txt")  #数据见封底二维码
b=pp.minmax_scale(a.T)   #数据规格化
```

```
d = sch.distance.pdist(b)  #求对象之间的两两距离向量
dd = sch.distance.squareform(d)  #转换为矩阵格式
z=sch.linkage(d); print(z) #进行聚类并显示
s=[str(i+1) for i in range(7)]; plt.rc('font',size=16)
sch.dendrogram(z,labels=s); plt.show()  #画聚类图
```

2) 最长距离法

定义类 G_i 与类 G_j 之间的距离为两类最远样品的距离, 即

$$D_{ij} = \max_{\boldsymbol{\omega}_s \in G_i, \boldsymbol{\omega}_t \in G_j} d_{st}.$$

最长距离法与最短距离法的合并步骤完全一样, 也是将各样品先自成一类, 然后将非对角线上最小元素对应的两类合并. 设某一步将类 G_p 与 G_q 合并为 G_r, 则任一类 G_k 与 G_r 的最长距离公式为

$$D_{kr} = \max_{\boldsymbol{\omega}_i \in G_k, \boldsymbol{\omega}_j \in G_r} d_{ij} = \max\{\max_{\boldsymbol{\omega}_i \in G_k, \boldsymbol{\omega}_j \in G_p} d_{ij}, \max_{\boldsymbol{\omega}_i \in G_k, \boldsymbol{\omega}_j \in G_q} d_{ij}\} = \max\{D_{kp}, D_{kq}\}.$$

再找非对角线最小元素对应的两类并类, 直至所有的样品全归为一类为止.

可见, 最长距离法与最短距离法只有两点不同, 一是类与类之间的距离定义不同; 二是计算新类与其他类的距离所用的公式不同.

例 11.12 (续例 11.11) 用最长距离法对 7 个矽卡岩体进行聚类.

所画的聚类图如图 11.3 所示. 聚类结果和例 11.11 是一样的.

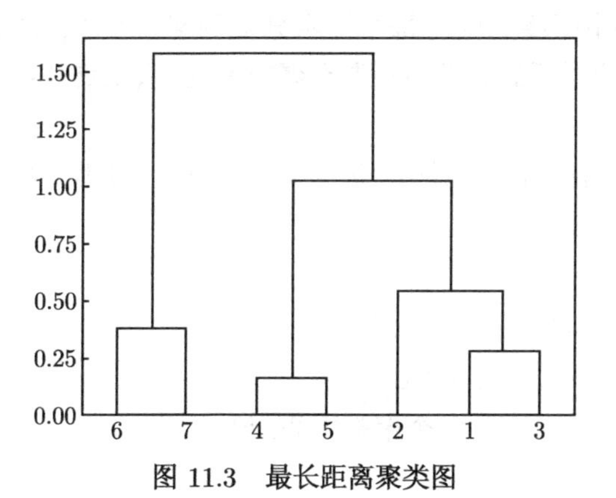

图 11.3 最长距离聚类图

```
#程序文件Pex11_12.py
import numpy as np
from sklearn import preprocessing as pp
import scipy.cluster.hierarchy as sch
```

```
import matplotlib.pyplot as plt
a=np.loadtxt("Pdata11_11.txt")  #数据见封底二维码
b=pp.minmax_scale(a.T)  #数据规格化
d = sch.distance.pdist(b)  #求对象之间的两两距离向量
z=sch.linkage(d,'complete'); print(z)  #进行聚类并显示
s=[str(i+1) for i in range(7)]; plt.rc('font',size=16)
sch.dendrogram(z,labels=s); plt.show()  #画聚类图
```

11.4.5 *K* 均值聚类

用层次聚类法聚类时, 随着聚类样本对象的增多, 计算量会迅速增加, 而且聚类结果——谱系图会十分复杂, 不便于分析. 特别是样品的个数很大 (如 $n \geqslant 100$) 时, 层次聚类法的计算量非常大, 将占据大量的计算机内存空间和较多的计算时间. 为了改进上述缺点, 一个自然的想法是先粗略地分一下类, 然后按某种最优原则进行修正, 直到将类分得比较合理为止. 基于这种思想就产生了动态聚类法, 也称逐步聚类法.

动态聚类法适用于大型数据. 动态聚类法有许多种方法, 这里介绍一种比较流行的动态聚类法——K 均值法. 它是一种快速聚类法, 该方法得到的结果简单易懂, 对计算机的性能要求不高, 因而应用广泛. 该方法由麦克奎因 (Macqueen) 于 1967 年提出.

算法的思想是假定样本集中的全体样本可分为 C 类, 并选定 C 个初始聚类中心, 然后根据最小距离原则将每个样本分配到某一类中, 之后不断迭代计算各类的聚类中心, 并依据新的聚类中心调整聚类情况, 直到迭代收敛或聚类中心不再改变.

K 均值聚类算法最后将总样本集 G 划分为 C 个子集: $G_1, G_2, \cdots, G_C$, 它们满足下面条件:

(1) $G_1 \cup G_2 \cup \cdots \cup G_C = G$;

(2) $G_i \cap G_j = \varnothing \ (1 \leqslant i < j \leqslant C)$;

(3) $G_i \neq \varnothing, G_i \neq G \ (1 \leqslant i \leqslant C)$.

设 $\boldsymbol{m}_i \ (i = 1, \cdots, C)$ 为 C 个聚类中心, 记

$$J_e = \sum_{i=1}^{C} \sum_{\boldsymbol{\omega} \in G_i} \|\boldsymbol{\omega} - \boldsymbol{m}_i\|^2,$$

使 J_e 最小的聚类是误差平方和准则下的最优结果.

K 均值聚类算法描述如下:

(1) 初始化. 设总样本集 $G=\{\boldsymbol{\omega}_j, j=1,2,\cdots,n\}$ 是 n 个样品组成的集合, 聚类数为 C $(2\leqslant C\leqslant n)$, 将样本集 G 任意划分为 C 类, 记为 $G_1,G_2,\cdots,G_C$, 计算对应的 C 个初始聚类中心, 记为 $\boldsymbol{m}_1,\boldsymbol{m}_2,\cdots,\boldsymbol{m}_C$, 并计算 J_e.

(2) $G_i=\varnothing$ $(i=1,2,\cdots,C)$, 按最小距离原则将样品 $\boldsymbol{\omega}_j$ $(j=1,2,\cdots,n)$ 进行聚类, 即若 $d(\boldsymbol{\omega}_j,G_k)=\min\limits_{1\leqslant i\leqslant C} d(\boldsymbol{\omega}_j,\boldsymbol{m}_i)$, 则 $\boldsymbol{\omega}_j\in G_k$, $G_k=G_k\cup\{\boldsymbol{\omega}_j\}$, $j=1,2,\cdots,n$. 重新计算聚类中心

$$\boldsymbol{m}_i=\frac{1}{n_i}\sum_{\boldsymbol{\omega}_j\in G_i}\boldsymbol{\omega}_j,\quad i=1,2,\cdots,C,$$

式中, n_i 为当前 G_i 类中的样本数目, 并重新计算 J_e.

(3) 若连续两次迭代的 J_e 不变, 则算法终止, 否则算法转 (2).

注 11.2 实际计算时, 可以不计算 J_e, 只要聚类中心不发生变化, 算法即可终止.

例 11.13 已知聚类的指标变量为 x_1,x_2, 四个样本点的数据分别为

$$\boldsymbol{\omega}_1=(1,3),\quad \boldsymbol{\omega}_2=(1.5,3.2),\quad \boldsymbol{\omega}_3=(1.3,2.8),\quad \boldsymbol{\omega}_4=(3,1).$$

试用 K 均值聚类法把样本点分成两类.

解 现要分为两类 G_1 和 G_2, 设初始聚类为 $G_1=\{\boldsymbol{\omega}_1\}$, $G_2=\{\boldsymbol{\omega}_2,\boldsymbol{\omega}_3,\boldsymbol{\omega}_4\}$, 则初始聚类中心为

G_1 类: $\boldsymbol{\omega}_1$ 值, 即 $\boldsymbol{m}_1=(1,3)$;

$$G_2\text{ 类: }\boldsymbol{m}_2=\left(\frac{1.5+1.3+3}{3},\frac{3.2+2.8+1}{3}\right)=(1.9333,2.3333).$$

计算每个样本点到 G_1,G_2 聚类中心的距离

$$d_{11}=\|\boldsymbol{\omega}_1-\boldsymbol{m}_1\|=\sqrt{(1-1)^2+(3-3)^2}=0,\quad d_{12}=\|\boldsymbol{\omega}_1-\boldsymbol{m}_2\|=1.1470;$$

$$d_{21}=\|\boldsymbol{\omega}_2-\boldsymbol{m}_1\|=0.5385,\quad d_{22}=\|\boldsymbol{\omega}_2-\boldsymbol{m}_2\|=0.9690;$$

$$d_{31}=\|\boldsymbol{\omega}_3-\boldsymbol{m}_1\|=0.3606,\quad d_{32}=\|\boldsymbol{\omega}_3-\boldsymbol{m}_2\|=0.7867;$$

$$d_{41}=\|\boldsymbol{\omega}_4-\boldsymbol{m}_1\|=2.8284,\quad d_{42}=\|\boldsymbol{\omega}_4-\boldsymbol{m}_2\|=1.7075.$$

得到新的划分为 $G_1=\{\boldsymbol{\omega}_1,\boldsymbol{\omega}_2,\boldsymbol{\omega}_3\}$, $G_2=\{\boldsymbol{\omega}_4\}$, 新的聚类中心为

$$G_1\text{ 类: }\boldsymbol{m}_1=\left(\frac{1+1.5+1.3}{3},\frac{3+3.2+2.8}{3}\right)=(1.2667,3.0);$$

G_2 类: $\boldsymbol{\omega}_4$ 值, 即 $\boldsymbol{m}_2=(3,1)$.

重新计算每个样本点到 G_1, G_2 聚类中心的距离

$$d_{11} = \|\boldsymbol{\omega}_1 - \boldsymbol{m}_1\| = 0.2667, \quad d_{12} = \|\boldsymbol{\omega}_1 - \boldsymbol{m}_2\| = 2.8284;$$

$$d_{21} = \|\boldsymbol{\omega}_2 - \boldsymbol{m}_1\| = 0.3073, \quad d_{22} = \|\boldsymbol{\omega}_2 - \boldsymbol{m}_2\| = 2.6627;$$

$$d_{31} = \|\boldsymbol{\omega}_3 - \boldsymbol{m}_1\| = 0.2028, \quad d_{32} = \|\boldsymbol{\omega}_3 - \boldsymbol{m}_2\| = 2.4759;$$

$$d_{41} = \|\boldsymbol{\omega}_4 - \boldsymbol{m}_1\| = 2.6466, \quad d_{42} = \|\boldsymbol{\omega}_4 - \boldsymbol{m}_2\| = 0.$$

所以, 得新的划分为: $G_1 = \{\boldsymbol{\omega}_1, \boldsymbol{\omega}_2, \boldsymbol{\omega}_3\}$, $G_2 = \{\boldsymbol{\omega}_4\}$.

可见, 新的划分与前面的划分相同, 聚类中心没有改变, 聚类结束.

```
#程序文件Pex11_13.py
import numpy as np
from sklearn.cluster import KMeans
a=np.array([[1, 3],[1.5, 3.2],[1.3, 2.8],[3, 1]])
md=KMeans(n_clusters=2)  #构建模型
md.fit(a)   #求解模型
labels=1+md.labels_   #提取聚类标签
centers=md.cluster_centers_   #提取聚类中心,每一行是一个聚类中心
print(labels,'\n-----------\n',centers)
```

11.4.6　K 均值聚类法最佳簇数 k 值的确定

对于 K 均值聚类来说, 如何确定簇数 k 值是一个至关重要的问题, 为了解决这个问题, 通常会选用探索法, 即给定不同的 k 值, 对比某些评估指标的变动情况, 进而选择一个比较合理的 k 值. 本节将介绍非常实用的两种评估方法, 即簇内离差平方和拐点法与轮廓系数法.

1. 簇内离差平方和拐点法

簇内离差平方和拐点法的思想很简单, 就是在不同的 k 值下计算簇内离差平方和, 然后通过可视化的方法找到 “拐点” 所对应的 k 值. 重点关注的是斜率的变化, 当斜率由大突然变小时, 并且之后的斜率变化缓慢, 则认为突然变换的点就是寻找的目标点, 因为继续随着簇数 k 的增加, 聚类效果不再有大的变化.

为了验证这个方法的直观性, 这里随机生成三组二维正态分布数据, 首先基于该数据绘制散点图如图 11.4(a) 所示, 模拟的数据呈现三个簇. 接下来基于这个模拟数据, 使用拐点法, 绘制簇的个数与总的簇内离差平方和之间的折线图如图 11.4(b) 所示.

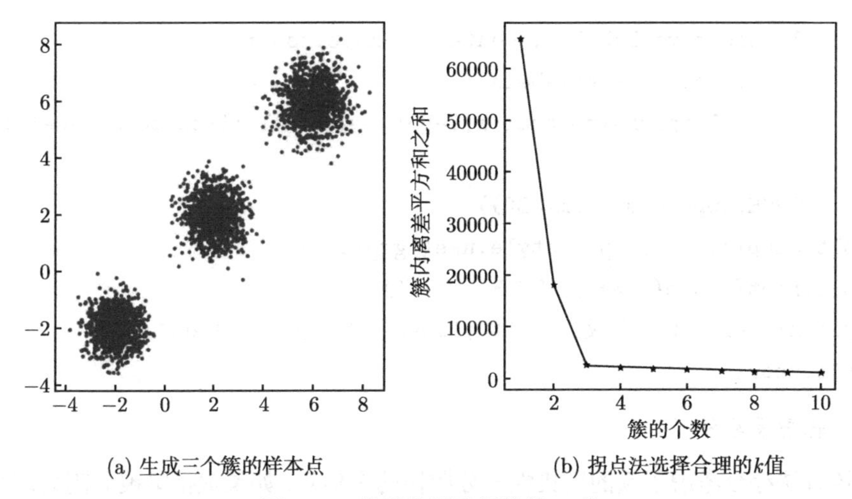

(a) 生成三个簇的样本点　　(b) 拐点法选择合理的k值

图 11.4　模拟数据选择簇数 k 值

从图 11.4(b) 可以看出, 当簇的个数为 3 时形成了一个明显的拐点, 3 之后的簇对应的簇内离差平方和的变动都很小, 合理的 k 值应该为 3, 与模拟的三个簇数据是吻合的.

```
#程序文件Pz11_1
import numpy as np
import matplotlib.pyplot as plt;from sklearn.cluster import KMeans
mean=np.array([[-2, -2],[2, 2], [6,6]])
cov=np.array([[[0.3, 0], [0, 0.3]],[[0.4, 0], [0, 0.4]],[[0.5, 0],
    [0, 0.5]]])
x0=[]; y0=[];
for i in range(3):
    x,y=np.random.multivariate_normal(mean[i], cov[i],1000).T
    x0=np.hstack([x0,x]); y0=np.hstack([y0,y])
plt.rc('font',size=16); plt.rc('font',family='SimHei')
plt.rc('axes',unicode_minus=False); plt.subplot(121)
plt.scatter(x0,y0,marker='.')  #画模拟数据散点图
X=np.vstack([x0,y0]).T
np.save("Pzdata11_1.npy",X)  #保存数据(封底二维码)供下面使用
TSSE=[]; K=10
for k in range(1,K+1):
    SSE = []
    md = KMeans(n_clusters=k); md.fit(X)
```

```
    labels = md.labels_; centers = md.cluster_centers_
    for label in set(labels):
        SSE.append(np.sum((X[labels == label,:]-centers[label,:])
        **2))
    TSSE.append(np.sum(SSE))
plt.subplot(122); plt.style.use('ggplot')
plt.plot(range(1,K+1), TSSE, 'b*-')
plt.xlabel('簇的个数'); plt.ylabel('簇内离差平方和之和')
plt.show()
```

2. 轮廓系数法

该方法综合考虑了簇的密集性与分散性两个信息, 如果数据集被分割为理想的 k 个簇, 那么对应的簇内样本会很密集, 而簇间样本会很分散.

如图 11.5 所示, 假设数据集被拆分为三个簇 G_1, G_2, G_3, 样本点 i 对应的 a_i 值为所有 G_1 中其他样本点与样本点 i 的距离平均值; 样本点 i 对应的 b_i 值分两步计算, 首先计算该点分别到 G_2 和 G_3 中样本点的平均距离, 然后将两个平均值中的最小值作为 b_i 的度量.

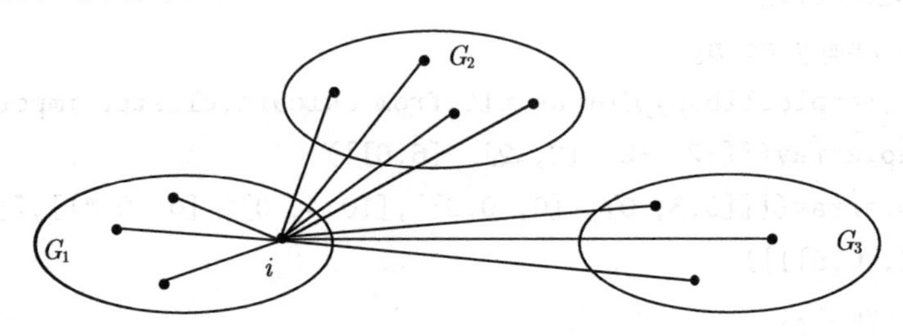

图 11.5 轮廓系数计算示意图

定义样本点 i 的轮廓系数

$$S_i = \frac{b_i - a_i}{\max(a_i, b_i)}, \tag{11.14}$$

k 个簇的总轮廓系数定义为所有样本点轮廓系数的平均值.

当总轮廓系数小于 0 时, 说明聚类效果不佳; 当总轮廓系数接近于 1 时, 说明簇内样本的平均距离非常小, 而簇间的最近距离非常大, 进而表示聚类效果非常理想.

上面的计算思想虽然简单, 但是计算量是很大的, 当样本量比较多时, 运行时间会比较长. 有关轮廓系数的计算, 可以直接调用 sklearn.metrics 中的函数 silhouette_score. 需要注意的是, 该函数接受的聚类簇数必须大于等于 2.

利用上面同样的模拟数据, 画出的簇数与轮廓系数对应关系图如图 11.6 所示, 当 k 等于 3 时, 轮廓系数最大, 且比较接近于 1, 说明应该把模拟数据聚为 3 类比较合理, 同样与模拟数据的三个簇是吻合的.

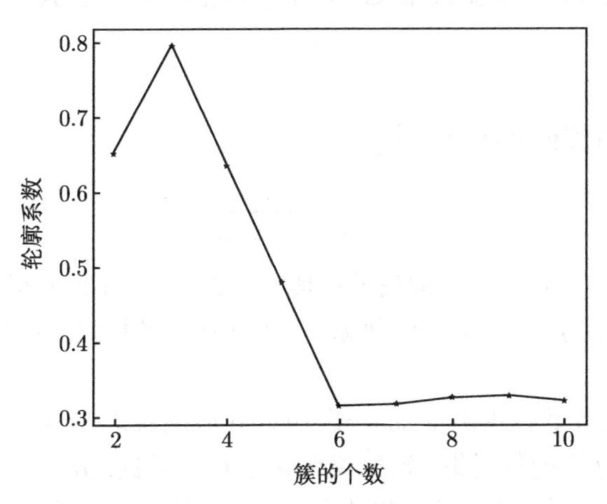

图 11.6 轮廓系数法选择合理的 k 值

```
#程序文件Pz11_2.py
import numpy as np; import matplotlib.pyplot as plt
from sklearn.cluster import KMeans; from sklearn import metrics
X=np.load("Pzdata11_1.npy")  #数据见封底二维码
S=[]; K=10
for k in range(2,K+1):
    md = KMeans(k); md.fit(X)
    labels = md.labels_;
    S.append(metrics.silhouette_score(X,labels,metric=
    'euclidean'))
                                                   #计算轮廓系数
plt.rc('font',size=16); plt.rc('font',family='SimHei')
plt.plot(range(2,K+1), S, 'b*-')
plt.xlabel('簇的个数'); plt.ylabel('轮廓系数'); plt.show()
```

11.4.7 *K* 均值聚类的应用

在做 K 均值聚类时需要注意两点, 一个是聚类前必须指定具体的簇数 k 值, 如果 k 值是已知的, 可以直接调用 cluster 子模块中的 KMeans 函数, 对数据集进行分割; 如果 k 值是未知的, 可以根据行业经验或前面介绍的两种方法确定合理的 k 值.

另一个是对原始数据集做必要的标准化处理. 由于 K 均值的思想是基于点之间的距离实现 "物以类聚" 的, 所以如果原始数据集存在量纲上的差异, 就必须对其进行标准化的预处理. 数据集的标准化预处理可以借助 sklearn 子模块 preprocessing 中的 scale 函数或 minmax_scale 函数. scale 函数的标准化公式为

$$x^* = \frac{x-\mu}{\sigma}, \tag{11.15}$$

minmax_scale 函数的标准化公式为

$$x^* = \frac{x - x_{\min}}{x_{\max} - x_{\min}}, \tag{11.16}$$

其中, $\mu, \sigma, x_{\min}, x_{\max}$ 分别为 x 取值的均值、标准差、最小值和最大值.

Iris 数据集是常用的分类实验数据集, 下面用该数据集来验证 K 均值聚类的效果.

例 11.14　Iris 数据集由 Fisher 于 1936 年收集整理. Iris 也称鸢尾花卉数据, 是一类多重变量分析的数据集. 数据集包含 150 个数据, 分为 3 类, 每类 50 个数据, 每个数据包含 4 个属性, 数据格式如表 11.12 所示. 可通过花萼长度、花萼宽度、花瓣长度、花瓣宽度 4 个属性预测鸢尾花卉属于 (setosa, versicolour, virginica) 三个种类中的哪一类.

表 11.12　Iris 数据集数据

	Sepal_Length	Sepal_Width	Petal_Length	Petal_Width	Species
1	5.1	3.5	1.4	0.2	setosa
2	4.9	3	1.4	0.2	setosa
⋮	⋮	⋮	⋮	⋮	⋮
149	6.2	3.4	5.4	2.3	virginica
150	5.9	3	5.1	1.8	virginica

注: 全部数据见数据文件 iris.csv (数据见封底二维码)

如表 11.12 所示, 数据集的前 4 个变量分别为花萼的长度、宽度及花瓣的长度、宽度, 它们之间没有量纲上的差异, 故无需对其做标准化预处理, 最后一个变量为鸢尾花所属的种类. 如果将其聚为 3 类, 所得结果为各簇样本量分别为 60, 50, 38. 为了直观验证聚类效果, 对比建模后的 3 类与原始数据 3 类的差异, 绘制花瓣长度与宽度的散点图如图 11.7 所示.

```
#程序文件Pex11_14.py
import numpy as np; import pandas as pd
from sklearn.cluster import KMeans
import matplotlib.pyplot as plt
```

```
a=pd.read_csv("iris.csv")
b=a.iloc[:,:-1]
md=KMeans(3); md.fit(b)  #构建模型并求解模型
labels=md.labels_ ;  centers=md.cluster_centers_
b['cluster']=labels  #数据框b添加一个列变量cluster
c=b.cluster.value_counts()  #各类频数统计
plt.rc('font',family='SimHei');
str1=['^r','.k','*b']; plt.subplot(121)
for i in range(len(centers)):
    plt.plot(b['Petal_Length'][labels==i],b['Petal_Width']
                   [labels==i],str1[i],markersize=3,label=str(i))
    plt.legend(); plt.xlabel("(a)KMeans聚类结果")
plt.subplot(122); str2=['setosa','versicolour','virginica']
ind=np.hstack([np.zeros(50),np.ones(50),2*np.ones(50)])
for i in range(3):
    plt.plot(b['Petal_Length'][ind==i],b['Petal_Width'][ind==i],
                 str1[i],markersize=3,label=str2[i])
    plt.legend(loc='lower right'); plt.xlabel("(b)原数据的类别")
plt.show()
```

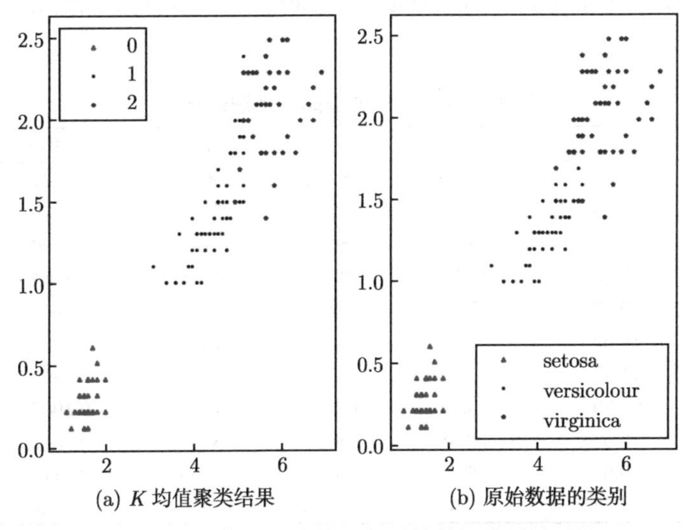

图 11.7 K 均值聚类效果与原始数据类别的对比

习 题 11

11.1 已知 $\boldsymbol{X}=[x_1,x_2]^{\mathrm{T}}$ 服从二维正态分布 $N(\boldsymbol{\mu},\boldsymbol{\Sigma})$, 其中 $\boldsymbol{\mu}=\begin{bmatrix}0\\0\end{bmatrix}$, $\boldsymbol{\Sigma}=\begin{bmatrix}1&0.9\\0.9&1\end{bmatrix}$, 试分别求点 $\boldsymbol{A}=[1,1]^{\mathrm{T}}$ 和 $\boldsymbol{B}=[1,-1]^{\mathrm{T}}$ 到总体均值的马氏距离和欧氏距离, 并讨论马氏距离的合理性.

11.2 设 G_1,G_2 为两个二维总体, 从中分别抽取容量为 3 的训练样本, 见表 11.13.

表 11.13 两总体的训练样本

	x_1	x_2		x_1	x_2
	3	2		6	9
G_1	2	4	G_2	5	7
	4	7		4	8

(1) 计算两总体的样本均值向量 $\bar{\boldsymbol{x}}^{(1)},\bar{\boldsymbol{x}}^{(2)}$ 和样本协方差矩阵 $\boldsymbol{S}_1,\boldsymbol{S}_2$.

(2) 建立距离判别法的判别准则.

(3) 设有一样品 $\boldsymbol{x}=[x_1,x_2]^{\mathrm{T}}=[2,7]^{\mathrm{T}}$, 利用 (2) 中的判别准则判断其归属.

11.3 已知 8 个乳房肿瘤病灶组织的样本见表 11.14, 其中前 3 个为良性肿瘤, 后 5 个为恶性肿瘤. 数据为细胞核显微图像的 5 个量化特征: 细胞核直径、质地、周长、面积、光滑度. 根据已知样本对未知的 3 个样本进行距离判别和贝叶斯判别, 并计算回代误判率与交叉误判率.

表 11.14 乳房肿瘤病灶组织的样本

序号	细胞核直径	质地	周长	面积	光滑度	类型
1	13.54	14.36	87.46	566.3	0.09779	良性
2	13.08	15.71	85.63	520	0.1075	良性
3	9.504	12.44	60.34	273.9	0.1024	良性
4	17.99	10.38	122.8	1001	0.1184	恶性
5	20.57	17.77	132.9	1326	0.08474	恶性
6	19.69	21.25	130	1203	0.1096	恶性
7	11.42	20.38	77.58	386.1	0.1425	恶性
8	20.29	14.34	135.1	1297	0.1003	恶性
9	16.6	28.08	108.3	858.1	0.08455	待定
10	20.6	29.33	140.1	1265	0.1178	待定
11	7.76	24.54	47.92	181	0.05263	待定

11.4 对全国 30 个省、自治区、直辖市经济发展基本情况的 8 项指标作主成分分析, 原始数据见表 11.15.

表 11.15 30 个省市自治区的 8 项指标

省份	GDP x_1	居民消费水平 x_2	固定资产投资 x_3	职工平均工资 x_4	货物周转量 x_5	居民消费价格指数 x_6	商品零售价格指数 x_7	工业总产值 x_8
北京	1394.89	2505	519.01	8144	373.9	117.3	112.6	843.43
天津	920.11	2720	345.46	6501	342.8	115.2	110.6	582.51
河北	2849.52	1258	704.87	4839	2033.3	115.2	115.8	1234.85
山西	1092.48	1250	290.9	4721	717.3	116.9	115.6	697.25
内蒙古	832.88	1387	250.23	4134	781.7	117.5	116.8	419.39
辽宁	2793.37	2397	387.99	4911	1371.1	116.1	114	1840.55
吉林	1129.2	1872	320.45	4430	497.4	115.2	114.2	762.47
黑龙江	2014.53	2334	435.73	4145	824.8	116.1	114.3	1240.37
上海	2462.57	5343	996.48	9279	207.4	118.7	113	1642.95
江苏	5155.25	1926	1434.95	5943	1025.5	115.8	114.3	2026.64
浙江	3524.79	2249	1006.39	6619	754.4	116.6	113.5	916.59
安徽	2003.58	1254	474	4609	908.3	114.8	112.7	824.14
福建	2160.52	2320	553.97	5857	609.3	115.2	114.4	433.67
江西	1205.11	1182	282.84	4211	411.7	116.9	115.9	571.84
山东	5002.34	1527	1229.55	5145	1196.6	117.6	114.2	2207.69
河南	3002.74	1034	670.35	4344	1574.4	116.5	114.9	1367.92
湖北	2391.42	1527	571.68	4685	849	120	116.6	1220.72
湖南	2195.7	1408	422.61	4797	1011.8	119	115.5	843.83
广东	5381.72	2699	1639.83	8250	656.5	114	111.6	1396.35
广西	1606.15	1314	382.59	5105	556	118.4	116.4	554.97
海南	364.17	1814	198.35	5340	232.1	113.5	111.3	64.33
四川	3534	1261	822.54	4645	902.3	118.5	117	1431.81
贵州	630.07	942	150.84	4475	301.1	121.4	117.2	324.72
云南	1206.68	1261	334	5149	310.4	121.3	118.1	716.65
西藏	55.98	1110	17.87	7382	4.2	117.3	114.9	5.57
陕西	1000.03	1208	300.27	4396	500.9	119	117	600.98
甘肃	553.35	1007	114.81	5493	507	119.8	116.5	468.79
青海	165.31	1445	47.76	5753	61.6	118	116.3	105.8
宁夏	169.75	1355	61.98	5079	121.8	117.1	115.3	114.4
新疆	834.57	1469	376.95	5348	339	119.7	116.7	428.76

11.5 在制订服装标准过程中对 100 名成年男子的身材进行了测量, 共 6 项指标: 身高 x_1、坐高 x_2、胸围 x_3、臂长 x_4、肋围 x_5、腰围 x_6, 样本相关系数阵矩阵为

$$R = \begin{bmatrix} 1 & 0.80 & 0.37 & 0.78 & 0.26 & 0.38 \\ 0.80 & 1 & 0.32 & 0.65 & 0.18 & 0.33 \\ 0.37 & 0.32 & 1 & 0.36 & 0.71 & 0.62 \\ 0.78 & 0.65 & 0.36 & 1 & 0.18 & 0.39 \\ 0.26 & 0.18 & 0.71 & 0.18 & 1 & 0.69 \\ 0.38 & 0.33 & 0.62 & 0.39 & 0.69 & 1 \end{bmatrix},$$

试给出主成分分析表达式, 并对主成分做出解释.

11.6　同第 11.5 题数据, 试给出因子分析表达式, 并对因子做出解释.

第12章　回 归 分 析

本章介绍多元线性回归分析、岭回归、LASSO 回归和 Logistic 回归及其 Python 实现.

12.1　多元线性回归分析

12.1.1　多元线性回归模型

多元回归分析是研究随机变量之间相关关系的一种统计方法. 通过对变量实际观测的分析、计算, 建立一个变量与另一组变量的定量关系即回归方程, 经统计检验认为回归效果显著后, 可用于预测与控制.

设随机变量 y 与变量 $x_1, x_2, \cdots, x_m$ 有关, 则其 m 元线性回归模型为

$$y = \beta_0 + \beta_1 x_1 + \cdots + \beta_m x_m + \varepsilon, \tag{12.1}$$

式中, ε 是随机误差服从正态分布 $N(0, \sigma^2)$, $\beta_0, \beta_1, \cdots, \beta_m$ 为回归系数.

回归分析的主要步骤是: ① 由观测值确定参数 (回归系数) $\beta_0, \beta_1, \cdots, \beta_m$ 的估计值 $b_0, b_1, \cdots, b_m$; ② 对线性关系、自变量的显著性进行统计检验; ③ 利用回归方程进行预测.

1. 回归系数的最小二乘估计

对 y 及 $x_1, x_2, \cdots, x_m$ 作 n 次抽样得到 n 组数据 $(y_i, x_{i1}, \cdots, x_{im})$, $i = 1, \cdots, n$, $n > m$, 代入式 (12.1), 有

$$y_i = \beta_0 + \beta_1 x_{i1} + \cdots + \beta_m x_{im} + \varepsilon_i, \tag{12.2}$$

式中, ε_i $(i = 1, 2, \cdots, n)$ 是服从正态分布 $N(0, \sigma^2)$ 的 n 个相互独立同分布的随机变量.

记

$$\boldsymbol{X} = \begin{bmatrix} 1 & x_{11} & x_{12} & \cdots & x_{1m} \\ 1 & x_{21} & x_{22} & \cdots & x_{2m} \\ \vdots & \vdots & \vdots & & \vdots \\ 1 & x_{n1} & x_{n2} & \cdots & x_{nm} \end{bmatrix}, \quad \boldsymbol{Y} = \begin{bmatrix} y_1 \\ y_2 \\ \vdots \\ y_n \end{bmatrix}, \tag{12.3}$$

$$\boldsymbol{\varepsilon} = [\varepsilon_1, \varepsilon_2, \cdots, \varepsilon_n]^{\mathrm{T}}, \quad \boldsymbol{\beta} = [\beta_0, \beta_1, \cdots, \beta_m]^{\mathrm{T}}.$$

式 (12.2) 可以表示为

$$\begin{cases} \boldsymbol{Y} = \boldsymbol{X}\boldsymbol{\beta} + \varepsilon, \\ \boldsymbol{\varepsilon} \sim N(0, \sigma^2 \boldsymbol{E}_n), \end{cases} \tag{12.4}$$

其中, $\boldsymbol{E}_n$ 为 n 阶单位矩阵.

模型 (12.1) 中的参数 $\beta_0, \beta_1, \cdots, \beta_m$ 用最小二乘法估计, 即应选取估计值 b_j, 使当 $\beta_j = b_j$, $j = 0, 1, 2, \cdots, m$ 时, 误差平方和

$$Q = \sum_{i=1}^{n} \varepsilon_i^2 = \sum_{i=1}^{n} (y_i - \beta_0 - \beta_1 x_{i1} - \cdots - \beta_m x_{im})^2 \tag{12.5}$$

达到最小. 为此, 令

$$\frac{\partial Q}{\partial \beta_j} = 0, \quad j = 0, 1, 2, \cdots, m.$$

得

$$\begin{cases} \dfrac{\partial Q}{\partial \beta_0} = -2 \displaystyle\sum_{i=1}^{n} (y_i - \beta_0 - \beta_1 x_{i1} - \cdots - \beta_m x_{im}) = 0, \\ \dfrac{\partial Q}{\partial \beta_j} = -2 \displaystyle\sum_{i=1}^{n} (y_i - \beta_0 - \beta_1 x_{i1} - \cdots - \beta_m x_{im}) x_{ij} = 0, \quad j = 1, 2, \cdots, m. \end{cases} \tag{12.6}$$

经整理化为以下正规方程组

$$\begin{cases} \beta_0 n + \beta_1 \displaystyle\sum_{i=1}^{n} x_{i1} + \beta_2 \sum_{i=1}^{n} x_{i2} + \cdots + \beta_m \sum_{i=1}^{n} x_{im} = \sum_{i=1}^{n} y_i, \\ \beta_0 \displaystyle\sum_{i=1}^{n} x_{i1} + \beta_1 \sum_{i=1}^{n} x_{i1}^2 + \beta_2 \sum_{i=1}^{n} x_{i1} x_{i2} + \cdots + \beta_m \sum_{i=1}^{n} x_{i1} x_{im} = \sum_{i=1}^{n} x_{i1} y_i, \\ \cdots\cdots \\ \beta_0 \displaystyle\sum_{i=1}^{n} x_{im} + \beta_1 \sum_{i=1}^{n} x_{i1} x_{im} + \beta_2 \sum_{i=1}^{n} x_{i2} x_{im} + \cdots + \beta_m \sum_{i=1}^{n} x_{im}^2 = \sum_{i=1}^{n} x_{im} y_i. \end{cases} \tag{12.7}$$

正规方程组的矩阵形式为

$$\boldsymbol{X}^{\mathrm{T}} \boldsymbol{X} \boldsymbol{\beta} = \boldsymbol{X}^{\mathrm{T}} \boldsymbol{Y}, \tag{12.8}$$

当矩阵 $\boldsymbol{X}$ 列满秩时, $\boldsymbol{X}^{\mathrm{T}} \boldsymbol{X}$ 为可逆方阵, 式 (12.8) 的解为

$$\hat{\boldsymbol{\beta}} = (\boldsymbol{X}^{\mathrm{T}} \boldsymbol{X})^{-1} \boldsymbol{X}^{\mathrm{T}} \boldsymbol{Y}. \tag{12.9}$$

将 $\hat{\boldsymbol{\beta}}=[b_0,b_1,\cdots,b_m]$ 代入式 (12.1), 得到 y 的估计值

$$\hat{y}=b_0+b_1x_1+\cdots+b_mx_m. \tag{12.10}$$

而这组数据的拟合值为 $\hat{\boldsymbol{Y}}=\boldsymbol{X}\hat{\boldsymbol{\beta}}$, 拟合误差 $\boldsymbol{e}=\boldsymbol{Y}-\hat{\boldsymbol{Y}}$ 称为残差, 可作为随机误差 $\boldsymbol{\varepsilon}$ 的估计, 而

$$\mathrm{SSE}=\sum_{i=1}^{n}e_i^2=\sum_{i=1}^{n}(y_i-\hat{y}_i)^2 \tag{12.11}$$

为残差平方和 (或剩余平方和).

2. **回归方程和回归系数的检验**

前面是在假定随机变量 y 与变量 $x_1,x_2,\cdots,x_m$ 具有线性关系的条件下建立线性回归方程的, 但变量 y 与变量 $x_1,x_2,\cdots,x_m$ 是否有线性关系? 所有的变量 $x_1,x_2,\cdots,x_m$ 对变量 y 是否都有影响? 需要做统计检验.

对总平方和 SST$=\sum\limits_{i=1}^{n}(y_i-\bar{y})^2$ 进行分解, 有

$$\mathrm{SST}=\mathrm{SSE}+\mathrm{SSR}, \tag{12.12}$$

其中, SSE 是由 (12.11) 定义的残差平方和, 反映随机误差对 y 的影响; SSR$=\sum\limits_{i=1}^{n}(\hat{y}_i-\bar{y})^2$ 称为回归平方和, 反映自变量对 y 的影响, 这里 $\bar{y}=\dfrac{1}{n}\sum\limits_{i=1}^{n}y_i$, $\hat{y}_i=b_0+b_1x_{i1}+\cdots+b_mx_{im}$. 上面的分解中利用了正规方程组, 其中 SST 的自由度 $\mathrm{df}_T=n-1$, SSE 的自由度 $\mathrm{df}_E=n-m-1$, SSR 的自由度 $\mathrm{df}_R=m$.

因变量 y 与自变量 $x_1,\cdots,x_m$ 之间是否存在如式 (12.1) 所示的线性关系是需要检验的. 显然, 如果所有的 $|\hat{\beta}_j|$ $(j=1,\cdots,m)$ 都很小, y 与 $x_1,\cdots,x_m$ 的线性关系就不明显, 所以可令原假设为

$$H_0:\beta_1=\beta_2=\cdots=\beta_m=0.$$

当 H_0 成立时由分解式 (12.12) 定义的 SSR, SSE 满足

$$F=\frac{\mathrm{SSR}/m}{\mathrm{SSE}/(n-m-1)}\sim F(m,n-m-1). \tag{12.13}$$

对显著性水平 α, 有上 α 分位数 $F_\alpha(m,n-m-1)$, 若 $F>F_\alpha(m,n-m-1)$, 回归方程效果显著; 若 $F<F_\alpha(m,n-m-1)$, 回归方程效果不显著.

注 12.1 当 y 与 $x_1,\cdots,x_m$ 的线性关系不明显时, 可能存在非线性关系, 如平方关系.

当上面的 H_0 被拒绝时, β_j 不全为零, 但是不排除其中若干个等于零. 所以应进一步作如下 $m+1$ 个检验 $(j=0,1,\cdots,m)$:

$$H_0^{(j)}:\beta_j=0\quad(j=0,1,\cdots,m).$$

当 $H_0^{(j)}$ 为真时, 统计量

$$t_j=\frac{b_j/\sqrt{c_{jj}}}{\sqrt{\mathrm{SSE}/(n-m-1)}}\sim t(n-m-1),\tag{12.14}$$

其中, c_{jj} 是 $(\boldsymbol{X}^{\mathrm{T}}\boldsymbol{X})^{-1}$ 中的第 (j,j) 元素.

对给定的 α, 若 $|t_j|>t_{\alpha/2}(n-m-1)$ $(j=1,2,\cdots,m)$, 拒绝 $H_0^{(j)}$, x_j 的作用显著; 否则, 接受 $H_0^{(j)}$, x_j 的作用不显著, 去掉变量 x_j 重新建立回归方程.

还有一些衡量 y 与 $x_1,\cdots,x_m$ 相关程度的指标, 如用回归平方和在总平方和中的比值定义复判定系数

$$R^2=\frac{\mathrm{SSR}}{\mathrm{SST}}.\tag{12.15}$$

$R=\sqrt{R^2}$ 称为复相关系数, R 越大, y 与 $x_1,\cdots,x_m$ 相关关系越密切, 通常, R 大于 0.8 (或 0.9) 才认为相关关系成立.

3. 回归方程的预测

对于给定的 $x_1^{(0)},x_2^{(0)},\cdots,x_m^{(0)}$, 代入回归方程 (12.10), 得到

$$\hat{y}_0=b_0+b_1x_1^{(0)}+b_2x_2^{(0)}+\cdots+b_mx_m^{(0)},$$

用 $\hat{y}_0$ 作为 y 在点 $x_1^{(0)},x_2^{(0)},\cdots,x_m^{(0)}$ 的预测值.

也可以进行区间估计, 记 $s=\sqrt{\dfrac{\mathrm{SSE}}{n-m-1}}$, $\boldsymbol{x}_0=[1,\ x_1^{(0)},x_2^{(0)},\cdots,x_m^{(0)}]$, 则 y_0 的置信度为 $1-\alpha$ 的预测区间为

$$\Big(\hat{y}_0-t_{1-\alpha/2}(n-m-1)s\sqrt{1+\boldsymbol{x}_0^{\mathrm{T}}(\boldsymbol{X}^{\mathrm{T}}\boldsymbol{X})^{-1}\boldsymbol{x}_0},$$

$$\hat{y}_0+t_{1-\alpha/2}(n-m-1)s\sqrt{1+\boldsymbol{x}_0^{\mathrm{T}}(\boldsymbol{X}^{\mathrm{T}}\boldsymbol{X})^{-1}\boldsymbol{x}_0}\Big).$$

当 n 较大时, 有 y_0 的近似预测区间: 95%的预测区间为 $(\hat{y}_0-2s,\ \hat{y}_0+2s)$, 98%的预测区间为 $(\hat{y}_0-3s,\ \hat{y}_0+3s)$.

12.1.2 Python求解线性回归分析

1. 利用模块 sklearn.linear_model 中的函数 LinearRegression 求解

利用模块 sklearn.linear_model 中的函数 LinearRegression 可以求解多元线性回归问题, 但模型检验只有一个指标 R^2, 需要用户编程实现模型的其他统计检验.

构建并拟合模型的函数调用格式为

```
LinearRegression().fit(x,y)
```

其中, x 为自变量观测值矩阵 (不包括全部元素为 1 的第一列), y 为因变量的观察值向量.

例 12.1 水泥凝固时放出的热量 y 与水泥中两种主要化学成分 x_1, x_2 有关, 今测得一组数据如表 12.1 所示, 试确定一个线性回归模型 $y = a_0 + a_1x_1 + a_2x_2$.

表 12.1 x_1, x_2, y 的观测值

序号	x_1	x_2	y	序号	x_1	x_2	y
1	7	26	78.5	8	1	31	72.5
2	1	29	74.3	9	2	54	93.1
3	11	56	104.3	10	21	47	115.9
4	11	31	87.6	11	1	40	83.8
5	7	52	95.9	12	11	66	113.3
6	11	55	109.2	13	10	68	109.4
7	3	71	102.7				

解 求得的回归模型为

$$y = 52.5773 + 1.4683x_1 + 0.6623x_2,$$

模型的复判定系数 (也称为拟合优度) $R^2 = 0.9787$, 拟合效果很好.

```
#程序文件Pex12_1.py
import numpy as np
from sklearn.linear_model import LinearRegression
a=np.loadtxt("Pdata12_1.txt")
#加载表12.1中x1,x2,y的13行3列数据(数据见封底二维码)
md=LinearRegression().fit(a[:,:2],a[:,2])    #构建并拟合模型
y=md.predict(a[:,:2])      #求预测值
b0=md.intercept_; b12=md.coef_   #输出回归系数
R2=md.score(a[:,:2],a[:,2])     #计算R^2
print("b0=%.4f\nb12=%.4f%10.4f"%(b0,b12[0],b12[1]))
print("拟合优度R^2=%.4f"%R2)
```

2. 利用 statsmodels 库求解

statsmodels 可以使用两种模式求解回归分析模型, 一种是基于公式的模式, 另一种是基于数组的模式.

基于公式构建并拟合模型的调用格式为

```
import statsmodels as sm
sm.formula.ols(formula, data=df)
```

其中, formula 为引号括起来的公式, df 为数据框或字典格式的数据.

基于数组构建并拟合模型的调用格式为

```
import statsmodels.api as sm
sm.OLS(y,X).fit()
```

其中, y 为因变量的观察值向量, X 为自变量观测值矩阵再添加第一列全部元素为 1 得到的增广阵.

例 12.2 (续例 12.1) 用 statsmodels 库求解例 12.1.

基于公式求解的 Python 程序如下

```
#程序文件Pex12_2_1.py
import numpy as np; import statsmodels.api as sm
a=np.loadtxt("Pdata12_1.txt")
#加载表中x1,x2,y的13行3列数据 (数据见封底二维码)
d={'x1':a[:,0],'x2':a[:,1],'y':a[:,2]}
md=sm.formula.ols('y~x1+x2',d).fit()  #构建并拟合模型
print(md.summary(),'\n------------\n')  #显示模型所有信息
ypred=md.predict({'x1':a[:,0],'x2':a[:,1]})  #计算预测值
print(ypred)  #输出预测值
```

基于数组求解的 Python 程序如下:

```
#程序文件Pex12_2_2.py
import numpy as np; import statsmodels.api as sm
a=np.loadtxt("Pdata12_1.txt")
#加载表12.1中x1,x2,y的13行3列数据(数据见封底二维码)
X = sm.add_constant(a[:,:2])  #增加第一列全部元素为1得到增广矩阵
md=sm.OLS(a[:,2],X).fit()  #构建并拟合模型
print(md.params,'\n------------\n')  #提取所有回归系数
y=md.predict(X)       #求已知自变量值的预测值
print(md.summary2())  #输出模型的所有结果
```

12.2 线性回归模型的正则化

对于多元线性回归, 当 $\boldsymbol{X}^{\mathrm{T}}\boldsymbol{X}$ 不是满秩矩阵时存在多个解析解, 它们都能使得均方误差最小化, 常见的做法是引入正则化项. 岭回归和 LASSO 回归是目前最为流行的两种线性回归正则化方法.

12.2.1 多重共线性关系

从理论上说, 在讨论多元线性回归模型时, 一般要求设计矩阵 $\boldsymbol{X}$ 中的列向量之间不存在线性关系. 当 $\boldsymbol{X}$ 的列向量之间有较强的线性相关性时, 即解释变量 $x_1, x_2, \cdots, x_m$ 之间出现严重的多重共线性, 这时设计矩阵 $\boldsymbol{X}$ 将呈病态. 在这种情况下, 用普通最小二乘法估计模型参数, 往往参数估计方差太大, 使普通最小二乘法的效果变得很不理想. 为了解决这一问题, 统计学家从模型和数据的角度考虑, 提出了很多改进方法, 下面要介绍的岭回归和 LASSO 回归是其中的两种方法.

例 12.3 表 12.2 是 Malinvand 于 1966 年提出的研究法国经济问题的一组数据. 所考虑的因变量为进口总额 y, 三个解释变量分别为: 国内总产值 x_1、储存量 x_2、总消费量 x_3 (单位均为 10 亿法郎).

表 12.2 1949~1959 年法国进口总额与相关变量的数据

年份	x_1	x_2	x_3	y	年份	x_1	x_2	x_3	y
1949	149.3	4.2	108.1	15.9	1955	202.1	2.1	146.0	22.7
1950	171.5	4.1	114.8	16.4	1956	212.4	5.6	154.1	26.5
1951	175.5	3.1	123.2	19.0	1957	226.1	5.0	162.3	28.1
1952	180.8	3.1	126.9	19.1	1958	231.9	5.1	164.3	27.6
1953	190.7	1.1	132.1	18.8	1959	239.0	0.7	167.6	26.3
1954	202.1	2.2	137.7	20.4					

对于上述问题, 可以直接用普通的最小二乘估计建立 y 关于三个解释变量 x_1, x_2 和 x_3 的回归方程为

$$y = -8.6203 - 0.0742x_1 + 0.5104x_2 + 0.3116x_3,$$

并且模型的统计检验指标都相当好, 但是 x_1 的系数为负, 这不符合经济意义, 因为法国是一个原材料进口国, 当国内总产值 x_1 增加时, 进口总额 y 也应该增加, 所以该系数的符号应该为正. 其原因就是三个自变量 x_1, x_2 和 x_3 之间存在多重共线性.

x_1, x_2 和 x_3 三者的相关系数矩阵

$$\boldsymbol{R} = \begin{bmatrix} 1 & -0.0329 & 0.9869 \\ -0.0329 & 1 & 0.0357 \\ 0.9869 & 0.0357 & 1 \end{bmatrix},$$

由此可知 x_1 与 x_3 间的相关系数高达 0.9869, 这说明 x_1 与 x_3 基本线性相关, 若将 x_3 看作因变量, x_1 看作解释变量, 那么 x_3 关于 x_1 的一元线性回归方程为

$$x_3 = -4.9632 + 0.7297x_1.$$

这说明当 x_1 变化时, x_3 不可能保持一个常数, 因此对回归系数的解释就复杂了, 不能仅从其符号上作解释, x_1 和 x_3 之间存在着多重共线性关系.

```
#程序文件Pex12_3.py
import numpy as np; import statsmodels.api as sm
a=np.loadtxt("Pdata12_3.txt")
#加载表12.2中x1,x2,x3,y的11行4列数据
x=a[:,:3]  #提出自变量观测值矩阵
X=sm.add_constant(x)  #增加第一列全部元素为1得到增广矩阵
md=sm.OLS(a[:,3],X).fit()  #构建并拟合模型
b=md.params            #提取所有回归系数
y=md.predict(X)        #求已知自变量值的预测值
print(md.summary())  #输出模型的所有结果
print("相关系数矩阵:\n",np.corrcoef(x.T))
X1=sm.add_constant(a[:,0])
md1=sm.OLS(a[:,2],X1).fit()
print("回归系数为: ",md1.params)
```

"多重共线性" 一词由 R. Frisch 在 1934 年提出的, 它原指模型的解释变量间存在线性关系. 在实际经济问题中, 由于经济变量本身的性质, 多重共线性是存在于计量经济学模型中的一个普遍的问题, 产生多重共线性的原因一般有以下三种情况:

(1) 许多经济变量之间存在着相关关系, 有着共同的变化趋势, 例如, 国民经济发展使国民增加了收入, 随之消费、储蓄和投资出现了共同增长. 当这些变量同时进入模型后就会带来多重共线性问题. 如果采用其中的两个作为解释变量, 就可能产生多重共线性问题.

(2) 在回归模型中使用滞后解释变量, 也可能产生多重共线性问题, 由于经济变量的现期值和各滞后期值往往高度相关. 因此使用滞后解释变量所形成的分布滞后模型就存在一定程度的多重共线性.

(3) 样本数据也会引起多重共线性问题. 根据回归模型的假设, 解释变量是非随机变量, 由于收集的数据过窄而造成某些解释变量似乎有相同或相反的变化趋势, 也就是说解释变量即使在总体上不存在线性关系, 其样本也可能是线性相关的. 在此意义上说, 多重共线性是一种样本现象.

一般地, 关于多重共线性关系, 给出如下定义.

定义 12.1 当设计矩阵 $\boldsymbol{X}$ 的列向量间具有近似的线性相关时, 即存在不全为 0 的常数 $c_0, c_1, \cdots, c_m$, 使得 $c_0 + c_1x_1 + \cdots + c_mx_m \approx 0$, 称各自变量之间有多重共线性关系.

12.2.2 岭回归

1. 岭估计的定义及性质

岭估计提出的想法很自然. 当 $x_1, x_2, \cdots, x_m$ 间存在多重共线性关系时, 也就是 $|\boldsymbol{X}^{\mathrm{T}}\boldsymbol{X}| \approx 0$, 设想给 $\boldsymbol{X}^{\mathrm{T}}\boldsymbol{X}$ 加上一个正常数矩阵 $k\boldsymbol{I}$ $(k>0)$, 那么 $(\boldsymbol{X}^{\mathrm{T}}\boldsymbol{X}+k\boldsymbol{I})$ 接近奇异的可能性要比 $\boldsymbol{X}^{\mathrm{T}}\boldsymbol{X}$ 接近奇异的可能性小得多, 因此用

$$\hat{\boldsymbol{\beta}}(k) = (\boldsymbol{X}^{\mathrm{T}}\boldsymbol{X}+k\boldsymbol{I})^{-1}\boldsymbol{X}^{\mathrm{T}}\boldsymbol{Y} \tag{12.16}$$

作为 $\boldsymbol{\beta}$ 的估计应该比用最小二乘估计稳定. 为此, 给出岭估计的如下定义.

定义 12.2 设 $0 \leqslant k < +\infty$, 满足 (12.16) 式的 $\hat{\boldsymbol{\beta}}(k)$ 称为 $\boldsymbol{\beta}$ 的岭估计. 由 $\boldsymbol{\beta}$ 的岭估计建立的回归方程称为岭回归方程. 其中 k 称为岭参数. 对于回归系数 $\hat{\boldsymbol{\beta}}(k) = [b_0(k),\ b_1(k), \cdots, b_m(k)]^{\mathrm{T}}$ 的分量 $b_j(k)$ $(j \geqslant 1)$ 来说, 在直角坐标系 $(k, b_j(k))$ 的图像是 m 条曲线, 称为岭迹.

当 $k=0$ 时, $\hat{\boldsymbol{\beta}}(0)$ 即为原来的最小二乘估计.

下面介绍岭估计的一些重要性质.

性质 12.1 岭估计不再是无偏估计, 即 $E(\hat{\boldsymbol{\beta}}(k)) \neq \boldsymbol{\beta}$.

性质 12.2 岭估计是压缩估计, 即 $\left\|\hat{\boldsymbol{\beta}}(k)\right\| \leqslant \left\|\hat{\boldsymbol{\beta}}\right\|$.

2. 岭参数 k 的选择

岭参数 k 的选择有很多种方法, 这里只介绍两种容易理解的方法.

1) 岭迹法

观察岭迹曲线, 原则上应该选取使 $\hat{\boldsymbol{\beta}}(k)$ 稳定的最小 k 值, 同时残差平方和也不增加太多.

2) 均方误差法

岭估计的均方误差 $\operatorname{mse}(\hat{\boldsymbol{\beta}}(k)) = E\left\|\hat{\boldsymbol{\beta}}(k)-\boldsymbol{\beta}\right\|^2$ 是 k 的函数, 可以证明它能在某处取得最小值. 计算并观察 $\operatorname{mse}(\hat{\boldsymbol{\beta}}(k))$, 开始它将下降, 到达最小值后开始上升. 取它最小处的 k 作为岭参数.

3. 岭回归的应用

例 12.4 (续例 12.3) 求例 12.3 的岭回归方程.

解 画出的岭迹图如图 12.1 所示, 从岭迹图可以看出选 $k=0.4$ 较好. 对应的标准化岭回归方程为

$$\hat{y}^* = 0.2518x_1^* + 0.2262x_2^* + 0.6902x_3^*,$$

将标准化回归方程还原后得

$$\hat{y} = -9.5320 + 0.0410x_1 + 0.6231x_2 + 0.1520x_3.$$

拟合优度 $R^2 = 0.9843$.

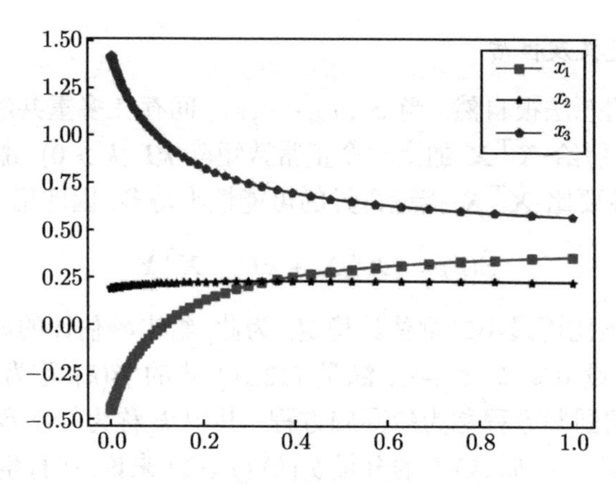

图 12.1　外贸数据回归的岭迹

```
#程序文件Pex12_4.py
import numpy as np; import matplotlib.pyplot as plt
from sklearn.linear_model import Ridge, RidgeCV
from scipy.stats import zscore
#plt.rc('text', usetex=True)  #没装LaTeX宏包把该句注释
a=np.loadtxt("Pdata12_3.txt") #数据见封底二码
n=a.shape[1]-1  #自变量的总个数
aa=zscore(a)  #数据标准化
x=aa[:,:n]; y=aa[:,n]  #提出自变量和因变量观测值矩阵
b=[]  #用于存储回归系数的空列表
kk=np.logspace(-4,0,100)  #循环迭代的不同k值
for k in kk:
    md=Ridge(alpha=k).fit(x,y)
    b.append(md.coef_)
st=['s-r','*-k','p-b']  #下面画图的控制字符串
for i in range(3): plt.plot(kk,np.array(b)[:,i],st[i]);
plt.legend(['$x_1$','$x_2$','$x_3$'],fontsize=15); plt.show()
mdcv=RidgeCV(alphas=np.logspace(-4,0,100)).fit(x,y);
print("最优alpha=",mdcv.alpha_)
#md0=Ridge(mdcv.alpha_).fit(x,y)  #构建并拟合模型
md0=Ridge(0.4).fit(x,y)  #构建并拟合模型
cs0=md0.coef_  #提出标准化数据的回归系数b1,b2,b3
```

```
print("标准化数据的所有回归系数为: ",cs0)
mu=np.mean(a,axis=0); s=np.std(a,axis=0,ddof=1)
#计算所有指标的均值和标准差
params=[mu[-1]-s[-1]*sum(cs0*mu[:-1]/s[:-1]),s[-1]*cs0/s[:-1]]
print("原数据的回归系数为: ",params)
print("拟合优度: ",md0.score(x,y))
```

注 12.2 在程序中使用了函数 RidgeCV 确定最佳 k 值, 但拟合出的 x_1 系数是负的, 最终还是主观确定 $k=0.4$.

12.2.3 LASSO回归

数学原理简介

多元回归中的普通最小二乘法是拟合参数向量 $\boldsymbol{\beta}$, 使得 $\|\boldsymbol{X}\boldsymbol{\beta}-\boldsymbol{Y}\|_2^2$ 达到最小值. 岭回归是选择合适的参数 $k\geqslant 0$, 拟合参数向量 $\boldsymbol{\beta}$, 使得 $\|\boldsymbol{X}\boldsymbol{\beta}-\boldsymbol{Y}\|_2^2+k\|\boldsymbol{\beta}\|_2^2$ 达到最小值, 解决了 $\boldsymbol{X}^{\mathrm{T}}\boldsymbol{X}$ 不可逆的问题. LASSO 回归, 是选择合适的参数 $k\geqslant 0$, 拟合参数向量 $\boldsymbol{\beta}$, 使得

$$J(\boldsymbol{\beta})=\|\boldsymbol{X}\boldsymbol{\beta}-\boldsymbol{Y}\|_2^2+k\|\boldsymbol{\beta}\|_1 \tag{12.17}$$

达到最小值, 其中 $k\|\boldsymbol{\beta}\|_1$ 为目标函数的惩罚项, k 为惩罚系数.

由于式 (12.17) 中的惩罚项是关于回归系数 $\boldsymbol{\beta}$ 的绝对值之和, 因此惩罚项在零点处是不可导的, 那么应用在岭回归上的最小二乘法在此失效, 不仅如此, 梯度下降法、牛顿法与拟牛顿法都无法计算出 LASSO 回归的拟合系数. 坐标下降法可以求得 LASSO 回归系数, 坐标下降法与梯度下降法类似, 都属于迭代算法, 所不同的是坐标轴下降法是沿着坐标轴下降, 而梯度下降法则是沿着梯度的负方向下降, 具体的数学原理这里就不介绍了.

由于拟合 LASSO 回归模型参数时, 使用的损失函数 (机器学习中的用语) 式 (12.17) 中包含惩罚系数 k, 因此在计算模型回归系数之前, 仍然需要得到最理想的 k 值. 与岭回归模型类似, k 值的确定可以通过定性的可视化方法.

例 12.5 (续例 12.3) 求例 12.3 的 LASSO 回归方程.

解 画出的 k 与 LASSO 回归系数的关系图如图 12.2 所示, 从图中可以看出选 $k=0.21$ 较好. 对应的标准化 LASSO 回归方程为

$$\hat{y}^*=0.0136x_2^*+0.7614x_3^*,$$

将标准化回归方程还原后得

$$\hat{y}=-1.6602+0.0374x_2+0.1677x_3,$$

模型的拟合优度 $R^2 = 0.9061$. 从计算结果可以看出, LASSO 回归可以非常方便地实现自变量的筛选.

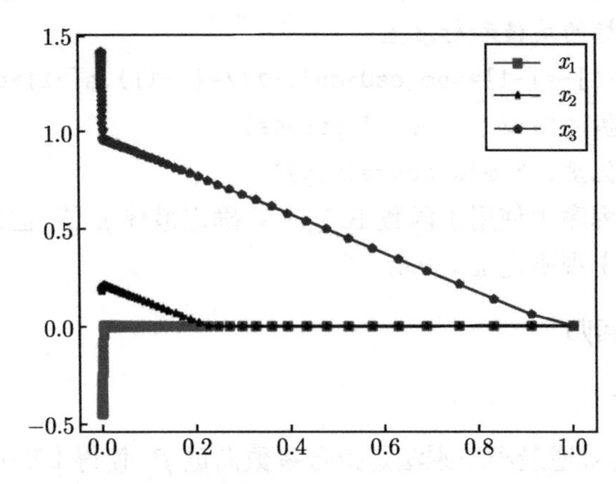

图 12.2　正则项系数与回归系数之间的关系

```
#程序文件Pex12_5.py
import numpy as np; import matplotlib.pyplot as plt
from sklearn.linear_model import Lasso, LassoCV
from scipy.stats import zscore
plt.rc('font',size=16)
plt.rc('text', usetex=True)  #没装LaTeX宏包把该句注释
a=np.loadtxt("Pdata12_3.txt") #数据见封底二维码
n=a.shape[1]-1  #自变量的总个数
aa=zscore(a)  #数据标准化
x=aa[:,:n]; y=aa[:,n]  #提出自变量和因变量观测值矩阵
b=[]  #用于存储回归系数的空列表
kk=np.logspace(-4,0,100)  #循环迭代的不同k值
for k in kk:
    md=Lasso(alpha=k).fit(x,y)
    b.append(md.coef_)
st=['s-r','*-k','p-b']  #下面画图的控制字符串
for i in range(3): plt.plot(kk,np.array(b)[:,i],st[i]);
plt.legend(['$x_1$','$x_2$','$x_3$'],fontsize=15); plt.show()
mdcv=LassoCV(alphas=np.logspace(-4,0,100)).fit(x,y);
print("最优alpha=",mdcv.alpha_)
#md0=Lasso(mdcv.alpha_).fit(x,y)  #构建并拟合模型
```

```
md0=Lasso(0.21).fit(x,y)  #构建并拟合模型
cs0=md0.coef_  #提出标准化数据的回归系数b1,b2,b3
print("标准化数据的所有回归系数为: ",cs0)
mu=np.mean(a,axis=0); s=np.std(a,axis=0,ddof=1)
#计算所有指标的均值和标准差
params=[mu[-1]-s[-1]*sum(cs0*mu[:-1]/s[:-1]),s[-1]*cs0/s[:-1]]
print("原数据的回归系数为: ",params)
print("拟合优度: ",md0.score(x,y))
```

例 12.6 在建立中国私人轿车拥有量模型时, 主要考虑以下因素: ① 城镇居民家庭人均可支配收入 x_1(元), ② 全国城镇人口 x_2(亿人), ③ 全国汽车产量 x_3(万辆), ④ 全国公路长度 x_4(万千米). 具体数据见表 12.3, 其中 y 表示中国私人轿车拥有量 (万辆). 试建立 y 的经验公式.

对于上述问题, 可以直接用普通的最小二乘法建立 y 关于四个解释变量 x_1, x_2, x_3 和 x_4 的回归方程为

$$\hat{y} = -1028.4134 - 0.0159x_1 + 245.6120x_2 + 1.6316x_3 + 2.0294x_4,$$

模型的检验见下面程序运行结果, 这里就不具体给出了.

表 12.3 1994~2002 年中国私人轿车拥有量及相关变量数据

年份	x_1	x_2	x_3	x_4	y
1994	3496.2	3.43	136.69	111.78	205.42
1995	4283	3.52	145.27	115.7	249.96
1996	4838.9	3.73	147.52	118.58	289.67
1997	5160.3	3.94	158.25	122.64	358.36
1998	5425.1	4.16	163	127.85	423.65
1999	5854	4.37	183.2	135.17	533.88
2000	6280	4.59	207	140.27	625.33
2001	6859.6	4.81	234.17	169.8	770.78
2002	7702.8	5.02	325.1	176.52	968.98

在 $\alpha = 0.05$ 的水平下, 以上的回归方程是显著的. 但变量 x_1 对 y 是不显著的, 且回归方程中 x_1 前面的系数为负值也不合理.

选择 $k = 0.05$, 建立的 LASSO 回归方程为

$$\hat{y} = -908.2059 + 203.0938x_2 + 1.4562x_3 + 2.0469x_4.$$

```
#程序文件Pex12_6.py
import numpy as np; import matplotlib.pyplot as plt
```

```
import statsmodels.api as sm
from sklearn.linear_model import Lasso
from scipy.stats import zscore
#plt.rc('text', usetex=True) #没装LaTeX宏包把该句注释
a=np.loadtxt("Pdata12_6.txt")
#加载表12.3中的9行5列数据(数据见封底二维码)
n=a.shape[1]-1  #自变量的总个数
x=a[:,:n]  #提出自变量观测值矩阵
X = sm.add_constant(x)
md=sm.OLS(a[:,n],X).fit()  #构建并拟合模型
print(md.summary())  #输出模型的所有结果
aa=zscore(a)  #数据标准化
x=aa[:,:n]; y=aa[:,n]  #提出自变量和因变量观测值矩阵
b=[]  #用于存储回归系数的空列表
kk=np.logspace(-4,0,100)  #循环迭代的不同k值
for k in kk:
    md=Lasso(alpha=k).fit(x,y)
    b.append(md.coef_)
st=['s-r','*-k','p-b','^-y']  #下面画图的控制字符串
for i in range(n): plt.plot(kk,np.array(b)[:,i],st[i]);
plt.legend(['$x_1$','$x_2$','$x_3$','$x_4$'],fontsize=15);
plt.show()
md0=Lasso(0.05).fit(x,y)  #构建并拟合模型
cs0=md0.coef_  #提出标准化数据的回归系数b1,b2,b3,b4
print("标准化数据的所有回归系数为: ",cs0)
mu=a.mean(axis=0);s=a.std(axis=0,ddof=1)#计算所有指标的均值和标准差
params=[mu[-1]-s[-1]*sum(cs0*mu[:-1]/s[:-1]),s[-1]*cs0/s[:-1]]
print("原数据的回归系数为: ",params)
print("拟合优度: ",md0.score(x,y))
```

从上面的讨论可以看到, 线性回归模型使用简便, 在很多领域都得到了有效的应用. 但在实际应用中还会碰到很多非线性回归模型, 一般的非线性回归模型我们就不介绍了, 把非线性回归模型看成拟合一个非线性函数就可以了.

前面的多元线性回归模型是假设因变量 y 被建模为自变量 $x_1, x_2, \cdots, x_m$ 的线性组合. 但是, 我们可以放宽这个假设, 拟合一个更为广义的线性模型; 可以用一个链接 (link) 函数 G 来替换公式

$$y = \beta_0 + \beta_1 x_1 + \cdots + \beta_m x_m + \varepsilon,$$

将非线性输出转换为一个线性的响应

$$G(y) = \beta_0 + \beta_1 x_1 + \cdots + \beta_m x_m + \varepsilon,$$

链接函数 $G(y)$ 有很多取法, 例如:

(1) $G(y) = \ln \dfrac{y}{1-y}$, 把 0 到 1 范围之间的响应映射到一个线性坐标上, 其中 y 通常是一个 0 到 1 之间的概率值.

(2) $G(y) = \ln(y)$, 把计数值转换成线性输出, 其中 y 为计数值.

12.3 Logistic 回归

下面只介绍广义线性回归中的 Logistic 回归.

12.3.1 Logistic回归模型

1. 模型的构建

Logistic 回归, 与普通回归任务不同, 分类的结果输出是有限的离散值. 以二分类为例, 结果输出要么为 0, 要么为 1, 即 $y \in \{0,1\}$. 其基本思想是在空间中构造一个合理的超平面, 把空间区域划分为两个子空间, 每一种类别数据都在平面的某一侧. 不能按照多元线性回归式

$$f(\boldsymbol{x}) = \beta_0 + \beta_1 x_1 + \cdots + \beta_m x_m \tag{12.18}$$

来分类, 因为直接使用式 (12.18) 得到的是实数值, 需要将实数值规约为 0 或 1, 较理想的是阶跃函数

$$f(\boldsymbol{x}) = \begin{cases} 0, & \beta_0 + \beta_1 x_1 + \cdots + \beta_m x_m \leqslant 0, \\ 1, & \beta_0 + \beta_1 x_1 + \cdots + \beta_m x_m > 0. \end{cases} \tag{12.19}$$

但阶跃函数在 0 点不连续、不可导. 为此, 可以通过阶跃函数的平滑版本, 即 Sigmoid 函数来为我们实现:

$$f_{\boldsymbol{\beta}}(\boldsymbol{x}) = \frac{1}{1 + e^{-\left(\beta_0 + \sum\limits_{j=1}^{m} \beta_j x_j\right)}}, \tag{12.20}$$

其中, $\boldsymbol{\beta} = [\beta_0, \beta_1, \cdots, \beta_m]^{\mathrm{T}}$.

Sigmoid 函数具有很多优秀的性质: 它将输入数据压缩至 0 到 1 的范围内, 得到的结果不是二值输出, 而是一个概率值, 通过这个数值, 可以确定输入数据分别

属于 0 类或属于 1 类的概率：

$$P\{y=1|\boldsymbol{x}\}=f_{\boldsymbol{\beta}}(\boldsymbol{x})=\frac{e^{\beta_0+\sum\limits_{j=1}^{m}\beta_j x_j}}{1+e^{\beta_0+\sum\limits_{j=1}^{m}\beta_j x_j}}=p, \tag{12.21}$$

$$P\{y=0|\boldsymbol{x}\}=1-f_{\boldsymbol{\beta}}(\boldsymbol{x})=\frac{1}{1+e^{\beta_0+\sum\limits_{j=1}^{m}\beta_j x_j}}=1-p. \tag{12.22}$$

由式 (12.21) 和 (12.22) 可以得到

$$\ln\frac{p}{1-p}=\ln\frac{P\{y=1|\boldsymbol{x}\}}{P\{y=0|\boldsymbol{x}\}}=\beta_0+\sum_{j=1}^{m}\beta_j x_j. \tag{12.23}$$

式 (12.23) 称为 Logistic 回归模型, 式 (12.23) 的左边是与概率相关的对数值. 因此, 无法使用通常的最小二乘法拟合未知参数向量 $\boldsymbol{\beta}$, 而是采用极大似然估计法.

式 (12.23) 也可以改写为

$$p=\frac{1}{1+e^{-\left(\beta_0+\sum\limits_{j=1}^{m}\beta_j x_j\right)}}, \tag{12.24}$$

其中, p 为事件发生的概率.

2. Logistic 模型的参数估计

为了构造似然函数, 把式 (12.21) 和 (12.22) 统一改写为

$$P\{y|\boldsymbol{x};\boldsymbol{\beta}\}=f_{\boldsymbol{\beta}}(\boldsymbol{x})^{y}(1-f_{\boldsymbol{\beta}}(\boldsymbol{x}))^{1-y},\quad y=0 \text{ 或 } 1. \tag{12.25}$$

为了拟合模型中的未知参数向量 $\boldsymbol{\beta}$, 使用极大似然估计法, 需要构造似然函数. 似然函数的统计背景是, 如果数据集 $\{(\boldsymbol{x}_i,y_i),\ i=1,2,\cdots,n\}$ 中每个样本点都是相互独立的, 则 n 个样本点发生的联合概率就是各样本点事件发生的概率乘积, 故似然函数可以表示为

$$L(\boldsymbol{\beta})=\prod_{i=1}^{n}P\{y_i|\boldsymbol{x}_i;\boldsymbol{\beta}\}=\prod_{i=1}^{n}\left[f_{\boldsymbol{\beta}}(\boldsymbol{x}_i)^{y_i}(1-f_{\boldsymbol{\beta}}(\boldsymbol{x}_i))^{1-y_i}\right].$$

为了求解方便, 将似然函数做对数处理, 得到

$$\tilde{L}(\boldsymbol{\beta})=\sum_{i=1}^{n}[y_i\ln f_{\boldsymbol{\beta}}(\boldsymbol{x}_i)+(1-y_i)\ln(1-f_{\boldsymbol{\beta}}(\boldsymbol{x}_i))]. \tag{12.26}$$

拟合参数向量 $\boldsymbol{\beta}$, 转化为求函数 $\tilde{L}(\boldsymbol{\beta})$ 的最大值, 无法求得其解析解, 只能求数值解, 可以使用经典的梯度下降算法求解参数向量 $\boldsymbol{\beta}$, 具体算法这里就不给出了. 下面给出在分组数据情形下参数向量 $\boldsymbol{\beta}$ 的最小二乘估计.

3. 分组数据情形下参数的最小二乘估计

在对因变量进行的 n 次观测 $y_i, i=1,2,\cdots,n$ 中, 如果在相同的 $\boldsymbol{x}_{(i)}=[x_{i1}, x_{i2},\cdots,x_{im}]^{\mathrm{T}}$ 处进行了多次重复观测, 这种结构的数据称为分组数据, 分组个数记为 c, 则在式 (12.23) 中可用样本比例对概率 p 进行估计, 对应 $\boldsymbol{x}_{(i)}$ 的概率估计值记作 $\hat{p}_i$, 并记

$$y_i^*=\ln\left(\frac{\hat{p}_i}{1-\hat{p}_i}\right),\quad i=1,2,\cdots,c, \tag{12.27}$$

则得

$$y_i^*=\beta_0+\sum_{j=1}^{p}\beta_j x_{ij},\quad i=1,2,\cdots,c.$$

由线性回归模型的知识可知, 参数 $\boldsymbol{\beta}=[\beta_0,\beta_1,\cdots,\beta_m]^{\mathrm{T}}$ 的最小二乘估计为

$$\hat{\boldsymbol{\beta}}=(\boldsymbol{X}^{\mathrm{T}}\boldsymbol{X})^{-1}\boldsymbol{X}^{\mathrm{T}}\boldsymbol{y}^*, \tag{12.28}$$

其中

$$\boldsymbol{y}^*=\begin{bmatrix} y_1^* \\ y_2^* \\ \vdots \\ y_c^* \end{bmatrix},\quad \boldsymbol{X}=\begin{bmatrix} 1 & x_{11} & \cdots & x_{1m} \\ 1 & x_{21} & \cdots & x_{2m} \\ \vdots & \vdots & & \vdots \\ 1 & x_{c1} & \cdots & x_{cm} \end{bmatrix}.$$

下面用一个例子来说明分组数据 Logistic 回归模型的参数估计.

例 12.7 在一次住房展销会上, 与房地产商签订初步购房意向书的共有 $n=325$ 名顾客, 在随后的 3 个月时间内, 只有一部分顾客确实购买了房屋. 购买了房屋的顾客记为 1, 没有购买房屋的顾客记为 0. 以顾客的家庭年收入为自变量 x, 家庭年收入按照高低不同分成了 9 组, 数据列在表 12.4 中. 表 12.4 还列出了在每个不同的家庭年收入组中签订意向书的人数 n_i 和相应的实际购房人数 m_i. 房地产商希望能建立签订意向的顾客最终真正买房的概率与家庭年收入间的关系式, 以便能分析家庭年收入的不同对最终购买住房的影响.

解 显然, 这里的因变量是 0-1 型的伯努利随机变量, 因此可通过 Logistic 回归来建立签订意向的顾客最终真正买房的概率与家庭年收入之间的关系. 由于表 12.4 中, 对应同一个家庭年收入组有多个重复观测值, 因此可用样本比例来估计第 i 个家庭年收入组中客户最终购买住房的概率 p_i, 其估计值记为 $\hat{p}_i$. 然后, 对 $\hat{p}_i$ 进行逻辑变换. $\hat{p}_i$ 的值及其经逻辑变换后的值 y_i^* 都列在表 12.4 中.

表 12.4 签订购房意向和最终购房的客户数据

序号	家庭年收入 x/万元	签订意向书人数 n_i	实际购房人数 m_i	实际购房比例 $\hat{p}_i=\dfrac{m_i}{n_i}$	逻辑变换 $y_i^*=\ln\left(\dfrac{\hat{p}_i}{1-\hat{p}_i}\right)$
1	1.5	25	8	0.32	−0.7538
2	2.5	32	13	0.4063	−0.3795
3	3.5	58	26	0.4483	−0.2076
4	4.5	52	22	0.4231	−0.3102
5	5.5	43	20	0.4651	−0.1398
6	6.5	39	22	0.5641	0.2578
7	7.5	28	16	0.5714	0.2877
8	8.5	21	12	0.5714	0.2877
9	9.5	15	10	0.6667	0.6931

本例中, 自变量个数 $m=1$, 分组数 $c=9$, 由 (12.28) 式计算可得 β_0,β_1 的最小二乘估计分别为

$$\hat{\beta}_0=-0.8863,\quad \hat{\beta}_1=0.1558,$$

相应的线性回归方程为

$$\hat{y}^*=-0.8863+0.1558x,$$

决定系数 $R^2=0.924$, F 统计量 $=85.42$, 显著性检验 $p\approx 0$, 线性回归方程高度显著. 最终所得的 Logistic 回归方程为

$$\hat{p}=\frac{1}{1+e^{0.8863-0.1558x}}. \tag{12.29}$$

由 (12.29) 式可知, x 越大, 即家庭年收入越高, $\hat{p}$ 就越大, 即签订意向后真正买房的概率就越大. 对于一个家庭年收入为 9 万元的客户, 将 $x=x_0=9$ 代入回归方程 (12.29) 中, 即可得其签订意向后真正买房的概率

$$\hat{p}_0=\frac{1}{1+e^{0.8863-0.1558x_0}}=0.6262.$$

这也可以说, 约有 62.62%的家庭年收入为 9 万元的客户, 其签订意向后会真正买房.

把表 12.4 中 x,n_i,m_i 三列数据保存到文本文件 Pdata12_7_1.txt 中.

```
#程序文件Pex12_7.py
import numpy as np
import statsmodels.api as sm
a=np.loadtxt("Pdata12_7_1.txt")  #加载表12.4中x,ni,mi的9行3列数据
x=a[:,0]; pi=a[:,2]/a[:,1]
```

```
X=sm.add_constant(x); yi=np.log(pi/(1-pi))
md=sm.OLS(yi,X).fit()  #构建并拟合模型
print(md.summary())  #输出模型的所有结果
b=md.params  #提出所有的回归系数
p0=1/(1+np.exp(-np.dot(b,[1,9])))
print("所求概率p0=%.4f"%p0)
np.savetxt("Pdata12_7_2.txt", b)
#把回归系数保存到文本文件
```

12.3.2 Logistic回归模型的应用

1. Logistic 模型的参数解释

在流行病学中, 经常需要研究某一疾病发生与不发生的可能性大小, 如一个人得流行性感冒相对于不得流行性感冒的可能性是多少, 对此常用赔率来度量. 赔率的具体定义如下.

定义 12.3 一个随机事件 A 发生的概率与其不发生的概率之比值称为事件 A 的赔率, 记为 $\mathrm{odds}(A)$, 即 $\mathrm{odds}(A)=\dfrac{P(A)}{P(\bar{A})}=\dfrac{P(A)}{1-P(A)}$.

如果一个事件 A 发生的概率 $P(A)=0.75$, 则其不发生的概率 $P(\bar{A})=1-P(A)=0.25$, 所以事件 A 的赔率 $\mathrm{odds}(A)=\dfrac{0.75}{0.25}=3$. 这就是说, 事件 A 发生与不发生的可能性是 $3:1$. 粗略地讲, 即在 4 次观测中有 3 次事件 A 发生而有一次 A 不发生. 例如, 事件 A 表示 "投资成功", 那么 $\mathrm{odds}(A)=3$ 即表示投资成功的可能性是投资不成功的 3 倍. 又例如, 事件 B 表示 "客户理赔事件", 且已知 $P(B)=0.25$, 则 $P(\bar{B})=0.75$, 从而事件 B 的赔率 $\mathrm{odds}(B)=\dfrac{1}{3}$, 这表明发生客户理赔事件的风险是不发生的 $\dfrac{1}{3}$. 用赔率可很好地度量一些经济现象发生与否的可能性大小.

仍以上述 "客户理赔事件" 为例, 有时还需要研究某一群客户相对于另一群客户发生客户理赔事件的风险大小, 如职业为司机的客户群相对于职业为教师的客户群发生客户理赔事件的风险大小, 这需要用到赔率比的概念.

定义 12.4 随机事件 A 的赔率与随机事件 B 的赔率之比值称为事件 A 对事件 B 的赔率比, 记为 $\mathrm{OR}(A,B)$, 即 $\mathrm{OR}(A,B)=\mathrm{odds}(A)/\mathrm{odds}(B)$.

若记 A 是职业为司机的客户发生理赔事件, 记 B 是职业为教师的客户发生理赔事件, 又已知 $\mathrm{odds}(A)=\dfrac{1}{20}$, $\mathrm{odds}(B)=\dfrac{1}{30}$, 则事件 A 对事件 B 的赔率比 $\mathrm{OR}(A,B)=\mathrm{odds}(A)/\mathrm{odds}(B)=1.5$. 这表明职业为司机的客户发生理赔的赔率是

职业为教师的客户的 1.5 倍.

应用 Logistic 回归可以方便地估计一些事件的赔率及多个事件的赔率比. 下面仍以例 12.7 来说明 Logistic 回归在这方面的应用.

例 12.8 (续例 12.7)　房地产商希望能估计出一个家庭年收入为 9 万元的客户签订意向后最终买房与不买房的可能性大小之比值, 以及一个家庭年收入为 9 万元的客户签订意向后最终买房的赔率是年收入为 8 万元客户的多少倍.

解　由例 12.7 中所得的模型 (12.29) 得

$$\ln\left(\frac{\hat{p}}{1-\hat{p}}\right) = -0.8863 + 0.1558x,$$

因此

$$\frac{\hat{p}}{1-\hat{p}} = e^{-0.8863+0.1558x}. \tag{12.30}$$

将 $x = x_0 = 9$ 代入上式, 得一个家庭年收入为 9 万元的客户签订意向后最终买房与不买房的可能性大小之比值为

$$\text{odds (年收入 9 万)} = \frac{\hat{p}_0}{1-\hat{p}_0} = e^{-0.8863+0.1558\times 9} = 1.6752.$$

这说明一个家庭年收入为 9 万元的客户签订意向后最终买房的可能性是不买房的可能性的 1.6752 倍.

另外, 由 (12.30) 式还可得

$$\text{OR(年收入 9 万元, 年收入 8 万元)} = \frac{e^{-0.8863+0.1558\times 9}}{e^{-0.8863+0.1558\times 8}} = 1.1686.$$

所以一个家庭年收入为 9 万元的客户其签订意向后最终买房的赔率是年收入为 8 万元客户的 1.1686 倍.

```
#程序文件Pex12_8.py
import numpy as np
b=np.loadtxt("Pdata12_7_2.txt")
odds9=np.exp(np.dot(b,[1,9]))
odds9vs8=np.exp(np.dot([1,9],b))/np.exp(np.dot([1,8],b))
print("odds9=%.4f,odds9vs8=%.4f"%(odds9,odds9vs8))
```

一般地, 如果 Logistic 模型 (12.23) 的参数估计为 $\hat{\beta}_0, \hat{\beta}_1, \cdots, \hat{\beta}_m$, 则在 $x_1 = x_{01}$, $x_2 = x_{02}, \cdots, x_m = x_{0m}$ 条件下事件赔率的估计值为

$$\frac{\hat{p}_0}{1-\hat{p}_0} = e^{\hat{\beta}_0 + \sum\limits_{j=1}^{m} \hat{\beta}_j x_{0j}}. \tag{12.31}$$

如果记 $\boldsymbol{X}_A=[1,x_{A1},x_{A2},\cdots,x_{Am}]^{\mathrm{T}}$, $\boldsymbol{X}_B=[1,x_{B1},x_{B2},\cdots,x_{Bm}]^{\mathrm{T}}$, 并将相应条件下的事件仍分别记为 $\boldsymbol{X}_A$ 和 $\boldsymbol{X}_B$, 则事件 $\boldsymbol{X}_A$ 对事件 $\boldsymbol{X}_B$ 的赔率比的估计可由下式获得

$$\mathrm{OR}(\boldsymbol{X}_A,\boldsymbol{X}_B)=e^{\sum\limits_{j=1}^{m}\hat{\beta}_j(x_{Aj}-x_{Bj})}. \tag{12.32}$$

2. 用 statsmodels 库函数求解

例 12.9 企业到金融商业机构贷款, 金融商业机构需要对企业进行评估. 评估结果为 0, 1 两种形式, 0 表示企业两年后破产, 将拒绝贷款; 而 1 表示企业两年后具备还款能力, 可以贷款. 在表 12.5 中, 已知前 20 家企业的三项评价指标值和评估结果, 试建立模型对其他两家企业 (企业 21, 22) 进行评估.

表 12.5 企业还款能力评价表

企业编号	x_1	x_2	x_3	y	y 的预测值
1	−62.3	−89.5	1.7	0	0
2	3.3	−3.5	1.1	0	0
3	−120.8	−103.2	2.5	0	0
4	−18.1	−28.8	1.1	0	0
5	−3.8	−50.6	0.9	0	0
6	−61.2	−56.2	1.7	0	0
7	−20.3	−17.4	1	0	0
8	−194.5	−25.8	0.5	0	0
9	20.8	−4.3	1	0	0
10	−106.1	−22.9	1.5	0	0
11	43	16.4	1.3	1	1
12	47	16	1.9	1	1
13	−3.3	4	2.7	1	1
14	35	20.8	1.9	1	1
15	46.7	12.6	0.9	1	1
16	20.8	12.5	2.4	1	1
17	33	23.6	1.5	1	1
18	26.1	10.4	2.1	1	1
19	68.6	13.8	1.6	1	1
20	37.3	33.4	3.5	1	1
21	−49.2	−17.2	0.3		0
22	40.6	26.4	1.8		1

解 对于该问题, 可以用 Logistic 模型来求解. 建立如下的 Logistic 回归模型

$$p=P\{y=1\}=\frac{1}{1+e^{-\left(\beta_0+\sum\limits_{j=1}^{3}\beta_j x_j\right)}}.$$

记 x_{ij} $(i=1,2,\cdots,20; j=1,2,3)$ 分别为变量 x_j $(j=1,2,3)$ 的 20 个观测值, $y_i(i=1,2,\cdots,20)$ 是 20 个 y 的观测值.

使用最大似然估计法, 求模型中的参数 $\beta_0,\beta_1,\beta_2,\beta_3$, 即求参数 $\beta_0,\beta_1,\beta_2,\beta_3$ 使得似然函数

$$\ln L(\boldsymbol{\beta})=\sum_{i=1}^{20}\left[y_i\left(\beta_0+\sum_{j=1}^{3}\beta_j x_{ij}\right)-\ln\left(1+e^{\beta_0+\sum\limits_{j=1}^{3}\beta_j x_{ij}}\right)\right]$$

达到最大值.

利用 Python 的 statsmodels 库函数求得

$$\beta_0=0,\quad \beta_1=-0.3497,\quad \beta_2=3.2290,\quad \beta_3=2.2372.$$

因而得到的 Logistic 回归模型为

$$\begin{cases} p=\dfrac{1}{1+e^{-(-0.3497x_1+3.2290x_2+2.2372x_3)}},\\ y=\begin{cases} 0, & p\leqslant 0.5,\\ 1, & p>0.5. \end{cases}\end{cases}$$

利用已知数据对上述 Logistic 模型进行检验, 准确率达到 100%, 说明模型的准确率较高, 可以用来预测新企业的还款能力. 两个新企业的预测结果见表 12.5 的最后 1 列, 即企业 21 拒绝贷款, 企业 22 可以贷款.

```
#程序文件 Pex12_9.py
import numpy as np
import statsmodels.api as sm
a=np.loadtxt("Pdata12_9.txt")#数据见封底二维码
n=a.shape[1] #提取矩阵的列数
x=a[:,:n-1]; y=a[:,n-1]
md=sm.Logit(y,x)
md=md.fit(method="bfgs")#这里必须使用bfgs法, 使用默认牛顿法出错
print(md.params,'\n----------\n'); print(md.summary2())
print(md.predict([[-49.2,-17.2,0.3],[40.6,26.4,1.8]]))  #求预测值
```

3. 用 sklearn 库函数求解

例 12.10 (续例 12.9) 用 sklearn 库函数求解例 12.9.

解 求得的 Logistic 回归模型为

$$\begin{cases} p = \dfrac{1}{1+e^{-(-0.3906-0.0507x_1+0.6707x_2+0.1051x_3)}}, \\ y = \begin{cases} 0, & p \leqslant 0.5, \\ 1, & p > 0.5. \end{cases} \end{cases}$$

利用已知数据对上述 Logistic 模型进行检验, 准确率达到 100%, 说明模型的准确率较高, 可以用来预测新企业的还款能力. 两个新企业的预测结果为: 企业 21 拒绝贷款, 企业 22 可以贷款.

```
#程序文件Pex12_10.py
import numpy as np
from sklearn.linear_model import LogisticRegression
a=np.loadtxt("Pdata12_9.txt") #数据见封底二维码
n=a.shape[1]  #提取矩阵的列数
x=a[:,:n-1]; y=a[:,n-1]
md=LogisticRegression(solver='lbfgs')
md=md.fit(x,y)
print(md.intercept_,md.coef_)
print(md.predict(x))   #检验预测模型
print(md.predict([[-49.2,-17.2,0.3],[40.6,26.4,1.8]]))  #求预测值
```

习 题 12

12.1 经研究发现, 学生用于购买课外读物的支出与本人受教育年限和其家庭收入水平有关, 对 10 名学生进行调查的统计资料如表 12.6 所示.

表 12.6 调查统计资料

学生序号	购买课外读物支出 y/(元/年)	受教育年限 x_1/年	家庭月可支配收入 x_2/(元/月)
1	450.5	4	3424
2	613.9	5	4086
3	501.5	4	4388
4	781.5	7	4808
5	611.1	5	5896
6	1222.1	10	6604
7	793.2	7	6662
8	792.7	6	7018
9	1121.0	9	8706
10	1094.2	8	10478

要求: (1) 试求出学生购买课外读物支出 y 与受教育年限 x_1 和家庭月可支配收入 x_2 的回归方程 $\hat{y} = b_0 + b_1x_1 + b_2x_2$.

(2) 对 x_1, x_2 的显著性进行 t 检验, 计算 R^2.

(3) 假设有一学生的受教育年限 $x_1 = 10$ 年, 家庭月可支配收入 $x_2 = 9600$ 元/月, 试预测该学生全年购买课外读物的支出, 并求出相应的预测区间 ($\alpha = 0.05$).

12.2 表 12.7 是某种商品的需求量、价格和消费者收入 10 年的时间序列数据.

表 12.7 某种商品的需求量、价格和消费者收入数据

年份	1	2	3	4	5	6	7	8	9	10
需求y/吨	59190	65450	62360	64700	67400	64440	68000	72400	75710	70680
价格x_1/元	23.56	24.44	32.07	32.46	31.15	34.14	35.30	38.70	39.63	46.68
收入x_2/元	76200	91200	106700	111600	119000	129200	143400	159600	180000	193000

要求: (1) 试求 y 对 x_1 和 x_2 的回归方程 $\hat{y} = b_0 + b_1x_1 + b_2x_2$.

(2) 对回归方程进行显著性检验.

(3) 对 x_1, x_2 的显著性进行 t 检验.

12.3 在对某一新药的研究中, 记录了不同剂量 x 下有副作用的人数的比例 p, 具体数据在表 12.8 中给出.

要求: (1) 作 x (剂量) 与 p (有副作用的人数的比例) 的散点图, 并判断建立 p 关于 x 的一元线性回归方程是否合适?

(2) 建立 p 关于 x 的 Logistic 回归方程.

(3) 估计有一半人有副作用的剂量水平.

表 12.8 剂量与副作用数据

x	0.9	1.1	1.8	2.3	3.0	3.3	4.0
p	0.37	0.31	0.44	0.60	0.67	0.81	0.79

12.4 生物学家希望了解种子的发芽数是否受水分及是否加盖的影响, 为此, 在加盖与不加盖两种情况下对不同水分分别观察 100 粒种子是否发芽, 记录发芽数, 相应数据列在表 12.9 中.

要求: (1) 建立关于 x_1, x_2 和 x_1x_2 的 Logistic 回归方程.

(2) 分别求加盖与不加盖的情况下发芽率为 50%的水分.

(3) 在水分值为 6 的条件下, 分别估计加盖与不加盖的情况下发芽与不发芽的概率之比值 (发芽的赔率), 估计加盖对不加盖发芽的赔率比.

表 12.9 种子发芽数据

x_1(水分)	x_2(加盖)	y(发芽)	频数	x_1(水分)	x_2(加盖)	y(发芽)	频数
1	0(不加盖)	1(发芽)	24	5	0	0	33
1	0	0(不发芽)	76	7	0	1	78
3	0	1	46	7	0	0	22
3	0	0	54	9	0	1	73
5	0	1	67	9	0	0	27
1	1(加盖)	1	43	5	1	0	24
1	1	0	57	7	1	1	52
3	1	1	75	7	1	0	48
3	1	0	25	9	1	1	37
5	1	1	76	9	1	0	63

第 13 章　差分方程模型

差分方程是在离散的时间点上描述研究对象动态变化规律的数学表达式. 有的实际问题本身就是以离散形式出现的, 也有的是将现实世界中随时间连续变化的过程离散化.

13.1　差分方程及解法

1. *差分方程的概念*

定义 13.1　设函数 $x_k = x(k)$, k 只取非负整数, 称改变量 $x_{k+1} - x_k$ 为函数 x_k 的差分, 也称为函数 x_k 的一阶差分, 记为 Δx_k, 即 $\Delta x_k = x_{k+1} - x_k$ 或 $\Delta x(k) = x(k+1) - x(k)$.

一阶差分的差分称为二阶差分 $\Delta^2 x_k$, 即

$$\Delta^2 x_k = \Delta(\Delta x_k) = \Delta x_{k+1} - \Delta x_k = (x_{k+2} - x_{k+1}) - (x_{k+1} - x_k) = x_{k+2} - 2x_{k+1} + x_k.$$

类似地, 可定义三阶差分、四阶差分 $\cdots\cdots$, 分别为

$$\Delta^3 x_k = \Delta(\Delta^2 x_k), \quad \Delta^4 x_k = \Delta(\Delta^3 x_k), \ \cdots.$$

定义 13.2　含有未知函数 x_k 的差分的方程称为差分方程.

差分方程中所含未知函数差分的最高阶数称为该差分方程的阶. n 阶差分方程的一般形式为

$$F(k, x_k, \Delta x_k, \Delta^2 x_k, \cdots, \Delta^n x_k) = 0 \tag{13.1}$$

或

$$G(k, x_k, x_{k+1}, x_{k+2}, \cdots, x_{k+n}) = 0. \tag{13.2}$$

差分方程的不同形式可以相互转化.

定义 13.3　满足差分方程的函数称为该差分方程的解.

如果差分方程的解中含有相互独立的任意常数的个数恰好等于方程的阶数, 则称这个解为该差分方程的通解.

我们往往要根据系统在初始时刻所处的状态对差分方程附加一定的条件, 这种附加条件称为初始条件, 满足初始条件的解称为特解.

定义 13.4 若差分方程中所含未知函数及未知函数的各阶差分均为一次的，则称该差分方程为线性差分方程.

n 阶常系数线性差分方程的一般形式为

$$x_{k+n}+a_1x_{k+n-1}+a_2x_{k+n-2}+\cdots+a_nx_k=f(k), \tag{13.3}$$

其中, $a_1,a_2,\cdots,a_n$ 是常数, 且 $a_n\neq 0$. 其对应的齐次方程为

$$x_{k+n}+a_1x_{k+n-1}+a_2x_{k+n-2}+\cdots+a_nx_k=0. \tag{13.4}$$

2. 常系数线性齐次差分方程的解法

对于 n 阶常系数线性齐次差分方程 (13.4), 它的特征方程为

$$\lambda^n+a_1\lambda^{n-1}+\cdots+a_n=0. \tag{13.5}$$

根据特征根的不同情况, 求齐次方程的通解.

(1) 若特征方程 (13.5) 有 n 个互不相同的实根 $\lambda_1,\lambda_2,\cdots,\lambda_n$, 则对应的齐次差分方程的通解为

$$c_1\lambda_1^k+c_2\lambda_2^k+\cdots+c_n\lambda_n^k \quad (c_1,c_2,\cdots,c_n\text{为任意常数}).$$

(2) 若 λ 是特征方程 (13.5) 的 m 重实根, 通解中对应于 λ 的项为 $(c_1+c_2k+\cdots+c_mk^{m-1})\lambda^k$, c_i $(i=1,2,\cdots,m)$ 为任意常数.

(3) 若特征方程 (13.5) 有单重复根 $\lambda=\alpha+\beta\mathrm{i}$, 通解中对应的项为 $c_1\rho^k\cos(\varphi k)+c_2\rho^k\sin(\varphi k)$, 其中 $\rho=\sqrt{\alpha^2+\beta^2}$ 为 λ 的模, $\varphi=\arctan\dfrac{\beta}{\alpha}$ 为 λ 的辐角, c_1,c_2 为任意常数.

(4) 若 $\lambda=\alpha+\beta\mathrm{i}$ 是特征方程 (13.5) 的 m 重复根, 则通解中对应的项为

$$(c_1+c_2k+\cdots+c_mk^{m-1})\rho^k\cos(\varphi k)+(c_{m+1}+c_{m+2}k+\cdots+c_{2m}k^{m-1})\rho^k\sin(\varphi k),$$

其中, $\rho=\sqrt{\alpha^2+\beta^2}$, $\varphi=\arctan\dfrac{\beta}{\alpha}$, c_i $(i=1,2,\cdots,2m)$ 为任意常数.

例 13.1 求斐波那契数列

$$\begin{cases} F_n=F_{n-1}+F_{n-2}, \\ F_1=F_2=1 \end{cases}$$

的解.

解 差分方程的特征方程为

$$\lambda^2-\lambda-1=0,$$

特征根 $\lambda_1 = \dfrac{1-\sqrt{5}}{2}$, $\lambda_2 = \dfrac{1+\sqrt{5}}{2}$ 是互异的. 所以, 通解为

$$F_n = c_1\left(\frac{1-\sqrt{5}}{2}\right)^n + c_2\left(\frac{1+\sqrt{5}}{2}\right)^n.$$

利用初值条件 $F_1 = F_2 = 1$, 得到方程组

$$\begin{cases} c_1\left(\dfrac{1-\sqrt{5}}{2}\right) + c_2\left(\dfrac{1+\sqrt{5}}{2}\right) = 1, \\ c_1\left(\dfrac{1-\sqrt{5}}{2}\right)^2 + c_2\left(\dfrac{1+\sqrt{5}}{2}\right)^2 = 1. \end{cases}$$

由此方程组解得 $c_1 = -\dfrac{\sqrt{5}}{5}$, $c_2 = \dfrac{\sqrt{5}}{5}$. 最后, 将这些常数值代入方程通解的表达式, 得初值问题的解是

$$F_n = \frac{\sqrt{5}}{5}\left[\left(\frac{1+\sqrt{5}}{2}\right)^n - \left(\frac{1-\sqrt{5}}{2}\right)^n\right].$$

```
#程序文件Pex13_1.py
from sympy import Function, rsolve
from sympy.abc import n
y = Function('y')
f=y(n+2)-y(n+1)-y(n)
ff=rsolve(f, y(n),{y(1):1,y(2):1})
print(ff)
```

3. 常系数非齐次线性差分方程的解法

若 x_k 为齐次方程 (13.4) 的通解, x_k^* 为非齐次方程 (13.3) 的一个特解, 则非齐次方程 (13.3) 的通解为 $x_k + x_k^*$.

求非齐次方程 (13.3) 的特解一般要用到常数变易法, 计算较繁. 对特殊形式的 $f(k)$ 也可使用待定系数法. 例如, 当 $f(k) = b^k p_m(k)$, $p_m(k)$ 为 k 的 m 次多项式时, 可以证明: 若 b 不是特征根, 则非齐次方程 (13.3) 有形如 $b^k q_m(k)$ 的特解, $q_m(k)$ 也是 k 的 m 次多项式; 若 b 是 r 重特征根, 则方程 (13.3) 有形如 $b^k k^r q_m(k)$ 的特解. 进而可利用待定系数法求出 $q_m(k)$, 从而得到方程 (13.3) 的一个特解 x_k^*.

例 13.2　求差分方程 $x_{k+1} - x_k = 3 + 2k$ 的通解.

解　特征方程为 $\lambda - 1 = 0$, 特征根 $\lambda = 1$. 齐次差分方程的通解为 $x_k = c$.

由于 $f(k)=3+2k=b^k p_1(k)$, 其中 $p_1(k)=3+2k$, $b=1$ 是特征根. 因此非齐次差分方程的特解为

$$x_k^*=k(b_0+b_1k),$$

将其代入已知差分方程, 得

$$(k+1)[b_0+b_1(k+1)]-k(b_0+b_1k)=3+2k,$$

即

$$(b_0+b_1)+2b_1k=3+2k.$$

比较该等式两端关于 k 的同次幂的系数, 可解得 $b_1=1$, $b_0=2$. 故 $x_k^*=2k+k^2$. 于是, 所求通解为

$$x_k=c+2k+k^2 \quad (c\text{为任意常数}).$$

```
#程序文件Pex13_2.py
import sympy as sp
sp.var('k'); sp.var('y',cls=sp.Function)
f = y(k+1)-y(k)-3-2*k
f1 = sp.rsolve(f, y(k)); f2 = sp.simplify(f1)
print(f2)
```

4. *差分方程的递推解法*

差分方程有时可以表示为递推形式, 由已知数据, 只需按照递推形式即可求解.

例 13.3 某人从银行贷款购房, 若他今年初贷款 100 万元, 月利率 0.5%, 他每月还款 8000 元, 建立差分方程计算他每年末欠银行多少钱, 多长时间能还清贷款.

解 记第 k 个月末它欠银行的钱为 $x(k)$, 月利率 $r=0.5\%$, 则第 $k+1$ 个月末欠银行的钱为

$$x(k+1)=(1+r)x(k)-8000, \quad k=0,1,2,\cdots.$$

利用 Python 软件, 求得需要 197 个月, 即 16 年 5 个月还清银行的贷款. 每年末欠银行的钱见程序运行结果, 这里就不给出了.

```
#程序文件Pex13_3.py
x0=1000000; r=0.005; N=500; n=0; xm=8000
x1=x0*(1+r)-xm
while n<=N and x1>0:
    n+=1;
```

```
        if n%12==0: print("第%d个月末欠钱: x(%d)=%.4f"%(n,n,x1))
        x0=x1; x1=x0*(1+r)-xm
    print("还款月数n=",n+1)
    print("还款%d年%d个月"%((n+1)//12,n+1-12*((n+1)//12)))
```

13.2 差分方程的平衡点及稳定性

若有常数 a 是差分方程 (13.2) 的解, 即 $G(k,a,a,\cdots,a)=0$, 则称 a 是差分方程式 (13.2) 的平衡点. 若对差分方程 (13.2) 的任意由初始条件确定的解 $x_k=x(k)$ 都有

$$\text{当 } k\to+\infty \text{ 时}, \quad x_k\to a,$$

称这个平衡点 a 是稳定的.

1. 一阶常系数线性差分方程

对于一阶常系数线性差分方程

$$x_{k+1}+ax_k=b, \quad k=0,1,2,\cdots,$$

其中, a,b 为常数, 且 $a\neq-1,0$. 它的平衡点由代数方程 $x+ax=b$ 求解得到, 不妨记为 x^*. 如果 $\lim\limits_{k\to+\infty}x_k=x^*$, 则称平衡点 x^* 是稳定的, 否则是不稳定的.

一般将平衡点 x^* 的稳定性问题转化为 $x_{k+1}+ax_k=0$ 的平衡点 $x^*=0$ 的稳定性问题. 由 $x_{k+1}+ax_k=0$ 可以解得 $x_k=(-a)^kx_0$, 于是 $x^*=0$ 是稳定的平衡点的充要条件: $|a|<1$.

对于 n 维向量 $\boldsymbol{x}(k)$ 和 $n\times n$ 常数矩阵 $\boldsymbol{A}$ 构成的方程组

$$\boldsymbol{x}(k+1)+\boldsymbol{A}\boldsymbol{x}(k)=\boldsymbol{0}, \tag{13.6}$$

其平衡点是稳定的充要条件为 $\boldsymbol{A}$ 的所有特征根都有 $|\lambda_i|<1$ $(i=1,2,\cdots,n)$.

2. 二阶常系数线性差分方程

对于二阶常系数线性差分方程

$$x_{k+2}+a_1x_{k+1}+a_2x_k=0, \quad k=0,1,2,\cdots,$$

其中 a_1,a_2 为常数. 其平衡点 $x^*=0$ 稳定的充要条件是特征方程 $\lambda^2+a_1\lambda+a_2=0$ 的根 λ_1,λ_2 满足 $|\lambda_1|<1$, $|\lambda_2|<1$. 对于一般的 $x_{k+2}+a_1x_{k+1}+a_2x_k=b$ 平衡点的稳定性问题可同样给出, 类似可推广到 n 阶线性差分方程的情况.

3. 一阶非线性差分方程

对于一阶非线性差分方程

$$x_{k+1} = f(x_k), \quad k = 0, 1, 2, \cdots,$$

式中 f 为已知函数, 其平衡点 x^* 由代数方程 $x = f(x)$ 解出. 为分析平衡点 x^* 的稳定性, 将上述差分方程近似为一阶常系数线性差分方程 $x_{k+1} = f(x^*) + f'(x^*)(x_k - x^*)$, 当 $|f'(x^*)| \neq 1$ 时, 上述近似线性差分方程与原非线性差分方程的稳定性相同. 因此, 当 $|f'(x^*)| < 1$ 时, x^* 是稳定的; 当 $|f'(x^*)| > 1$ 时, x^* 是不稳定的.

13.3 Leslie 模 型

研究人口问题常用的 Malthus 和 Logistic 模型最简单方便, 对人口数量的发展变化可以给出预测. 但这两类模型的两个明显不足是: ① 仅有人口总数, 不能满足需要; ② 没有考虑到社会成员之间的个体差异, 即不同年龄、不同体质的人在死亡、生育方面存在的差异. 完全忽略这些差异显然是不合理的. 但我们不可能对每个人的情况逐个加以考虑, 故可以把人口适当分组, 考虑每一组人口的变化情况. 年龄是一个合理的分类标准, 相同年龄的人口在生育、死亡方面可能大致接近. 因此可以按年龄对人口进行分组来建立模型. 在讨论其他生物的数量变化时, 也可以根据生物的体重、高度、大小等因素对其分组, 建立更加仔细的模型, 给出更丰富的预测信息. 下面介绍 Leslie 模型的一些结论.

以人口为例来进行叙述, 其方法和思路适用于类似生物种群数量变化规律的研究.

由于男性、女性人口通常有一定的比例, 为了简单起见, 只考虑女性人口数. 现将女性人口按年龄划分成 m 个年龄组, 即 $1, 2, \cdots, m$ 组. 每组年龄段可以是一岁, 亦可以是给定的几岁为一组, 如每五年为一个年龄组. 现将时间也离散为时段 t_k, $k = 1, 2, \cdots$.

记时段 t_k 第 i 年龄组的种群数量为 $x_i(k)$ $(i = 1, 2, \cdots, m)$, 第 i 年龄组的繁殖率为 α_i; 第 i 年龄组的死亡率为 d_i, $\beta_i = 1 - d_i$ 称为第 i 年龄组的存活率. 基于上述符号和假设, 在已知 t_k 时段的各值后, 在 t_{k+1} 时段, 第一年龄组种群数量是时段 t_k 各年龄组繁殖数量之和, 即

$$x_1(k+1) = \sum_{i=1}^{m} \alpha_i x_i(k),$$

t_{k+1} 时段第 $i+1$ 年龄组的种群数量是时段 t_k 第 i 年龄组存活下来的数量, 即

$$x_{i+1}(k+1) = \beta_i x_i(k), \quad i = 1, 2, \cdots, m-1.$$

记 t_k 时段种群各年龄组的分布向量为

$$\boldsymbol{X}(k)=\begin{bmatrix} x_1(k)\\ \vdots \\ x_m(k)\end{bmatrix},$$

并记

$$\boldsymbol{L}=\begin{bmatrix} \alpha_1 & \alpha_2 & \cdots & \alpha_{m-1} & \alpha_m\\ \beta_1 & 0 & \cdots & 0 & 0\\ 0 & \beta_2 & \cdots & 0 & 0\\ \vdots & \vdots & & \vdots & \vdots\\ 0 & 0 & \cdots & \beta_{m-1} & 0\end{bmatrix}, \tag{13.7}$$

则有

$$\boldsymbol{X}(k+1)=\boldsymbol{L}\boldsymbol{X}(k),\quad k=0,1,\cdots.$$

当 t_0 时段各年龄组的人数已知时, 即 $\boldsymbol{X}(0)$ 已知时, 可以求得 t_k 时段的按年龄组的分布向量 $\boldsymbol{X}(k)$ 为

$$\boldsymbol{X}(k)=\boldsymbol{L}^k\boldsymbol{X}(0),\quad k=0,1,\cdots.$$

由此可算出各时段的种群总量.

例 13.4 养殖场养殖一类动物最多三年 (满三年的将送往市场卖掉), 按一岁、二岁和三岁将其分为三个年龄组. 一龄组是幼龄组, 二龄组和三龄组是有繁殖后代能力的成年组. 二龄组平均一年繁殖 4 个后代, 三龄组平均一年繁殖 3 个后代. 一龄组和二龄组动物能养殖成为下一年龄组动物的成活率分别为 0.5 和 0.25. 假设刚开始养殖时有三个年龄组的动物各 1000 头.

(1) 求五年内各年龄组动物数量.

(2) 分析种群的增长趋势.

(3) 如果每年平均向市场供应动物数 $\boldsymbol{C}=[s,s,s]^{\mathrm{T}}$, 考虑每年都必须保持有每一年龄组的动物前提下, s 应取多少为好.

解 (1) 由题设, 出生率向量 $\boldsymbol{\alpha}=[\alpha_1,\alpha_2,\alpha_3]^{\mathrm{T}}=[0,4,3]^{\mathrm{T}}$, 成活率向量 $\boldsymbol{\beta}=[\beta_1,\beta_2]^{\mathrm{T}}=[0.5,\ 0.25]^{\mathrm{T}}$, 记幼龄组、二龄组和三龄组动物第 k 年的数量分别为 $x_1(k),x_2(k),x_3(k)$, $\boldsymbol{X}(k)=[x_1(k),x_2(k),x_3(k)]^{\mathrm{T}}$, 根据出生率和成活率的题设条件, 建立如下差分方程模型

$$\begin{cases} x_1(k+1)=4x_2(k)+3x_3(k),\\ x_2(k+1)=0.5x_1(k),\\ x_3(k+1)=0.25x_2(k).\end{cases} \tag{13.8}$$

写成矩阵形式

$$\boldsymbol{X}(k+1)=\tilde{\boldsymbol{L}}\boldsymbol{X}(k),\quad k=0,1,2,\cdots,\tag{13.9}$$

其中, $\tilde{\boldsymbol{L}}=\begin{bmatrix}0&4&3\\0.5&0&0\\0&0.25&0\end{bmatrix}$.

利用初值条件 $\boldsymbol{X}(0)=[1000,\ 1000,\ 1000]^{\mathrm{T}}$, 求得五年内各年龄组动物数量如表 13.1 所示, 各年龄组动物数量的柱状图如图 13.1 所示.

表 13.1　五年内各年龄组动物数量

年份	幼龄组	二龄组	三龄组
1	7000	500	250
2	2750	3500	125
3	14375	1375	875
4	8125	7188	344
5	29781	4063	1797

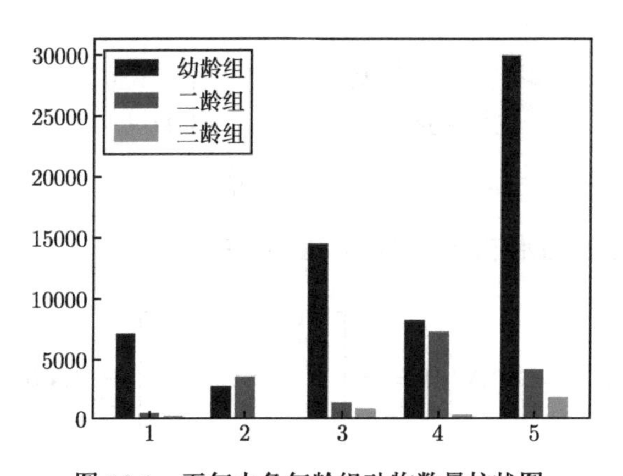

图 13.1　五年内各年龄组动物数量柱状图

(2) 为估计种群增长过程的动态趋势, 首先研究一般的状态转移矩阵 Leslie 矩阵 (13.7) 的特征值和特征向量

令 $p(\lambda)$ 为 Leslie 矩阵 (13.7) 的特征多项式, 则

$$p(\lambda)=|\lambda\boldsymbol{I}-\boldsymbol{L}|=\lambda^m-\alpha_1\lambda^{m-1}-\alpha_2\beta_1\lambda^{m-2}-\alpha_3\beta_1\beta_2\lambda^{m-3}-\cdots-\alpha_m\beta_1\beta_2\cdots\beta_{m-1}.$$

故有下述两个结论.

定理 13.1　Leslie 矩阵 $\boldsymbol{L}$ 有唯一的正特征根 λ_1, 它是单根且相应的特征向量 $\boldsymbol{v}$ 的所有元素均为正数.

定义 13.5 设 λ_1 是方阵 $\boldsymbol{L}$ 的一个正的特征根, 若对 $\boldsymbol{L}$ 的其他特征根 λ, 恒有 $|\lambda| \leqslant \lambda_1$ ($|\lambda| < \lambda_1$), 则称 λ_1 为 $\boldsymbol{L}$ 的占优特征根 (严格占优特征根).

定理 13.2 如果 Leslie 矩阵 $\boldsymbol{L}$ 的第一行中有两个相邻的元素 α_i 和 α_{i+1} 不为零, 则 $\boldsymbol{L}$ 的正特征根是严格占优的.

于是, 如果种群有两个相邻的有生育能力的年龄类, 则它的 Leslie 矩阵有一个严格占优的特征根. 实际上, 只要年龄类的区间分得足够小, 总会满足这个条件. 以后总假设定理 13.2 的条件满足.

现在来研究种群年龄分布的长期性态. 为使讨论简单, 设 $\boldsymbol{L}$ 可对角化, 且有 m 个特征根 $\lambda_1, \lambda_2, \cdots, \lambda_m$, 以及对应于它们的线性无关的特征向量 $\boldsymbol{v}_1, \boldsymbol{v}_2, \cdots, \boldsymbol{v}_m$, 这些特征向量组成矩阵 $\boldsymbol{P} = [\boldsymbol{v}_1 \quad \boldsymbol{v}_2 \quad \cdots \quad \boldsymbol{v}_m]$, 则 $\boldsymbol{L}$ 的对角化可由下式给出

$$\boldsymbol{L} = \boldsymbol{P} \begin{bmatrix} \lambda_1 & & \\ & \ddots & \\ & & \lambda_m \end{bmatrix} \boldsymbol{P}^{-1},$$

由此推得

$$\boldsymbol{L}^k = \boldsymbol{P} \begin{bmatrix} \lambda_1^k & & \\ & \ddots & \\ & & \lambda_m^k \end{bmatrix} \boldsymbol{P}^{-1}.$$

对于任何一个给定的初始年龄分布向量 $\boldsymbol{X}(0)$, 有

$$\boldsymbol{X}(k) = \boldsymbol{L}^k \boldsymbol{X}(0) = \boldsymbol{P} \begin{bmatrix} \lambda_1^k & & \\ & \ddots & \\ & & \lambda_m^k \end{bmatrix} \boldsymbol{P}^{-1} \boldsymbol{X}(0).$$

由于 λ_1 为严格占优的特征根, 故 $|\lambda_i/\lambda_1| < 1, i = 2, 3, \cdots, m$. 从而

$$\lim_{k \to +\infty} \left(\frac{\lambda_i}{\lambda_1} \right)^k = 0, \quad i = 2, 3, \cdots, m.$$

由此知

$$\lim_{k \to +\infty} \frac{\boldsymbol{X}(k)}{\lambda_1^k} = \boldsymbol{P} \begin{bmatrix} 1 & 0 & \cdots & 0 \\ 0 & 0 & \cdots & 0 \\ \vdots & \vdots & & \vdots \\ 0 & 0 & \cdots & 0 \end{bmatrix} \boldsymbol{P}^{-1} \boldsymbol{X}(0).$$

记列向量 $\boldsymbol{P}^{-1}\boldsymbol{X}(0)$ 的第一个元素为 c, 即 $\boldsymbol{P}^{-1}\boldsymbol{X}(0)=[c,*,\cdots,*]^{\mathrm{T}}$, 则

$$\boldsymbol{P}\begin{bmatrix}1&0&\cdots&0\\0&0&\cdots&0\\\vdots&\vdots&&\vdots\\0&0&\cdots&0\end{bmatrix}\boldsymbol{P}^{-1}\boldsymbol{X}(0)=[\boldsymbol{v}_1,\boldsymbol{v}_2,\cdots,\boldsymbol{v}_m]\begin{bmatrix}c\\0\\\vdots\\0\end{bmatrix}=c\boldsymbol{v}_1,$$

其中, c 为常数, 仅与初始年龄分布有关, 则

$$\lim_{k\to+\infty}\frac{\boldsymbol{X}(k)}{\lambda_1^k}=c\boldsymbol{v}_1.$$

因此当 k 很大时,

$$\boldsymbol{X}(k)\approx c\lambda_1^k\boldsymbol{v}_1,$$

而 $\boldsymbol{X}(k-1)\approx c\lambda_1^{k-1}\boldsymbol{v}_1$, 所以对充分大的 k, 有

$$\boldsymbol{X}(k)\approx\lambda_1\boldsymbol{X}(k-1),$$

这意味着对于充分长的时间, 每一个年龄分布向量就是它前一个年龄分布向量的 λ_1 倍.

进一步得出, 对时间充分长时种群的年龄分布有三种可能情况. ① 若 $\lambda_1>1$, 则种群数量最终为增加; ② 若 $\lambda_1<1$, 则种群数量最终为减少; ③ 若 $\lambda_1=1$, 则种群数量为稳定.

本题中 Leslie 矩阵

$$\tilde{\boldsymbol{L}}=\begin{bmatrix}0&4&3\\0.5&0&0\\0&0.25&0\end{bmatrix},$$

$\tilde{\boldsymbol{L}}$ 的最大特征值为 $\lambda_1=1.5$, 对应的特征向量

$$\boldsymbol{v}_1=[0.9474,\ 0.3158,\ 0.0526]^{\mathrm{T}}.$$

计算得 $c=3000$.

因而, 当 $k\to+\infty$ 时, 该种群的数量趋于无穷.

(3) 如果每年平均向市场出售动物 $\boldsymbol{C}=[s,s,s]^{\mathrm{T}}$, 分析动物分布向量变化规律, 可知

$$\boldsymbol{X}(k+1)=\tilde{\boldsymbol{L}}X(k)-\boldsymbol{C},\quad k=0,1,2,\cdots,$$

因此有

$$\boldsymbol{X}(k)=\tilde{\boldsymbol{L}}^k\boldsymbol{X}(0)-(\tilde{\boldsymbol{L}}^{(k-1)}+\tilde{\boldsymbol{L}}^{(k-2)}+\cdots+\tilde{\boldsymbol{L}}+\boldsymbol{I})\boldsymbol{C},\quad k=1,2,\cdots.$$

考虑每年都必须保持有每一年龄组的动物, 应该有 $\boldsymbol{X}(k)$ 的所有元素都要大于零. 利用 Python 程序, 输入不同的参数 s, 观察数据计算结果, 由实验结果可知, 当取 $s=100$ 时, 能保证每一年龄组动物数量不为零.

```
#程序文件Pex13_4.py
import numpy as np
from numpy.linalg import eig, inv
from matplotlib.pyplot import bar, show, legend, rc, plot
rc('font',size=16); rc('font',family='SimHei')
L=np.array([[0,4,3],[0.5,0,0],[0,0.25,0]])
X=1000*np.ones((3,1)); TX=np.zeros((3,5))
for i in range(5): X=L.dot(X); TX[:,i]=X.flatten()
print("TX=",TX)
for i in range(3): bar(np.arange(1,6)-0.25+i/4,TX[i],width=0.2)
legend(('幼龄组','二龄组','三龄组')); show()
val,vec=eig(L)  #计算特征值及对应的特征向量
cv=inv(vec).dot(1000*np.ones(3)); c=abs(cv[0])
print("特征值=",val,"\n特征向量为: \n",vec,'\nc=',c)
s=int(input("输入s的值:")); m=10  #计算10年
TY=[]; Y=np.ones(3)*1000; TY=np.zeros((m,3))
for i in range(1,m+1):
    Y=L.dot(Y)-s*np.ones(3); TY[i-1,:]=Y.flatten()
plot(np.arange(1,m+1),TY)
legend(('幼龄组','二龄组','三龄组')); show()
```

13.4 管住嘴迈开腿

例 13.5 目前公认的测评体重的标准是联合国世界卫生组织颁布的体重指数 (body mass index, BMI), 定义 $\mathrm{BMI}=\dfrac{m}{h^2}$, 其中 m 为体重 (单位: kg), h 为身高 (单位: m), 具体标准见表 13.2.

表 13.2 体重指数分级标准

	偏瘦	正常	超重	肥胖
世界卫生组织标准	<18.5	18.5~24.9	25.0~29.9	⩾ 30.0
我国参考标准	<18.5	18.5~23.9	24.0~27.9	⩾ 28.0

随着生活水平的提高, 肥胖人群越来越庞大, 于是减肥者不在少数. 大量事实

说明, 大多数减肥药并不能够达到减肥效果, 或者即使成功减肥也未必长效. 专家建议, 只有通过控制饮食和适当运动, 才能在不伤害身体的前提下, 达到控制体重的目的. 现在建立一个数学模型, 并由此通过节食与运动制订合理、有效的减肥计划.

1. 模型分析

通常当能量守恒被破坏时就会引起体重的变化, 人们通过饮食吸收热量, 转化为脂肪等, 导致体重增加; 又由于代谢和运动消耗热量, 引起体重减少. 主要做适当的简化假设就可得到体重变换的关系.

减肥计划应以不伤害身体为前提, 这可以用吸收热量不要过少, 减肥体重不要过快来表达. 当然增加运动量是加速减肥的有效手段, 也要在模型中加以考虑.

通常制订减肥计划以周为时间单位比较方便, 所以这里用离散时间模型——差分方程模型来讨论.

2. 模型假设

根据上述分析, 参考有关生理数据, 作出以下简化假设:

(1) 体重增加正比于吸收的热量, 平均每 8000kcal (kcal 为非国际单位制单位, 1kcal = 4.2kJ) 增加体重 1kg;

(2) 身体正常代谢引起的体重减少正比于体重, 每周每千克体重消耗热量一般在 200kcal 至 320kcal 之间, 且因人而异, 这相当于体重 70kg 的人每天消耗 2000kcal 至 3200kcal;

(3) 运动引起的体重减少正比于体重, 且与运动形式和运动时间有关;

(4) 为了安全与健康, 每周吸收热量不要小于 10000kcal, 且每周减少量不要超过 1000kcal, 每周体重减少不要超过 1.5kg.

据调查, 若干食物每百克所含热量及各项运动每小时每千克体重消耗热量见表 13.3 和表 13.4.

表 13.3 食物每百克所含热量

食物	米饭	豆腐	青菜	苹果	瘦肉	鸡蛋
所含热量/(kcal/100g)	120	100	20~30	50~60	140~160	150

表 13.4 运动每小时每千克体重消耗热量

运动	步行 4km/h	跑步	跳舞	乒乓	自行车 (中速)	游泳 50m/min
消耗热量/(kcal/(h·kg))	3.1	7.0	3.0	4.4	2.5	7.9

3. 基本模型

记第 k 周 (初) 体重为 $w(k)$ (kg), 第 k 周吸收热量为 $c(k)$ (cal), 设热量转换系数为 α, 身体代谢消耗热量系数为 β, 根据模型假设, 正常情况下 (不考虑运动), 体重变化的基本方程为

$$w(k+1)=w(k)+\alpha c(k)-\beta w(k), \quad k=1,2,\cdots. \tag{13.10}$$

由假设 (1), $\alpha=\dfrac{1}{8000}$kg/kcal, 当确定了每个人的代谢消耗系数 β 后, 即可按照 (13.10) 式由每周吸收热量 $c(k)$ 推导体重 $w(k)$ 的变化. 增加运动时, 只需将 β 调整为 $\beta+\beta_1$, β_1 由运动形式和时间确定.

1) 减肥计划提出

通过制订一个具体的减肥计划讨论模型 (13.10) 的应用.

某人身高 1.7m, 体重 100kg, BMI 高达 34.6, 自述目前每周吸收 20000kcal 热量, 体重长期未变, 试为他按照以下方式制订减肥计划, 使其体重减至 75kg (即BMI = 26) 并维持下去:

(1) 在正常代谢情况下安排一个两阶段计划, 第一阶段: 吸收热量由 20000kcal 每周减少 1000kcal, 直至达到安全下限 (每周 10000kcal); 第二阶段: 每周吸收热量保持下限, 直至达到减肥目标.

(2) 若要加快进程, 第二阶段增加运动, 重新安排第二阶段的计划.

(3) 给出达到目标后维持体重不变的方案.

2) 减肥计划制订

(1) 首先应确定某人的代谢消耗系数 β. 根据他每周吸收 $c=20000$kcal 热量, 体重 $w=100$kg 不变, 在 (13.10) 式中令 $w(k+1)=w(k)=w$, $c(k)=c$, 得 $w=w+\alpha c-\beta w$, 于是

$$\beta=\frac{\alpha c}{w}=\frac{20000/8000}{100}=0.025.$$

相当于每周每千克体重消耗热量 20000/100 = 200kcal, 从假设 (2) 可以知道, 某人属于代谢消耗相当弱的人, 他又吃得很多, 难怪如此之胖.

第一阶段要求吸收热量由 20000kcal 每周减少 1000kcal (由表 13.3, 如每周减少米饭和瘦肉各 350g), 达到下限 $c_{\min}=10000$kcal, 即

$$c(k)=20000-1000k, \quad k=1,2,\cdots,10. \tag{13.11}$$

将 $c(k)$ 及 $\alpha=1/8000$, $\beta=0.025$ 代入 (13.10) 式, 可得

$$\begin{aligned}w(k+1)=(1-\beta)w(k)+\alpha(20000-1000k)=0.975w(k)+2.5-0.125k,\\ k=1,2,\cdots,10.\end{aligned} \tag{13.12}$$

对于差分方程 (13.12), 只需求 $w(11)$, 没有必要求它的解析解. 通过简单的迭代运算, 以 $w(1)=100$ 为初值, 求得第 11 周体重 $w(11)=93.6157$kg.

第二阶段要求每周吸收热量保持下限 $c_{\min}$, 得

$$w(k+1)=(1-\beta)w(k)+\alpha c_{\min}=0.975w(k)+1.25, \quad k=11,12,\cdots, \tag{13.13}$$

以第一阶段终值 $w(11)$ 为第二阶段初值, 编程计算直至 $w(11+n)\leqslant 75$ 为止, 可得 $w(11+22)=74.9888$kg, 即每周吸收热量保持下限 10000kcal, 再有 22 周体重可减至 75kg, 两阶段共需 32 周.

(2) 为加快进程, 第二阶段增加运动, 记表 13.4 中热量消耗为 γ, 每周运动时间为 th, 在 (13.10) 式中将 β 修改为 $\beta+\alpha\gamma t$, 即得到模型

$$w(k+1)=w(k)+\alpha c(k)-(\beta+\alpha\gamma t)w(k). \tag{13.14}$$

试取 $\alpha\gamma t=0.005$, 则 $\beta+\alpha\gamma t=0.03$, (13.12), (13.13) 式分别变为

$$w(k+1)=0.97w(k)+2.5-0.125k, \quad k=1,2,\cdots,10, \tag{13.15}$$

$$w(k+1)=0.97w(k)+1.25, \quad k=11,12,\cdots. \tag{13.16}$$

类似的计算可得, $w(11)=89.3319$kg, $w(11+12)=74.7388$kg, 即若增加 $\alpha\gamma t=0.005$ 的运动, 就可将第二阶段的时间缩短为 12 周. 由 $\alpha=1/8000$ 可知, 增加的运动内容应满足 $\gamma t=40$, 可从表 13.4 选择合适的运动形式和时间, 如每周步行 7h 加乒乓 4h. 两阶段共需 22 周, 增加运动的效果非常明显.

将正常代谢和增加运动两种情况下的体重 $w(k)$ 作图, 得到的曲线如图 13.2. 经检查, 两种情况下每周体重的减少都不超过 1.5kg.

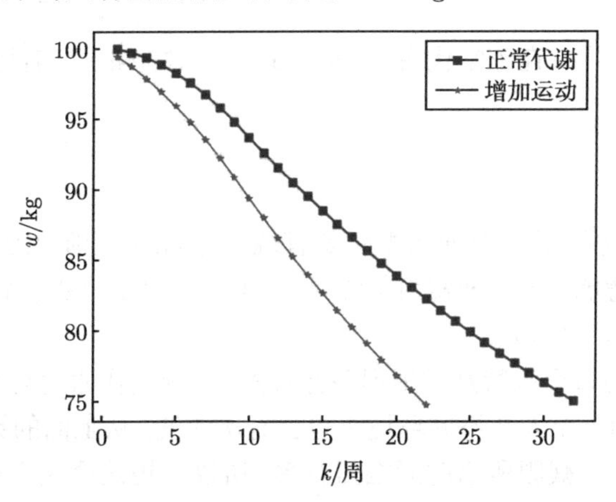

图 13.2 正常代谢和增加运动下的体重 $w(k)$ 曲线

```
#程序文件Pex13_5_1.py
import numpy as np
import matplotlib.pyplot as plt
plt.rc('font', family='SimHei'); plt.rc('font',size=16)
def fun(delta,*s):
    w=100; tw=[]
    for k in range(1,11):
        w=delta*w+2.5-0.125*k; tw.append(w)
    print(tw); w2=tw[-1]  #提取第二阶段的初值
    tw2=[]; k=0
    while w2>=75:
        k+=1; w2=delta*w2+1.25;
        tw2.append(w2); tw.append(w2)
    print("k=%d时,w(%d)=%.4f"%(k,k,w2))
    plt.plot(np.arange(1,len(tw)+1),tw,s[0])#传入的s是tuple类型

fun(0.975,"s-"); fun(0.97,"*-")
plt.legend(("正常代谢","增加运动"))
plt.xlabel("$k$/周"); plt.ylabel("$w$/kg")
plt.show()
```

(3) 达到目标后维持体重不变, 最简单的是寻求每周吸收热量保持某一个常值 c 使体重 $w = 75\text{kg}$, 即 $w(k+1) = w(k) = w = 75$, $c(k) = c$, 由此

$$w = w + \alpha c - (\beta + \alpha\gamma t)w,$$

计算 $c = \dfrac{(\beta + \alpha\gamma t)w}{\alpha}$. 在正常代谢下 $(\gamma = 0)$, $c = 15000\text{kcal}$; 若增加 $\gamma t = 40$ 的运动, 则 $c = 18000\text{kcal}$.

4. 模型评价

此模型告诉我们, 人们体重的变化是有规律可循的, 减肥也应科学化、定量化. 这个模型虽然只考虑了一个非常简单的情况, 但是它对专门从事减肥这种活动的人来说具有一定的参考价值.

体重的变化与每个人特殊的生理条件有关, 特别是代谢消耗系数 β, 不仅因人而异, 而且即使同一个人在不同环境下也会有所改变, 从上面的计算中看到, 当 β 仅仅改变 0.005 时, 减肥所需时间缩短很多, 所以应用这个模型时应对 β 做仔细研究.

13.5 离散阻滞增长模型及其应用

阻滞增长模型有连续形式和离散形式两种，前面已经介绍过连续形式的阻滞增长模型，本节介绍离散阻滞增长模型的性质和应用.

13.5.1 离散阻滞增长模型

离散形式的阻滞增长模型就是一阶非线性差分方程

$$\Delta x_k = r x_k \left(1 - \frac{x_k}{N}\right), \quad k = 0, 1, 2, \cdots, \tag{13.17}$$

即

$$x_{k+1} = x_k + r x_k \left(1 - \frac{x_k}{N}\right), \quad k = 0, 1, 2, \cdots, \tag{13.18}$$

其中，x_k 为种群在第 k 时段的数量.

简单解释一下 (13.18) 的导出过程. 如果种群的增长率为常数 r，则有

$$\frac{x_{k+1} - x_k}{x_k} \equiv r, \quad k = 0, 1, 2, \cdots,$$

可以导出一阶常系数线性齐次差分模型

$$x_{k+1} = (1 + r) x_k, \quad k = 0, 1, 2, \cdots. \tag{13.19}$$

模型 (13.19) 的解为等比数列

$$x_k = x_0 (1 + r)^k, \quad k = 0, 1, 2, \cdots. \tag{13.20}$$

如果 $r > 0$，按照 (13.20) 式就得出结论，种群数量将随时间单调增长，增长越来越快，趋于无穷大.

但是由于受有限的资源环境的制约，种群数量不可能无限增长，种群数量的增长率也不可能一直保持不变，而是会随着种群数量的增加而逐渐减少. 人们把有限的资源环境对种群数量增长的制约作用称为“阻滞作用”.

假设由于受有限的资源环境的制约，增长率随着种群数量的增加而线性递减，即假设

$$\frac{x_{k+1} - x_k}{x_k} = r \left(1 - \frac{x_k}{N}\right), \quad k = 0, 1, 2, \cdots. \tag{13.21}$$

模型假设 (13.21) 即是离散阻滞增长模型 (13.18).

离散阻滞增长模型 (13.18) 中，参数 r 称为“固有增长率”，是当种群数量 $x = 0$ 时的增长率. 参数 N 称为“最大容量”，即 N 是有限的资源和环境所能容纳的种群

的最大数量. 随着种群数量 x 的增加, 有限的资源和环境对种群数量增长的阻滞作用越来越显著, 当种群数量 $x=N$ 时, 增长率为 0, 即种群停止增长.

离散阻滞增长模型还有如下其他的等价形式:

$$x_{k+1}=x_k+px_k(N-x_k),\quad k=0,1,2,\cdots,$$
$$x_{k+1}=x_k+rx_k-px_k^2,\quad k=0,1,2,\cdots,$$

其中, 参数 r 和 N 的意义同前, 至于 p, 容易看出 $p=r/N$.

下面讨论离散阻滞增长模型 (13.18) 的平衡点及稳定性. 在 (13.18) 式中, 令 $x_{k+1}=x_k=x$, 则得到代数方程

$$rx\,(1-x/N)=0. \tag{13.22}$$

从 (13.22) 式解得 $x=0$ 或 $x=N$, 它们是 (13.18) 的两个平衡点. 为了说明这两个平衡点的渐近稳定性条件, 不加证明地引用以下定理.

定理 13.3　离散阻滞增长模型 (13.18) 的平衡点 $x=0$ 是局部渐近稳定的当且仅当 $-2<r<0$, 另一个平衡点 $x=N$ 是局部渐近稳定的当且仅当 $0<r<2$.

注 13.1　一般情况下, 实际问题满足条件 $0<r<2$.

离散阻滞增长模型 (13.18) 难以写出解析解的表达式, 可以按其给出的数列递推关系迭代计算出数值解. 当 $r>0$ 且初始值 $x_0\in(0,N)$ 时, 随着 r 的增大, (13.18) 式的解会出现复杂的数学现象——单调收敛、振荡收敛、倍周期分岔和混沌 (类似 Logistic 模型见图 13.3).

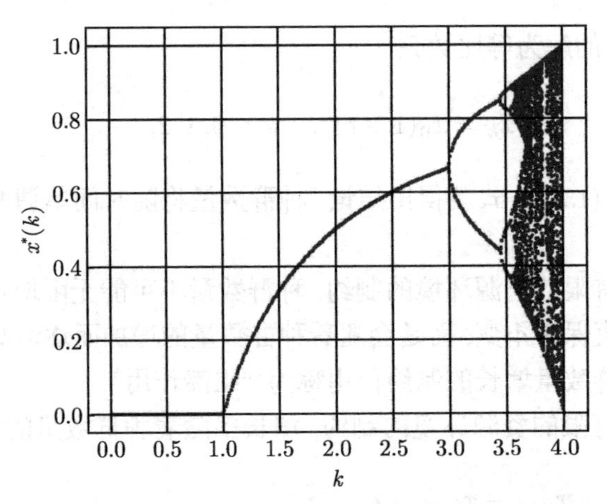

图 13.3　单调收敛、振荡收敛、倍周期分岔和混沌示意图

```
#程序文件Pz13_1.py
import numpy as np
import matplotlib.pyplot as plt
```

```
plt.rc('text',usetex=True); plt.rc('font',size=16)
logistic=lambda k, x: k*x*(1-x)
kk=np.arange(0, 4.01, 0.01); listk=[]; listx=[]
for k in kk:
    x=0.5
    for i in range(1,500):
        x1=logistic(k,x); x=x1
        if i>400: listk.append(k); listx.append(x)
plt.scatter(listk,listx,c='b',s=1); plt.grid(True)
plt.xticks(np.arange(0,4.01,0.5)); plt.xlabel("$k$")
plt.ylabel("$x^*(k)$"); plt.show()
```

13.5.2 离散阻滞增长模型的应用

例 13.6 表 13.5 的数据是从测量酵母培养物增长的实验收集而来的, 请建立数学模型, 模拟酵母培养物的增长过程.

表 13.5 酵母培养物增长的实验数据

时刻/h	0	1	2	3	4	5	6	7	8	9
生物量/g	9.6	18.3	29.0	47.2	71.1	119.1	174.6	257.3	350.7	441.0
时刻/h	10	11	12	13	14	15	16	17	18	
生物量/g	513.3	559.7	594.8	629.4	640.8	651.1	655.9	659.6	661.8	

1. 问题分析

记表 13.5 中的第 k 小时的酵母生物量为 x_kg$(k=0,1,\cdots,18)$. 为了构建数学模型, 首先绘制 x_k 关于 k 的散点图见图 13.4. 观测 x_k 关于 k 的散点图, 可以

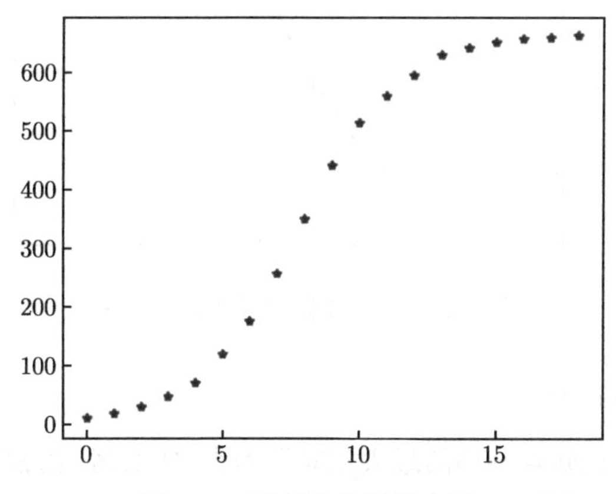

图 13.4 酵母生物量散点图

发现 x_k 关于 k 的散点沿 S 形曲线分布, x_k 随着 k 单调增加, x_k 可能趋于稳定值. 因而选择离散 Logistic 模型研究酵母生物量的变化趋势.

2. 模型的建立与求解

根据上述问题分析, 选择离散 Logistic 模型

$$x_{k+1}=x_k+rx_k\left(1-\frac{x_k}{N}\right),\quad k=0,1,2,\cdots, \tag{13.23}$$

其中, r 为固有增长率, N 为系统最大容量.

要求解模型, 需要先拟合模型中的未知参数 r,N, 使用最小二乘法拟合参数 r,N. 首先把 (13.23) 式改写为

$$rx_k-sx_k^2=x_{k+1}-x_k, \tag{13.24}$$

其中, $s=\dfrac{r}{N}$, 把已知的 19 个观测值代入 (13.24) 式, 得到关于 r,s 的超定线性方程组

$$\begin{bmatrix} x_0 & -x_0^2 \\ x_1 & -x_1^2 \\ \vdots & \vdots \\ x_{17} & -x_{17}^2 \end{bmatrix}\begin{bmatrix} r \\ s \end{bmatrix}=\begin{bmatrix} x_1-x_0 \\ x_2-x_1 \\ \vdots \\ x_{18}-x_{17} \end{bmatrix}. \tag{13.25}$$

利用 Python 软件, 求得 $r=0.5577$, $s=0.00085$, $N=654.0487$.

已知原始数据和拟合值对比如图 13.5 所示, 其他计算结果就不列举了.

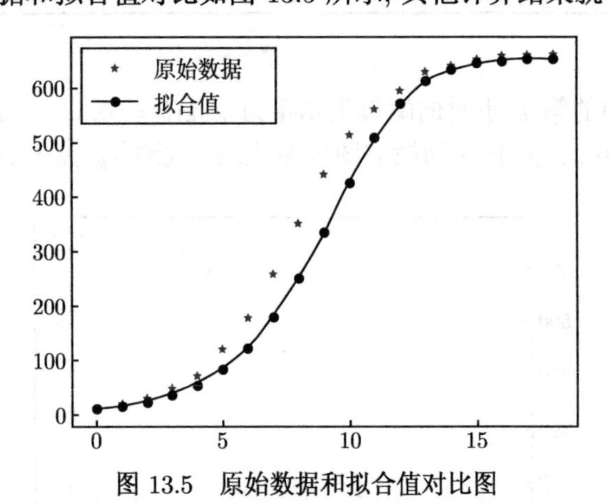

图 13.5 原始数据和拟合值对比图

3. 模型检验与评价

经检验模型对已知点预测的最大相对误差为 31.47%, 也就是中间数据点的预测值的偏差有点大, 模型还有进一步改进的必要.

离散 Logistic 模型不仅可以应用于酵母培养物的变化趋势研究,还可以应用于其他具有 S 形变化趋势的种群问题.

```
#程序文件Pex13_6.py
import numpy as np
from matplotlib.pyplot import rc, plot, show, legend, figure
rc('font',size=16); rc('font',family='SimHei')
a=np.loadtxt("Pdata13_6.txt");
plot(np.arange(0,19),a,'*'); show()
b=np.c_[a[:-1],-a[:-1]**2]
c=np.diff(a); x=np.linalg.pinv(b).dot(c)
r=x[0]; N=x[0]/x[1]
print("r,s,N的拟合值分别为: ",r,'\t',x[1],'\t',N)
Tx=np.zeros(19); Tx[0]=9.6; x0=9.6
for i in range(1,19):
    xn=x0+r*x0*(1-x0/N)
    Tx[i]=xn; x0=xn
figure; plot(np.arange(0,19),a,'*')
plot(np.arange(19), Tx,'o-')
legend(("原始数据点","拟合值"), loc='best'); show()
delta=np.abs((Tx-a)/a);
print("所有已知点的预测值的相对误差",delta)
print("最大相对误差:",delta.max())
```

13.6 染色体遗传模型

常染色体遗传中, 后代从每个亲体的基因对中各继承一个基因, 形成自己的基因对, 基因对也称为基因型. 如果我们所考虑的遗传特征是由两个基因 A 和 a 控制的, 那么就有三种基因对, 记为 AA, Aa, aa. 例如, 金鱼草由两个遗传基因决定花的颜色, 基因型是 AA 的金鱼草开红花, Aa 型的开粉红色花, 而 aa 型的开白花. 又如人类眼睛的颜色也是通过常染色体遗传控制的. 基因型是 AA 或 Aa 的人, 眼睛为棕色, 基因型是 aa 的人, 眼睛为蓝色. 这里因为 AA 和 Aa 都表示了同一外部特征, 我们认为基因 A 支配基因 a, 也可以认为基因 a 对于基因 A 来说是隐性的. 当一个亲体的基因型为 Aa, 而另一个亲体的基因型是 aa 时, 那么后代可以从 aa 型中得到基因 a, 从 Aa 型中或得到基因 A, 或得到基因 a. 这样, 后代基因型为 Aa 或 aa 的可能性相等. 下面给出双亲基因型的所有可能的结合, 以及其后代形成每种基因型的概率, 如表 13.6 所示.

表 13.6 双亲基因型及后代各种基因型的概率

		父体–母体的基因型					
		AA - AA	AA - Aa	AA - aa	Aa - Aa	Aa - aa	aa - aa
后代基因型	AA	1	1/2	0	1/4	0	0
	Aa	0	1/2	1	1/2	1/2	0
	aa	0	0	0	1/4	1/2	1

例 13.7 农场的植物园中某种植物的基因型为 AA, Aa 和 aa. 农场计划采用 AA 型的植物与每种基因型植物相结合的方案培育植物后代. 那么经过若干年后, 这种植物的任一代的三种基因型分布如何?

1. 模型假设

(1) 设 a_n, b_n 和 c_n 分别表示第 n $(n=0,1,2,\cdots)$ 代植物中, 基因型为 AA, Aa 和 aa 的植物占植物总数的百分率. 令 $\boldsymbol{x}^{(n)}=[a_n,\ b_n,\ c_n]^{\mathrm{T}}$ 为第 n 代植物的基因型分布. $\boldsymbol{x}^{(0)}=[a_0,\ b_0,\ c_0]^{\mathrm{T}}$ 表示植物基因的初始分布 (即培育开始时的分布), 显然有 $a_0+b_0+c_0=1$.

(2) 第 n 代的分布与第 $n-1$ 代的分布之间的关系是通过表 13.6 确定的.

2. 模型建立

根据假设 (2), 先考虑第 n 代中的 AA 型. 由于第 $n-1$ 代的 AA 型与 AA 型结合, 后代全部是 AA 型; 第 $n-1$ 代的 AA 型与 Aa 型结合, 后代是 AA 型的可能性为 1/2; 而第 $n-1$ 代的 AA 型与 aa 型结合, 后代不可能是 AA 型. 因此当 $n=1,2,\cdots$ 时

$$a_n=1\cdot a_{n-1}+\frac{1}{2}b_{n-1}+0\cdot c_{n-1},$$

即

$$a_n=a_{n-1}+\frac{1}{2}b_{n-1}. \tag{13.26}$$

类似可推出

$$b_n=\frac{1}{2}b_{n-1}+c_{n-1}, \tag{13.27}$$

$$c_n=0. \tag{13.28}$$

将 (13.26)—(13.28) 式相加, 得

$$a_n+b_n+c_n=a_{n-1}+b_{n-1}+c_{n-1},$$

根据假设 (1), 有

$$a_n+b_n+c_n=a_0+b_0+c_0=1.$$

对于 (13.26), (13.27) 和 (13.28) 式, 采用矩阵形式简记为

$$\boldsymbol{x}^{(n)} = \boldsymbol{M}\boldsymbol{x}^{(n-1)}, \quad n = 1, 2, \cdots, \tag{13.29}$$

其中

$$\boldsymbol{M} = \begin{bmatrix} 1 & 1/2 & 0 \\ 0 & 1/2 & 1 \\ 0 & 0 & 0 \end{bmatrix}.$$

由 (13.29) 式递推, 得

$$\boldsymbol{x}^{(n)} = \boldsymbol{M}\boldsymbol{x}^{(n-1)} = \boldsymbol{M}^2\boldsymbol{x}^{(n-2)} = \cdots = \boldsymbol{M}^n\boldsymbol{x}^{(0)}. \tag{13.30}$$

(13.30) 式给出第 n 代基因型的分布与初始分布的关系.

利用 Python 软件, 求得

$$\begin{cases} a_n = 1 - \left(\dfrac{1}{2}\right)^n b_0 - \left(\dfrac{1}{2}\right)^{n-1} c_0, \\ b_n = \left(\dfrac{1}{2}\right)^n b_0 + \left(\dfrac{1}{2}\right)^{n-1} c_0, \\ c_n = 0. \end{cases} \tag{13.31}$$

当 $n \to \infty$ 时, $\left(\dfrac{1}{2}\right)^n \to 0$, 所以从 (13.31) 式得到

$$a_n \to 1, \quad b_n \to 0, \quad c_n = 0.$$

即在极限的情况下, 培育的植物都是 AA 型.

```
#程序文件Pex13_7_1.py
import sympy as sp
a0,b0, c0=sp.symbols('a0 b0 c0')
n=sp.symbols('n',positive=True)
A=sp.Matrix([[1,1/2,0],[0,1/2,1],[0,0,0]])
if A.is_diagonalizable(): print("A的对角化矩阵为:
                        \n",A.diagonalize())
else: print("A不能对角化")
P=A.diagonalize()[0]; D=A.diagonalize()[1]
x=P*D**n*(P.inv())*sp.Matrix([a0,b0,c0])
x=sp.simplify(x); print(x)
```

3. 模型的讨论

若在上述问题中, 不选用基因 AA 型的植物与每一植物结合, 而是将具有相同基因型植物相结合, 那么后代具有三种基因型的概率如表 13.7 所示.

表 13.7　相同基因型双亲结合

		父体–母体的基因型		
		AA-AA	Aa-Aa	aa-aa
后代	AA	1	1/4	0
基因	Aa	0	1/2	0
型	aa	0	1/4	1

类似地, 有 $\boldsymbol{x}^{(n)} = \boldsymbol{M}^n \boldsymbol{x}^{(0)}$, 其中

$$\boldsymbol{M} = \begin{bmatrix} 1 & 1/4 & 0 \\ 0 & 1/2 & 0 \\ 0 & 1/4 & 1 \end{bmatrix},$$

求得

$$\begin{cases} a_n = a_0 + \left[\dfrac{1}{2} - \left(\dfrac{1}{2}\right)^{n+1}\right] b_0, \\ b_n = \left(\dfrac{1}{2}\right)^n b_0, \\ c_n = c_0 + \left[\dfrac{1}{2} - \left(\dfrac{1}{2}\right)^{n+1}\right] b_0. \end{cases} \tag{13.32}$$

当$n \to \infty$ 时, $a_n \to a_0 + \dfrac{1}{2} b_0$, $b_n \to 0$, $c_n \to c_0 + \dfrac{1}{2} b_0$. 因此, 如果用基因型相同的植物培育后代, 在极限情况下, 后代仅具有基因型 AA 和 aa.

习　题　13

13.1　若将例 13.5 中模型假设修改为 “每周体重减少不要超过 1kg”, 检查所制订的减肥计划是否满足, 如不满足, 重新制订计划.

13.2　编写绘图的 Python 程序, 以图形说明一阶线性常系数非齐次差分方程 $x_{k+1} = (1+r)x_k + b$ 解的长期行为 (其中 r 和 b 是非零常数).

13.3　某种山猫在较好、中等及较差的自然环境下, 年平均增长率分别为 1.68%, 0.55% 和 −4.5%. 假设开始时有 100 只山猫, 按以下情况分别讨论山猫数量逐年变化的过程及趋势:

(1) 三种自然环境下 25 年的变化过程, 结果要列表并图示.

(2) 如果每年捕获 3 只, 山猫数量将如何变化? 会灭绝吗?

(3) 在较差的自然环境下, 如果要使山猫数量稳定在 60 只左右, 每年要人工繁殖多少只?

13.4 有一位老人 60 岁时将养老金 10 万元以整存零取方式 (指本金一次存入, 分次支取本金的一种储蓄) 存入, 从第一个月开始每月支取 1000 元, 银行每月初按月利率 0.3%把上月结余额孳生的利息自动存入养老金. 请你计算老人多少岁时将把养老金用完? 如果想用到 80 岁, 问 60 岁时应存入多少钱?

13.5 假如在某种疾病流行期间每天有 $x\%$ 的患者死亡, $y\%$ 的患者痊愈并获免疫力, $z\%$ 的健康人患病. 请建立描述第 n 天患者人数 I_n、健康人数 S_n 以及恢复和获得免疫人数 R_n 的模型. 如果一开始在星期一时有 5000 个健康人和 50 名患者, 到星期五时这些人数有什么变化.

13.6 某种野牛的雌性和雄性个体按其年龄可分成三个年龄组, 每个年龄组的存活率如表 13.8 所示.

表 13.8 三个年龄组的存活率

年龄组	0~1 岁 (牛犊)	1~2 岁 (小牛)	2 岁及 2 岁以上 (成年牛)
存活率	0.6	0.75	0.95

假设每头成年母牛有相同的生育能力, 平均每头母牛每年生育 0.44 头雌性牛犊和 0.46 头雄性牛犊, 初始时刻有 80 头母牛和 20 头公牛. 试建立该种野牛的数量模型, 并预测 50 年后该种野牛数量按年龄段分布的情况.

第14章 模糊数学

1965 年, 美国著名控制论专家 L. A. Zadeh(扎德) 教授发表了 *Fuzzy Sets*, 这一开创性的论文引用 "隶属度" 和 "隶属函数" 来描述差异的中间过渡, 处理和刻画模糊现象, 产生了应用数学的重要分支——模糊数学.

处理现实现象的数学模型可分为三大类:

(1) 确定性数学模型;

(2) 随机性数学模型;

(3) 模糊性数学模型.

前两类模型的共同特点是所描述的事物本身的含义是确定的, 它们赖以存在的基石——集合论, 它满足互补率, 就是非此即彼的清晰概念的抽象. 模糊性数学模型所描述的事物本身的含义是不确定的.

14.1 模糊数学的基本概念和基本运算

14.1.1 模糊数学的基本概念

1. 模糊集和隶属函数

定义 14.1 被讨论的对象的全体称为论域. 论域常用大写字母 U,V 等来表示.

对于论域 U 的每个元素和某一子集 A, 在经典数学中, 要么 $x\in A$, 要么 $x\notin A$. 描述这一事实的是特征函数 $\chi_A(x)=\begin{cases}1, & x\in A,\\ 0, & x\notin A,\end{cases}$ 即集合 A 由特征函数唯一确定.

在模糊数学中, 称没有明确边界 (没有清晰外延) 的集合为模糊集合. 常用大写字母来表示. 元素属于模糊集合的程度用隶属度来表示. 用于计算隶属度的函数称为隶属函数. 它们的数学定义如下.

定义 14.2 论域 U 到 $[0,1]$ 闭区间上的任意映射

$$M: U\to[0,1],$$

$$u\mapsto M(u),$$

都确定了 U 上的一个模糊集合, $M(u)$ 叫做 M 的隶属函数, 或称为 u 对 M 的隶属度. 记作 $M=\{(u,M(u))|u\in U\}$, 使得 $M(u)=0.5$ 的点称为模糊集 M 的过渡点, 此点最具有模糊性.

以下称模糊集为 F 集, 论域 U 上的 F 集记作 $\mathcal{F}(U)$.

2. 模糊集的表示

当论域 U 为有限集时, 记 $U=\{u_1,u_2,\cdots,u_n\}$, 则 U 上的模糊集 M 有下列三种常见表示形式.

(1) 序偶表示法

$$M=\{(u_1,M(u_1)),\ (u_2,M(u_2)),\ \cdots,\ (u_n,M(u_n))\}.$$

(2) 向量表示法

$$M=(M(u_1),\ M(u_2),\ \cdots,\ M(u_n)).$$

(3) 扎德表示法

$$M=\sum_{i=1}^{n}\frac{M(u_i)}{u_i}=\frac{M(u_1)}{u_1}+\frac{M(u_2)}{u_2}+\cdots+\frac{M(u_n)}{u_n}.$$

注 14.1 “Σ” 和 “+” 不是求和的意思, 只是表示集合元素的记号. $\dfrac{M(u_i)}{u_i}$ 不是分数, 它表示点 u_i 对模糊集 M 的隶属度是 $M(u_i)$.

当论域 U 为无限集时, U 上的模糊集 M 可表示为: $M=\displaystyle\int_{u\in M}\frac{M(u)}{u}$.

注 14.2 “$\displaystyle\int$” 也不表示积分, $\dfrac{M(u)}{u}$ 不是分数.

3. 确定隶属函数的方法

隶属函数通常采用模糊统计方法、例证法和指派法确定. 下面重点给出指派法确定隶属函数.

指派法是一种主观的方法, 它主要依据人们的实践经验来确定某些模糊集合的隶属函数. 如果模糊集定义在实数域上, 则隶属函数称为模糊分布. 常见的几个模糊分布如表 14.1 所示.

表 14.1　常见的模糊分布

类型	偏小型	中间型	偏大型
矩阵型	$M(x)=\begin{cases}1, & x\leqslant a,\\ 0, & x>a.\end{cases}$	$M(x)=\begin{cases}1, & a\leqslant x\leqslant b,\\ 0, & x<a\text{或}>b.\end{cases}$	$M(x)=\begin{cases}1, & x\geqslant a,\\ 0, & x<a.\end{cases}$
梯形型	$M(x)=\begin{cases}1, & x\leqslant a,\\ \dfrac{b-x}{b-a}, & a<x\leqslant b,\\ 0, & x>b.\end{cases}$	$M(x)=\begin{cases}\dfrac{x-a}{b-a}, & a\leqslant x\leqslant b,\\ 1, & b<x\leqslant c,\\ \dfrac{d-x}{d-c}, & c<x\leqslant d,\\ 0, & x<a,x>d.\end{cases}$	$M(x)=\begin{cases}0, & x<a,\\ \dfrac{x-a}{b-a}, & a\leqslant x\leqslant b,\\ 1, & x>b.\end{cases}$
k 次抛物型	$M(x)=\begin{cases}1, & x\leqslant a,\\ \left(\dfrac{b-x}{b-a}\right)^k, & a<x\leqslant b,\\ 0, & x>b.\end{cases}$	$M(x)=\begin{cases}\left(\dfrac{x-a}{b-a}\right)^k, & a\leqslant x\leqslant b,\\ 1, & b<x\leqslant c,\\ \left(\dfrac{d-x}{d-c}\right)^k, & c<x\leqslant d,\\ 0, & x<a,x>d.\end{cases}$	$M(x)=\begin{cases}0, & x<a,\\ \left(\dfrac{x-a}{b-a}\right)^k, & a\leqslant x\leqslant b,\\ 1, & x>b.\end{cases}$
Γ 型	$M(x)=\begin{cases}1, & x\leqslant a,\\ e^{-k(x-a)}, & x>a.\end{cases}$	$M(x)=\begin{cases}e^{k(x-a)}, & x<a,\\ 1, & a\leqslant x\leqslant b,\\ e^{-k(x-b)}, & x>b.\end{cases}$	$M(x)=\begin{cases}0, & x<a,\\ 1-e^{-k(x-a)}, & x\geqslant a.\end{cases}$
正态型	$M(x)=\begin{cases}1, & x\leqslant a,\\ \exp\left[-\left(\dfrac{x-a}{\sigma}\right)^2\right], & x>a.\end{cases}$	$M(x)=\exp\left[-\left(\dfrac{x-a}{\sigma}\right)^2\right].$	$M(x)=\begin{cases}0, & x\leqslant a,\\ 1-\exp\left[-\left(\dfrac{x-a}{\sigma}\right)^2\right], & x>a.\end{cases}$
柯西型	$M(x)=\begin{cases}1, & x\leqslant a,\\ \dfrac{1}{1+\alpha(x-a)^\beta}, & x>a\end{cases}$ $(\alpha>0,\beta>0)$	$M(x)=\dfrac{1}{1+\alpha(x-a)^\beta}$ $(\alpha>0,\beta$ 为正偶数$)$	$M(x)=\begin{cases}0, & x\leqslant a,\\ \dfrac{1}{1+\alpha(x-a)^{-\beta}}, & x>a\end{cases}$ $(\alpha>0,\beta>0)$

例 14.1 设论域 $U=\{u_1,u_2,\cdots,u_6\}=\{40,\ 50,\ 60,\ 70,\ 80,\ 90\}$ 表示六个身高均为 170cm 的学生的体重 (单位: kg), U 上的一个模糊集 "胖子"(记作 M) 的隶属函数定义为

$$M(x)=\frac{x-40}{90-40}.$$

序偶表示法:

$$M=\{(40,0),\ (50,0.2),\ (60,0.4),\ (70,0.6),\ (80,0.8),\ (90,1)\}.$$

向量表示法:

$$M=(0,\ 0.2,\ 0.4,\ 0.6,\ 0.8,\ 1).$$

扎德表示法:

$$M=\frac{0}{u_1}+\frac{0.2}{u_2}+\frac{0.4}{u_3}+\frac{0.6}{u_4}+\frac{0.8}{u_5}+\frac{1}{u_6}.$$

例 14.2 设论域 $U=[0,100]$, 模糊集 M 表示 "年老", N 表示 "年轻", 扎德给出 M 和 N 的隶属函数分别为

$$M(u)=\begin{cases}0, & 0\leqslant u\leqslant 50,\\ \left[1+\left(\dfrac{u-50}{5}\right)^{-2}\right]^{-1}, & 50<u\leqslant 100.\end{cases}$$

$$N(u)=\begin{cases}1, & 0\leqslant u\leqslant 25,\\ \left[1+\left(\dfrac{u-25}{5}\right)^{2}\right]^{-1}, & 25<u\leqslant 100.\end{cases}$$

$M(75)=0.9615$, 即 75 岁属于 "年老" 的程度是 0.9615. 又 $M(60)=0.8$, $N(60)\approx 0.02$, 可以认为 60 岁是 "较老的". 由于论域 U 为无限集, 因此 U 上的模糊集 M 和 N 可表示为

$$M=\int_0^{100}\frac{M(u)}{u},\quad N=\int_0^{100}\frac{N(u)}{u}.$$

注 14.3 对于某 F 集 A, 若 $A(u)$ 仅取 0 和 1 两个数时, A 就退化为普通集合. 所以, 普通集合是模糊集的特殊情形. 若 $A(u)\equiv 0$, 则 A 为空集 $\varnothing$; 若 $A(u)\equiv 1$, 则 A 为全集 U, 即 $A=U$.

14.1.2 模糊数学的基本运算

1. 模糊集的运算

设 A,B 为论域 U 上的两个模糊集合, 则 A 与 B 的并集 $A\cup B$、交集 $A\cap B$、补集 $\bar{A}$ 也是论域上的模糊集合, 其定义如下

并集: $A\cup B=\{(u,A\cup B(u))|A\cup B(u)=\max\{A(u),B(u)\},\ u\in U\}$;

交集: $A\cap B=\{(u,A\cap B(u))|A\cap B(u)=\min\{A(u),B(u)\},\ u\in U\}$;

补集: $\bar{A}=\{(u,\bar{A}(u))|\bar{A}(u)=1-A(u),u\in U\}$.

例 14.3　设 $A=\{(u_1,0.3),\ (u_2,0.2),\ (u_3,0.5)\}$, $B=\{(u_1,0.2),\ (u_2,0.1),\ (u_3,0.7)\}$, 则

$$A\cup B=\{(u_1,0.3),\ (u_2,0.2),\ (u_3,0.7)\};$$

$$A\cap B=\{(u_1,0.2),\ (u_2,0.1),\ (u_3,0.5)\};$$

$$\bar{A}=\{(u_1,0.7),\ (u_2,0.8),\ (u_3,0.5)\}.$$

2. 模糊关系及运算

1) 关系与模糊关系

关系是指对两个普通集合的直积施加某种条件限制后得到的序偶集合, 常用 R 表示.

例 14.4　设 $A=\{1,\ 3,\ 5\}$, $B=\{2,\ 4,\ 6\}$, 则直积集合为

$$A\times B=\{(1,2),\ (1,4),\ (1,6),\ (3,2),\ (3,4),\ (3,6),\ (5,2),\ (5,4),\ (5,6)\},$$

对其施加 $a>b\ (a\in A,b\in B)$ 的条件限制, 则满足条件的集合为

$$(A\times B)_{a>b}=\{\ (3,2),\ (5,2),\ (5,4)\}.$$

对 $A\times B$ 施加 $a>b$ 的条件限制后得到的新集合定义为关系, 记作 $R_{a>b}$, 则

$$R_{a>b}=\{\ (3,2),\ (5,2),\ (5,4)\}.$$

关系 R 可以用矩阵形式来表示, 一般形式为

$$\boldsymbol{R}=(r_{ij})_{m\times n}=\begin{bmatrix} r_{11} & r_{12} & \cdots & r_{1n} \\ r_{21} & r_{22} & \cdots & r_{2n} \\ \vdots & \vdots & & \vdots \\ r_{m1} & r_{m2} & \cdots & r_{mn} \end{bmatrix},\quad \text{其中}\quad r_{ij}=\begin{cases} 1, & (u_i,u_j)\in \boldsymbol{R}, \\ 0, & (u_i,u_j)\notin \boldsymbol{R}. \end{cases}$$

例 14.4 中的 $R_{a>b}$ 可以表示为

$$\boldsymbol{R}_{a>b}=\begin{bmatrix} 0 & 0 & 0 \\ 1 & 0 & 0 \\ 1 & 1 & 0 \end{bmatrix}.$$

模糊关系指对普通集合的直积施加某种模糊条件限制后得到的模糊关系, 也记作 R. 模糊关系可用扎德表示法、隶属函数或矩阵形式来表示.

例 14.5 设 A 和 B 为两个不同论域上的普通集合, $A=\{1,\ 2,\ 3\}$, $B=\{1,\ 2,\ 3,\ 4,\ 5\}$, 对 $A\times B$ 施加 "远小于" (用 $a\ll b$ 表示) 的模糊条件限制后得到一个模糊关系为

$$R=\frac{0.5}{(1,3)}+\frac{0.8}{(1,4)}+\frac{1}{(1,5)}+\frac{0.5}{(2,4)}+\frac{0.8}{(2,5)}+\frac{0.5}{(3,5)},$$

或者

$$\boldsymbol{R}=\begin{bmatrix}0&0&0.5&0.8&1\\0&0&0&0.5&0.8\\0&0&0&0&0.5\end{bmatrix}.$$

2) 模糊关系矩阵的运算

设 $\boldsymbol{R}=(r_{ij})_{m\times n}$, $\boldsymbol{S}=(s_{ij})_{m\times n}$ 为同一论域 U 上的两个模糊关系矩阵, $i=1,2,\cdots,m$, $j=1,2,\cdots,n$, 则其并、交、补运算分别定义为

并运算: $\boldsymbol{T}=\boldsymbol{R}\cup\boldsymbol{S}=(t_{ij})_{m\times n}$, $t_{ij}=\max(r_{ij},s_{ij})\triangleq(r_{ij}\vee s_{ij})$;

交运算: $\boldsymbol{T}=\boldsymbol{R}\cap\boldsymbol{S}=(t_{ij})_{m\times n}$, $t_{ij}=\min(r_{ij},s_{ij})\triangleq(r_{ij}\wedge s_{ij})$;

补运算: $\boldsymbol{T}=\bar{\boldsymbol{R}}=(t_{ij})_{m\times n}$, $t_{ij}=1-r_{ij}$.

设模糊关系 $\boldsymbol{R}=(r_{ij})_{m\times n}$, $\boldsymbol{S}=(s_{jk})_{n\times l}$, 则 $\boldsymbol{R}$ 对 $\boldsymbol{S}$ 的合成运算定义为 $\boldsymbol{T}$,

$$\boldsymbol{T}=(t_{ik})_{m\times l},\quad t_{ik}=\bigvee_{j=1}^{n}(r_{ij}\wedge s_{jk}),$$

记作 $\boldsymbol{T}=\boldsymbol{R}\circ\boldsymbol{S}$.

注 14.4 模糊关系矩阵的合成与普通矩阵的乘法运算过程类似, $\boldsymbol{R}\circ\boldsymbol{R}$ 记作 $\boldsymbol{R}^2$.

例 14.6 设 $\boldsymbol{R}=[\ 0.3,0.35,0.1]$, $\boldsymbol{S}=\begin{bmatrix}0.3&0.5&0.2\\0.2&0.2&0.4\\0.3&0.4&0.2\end{bmatrix}$, 计算 $\boldsymbol{T}=\boldsymbol{R}\circ\boldsymbol{S}$.

解

$$\begin{aligned}\boldsymbol{T}=\boldsymbol{R}\circ\boldsymbol{S}&=[0.3,0.35,0.1]\circ\begin{bmatrix}0.3&0.5&0.2\\0.2&0.2&0.4\\0.3&0.4&0.2\end{bmatrix}\\&=[(0.3\wedge0.3)\vee(0.35\wedge0.2)\vee(0.1\wedge0.3),\ (0.3\wedge0.5)\vee(0.35\wedge0.2)\vee(0.1\wedge0.4),\\&\qquad(0.3\wedge0.2)\vee(0.35\wedge0.4)\vee(0.1\wedge0.2)]\\&=[0.3\vee0.2\vee0.1,\ 0.3\vee0.2\vee0.1,\ 0.2\vee0.35\vee0.1]\\&=[0.3,\ 0.3,\ 0.35].\end{aligned}$$

```
#程序文件Pex14_6.py
import numpy as np
a=np.array([0.3,0.35,0.1]); aa=np.tile(a,(len(a),1))
b=np.array([[0.3,0.5,0.2],[0.2,0.2,0.4],[0.3,0.4,0.2]])
c=np.minimum(aa.T,b)  #两个矩阵的元素对应取最小值
T=c.max(axis=0)  #矩阵逐列取最大值
print("T=",T)
```

14.2 模糊模式识别

14.2.1 择近原则

贴近度是对两个 F 集接近程度的一种度量.

定义 14.3 设 $A,B,C\in\mathcal{F}(U)$, 若映射

$$N:\mathcal{F}(U)\times\mathcal{F}(U)\to[0,1]$$

满足条件:

(1) $N(A,B)=N(B,A)$,

(2) $N(A,A)=1$, $N(U,\varnothing)=0$,

(3) 若 $A\subseteq B\subseteq C$, 则 $N(A,C)\leqslant N(A,B)\wedge N(B,C)$,

则称 $N(A,B)$ 为 F 集 A 与 B 的贴近度. N 称为 $\mathcal{F}(U)$ 上的贴近度函数.

1) 汉明贴近度

若 $U=\{u_1,u_2,\cdots,u_n\}$, 则

$$N(A,B)\triangleq 1-\frac{1}{n}\sum_{i=1}^{n}|A(u_i)-B(u_i)|. \tag{14.1}$$

当 U 为实数域上的闭区间 $[a,b]$ 时, 则有

$$N(A,B)\triangleq 1-\frac{1}{b-a}\int_a^b|A(u)-B(u)|du. \tag{14.2}$$

2) 欧几里得贴近度

若 $U=\{u_1,u_2,\cdots,u_n\}$, 则

$$N(A,B)\triangleq 1-\frac{1}{\sqrt{n}}\left(\sum_{i=1}^{n}(A(u_i)-B(u_i))^2\right)^{1/2}. \tag{14.3}$$

当 $U=[a,b]$ 时, 则有

$$N(A,B)\triangleq 1-\frac{1}{\sqrt{b-a}}\left(\int_a^b (A(u)-B(u))^2du\right)^{1/2}. \tag{14.4}$$

3) 黎曼贴近度

若 $U=(-\infty,+\infty)$ 为实数域, 所涉及的函数都黎曼可积, 且广义积分收敛, 则两种黎曼贴近度分别记作

$$N_1(A,B)\triangleq \frac{\displaystyle\int_{-\infty}^{+\infty}(A(u)\wedge B(u))du}{\displaystyle\int_{-\infty}^{+\infty}(A(u)\vee B(u))du}, \tag{14.5}$$

$$N_2(A,B)\triangleq \frac{2\displaystyle\int_{-\infty}^{+\infty}(A(u)\wedge B(u))du}{\displaystyle\int_{-\infty}^{+\infty}A(u)du+\int_{-\infty}^{+\infty}B(u)du}. \tag{14.6}$$

设 $A_i, B\in \mathcal{F}(U)$ $(i=1,2,\cdots,n)$, 若存在 i_0, 使

$$N(A_{i_0},B)=\max\{N(A_1,B),N(A_2,B),\cdots,N(A_n,B)\},$$

则认为 B 与 A_{i_0} 最贴近, 即判定 B 与 A_{i_0} 为一类. 该原则称为择近原则.

例 14.7 设标准库集合 $A_1=(0.4,\ 0.3,\ 0.5,\ 0.3)$, $A_2=(0.3,\ 0.3,\ 0.4,\ 0.4)$, $A_3=(0.2,\ 0.3,\ 0.3,\ 0.3)$, 待识别集合 $B=(0.2,\ 0.3,\ 0.4,\ 0.3)$, 试确定 B 属于哪一类.

解 利用公式 (14.3) 计算贴近度分别为

$$N(B,A_1)=0.8882,\quad N(B,A_2)=0.9293,\quad N(B,A_3)=0.95,$$

由此集合 B 与集合库中 A_3 最为接近, 因此 B 归于 A_3 类.

```
#程序文件Pex14_7.py
import numpy as np
a=np.array([[0.4,0.3,0.5,0.3],[0.3,0.3,0.4,0.4],[0.2,0.3,0.3,0.3]])
b=np.array([0.2,0.3,0.4,0.3]); N=[]
for i in range(len(a)): N.append(1-(np.linalg.norm(a[i]-b))/2)
print("贴近度分别为: ",N)
```

14.2.2　最大隶属原则

设 $A_i \in \mathcal{F}(U)$ $(i=1,2,\cdots,n)$, 对 $u_0 \in U$, 若存在 i_0, 使

$$A_{i_0}(u_0)=\max\{A_1(u_0),A_2(u_0),\cdots,A_n(u_0)\}, \tag{14.7}$$

则认为 u_0 相对地隶属于 A_{i_0}, 这是最大隶属原则.

例 14.8　考虑人的年龄问题, 分为年轻、中年、老年三类, 分别对应三个 F 集 A_1,A_2,A_3. 设论域 $U=(0,100]$, 且对 $x\in(0,100]$, 有

$$A_1(x)=\begin{cases}1, & 0<x\leqslant 20,\\ 1-2\left(\dfrac{x-20}{20}\right)^2, & 20<x\leqslant 30,\\ 2\left(\dfrac{x-40}{20}\right)^2, & 30<x\leqslant 40,\\ 0, & 40<x\leqslant 100;\end{cases}$$

$$A_3(x)=\begin{cases}0, & 0<x\leqslant 50,\\ 2\left(\dfrac{x-50}{20}\right)^2, & 50<x\leqslant 60,\\ 1-2\left(\dfrac{x-70}{20}\right)^2, & 60<x\leqslant 70,\\ 1, & 70<x\leqslant 100;\end{cases}$$

$$A_2(x)=1-A_1(x)-A_3(x)=\begin{cases}0, & 0<x\leqslant 20,\\ 2\left(\dfrac{x-20}{20}\right)^2, & 20<x\leqslant 30,\\ 1-2\left(\dfrac{x-40}{20}\right)^2, & 30<x\leqslant 40,\\ 1, & 40<x\leqslant 50,\\ 1-2\left(\dfrac{x-50}{20}\right), & 50<x\leqslant 60,\\ 2\left(\dfrac{x-70}{20}\right)^2, & 60<x\leqslant 70,\\ 0, & 70<x\leqslant 100.\end{cases}$$

某人 40 岁, 根据上式, $A_1(40)=0$, $A_2(40)=1$, $A_3(40)=0$, 则

$$A_2(40)=\max\{A_1(40),A_2(40),A_3(40)\}=1,$$

按最大隶属原则, 他应该是中年人.

又如当 $x=35$ 时, $A_1(35)=0.125$, $A_2(35)=0.875$, $A_3(35)=0$. 可见 35 岁的人应该是中年人.

14.3 模糊聚类

现实的聚类问题往往伴有 F 性, 对这些伴有 F 性的聚类问题, 用 F 数学语言来表达更为自然. 本节只介绍模糊层次聚类和模糊 C 均值聚类.

14.3.1 模糊层次聚类

定义 14.4 设 $\boldsymbol{R}=(r_{ij})_{m\times n}$, 其中 $0\leqslant r_{ij}\leqslant 1$, 称 $\boldsymbol{R}$ 是模糊矩阵.

定义 14.5 设 $\boldsymbol{R}=(r_{ij})_{n\times n}$ 是 n 阶模糊方阵, $\boldsymbol{I}$ 是 n 阶单位方阵, 若 $\boldsymbol{R}$ 满足

(1) 自反性: $\boldsymbol{I}\leqslant\boldsymbol{R}$ $(r_{ii}=1)$;

(2) 对称性: $\boldsymbol{R}^{\mathrm{T}}=\boldsymbol{R}$ $(r_{ij}=r_{ji})$.

则称 $\boldsymbol{R}$ 为模糊相似矩阵.

定义 14.6 设 $\boldsymbol{R}=(r_{ij})_{n\times n}$ 是 n 阶模糊方阵, $\boldsymbol{I}$ 是 n 阶单位方阵, 若 $\boldsymbol{R}$ 满足

(1) 自反性: $\boldsymbol{I}\leqslant\boldsymbol{R}$ $(r_{ii}=1)$;

(2) 对称性: $\boldsymbol{R}^{\mathrm{T}}=\boldsymbol{R}$ $(r_{ij}=r_{ji})$;

(3) 传递性: $\boldsymbol{R}^2\leqslant\boldsymbol{R}\left(\bigvee\limits_{k=1}^{n}(r_{ik}\wedge r_{kj})\leqslant r_{ij}\right)$.

则称 $\boldsymbol{R}$ 为模糊等价矩阵.

定义 14.7 设 $\boldsymbol{A}=(a_{ij})_{m\times n}$ 为模糊矩阵, 对任意的 $\lambda\in[0,1]$, 称 $\boldsymbol{A}_\lambda=(a_{ij}^{(\lambda)})_{m\times n}$ 为模糊矩阵 $\boldsymbol{A}$ 的 λ-截矩阵, 其中

$$a_{ij}^{(\lambda)}=\begin{cases}1, & a_{ij}\geqslant\lambda,\\ 0, & a_{ij}<\lambda.\end{cases}$$

定理 14.1 设 $\boldsymbol{R}$ 是 n 阶模糊相似矩阵, 则存在一个最小的自然数 $k(k\leqslant n)$, 使得 $\boldsymbol{R}^k$ 为模糊等价矩阵, 且对一切大于 k 的自然数 l, 恒有 $\boldsymbol{R}^l=\boldsymbol{R}^k$. $\boldsymbol{R}^k$ 称为 $\boldsymbol{R}$ 的传递闭包矩阵.

传递闭包矩阵通常记为 $t(\boldsymbol{R})$, 一个实用的简捷方法为二次方法, 即从模糊相似矩阵 $\boldsymbol{R}$ 出发, 依次求二次方, 即

$$\boldsymbol{R}\to\boldsymbol{R}^2\to\boldsymbol{R}^4\to\cdots\to\boldsymbol{R}^{2^i}\to\cdots,$$

直到第一次出现 $\boldsymbol{R}^k\circ\boldsymbol{R}^k=\boldsymbol{R}^k$ 时, 即有 $t(\boldsymbol{R})=\boldsymbol{R}^k$.

根据模糊等价关系的层次聚类的步骤如下.

1. 构造模糊相似矩阵

设拟分类对象的全体为论域 $U=\{u_1,u_2,\cdots,u_n\}$, 对象 u_i 的特性由 m 个指标表示, 记为 $\boldsymbol{a}_i=[a_{i1},\ a_{i2},\cdots,a_{im}]$, 于是得到原始数据矩阵 $\boldsymbol{A}=(a_{ij})_{n\times m}$. 如果需

要的话, 对数据进行标准化处理, 得到标准化的数据矩阵 $\boldsymbol{B}=(b_{ij})_{n\times m}$. 计算对象 u_i 和 u_j 的模糊相似系数 r_{ij}, 由相似系数构造模糊相似矩阵 $\boldsymbol{R}=(r_{ij})_{n\times n}$.

一般要根据具体问题的性质和使用方便性来确定模糊相似系数, 常用以下几种方法.

(1) 相似系数法. 相似系数法可分为夹角余弦法和相关系数法.

(i) 夹角余弦法

$$r_{ij}=\frac{\sum_{k=1}^{m}b_{ik}b_{jk}}{\sqrt{\sum_{k=1}^{m}b_{ik}^2}\sqrt{\sum_{k=1}^{m}b_{jk}^2}},\quad i,j=1,2,\cdots,n. \tag{14.8}$$

(ii) 相关系数法

$$r_{ij}=\frac{\sum_{k=1}^{m}|b_{ik}-\bar{b}_i||b_{jk}-\bar{b}_j|}{\sqrt{\sum_{k=1}^{m}(b_{ik}-\bar{b}_i)^2}\cdot\sqrt{\sum_{k=1}^{m}(b_{jk}-\bar{b}_j)^2}},\quad i,j=1,2,\cdots,n, \tag{14.9}$$

其中 $\bar{b}_i=\frac{1}{m}\sum_{k=1}^{m}b_{ik}$.

(2) 距离法. 一般地, 采用距离法时, $r_{ij}=1-c(d(u_i,u_j))^\alpha$, 其中 c,α 为适当选取的参数, 使得 $0\leqslant r_{ij}\leqslant 1$. 距离法中距离 $d(u_i,u_j)$ 的计算可以选取第 11 章中介绍的各种距离, 这里就不赘述了.

(3) 贴近度法. 常用的贴近度法包括最大最小法、算术平均最小法和几何平均最小法, 具体如下:

(i) 最大最小法

$$r_{ij}=\frac{\sum_{k=1}^{m}\min(b_{ik},b_{jk})}{\sum_{k=1}^{m}\max(b_{ik},b_{jk})},\quad i,j=1,2,\cdots,n. \tag{14.10}$$

(ii) 算术平均最小法

$$r_{ij}=\frac{\sum_{k=1}^{m}\min(b_{ik},b_{jk})}{\frac{1}{2}\sum_{k=1}^{m}(b_{ik}+b_{jk})},\quad i,j=1,2,\cdots,n. \tag{14.11}$$

(iii) 几何平均最小法

$$r_{ij}=\frac{\sum_{k=1}^{m}\min(b_{ik},b_{jk})}{\sum_{k=1}^{m}\sqrt{b_{ik}\cdot b_{jk}}},\quad i,j=1,2,\cdots,n. \tag{14.12}$$

(4) 其他方法. 如绝对值指数法

$$r_{ij}=e^{-\sum\limits_{k=1}^{m}|b_{ik}-b_{jk}|},\quad i,j=1,2,\cdots,n. \tag{14.13}$$

2. 构造模糊等价矩阵

由上面构造的模糊相似矩阵 $\boldsymbol{R}$, 一般只满足自反性和对称性, 需将它改造成 F 等价矩阵 (还需要满足传递性). 为此, 采用平方法求出 $\boldsymbol{R}$ 的传递闭包 $t(\boldsymbol{R})$, $t(\boldsymbol{R})$ 便是所求的 F 等价矩阵. 通过 $t(\boldsymbol{R})$ 便可对 U 进行分类.

3. 聚类并画聚类图

对等价矩阵 $t(\boldsymbol{R})$, 选取适当的阈值 $\lambda\in[0,1]$, 按 λ-截关系进行聚类.

例 14.9 每个环境单元包括空气、水分、土壤、作物四个要素. 环境单元的污染状况由污染物在四个要素中含量的超限度来描述.

现有五个环境单元, 它们的污染数据如下.

设 U = {Ⅰ, Ⅱ, Ⅲ, Ⅳ, Ⅴ}, Ⅰ = (5,5,3,2), Ⅱ = (2,3,4,5), Ⅲ = (5,5,2,3), Ⅳ = (1,5,3,1), Ⅴ = (2,4,5,1), 试对 U 分类.

解 首先, 分别用 $i=1,2,\cdots,5$ 表示五个环境单元 Ⅰ, Ⅱ, Ⅲ, Ⅳ, Ⅴ; 用 x_j $(j=1,2,3,4)$ 表示空气、水分、土壤、作物四个指标变量; 第 i 个环境单元的第 j 个指标变量的取值记作 a_{ij}, 则第 i,j 环境单元之间的曼哈顿距离

$$d_{ij}=\sum_{k=1}^{4}|a_{ik}-a_{jk}|,\quad i,j=1,2,\cdots,5,$$

取相似系数

$$r_{ij}=1-0.1d_{ij},\quad i,j=1,2,\cdots,5.$$

求得 F 相似矩阵

$$\boldsymbol{R}=\begin{bmatrix}1&0.1&0.8&0.5&0.3\\0.1&1&0.1&0.2&0.4\\0.8&0.1&1&0.3&0.1\\0.5&0.2&0.3&1&0.6\\0.3&0.4&0.1&0.6&1\end{bmatrix}.$$

其次, 用平方法求得传递闭包

$$t(\boldsymbol{R})=\begin{bmatrix}1&0.4&0.8&0.5&0.5\\0.4&1&0.4&0.4&0.4\\0.8&0.4&1&0.5&0.5\\0.5&0.4&0.5&1&0.6\\0.5&0.4&0.5&0.6&1\end{bmatrix},$$

也就是所求的等价矩阵.

最后, 聚类:

当 $0\leqslant\lambda\leqslant 0.4$ 时, U 分为一类: {I, II, III, IV, V};

当 $0.4<\lambda\leqslant 0.5$ 时, U 分为二类: {I, III, IV, V}, {II};

当 $0.5<\lambda\leqslant 0.6$ 时, U 分为三类: {I, III}, {IV, V}, {II};

当 $0.6<\lambda\leqslant 0.8$ 时, U 分为四类: {I, III}, {II}, {IV}, {V};

当 $0.8<\lambda\leqslant 1$ 时, U 分为五类: {I}, {II}, {III}, {IV}, {V}.

聚类图如图 14.1 所示.

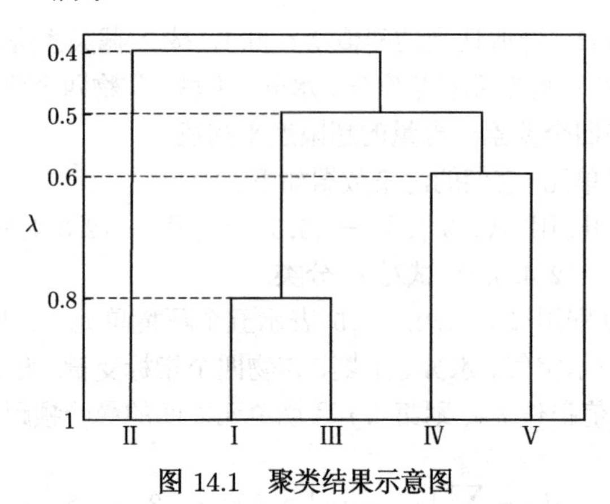

图 14.1　聚类结果示意图

```
#程序文件Pex14_9.py
from numpy import array, zeros, triu
import scipy.cluster.hierarchy as sch
import matplotlib.pyplot as plt
def hecheng(a,b):
    m,N=a.shape; n=b.shape[1]; c=zeros((m,n))
    for i in range(m):
        for j in range(n):
            c[i,j]=max([min(a[i,k],b[k,j]) for k in range(N)])
```

```
    return c
a=array([[5,5,3,2],[2,3,4,5],[5,5,2,3],[1,5,3,1],[2,4,5,1]])
d=array([[sum(abs(a[i]-a[j])) for i in range(5)] for j in
range(5)])
r=1-0.1*d; print(r); tr=hecheng(r,r)
while abs(r-tr).sum()>0.00001: r=tr; tr=hecheng(r,r)
print('\n------------------------\n',tr)
d2=1-tr  #为了画图，再次转换为距离关系
d2=triu(d2,1); d2=d2[d2!=0] #提取矩阵上三角中的非零元素
z=sch.linkage(d2); s=['I','II','III','IV','V']
sch.dendrogram(z,labels=s)  #画聚类树
plt.yticks([])  #y轴不可见
plt.show()
```

注 14.5　图 14.1 中 y 轴上的刻度是使用 Visio 标注的。

14.3.2 模糊 C 均值聚类

设总样本集 $G=\{\boldsymbol{\omega}_j, j=1,2,\cdots,n\}$ 是 n 个样品组成的集合, C 为预定的类别数目, $\boldsymbol{m}_i\ (i=1,2,\cdots,C)$ 为每个聚类的中心, μ_{ij} 表示样品 $\boldsymbol{\omega}_j$ 对第 i 类的隶属度. 用隶属度定义的聚类损失函数可以写为

$$J_f=\sum_{j=1}^{n}\sum_{i=1}^{C}(\mu_{ij})^m\left\|\boldsymbol{\omega}_j-\boldsymbol{m}_i\right\|^2, \tag{14.14}$$

其中, $m>1$ 是一个可以控制聚类结果的模糊程度的常数.

在不同的隶属度定义方法下, 最小化式 (14.14) 的损失函数, 就得到不同的模糊聚类方法. 其中最有代表性的是模糊 C 均值方法, 它要求一个样本对于各个类别的隶属度之和为 1, 即

$$\sum_{i=1}^{C}\mu_{ij}=1,\quad j=1,2,\cdots,n. \tag{14.15}$$

在条件式 (14.15) 下求式 (14.14) 的极小值, 令 J_f 对 μ_{ij} 和 $\boldsymbol{m}_i$ 的偏导数为 0, 可得必要条件

$$\mu_{ij}=\frac{(1/\|\boldsymbol{\omega}_j-\boldsymbol{m}_i\|)^{2/(m-1)}}{\sum\limits_{k=1}^{C}(1/\|\boldsymbol{\omega}_j-\boldsymbol{m}_k\|)^{2/(m-1)}}, \tag{14.16}$$

$$\boldsymbol{m}_i = \frac{\sum_{j=1}^{n} \mu_{ij}^m \boldsymbol{\omega}_j}{\sum_{j=1}^{n} \mu_{ij}^m}. \tag{14.17}$$

用迭代方法求解式 (14.16) 和式 (14.17), 就是模糊 C 均值算法. 算法步骤如下.

第一步: 初始化. 设定聚类数目 C $(2 \leqslant C \leqslant n)$ 和参数 m. 设总样本集 G, 样本数 n. 要将样本集 G 划分为 C 类, 记为 $G_1, G_2, \cdots, G_C$, 初始化 C 个聚类中心 (聚类中心取为各类的几何中心), 记为 $\boldsymbol{m}_1, \boldsymbol{m}_2, \cdots, \boldsymbol{m}_C$.

第二步: 重复下面的运算, 直到各聚类中心稳定.

(1) 用当前的聚类中心根据式 (14.16) 计算隶属度;

(2) 用当前的隶属度按式 (14.17) 更新计算各聚类中心 $\boldsymbol{m}_1, \boldsymbol{m}_2, \cdots, \boldsymbol{m}_C$.

当算法收敛时, 就得到了各类的聚类中心和各个样本对于各类的隶属度值, 从而完成了模糊聚类.

例 14.10 已知聚类的指标变量为 x_1, x_2, 四个样本点的数据分别为

$$\boldsymbol{\omega}_1 = (1, 3), \quad \boldsymbol{\omega}_2 = (1.5, 3.2), \quad \boldsymbol{\omega}_3 = (1.3, 2.8), \quad \boldsymbol{\omega}_4 = (3, 1).$$

试用模糊 C 均值聚类分析把样本点分成两类.

解 设模糊 C 均值聚类算法中 $m = 2$. 现要分为两类 G_1 和 G_2 类. 初始时, 设 $G_1 = \{\boldsymbol{\omega}_1, \boldsymbol{\omega}_2, \boldsymbol{\omega}_3\}$, $G_2 = \{\boldsymbol{\omega}_4\}$, 则 G_1 类 (各点的隶属度均为 1) 聚类中心的坐标

$$\boldsymbol{m}_1 = \left(\frac{1 + 1.5 + 1.3}{3}, \frac{3 + 3.2 + 2.8}{3} \right) = (1.2667, 3.0),$$

G_2 类 (各点的隶属度均为 1) 聚类中心的坐标为 $m_2 = (3, 1)$.

计算每个数据点到 G_1 类中心的距离

$$d_{11} = \|\boldsymbol{\omega}_1 - \boldsymbol{m}_1\| = \sqrt{(1 - 1.2667)^2 + (3 - 3)} = 0.2667,$$

类似地, 计算得

$$d_{12} = 0.3073, \quad d_{13} = 0.2028, \quad d_{14} = 2.6466,$$

计算得到四个数据点到 G_2 类中心的距离分别为

$$d_{21} = 2.8284, \quad d_{22} = 2.6627, \quad d_{23} = 2.4759, \quad d_{24} = 0.$$

计算四个数据点对 G_1 类的隶属度

$$\mu_{11}=\frac{\frac{1}{d_{11}^2}}{\sum_{k=1}^{2}\frac{1}{d_{k1}^2}}=0.9912,\quad \mu_{12}=\frac{\frac{1}{d_{12}^2}}{\sum_{k=1}^{2}\frac{1}{d_{k2}^2}}=0.9869,$$

$$\mu_{13}=\frac{\frac{1}{d_{13}^2}}{\sum_{k=1}^{2}\frac{1}{d_{k3}^2}}=0.9933,\quad \mu_{14}=\frac{\frac{1}{d_{14}^2}}{\sum_{k=1}^{2}\frac{1}{d_{k4}^2}}=0.$$

同理, 四个数据点对 G_2 类的隶属度为

$$\mu_{21}=0.0088,\quad \mu_{22}=0.0131,\quad \mu_{23}=0.0067,\quad \mu_{24}=1.0.$$

重新计算聚类中心:

对 G_1 类,

$$\boldsymbol{m}_1=\frac{\sum_{j=1}^{4}\mu_{1j}^2\boldsymbol{\omega}_j}{\sum_{j=1}^{4}\mu_{1j}^2}=(1.2660,\ 2,9991).$$

对 G_2 类, 类似计算得聚类中心 $\boldsymbol{m}_2=(2.9995,\ 1.0006)$.

即得新的聚类中心为: $\boldsymbol{m}_1=(1.2660,\ 2,9991)$, $\boldsymbol{m}_2=(2.9995,\ 1.0006)$. 利用式 (14.14), 计算得到聚类损失函数 $J_f=0.2045$.

因此, 在 0.001 的误差范围内, 认为得到的新聚类中心与前面的相同, 没有改变, 聚类结束. 根据最大隶属度原则, 把 $\boldsymbol{\omega}_1,\boldsymbol{\omega}_2,\boldsymbol{\omega}_3$ 聚为一类, $\boldsymbol{\omega}_4$ 自成一类.

```
#程序文件Pex14_10.py
import numpy as np
import matplotlib.pyplot as plt
from skfuzzy.cluster import cmeans
a=np.array([[1,3],[1.5,3.2],[1.3,2.8],[3,1]])
cntr,u, _, _, _, _, _ = cmeans(a.T,c=2,m=2,error=0.005,
                                maxiter=1000)
#cntr的每一行是一个聚类中心，u的每一列是一个对象的隶属度
print(cntr,'\n------------------------\n',u)
```

运行结果:

```
[[1.26645663  2.99876053]
 [2.99943069  1.00070166]]
```

```
-------------------------
[[9.91197446e-01  9.86763708e-01  9.93410674e-01  1.16630320e-07]
 [8.80255385e-03  1.32362923e-02  6.58932619e-03  9.99999883e-01]]
```

注 4.6　上述程序每次运行结果略有不同.

14.4　模糊综合评价

在许多实际问题中, 有时评价因素具有模糊性, 有时评价对象具有模糊性, 这时需要采用模糊评价方法进行评价. 设 $I=\{x_1,x_2,\cdots,x_p\}$ 为研究对象的 p 种指标构成的指标集; $V=\{v_1,v_2,\cdots,v_s\}$ 为指标的 s 个评语构成的评语集; 指标集的权重向量为

$$\boldsymbol{W}=[w_1,\ w_2,\cdots,w_p],\quad \sum_{k=1}^{p}w_k=1,\quad w_k\geqslant 0.$$

模糊综合评价的一般步骤如下.

第一步: 确定指标集 $I=\{x_1,x_2,\cdots,x_p\}$ 及权重向量 $\boldsymbol{W}=[w_1,w_2,\cdots,w_p]$. 权重是表示指标重要性的相对数值, 通常通过收集公开的统计数据、问卷调查以及专家打分的方法获得评价指标的权重向量 $\boldsymbol{W}$.

第二步: 建立评语集 V. s 个评语构成的评语集, 记作 $V=\{v_1,v_2,\cdots,v_s\}$.

第三步: 建立单指标评价向量, 综合起来获得评价矩阵 $\boldsymbol{R}=(r_{ij})_{p\times s}$.

第四步: 合成模糊综合评价结果向量. 利用合适的算子将 $\boldsymbol{W}$ 与评价矩阵 $\boldsymbol{R}$ 进行合成, 得到被评事物的模糊综合评价结果向量 $\boldsymbol{A}$. 即

$$\begin{aligned}\boldsymbol{W}\circ\boldsymbol{R}&=[w_1,\ w_2,\cdots,w_p]\circ\begin{bmatrix}r_{11}&r_{12}&\cdots&r_{1s}\\r_{21}&r_{22}&\cdots&r_{2s}\\\vdots&\vdots&&\vdots\\r_{p1}&r_{p2}&\cdots&r_{ps}\end{bmatrix}\\&=[a_1,\ a_2,\cdots,\ a_s]\triangleq\boldsymbol{A},\end{aligned}$$

其中 a_i 是由 $\boldsymbol{W}$ 与 $\boldsymbol{R}$ 的第 i 列运算得到的, 它表示被评事物从整体上看对 v_i 等级模糊子集的隶属程度. 对于 $\boldsymbol{W}$ 与 $\boldsymbol{R}$ 的合成算子 “$\circ$” 通常有以下四种定义.

(1)$M(\wedge,\vee)$ 算子

$$a_k=\mathop{\vee}_{j=1}^{p}(w_j\wedge r_{jk})=\max_{1\leqslant j\leqslant p}\{\min(w_j,r_{jk})\},\quad k=1,2,\cdots,s.$$

例如

$$[0.3, 0.3, 0.4] \circ \begin{bmatrix} 0.5 & 0.3 & 0.2 & 0 \\ 0.3 & 0.4 & 0.2 & 0.1 \\ 0.2 & 0.2 & 0.3 & 0.2 \end{bmatrix} = [0.3, 0.3, 0.3, 0.2].$$

(2) $M(\cdot, \vee)$ 算子

$$b_k = \bigvee_{j=1}^{p} (w_j \cdot r_{jk}) = \max_{1 \leqslant j \leqslant p} \{w_j \cdot r_{jk}\}, \quad k = 1, 2, \cdots, s.$$

例如

$$[0.3, 0.3, 0.4] \circ \begin{bmatrix} 0.5 & 0.3 & 0.2 & 0 \\ 0.3 & 0.4 & 0.2 & 0.1 \\ 0.2 & 0.2 & 0.3 & 0.2 \end{bmatrix} = [0.15, 0.12, 0.12, 0.08].$$

(3) $M(\wedge, +)$ 算子

$$b_k = \sum_{j=1}^{p} \min(w_j, r_{jk}), \quad k = 1, 2, \cdots, s.$$

例如

$$[0.3, 0.3, 0.4] \circ \begin{bmatrix} 0.5 & 0.3 & 0.2 & 0 \\ 0.3 & 0.4 & 0.2 & 0.1 \\ 0.2 & 0.2 & 0.3 & 0.2 \end{bmatrix} = [0.8, 0.8, 0.7, 0.3].$$

(4) $M(\cdot, +)$ 算子

$$b_k = \sum_{j=1}^{p} w_j r_{jk}, \quad k = 1, 2, \cdots, s.$$

例如

$$[0.3, 0.3, 0.4] \circ \begin{bmatrix} 0.5 & 0.3 & 0.2 & 0 \\ 0.3 & 0.4 & 0.2 & 0.1 \\ 0.2 & 0.2 & 0.3 & 0.2 \end{bmatrix} = [0.32, 0.29, 0.24, 0.11].$$

以上四个算子在模糊综合评价中具有不同的特点, 具体特征参见表 14.2.

表 14.2 合成算子特征

特征	算子			
	$M(\wedge, \vee)$	$M(\cdot, \vee)$	$M(\wedge, +)$	$M(\cdot, +)$
权数体现程度	不明显	明显	不明显	明显
评价信息体现程度	不充分	不充分	比较充分	充分
综合程度	弱	弱	强	强
类型	主因素突出型	主因素突出型	加权平均型	加权平均型

第五步: 得出评价结论. 实际中常用的方法是按照最大隶属度原则来进行评价, 即取评价向量中最大的 a_i 所对应的等级 v_i.

在实际问题中, 可能还会出现多层次模糊综合评价问题, 请读者参阅相应参考文献.

例 14.11 某校规定, 在对一位教师的评价中, 若 "好" 与 "较好" 占 50% 以上, 可晋升为教授, 教授分教学型教授和科研型教授, 在评价指标上给出不同的权重, 分别为 $\boldsymbol{W}_1 = [0.2,\ 0.5,\ 0.1,\ 0.2]$, $\boldsymbol{W}_2 = [0.2,\ 0.1,\ 0.5,\ 0.2]$. 学科评议组由 7 人组成, 对某教师的评价见表 14.3, 请判别该教师能否晋升, 可晋升为哪一级教授.

表 14.3 对某教师的评价数据

	好	较好	一般	较差	差
政治表现	4	2	1	0	0
教学水平	6	1	0	0	0
科研水平	0	0	5	1	1
外语水平	2	2	1	1	1

解 将评议组 7 人对每一项的投票按百分比转化成隶属度得综合评判矩阵:

$$\boldsymbol{R} = \begin{bmatrix} 0.5714 & 0.2857 & 0.1429 & 0 & 0 \\ 0.8571 & 0.1429 & 0 & 0 & 0 \\ 0 & 0 & 0.7143 & 0.1429 & 0.1429 \\ 0.2857 & 0.2857 & 0.1429 & 0.1429 & 0.1429 \end{bmatrix}.$$

按合成 $M(\cdot,+)$ 算子, 即通常的加权求和, 得到综合评价值

$$\boldsymbol{A}_1 = \boldsymbol{W}_1 \circ \boldsymbol{R} = [0.6,\ 0.1857,\ 0.1286,\ 0.0429,\ 0.0429],$$

$$\boldsymbol{A}_2 = \boldsymbol{W}_2 \circ \boldsymbol{R} = [0.2571,\ 0.1286,\ 0.4143,\ 0.1,\ 0.1].$$

显然, 对第一类权重 "好" 与 "较好" 占 50% 以上, 故该教师可晋升为教学型教授.

```
#程序文件Pex14_11.py
import numpy as np
d=np.array([[4,2,1,0,0],[6,1,0,0,0],[0,0,5,1,1],[2,2,1,1,1]])
r=d/7; w1=np.array([0.2,0.5,0.1,0.2])
w2=np.array([0.2,0.1,0.5,0.2])
a1=np.dot(w1,r); a2=np.dot(w2,r)
print(a1,'\n-----------------------------------------\n',a2)
```

例 14.12 某产粮区进行耕作制度改革, 制订了甲、乙、丙三个方案见表 14.4, 以表 14.5 作为评价指标, 5 个指标的权重向量定为 [0.2, 0.1, 0.15, 0.3, 0.25], 请确定应该选择哪一个方案.

表 14.4 三个方案

方案	亩产量	产品质量	亩用工量	亩纯收入	生态影响
甲	592.5	3	55	72	5
乙	529	2	38	105	3
丙	412	1	32	85	2

表 14.5 5 个评价指标

分数	亩产量	产品质量	亩用工量	亩纯收入	生态影响
5	550~600	1	⩽20	⩾130	1
4	500~550	2	20~30	110~130	2
3	450~500	3	30~40	90~110	3
2	400~450	4	40~50	70~90	4
1	350~400	5	50~60	50~70	5
0	⩽350	6	⩾60	⩽50	6

解 根据评价标准建立各指标的隶属函数如下.

(1) 亩产量的隶属函数:

$$c_1(x_1)=\begin{cases}0, & x_1\leqslant 350,\\ \dfrac{x_1-350}{600-350}, & 350<x_1<600,\\ 1, & x_1\geqslant 600.\end{cases}$$

(2) 产品质量的隶属函数:

$$c_2(x_2)=\begin{cases}1, & x_2\leqslant 1,\\ 1-\dfrac{x_2-1}{6-1}, & 1<x_2<6,\\ 0, & x_2\geqslant 6.\end{cases}$$

(3) 亩用工量的隶属函数:

$$c_3(x_3)=\begin{cases}1, & x_3\leqslant 20,\\ 1-\dfrac{x_3-20}{60-20}, & 20<x_3<60,\\ 0, & x_3\geqslant 60.\end{cases}$$

(4) 亩纯收入的隶属函数:

$$c_4(x_4)=\begin{cases}0, & x_4\leqslant 50,\\ \dfrac{x_4-50}{130-50}, & 50<x_4<130,\\ 1, & x_4\geqslant 130.\end{cases}$$

(5) 对生态影响的隶属函数:

$$c_5(x_5)=\begin{cases}1, & x_5\leqslant 1,\\ 1-\dfrac{x_5-1}{6-1}, & 1<x_5<6,\\ 0, & x_5\geqslant 6.\end{cases}$$

将表 14.4 三个方案中的数据代入相应隶属函数算出隶属度, 从而得到综合评判矩阵:

$$\boldsymbol{R}=\begin{bmatrix}0.97 & 0.716 & 0.248\\ 0.6 & 0.8 & 1\\ 0.125 & 0.55 & 0.7\\ 0.275 & 0.6875 & 0.4375\\ 0.2 & 0.6 & 0.8\end{bmatrix}.$$

根据所给权重向量, 进行加权求和得

$$\boldsymbol{A}=\boldsymbol{W}\circ\boldsymbol{R}=[0.40525,\ 0.66195,\ 0.58585].$$

根据最大隶属度原则, 0.66195 最大, 所对应的是乙方案, 故应选择乙方案.

```
#程序文件Pex14_12.py
from numpy import array, piecewise, c_
d=array([[592.5,3,55,72,5],[529,2,38,105,3],[412,1,32,85,2]]);
d=d.T
c1=lambda x: piecewise(x, [(350<x)&(x<600),  x>=600], [lambda x:
    (x-350)/250., 1])
c2=lambda x: piecewise(x, [(1.0<x)&(x<6.0), (x<=1.0)],[lambda x:1-
    (x-1)/5.0,1])
c3=lambda x: piecewise(x, [(20<x)&(x<60), x<=20], [lambda x:1-(x-
    20)/40., 1])
c4=lambda x: piecewise(x, [(50<x)&(x<130), x>=130], [lambda x:(x-
    50)/80., 1])
c5=lambda x: piecewise(x, [(1<x)&(x<6), x<=1], [lambda x:1-(x-1)/
    5., 1])
r=c_[c1(d[0]),c2(d[1]),c3(d[2]),c4(d[3]),c5(d[4])].T
w=array([0.2, 0.1, 0.15, 0.3, 0.25])
A=w.dot(r); print('R=',r,'\n--------------------------\n','A=',A)
```

习 题 14

14.1 设 F 集

$$A_1=\frac{0.2}{x_1}+\frac{0.4}{x_2}+\frac{0.5}{x_3}+\frac{0.1}{x_4},\ A_2=\frac{0.2}{x_1}+\frac{0.5}{x_2}+\frac{0.3}{x_3}+\frac{0.1}{x_4},A_3=\frac{0.2}{x_1}+\frac{0.3}{x_2}+\frac{0.4}{x_3}+\frac{0.1}{x_4};$$

$$B_1=\frac{0.6}{x_2}+\frac{0.3}{x_3}+\frac{0.1}{x_4},\quad B_2=\frac{0.2}{x_1}+\frac{0.3}{x_2}+\frac{0.5}{x_3}.$$

试用贴近度判断 B_1, B_2 与哪个 $A_i(i=1,2,3)$ 最接近.

14.2 设有四种产品, 给定它们的指标如下：

$$u_1=(38,\ 12,\ 16,\ 13),\quad u_2=(73,\ 74,\ 22,\ 64),$$
$$u_3=(86,\ 49,\ 27,\ 68),\quad u_4=(58,\ 64,\ 84,\ 63).$$

试按相关系数法建立相似矩阵, 进行聚类分析.

14.3 某地区有 11 个雨量观测站, 表 14.6 为 10 年来这 11 个观测站测到的年降雨量. 请对这 11 个观测站进行聚类分析, 以便科学布局观测站.

表 14.6 10 年来观测站雨量观测值

	x_1	x_2	x_3	x_4	x_5	x_6	x_7	x_8	x_9	x_{10}	x_{11}
1	276	324	159	413	292	258	311	303	175	243	320
2	251	287	349	344	310	454	285	451	402	307	470
3	192	433	290	563	479	502	221	220	320	411	232
4	246	232	243	281	267	310	273	315	285	327	352
5	291	311	502	388	330	410	352	267	603	290	292
6	466	158	224	178	164	203	502	320	240	278	350
7	258	327	432	401	361	381	301	413	402	199	421
8	453	365	357	452	384	420	482	228	360	316	252
9	158	271	410	308	283	410	201	179	430	342	185
10	324	406	235	520	442	520	358	343	251	282	371

14.4 表 14.7 是大气污染物评价标准. 今测得某日某地污染物日均浓度为 [0.07, 0.20, 0.123, 5.00, 0.08, 0.14], 各污染物权重向量为 [0.1, 0.2, 0.3, 0.3, 0.05, 0.05], 试判别其污染等级.

14.5 为了综合评价某公园的噪声, 将该公园的四个功能区：休闲、观赏、餐饮和通道作为因素集合 $U=\{u_1,u_2,u_3,u_4\}$, 而游客对噪声的主观感受：烦恼、较烦恼、有点烦恼、不太烦恼和毫不烦恼作为评语集合 $V=\{v_1,v_2,v_3,v_4,v_5\}$, 又通过向游客发问卷调查的方式得到因素论域与评语论域之间的模糊关系矩阵为

$$\boldsymbol{R}=\begin{bmatrix}0.40 & 0.31 & 0.15 & 0.08 & 0.06\\0.12 & 0.13 & 0.15 & 0.28 & 0.32\\0.11 & 0.22 & 0.47 & 0.17 & 0.03\\0.15 & 0.20 & 0.41 & 0.16 & 0.08\end{bmatrix},$$

假设各个功能区的权重为 $\boldsymbol{W} = [0.28, 0.35, 0.20, 0.17]$. 试用模糊综合评判方法对该公园的环境做出评价.

表 14.7　大气污染物评价标准　　(单位: mg/m^3)

污染物	I 级	II 级	III 级	IV 级
SO_2	0.05	0.15	0.25	0.50
TSP	0.12	0.30	0.50	1.00
NO_x	0.10	0.12	0.15	0.30
CO	4.00	5.00	6.00	10.00
PM_1	0.05	0.15	0.25	0.50
O_3	0.12	0.16	0.20	0.40

第 15 章　灰色系统预测

灰色系统理论是研究解决灰色系统分析、建模、预测、决策和控制的理论, 是一般系统论、信息论、控制论的观点和方法在社会、经济、生态等抽象系统中的延伸, 是运用经典数学知识解决信息不完备系统的理论和方法. 灰色系统是指部分信息已知、部分信息未知的信息不完备系统.

15.1　灰色系统理论简介

1. 灰色系统理论介绍

灰色系统理论 (grey system theory) 的创立源于 20 世纪 80 年代. 邓聚龙教授在 1981 年上海中–美控制系统学术会议上所作的 "含未知数系统的控制问题" 的学术报告中首次使用了 "灰色系统" 一词. 1982 年, 邓聚龙发表了 "参数不完全系统的最小信息正定"、"灰色系统的控制问题" 等系列论文, 奠定了灰色系统理论的基础, 他的论文在国际上引起了高度的重视, 美国哈佛大学教授、《系统与控制通信》杂志主编布罗克特 (Brockett) 给予灰色系统理论高度评价, 因此, 众多的中青年学者加入灰色系统理论的研究行列, 积极探索灰色系统理论及其应用研究.

事实上, 灰色系统的概念是由英国科学家艾什比 (W. R. Ashby) 所提出的 "黑箱"(black box) 概念发展演进而来, 是自动控制和运筹学相结合的产物. 艾什比利用黑箱来描述那些内部结构、特性、参数全部未知而只能从对象外部和对象运动的因果关系及输出输入关系来研究的一类事物. 邓聚龙系统理论则主张从事物内部, 从系统内部结构及参数去研究系统, 以消除 "黑箱" 理论从外部研究事物而使已知信息不能充分发挥作用的弊端, 因此, 被认为是比 "黑箱" 理论更为准确的系统研究方法. 所谓灰色系统是指部分信息已知而部分信息未知的系统, 灰色系统理论所要考察和研究的是对信息不完备的系统, 通过已知信息来研究和预测未知领域从而达到了解整个系统的目的. 灰色系统理论与概率论、模糊数学一起并称为研究不确定性系统的三种常用方法, 具有能够利用 "少数据" 建模寻求现实规律的良好特性, 克服了资料不足或系统周期短的矛盾.

灰色预测的主要特点是模型使用的不是原始数据序列, 而是生成的数据序列, 即对原始数据作累加生成 (或其他方法生成) 得到近似的指数规律再进行建模的方法. 优点是不需要很多的数据, 一般只需要 4 个数据就足够, 能解决历史数据少、序列的完整性及可靠性低的问题; 能利用微分方程来充分挖掘系统的本质, 精度高; 能将无规律的原始数据进行生成得到规律性较强的生成序列, 运算简便, 易于检验, 具有不考虑分布规律, 不考虑变化趋势. 缺点是只适用于中短期的预测, 只适合指数增长的预测.

2. 数据累加与累减

在一些实际问题中, 往往会遇到随机干扰, 导致一些数据具有很大的波动性. 为处理这些问题, 提出数据累加和累减的概念.

设原始数据列 $\boldsymbol{x}^{(0)}=(x^{(0)}(1),\ x^{(0)}(2),\cdots,x^{(0)}(n))$, 令

$$x^{(1)}(k)=\sum_{i=1}^{k}x^{(0)}(i),\quad k=1,2,\cdots,n, \tag{15.1}$$

得到 $\boldsymbol{x}^{(1)}=(x^{(1)}(1),\ x^{(1)}(2),\cdots,x^{(1)}(n))$, 称 $\boldsymbol{x}^{(1)}$ 为 $\boldsymbol{x}^{(0)}$ 的一次累加生成数列. 相应地, 自然有 $\boldsymbol{x}^{(0)}$ 的 r 次累加生成数列

$$\boldsymbol{x}^{(r)}=(x^{(r)}(1),\ x^{(r)}(2),\cdots,x^{(r)}(n));\quad x^{(r)}(k)=\sum_{i=1}^{k}x^{(r-1)}(i). \tag{15.2}$$

与累加生成对应的运算是累减, 它主要用于对累加生成的数据列进行还原.

设 $\boldsymbol{x}^{(1)}=(x^{(1)}(1),\ x^{(1)}(2),\cdots,x^{(1)}(n))$, 称 $\boldsymbol{x}^{(0)}=(x^{(0)}(1),\ x^{(0)}(2),\cdots,x^{(0)}(n))$ 为 $\boldsymbol{x}^{(1)}$ 的一次累减, 其中

$$x^{(0)}(1)=x^{(1)}(1);\quad x^{(0)}(k)=x^{(1)}(k)-x^{(1)}(k-1),\quad k=2,3,\cdots,n.$$

同理可定义 r 次累减运算.

例 15.1 已知某商品年度销售数据序列为

$$\boldsymbol{x}^{(0)}=(5.081,4.611,5.1177,9.3775,11.0574,11.0524).$$

如果直接应用最小二乘法进行线性拟合, 得到直线方程 $y=1.5273k+2.3706$, 拟合直线如图 15.1(a) 所示.

由图 15.1(a) 看出, 所有数据点中, 原始数据与拟合直线有一定的差距, 最大相对误差为 35.85%, 也就是说拟合效果不理想. 对 $\boldsymbol{x}^{(0)}$ 进行一次累加, 得到

$$\boldsymbol{x}^{(1)}=(5.081,\ 9.692,\ 14.8097,\ 24.1872,\ 35.2446,\ 46.297).$$

对 $\boldsymbol{x}^{(1)}$ 进行拟合, 得到

$$x^{(1)}(k+1)=15.3915e^{0.2311k}-14.7620.$$

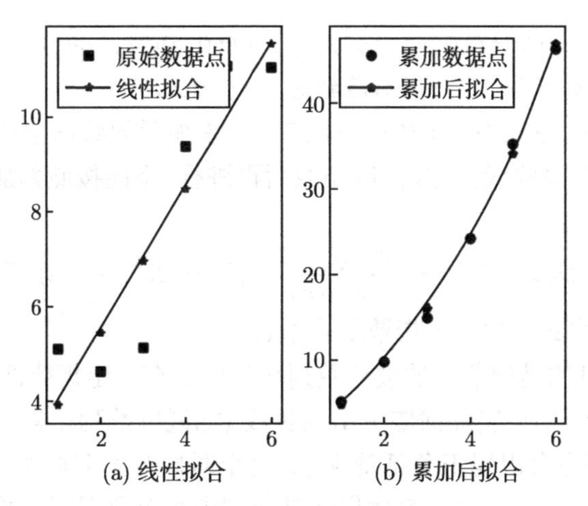

图 15.1 直接线性拟合和累加后拟合对比

由图 15.1(b) 可以看到, 拟合曲线与累加后的数据非常接近, 最大相对误差为 24.15%, 检验时需要进行累减还原, 得

$$\hat{x}^{(0)}=(4.6313,5.0423,6.3534,8.0053,10.0867,12.7093),$$

比直接线性拟合的最大相对误差减少很多.

```
#程序文件Pex15_1.py
import numpy as np
from matplotlib.pyplot import plot,show,rc,legend,subplot
from scipy.optimize import curve_fit
rc('font',size=15);rc('font',family='SimHei');t0=np.arange(1,7)
x0=np.array([5.081, 4.611, 5.1177, 9.3775, 11.0574, 11.0524])
xt=np.polyfit(t0,x0,1); xh1=np.polyval(xt,t0)  #计算预测值
delta1=abs((xh1-x0))/x0   #计算相对误差
x1=np.cumsum(x0)
xh2=lambda t,a,b,c: a*np.exp(b*t)+c
para, cov=curve_fit(xh2, t0, x1)
xh21=xh2(t0,*para) #计算累加数列的预测值
xh22=np.r_[xh21[0],np.diff(xh21)]  #计算预测值
delta2=np.abs((xh22-x0)/x0)  #计算相对误差
print("拟合的参数值为: ", para); subplot(121)
plot(t0,x0,'s'); plot(t0,xh1,'*-')
legend(('原始数据点','线性拟合'),loc='upper left')
```

```
subplot(122); plot(t0,x1,'o'); plot(t0,xh21,'p-')
legend(('累加数据点','累加后拟合')); show()
```

需要说明的是, 在实际问题中, 一般来说, 累加后的数据呈现指数增长即停止累加. 同时, 在误差检验或预测时, 应还原后再进行, 不能按照累加数据进行误差计算或预测.

定义 15.1　级比 $\lambda(k)=\dfrac{x^{(0)}(k-1)}{x^{(0)}(k)}$ $(k=2,3,\cdots,n)$, 若 $\lambda(k)$ 落入区间 $(e^{-\frac{2}{n+1}},e^{\frac{2}{n+1}})$, 则称数据列满足指数形式增长.

累加的主要目的是把非负的波动数列转化成具有一定规律性 (例如, 指数形式单调增加) 的数列. 如果实际问题中出现负数 (如温度数列), 累加生成就不一定是好的处理办法, 因为会出现正负抵消现象, 这个时候会削弱原始数据的规律性. 所以, 此时应首先化为非负数列. 具体做法是数列中每个数据同时减去原始数列中最小的元素值, 得到非负数列后再进行累加运算. 当然, 在进行误差计算或预测时, 应进行相应的逆运算.

15.2　灰色 GM(1,1) 预测模型

数据序列在累加后呈现出指数形式的单调递增规律, 联想到微分方程 $y'=ay$ 具有指数形式的解 $y=e^{ax}$, 由此提出一阶灰色方程模型, 即 GM(1,1) 模型, 其中的第 1 个 1 表示 1 阶微分方程, 第 2 个 1 表示只含 1 个变量的灰色模型.

已知参考数据列 $\boldsymbol{x}^{(0)}=(x^{(0)}(1),x^{(0)}(2),\cdots,x^{(0)}(n))$, 1 次累加生成序列 (1-AGO)

$$\begin{aligned}\boldsymbol{x}^{(1)}&=(x^{(1)}(1),x^{(1)}(2),\cdots,x^{(1)}(n))\\&=(x^{(0)}(1),x^{(0)}(1)+x^{(0)}(2),\cdots,x^{(0)}(1)+\cdots+x^{(0)}(n)),\end{aligned}$$

其中 $x^{(1)}(k)=\sum\limits_{i=1}^{k}x^{(0)}(i)$ $(k=1,2,\cdots,n)$. $\boldsymbol{x}^{(1)}$ 的均值生成序列

$$\boldsymbol{z}^{(1)}=(z^{(1)}(2),z^{(1)}(3),\cdots,z^{(1)}(n)),$$

其中 $z^{(1)}(k)=0.5x^{(1)}(k)+0.5x^{(1)}(k-1)$, $k=2,3,\cdots,n$.

1. GM(1,1) 模型预测步骤

1) 数据的检验与处理

首先, 为了保证建模方法的可行性, 需要对已知数据列作必要的检验处理. 计算参考序列的级比

$$\lambda(k)=\frac{x^{(0)}(k-1)}{x^{(0)}(k)},\quad k=2,3,\cdots,n.$$

如果所有的级比 $\lambda(k)$ 都落在可容覆盖 $\Theta=(e^{-\frac{2}{n+1}},e^{\frac{2}{n+1}})$ 内, 则序列 $\boldsymbol{x}^{(0)}$ 可以作为模型 GM(1,1) 的数据进行灰色预测. 否则, 需要对序列 $\boldsymbol{x}^{(0)}$ 作必要的变换处理, 使其落入可容覆盖内. 即取适当的正常数 c, 作平移变换

$$y^{(0)}(k)=x^{(0)}(k)+c,\quad k=1,2,\cdots,n,$$

使序列 $\boldsymbol{y}^{(0)}=(y^{(0)}(1),y^{(0)}(2),\cdots,y^{(0)}(n))$ 的级比

$$\lambda_y(k)=\frac{y^{(0)}(k-1)}{y^{(0)}(k)}\in\Theta,\quad k=2,3,\cdots,n$$

满足要求.

2) 建立模型

建立微分方程模型

$$\frac{dx^{(1)}(t)}{dt}+ax^{(1)}(t)=b,\tag{15.3}$$

该模型是 1 阶 1 个变量的微分方程, 记为 GM(1,1).

为了辨识模型参数 a,b, 在区间 $k-1<t\leqslant k$ 上, 令

$$x^{(1)}(t)=z^{(1)}(k)=\frac{1}{2}[x^{(1)}(k-1)+x^{(1)}(k)],$$

$$\frac{dx^{(1)}(t)}{dt}=x^{(1)}(k)-x^{(1)}(k-1)=x^{(0)}(k).$$

则式 (15.3) 化为离散模型

$$x^{(0)}(k)+az^{(1)}(k)=b,\quad k=2,3,\cdots,n.\tag{15.4}$$

式 (15.4) 称为灰色微分方程, 式 (15.3) 称为对应的白化方程.

记 $\boldsymbol{u}=[a,b]^{\mathrm{T}}$, $\boldsymbol{Y}=[x^{(0)}(2),x^{(0)}(3),\cdots,x^{(0)}(n)]^{\mathrm{T}}$, $\boldsymbol{B}=\begin{bmatrix}-z^{(1)}(2)&1\\-z^{(1)}(3)&1\\\vdots&\vdots\\-z^{(1)}(n)&1\end{bmatrix}$, 则由最小二乘法, 求得使 $J(\boldsymbol{u})=(\boldsymbol{Y}-\boldsymbol{B}\boldsymbol{u})^{\mathrm{T}}(\boldsymbol{Y}-\boldsymbol{B}\boldsymbol{u})$ 达到最小值的 $\boldsymbol{u}$ 的估计值

$$\hat{\boldsymbol{u}}=[\hat{a},\hat{b}]^{\mathrm{T}}=(\boldsymbol{B}^{\mathrm{T}}\boldsymbol{B})^{-1}\boldsymbol{B}^{\mathrm{T}}\boldsymbol{Y}.\tag{15.5}$$

于是求解方程 (15.3), 得

$$\hat{x}^{(1)}(t)=\left(x^{(0)}(1)-\frac{\hat{b}}{\hat{a}}\right)e^{-\hat{a}t}+\frac{\hat{b}}{\hat{a}},$$

即得到预测值

$$\hat{x}^{(1)}(k+1)=\left(x^{(0)}(1)-\frac{\hat{b}}{\hat{a}}\right)e^{-\hat{a}k}+\frac{\hat{b}}{\hat{a}},\quad k=0,1,2,\cdots,$$

而且 $\hat{x}^{(0)}(1)=\hat{x}^{(1)}(1)$, $\hat{x}^{(0)}(k+1)=\hat{x}^{(1)}(k+1)-\hat{x}^{(1)}(k)$, $k=1,2,\cdots$.

3) 误差检验

可以使用如下两种检验方式.

(1) 相对误差检验.

计算相对误差

$$\delta(k)=\frac{\left|x^{(0)}(k)-\hat{x}^{(0)}(k)\right|}{x^{(0)}(k)},\quad k=1,2,\cdots,n,$$

这里 $\hat{x}^{(0)}(1)=x^{(0)}(1)$. 如果 $\delta(k)<0.2$, 则可认为达到一般要求; 如果 $\delta(k)<0.1$, 则认为达到较高的要求.

(2) 级比偏差值检验.

首先由参考序列计算出级比 $\lambda(k)$, 再用发展系数 $\hat{a}$ 求出相应的级比偏差

$$\rho(k)=\left|1-\left(\frac{1-0.5\hat{a}}{1+0.5\hat{a}}\right)\lambda(k)\right|,\quad k=2,3,\cdots,n.$$

如果 $\rho(k)<0.2$, 则可认为达到一般要求; 如果 $\rho(k)<0.1$, 则认为达到较高的要求.

4) 预测预报

由 GM(1,1) 模型得到指定点的预测值, 根据实际问题的需要, 给出相应的预测预报.

2. GM(1,1) 模型预测实例

例 15.2　由 1995~2001 年中国蔬菜产量, 具体数据见表 15.1, 建立模型预测 2002 年中国蔬菜产量, 并对预测结果作检验.

表 15.1　1995~2001 年中国蔬菜产量

年份	1995	1996	1997	1998	1999	2000	2001
产量	25723	30379	34473	38485	40514	42400	48337

1) 数据的检验

记 1995~2001 年的蔬菜产量分别为 $x^{(0)}(1),x^{(0)}(2),\cdots,x^{(0)}(7)$, 构造参考序列 $\boldsymbol{x}^{(0)}=(x^{(0)}(1),x^{(0)}(2),\cdots,x^{(0)}(7))$, 经检验级比符合要求, 参考序列 $\boldsymbol{x}^{(0)}$ 可以用来建立 GM(1,1) 模型.

2) 模型的建立与求解

构造累加序列

$$\begin{aligned}\boldsymbol{x}^{(1)} &= (x^{(1)}(1), x^{(1)}(2), \cdots, x^{(1)}(7)) \\ &= (x^{(0)}(1), x^{(0)}(1)+x^{(0)}(2), \cdots, x^{(0)}(1)+\cdots+x^{(0)}(7))\end{aligned}$$

和 $\boldsymbol{x}^{(1)}$ 的均值生成序列

$$\boldsymbol{z}^{(1)} = (z^{(1)}(2), z^{(1)}(3), \cdots, z^{(1)}(7)),$$

其中 $z^{(1)}(k) = 0.5x^{(1)}(k) + 0.5x^{(1)}(k-1)$, $k = 2, 3, \cdots 7$.

将

$$\boldsymbol{Y} = \begin{bmatrix} x^{(0)}(2) \\ x^{(0)}(3) \\ \vdots \\ x^{(0)}(7) \end{bmatrix}, \quad \boldsymbol{B} = \begin{bmatrix} -z^{(1)}(2) & 1 \\ -z^{(1)}(3) & 1 \\ \vdots & \vdots \\ -z^{(1)}(7) & 1 \end{bmatrix}$$

代入 (15.5) 式, 得参数的估计值

$$\hat{\boldsymbol{u}} = [\hat{a}, \hat{b}]^{\mathrm{T}} = (\boldsymbol{B}^{\mathrm{T}}\boldsymbol{B})^{-1}\boldsymbol{B}^{\mathrm{T}}\boldsymbol{Y} = \begin{bmatrix} -0.0843 \\ 27858.4508 \end{bmatrix},$$

得 GM(1,1) 模型为

(1) 灰微分方程: $x^{(0)}(k) - 0.0843z^{(1)}(k) = 27858.4508$.

(2) 白化方程: $\dfrac{dx^{(1)}(t)}{dt} - 0.0843x^{(1)}(t) = 27858.4508$.

(3) 白化方程的时间响应式:

$$\hat{x}^{(1)}(k+1) = 356328.9910e^{0.0843k} - 330605.9910. \tag{15.6}$$

3) 模型检验与预测

利用 (15.6) 式求得累加生成序列的预测值 $\hat{\boldsymbol{x}}^{(1)} = (\hat{x}^{(1)}(1), \hat{x}^{(1)}(2), \cdots, \hat{x}^{(1)}(8))$, 由 $\hat{x}^{(0)}(1) = \hat{x}^{(1)}(1)$, $\hat{x}^{(0)}(k+1) = \hat{x}^{(1)}(k+1) - \hat{x}^{(1)}(k)$, $k = 1, 2, \cdots, 7$, 得 $\hat{\boldsymbol{x}}^{(0)} = (\hat{x}^{(0)}(1), \hat{x}^{(0)}(2), \cdots, \hat{x}^{(0)}(8))$, 即得到 1995~2002 年的预测值见表 15.2. 画出预测值与实际值的变化曲线如图 15.2 所示.

表 15.2　1995~2002 年 GM(1,1) 灰色预测值与实际值比较

年份	实际数据$x^{(0)}$	预测数据$\hat{x}^{(0)}$	残差$x^{(0)}-\hat{x}^{(0)}$	相对误差$\delta(k)/\%$
1995	25723	25723	0	0
1996	30379	31327.3567	−948.3567	3.12
1997	34473	34081.5622	391.4378	1.14
1998	38485	37077.9091	1407.0909	3.66
1999	40514	40337.6857	176.3143	0.44
2000	42400	43884.0518	−1484.0518	3.50
2001	48337	47742.2036	594.7964	1.23
2002		51939.5524		

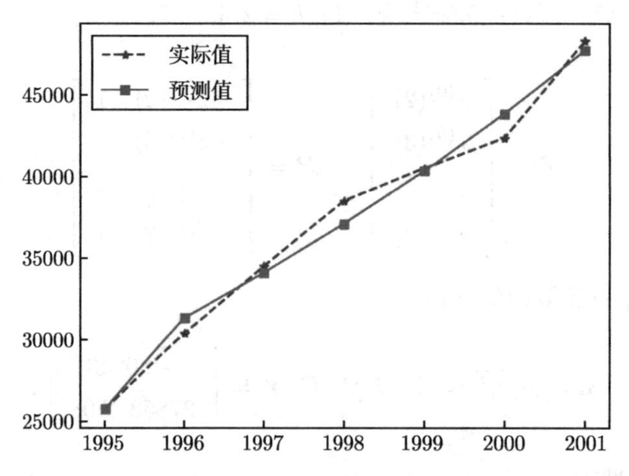

图 15.2　1995~2001 年预测值与实际值比较

所有的相对误差 $\delta(k)<0.10\ (k=1,2,\cdots,7)$, 所以模型精度为优, 可以用来预测, 2002 年的预测值为 51939.5524.

```
#程序文件Pex15_2.py
import numpy as np
import sympy as sp
from matplotlib.pyplot import plot,show,rc,legend,xticks
rc('font',size=16); rc('font',family='SimHei')
x0=np.array([25723,30379,34473,38485,40514,42400,48337])
n=len(x0); jibi=x0[:-1]/x0[1:]  #求级比
bd1=[jibi.min(),jibi.max()]    #求级比范围
bd2=[np.exp(-2/(n+1)),np.exp(2/(n+1))]   #q求级比的容许范围
x1=np.cumsum(x0)  #求累加序列
z=(x1[:-1]+x1[1:])/2.0
```

```
B=np.vstack([-z,np.ones(n-1)]).T
u=np.linalg.pinv(B)@x0[1:] #最小二乘法拟合参数
sp.var('t'); sp.var('x',cls=sp.Function)  #定义符号变量和函数
eq=x(t).diff(t)+u[0]*x(t)-u[1]  #定义符号微分方程
xt=sp.dsolve(eq,ics={x(0):x0[0]})  #求解符号微分方程
xt=xt.args[1]  #提取方程中的符号解
xt=sp.lambdify(t,xt,'numpy')  #转换为匿名函数
t=np.arange(n+1)
xt1=xt(t)  #求模型的预测值
x0_pred=np.hstack([x0[0],np.diff(xt1)]) #还原数据
x2002=x0_pred[-1]  #提取2002年的预测值
cha=x0-x0_pred[:-1]; delta=np.abs(cha/x0)*100
print('1995~2002的预测值: ',x0_pred)
print('\n-------------------\n','相对误差',delta)
t0=np.arange(1995,2002); plot(t0,x0,'*--')
plot(t0,x0_pred[:-1],'s-'); legend(('实际值','预测值'));
xticks(np.arange(1995,2002)); show()
```

15.3 灰色 GM(1, N) 预测模型

设系统有 N 个指标变量, 对应的参考序列分别为

$$\boldsymbol{x}_i^{(0)}=(x_i^{(0)}(1),x_i^{(0)}(2),\cdots,x_i^{(0)}(n)),\quad i=1,2,\cdots,N,$$

作累加运算 $x_i^{(1)}(k)=\sum\limits_{j=1}^{k}x_i^{(0)}(j)$, 可得累加生成数列

$$\boldsymbol{x}_i^{(1)}=(x_i^{(1)}(1),x_i^{(1)}(2),\cdots,x_i^{(1)}(n)),\quad i=1,2,\cdots,N.$$

微分方程

$$\frac{dx_1^{(1)}(t)}{dt}+a_1x_1^{(1)}(t)=a_2x_2^{(1)}(t)+a_3x_3^{(1)}(t)+\cdots+a_Nx_N^{(1)}(t) \tag{15.7}$$

是 1 阶 N 个变量的微分方程模型, 记为 GM(1,N).

类似地, 当 $k-1<t\leqslant k$ 时, 令

$$x_1^{(1)}(t)=z_1^{(1)}(k)=\frac{1}{2}(x_1^{(1)}(k-1)+x_1^{(1)}(k)),\quad k=2,3,\cdots,n,$$

$$\frac{dx_1^{(1)}(t)}{dt}=x_1^{(1)}(k)-x_1^{(1)}(k-1)=x_1^{(0)}(k),\quad k=2,3,\cdots,n,$$

$$x_i^{(1)}(t)=z_i^{(1)}(k)=\frac{1}{2}(x_i^{(1)}(k-1)+x_i^{(1)}(k)),\quad i=2,3,\cdots,N;k=2,3,\cdots,n.$$

将 (15.7) 式化成离散模型

$$x_1^{(0)}(k)+a_1z_1^{(1)}(k)=a_2z_2^{(1)}(k)+a_3z_3^{(1)}(k)+\cdots+a_Nz_N^{(1)}(k),\quad k=2,3,\cdots,n. \tag{15.8}$$

可以证明 (15.8) 式是 (15.7) 式的二阶精度数值模型.

记

$$\boldsymbol{u}=\begin{bmatrix}a_1\\a_2\\\vdots\\a_N\end{bmatrix},\quad \boldsymbol{Y}=\begin{bmatrix}x^{(0)}(2)\\x^{(0)}(3)\\\vdots\\x^{(0)}(n)\end{bmatrix},\quad \boldsymbol{B}=\begin{bmatrix}-z_1^{(1)}(2) & z_2^{(1)}(2) & \cdots & z_N^{(1)}(2)\\-z_1^{(1)}(3) & z_2^{(1)}(3) & \cdots & z_N^{(1)}(3)\\\vdots & \vdots & & \vdots\\-z_1^{(1)}(n) & z_2^{(1)}(n) & \cdots & z_N^{(1)}(n)\end{bmatrix},$$

可将 (15.8) 式化为 $\boldsymbol{Bu}=\boldsymbol{Y}$, 则可以得到 $\boldsymbol{u}$ 的最小二乘估计值

$$\hat{\boldsymbol{u}}=\begin{bmatrix}\hat{a}_1\\\hat{a}_2\\\vdots\\\hat{a}_N\end{bmatrix}=(\boldsymbol{B}^{\mathrm{T}}\boldsymbol{B})^{-1}\boldsymbol{B}^{\mathrm{T}}\boldsymbol{Y}. \tag{15.9}$$

求出 (15.7) 式的数值解, 就得到 $x_1^{(1)}(k)(k=1,2,\cdots,)$ 的预测值 $\hat{x}_1^{(1)}(k)(k=1,2,\cdots,)$, 还原到 $\hat{x}_1^{(0)}(k)(k=1,2,\cdots)$, 就得到 $x_0^{(1)}(k)(k=1,2,\cdots,)$ 的预测值.

例 15.3　我国某油田 S 油藏自 1994 年 2 月至 1995 年 2 月的开发动态数据见表 15.3, 试建立预测模型, 并预测 1995 年 3 月月产油量、月产水量、月注水量和地层压力的取值.

解　用 x_1,x_2,x_3,x_4 分别表示月产油量、月产水量、月注水量和地层压力, 它们的观测值分别记作 $\boldsymbol{x}_i^{(0)}=(x_i^{(0)}(1),x_i^{(0)}(2),\cdots,x_i^{(0)}(13))(i=1,2,3,4)$.

对月产油量 x_1, 建立 GM(1,1) 模型; 月产水量 x_2 受月产油量及油藏水驱规律的控制, 因此对 x_2 建立与 x_1 相关的 GM(1,2) 模型; 对月注水量 x_3, 建立 GM(1,1) 模型; 地层压力 x_4 与采注关系密切, 是地层能量的综合反映, 因此对 x_4 建立与

x_1, x_3 相关的 GM(1,3) 模型. 综上所述, 系统的 4 个开发指标所满足的状态方程为

$$\begin{cases} \dfrac{dx_1^{(1)}(t)}{dt} = a_{11}x_1^{(1)}(t) + b_1, \\ \dfrac{dx_2^{(1)}(t)}{dt} = a_{21}x_1^{(1)}(t) + a_{22}x_2^{(1)}(t), \\ \dfrac{dx_3^{(1)}(t)}{dt} = a_{33}x_3^{(1)}(t) + b_3, \\ \dfrac{dx_4^{(1)}(t)}{dt} = a_{41}x_1^{(1)}(t) + a_{43}x_3^{(1)}(t) + a_{44}x_4^{(1)}(t). \end{cases} \tag{15.10}$$

表 15.3 某油田 S 油藏数据

序号	时间	月产油量/万吨	月产水量/万吨	月注水量/万吨	地层压力/MPa
1	94.02	7.123	0.796	13.108	27.475
2	94.03	7.994	0.832	12.334	27.473
3	94.04	8.272	0.917	12.216	27.490
4	94.05	7.960	0.976	12.201	27.500
5	94.06	7.147	1.075	12.132	27.510
6	94.07	7.092	1.121	11.990	27.542
7	94.08	6.858	1.281	11.926	27.536
8	94.09	5.804	1.350	10.478	27.550
9	94.10	6.433	1.410	9.176	27.567
10	94.11	6.354	1.432	11.368	27.584
11	94.12	6.254	1.507	12.764	27.600
12	95.01	5.197	1.559	11.143	27.602
13	95.02	5.654	1.611	10.737	27.630

将 (15.10) 式改写为矩阵方程

$$\frac{d\boldsymbol{X}^{(1)}(t)}{dt} = \boldsymbol{A}\boldsymbol{X}^{(1)}(t) + \tilde{\boldsymbol{B}}, \tag{15.11}$$

式中,

$$\frac{d\boldsymbol{X}^{(1)}(t)}{dt} = \left[\frac{dx_1^{(1)}(t)}{dt}, \frac{dx_2^{(1)}(t)}{dt}, \frac{dx_3^{(1)}(t)}{dt}, \frac{dx_4^{(1)}(t)}{dt}\right]^{\mathrm{T}},$$

$$\boldsymbol{X}^{(1)}(t) = \begin{bmatrix} x_1^{(1)}(t) \\ x_2^{(1)}(t) \\ x_3^{(1)}(t) \\ x_4^{(1)}(t) \end{bmatrix}, \quad \boldsymbol{A} = \begin{bmatrix} a_{11} & 0 & 0 & 0 \\ a_{21} & a_{22} & 0 & 0 \\ 0 & 0 & a_{33} & 0 \\ a_{41} & 0 & a_{43} & a_{44} \end{bmatrix}, \quad \tilde{\boldsymbol{B}} = \begin{bmatrix} b_1 \\ 0 \\ b_3 \\ 0 \end{bmatrix}.$$

利用上面介绍的最小二乘法, 依次辨识 (15.10) 中每个方程中的系数 $a_{11}, b_1; a_{21}, a_{22}; a_{33}, b_3; a_{41}, a_{43}, a_{44}$. 计算 4 次得到

$$
\boldsymbol{A} = \begin{bmatrix} -0.0378 & 0 & 0 & 0 \\ 0.0568 & -0.2232 & 0 & 0 \\ 0 & 0 & -0.0114 & 0 \\ -0.6179 & 0 & 5.6950 & -2.1926 \end{bmatrix}, \quad \tilde{\boldsymbol{B}} = \begin{bmatrix} 8.6667 \\ 0 \\ 12.4938 \\ 0 \end{bmatrix}.
$$

以表 15.3 中 1994 年 2 月的月产油量、月产水量、月注水量、地层压力的数据为初值, 得如下初值问题:

$$
\begin{cases} \dfrac{d\boldsymbol{X}^{(1)}(t)}{dt} = \boldsymbol{A}\boldsymbol{X}^{(1)}(t) + \tilde{\boldsymbol{B}}, \\ \boldsymbol{X}^{(1)}(1) = [7.123,\ 0.796,\ 13.108,\ 27.475]. \end{cases} \tag{15.12}
$$

利用 Python 软件求微分方程组 (15.12) 的数值解, 可以得到 $\boldsymbol{X}^{(1)}(k)$ $(k = 2, 3, \cdots, 14)$ 的数值解, 具体的计算结果就不列举了.

从程序运行结果可以看出, 模拟值与实际值符合较好, 但有一个注水量的预测值的相对误差较大. 1995 年 3 月 x_1, x_2, x_3, x_4 的预测值分别为 5.2347, 1.4599, 10.7070, 26.5756.

```
#程序文件Pex15_3.py
import numpy as np
from scipy.integrate import odeint
a=np.loadtxt("Pdata15_3.txt")  #加载表15.3中的后4列数据
                                     (数据见封底二维码)
n=a.shape[0]  #观测数据的个数
x10=a[:,0]; x20=a[:,1]; x30=a[:,2]; x40=a[:,3]
x11=np.cumsum(x10); x21=np.cumsum(x20)
x31=np.cumsum(x30); x41=np.cumsum(x40)
z1=(x11[:-1]+x11[1:])/2.; z2=(x21[:-1]+x21[1:])/2.
z3=(x31[:-1]+x31[1:])/2.; z4=(x41[:-1]+x41[1:])/2.
B1=np.c_[z1,np.ones((n-1,1))]
u1=np.linalg.pinv(B1).dot(x10[1:]); print(u1)
B2=np.c_[z1,z2]
u2=np.linalg.pinv(B2).dot(x20[1:]); print(u2)
B3=np.c_[z3,np.ones((n-1,1))];
u3=np.linalg.pinv(B3).dot(x30[1:]); print(u3)
```

```
B4=np.c_[z1,z3,z4]
u4=np.linalg.pinv(B4).dot(x40[1:]); print(u4)
def Pfun(x,t):
    x1, x2, x3, x4 = x
    return np.array([u1[0]*x1+u1[1], u2[0]*x1+u2[1]*x2,
              u3[0]*x3+u3[1], u4[0]*x1+u4[1]*x3+u4[2]*x4])
t=np.arange(0, 14)
X0=np.array([7.1230,0.7960,13.1080,27.475])
s1=odeint(Pfun, X0, t); s2=np.diff(s1,axis=0)
xh=np.vstack([X0,s2])
cha=a-xh[:-1,:]  #计算残差
delta=np.abs(cha/a)  #计算相对误差
maxd=delta.max(0)  #计算每个指标的最大相对误差
pre=xh[-1,:]; print("最大相对误差: ",maxd,"\n预测值为: ",pre)
```

15.4 灰色 GM(2,1) 预测模型

GM(1,1) 模型适用于具有较强指数规律的序列, 只能描述单调的变化过程, 对于非单调的摆动发展序列或有饱和的 S 形序列, 可以考虑建立 GM(2,1), DGM 和 Verhulst 模型. 下面只介绍 GM(2,1) 模型.

定义 15.2 设原始序列

$$\boldsymbol{x}^{(0)}=(x^{(0)}(1),x^{(0)}(2),\cdots,x^{(0)}(n)),$$

其 1 次累加生成序列 (1-AGO) $\boldsymbol{x}^{(1)}$ 和 1 次累减生成序列 (1-IAGO) $\alpha^{(1)}\boldsymbol{x}^{(0)}$ 分别为

$$\boldsymbol{x}^{(1)}=(x^{(1)}(1),x^{(1)}(2),\cdots,x^{(1)}(n))$$

和

$$\alpha^{(1)}\boldsymbol{x}^{(0)}=(\alpha^{(1)}x^{(0)}(2),\cdots,\alpha^{(1)}x^{(0)}(n)),$$

其中

$$\alpha^{(1)}x^{(0)}(k)=x^{(0)}(k)-x^{(0)}(k-1),\quad k=2,3,\cdots,n.$$

$\boldsymbol{x}^{(1)}$ 的均值生成序列为

$$\boldsymbol{z}^{(1)}=(z^{(1)}(2),z^{(1)}(3),\cdots,z^{(1)}(n)),$$

则称

$$\alpha^{(1)}x^{(0)}(k)+a_1x^{(0)}(k)+a_2z^{(1)}(k)=b \quad (k=2,3,\cdots,n) \tag{15.13}$$

为 GM(2,1) 模型.

定义 15.3 称

$$\frac{d^2x^{(1)}(t)}{dt^2}+a_1\frac{dx^{(1)}(t)}{dt}+a_2x^{(1)}(t)=b \tag{15.14}$$

为 GM(2,1) 模型的白化方程.

定理 15.1 设 $\boldsymbol{x}^{(0)}$, $\boldsymbol{x}^{(1)}$, $\alpha^{(1)}\boldsymbol{x}^{(0)}$ 如定义 15.2 所述, 且

$$\boldsymbol{B}=\begin{bmatrix} -x^{(0)}(2) & -z^{(1)}(2) & 1 \\ -x^{(0)}(3) & -z^{(1)}(3) & 1 \\ \vdots & \vdots & \vdots \\ -x^{(0)}(n) & -z^{(1)}(n) & 1 \end{bmatrix},$$

$$\boldsymbol{Y}=\begin{bmatrix} \alpha^{(1)}x^{(0)}(2) \\ \alpha^{(1)}x^{(0)}(3) \\ \vdots \\ \alpha^{(1)}x^{(0)}(n) \end{bmatrix}=\begin{bmatrix} x^{(0)}(2)-x^{(0)}(1) \\ x^{(0)}(3)-x^{(0)}(2) \\ \vdots \\ x^{(0)}(n)-x^{(0)}(n-1) \end{bmatrix},$$

则 GM(2,1) 模型参数序列 $\boldsymbol{u}=[a_1,a_2,b]^{\mathrm{T}}$ 的最小二乘估计为

$$\hat{\boldsymbol{u}}=(\boldsymbol{B}^{\mathrm{T}}\boldsymbol{B})^{-1}\boldsymbol{B}^{\mathrm{T}}\boldsymbol{Y}.$$

例 15.4 已知 $\boldsymbol{x}^{(0)}=(41,\ 49,\ 61,\ 78,\ 96,\ 104)$, 试建立 GM(2,1) 模型.

解 $\boldsymbol{x}^{(0)}$ 的 1-AGO 序列 $\boldsymbol{x}^{(1)}$ 和 1-IAGO 序列 $\alpha^{(1)}\boldsymbol{x}^{(0)}$ 分别为

$$\boldsymbol{x}^{(1)}=(41,\ 90,\ 151,\ 229,\ 325,\ 429), \quad \alpha^{(1)}\boldsymbol{x}^{(0)}=(8,\ 12,\ 17,\ 18,\ 8).$$

$\boldsymbol{x}^{(1)}$ 的均值生成序列 $\boldsymbol{z}^{(1)}=(65.5,\ 120.5,\ 190,\ 277,\ 377)$, 记

$$\boldsymbol{B}=\begin{bmatrix} -x^{(0)}(2) & -z^{(1)}(2) & 1 \\ -x^{(0)}(3) & -z^{(1)}(3) & 1 \\ \vdots & \vdots & \vdots \\ -x^{(0)}(6) & -z^{(1)}(6) & 1 \end{bmatrix}=\begin{bmatrix} -49 & -65.5 & 1 \\ -61 & -120.5 & 1 \\ -78 & -190 & 1 \\ -96 & -277 & 1 \\ -104 & -377 & 1 \end{bmatrix}, \quad \boldsymbol{Y}=\begin{bmatrix} 8 \\ 12 \\ 17 \\ 18 \\ 8 \end{bmatrix},$$

则有

$$\hat{\boldsymbol{u}}=\begin{bmatrix} \hat{a}_1 \\ \hat{a}_2 \\ \hat{b} \end{bmatrix}=(\boldsymbol{B}^{\mathrm{T}}\boldsymbol{B})^{-1}\boldsymbol{B}^{\mathrm{T}}\boldsymbol{Y}=\begin{bmatrix} -1.0922 \\ 0.1959 \\ -31.7983 \end{bmatrix},$$

故得 GM(2,1) 白化模型

$$\frac{d^2x^{(1)}}{dt^2}-1.0922\frac{dx^{(1)}}{dt}+0.1959x^{(1)}=-31.7983.$$

利用边值条件 $x^{(1)}(1)=41$, $x^{(1)}(6)=429$, 解之得时间响应式为

$$x^{(1)}(t)=203.85e^{0.22622t}-0.5325e^{0.86597t}-162.317,$$

于是 GM(2,1) 时间响应式

$$\hat{x}^{(1)}(k+1)=203.85e^{0.22622k}-0.5325e^{0.86597k}-162.317.$$

所以

$$\hat{\boldsymbol{x}}^{(1)}=(41,\ 92.0148,\ 155.1561,\ 232.3672,\ 324.5220,\ 429).$$

做 IAGO 还原, 有

$$\hat{\boldsymbol{x}}^{(0)}=(41,\ 51.0148,\ 63.1412,\ 77.2111,\ 92.1548,\ 104.4780).$$

计算结果见表 15.4.

表 15.4　误差检验表

序号	实际数据$\boldsymbol{x}^{(0)}$	预测数据$\hat{\boldsymbol{x}}^{(0)}$	残差$\boldsymbol{x}^{(0)}-\hat{\boldsymbol{x}}^{(0)}$	相对误差$\delta(k)/\%$
2	49	51.0148	−2.0148	4.1
3	61	63.1412	−2.1412	3.5
4	78	77.2111	0.7889	1.0
5	96	92.1548	3.8452	4.0
6	104	104.4780	−0.4780	0.5

```
#程序文件Pex15_4_1.py
import numpy as np
from sympy import Function, diff, dsolve, symbols, solve,exp
x0=np.array([41, 49, 61, 78, 96, 104])
n=len(x0); x1=np.cumsum(x0)  #计算1次累加序列
ax0=np.diff(x0)  #计算一次累减序列
z=0.5*(x1[1:]+x1[:-1])  #计算均值生成序列
B=np.c_[-x0[1:],-z,np.ones((n-1,1))]
u=np.linalg.pinv(B).dot(ax0)
p=np.r_[1,u[:-1]]  #构造特征多项式
r=np.roots(p)  #求特征根
```

```
xts=u[2]/u[1]  #常微分方程的特解
c1,c2,t=symbols('c1,c2,t'); eq1=c1+c2+xts-41;
eq2=c1*np.exp(5*r[0])+c2*np.exp(5*r[1])+xts-429
c=solve([eq1,eq2],[c1,c2])
s=c[c1]*exp(r[0]*t)+c[c2]*exp(r[1]*t)+xts  #微分方程的符号解
xt1=[]
for i in range(6): xt1.append(s.subs({t:i}))
xh0=np.r_[xt1[0],np.diff(xt1)]
cha=x0-xh0  #计算残差
delta=np.abs(cha)/x0  #计算相对误差
print(xt1,'\n------------\n',xh0,'\n------------\n',
      cha,'\n--------------\n',delta)
```

注 15.1 上面程序中是通过特征方程和待定系数法求微分方程的解。直接求二阶微分方程符号解的 Python 程序如下：

```
#程序文件Pex15_4_2.py
import numpy as np
import sympy as sp
x0=np.array([41,49,61,78,96,104])
n=len(x0)
lamda=x0[:-1]/x0[1:]  #计算级比
rang=[lamda.min(), lamda.max()]  #计算级比的范围
theta=[np.exp(-2/(n+1)),np.exp(2/(n+1))] #计算级比容许范围
x1=np.cumsum(x0)  #累加运算
z=0.5*(x1[1:]+x1[:-1])
B=np.vstack([-x0[1:],-z,np.ones(n-1)]).T
u=np.linalg.pinv(B)@np.diff(x0)  #最小二乘法拟合参数
print("参数u: ",u)
sp.var('t'); sp.var('x',cls=sp.Function)  #定义符号变量和函数
eq=x(t).diff(t,2)+u[0]*x(t).diff(t)+u[1]*x(t)-u[2]
s=sp.dsolve(eq,ics={x(0):x0[0],x(5):x1[-1]})  #求微分方程符号解
xt=s.args[1]  #提取解的符号表达式
print('xt=',xt)
fxt=sp.lambdify(t,xt,'numpy')  #转换为匿名函数
yuce1=fxt(np.arange(n))  #求预测值
yuce=np.hstack([x0[0],np.diff(yuce1)])  #还原数据
```

```
epsilon=x0-yuce[:n]  #计算已知数据预测的残差
delta=abs(epsilon/x0)  #计算相对误差
print('相对误差: ',np.round(delta*100,2))  #显示相对误差
```

习 题 15

15.1 某大型企业 1999~2004 年的产品销售额如表 15.5 所列, 试建立 GM(1,1) 预测模型, 并预测 2005 年的产品销售额.

表 15.5 产品销售额数据

年份	1999	2000	2001	2002	2003	2004
销售额/亿元	2.67	3.13	3.25	3.36	3.56	3.72

15.2 某地区年平均降雨量数据见表15.6. 如果年平均降雨量不超过320.0, 则该地区当年发生旱灾, 试做 2006 年之后的旱灾预测.

表 15.6 某地区年平均降雨量数据

年份	1989	1990	1991	1992	1993	1994	1995	1996	1997
雨量	412.0	320.0	559.2	380.8	542.4	553.0	310.0	561.0	300.0
年份	1998	1999	2000	2001	2002	2003	2004	2005	2006
雨量	632.0	540.0	406.2	313.8	576.0	587.6	318.5	400.3	390.6

15.3 某市的有关经济指标数据见表15.7, 试对该市 2007 年的有关经济指标数据做出系统预测.

表 15.7 某市经济指标数据

年份	2001	2002	2003	2004	2005	2006
人口/人	269751	271016	270202	272770	277314	282783
消费粮食/万斤	17675	250172	265415	239894	255345	260253
畜牧业产值/万元	566.9	756.0	761.3	681.0	590.0	1236.0
粮食亩产/斤	812.0	1106.0	1108.0	1008.0	1177.0	1251

15.4 已知 $\boldsymbol{x}^{(0)} = (2.874,\ 3.278,\ 3.337,\ 3.390,\ 3.679)$, 试建立 GM(2,1) 模型.

第 16 章 Monte Carlo 模拟

蒙特卡罗 (Monte Carlo) 方法, 也称为计算机随机模拟方法, 是一种基于 “随机数” 的计算方法. 这一方法源于美国在第一次世界大战期间研制原子弹的 “曼哈顿计划”. 该计划的主持人之一, 数学家冯 · 诺依曼用驰名世界的赌城 —— 摩纳哥的蒙特卡罗来命名这种方法, 使它蒙上了一层神秘的色彩.

在实际问题中, 面对一些带随机因素的复杂系统, 用分析方法建模常常需要作许多简化假设, 与面临的实际问题可能相差甚远, 以致解答根本无法应用. 这时, 计算机模拟几乎成为唯一的选择.

早在 17 世纪, 人们就已经知道用事件发生的 “频率” 作为事件的 “概率” 的近似值. 只要设计一个随机试验, 使一个事件的概率与某未知数有关, 然后通过重复试验, 以频率近似表示概率, 即可求得该未知数的近似解. 显然, 利用随机试验求近似解, 试验次数要相当多才行. 随着 20 世纪 40 年代电子计算机的出现, 人们便开始利用计算机来模拟所设计的随机试验, 使得这种方法得到迅速的发展和广泛的应用.

16.1 随机变量的模拟

利用均匀分布的随机数可以产生具有任意分布的随机变量的样本, 从而可以对随机变量的取值情况进行模拟.

1. 离散随机变量的模拟

设随机变量 X 的分布律为 $P\{X=x_i\}=p_i$, $i=1,2,\cdots$, 令

$$p^{(0)}=0, \quad p^{(i)}=\sum_{j=1}^{i} p_j, \quad i=1,2,\cdots,$$

将 $p^{(i)}$ 作为分点, 将区间 $(0,1)$ 分为一系列小区间 $(p^{(i-1)},p^{(i)})$ $(i=1,2,\cdots)$. 对于均匀分布的随机变量 $R\sim U(0,1)$, 则有

$$P\{p^{(i-1)}<R\leqslant p^{(i)}\}=p^{(i)}-p^{(i-1)}=p_i, \quad i=1,2,\cdots.$$

由此可知, 事件 $\{p^{(i-1)}<R\leqslant p^{(i)}\}$ 和事件 $\{X=x_i\}$ 有相同的发生概率. 因此可以用随机变量 R 落在小区间内的情况来模拟离散的随机变量 X 的取值情况.

例 16.1 已知在一次随机试验中, 事件 A,B,C 发生的概率分别为 0.2, 0.3, 0.5. 模拟 100000 次随机试验, 计算事件 A,B,C 发生的频率.

在一次随机试验中, 事件发生的概率分布见表 16.1.

表 16.1 事件发生的概率分布

事件	A	B	C
概率	0.2	0.3	0.5
累积概率	0.2	0.5	1

用产生 [0,1] 区间上均匀分布的随机数, 来模拟事件 A,B,C 的发生. 由表 16.1 的数据和几何概率的知识, 可以认为如果产生的随机数在区间 $[0,0.2]$ 上, 事件 A 发生了; 产生的随机数在区间 $(0.2,0.5]$ 上, 事件 B 发生了; 产生的随机数在区间 $(0.5,1]$ 上, 事件 C 发生了. 产生 100000 个 $[0,1]$ 区间上均匀分布的随机数, 统计随机数落在相应区间上的次数, 就是在这 100000 次模拟中事件 A,B,C 发生的次数, 再除以总的试验次数 100000, 即得到事件 A,B,C 发生的频率.

```
#程序文件Pex16_1.py
from numpy.random import rand
import numpy as np
n=100000; a=rand(n); n1=np.sum(a<=0.2)
n2=np.sum((a>0.2) & (a<=0.5)); n3=np.sum(a>0.5)
f=np.array([n1,n2,n3])/n; print(f)
```

例 16.2 事件 A_i $(i=1,2,\cdots,10)$ 发生的概率如表 16.2 所示, 求在 10000 次模拟中, 事件 A_i $(i=1,2,\cdots,10)$ 发生的频数.

表 16.2 事件 A_i 发生的概率

事件	A_1	A_2	A_3	A_4	A_5	A_6	A_7	A_8	A_9	A_{10}
概率	0.2	0.05	0.01	0.06	0.08	0.1	0.3	0.05	0.03	0.12

```
#程序文件Pex16_2.py
from numpy.random import rand
import numpy as np
n=10000; a=rand(n);
p=np.array([0.2,0.05,0.01,0.06,0.08,0.1,0.3,0.05,0.03,0.12])
cp=np.cumsum(p); c=[]; c.append(np.sum(a<=cp[0]))
for i in range(1,len(p)):
    c.append(np.sum((a>cp[i-1]) & (a<=cp[i])))
print(c)
```

2. 连续型随机变量的模拟

利用 $[0,1]$ 区间上的均匀分布随机数可以产生具有给定分布的随机变量数列.

我们知道, 若随机变量 ξ 的概率密度函数和分布函数分别为 $f(x), F(x)$, 则随机变量 $\eta = F(\xi)$ 的分布就是区间 $[0,1]$ 上的均匀分布. 因此, 若 R_i 是 $[0,1]$ 中均匀分布的随机数, 那么方程

$$\int_{-\infty}^{x_i} f(x)dx = R_i \tag{16.1}$$

的解 x_i 就是所求的具有概率密度函数为 $f(x)$ 的随机抽样. 这可简单解释如下.

若某个连续型随机变量 ξ 的分布函数为

$$F(x) = \int_{-\infty}^{x} f(t)dt,$$

不失一般性, 设 $F(x)$ 是严格单调增函数, 存在反函数 $x = F^{-1}(y)$, 下面证明随机变量 $\eta = F(\xi)$ 服从 $[0,1]$ 上的均匀分布, 记 η 的分布函数为 $G(y)$. 由于 $F(x)$ 是分布函数, 它的取值在 $[0,1]$ 上, 从而当 $0 < y < 1$ 时

$$G(y) = P\{\eta \leqslant y\} = P\{F(\xi) \leqslant y\} = P\{\xi \leqslant F^{-1}(y)\} = F(F^{-1}(y)) = y,$$

因而 η 的分布函数为

$$G(y) = \begin{cases} 0, & y \leqslant 0, \\ y, & 0 < y < 1, \\ 1, & y \geqslant 1, \end{cases}$$

η 服从 $[0,1]$ 上的均匀分布.

R 为 $[0,1]$ 区间上均匀分布的随机变量, 则随机变量 $\xi = F^{-1}(R)$ 的分布函数为 $F(x)$, 概率密度函数为 $f(x)$, 这里 $F^{-1}(x)$ 是 $F(x)$ 的反函数.

因此, 只要分布函数 $F(x)$ 的反函数 $F^{-1}(x)$ 存在, 由 $[0,1]$ 区间上均匀分布的随机数 R_t, 求 $x_t = F^{-1}(R_t)$, 即解方程

$$F(x_t) = R_t$$

就可得到分布函数为 $F(x)$ 的随机抽样 x_t.

例 16.3 求具有指数分布

$$f(x) = \begin{cases} \lambda e^{-\lambda x}, & x > 0, \\ 0, & x \leqslant 0. \end{cases}$$

的随机抽样.

设 R_i 是 $[0,1]$ 区间上均匀分布的随机数, 利用 (16.1) 式, 得

$$R_i=\int_{-\infty}^{x_i}f(x)dx=\int_0^{x_i}\lambda e^{-\lambda x}dx=1-e^{-\lambda x_i}.$$

因此

$$x_i=-\frac{1}{\lambda}\ln(1-R_i)$$

就是所求的随机抽样.

由于 $1-R_i$ 也服从均匀分布, 所以上式又可简化为

$$x_i=-\frac{1}{\lambda}\ln R_i.$$

Python 中 NumPy 库函数可以产生常用分布的随机数, 实际上不需要我们去生成各种分布的随机数.

16.2 Monte Carlo 方法的数学基础及思想

1. Monte Carlo 方法的数学基础 —— 大数定律和中心极限定理

Monte Carlo 方法的基础是概率论中的大数定律和中心极限定理, 为了说明 Monte Carlo 方法的精度, 下面给出中心极限定理.

定理 16.1 (中心极限定理) 设 $\xi_1,\xi_2,\cdots,\xi_n,\cdots$ 为一独立同分布的随机变量序列, 数学期望为 $E\xi_i=a$, 方差为 $D\xi_i=\sigma^2$, 则当 $n\to\infty$ 时,

$$P\left\{\frac{\dfrac{1}{n}\displaystyle\sum_{i=1}^{n}\xi_i-a}{\dfrac{\sigma}{\sqrt{n}}}<x_\alpha\right\}\to\frac{1}{\sqrt{2\pi}}\int_{-\infty}^{x_\alpha}e^{-\frac{x^2}{2}}dx. \tag{16.2}$$

利用中心极限定理, 当 $n\to\infty$ 时, 还可得到

$$P\left\{\left|\frac{1}{n}\sum_{i=1}^{n}\xi_i-a\right|<\frac{x_{\alpha/2}\sigma}{\sqrt{n}}\right\}\to\frac{2}{\sqrt{2\pi}}\int_0^{x_{\alpha/2}}e^{-\frac{x^2}{2}}dx. \tag{16.3}$$

若记

$$\frac{2}{\sqrt{2\pi}}\int_0^{x_{\alpha/2}}e^{-\frac{x^2}{2}}dx=1-\alpha, \tag{16.4}$$

那就是说, 当 n 很大时, 不等式

$$\left|\frac{1}{n}\sum_{i=1}^{n}\xi_i-a\right|<\frac{x_{\alpha/2}\sigma}{\sqrt{n}} \tag{16.5}$$

成立的概率为 $1-\alpha$. 通常将 α 称为显著性水平, $1-\alpha$ 就是置信水平. $x_{\alpha/2}$ 为标准正态分布的上 $\alpha/2$ 分位数, α 和 x_α 的关系可以在正态分布表中查到.

从 (16.5) 式可以看到, 随机变量的算术平均值 $\dfrac{1}{n}\sum\limits_{i=1}^{n}\xi_i$ 依概率收敛到 a 的阶为 $O\left(\dfrac{1}{\sqrt{n}}\right)$. 当 $\alpha=0.05$ 时, 误差 $\varepsilon=1.96\sigma/\sqrt{n}$ 称为概率误差. 从这里可以看出, Monte Carlo 方法收敛的阶很低, 收敛速度很慢, 误差 ε 由 σ 和 $\sqrt{n}$ 决定. 在固定 σ 的情况下, 要提高 1 位精度, 就要增加 100 倍试验次数. 相反, 若 σ 减少 10 倍, 就可以减少 100 倍工作量. 因此, 控制方差是应用 Monte Carlo 方法中很重要的一点.

2. Monte Carlo 方法的基本思想

用 Monte Carlo 方法处理的问题可以分为两类.

一类是随机性问题. 对于这一类实际问题, 通常采用直接模拟方法. 首先, 必须根据实际问题的规律, 建立一个概率模型 (随机向量或随机过程), 然后用计算机进行抽样试验, 从而得出对应于这一实际问题的随机变量 $Y=g(X_1,X_2,\cdots,X_m)$ 的分布. 假定随机变量 Y 是研究对象, 它是 m 个相互独立的随机变量 $X_1,X_2,\cdots,X_m$ 的函数, 如果 $X_1,X_2,\cdots,X_m$ 的概率密度函数分别为 $f_1(x_1),f_2(x_2),\cdots,f_m(x_m)$, 则用 Monte Carlo 方法计算的基本步骤是：在计算机上用随机抽样的方法从 $f_1(x_1)$ 中抽样, 产生随机变量 X_1 的一个值 x_1', 从 $f_2(x_2)$ 中抽样得 $x_2',\cdots$, 从 $f_m(x_m)$ 中抽样得 x_m', 由 $x_1',x_2',\cdots,x_m'$ 计算得到 Y 的一个值 $y_1=g(x_1',x_2',\cdots,x_m')$, 显然 y_1 是从 Y 分布中抽样得到的一个数值, 重复上述步骤 N 次, 可得随机变量 Y 的 N 个样本值 $(y_1,y_2,\cdots,y_N)$, 用这样的样本分布来近似 Y 的分布, 由此可计算出这些量的统计值.

另一类是确定性问题. 在解决确定性问题时, 首先要建立一个有关的概率统计模型, 使所求的解就是这个模型的概率分布或数学期望, 然后对这个模型作随机抽样, 最后用其算术平均值作为所求解的近似值. 根据前面对误差的讨论可以看出, 必须尽量改进模型, 以便减少方差和降低费用, 以提高计算效率.

16.3　随机模拟的应用

1. 定积分的计算

定积分的计算是 Monte Carlo 方法引入计算数学的开端, 在实际问题中, 许多需要计算多重积分的复杂问题, 用 Monte Carlo 方法一般都能够很有效地予以解决. 尽管 Monte Carlo 方法计算结果的精度不是很高, 但它能很快地提供出一个低精度的模拟结果也是很有价值的. 而且在多重积分中, 由于 Monte Carlo 方法的计算误差与积分重数无关, 因此它比常用的均匀网格求积公式要优越.

例 16.4 求二重积分 $I=\iint\limits_{x^2+y^2\leqslant 1}\sqrt{1-x^2}dxdy$.

解 根据积分的几何意义, 它是以 $\sqrt{1-x^2}$ 为曲面顶, 以 $z=0$, $x^2+y^2\leqslant 1$ 为底的柱体 D 的体积. 用下列简单思路求 I 的近似值, D 被包含在长方体 Ω: $|x|\leqslant 1$, $|y|\leqslant 1$, $0\leqslant z\leqslant 1$ 的内部, 长方体 Ω 的体积为 4. 而 D 是 $x^2+y^2\leqslant 1$, $0\leqslant z\leqslant\sqrt{1-x^2}$ 所围成的区域. 若在 Ω 内产生均匀分布的 N 个点, 有 n 个点落在 D 的内部. 由频率近似于概率, 得到在 Ω 内任取一点, 落在 D 内的概率 $p=\dfrac{D\text{ 的体积}}{\Omega\text{ 的体积}}=\dfrac{I}{4}\approx\dfrac{n}{N}$, 所以 $I\approx\dfrac{4n}{N}$, 计算得 $I\approx 2.6666$.

```
#程序文件Pex16_4.py
from numpy.random import uniform
import numpy as np
N=10000000; x=uniform(-1,1,size=N)
y=uniform(-1,1,N); z=uniform(0,1,N)
n=np.sum((x**2+y**2<=1) & (z>=0) & (z<=np.sqrt(1-x**2)))
I=n/N*4; print("I的近似值为: ",I)
```

2. 在概率计算中的应用

例 16.5 设计随机试验求 π 的近似值.

在如图 16.1 所示的单位正方形中取 1000000 个随机点 (x_i,y_i), $i=1,2,\cdots,1000000$, 统计点落在 $x^2+y^2\leqslant 1$ 内的频数为 n. 则由几何概率知, 任取单位正方形内一点, 落在单位圆内部 (第一象限部分) 的概率为 $p=\dfrac{\pi}{4}$. 由于试验次数充分多, 频率近似于概率, 有 $\dfrac{n}{1000000}\approx\dfrac{\pi}{4}$, 所以 $\pi\approx\dfrac{4n}{1000000}$.

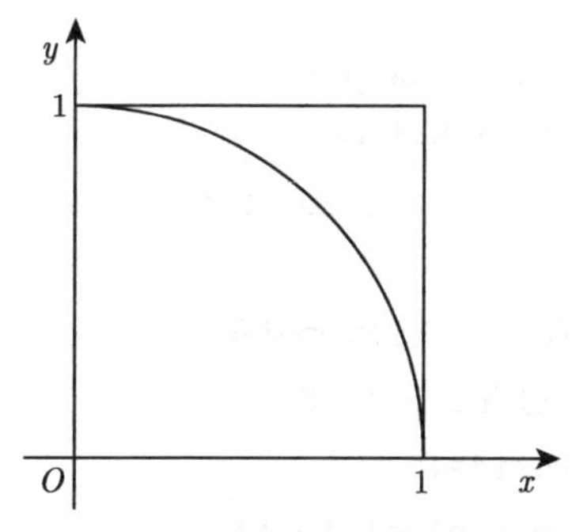

图 16.1 求几何概率的示意图

```
#程序文件Pex16_5.py
```

```
from numpy.random import rand
import numpy as np
N=1000000; x=rand(N); y=rand(N)
n=np.sum(x**2+y**2<1)
s=4*n/N; print(s)
```

例 16.6 (续例 16.5)　设计随机试验求 π 的近似值.

下面设计另外一种类似的方法, 并用 Python 画图, 如图 16.2 所示.

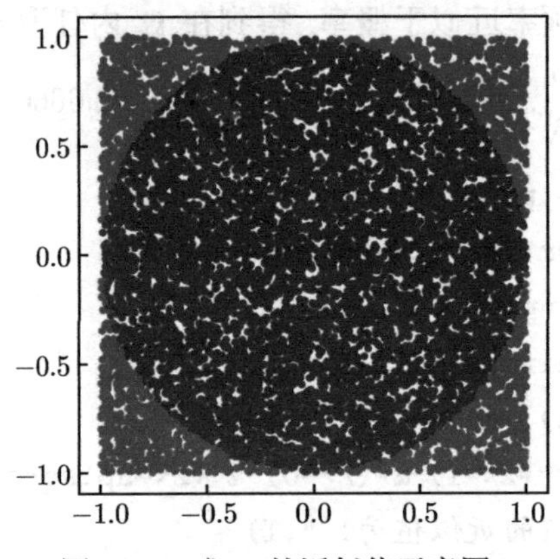

图 16.2　求 π 的近似值示意图

$\hat{\pi} = 3.151; \text{error} = 0.306\%$

(1) 在边长为 $2R$ 的正方形内随机取 N 个点.

(2) 在正方形内画一个半径为 R 的圆, 统计 N 个点中在圆内点的个数 n.

(3) 圆的面积是 πR^2, 正方形的面积为 $(2R)^2$, 因此两者的面积之比是 $\frac{\pi}{4}$, 由几何概率的知识, 同样得到 $\pi \approx \frac{4n}{N}$.

```
#程序文件Pex16_6.py
import numpy as np
import matplotlib.pyplot as plt
plt.rc('font',size=16); N=10000;
x,y=np.random.uniform(-1,1,size=(2,N))
inside=(x**2+y**2)<=1
mpi=inside.sum()*4/N  #求pi的近似值
error=abs((mpi-np.pi)/np.pi)*100
outside=np.invert(inside)
plt.plot(x[inside],y[inside],'b.')
plt.plot(x[outside],y[outside], 'r.')
```

```
plt.plot(0,0,label='$\hat\pi$={:4.3f}\nerror={:4.3f}%'.
         format(mpi, error),alpha=0)
plt.axis('square'); plt.legend(); plt.show()
```

例 16.7 炮弹射击的目标为一椭圆 $\frac{x^2}{120^2}+\frac{y^2}{80^2}=1$ 所围成的区域的中心, 当瞄准目标的中心发射时, 受到各种因素的影响, 炮弹着地点与目标中心有随机偏差. 设炮弹着地点围绕目标中心呈二维正态分布, 且偏差的标准差在 x 和 y 方向均为 100m, 并相互独立, 用 Monte Carlo 方法计算炮弹落在椭圆区域内的概率, 并与数值积分计算的概率进行比较.

解 炮弹的落点为二维随机变量, 记为 (X,Y), (X,Y) 的联合概率密度函数为

$$f(x,y)=\frac{1}{20000\pi}e^{-\frac{x^2+y^2}{20000}}.$$

炮弹落在椭圆区域内的概率为

$$p=\iint\limits_{\frac{x^2}{120^2}+\frac{y^2}{80^2}\leqslant 1}\frac{1}{20000\pi}e^{-\frac{x^2+y^2}{20000}}dxdy.$$

利用 Python 数值解的命令, 求得 $p=0.3754$; 也可以使用 Monte Carlo 方法求概率. 模拟发射了 N 发炮弹, 统计炮弹落在椭圆 $\frac{x^2}{120^2}+\frac{y^2}{80^2}=1$ 内部的次数 n, 用炮弹落在椭圆内的频率近似所求的概率, 模拟结果为所求的概率在 0.3754 附近波动.

```
#程序文件Pex16_7.py
import numpy as np
from scipy.integrate import dblquad
fxy=lambda x,y: 1/(20000*np.pi)*np.exp(-(x**2+y**2)/20000)
bdy=lambda x: 80*np.sqrt(1-x**2/120**2)
p1=dblquad(fxy,-120,120,lambda x:-bdy(x),bdy)
print("概率的数值解为: ",p1)
N=1000000; mu=[0,0]; cov=10000*np.identity(2);
a=np.random.multivariate_normal(mu,cov,size=N)
n=((a[:,0]**2/120**2+a[:,1]**2/80**2)<=1).sum()
p2=n/N; print('概率的近似值为: ',p2)
```

3. 求全局最优解

例 16.8 求下列函数的最大值:

$$f(x)=(1-x^3)\sin(3x),\quad -2\pi\leqslant x\leqslant 2\pi.$$

解 为了便于理解, 先作图 16.3, 可见, 函数在 −6 和 6 附近达到最大值, 最大值接近 195. 如果使用优化命令 fminbound 求解, 只能求得局部极大点 $x=-3.7505$, 对应的局部极大值为 $y=52.0046$. 显然结果是错误的, 原因是 fminbound 容易陷入局部极值, 这也是许多优化算法难以克服的一个困难.

用随机模拟的方法, 就是随机产生若干个自变量的值来搜索, 例如, 取 100 个点, 求得的最大值在 194 附近, 结果要好得多.

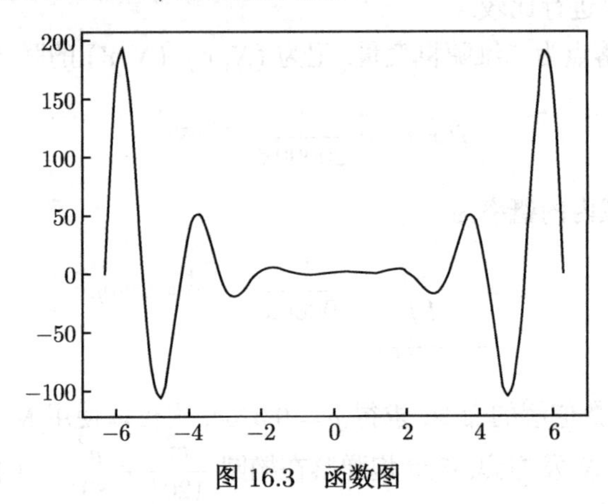

图 16.3 函数图

```
#程序文件Pex16_8.py
import numpy as np
from matplotlib.pyplot import rc, plot, show
from scipy.optimize import fminbound, fmin
rc('font',size=16)
fx=lambda x:(1-x**3)*np.sin(3*x);
x0=np.linspace(-2*np.pi,2*np.pi,100);
y0=fx(x0); plot(x0,y0); show()
xm1=fminbound(lambda x:-fx(x),-2*np.pi,2*np.pi)
ym1=fx(xm1); print(xm1,ym1,'\n--------------')
xm2=fmin(lambda x:-fx(x), -2*np.pi)
ym2=fx(xm2); print(xm2,ym2,'\n--------------')
x=np.random.uniform(-2*np.pi,2*np.pi,100)
y=fx(x); ym=y.max()
xm=x[y==ym]; print(xm,ym)
```

4. 库存管理问题

例 16.9 某小贩每天以 $a=2$ 元/束的价格购进一种鲜花, 卖价为 $b=3$ 元/束, 当天卖不出去的花全部损失. 顾客一天内对花的需求量 X 是随机变量, X 服从泊松分布

$$P\{X=k\}=e^{-\lambda}\frac{\lambda^k}{k!},\quad k=0,1,2,\cdots,$$

其中参数 $\lambda=10$. 问小贩每天应购进多少束鲜花才能得到好收益?

解 这是一个随机决策问题, 要确定每天应购进的鲜花数量以使收入最高.

设小贩每天购进 u 束鲜花. 如果这天需求量 $X\leqslant u$, 则其收入为 $bX-au$; 如果需求量 $X>u$, 则其收入为 $bu-au$, 因此小贩一天的期望收入为

$$J(u)=-au+\sum_{k=0}^{u}bk\cdot e^{-\lambda}\cdot\frac{\lambda^k}{k!}+\sum_{k=u+1}^{\infty}bu\cdot e^{-\lambda}\cdot\frac{\lambda^k}{k!}.$$

问题归结为在 a,b,λ 已知时, 求 u 使得 $J(u)$ 最大. 因而最佳购进量 u^* 满足

$$J(u^*)\geqslant J(u^*+1),\quad J(u^*)\geqslant J(u^*-1).$$

由于

$$J(u+1)-J(u)=-a+be^{-\lambda}\sum_{k=u+1}^{\infty}\frac{\lambda^k}{k!}=-a+b\left(1-\sum_{k=0}^{u}e^{-\lambda}\frac{\lambda^k}{k!}\right),$$

最佳购进量 u^* 满足

$$1-\sum_{k=0}^{u^*}e^{-\lambda}\frac{\lambda^k}{k!}\leqslant\frac{a}{b},$$

$$1-\sum_{k=0}^{u^*-1}e^{-\lambda}\frac{\lambda^k}{k!}\geqslant\frac{a}{b}.$$

记泊松分布的分布函数为 $F(i)=P\{X\leqslant i\}=\sum\limits_{k=0}^{i}e^{-\lambda}\frac{\lambda^k}{k!}$, 则最佳购进量 u^* 满足

$$F(u^*-1)\leqslant 1-\frac{a}{b}\leqslant F(u^*).$$

查泊松分布表, 或利用 Python 软件, 求得最佳购进量 $u^*=9$.

```
#程序文件Pex16_9_1.py
from scipy.stats import poisson
a=2; b=3; lamda=10; p=1-a/b
u=poisson.ppf(1-a/b,lamda)  #求最佳订购量
```

```
p1=poisson.cdf(u-1,lamda)  #p1和p2为验证最佳购进量
p2=poisson.cdf(u,lamda)
print(u,p1,p,p2)
```

下面用计算机模拟进行检验.

对不同的 a,b,λ, 用计算机模拟求最优决策 u 的算法如下.

步骤 1: 给定 a,b,λ, 记进货量为 u 时, 收益为 M_u, 当 $u=0$ 时, $M_0=0$; 令 $u=1$, 继续下一步.

步骤 2: 对随机需求变量 X 做模拟, 求出收入, 共做 n 次模拟, 求出收入的平均值 M_u.

步骤 3: 若 $M_u \geqslant M_{u-1}$, 令 $u=u+1$, 转步骤 2; 若 $M_u < M_{u-1}$, 输出 $u^*=u-1$, 停止.

用 Python 软件进行模拟, 求得最佳进货量为 8 或 9, 发现其与理论推导符合得很好. 模拟的 Python 程序如下:

```
#程序文件Pex16_9_2.py
import numpy as np
a=2; b=3; lamda=10; M1=0;
u=1; n=10000;
for i in range(1,2*lamda):
    d=np.random.poisson(lamda,n)  #产生n个服从泊松分布的需求量数据
    M2=np.mean(((b-a)*u*(u<=d)+((b-a)*d-a*(u-d))*(u>d)))#求平均利润
    if M2>M1: M1=M2; u=u+1;
    else: print('最佳购进量:',u-1); break
```

5. 排队问题

例 16.10 某修理店只有一个修理工, 来修理的顾客到达时间间隔服从负指数分布, 平均间隔时间 10min; 对顾客的服务时间 (单位: min) 服从 [4,15] 上的均匀分布; 当到来的顾客较多时, 一部分顾客便需排队等待, 排队按先到先服务规则, 队长无限制; 服务完的顾客便离开修理店. 假定一个工作日为 8h.

(1) 模拟一个工作日内完成服务的个数及顾客平均等待时间.

(2) 模拟 1000 个工作日, 求出平均每日完成服务的个数及每日顾客的平均等待时间.

解 记第 k 位顾客的到达时间间隔 t_k, 到达时刻 c_k, 离开时刻 g_k, 等待时间 w_k, 它们很容易根据已有的到达间隔 t_k 和服务时间 s_k 按照以下的递推关系得到

$$c_k=c_{k-1}+t_k,\quad g_k=\max(c_k,g_{k-1})+s_k,\quad w_k=\max(0,g_{k-1}-c_k),\quad k=2,3,\cdots.$$

模拟一个工作日完成服务的个数及顾客平均等待时间, 运行结果特别不稳定.

模拟 1000 个工作日, 平均每日完成服务的个数约为 44, 平均等待时间在 25min 左右.

```
#程序文件Pex16_10
from numpy.random import exponential, uniform, seed
from numpy import mean, array, zeros
seed(4)  #进行一致性比较,每次运行结果一样
def oneday():
    W=[0]  #第一个顾客的等待时间
    t0=exponential(10); c0=t0
    g0=c0+uniform(4,15); g=g0
    while g<480:
        t=exponential(10)  #下一个到达时间间隔
        c=c0+t  #下一个到达时刻
        w=max(0,g-c)  #下一个等待时间
        g=max(g,c)+uniform(4,15)  #下一个离开时刻
        c0=c  #把当前到达时刻保存起来
        W.append(w)  #把等待时间保存到列表中
    return len(W), mean(W)
W1=oneday(); print("服务人数和平均等待时间分别为: ",W1)
d=1000  #模拟的天数
T=zeros(d); N=zeros(d)
for i in range(d):
    N[i],T[i]=oneday()
print("平均服务人数为: ",round(N.mean()))
print("平均等待时间为: ",T.mean())
```

6. 零件参数设计

例 16.11 (零件参数设计) 一件产品由若干零件组装而成, 标志产品性能的某个参数取决于这些零件的参数. 零件参数包括标定值和容差两部分. 进行成批生产时, 标定值表示一批零件该参数的平均值, 容差则给出了参数偏离其标定值的容许范围. 若将零件参数视为随机变量, 则标定值代表期望值, 在生产部门无特殊要求时, 容差通常规定为均方差的 3 倍.

进行零件参数设计, 就是要确定其标定值和容差. 这时要考虑两方面因素:

(1) 当各零件组装成产品时, 如果产品参数偏离预先设定的目标值, 就会造成

质量损失, 偏离越大, 损失越大;

(2) 零件容差的大小决定了其制造成本, 容差设计得越小, 成本越高.

粒子分离器某参数 (记作 y) 由 7 个零件的参数 (记作 $x_1, x_2, \cdots, x_7$) 决定, 经验公式为

$$y = 174.42\left(\frac{x_1}{x_5}\right)\left(\frac{x_3}{x_2 - x_1}\right)^{0.85}\sqrt{\frac{1 - 2.62\left[1 - 0.36\left(\frac{x_4}{x_2}\right)^{-0.56}\right]^{3/2}\left(\frac{x_4}{x_2}\right)^{1.16}}{x_6 x_7}}.$$

y 的目标值 (记作 y_0) 为 1.50. 当 y 偏离 $y_0 \pm 0.1$ 时, 产品为次品, 质量损失为 1000 元; 当 y 偏离 $y_0 \pm 0.3$ 时, 产品为废品, 损失为 9000 元.

零件参数的标定值有一定的容许变化范围; 容差分为 A, B, C 三个等级, 用标定值的相对值表示, A 等为 ±1%, B 等为 ±5%, C 等为 ±10%. 7 个零件参数标定值及容差如表 16.3 所示. 求每件产品的平均损失.

表 16.3　7 个零件参数数据

	x_1	x_2	x_3	x_4	x_5	x_6	x_7
标定值	0.1	0.3	0.1	0.1	1.5	16	0.75
容差	B	B	B	C	C	B	B

解　在这个问题中, 主要的困难是产品的参数值 y 是一个随机变量, 由于 y 与各零件参数间是一个复杂的函数关系, 无法解析地得到 y 的概率分布. 采用随机模拟的方法计算, 这一方法的思路其实很简单, 用计算机模拟工厂生产大量"产品"(如 100000 件), 计算产品的总损失, 从而得到每件产品的平均损失. 可以假设 7 个零件参数服从正态分布. 根据表 16.3 数据及标定值和容差的定义, $x_1 \sim N(0.1,\ (0.005/3)^2)$, $x_2 \sim N(0.3,\ 0.005^2)$, $x_3 \sim N(0.1,\ (0.005/3)^2)$, $x_4 \sim N(0.1,\ (0.01/3)^2)$, $x_5 \sim N(1.5,\ 0.05^2)$, $x_6 \sim N(16,\ (0.8/3)^2)$, $x_7 \sim N(0.75,\ 0.0125^2)$. 下面的 Python 程序产生 100000 对零件参数随机数, 通过随机模拟法求得每件产品的平均损失约为 2500 元.

```
#程序文件Pex16_11
import numpy as np
N=100000; mu=[0.1, 0.3, 0.1, 0.1, 1.5, 16, 0.75]
cov=np.diag([(0.005/3)**2,0.005**2,(0.005/3)**2,
    (0.01/3)**2, 0.05**2, (0.8/3)**2, 0.0125**2])
a=np.random.multivariate_normal(mu,cov,size=N)
x1,x2,x3,x4,x5,x6,x7=a.T
y=174.42*x1/x5*(x3/(x2-x1))**0.85*np.sqrt((1-2.62*(1-0.36*
```

```
        (x4/x2)**(-0.56))**(3/2)*(x4/x2)**1.16)/(x6*x7))
d=np.abs(y-1.5)
f=np.sum(9000*(d>=0.3)+1000*((d<0.3)&(d>=0.1)))/N
print("平均损失为: ",f)
```

习 题 16

16.1 利用 Monte Carlo 方法, 计算定积分 $\int_0^{\pi} e^x \sin\sqrt{x}dx$ 的近似值, 并分别就不同个数的随机点数比较积分值的精度.

16.2 利用 Monte Carlo 方法, 求积分 $\int_1^2 \frac{\sin x^2}{x+2}dx$, 并与数值解的结果进行比较.

16.3 利用 Monte Carlo 方法, 计算二重积分 $\int_1^6\int_2^6 e^{-x-\sqrt{y}}\sin(6\sqrt{x}+2y)dxdy$, 并分别就不同个数的随机点数比较积分值的精度.

16.4 利用 Monte Carlo 方法, 求椭球面 $\frac{x^2}{9}+\frac{y^2}{25}+\frac{z^2}{4}=1$ 所围立体的体积.

16.5 某企业生产易变质的产品. 当天生产的产品必须当天售出, 否则就会变质. 该产品单位成本为 $a=2.5$ 元, 单位产品售价为 $b=5$ 元. 假定市场对该产品的每天需求量是一个随机变量, 但从以往的统计分析得知它服从正态分布 $N(200,\ 20^2)$.

(1) 求最佳库存方案及对应的最大收益.

(2) 利用 Monte Carlo 方法确定如下的两个方案哪个优:

方案甲: 按前一天的销售量作为当天的存货量;

方案乙: 按前两天的平均销售量作为当天的存货量.

16.6 银行计划安置自动取款机, 已知 A 型机的价格是 B 型机的 2 倍, 而 A 型机的性能——平均服务率也是 B 型机的 2 倍, 问应该购置 1 台 A 型机还是 2 台 B 型机.

16.7 设某仓库前有一卸货场, 货车一般是夜间到达, 白天卸货, 每天只能卸货 2 车, 若一天内到达数超过 2 车, 那么就推迟到次日卸货. 根据表 16.4 所示的数据, 货车到达数的概率分布 (相对频率) 平均为 1.5 车/天, 求每天推迟卸货的平均车数.

表 16.4 到达车数的概率

到达车数	0	1	2	3	4	5	$\geqslant 6$
概率	0.23	0.30	0.30	0.10	0.05	0.02	0.00

第17章 智能算法

20 世纪 70 年代初期, 随着计算复杂性理论的逐步形成, 科学工作者发现并证明了大量来源于实际的组合最优化问题是非常难解的问题, 即所谓的 NP 完全问题和 NP 难问题. 20 世纪 80 年代初期产生了一系列智能算法 (也称现代优化算法), 如模拟退火算法、遗传算法、人工神经网络、禁忌搜索算法、蚁群算法、差分进化算法和粒子群算法等. 目前, 这些算法在理论和实际应用方面都得到了较大的发展, 近几年的数学建模问题也有不少采用这类算法求解. 本章介绍模拟退火算法、遗传算法和人工神经网络.

17.1 模拟退火算法

17.1.1 模拟退火算法简介

模拟退火算法得益于材料统计力学的研究成果. 统计力学表明材料中粒子的不同结构对应于粒子的不同能量水平. 在高温条件下, 粒子的能量较高, 可以自由运动和重新排列. 在低温条件下, 粒子能量较低. 如果从高温开始, 非常缓慢地降温(这个过程被称为退火), 粒子就可以在每个温度下达到热平衡. 当系统完全被冷却时, 最终形成处于低能状态的晶体.

如果用粒子的能量定义材料的状态, Metropolis 算法用一个简单的数学模型描述了退火过程. 假设材料在状态 i 之下的能量为 $E(i)$, 那么材料在温度 T 时从状态 i 进入状态 j 就遵循如下规律:

(1) 如果 $E(j) \leqslant E(i)$, 接受该状态被转换;

(2) 如果 $E(j) > E(i)$, 则状态转换以如下概率被接受

$$e^{\frac{E(i)-E(j)}{KT}},$$

其中 K 是物理学中的波尔兹曼常数, T 是材料温度.

在某一个特定温度下, 进行了充分的转换之后, 材料将达到热平衡. 这时材料处于状态 i 的概率满足波尔兹曼分布

$$P_T(X=i)=\frac{e^{-\frac{E(i)}{KT}}}{\sum\limits_{j\in S} e^{-\frac{E(j)}{KT}}},$$

其中 X 表示材料当前状态的随机变量, S 表示状态空间集合.

显然

$$\lim_{T\to\infty}\frac{e^{-\frac{E(i)}{KT}}}{\sum\limits_{j\in S}e^{-\frac{E(j)}{KT}}}=\frac{1}{|S|},$$

其中 $|S|$ 表示集合 S 中状态的数量. 这表明所有状态在高温下具有相同的概率. 而当温度下降时,

$$\begin{aligned}\lim_{T\to 0}\frac{e^{-\frac{E(i)-E_{\min}}{KT}}}{\sum\limits_{j\in S}e^{-\frac{E(j)-E_{\min}}{KT}}}&=\lim_{T\to 0}\frac{e^{-\frac{E(i)-E_{\min}}{KT}}}{\sum\limits_{j\in S_{\min}}e^{-\frac{E(j)-E_{\min}}{KT}}+\sum\limits_{j\notin S_{\min}}e^{-\frac{E(j)-E_{\min}}{KT}}}\\&=\lim_{T\to 0}\frac{e^{-\frac{E(i)-E_{\min}}{KT}}}{\sum\limits_{j\in S_{\min}}e^{-\frac{E(j)-E_{\min}}{KT}}}=\begin{cases}\dfrac{1}{|S_{\min}|}, & i\in S_{\min},\\ 0, & \text{其他},\end{cases}\end{aligned}$$

其中 $E_{\min}=\min\limits_{j\in S}E(j)$ 且 $S_{\min}=\{i|E(i)=E_{\min}\}$.

上式表明当温度降至很低时, 材料会以很大概率进入最小能量状态.

如果温度下降十分缓慢, 而在每个温度都有足够多次的状态转移, 使之在每一个温度下达到热平衡, 则全局最优解将以概率 1 被找到. 因此可以说模拟退火算法可以找到全局最优解.

在模拟退火算法中应注意以下问题:

(1) 理论上, 降温过程要足够缓慢, 要使得在每一温度下达到热平衡. 但在计算机实现中, 如果降温速度过缓, 所得到的解的性能会较为令人满意, 但是算法速度会太慢, 相对于简单的搜索算法不具有明显优势. 如果降温速度过快, 很可能最终得不到全局最优解. 因此使用时要综合考虑解的性能和算法速度, 在两者之间采取一种折中.

(2) 要确定在每一温度下状态转换的结束准则. 实际操作可以考虑当连续 m 次的转换过程没有使状态发生变化时结束该温度下的状态转换. 最终温度的确定可以提前定为一个较小的值 T_e, 或连续几个温度下转换过程没有使状态发生变化算法就结束.

(3) 选择初始温度和确定某个可行解的邻域的方法也要恰当.

17.1.2 算法流程及应用

1. Metropolis 采样算法

输入当前解 s 和温度 T:

(1) 令 $k=0$ 时的当前解为 $s(0)=s$, 而在温度 T 下进行以下步骤.

(2) 按某一规定方式根据当前解 $s(k)$ 所处的状态 s, 产生一个邻近子集 $N(s(k))$, 由 $N(s(k))$ 随机产生一个新的状态 s' 作为一个当前解的候选解, 取评价函数 $C(\cdot)$, 计算

$$\Delta C' = C(s') - C(s(k)).$$

(3) 若 $\Delta C' < 0$, 则接受 s' 作为下一个当前解; 若 $\Delta C' > 0$, 则按概率 $e^{-\frac{\Delta C'}{T}}$ 接受 s' 作为下一个当前解.

(4) 若接受 s', 则令 $s(k+1) = s'$, 否则令 $s(k+1) = s(k)$.

(5) 令 $k = k+1$, 判断是否满足收敛准则, 不满足则转移到 (2); 否则转 (6).

(6) 返回当前解 $s(k)$.

2. 退火过程实现算法

(1) 任选一初始状态 s_0 作为初始解 $s(0) = s_0$, 并设初值温度为 T_0, 令 $i = 0$.

(2) 以 T_i 和 s_i 调用 Metropolis 采样算法, 然后返回当前解 $s_i = s$.

(3) 按一定方式将 T 降温, 令 $i = i+1$, $T_i = T_i + \Delta T$ $(\Delta T < 0)$.

(4) 检查退火过程是否结束, 若未结束则转移到 (2); 否则转 (5).

(5) 以当前解 s_i 作为最优解输出.

例 17.1　已知 100 个目标的经度、纬度如表 17.1 所示. 我方有一个基地, 经度和纬度为 (70,40). 假设我方飞机的速度为 1000km/h. 我方派一架飞机从基地出发, 侦察完所有目标, 再返回原来的基地. 在每一目标点的侦察时间不计, 求该架飞机所花费的时间 (假设我方飞机巡航时间可以充分长).

这是一个旅行商问题. 给我方基地编号为 0, 目标依次编号为 $1, 2, \cdots, 100$, 最后我方基地再重复编号为 101 (这样便于在程序中计算). 距离矩阵 $\boldsymbol{D} = (d_{ij})_{102\times 102}$, 其中 d_{ij} 表示表示 i, j 两点的距离, $i, j = 0, 1, \cdots, 101$, 这里 $\boldsymbol{D}$ 为实对称矩阵. 则问题是求一个从点 0 出发, 走遍所有中间点, 到达点 101 的一个最短路径.

上面问题中给定的是大地坐标 (经度和纬度), 必须求两点间的实际距离. 设 A, B 两点的大地坐标分别为 (x_1, y_1), (x_2, y_2) (其中 x_1, x_2 为经度, y_1, y_2 为纬度), 过 A, B 两点的大圆的劣弧长即为两点的实际距离. 以地心为坐标原点 O, 以赤道平面为 XOY 平面, 以零度经线圈所在的平面为 XOZ 平面建立三维直角坐标系. 则 A, B 两点的直角坐标分别为

$$A(R\cos x_1 \cos y_1, R\sin x_1 \cos y_1, R\sin y_1),$$

$$B(R\cos x_2 \cos y_2, R\sin x_2 \cos y_2, R\sin y_2),$$

其中 $R = 6370\text{km}$ 为地球半径.

表 17.1 经度和纬度数据表

经度	纬度	经度	纬度	经度	纬度	经度	纬度
53.7121	15.3046	51.1758	0.0322	46.3253	28.2753	30.3313	6.9348
56.5432	21.4188	10.8198	16.2529	22.7891	23.1045	10.1584	12.4819
20.1050	15.4562	1.9451	0.2057	26.4951	22.1221	31.4847	8.9640
26.2418	18.1760	44.0356	13.5401	28.9836	25.9879	38.4722	20.1731
28.2694	29.0011	32.1910	5.8699	36.4863	29.7284	0.9718	28.1477
8.9586	24.6635	16.5618	23.6143	10.5597	15.1178	50.2111	10.2944
8.1519	9.5325	22.1075	18.5569	0.1215	18.8726	48.2077	16.8889
31.9499	17.6309	0.7732	0.4656	47.4134	23.7783	41.8671	3.5667
43.5474	3.9061	53.3524	26.7256	30.8165	13.4595	27.7133	5.0706
23.9222	7.6306	51.9612	22.8511	12.7938	15.7307	4.9568	8.3669
21.5051	24.0909	15.2548	27.2111	6.2070	5.1442	49.2430	16.7044
17.1168	20.0354	34.1688	22.7571	9.4402	3.9200	11.5812	14.5677
52.1181	0.4088	9.5559	11.4219	24.4509	6.5634	26.7213	28.5667
37.5848	16.8474	35.6619	9.9333	24.4654	3.1644	0.7775	6.9576
14.4703	13.6368	19.8660	15.1224	3.1616	4.2428	18.5245	14.3598
58.6849	27.1485	39.5168	16.9371	56.5089	13.7090	52.5211	15.7957
38.4300	8.4648	51.8181	23.0159	8.9983	23.6440	50.1156	23.7816
13.7909	1.9510	34.0574	23.3960	23.0624	8.4319	19.9857	5.7902
40.8801	14.2978	58.8289	14.5229	18.6635	6.7436	52.8423	27.2880
39.9494	29.5114	47.5099	24.0664	10.1121	27.2662	28.7812	27.6659
8.0831	27.6705	9.1556	14.1304	53.7989	0.2199	33.6490	0.3980
1.3496	16.8359	49.9816	6.0828	19.3635	17.6622	36.9545	23.0265
15.7320	19.5697	11.5118	17.3884	44.0398	16.2635	39.7139	28.4203
6.9909	23.1804	38.3392	19.9950	24.6543	19.6057	36.9980	24.3992
4.1591	3.1853	40.1400	20.3030	23.9876	9.4030	41.1084	27.7149

A, B 两点的实际距离

$$d = R\arccos\left(\frac{\overrightarrow{OA}\cdot\overrightarrow{OB}}{\left|\overrightarrow{OA}\right|\cdot\left|\overrightarrow{OB}\right|}\right),$$

化简得

$$d = R\arccos[\cos(x_1 - x_2)\cos y_1\cos y_2 + \sin y_1 \sin y_2]. \tag{17.1}$$

3. 模型及算法

1) 解空间

解空间 S 可表为$\{0,1,\cdots,101\}$的所有固定起点和终点的循环排列集合, 即

$$S = \{(\pi_0, \pi_1, \cdots, \pi_{101}) | \pi_0 = 1, (\pi_1, \pi_2, \cdots, \pi_{100})\text{为}\{1, 2, \cdots, 100\}\text{的循环排列}, \pi_{101} = 101\},$$

其中每一个循环排列表示侦察 100 个目标的一个回路, $\pi_i = j$ 表示在第 i 次侦察目标 j, 初始解可选为 (0, 1, $\cdots$,101), 本文中先使用 Monte Carlo(蒙特卡罗) 方法求得一个较好的初始解.

2) 目标函数

目标函数 (或称代价函数) 为侦察所有目标的路径长度. 要求

$$\min f(\pi_0, \pi_1, \cdots, \pi_{101}) = \sum_{i=0}^{100} d_{\pi_i \pi_{i+1}},$$

而一次迭代由下列三步构成.

3) 新解的产生

设上一步迭代的解为 $\pi_0 \cdots \pi_{u-1}\pi_u\pi_{u+1} \cdots \pi_{v-1}\pi_v\pi_{v+1} \cdots \pi_{w-1}\pi_w\pi_{w+1} \cdots \pi_{101}$.

(1) 2 变换法.

任选序号 u, v, 交换 u 与 v 之间的顺序, 变成逆序, 此时的新路径为

$$\pi_0 \cdots \pi_{u-1}\pi_v\pi_{v-1} \cdots \pi_{u+1}\pi_u\pi_{v+1} \cdots \pi_{101}.$$

(2) 3 变换法.

任选序号 u, v 和 w, 将 u 和 v 之间的路径插到 w 之后, 对应的新路径为

$$\pi_0 \cdots \pi_{u-1}\pi_{v+1} \cdots \pi_w\pi_u \cdots \pi_v\pi_{w+1} \cdots \pi_{101}.$$

4) 代价函数差

对于 2 变换法, 路径差可表示为

$$\Delta f = (d_{\pi_{u-1}\pi_v} + d_{\pi_u\pi_{v+1}}) - (d_{\pi_{u-1}\pi_u} + d_{\pi_v\pi_{v+1}}).$$

5) 接受准则

$$P = \begin{cases} 1, & \Delta f < 0, \\ \exp(-\Delta f/T), & \Delta f \geqslant 0, \end{cases}$$

如果 $\Delta f < 0$, 则接受新的路径. 否则, 以概率 $\exp(-\Delta f/T)$ 接受新的路径, 即用计算机产生一个 [0,1] 区间上均匀分布的随机数 rand, 若 rand $\leqslant \exp(-\Delta f/T)$ 则接受.

6) 降温

利用选定的降温系数 α 进行降温, 取新的温度 T 为 αT (这里 T 为上一步迭代的温度), 这里选定 $\alpha = 0.999$.

7) 结束条件

用选定的终止温度 $e = 10^{-30}$, 判断退火过程是否结束. 若 $T < e$, 算法结束, 输出当前状态.

4. 模型求解

利用 Python 程序求得的巡航时间大约在 43h 左右, 其中的一个巡航路径如图 17.1 所示.

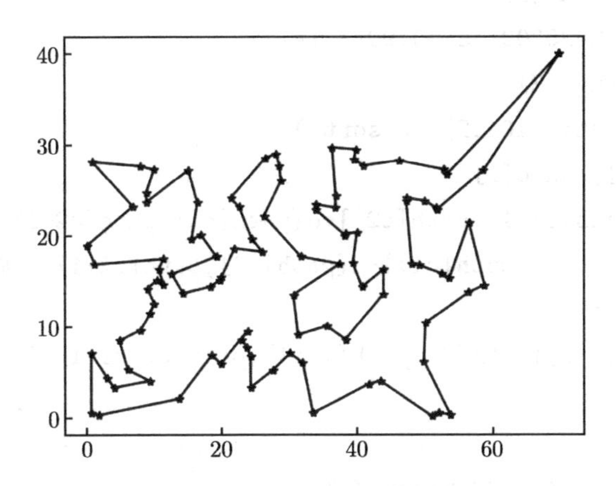

图 17.1 模拟退火算法求得的巡航路径示意图

```
#程序文件Pex17_1.py
from numpy import loadtxt,radians,sin,cos,inf,exp
from numpy import array,r_,c_,arange,savetxt
from numpy.lib.scimath import arccos
from numpy.random import shuffle,randint,rand
from matplotlib.pyplot import plot, show, rc
a=loadtxt("Pdata17_1.txt") #数据见封底二维码
x=a[:,::2]. flatten(); y=a[:,1::2]. flatten()
d1=array([[70,40]]); xy=c_[x,y]
xy=r_[d1,xy,d1]; N=xy.shape[0]
t=radians(xy)  #转化为弧度
d=array([[6370*arccos(cos(t[i,0]-t[j,0])*cos(t[i,1])*cos(t[j,1])+
  sin(t[i,1])*sin(t[j,1])) for i in range(N)]
          for j in range(N)]).real
savetxt('Pdata17_2.txt',c_[xy,d])
#把数据保存到文本文件(数据见封底二维码), 供下面使用
path=arange(N); L=inf
for j in range(1000):
    path0=arange(1,N-1); shuffle(path0)
```

```
        path0=r_[0,path0,N-1]; L0=d[0,path0[1]]  #初始化
        for i in range(1,N-1):L0+=d[path0[i],path0[i+1]]
        if L0<L: path=path0; L=L0
    print(path,'\n',L)
    e=0.1**30; M=20000; at=0.999; T=1
    for k in range(M):
        c=randint(1,101,2); c.sort()
        c1=c[0]; c2=c[1]
        df=d[path[c1-1],path[c2]]+d[path[c1],path[c2+1]]-\
        d[path[c1-1],path[c1]]-d[path[c2],path[c2+1]]  #续行
        if df<0:
            path=r_[path[0],path[1:c1],path[c2:c1-1:-1],path[c2+1:
                                                    102]]; L=L+df
        else:
            if exp(-df/T)>=rand(1):
                path=r_[path[0],path[1:c1],path[c2:c1-1:-1],path[c2+1:
                                                            102]]
                L=L+df
        T=T*at
        if T<e: break
    print(path,'\n',L)  #输出巡航路径及路径长度
    xx=xy[path,0]; yy=xy[path,1]; rc('font',size=16)
    plot(xx,yy,'-*'); show()  #画巡航路径
```

17.2 遗传算法

遗传算法 (genetic algorithm, GA) 是模拟达尔文的遗传选择和自然淘汰的生物进化过程的计算模型, 它是由美国密歇根大学的 J. Holland 教授于 1975 年首先提出的. 遗传算法作为一种新的全局优化搜索算法, 以其简单通用、鲁棒性强、适于并行处理及应用范围广等显著特点, 奠定了它作为 21 世纪关键智能计算算法之一的地位.

17.2.1 遗传算法的原理

遗传算法的基本思想正是基于模仿生物界的遗传过程. 它把问题的参数用基因代表. 把问题的解用染色体代表, 从而得到一个由具有不同染色体的个体组成的

群体. 这个群体在问题特定的环境里生存竞争, 适者有最好的机会生存和产生后代. 后代随机继承了父代的最好特征, 并在生存环境的控制支配下继续这一过程. 群体的染色体都将逐渐适应环境, 不断进化, 最后收敛到一族最适应环境的类似个体, 即得到问题最优解.

1. 遗传算法中的生物遗传学概念

遗传算法是由进化论和遗传学机理而产生的直接搜索优化方法, 故在这个算法中要用到各种进化和遗传学的概念.

首先给出遗传学概念、遗传算法概念和数学概念三者之间的对应关系, 如表 17.2 所列.

表 17.2 遗传学概念、遗传算法概念和数学概念三者之间的对应关系

序号	遗传学概念	遗传算法概念	数学概念
1	个体	要处理的基本对象	可行解
2	群体	个体的集合	被选定的一组可行解
3	染色体	个体的表现形式	可行解的编码
4	基因	染色体中的元素	编码中的元素
5	基因位	某一基因在染色体中的位置	元素在编码中的位置
6	适应值	个体对于环境的适应程度	可行解所对应的适应函数值
7	种群	选定的一组染色体或个体	选定的一组可行解
8	选择	从群体中选择优胜个体	保留或复制适应值大的个体
9	交叉	一组染色体对应基因段的交换	根据交叉原则产生一组新解
10	交叉概率	染色体对应基因段交换的概率	一般为 0.65~0.90
11	变异	染色体水平上基因变化	编码的某些元素被改变
12	变异概率	染色体水平上基因变化的概率	一般为 0.001~0.01
13	进化、适者生存	个体进行优胜劣汰的进化	适应函数值优的可行解

2. 遗传算法的步骤

遗传算法计算优化的操作过程如生物学上生物遗传进化的过程, 主要有三个基本操作 (或称为算子): 选择 (selection)、交叉 (crossover)、变异 (mutation).

遗传算法的基本步骤是: 先把问题的解表示成 “染色体”, 以二进制或十进制编码的串, 在执行遗传算法之前, 给出一群 “染色体”, 也就是假设的可行解. 然后, 把这些假设的可行解置于问题的 “环境” 中, 并按适者生存的原则, 选择出较适应环境的 “染色体” 进行复制, 再通过交叉、变异过程产生更适应环境的新一代 “染色体” 群. 经过这样一代一代的进化, 最后收敛到最适应环境的一个 “染色体” 上, 它就是问题的最优解.

下面给出遗传算法的具体步骤:

第一步: 选择编码策略, 把可行解集合转换为染色体结构空间.

第二步: 定义适应函数, 便于计算适应值.

第三步: 确定遗传策略, 包括选择群体大小、选择、交叉、变异方向以及确定交叉概率、变异概率等遗传参数.

第四步: 随机或用某种特殊方法产生初始化群体.

第五步: 按照遗传策略, 运用选择、交叉和变异算子作用于群体, 根据适应函数值, 选择形成下一代群体.

第六步: 判断群体性能是否满足某一指标, 或者是否已经完成预定的迭代次数, 不满足则返回第五步.

遗传算法有很多具体的不同实现过程, 以上介绍的是标准遗传算法的主要步骤, 此算法会一直运行直到找到满足条件的最优解为止.

17.2.2 遗传算法应用

例 17.2 (续例 17.1) 用遗传算法求解例 17.1.

1. 模型及算法

遗传算法求解的参数设定如下: 种群大小 $M = 50$; 最大代数 $G = 10$. 交叉概率 $p_c = 1$, 交叉概率为 1 能保证种群的充分进化; 变异概率 $p_m = 0.1$, 一般而言, 变异发生的可能性较小.

1) 编码策略

采用十进制编码, 用随机序列 $\omega_0, \omega_1, \cdots, \omega_{101}$ 作为染色体, 其中 $0 < \omega_i < 1\ (i = 1, 2, \cdots, 100)$, $\omega_0 = 0$, $\omega_{101} = 1$; 每一个随机序列都和种群中的一个个体相对应, 例如, 9 个目标问题的一个染色体为

$$[0.23, 0.82, 0.45, 0.74, 0.87, 0.11, 0.56, 0.69, 0.78],$$

其中编码位置 i 代表目标 i, 位置 i 的随机数表示目标 i 在巡回中的顺序, 将这些随机数按升序排列得到如下巡回

$$6 - 1 - 3 - 7 - 8 - 4 - 9 - 2 - 5.$$

2) 初始种群

先利用经典的近似算法 —— 改良圈算法求得一个较好的初始种群. 对于随机产生的初始圈

$$C = \pi_0 \cdots \pi_{u-1} \pi_u \pi_{u+1} \cdots \pi_{v-1} \pi_v \pi_{v+1} \cdots \pi_{101},$$

$$1 \leqslant u < v \leqslant 100, \quad 1 \leqslant \pi_u < \pi_v \leqslant 100,$$

交换 u 与 v 之间的顺序, 此时的新路径为

$$\pi_0 \cdots \pi_{u-1} \pi_v \pi_{v-1} \cdots \pi_{u+1} \pi_u \pi_{v+1} \cdots \pi_{101}.$$

记 $\Delta f = (d_{\pi_{u-1}\pi_v} + d_{\pi_u\pi_{v+1}}) - (d_{\pi_{u-1}\pi_u} + d_{\pi_v\pi_{v+1}})$, 若 $\Delta f < 0$, 则以新路径修改旧路径, 直到不能修改为止, 就得到一个比较好的可行解.

直到产生 M 个可行解, 并把这 M 个可行解转换成染色体编码.

3) 目标函数

目标函数为侦察所有目标的路径长度, 适应度函数就取为目标函数. 我们要求

$$\min f(\pi_0, \pi_1, \cdots, \pi_{101}) = \sum_{i=0}^{100} d_{\pi_i\pi_{i+1}}.$$

4) 交叉操作

交叉操作采用单点交叉. 设计如下, 对选定的两个父代个体 $f_1 = \omega_0\omega_1\cdots\omega_{101}$, $f_2 = \omega_0'\omega_1'\cdots\omega_{101}'$, 随机地选取第 t 个基因处为交叉点, 则经过交叉运算后得到的子代个体为 s_1 和 s_2. s_1 的基因由 f_1 的前 t 个基因和 f_2 的后 $102-t$ 个基因构成; s_2 的基因由 f_2 的前 t 个基因和 f_1 的后 $102-t$ 个基因构成, 例如,

$$f_1 = [0, \quad 0.14, \quad 0.25, \quad 0.27, \quad |0.29, \quad 0.54, \quad \cdots, \quad 0.19, \quad 1],$$

$$f_2 = [0, \quad 0.23, \quad 0.44, \quad 0.56, \quad |0.74, \quad 0.21, \quad \cdots, \quad 0.24, \quad 1],$$

设交叉点为第 4 个基因处, 则

$$s_1 = [0, \quad 0.14, \quad 0.25, \quad 0.27, \quad |0.74, \quad 0.21, \quad \cdots, \quad 0.24, \quad 1],$$

$$s_2 = [0, \quad 0.23, \quad 0.44, \quad 0.56, \quad |0.29, \quad 0.54, \quad \cdots, \quad 0.19, \quad 1].$$

交叉操作的方式有很多种选择, 应该尽可能选取好的交叉方式, 保证子代能继承父代的优良特性.

5) 变异操作

变异也是实现群体多样性的一种手段, 同时也是全局寻优的保证. 具体设计如下, 按照给定的变异概率, 对选定变异的个体, 随机地取三个整数, 满足 $1 \leqslant u < v < w \leqslant 100$, 把 u, v 之间 (包括 u 和 v) 的基因段插到 w 后面.

6) 选择

采用确定性的选择策略, 也就是说在父代种群和子代种群中选择目标函数值最小的 M 个个体进化到下一代, 这样可以保证父代的优良特性被保存下来.

2. 模型求解

利用 Python 软件, 求得的巡航时间在 42h 左右, 其中的一个巡航路径如图 17.2 所示.

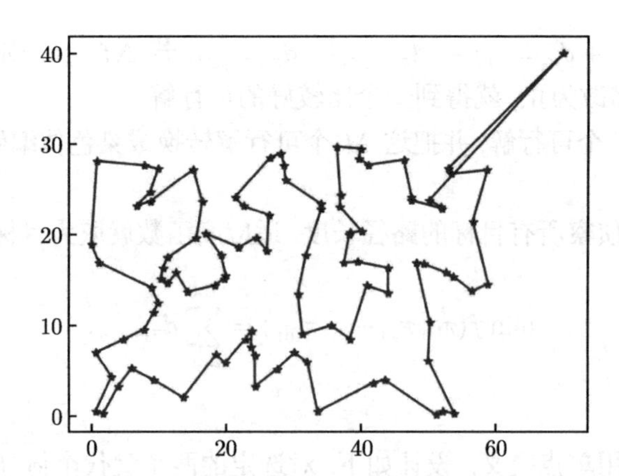

图 17.2　遗传算法求得的巡航路径示意图

```
#程序文件Pex17_2.py
import numpy as np
from numpy.random import randint, rand, shuffle
from matplotlib.pyplot import plot, show, rc
a=np.loadtxt("Pdata17_2.txt") #数据见封底二维码
xy,d=a[:,:2],a[:,2:]; N=len(xy)
w=50; g=10  #w为种群的个数, g为进化的代数
J=[];
for i in np.arange(w):
    c=np.arange(1,N-1); shuffle(c)
    c1=np.r_[0,c,101]; flag=1
    while flag>0:
        flag=0
        for m in np.arange(1,N-3):
            for n in np.arange(m+1,N-2):
                if d[c1[m],c1[n]]+d[c1[m+1],c1[n+1]]<\
                   d[c1[m],c1[m+1]]+d[c1[n],c1[n+1]]:
                    c1[m+1:n+1]=c1[n:m:-1]; flag=1
    c1[c1]=np.arange(N); J.append(c1)
J=np.array(J)/(N-1)
for k in np.arange(g):
    A=J.copy()
    c1=np.arange(w); shuffle(c1) #交叉操作的染色体配对组
```

```
    c2=randint(2,100,w)  #交叉点的数据
    for i in np.arange(0,w,2):
        temp=A[c1[i],c2[i]:N-1]  #保存中间变量
        A[c1[i],c2[i]:N-1]=A[c1[i+1],c2[i]:N-1]
        A[c1[i+1],c2[i]:N-1]=temp
    B=A.copy()
    by=[]  #初始化变异染色体的序号
    while len(by)<1: by=np.where(rand(w)<0.1)
    by=by[0]; B=B[by,:]
    G=np.r_[J,A,B]
    ind=np.argsort(G,axis=1)  #把染色体翻译成0,1,…,101
    NN=G.shape[0]; L=np.zeros(NN)
    for j in np.arange(NN):
        for i in np.arange(101):
            L[j]=L[j]+d[ind[j,i],ind[j,i+1]]
    ind2=np.argsort(L)
    J=G[ind2,:]
path=ind[ind2[0],:]; zL=L[ind2[0]]
xx=xy[path,0]; yy=xy[path,1]; rc('font',size=16)
plot(xx,yy,'-*'); show()  #画巡航路径
print("所求的巡航路径长度为: ",zL)
```

17.3 人工神经网络

17.3.1 人工神经网络概述

人工神经网络 (artificial neural network, ANN) 是人类在对大脑神经网络认识理解的基础上人工构造的能够实现某种功能的神经网络, 已在模式识别、预测和控制系统等领域得到广泛的应用, 它能够用来解决常规计算难以解决的问题.

人工神经元是人工神经网络的基本构成元素, 见图 17.3, $\boldsymbol{X}=[x_1,x_2,\cdots,x_m]^{\mathrm{T}}$, $\boldsymbol{W}=[w_1,w_2,\cdots,w_m]^{\mathrm{T}}$ 为连接权, 于是网络输入 $u=\sum\limits_{i=1}^{m}w_ix_i$, 其向量形式为 $\boldsymbol{u}=\boldsymbol{W}^{\mathrm{T}}\boldsymbol{X}$.

激活函数也称激励函数、活化函数, 用来执行对神经元所获得的网络输入的变换, 一般有以下四种.

(1) 线性函数 $f(u)=ku+c$.

(2) 非线性斜面函数

$$f(u)=\begin{cases}\gamma, & u\geqslant\theta,\\ ku, & |u|<\theta,\\ -\gamma, & u\leqslant-\theta,\end{cases}$$

其中 $\theta,\gamma>0$ 为常数, γ 称为饱和值, γ 为神经元的最大输出.

(3) 阈值函数/阶跃函数

$$f(u)=\begin{cases}\beta, & u>\theta,\\ -\gamma, & u\leqslant\theta,\end{cases}$$

其中 β,γ,θ 均为非负实数, θ 为阈值. 阈值函数具有以下两种特殊形式:

二值形式 $f(u)=\begin{cases}1, & u>\theta,\\ 0, & u\leqslant\theta;\end{cases}$ 双极形式 $f(u)=\begin{cases}1, & u>\theta,\\ -1, & u\leqslant\theta.\end{cases}$

(4) S 形函数

$$f(u)=a+\frac{b}{1+e^{-du}},$$

其中, a,b,d 为常数. $f(u)$ 的饱和值为 a 和 $a+b$, 其最简形式为 $f(u)=\dfrac{1}{1+e^{-du}}$, 此时函数的饱和值为 0 和 1.

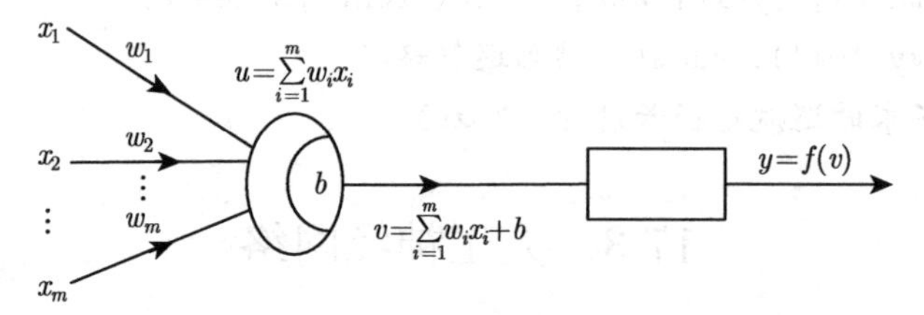

图 17.3 单层感知器神经元模型

17.3.2 神经网络的基本模型

1. **感知器**

感知器是由美国人 Rosenblatt 于 1957 年提出的, 它是最早的人工神经网络. 单层感知器是一个具有一层神经元、采用阈值激活函数的前向网络, 通过对网络权值的训练, 可以使感知器对一组输入矢量的响应达到 0 或 1 的目标输出, 从而实现对输入矢量的分类. 图 17.3 是单层感知器神经元模型, 其中 m 为输入神经元的个数.

$$v=\sum_{i=1}^{m}w_ix_i+b,\quad y=\begin{cases}1, & v\geqslant 0,\\ 0, & v<0.\end{cases}\tag{17.2}$$

感知器可以利用其学习规则来调整网络的权值, 以便使网络对输入矢量的响应达到 0 或 1 的目标输出.

因为感知器的设计是通过监督式的权值训练来完成的, 所以网络的学习过程需要输入和输出样本对. 实际上, 感知器的样本对是一组能够代表所要分类的所有数据划分模式的判定边界. 这些用来训练网络权值的样本是靠设计者来选择的, 因此要特别进行选取以便获得正确的样本对.

感知器的学习规则使用梯度下降法, 可以证明, 如果解存在, 则算法在有限次的循环迭代后可以收敛到正确的目标矢量.

例 17.3 采用单一感知器神经元解决简单的分类问题: 将四个输入矢量分为两类, 其中两个矢量对应的目标值为 1, 另外两个矢量对应的目标值为 0, 即输入矢量

$$\boldsymbol{P}=\begin{bmatrix} -0.5 & -0.5 & 0.3 & 0.0 \\ -0.5 & 0.5 & -0.5 & 1.0 \end{bmatrix},$$

其中, 每一列是一个输入的取值, 且目标分类矢量 $\boldsymbol{T}=[1,\ 1,\ 0,\ 0]$. 试预测新输入矢量 $\boldsymbol{p}=[-0.5,\ 0.2]^{\mathrm{T}}$ 的目标值.

记两个指标变量分别为 x_1, x_2, 求得的分类函数为 $v=-1.3x_1-0.5x_2$. 新输入矢量 $\boldsymbol{p}$ 的目标值为 1.

```
#程序文件Pex17_3.py
from sklearn.linear_model import Perceptron
import numpy as np
x0=np.array([[-0.5,-0.5,0.3,0.0],[-0.5,0.5,-0.5,1.0]]).T
y0=np.array([1,1,0,0])
md = Perceptron(tol=1e-3)    #构造模型
md.fit(x0, y0)               #拟合模型
print(md.coef_,md.intercept_)  #输出系数和常数项
print(md.score(x0,y0))    #模型检验
print("预测值为: ",md.predict(np.array([[-0.5,0.2]])))
```

2. BP 神经网络

BP (back propagation) 神经网络是一种神经网络学习算法, 由输入层、中间层和输出层组成, 中间层可扩展为多层. 相邻层之间各神经元进行全连接, 而每层各神经元之间无连接, 网络按有监督方式进行学习, 当一对学习模式提供网络后, 各神经元获得网络的输入响应产生连接权值. 然后按减少希望输出与实际输出的误差的方向, 从输出层经各中间层逐层修正各连接权值, 回到输入层. 此过程反复交替进行, 直至网络的全局误差趋向给定的极小值, 即完成学习过程. 三层 BP 神经网

络结构如图 17.4 所示.

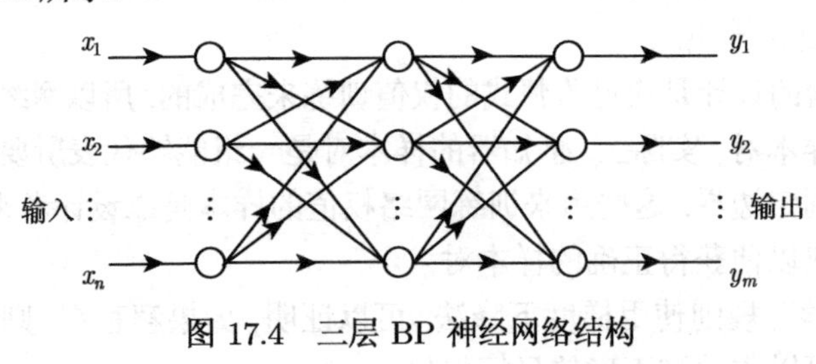

图 17.4　三层 BP 神经网络结构

BP 神经网络的最大优点是具有极强的非线性映射能力, 它主要用于以下四个方面.

(1) 函数逼近. 用输入向量和相应的输出向量训练一个网络以逼近某个函数.

(2) 模式识别.

(3) 预测.

(4) 数据压缩. 减少输出向量维数以便传输或存储.

理论上, 对于一个三层或三层以上的 BP 神经网络, 只要隐层神经元数目足够多, 该网络就能以任意精度逼近一个非线性函数. BP 神经网络同时具有对外界刺激和信息输入进行联想记忆的能力, 这种能力使其在图像复原、语言处理、模式识别等方面具有重要作用. BP 神经网络对外界的输入样本有很强的识别与分类能力, 解决了神经网络发展史上的非线性分类难题. BP 神经网络还具有优化计算的能力, 其本质上是一个非线性优化问题, 可以在已知约束条件下, 寻找参数组合, 使该组合确定的目标函数达到最小.

图 17.4 中, $x_1, x_2, \cdots, x_n$ 是神经网络输入值, $y_1, y_2, \cdots, y_m$ 是神经网络预测值, w_{ij} 为神经网络的权值. BP 神经网络具体流程如下.

第一步: 初始化, 给各连接权 w_{ij} 及阈值 θ_{ij} 赋予 $[-1, 1]$ 的随机值.

第二步: 随机选择一个学习模式对 $\boldsymbol{X}_0 = [x_1^0, x_2^0, \cdots, x_n^0]$, $\boldsymbol{Y}_0 = [y_1^0, y_2^0, \cdots, y_m^0]$ 提供给网络.

第三步: 用输入模式 $\boldsymbol{X}_0$、连接权 w_{ij} 和阈值 θ_{ij} 计算中间层各单元的输入 s_j, 然后用 s_j 通过 S 形函数计算中间层各单元的输出 b_j.

第四步: 用中间层的输出 b_j、连接权 w_{ij} 和阈值 θ_{ij} 计算输出层各单元的输入 c_j, 然后用 c_j 通过 S 形函数计算输出层各单元的响应 d_j.

第五步: 用希望输出模式 $\boldsymbol{Y}$、网络实际输出 d_j, 计算输出层各单元的一般化误差 e_j.

第六步: 用连接权 w_{ij}、输出层一般化误差 e_j、中间层输出 b_j, 计算中间层各单元一般化误差 f_j.

第七步：用输出层各单元一般化误差 e_j、中间层各单元输出 b_j，修正连接权 w_{ij} 和阈值 θ_{ij}.

第八步：用中间层各单元一般化误差 f_j、输入层各单元输入 $\boldsymbol{X}_0$，修正连接权 w_{ij} 和阈值 θ_{ij}.

第九步：随机选择下一个学习模式对，返回到第三步，直至全部 m 个模式对训练完毕.

第十步：重新从 m 个学习模式对中随机选取一个模式对，返回第三步，直至网络全局误差函数 E 小于预先设定的一个极小值，即网络收敛；或学习次数大于预先设定的值，即网络无法收敛.

3. RBF 神经网络

1) RBF 网络结构

RBF (Radial Basis Function) 神经网络有很强的逼近能力、分类能力和很快的学习速度. 其工作原理是把网络看成对未知函数的逼近，任何函数都可以表示成一组基函数的加权和，也即选择各隐层神经元的传输函数，使之构成一组基函数来逼近未知函数. RBF 人工神经网络由一个输入层、一个隐层和一个输出层组成. RBF 神经网络的隐层基函数有多种形式，常用函数为高斯函数，设输入层的输入为 $\boldsymbol{X}=[x_1,x_2,\cdots,x_n]$，实际输出为 $\boldsymbol{Y}=[y_1,y_2,\cdots,y_p]$. 输入层实现从 $\boldsymbol{X}\to R_i(\boldsymbol{X})$ 的非线性映射，输出层实现从 $R_i(\boldsymbol{X})\to y_k$ 的线性映射，输出层第 k 个神经元的网络输出为

$$\hat{y}_k=\sum_{i=1}^{m}w_{ik}R_i(\boldsymbol{X}),\quad k=1,2,\cdots,p. \tag{17.3}$$

其中，n 为输入层节点数；m 为隐层节点数；p 为输出层节点数；w_{ik} 为隐层第 i 个神经元与输出层第 k 个神经元的连接权值；$R_i(\boldsymbol{X})$ 为隐层第 i 个神经元的作用函数，如下式所示

$$R_i(\boldsymbol{X})=\exp(-\left\|\boldsymbol{X}-\boldsymbol{C}_i\right\|^2/2\sigma_i^2),\quad i=1,2,\cdots,m, \tag{17.4}$$

式中，$\boldsymbol{X}$ 为 n 维输入向量；$\boldsymbol{C}_i$ 为第 i 个基函数的中心，与 $\boldsymbol{X}$ 具有相同维数的向量；σ_i 为第 i 个基函数的宽度；m 为感知单元的个数 (隐层节点数). $\|\boldsymbol{X}-\boldsymbol{C}_i\|$ 为向量 $\boldsymbol{X}-\boldsymbol{C}_i$ 的范数，它通常表示 $\boldsymbol{X}$ 与 $\boldsymbol{C}_i$ 之间的距离；$R_i(\boldsymbol{X})$ 在 $\boldsymbol{C}_i$ 处有一个唯一的最大值，随着 $\|\boldsymbol{X}-\boldsymbol{C}_i\|$ 的增大，$R_i(\boldsymbol{X})$ 迅速衰减到零. 对于给定的输入，只有一小部分靠近 X 的中心被激活. 当确定了 RBF 网络的聚类中心 $\boldsymbol{C}_i$、权值 w_{ik} 及 σ_i 以后，就可求出给定某一输入时，网络对应的输出值.

2) RBF 网络学习算法

在 RBF 网络中, 隐层执行的是一种固定不变的非线性变换, C_i, σ_i, w_{ik} 需通过学习和训练来确定, 一般分为三步进行.

第一步: 确定基函数的中心 $\boldsymbol{C}_i$. 利用一组输入来计算 m 个 $\boldsymbol{C}_i, i=1,2,\cdots,m$, 使 $\boldsymbol{C}_i$ 尽可能均匀地对数据抽样, 在数据点密集处 $\boldsymbol{C}_i$ 也密集. 一般采用 "K 均值聚类法".

第二步: 确定基函数的宽度 σ_i. 基函数中心 $\boldsymbol{C}_i$ 训练完成后, 可以求得归一化参数, 即基函数的宽度 σ_i, 表示与每个中心相联系的子样本集中样本散布的一个测度. 常用的是令其等于基函数中心与子样本集中样本模式之间的平均距离.

第三步: 确定从隐层到输出层的连接权值 w_{ik}, RBF 连接权 w_{ik} 的修正可以采用最小均方差误差测度准则进行.

17.3.3　神经网络的应用

1. 数据预处理

由于神经网络输入数据的范围可能特别大, 导致神经网络收敛慢、训练时间长. 因此在训练神经网络前一般需要对数据进行预处理, 一种重要的预处理手段是归一化处理, 就是将数据映射到 [0, 1] 或 [−1, 1] 区间.

第一种归一化的线性变换为

$$\tilde{x}=\frac{x-x_{\min}}{x_{\max}-x_{\min}}, \tag{17.5}$$

式中, x 为规格化前的变量 (或数据), $x_{\max}$ 和 $x_{\min}$ 分别为 x 的最大值和最小值, $\tilde{x}$ 为规格化后的变量 (或数据), 该归一化处理一般用于激活函数是 S 形函数时.

第二种归一化的线性变换为

$$\tilde{x}=\frac{2(x-x_{\min})}{x_{\max}-x_{\min}}-1, \tag{17.6}$$

上述公式将数据映射到区间 [−1, 1] 上, 一般用于激活函数是双极 S 形函数时.

2. 应用举例

例 17.4　1981 年生物学家格若根 (W. Grogan) 和维什 (W. Wirth) 发现了两类飞蠓. 他们测量了这两类飞蠓每个个体的触角长和翼长, 数据见表 17.3. 抓到三只新的飞蠓, 它们的触角长和翼长分别为 (1.24, 1.80), (1.28, 1.84), (1.40, 2.04), 试分别判定它们属于哪一个种类?

将问题视为一个系统, 飞蠓的数据作为输入, 飞蠓的类型作为输出, 研究输入和输出的关系. 输入数据有 15 个, 对应 15 个输出.

表 17.3 两种飞蠓的特征数据

类别	Apf	Apf	Apf	Apf	Apf	Apf	Af	Af
触角长/cm	1.14	1.18	1.20	1.26	1.28	1.30	1.24	1.36
翼长/cm	1.78	1.96	1.86	2.00	2.00	1.96	1.72	1.74
类别	Af	Af	Af	Af	Af	Af	Af	
触角长/cm	1.38	1.38	1.38	1.40	1.48	1.54	1.56	
翼长/cm	1.64	1.82	1.90	1.70	1.82	1.82	2.08	

建立只有一个隐层, 神经元的个数为 15 的 BP 神经网络, 利用 Python 程序, 求得三只待判蠓虫分别属于 Apf, Af, Apf 类.

```
#程序文件Pex17_4.py
from sklearn.neural_network import MLPClassifier
from numpy import array, r_, ones,zeros
x0=array([[1.14,1.18,1.20,1.26,1.28,1.30,1.24,1.36,1.38,1.38,
                                   1.38,1.40,1.48,1.54,1.56],
          [1.78,1.96,1.86,2.00,2.00,1.96,1.72,1.74,1.64,1.82,
                                1.90,1.70,1.82,1.82,2.08]]).T
y0=r_[ones(6),zeros(9)]
md = MLPClassifier(solver='lbfgs', alpha=1e-5,
                   hidden_layer_sizes=15)
md.fit(x0, y0); x=array([[1.24,1.80], [1.28,1.84], [1.40,2.04]])
pred=md.predict(x); print(md.score(x0,y0)); print(md.coefs_)
print("属于各类的概率为: ",md.predict_proba(x))
print("三个待判样本点的类别为: ",pred);
```

例 17.5 公路运量主要包括客运量和货运量两个方面. 据研究, 某地区的公路运量主要与该地区的人数、机动车数量和公路面积有关, 表 17.4 给出了该地区 1990 年至 2009 年 20 年间公路运量的相关数据. 根据有关部门数据, 该地区 2010 年和 2011 年的人数分别为 73.39 万人、75.55 万人, 机动车数量分别为 3.9635 万辆、4.0975 万辆, 公路面积将分别为 0.9880 万平方米、1.0268 万平方米. 请利用 BP 神经网络预测该地区 2010 年和 2011 年的公路客运量和货运量.

利用 BP 神经网络求得 2010 年和 2011 年的公路客运量的预测值分别为 62782.0336 万人和 65849.9027 万人; 货运量分别为 31439.9231 万吨和 32917.5961 万吨.

原始数据和网络输出值的对比如图 17.5 所示.

表 17.4 某地区的公路运量的相关数据

年份	人口数量/万人	机动车数量/万辆	公路面积/万平方千米	客运量/万人	货运量/万吨
1990	20.55	0.6	0.09	5126	1237
1991	22.44	0.75	0.11	6217	1379
1992	25.37	0.85	0.11	7730	1385
1993	27.13	0.9	0.14	9145	1399
1994	29.45	1.05	0.2	10460	1663
1995	30.1	1.35	0.23	11387	1714
1996	30.96	1.45	0.23	12353	1834
1997	34.06	1.6	0.32	15750	4322
1998	36.42	1.7	0.32	18304	8132
1999	38.09	1.85	0.34	19836	8936
2000	39.13	2.15	0.36	21024	11099
2001	39.99	2.2	0.36	19490	11203
2002	41.93	2.25	0.38	20433	10524
2003	44.59	2.35	0.49	22598	11115
2004	47.3	2.5	0.56	25107	13320
2005	52.89	2.6	0.59	33442	16762
2006	55.73	2.7	0.59	36836	18673
2007	56.76	2.85	0.67	40548	20724
2008	59.17	2.95	0.69	42927	20803
2009	60.63	3.1	0.79	43462	21804

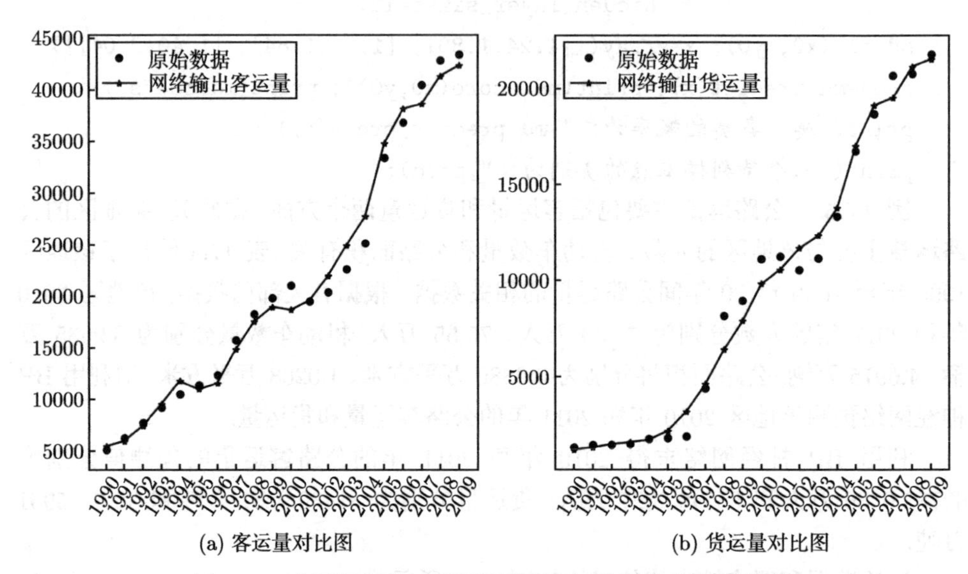

(a) 客运量对比图　　(b) 货运量对比图

图 17.5 客运量和货运量原始数据和网络输出值的对比图

```
#程序文件Pex17_5.py
from sklearn.neural_network import MLPRegressor
from numpy import array, loadtxt
from pylab import subplot, plot, show, xticks,rc, legend
rc('font',size=15); rc('font',family='SimHei')
a=loadtxt("Pdata17_5.txt"); x0=a[:,:3]; y1=a[:,3]; y2=a[:,4];
    #数据见封底二维码
md1=MLPRegressor(solver='lbfgs', alpha=1e-5,
                 hidden_layer_sizes=10)
md1.fit(x0, y1); x=array([[73.39,3.9635,0.988],
                  [75.55,4.0975,1.0268]])
pred1=md1.predict(x); print(md1.score(x0,y1));
print("客运量的预测值为: ",pred1,'\n----------------');
md2=MLPRegressor(solver='lbfgs', alpha=1e-5,
                 hidden_layer_sizes=10)
md2.fit(x0, y2); pred2=md2.predict(x); print(md2.score(x0,y2));
print("货运量的预测值为: ",pred2); yr=range(1990,2010)
subplot(121); plot(yr,y1,'o'); plot(yr,md1.predict(x0),'-*')
xticks(yr,rotation=55); legend(("原始数据","网络输出客运量"))
subplot(122); plot(yr,y2,'o'); plot(yr,md2.predict(x0),'-*')
xticks(yr,rotation=55)
legend(("原始数据","网络输出货运量"),loc='upper left'); show()
```

注 17.1 上面程序运行结果是不稳定的.

习 题 17

17.1 利用遗传算法计算下面函数的最大值:

$$f(x)=x^5-34x^4+10x^3-13x^2+17x-15,\quad 0\leqslant x\leqslant 5.$$

17.2 用遗传算法计算函数 $f(x)=x^3\cos x\ (-1.57\leqslant x\leqslant 20.18)$ 的最大值、最小值.

17.3 某地区作物生长所需的营养素主要是氮 (N). 某作物研究所在该地区对某一作物作了一定数量的试验. 试验数据见表 17.5, 试应用 BP 神经网络分析施肥量与产量的关系.

表 17.5 施肥量与产量关系数据

施肥量	0	34	67	101	135	202	259	336	404	471
产量	15.10	21.36	25.72	32.29	34.03	39.45	43.15	43.46	40.83	30.75

17.4　已知美国人口数据如表 17.6 所示, 试建立神经网络模型预测 2020 年美国人口总量.

表 17.6　美国人口数据

年份	1790	1800	1810	1820	1830	1840	1850	1860
人口	3.9	5.3	7.2	9.6	12.9	17.1	23.2	31.4
年份	1870	1880	1890	1900	1910	1920	1930	1940
人口	38.6	50.2	62.9	76.0	92.0	106.5	123.2	131.7
年份	1950	1960	1970	1980	1990	2000		
人口	150.7	179.3	204.0	226.5	251.4	281.4		

第 18 章　时间序列分析

时间序列是按时间顺序排列的、随时间变化且相互关联的数据序列. 对时间序列进行观察研究, 找寻它的发展规律, 预测它将来的走势就是时间序列分析.

时间序列根据所研究的依据不同, 可有不同的分类.

(1) 按所研究的对象的多少分, 有一元时间序列和多元时间序列.

(2) 按时间的连续性可将时间序列分为离散时间序列和连续时间序列两种.

(3) 按序列的统计特性分, 有平稳时间序列和非平稳时间序列. 如果一个时间序列的概率分布与时间 t 无关, 则称该序列为严格的 (狭义的) 平稳时间序列. 如果序列的一、二阶矩存在, 而且对任意时刻 t 满足:

(i) 均值为常数;

(ii) 协方差为时间间隔 τ 的函数,

则称该序列为宽平稳时间序列, 也叫广义平稳时间序列.

(4) 按时间序列的分布规律来分, 有高斯型时间序列和非高斯型时间序列.

本章主要介绍一元时间序列分析.

18.1　移动平均法、指数平滑法和季节模型

18.1.1　移动平均法

移动平均法是常用的时间序列预测方法, 由于其简单而具有很好的实用价值.

1. *一次移动平均法*

设观测序列为 $y_1,\cdots,y_T$, 取移动平均的项数 $N<T$. 一次移动平均值计算公式为

$$M_t^{(1)}(N)=\frac{1}{N}(y_t+y_{t-1}+\cdots+y_{t-N+1})=\frac{1}{N}\sum_{i=0}^{N-1}y_{t-i}, \tag{18.1}$$

则有

$$M_t^{(1)}(N)=\frac{1}{N}(y_{t-1}+\cdots+y_{t-N})+\frac{1}{N}(y_t-y_{t-N})=M_{t-1}^{(1)}(N)+\frac{1}{N}(y_t-y_{t-N}). \tag{18.2}$$

$t+1$ 期的预测值为 $\hat{y}_{t+1}=M_t^{(1)}(N)$, 其预测标准误差为

$$S=\sqrt{\frac{\sum_{t=N+1}^{T}(\hat{y}_t-y_t)^2}{T-N}}. \tag{18.3}$$

如果将 $\hat{y}_{t+1}$ 作为 $t+1$ 期的实际值, 那么就可以用 $\hat{y}_{t+1}=M_t^{(1)}(N)$ 计算第 $t+2$ 期预测值 $\hat{y}_{t+2}$. 一般地, 也可相应地求得以后各期的预测值. 但由于越远时期的预测, 误差越大, 因此一次移动平均法一般仅应用于一个时期后的预测值 (即预测第 $t+1$ 期).

例 18.1　汽车配件某年 1~12 月份的化油器销售量 (单位: 只) 统计数据见表 18.1 中第 2 行, 试用一次移动平均法预测下一年 1 月份的销售量.

表 18.1　化油器销售量及一次移动平均法预测值表

月份	1	2	3	4	5	6	7	8	9	10	11	12	预测
y_i	423	358	434	445	527	429	426	502	480	384	427	446	
$N=3$				405	412	469	467	461	452	469	455	430	419
$N=5$						437	439	452	466	473	444	444	448

分别取 $N=3, N=5$, 按预测公式

$$\hat{y}_{t+1}(3)=M_t^1(3)=\frac{y_t+y_{t-1}+y_{t-2}}{3},\quad t=3,4,\cdots,12,$$

$$\hat{y}_{t+1}(5)=M_t^1(5)=\frac{y_t+y_{t-1}+y_{t-2}+y_{t-3}+y_{t-4}}{5},\quad t=5,6,\cdots,12.$$

计算 3 个月和 5 个月移动平均预测值, 分别见表 18.1 第 3 行和第 4 行. $N=3$ 时, 预测的标准误差为 56.5752; $N=5$ 时, 预测的标准误差为 39.8159.

通过表 18.1 可以看到, 实际数据波动较大, 经移动平均后, 随机波动明显减少, 且 N 越大, 波动也越小. 同时, 也可以看到, 一次移动平均法的预测标准误差还是有些大, 对于实际数据波动较大的序列, 一般较少采用此法进行预测.

```
#程序文件Pex18_1_1.py
import numpy as np
y=np.array([423,358,434,445,527,429,426,502,480,384,427,446])
def MoveAverage(y,N):
    Mt=['*']*N
    for i in range(N+1,len(y)+2):
        M=y[i-(N+1):i-1].mean()
        Mt.append(round(M))
    return Mt
yt3=MoveAverage(y,3)
```

```
s3=np.sqrt(((y[3:]-yt3[3:-1])**2).mean())
yt5=MoveAverage(y,5)
s5=np.sqrt(((y[5:]-yt5[5:-1])**2).mean())
print('N=3时,预测值: ',yt3,', 预测的标准误差: ',s3)
print('N=5时,预测值: ',yt5,', 预测的标准误差: ',s5)
```

简单移动平均使用的是等量加权策略, 可以利用卷积, 相应代码如下:

```
def sma(arr,n):
    weights=np.ones(n)/n
    return np.convolve(weights,arr)[n-1:-n+1]
```

例 18.1 的 Python 程序也可以改写为

```
#程序文件Pex18_1_2.py
import numpy as np
y=np.array([423,358,434,445,527,429,426,502,480,384,427,446])
n1=3; yt1=np.convolve(np.ones(n1)/n1,y)[n1-1:-n1+1]
s1=np.sqrt(((y[n1:]-yt1[:-1])**2).mean())
n2=5; yt2=np.convolve(np.ones(n2)/n2,y)[n2-1:-n2+1]
s2=np.sqrt(((y[n2:]-yt2[:-1])**2).mean())
print('N=3时,预测值: ',yt1,', 预测的标准误差: ',s1)
print('N=5时,预测值: ',yt2,', 预测的标准误差: ',s2)
```

2. 二次移动平均法

当预测变量的基本趋势发生变化时, 一次移动平均法不能迅速适应这种变化. 当时间序列的变化为线性趋势时, 一次移动平均法的滞后偏差使预测值偏低, 不能进行合理的趋势外推.

二次移动平均值计算公式为

$$M_t^{(2)} = \frac{1}{N}(M_t^{(1)} + \cdots + M_{t-N+1}^{(1)}) = M_{t-1}^{(2)} + \frac{1}{N}(M_t^{(1)} - M_{t-N}^{(1)}). \tag{18.4}$$

当预测目标的基本趋势是在某一水平上下波动时, 可用一次移动平均方法建立预测模型. 当预测目标的基本趋势与某一线性模型相吻合时, 常用二次移动平均法. 但序列同时存在线性趋势与周期波动时, 可用趋势移动平均法建立预测模型

$$\hat{y}_{T+m} = a_T + b_T m, \quad m = 1, 2, \cdots, \tag{18.5}$$

其中 $a_T = 2M_T^{(1)} - M_T^{(2)}$, $b_T = \dfrac{2}{N-1}(M_T^{(1)} - M_T^{(2)})$.

18.1.2 指数平滑法

一次移动平均法实际上认为最近 N 期数据对未来值影响相同, 都加权 $1/N$, 而 N 期以前的数据对未来值没有影响, 加权为 0. 但是, 二次及更高次移动平均法的权数却不是 $1/N$, 且次数越高, 权数的结构越复杂, 但永远保持对称的权数, 即两端项权数小、中间项权数大, 不符合一般系统的动态性. 一般来说历史数据对未来值的影响是随时间间隔的增长而递减的. 所以, 更切合实际的方法应是对各期观测值依时间顺序进行加权平均作为预测值. 指数平滑法可满足这一要求, 而且具有简单的递推形式.

指数平滑法根据平滑次数的不同, 又分为一次指数平滑法和二次指数平滑法等. 指数平滑法最适合用于简单的时间序列分析和中、短期预测.

1. 一次指数平滑法

1) 预测模型

设时间序列为 $y_1, y_2, \cdots, y_t, \cdots$, α 为加权系数, $0 < \alpha < 1$, 一次指数平滑的预测公式为

$$\hat{y}_{t+1} = S_t^{(1)} = \alpha y_t + (1-\alpha) S_{t-1}^{(1)} = S_{t-1}^{(1)} + \alpha(y_t - S_{t-1}^{(1)}), \tag{18.6}$$

其中, $\hat{y}_{t+1}$ 表示第 $t+1$ 期预测值; $S_t^{(1)}, S_{t-1}^{(1)}$ 分别表示第 t, $t-1$ 期一次指数平滑值.

为进一步理解指数平滑的实质, 把 (18.6) 式依次展开, 有

$$S_t^{(1)} = \alpha y_t + (1-\alpha)[\alpha y_{t-1} + (1-\alpha) S_{t-2}^{(1)}] = \cdots = \alpha \sum_{j=0}^{\infty} (1-\alpha)^j y_{t-j}, \tag{18.7}$$

(18.7) 式表明 $S_t^{(1)}$ 是全部历史数据的加权平均, 加权系数分别为 $\alpha, \alpha(1-\alpha), \alpha(1-\alpha)^2, \cdots$, 显然有

$$\sum_{j=0}^{\infty} \alpha(1-\alpha)^j = \frac{\alpha}{1-(1-\alpha)} = 1,$$

由于加权系数符合指数规律, 又具有平滑数据的功能, 故称为指数平滑.

2) 加权系数的选择

在进行指数平滑时, 加权系数的选择是很重要的. 由式 (18.7) 可以看出, α 的大小规定了在新预测值中新数据和原预测值所占的比重. α 值越大, 新数据所占的比重就越大, 原预测值所占的比重就越小, 反之亦然. 若把式 (18.6) 改写为

$$\hat{y}_{t+1} = \hat{y}_t + \alpha(y_t - \hat{y}_t), \tag{18.8}$$

则从式 (18.8) 可看出, 新预测值是根据预测误差对原预测值进行修正而得到的. α 的大小则体现了修正的幅度, α 值越大, 修正幅度越大; α 值越小, 修正幅度也越小.

若选取 $\alpha=0$, 则 $\hat{y}_{t+1}=\hat{y}_t$, 即下期预测值就等于本期预测值, 在预测过程中不考虑任何新信息; 若选取 $\alpha=1$, 则 $\hat{y}_{t+1}=y_t$, 即下期预测值就等于本期观测值, 完全不相信过去的信息. 这两种极端情况很难做出正确的预测. 因此, α 值应根据时间序列的具体性质在 0~1 之间选择. 具体如何选择一般可遵循以下原则: ① 如果时间序列波动不大, 比较平稳, 则 α 应取小一点, 如 0.1~0.5, 以减少修正幅度, 使预测模型能包含较长时间序列的信息; ② 如果时间序列具有迅速且明显的变动倾向, 则 α 应取大一点, 如 0.6~0.8, 使预测模型灵敏度高一些, 以便迅速跟上数据的变化.

在实用中, 类似移动平均法, 多取几个 α 值进行试算, 看哪个预测误差小, 就采用哪个.

3) 初始值的确定

用一次指数平滑法进行预测, 除了选择合适的 α 外, 还要确定初始值 $S_0^{(1)}$. 初始值是由预测者估计或指定的. 当时间序列的数据较多, 比如在 20 个以上时, 初始值对以后的预测值影响很少, 可选用第一期数据为初始值. 如果时间序列的数据较少, 在 20 个以下时, 初始值对以后的预测值影响很大, 这时, 就必须认真研究如何正确确定初始值. 一般以最初几期实际值的平均值作为初始值.

例 18.2 某产品的 11 期价格如表 18.2 所示. 试预测该产品第 12 期的价格.

表 18.2 某产品价格及指数平滑预测值计算表

时期t	价格y_t	预测值$\hat{y}_t(\alpha=0.2)$	预测值$\hat{y}_t(\alpha=0.5)$	预测值$\hat{y}_t(\alpha=0.8)$
1	4.81	4.805	4.805	4.805
2	4.8	4.806	4.808	4.809
3	4.73	4.805	4.804	4.802
4	4.7	4.790	4.767	4.744
5	4.7	4.772	4.733	4.709
6	4.73	4.757	4.717	4.702
7	4.75	4.752	4.723	4.724
8	4.75	4.752	4.737	4.745
9	5.43	4.751	4.743	4.749
10	5.78	4.887	5.087	5.294
11	5.85	5.066	5.433	5.683
12				5.817

采用指数平滑法, 并分别取 $\alpha=0.2,0.5$ 和 0.8 进行计算, 初始值

$$S_0^{(1)}=\frac{y_1+y_2}{2}=4.805,$$

即

$$\hat{y}_1=S_0^{(1)}=4.805.$$

按预测模型

$$\hat{y}_{t+1} = \alpha y_t + (1-\alpha)\hat{y}_t,$$

计算各期预测值, 列于表 18.2 中.

从表 18.2 可以看出, $\alpha = 0.2, 0.5$ 和 0.8 时, 预测值是很不相同的. 究竟 α 取何值为好, 可通过计算它们的预测标准误差 S, 选取使 S 较小的那个 α 值. 预测的标准误差见表 18.3. 计算结果表明 $\alpha = 0.8$ 时, S 较小, 故选取 $\alpha = 0.8$, 该产品第 12 期价格的预测值为 $\hat{y}_{12} = 5.817$.

表 18.3 预测的标准误差

α	0.2	0.5	0.8
S	0.4148	0.3216	0.2588

```
#程序文件Pex18_2.py
import numpy as np
import pandas as pd
y=np.array([4.81,4.8,4.73,4.7,4.7,4.73,4.75,4.75,5.43,5.78,5.85])
def ExpMove(y,a):
    n=len(y); M=np.zeros(n); M[0]=(y[0]+y[1])/2;
    for i in range(1,len(y)):
        M[i]=a*y[i-1]+(1-a)*M[i-1]
    return M
yt1=ExpMove(y,0.2); yt2=ExpMove(y,0.5)
yt3=ExpMove(y,0.8); s1=np.sqrt(((y-yt1)**2).mean())
s2=np.sqrt(((y-yt2)**2).mean())
s3=np.sqrt(((y-yt3)**2).mean())
d=pd.DataFrame(np.c_[yt1,yt2,yt3])
f=pd.ExcelWriter("Pdata18_2.xlsx");
d.to_excel(f); f.close()
#数据(见封底二维码)写入Excel文件，便于做表
print("预测的标准误差分别为：",s1,s2,s3)  #输出预测的标准误差
yh=0.8*y[-1]+0.2*yt3[-1]
print("下一期的预测值为：",yh)
```

2. 二次指数平滑法

一次指数平滑法虽然克服了移动平均法的缺点. 但当时间序列的变动出现直线趋势时, 用一次指数平滑法进行预测, 仍存在明显的滞后偏差. 因此, 也必须加以

修正. 再作二次指数平滑, 利用滞后偏差的规律建立直线趋势模型, 这就是二次指数平滑法. 其计算公式为

$$\begin{cases} S_t^{(1)} = \alpha y_t + (1-\alpha)S_{t-1}^{(1)}, \\ S_t^{(2)} = \alpha S_t^{(1)} + (1-\alpha)S_{t-1}^{(2)}, \end{cases} \tag{18.9}$$

式中 $S_t^{(1)}$ 为一次指数的平滑值; $S_t^{(2)}$ 为二次指数的平滑值. 当时间序列 $\{y_t\}$ 从某时期开始具有直线趋势时, 可用直线趋势模型

$$\hat{y}_{t+m} = a_t + b_t m, \quad m = 1, 2, \cdots, \tag{18.10}$$

$$\begin{cases} a_t = 2S_t^{(1)} - S_t^{(2)}, \\ b_t = \dfrac{\alpha}{1-\alpha}(S_t^{(1)} - S_t^{(2)}) \end{cases} \tag{18.11}$$

进行预测.

把式 (18.11) 代入式 (18.10), 并令 $m = 1$, 得

$$\hat{y}_{t+1} = 2S_t^{(1)} - S_t^{(2)} + \frac{\alpha}{1-\alpha}(S_t^{(1)} - S_t^{(2)}). \tag{18.12}$$

例 18.3 已知某厂 10 期的钢产量如表 18.4 所示, 试预测第 11, 12 期的钢产量.

表 18.4 某厂 10 期的钢产量及预测值

t	钢产量y_t	一次平滑值	二次平滑值	预测值$\hat{y}_t$
1	2031	2031	2031	
2	2234	2091.9	2049.27	2031
3	2566	2234.13	2104.728	2152.8
4	2820	2409.891	2196.277	2418.99
5	3006	2588.724	2314.011	2715.054
6	3093	2740.007	2441.81	2981.171
7	3277	2901.105	2579.598	3166.002
8	3514	3084.973	2731.211	3360.4
9	3770	3290.481	2898.992	3590.348
10	4107	3535.437	3089.925	3849.752
11				4171.882
12				4362.815

取 $\alpha = 0.3$, 初始值 $S_0^{(1)}$ 和 $S_0^{(2)}$ 都取序列的首项数值, 即 $S_0^{(1)} = S_0^{(2)} = 2031$. 计算 $S_t^{(1)}, S_t^{(2)}$, 列于表 18.4, 得到

$$S_{10}^{(1)} = 3535.437, \quad S_{10}^{(2)} = 3089.925.$$

由公式 (18.11), 可得 $t=10$ 时

$$a_{10}=2S_{10}^{(1)}-S_{10}^{(2)}=3980.9484,\quad b_{10}=\frac{\alpha}{1-\alpha}(S_{10}^{(1)}-S_{10}^{(2)})=190.9335,$$

于是, 得 $t=10$ 时直线趋势方程为

$$\hat{y}_{10+m}=3980.9484+190.9335m.$$

预测第 11, 12 期的钢产量为

$$\hat{y}_{11}=\hat{y}_{10+1}=4171.8819,\quad \hat{y}_{12}=\hat{y}_{10+2}=4362.8154.$$

利用

$$\hat{y}_{t+1}=2S_t^{(1)}-S_t^{(2)}+\frac{\alpha}{1-\alpha}(S_t^{(1)}-S_t^{(2)}),\quad t=0,1,\cdots,9,$$

求已知各期的预测值. 计算结果见表 18.4.

```
#程序文件Pex18_3
import numpy as np
import pandas as pd
y=np.loadtxt('Pdata18_3.txt') #数据见封底二维码
n=len(y); alpha=0.3; yh=np.zeros(n)
s1=np.zeros(n); s2=np.zeros(n)
s1[0]=y[0]; s2[0]=y[0]
for i in range(1,n):
    s1[i]=alpha*y[i]+(1-alpha)*s1[i-1]
    s2[i]=alpha*s1[i]+(1-alpha)*s2[i-1];
    yh[i]=2*s1[i-1]-s2[i-1]+alpha/(1-alpha)*(s1[i-1]-s2[i-1])
at=2*s1[-1]-s2[-1]; bt=alpha/(1-alpha)*(s1[-1]-s2[-1])
m=np.array([1,2])
yh2=at+bt*m
print("预测值为: ",yh2)
d=pd.DataFrame(np.c_[s1,s2,yh])
f=pd.ExcelWriter("Pdata18_3.xlsx"); #数据见封底二维码
d.to_excel(f); f.close()
```

18.1.3 具有季节性时间序列的预测

这里提到的季节, 可以是自然季节, 也可以是某种产品的销售季节等. 显然, 在现实的经济活动中, 表现为季节性的时间序列是非常多的. 比如, 空调、季节性服

装的生产与销售所产生的数据等. 对于季节性时间序列的预测, 要从数学上完全拟合其变化曲线是非常困难的. 但预测的目的是为了找到时间序列的变化趋势, 尽可能地做到精确. 从这个意义上讲, 可以有多种方法, 下面介绍其中一种, 即所谓季节系数法. 季节系数法的具体计算步骤如下.

(1) 收集 m 年的每年各季度 (每年 n 个季度) 或者各月份的时间序列样本数据 a_{ij}. 其中, i 表示年份的序号 $(i=1,2,\cdots,m)$, j 表示季度或者月份的序号 $(j=1,2,\cdots,n)$.

(2) 计算每年所有季度或所有月份的算术平均值 $\bar{a}$, 即

$$\bar{a}=\frac{1}{k}\sum_{i=1}^{m}\sum_{j=1}^{n}a_{ij},\quad k=mn.$$

(3) 计算同季度或同月份数据的算术平均值 $\bar{a}_{\cdot j}=\frac{1}{m}\sum_{i=1}^{m}a_{ij}$, $j=1,2,\cdots,n$.

(4) 计算季度系数或月份系数 $b_j=\bar{a}_{\cdot j}/\bar{a}$.

(5) 预测计算. 当时间序列是按季度列出时, 先求出预测年份 (下一年) 的年加权平均

$$y_{m+1}=\frac{\sum_{i=1}^{m}w_iy_i}{\sum_{i=1}^{n}w_i}.$$

式中, $y_i=\sum_{j=1}^{n}a_{ij}$ 为第 i 年的合计数; w_i 为第 i 年的权数, 按自然数列取值, 即 $w_i=i$. 再计算预测年份的季度平均值 $\bar{y}_{m+1}=y_{m+1}/n$. 最后, 预测年份第 j 季度的预测值为

$$y_{m+1,j}=b_j\bar{y}_{m+1}.$$

例 18.4 某商店按季度统计的 3 年 (12 个季度) 冰箱的销售数据 (单位: 万元) 见表 18.5. 求 2004 年 4 个季度的销售额.

表 18.5 某商店 12 个季度冰箱销售资料

年份	一季度	二季度	三季度	四季度
2001	265	373	333	266
2002	251	379	374	309
2003	272	437	396	348

把表 18.5 中 3 行 4 列总共 12 个数据保存到文本文件 Pdata18_4.txt 中, 利用 Python 软件, 求得 2004 年 4 个季度的销售额分别为 269.7534 万元、407.0263 万

元、377.5862 万元、315.9674 万元.

```
#程序文件Pex18_4
import numpy as np
a=np.loadtxt('Pdata18_4.txt')
m,n=a.shape
amean=a.mean()  #计算所有数据的平均值
cmean=a.mean(axis=0)   #逐列求均值
r=cmean/amean   #计算季节系数
w=np.arange(1,m+1)
yh=w.dot(a.sum(axis=1))/w.sum()  #计算下一年的预测值
yj=yh/n   #计算预测年份的季度平均值
yjh=yj*r  #计算季度预测值
print("下一年度各季度的预测值为: ",yjh)
```

18.2 平稳时间序列分析

这里的平稳是指宽平稳, 其特性是序列的统计特性不随时间的平移而变化, 即均值和协方差不随时间的平移而变化.

18.2.1 基本概念和理论

定义 18.1 给定随机过程 $\{X_t, t \in T\}$. 固定 t, X_t 是一个随机变量, 设其均值为 μ_t, 当 t 变动时, 此均值是 t 的函数, 记为 $\mu_t = E(X_t)$, 称为随机过程的均值函数.

固定 t, 设 X_t 的方差为 σ_t^2. 当 t 变动时, 这个方差也是 t 的函数, 记为

$$\sigma_t^2 = \mathrm{Var}(X_t) = E[(X_t - \mu_t)^2],$$

称为随机过程的方差函数. 方差函数的平方根 σ_t 称为随机过程的标准差函数, 它表示随机过程 X_t 对于均值函数 μ_t 的偏离程度.

定义 18.2 对随机过程 $\{X_t, t \in T\}$, 取定 $t, s \in T$, 定义其自协方差函数为

$$\gamma_{t,s} = \mathrm{Cov}(X_t, X_s) = E[(X_t - \mu_t)(X_s - \mu_s)],$$

为刻画 $\{X_t, t \in T\}$ 在时刻 t 与 s 之间的相关性, 还可将 $\gamma_{t,s}$ 标准化, 即定义自相关函数

$$\rho_{t,s} = \frac{\gamma_{t,s}}{\sqrt{\gamma_{t,t}}\sqrt{\gamma_{s,s}}} = \frac{\gamma_{t,s}}{\sigma_t \sigma_s}.$$

因此, 自相关函数 $\rho_{t,s}$ 是标准化自协方差函数.

定义 18.3 设随机序列 $\{X_t, t=0,\pm1,\pm2,\cdots\}$ 满足

(1) $E(X_t)=\mu=$ 常数;

(2) $\gamma_{t+k,t}=\gamma_k\ (k=0,\pm1,\pm2,\cdots)$ 与 t 无关,

则称 X_t 为平稳随机序列 (平稳时间序列), 简称平稳序列.

定义 18.4 设平稳序列 $\{\varepsilon_t, t=0,\pm1,\pm2,\cdots\}$ 的自协方差函数 γ_k 是

$$\gamma_k=\sigma^2\delta_{k,0}=\begin{cases}0, & k\neq 0,\\ \sigma^2, & k=0,\end{cases}$$

其中 $\delta_{k,0}=\begin{cases}1, & k=0,\\ 0, & k\neq 0,\end{cases}$ 则称该序列为平稳白噪声序列.

平稳白噪声序列的方差是常数 σ^2, 因为 $\gamma_k=0\ (k\neq 0)$, 则 ε_t 的任意两个不同时点之间是不相关的. 平稳白噪声序列是一种最基本的平稳序列.

定义 18.5 设 $\{\varepsilon_t, t=0,\pm1,\pm2,\cdots\}$ 是零均值平稳白噪声, $\mathrm{Var}(\varepsilon_t)=\sigma_\varepsilon^2$. 若 $\{G_k, k=0,1,2,\cdots\}$ 是一数列, 满足

$$\sum_{k=0}^{\infty}|G_k|<\infty,\quad G_0=1. \tag{18.13}$$

定义随机序列

$$X_t=\sum_{k=0}^{\infty}G_k\varepsilon_{t-k}, \tag{18.14}$$

则 X_t 称为随机线性序列. 在条件 (18.13) 下, 可证式 (18.14) 中的 X_t 是平稳序列. 若零均值平稳序列 X_t 能表示为式 (18.14) 的形式, 这种形式称为传递形式, $\{G_k, k=0,1,2,\cdots\}$ 称为 Green 函数.

定义 18.6 设 $\{X_t, t=0,\pm1,\pm2,\cdots\}$ 是零均值平稳序列, 从时间序列预报的角度引出偏相关函数的定义. 如果已知 $\{X_{t-1},X_{t-2},\cdots,X_{t-k}\}$ 的值, 要求对 X_t 做出预报. 此时, 可以考虑 $\{X_{t-1},X_{t-2},\cdots,X_{t-k}\}$ 对 X_t 的线性最小均方估计, 即选择系数 $\phi_{k,1},\phi_{k,2},\cdots,\phi_{k,k}$, 使得

$$\min\ \delta=E\left[\left(X_t-\sum_{j=1}^{k}\phi_{k,j}X_{t-j}\right)^2\right].$$

将 δ 展开, 得

$$\delta=\gamma_0-2\sum_{j=1}^{k}\phi_{k,j}\gamma_j+\sum_{j=1}^{k}\sum_{i=1}^{k}\phi_{k,j}\phi_{k,i}\gamma_{j-i}.$$

令 $\dfrac{\partial\delta}{\partial\phi_{k,j}}=0,\ j=1,2,\cdots,k$, 得

$$-\gamma_j+\sum_{i=1}^{k}\phi_{k,i}\gamma_{j-i}=0,\quad j=1,2,\cdots,k.$$

两端同除 γ_0 并写成矩阵形式, 可知 $\phi_{k,j}$ 应满足下列线性方程组

$$\begin{bmatrix} 1 & \rho_1 & \cdots & \rho_{k-1} \\ \rho_1 & 1 & \cdots & \rho_{k-2} \\ \vdots & \vdots & & \vdots \\ \rho_{k-1} & \rho_{k-2} & \cdots & 1 \end{bmatrix}\begin{bmatrix} \phi_{k,1} \\ \phi_{k,2} \\ \vdots \\ \phi_{k,k} \end{bmatrix}=\begin{bmatrix} \rho_1 \\ \rho_2 \\ \vdots \\ \rho_k \end{bmatrix}. \tag{18.15}$$

式 (18.15) 称为 Yule-Walker 方程, 称 $\{\phi_{k,k},k=1,2,\cdots\}$ 为 X_t 的偏相关函数.

下面介绍一种重要的平稳时间序列 —— ARMA 时间序列. ARMA 时间序列分为三种类型:

(1) AR (auto regressive) 序列, 即自回归序列;

(2) MA (moving average) 序列, 即移动平均序列;

(3) ARMA (auto regressive moving average) 序列, 即自回归移动平均序列.

1. AR(p) *序列*

设 $\{X_t,t=0,\pm1,\pm2,\cdots\}$ 是零均值平稳序列, 满足下列模型

$$X_t=\phi_1X_{t-1}+\phi_2X_{t-2}+\cdots+\phi_pX_{t-p}+\varepsilon_t, \tag{18.16}$$

其中 ε_t 是均值为零、方差为 σ_ε^2 的平稳白噪声, 则称 X_t 是阶数为 p 的自回归序列, 简记为 AR(p) 序列, 而 $\phi=[\phi_1,\phi_2,\cdots,\phi_p]^{\mathrm{T}}$ 称为自回归参数向量, 其分量 $\phi_j,j=1,2,\cdots,p$ 称为自回归系数.

引进后移算子对描述式 (18.16) 比较方便. 算子 B 定义如下

$$BX_t\equiv X_{t-1},\quad B^kX_t\equiv X_{t-k}. \tag{18.17}$$

记算子多项式

$$\phi(B)=1-\phi_1B-\phi_2B^2-\cdots-\phi_pB^p,$$

则式 (18.16) 可以改写为 $\phi(B)X_t=\varepsilon_t$.

2. MA(q) *序列*

设 $\{X_t,t=0,\pm1,\pm2,\cdots\}$ 是零均值平稳序列, 满足下列模型

$$X_t=\varepsilon_t-\theta_1\varepsilon_{t-1}-\theta_2\varepsilon_{t-2}-\cdots-\theta_q\varepsilon_{t-q}, \tag{18.18}$$

其中 ε_t 是均值为零、方差为 σ_ε^2 的平稳白噪声, 则称 X_t 是阶数为 q 的移动平均序列, 简记为 MA(q) 序列, 而 $\theta=[\theta_1,\theta_2,\cdots,\theta_q]^{\mathrm{T}}$ 称为移动平均参数向量, 其分量 $\theta_j, j=1,2,\cdots,q$ 称为移动平均系数.

在工程上, 一个平稳白噪声发生器通过一个线性系统, 如果其输出是白噪声的线性叠加, 那么这一输出服从 MA 模型.

对于线性后移算子 B, 有 $B\varepsilon_t\equiv\varepsilon_{t-1}$, $B^k\varepsilon_t\equiv\varepsilon_{t-k}$, 再引进算子多项式

$$\theta(B)=1-\theta_1B-\theta_2B^2-\cdots-\theta_qB^q,$$

则式 (18.18) 可以改写为 $X_t=\theta(B)\varepsilon_t$.

3. ARMA(p,q) 序列

设 $\{X_t,t=0,\pm1,\pm2,\cdots\}$ 是零均值平稳序列, 满足下列模型

$$X_t-\phi_1X_{t-1}-\cdots-\phi_pX_{t-p}=\varepsilon_t-\theta_1\varepsilon_{t-1}-\cdots-\theta_q\varepsilon_{t-q}, \tag{18.19}$$

其中 ε_t 是均值为零、方差为 σ_ε^2 的平稳白噪声, 则称 X_t 是阶数为 p,q 的自回归移动平均序列, 简记为 ARMA(p,q) 序列. 当 $q=0$ 时, 它是 AR(p) 序列; 当 $p=0$ 时, 它为 MA(q) 序列.

应用算子多项式 $\phi(B),\theta(B)$, 式 (18.19) 可以写为 $\phi(B)X_t=\theta(B)\varepsilon_t$.

对于一般的平稳序列 $\{X_t,t=0,\pm1,\pm2,\cdots\}$, 设其均值 $E(X_t)=\mu$, 满足下列模型

$$(X_t-\mu)-\phi_1(X_{t-1}-\mu)-\cdots-\phi_p(X_{t-p}-\mu)=\varepsilon_t-\theta_1\varepsilon_{t-1}-\cdots-\theta_q\varepsilon_{t-q}, \tag{18.20}$$

其中 ε_t 是均值为零、方差为 σ_ε^2 的平稳白噪声, 利用后移算子 $\phi(B),\theta(B)$, 式 (18.20) 可表为

$$\phi(B)(X_t-\mu)=\theta(B)\varepsilon_t.$$

关于算子多项式 $\phi(B),\theta(B)$, 通常还要作下列假定:

(1) $\phi(B)$ 和 $\theta(B)$ 无公共因子, 又 $\phi_p\neq0$, $\theta_q\neq0$;

(2) $\phi(B)=0$ 的根全在单位圆外, 这一条件称为模型的平稳性条件;

(3) $\theta(B)=0$ 的根全在单位圆外, 这一条件称为模型的可逆性条件.

18.2.2 ARMA 模型的构建及预报

在实际问题建模中, 首先要进行模型的识别与定阶, 即要判断是 AR(p), MA(q), ARMA(p,q) 模型的类别, 并估计阶数 p,q. 其实, 这都归结到模型的定阶问题. 当模型定阶后, 就要对模型参数 $\phi=[\phi_1,\phi_2,\cdots,\phi_p]^{\mathrm{T}}$ 及 $\theta=[\theta_1,\theta_2,\cdots,\theta_q]^{\mathrm{T}}$ 进行估计. 定阶与参数估计完成后, 还要对模型进行检验, 即要检验 ε_t 是否为平稳白噪声. 若

检验获得通过, 则 ARMA 时间序列的建模完成. 作为时间序列建模之后的一个重要应用, 还要讨论 ARMA 时间序列的预报.

1. ARMA 模型的构建

1) ARMA 模型定阶的 AIC 准则

AIC 准则又称 Akaike 信息准则, 是由日本统计学家 Akaike 于 1974 年提出的. AIC 准则是信息论与统计学的重要研究成果, 具有重要的意义.

ARMA(p,q) 序列的 AIC 定阶准则为: 选 p,q, 使得

$$\min \quad \text{AIC} = n\ln\hat{\sigma}_\varepsilon^2 + 2(p+q+1), \tag{18.21}$$

其中, n 是样本容量; $\hat{\sigma}_\varepsilon^2$ 是 σ_ε^2 的估计与 p 和 q 有关. 若当 $p=\hat{p}$, $q=\hat{q}$ 时, 式 (18.21) 达到最小值, 则认为序列是 ARMA$(\hat{p},\hat{q})$.

当 ARMA(p,q) 序列含有未知均值参数 μ 时, 模型为

$$\phi(B)(X_t-\mu) = \theta(B)\varepsilon_t,$$

这时, 未知参数的个数为 $k=p+q+1$, AIC 准则为: 选取 p,q, 使得

$$\min \quad \text{AIC} = n\ln\hat{\sigma}_\varepsilon^2 + 2(p+q+2). \tag{18.22}$$

实际上, 式 (18.21) 与式 (18.22) 有相同的最小值点 $\hat{p},\hat{q}$.

2) ARMA 模型的参数估计

ARMA 模型的参数估计方法有矩估计、逆函数估计、最小二乘估计、条件最小二乘估计、最大似然估计等方法, 这里就不给出各种估计的数学原理和参数估计表达式了, 直接使用 Python 库给出相关的参数估计.

3) ARMA 模型检验的 χ^2 检验

若拟合模型的残差记为 $\hat{\varepsilon}_t$, 它是 ε_t 的估计. 例如, 对 AR(p) 序列, 设未知参数的估计是 $\hat{\phi}_1,\hat{\phi}_2,\cdots,\hat{\phi}_p$, 则残差

$$\hat{\varepsilon}_t = X_t - \hat{\phi}_1 X_{t-1} - \cdots - \hat{\phi}_p X_{t-p},\ t=1,2,\cdots,n\ (\text{设 } X_0 = X_{-1} = \cdots = X_{1-p} = 0).$$

记

$$\eta_k = \frac{\sum\limits_{t=1}^{n-k}\hat{\varepsilon}_t\hat{\varepsilon}_{t+k}}{\sum\limits_{t=1}^{n}\hat{\varepsilon}_t^2}, \quad k=1,2,\cdots,L,$$

其中 L 为 $\hat{\varepsilon}_t$ 自相关函数的拖尾数, Ljung-Box 的 χ^2 检验统计量是

$$\chi^2 = n(n+2)\sum_{k=1}^{L}\frac{\eta_k^2}{n-k}. \tag{18.23}$$

检验的假设是 $H_0: \rho_k = 0$, 当 $k \leqslant L$ 时; $H_1: \rho_k \neq 0$, 对某些 $k \leqslant L$.

在 H_0 成立时, 若样本容量 n 充分大, χ^2 近似于 $\chi^2(L-r)$ 分布, 其中 r 是估计模型的参数个数.

χ^2 检验法: 给定显著性水平 α, 查表得上 α 分位数 $\chi^2_\alpha(L-r)$, 则当 $\chi^2 > \chi^2_\alpha(L)$ 时拒绝 H_0, 即认为 ε_t 是非白噪声, 模型检验未通过; 而当 $\chi^2 \leqslant \chi^2_\alpha(L-r)$ 时, 接受 H_0, 认为 ε_t 是白噪声, 模型通过检验.

2. ARMA(p,q) **序列的预报**

时间序列的 m 步预报是根据 $\{X_k, X_{k-1}, \cdots\}$ 的取值对未来 $k+m$ 时刻的随机变量 $X_{k+m}(m>0)$ 做出估计. 估计量记作 $\hat{X}_k(m)$, 它是 $X_k, X_{k-1}, \cdots$ 的线性组合.

1) AR(p) 序列的预报

AR(p) 序列的预报递推公式

$$\begin{cases} \hat{X}_k(1) = \phi_1 X_k + \phi_2 X_{k-1} + \cdots + \phi_p X_{k-p+1}, \\ \hat{X}_k(2) = \phi_1 \hat{X}_k(1) + \phi_2 X_k + \cdots + \phi_p X_{k-p+2}, \\ \qquad \cdots\cdots \\ \hat{X}_k(p) = \phi_1 \hat{X}_k(p-1) + \phi_2 \hat{X}_k(p-2) + \cdots + \phi_{p-1} \hat{X}_k(1) + \phi_p X_k, \\ \hat{X}_k(m) = \phi_1 \hat{X}_k(m-1) + \phi_2 \hat{X}_k(m-2) + \cdots + \phi_p \hat{X}_k(m-p), \quad m > p. \end{cases} \tag{18.24}$$

由此可见, $\hat{X}_k(m)\ (m \geqslant 1)$ 仅仅依赖于 X_t 的 k 时刻以前的 p 个时刻的值 $X_k, X_{k-1}, \cdots, X_{k-p+1}$. 这是 AR$(p)$ 序列预报的特点.

2) MA(q) 与 ARMA(p,q) 序列的预报

关于 MA(q) 序列 $\{X_t, t = 0, \pm 1, \pm 2, \cdots\}$ 的预报, 有

$$\hat{X}_k(m) = 0, \quad m > q.$$

因此, 只需要讨论 $\hat{X}_k(m), m = 1, 2, \cdots, q$. 为此, 定义预报向量

$$\hat{\boldsymbol{X}}_k^{(q)} = [\hat{X}_k(1), \hat{X}_k(2), \cdots, \hat{X}_k(q)]^{\mathrm{T}}, \tag{18.25}$$

所谓递推预报是求 $\hat{\boldsymbol{X}}_k^{(q)}$ 与 $\hat{\boldsymbol{X}}_{k+1}^{(q)}$ 的递推关系, 对 MA(q) 序列, 有

$$\begin{aligned} &\hat{X}_{k+1}(1) = \theta_1 \hat{X}_k(1) + \hat{X}_k(2) - \theta_1 X_{k+1}, \\ &\hat{X}_{k+1}(2) = \theta_2 \hat{X}_k(1) + \hat{X}_k(3) - \theta_2 X_{k+1}, \\ &\qquad \cdots\cdots \\ &\hat{X}_{k+1}(q-1) = \theta_{q-1} \hat{X}_k(1) + \hat{X}_k(q) - \theta_{q-1} X_{k+1}, \end{aligned}$$

$$\hat{X}_{k+1}(q) = \theta_q \hat{X}_k(1) - \theta_q X_{k+1}.$$

从而得

$$\hat{\boldsymbol{X}}_{k+1}^{(q)} = \begin{bmatrix} \theta_1 & 1 & 0 & \cdots & 0 \\ \theta_2 & 0 & 1 & \cdots & 0 \\ \vdots & \vdots & \vdots & & \vdots \\ \theta_{q-1} & 0 & 0 & \cdots & 1 \\ \theta_q & 0 & 0 & 0 & 0 \end{bmatrix} \hat{\boldsymbol{X}}_k^{(q)} - \begin{bmatrix} \theta_1 \\ \theta_2 \\ \vdots \\ \theta_q \end{bmatrix} X_{k+1}. \tag{18.26}$$

递推初值可取 $\hat{\boldsymbol{X}}_{k_0}^{(q)} = 0$ (k_0 较小). 因为模型的可逆性保证了递推式渐近稳定, 即当 n 充分大后, 初始误差的影响可以逐渐消失.

对于 ARMA(p, q) 序列,

$$\hat{X}_k(m) = \phi_1 \hat{X}_k(m-1) + \phi_2 \hat{X}_k(m-2) + \cdots + \phi_p \hat{X}_k(m-p), \quad m > p.$$

因此, 只需要知道 $\hat{X}_k(1), \hat{X}_k(2), \cdots, \hat{X}_k(p)$, 就可以递推算得 $\hat{X}_k(m)$, $m > p$. 仍定义预报向量 (18.25). 令

$$\phi_j^* = \begin{cases} \phi_j, & j = 1, 2, \cdots, p, \\ 0, & j > p, \end{cases}$$

可证下列递推预报公式

$$\hat{\boldsymbol{X}}_{k+1}^{(q)} = \begin{bmatrix} -G_1 & 1 & 0 & \cdots & 0 \\ -G_2 & 0 & 1 & \cdots & 0 \\ \vdots & \vdots & \vdots & & \vdots \\ -G_{q-1} & 0 & 0 & \cdots & 1 \\ -G_q + \phi_q^* & \phi_{q-1}^* & \phi_{q-2}^* & \cdots & \phi_1^* \end{bmatrix} \hat{\boldsymbol{X}}_k^{(q)} + \begin{bmatrix} G_1 \\ G_2 \\ \vdots \\ G_{q-1} \\ G_q \end{bmatrix} X_{k+1}$$

$$+ \begin{bmatrix} 0 \\ 0 \\ \vdots \\ 0 \\ \sum\limits_{j=q+1}^{p} \phi_j^* X_{k+q+1-j} \end{bmatrix}, \tag{18.27}$$

这里 G_j 满足 $X_t = \sum\limits_{j=0}^{\infty} G_j \epsilon_{t-j}$, 式 (18.27) 中第三项当 $p \leqslant q$ 时为零. 由可逆性条件保证, 当 k_0 较小时, 可令初值 $\hat{\boldsymbol{X}}_{k_0}^{(q)} = \mathbf{0}$.

在实际中, 模型参数是未知的. 若已建立了时间序列的模型, 则理论模型中的未知参数用其估计替代, 再用上面介绍的方法进行预报.

18.2.3 ARMA 模型的 Python 求解

例 18.5 (续例 4.27) 试利用太阳黑子个数文件 sunspots.csv (数据见封底二维码), 建立适当的 ARMA 模型, 并预测 1989 年太阳黑子个数.

解 可以使用 statsmodels.api.tsa.ARMA() 函数来拟合 ARMA 模型, 下面先初步地使用 ARMA(9,1) 模型来拟合数据, 得到 1989 年太阳黑子预测值为 141 个.

最终结果如图 18.1 所示.

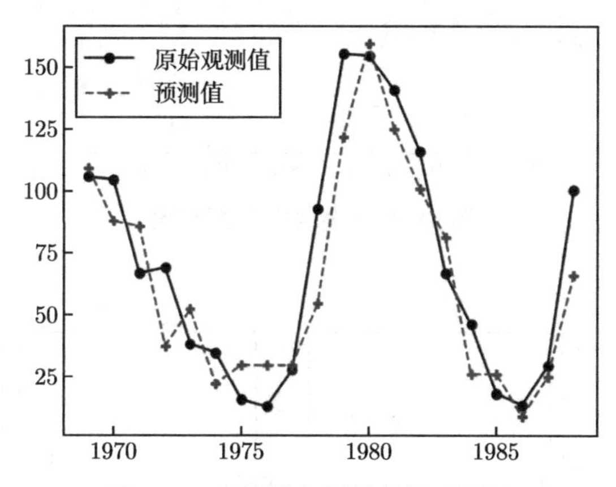

图 18.1 预测值与原始数据对比图

```
#程序文件Pex18_5_1.py
import pandas as pd, numpy as np
import statsmodels.api as sm
import matplotlib.pyplot as plt
plt.rc('font',family='SimHei'); plt.rc('font',size=16)
d=pd.read_csv('sunspots.csv',usecols=['counts'])
md=sm.tsa.ARMA(d,(9,1)).fit()
years=np.arange(1700,1989)  #已知观测值的年代
dhat=md.predict()
plt.plot(years[-20:],d.values[-20:],'o-k')
plt.plot(years[-20:],dhat.values[-20:],'P--')
plt.legend(('原始观测值','预测值')); plt.show()
dnext=md.predict(d.shape[0],d.shape[0])
print(dnext)  #显示下一期的预测值
```

对于例 18.5, 下面给出一个完整的建模步骤.

第一步：画出原始数据的折线图如图 18.2 所示, 初步确定观测数据是平稳的. 画出序列的自相关图和偏相关图如图 18.3 所示.

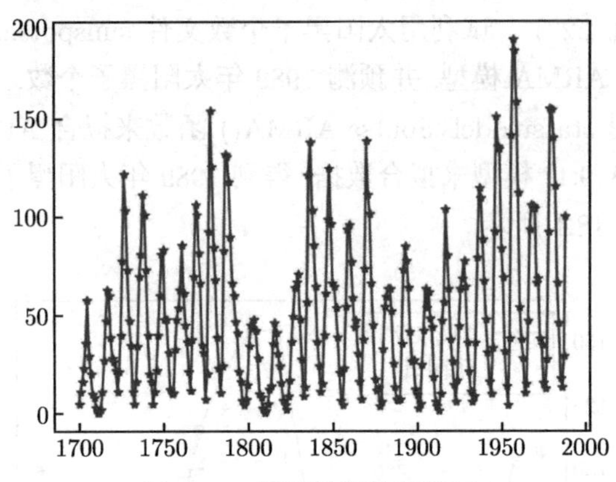

图 18.2 原始数据的折线图

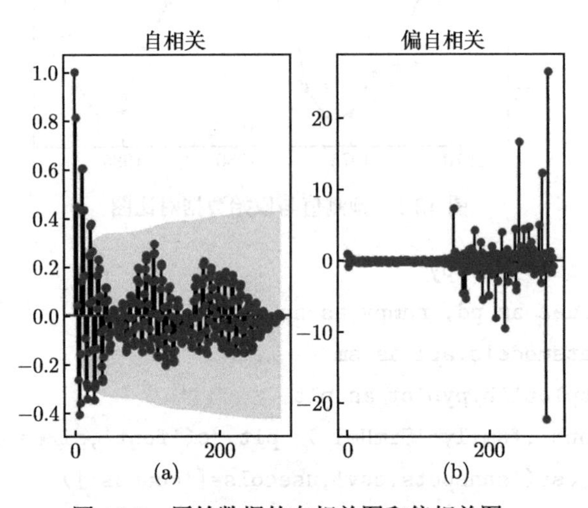

图 18.3 原始数据的自相关图和偏相关图

第二步：利用 AIC 和 BIC 准则, 确定选择 ARMA(4,2), 利用 Python 软件, 求得模型的计算结果如图 18.4 所示, 残差取值及分布如图 18.5.

第三步：利用得到的模型, 得到 1989 年太阳黑子预测值为 139 个. 原始数据及其预测值对比见图 18.6.

```
                              ARMA Model Results
==============================================================================
Dep. Variable:                      y   No. Observations:                  289
Model:                     ARMA(4, 2)   Log Likelihood               -1197.676
Method:                       css-mle   S.D. of innovations             15.159
Date:                Wed, 15 May 2019   AIC                           2411.353
Time:                        11:15:01   BIC                           2440.684
Sample:                             0   HQIC                          2423.106

==============================================================================
                 coef    std err          z      P>|z|      [0.025      0.975]
------------------------------------------------------------------------------
const         49.7380      6.211      8.008      0.000      37.565      61.911
ar.L1.y        2.8101      0.086     32.694      0.000       2.642       2.979
ar.L2.y       -3.1179      0.218    -14.294      0.000      -3.545      -2.690
ar.L3.y        1.5248      0.213      7.165      0.000       1.108       1.942
ar.L4.y       -0.2366      0.080     -2.954      0.003      -0.394      -0.080
ma.L1.y       -1.6480      0.057    -29.016      0.000      -1.759      -1.537
ma.L2.y        0.7885      0.055     14.395      0.000       0.681       0.896
                                    Roots
=============================================================================
                  Real          Imaginary           Modulus         Frequency
-----------------------------------------------------------------------------
AR.1            0.8639           -0.5664j            1.0330           -0.0924
AR.2            0.8639           +0.5664j            1.0330            0.0924
AR.3            1.0927           -0.0000j            1.0927           -0.0000
AR.4            3.6249           -0.0000j            3.6249           -0.0000
MA.1            1.0450           -0.4197j            1.1262           -0.0608
MA.2            1.0450           +0.4197j            1.1262            0.0608
-----------------------------------------------------------------------------
```

图 18.4 模型计算结果

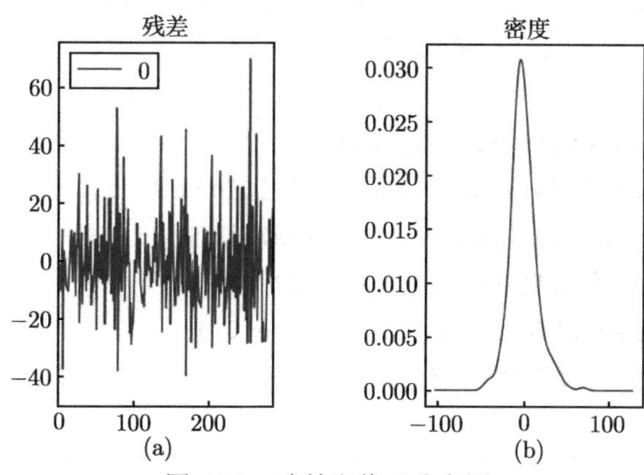

图 18.5 残差取值及分布图

```
#程序文件Pex18_5_2.py
import pandas as pd, numpy as np
import statsmodels.api as sm
import matplotlib.pyplot as plt
from statsmodels.graphics.tsaplots import plot_acf, plot_pacf
plt.rc('axes',unicode_minus=False)
plt.rc('font',family='SimHei'); plt.rc('font',size=16)
d=pd.read_csv('sunspots.csv'); dd=d['counts']
years=d['year'].values.astype(int)
plt.plot(years,dd.values,'-*'); plt.figure()
```

```
ax1=plt.subplot(121); plot_acf(dd,ax=ax1,title='自相关')
ax2=plt.subplot(122); plot_pacf(dd,ax=ax2,title='偏自相关')

for i in range(1,6):
    for j in range(1,6):
        md=sm.tsa.ARMA(dd,(i,j)).fit()
        print([i,j,md.aic,md.bic])
zmd=sm.tsa.ARMA(dd,(4,2)).fit()
print(zmd.summary())  #显示模型的所有信息

residuals = pd.DataFrame(zmd.resid)
fig, ax = plt.subplots(1,2)
residuals.plot(title="残差", ax=ax[0])
residuals.plot(kind='kde', title='密度', ax=ax[1])
plt.legend(''); plt.ylabel('')

dhat=zmd.predict(); plt.figure()
plt.plot(years[-20:],dd.values[-20:],'o-k')
plt.plot(years[-20:],dhat.values[-20:],'P--')
plt.legend(('原始观测值','预测值'))
dnext=zmd.predict(d.shape[0],d.shape[0])
print(dnext)  #显示下一期的预测值
plt.show()
```

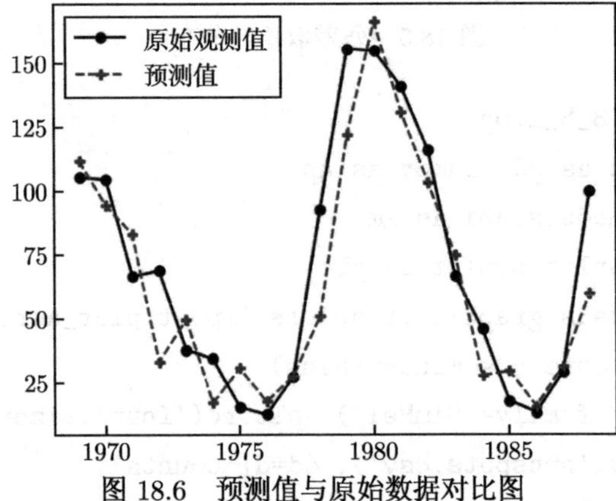

图 18.6　预测值与原始数据对比图

18.3 非平稳时间序列

18.2 节介绍了对平稳时间序列的分析方法. 实际上, 在自然界中绝大部分序列都是非平稳的.

1. *差分运算*

差分方法是一种非常简便、有效的确定性信息提取方法. Cramer 分解定理在理论上保证了适当阶数的差分一定可以充分提取确定性信息. 差分运算的实际是使用自回归的方式提取确定性信息.

$$\nabla^d X_t = (1-B)^d X_t = \sum_{i=0}^{d} (-1)^i \mathrm{C}_d^i X_{t-i}.$$

在实践操作中, 会根据序列不同的特点选择合适的差分方式, 常见情况有以下三种:

(1) 序列蕴含着显著的线性趋势, 一阶差分就可以实现平稳.

(2) 序列蕴含着曲线趋势, 通常二阶或三阶差分就可以提取曲线趋势的影响.

(3) 对于蕴含着固定周期的序列进行步长为周期长度的差分运算, 通常可以较好地提取周期信息.

从理论上来说, 足够多次的差分运算可以充分地提取原序列中的非平稳确定性信息, 但是, 过度的差分会造成有用信息的浪费. 因此, 在实际运用中差分运算阶数应当要适当, 避免过度差分.

2. ARIMA *模型*

差分运算具有强大的确定信息提取能力, 对差分运算后得到的平稳序列可用 ARMA 模型进行拟合.

具有如下结构的模型称为 ARIMA(p,d,q) 模型:

$$\begin{cases} \phi(B)\nabla^d X_t = \theta(B)\varepsilon_t, \\ E(\varepsilon_t)=0, \quad \mathrm{Var}(\varepsilon_t)=\sigma_\varepsilon^2, \quad E(\varepsilon_t\varepsilon_s)=0, \quad s\neq t, \\ E(X_s\varepsilon_t)=0, \quad \forall s<t. \end{cases} \tag{18.28}$$

特别地, 当 $d=0$ 时, ARIMA(p,d,q) 模型实际上就是 ARMA(p,q) 模型.

当 $p=0$ 时, ARIMA(p,d,q) 模型实际上就是 IMA(d,q) 模型.

当 $q=0$ 时, ARIMA(p,d,q) 模型实际上就是 ARI(p,d) 模型.

当 $d=1, p=q=0$ 时, ARIMA(p,d,q) 模型记为

$$\begin{cases} X_t = X_{t-1} + \varepsilon_t, \\ E(\varepsilon_t) = 0, \quad \mathrm{Var}(\varepsilon_t) = \sigma_\varepsilon^2, \quad E(\varepsilon_t \varepsilon_s) = 0, \quad s \neq t, \\ E(X_s \varepsilon_t) = 0, \quad \forall s < t. \end{cases}$$

该模型称为随机游走模型.

ARIMA 模型建模与 ARMA 模型建模过程类似.

例 18.6　试利用文件 austa.csv (数据见封底二维码), 建立适当的 ARIMA 模型, 其中 austa.csv 中的数据格式如图 18.7 所示, 共 31 个数据.

```
"date","value"
1980-01-01,0.82989428
1981-01-01,0.85951092
1982-01-01,0.87668916
......
2010-01-01,5.440894
```

图 18.7　文件 austa.csv 中的数据

解　原始数据的一次差分及差分数据的自相关图如图 18.8 所示. 通过试着取 p, q 的一些值, 根据 AIC 和 BIC 等指标, 确定建立 ARIMA(2,1,0) 模型. 利用 Python 软件, 求得的残差取值及分布如图 18.9 所示. 得到的预测值与原始数据的对比如图 18.10 所示.

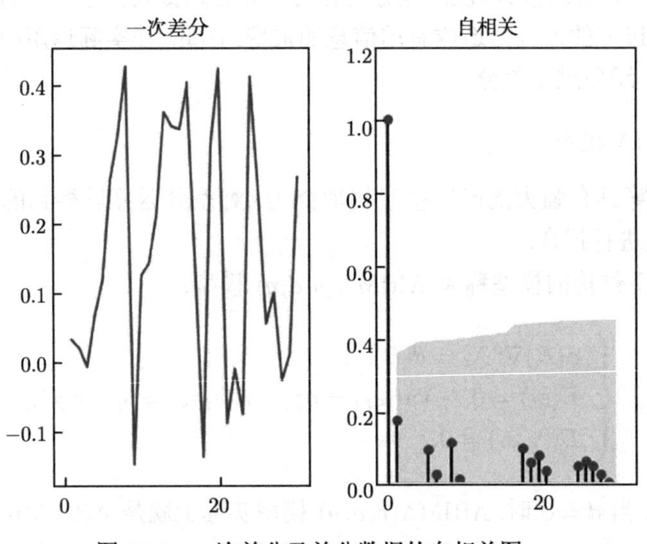

图 18.8　一次差分及差分数据的自相关图

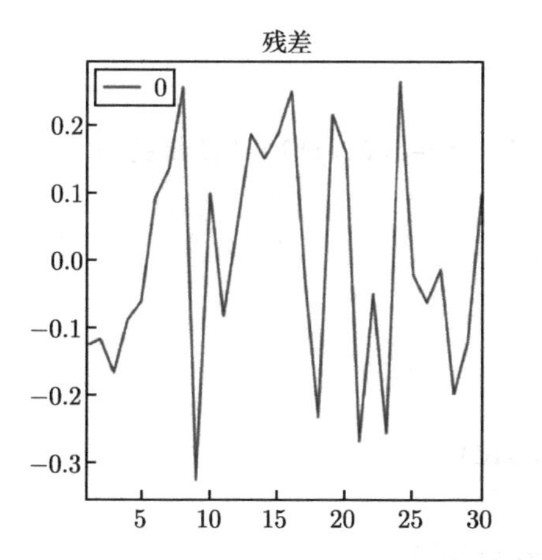

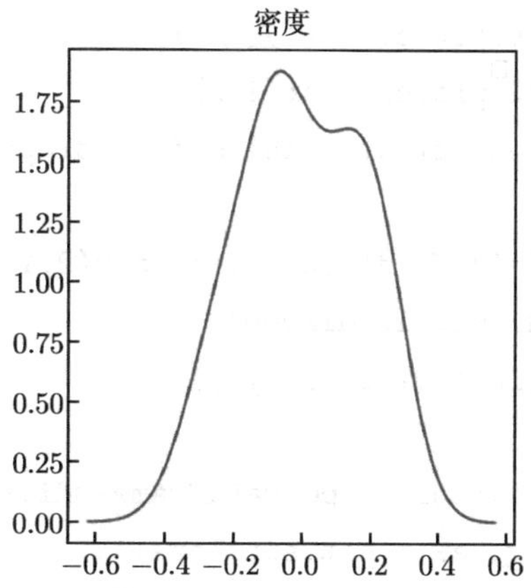

图 18.9 残差取值及分布图

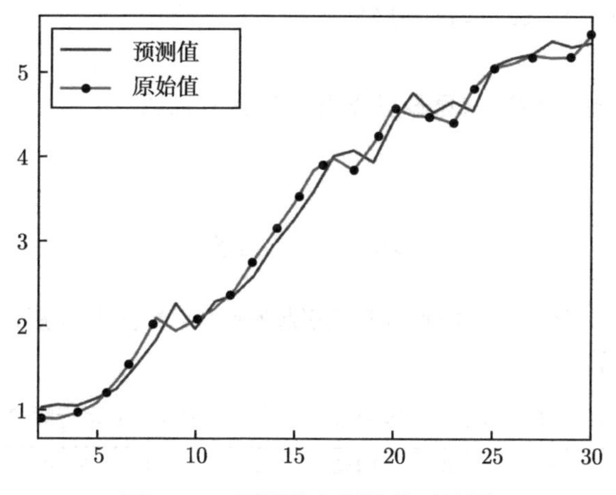

图 18.10 预测值与原始值对比图

```
#程序文件Pex18_6.py
import pandas as pd
from statsmodels.graphics.tsaplots import plot_acf
import pylab as plt
from statsmodels.tsa.arima_model import ARIMA

plt.rc('axes',unicode_minus=False)
plt.rc('font',size=16); plt.rc('font',family='SimHei')
df=pd.read_csv('austa.csv')
plt.subplot(121); plt.plot(df.value.diff())
```

```
plt.title('一次差分')
ax2=plt.subplot(122)
plot_acf(df.value.diff().dropna(), ax=ax2,title='自相关')

md=ARIMA(df.value, order=(2,1,0))
mdf=md.fit(disp=0)
print(mdf.summary())

residuals = pd.DataFrame(mdf.resid)
fig, ax = plt.subplots(1,2)
residuals.plot(title="残差", ax=ax[0])
residuals.plot(kind='kde', title='密度', ax=ax[1])
plt.legend(''); plt.ylabel('')

mdf.plot_predict()  #原始数据与预测值对比图
plt.show()
```

习　题　18

18.1　已知某一地区 1980~1999 年肿瘤引起的死亡率如表 18.6 所列, 利用 1980~1999 年数据建立 AR 模型.

表 18.6　1980~1999 年肿瘤引起的死亡率 (数据逐行顺序排列)

10.010	11.260	9.000	9.090	9.440	9.090	8.730	8.680	9.040	9.045
10.050	7.330	6.190	5.680	5.860	5.630	5.560	5.640	5.700	6.360

18.2　已知时间序列

$$y = \sin(t) + 0.5 * \mathrm{randn}(30), \quad t = \mathrm{linspace}(0, \mathrm{pi}, 30),$$

这里 randn(30) 表示生成 30 个服从标准正态分布的随机数, 建立时间序列预测模型, 并进行性能分析.

18.3　人民币对美元汇率的变化率拟合的 AR(1) 模型为

$$y_t - (-0.0095) = 0.0814(y_{t-1} - (-0.0095)) + \varepsilon_t, \quad \varepsilon_t \sim N(0, 0.001),$$

利用该模型做向前 15 步预测.

18.4　表 18.7 数据是某股票若干天的收盘价, 选择适当的模型拟合序列, 并预测未来五天的收盘价.

表 18.7 某股票若干天的收盘价 (数据逐行排列)

304	303	307	299	296	293	301	293	301	295	284	286	286	287	284
282	278	281	278	277	270	278	270	268	272	273	279	279	280	275
271	277	278	279	283	283	282	283	279	280	280	279	278	283	278
270	275	273	273	272	273	273	273	272	273	272	273	271	272	271
273	277	274	274	272	282	282	292	295	295	294	290	291	288	288
290	293	288	289	291	293	293	290	288	287	289	292	288	288	285
282	286	286	287	284	283	286	282	287	286	287	292	292	294	291
288	289													

第 19 章　支持向量机

支持向量机 (support vector machine, SVM) 是在统计学习理论 (statistical learning theory, SLT) 基础上发展起来的一种数据挖掘方法, 1992 年由 Boser, Guyon 和 Vapnik 提出, 在解决小样本、非线性和高维的回归与分类问题上有许多优势.

支持向量机分为支持向量分类机和支持向量回归机. 顾名思义, 支持向量分类机用于研究输入变量与分类型输出变量的关系及新数据预测, 简称支持向量分类 (support vector classification, SVC); 支持向量回归机用于研究输入变量与数值型输出变量的关系及新数据预测, 简称支持向量回归 (support vector regression, SVR).

19.1　支持向量分类机的基本原理

支持向量分类以训练样本集为数据对象, 通过分析输入变量和分类输出变量之间的数量关系, 对新样本的输出变量类别值进行预测. 下面以二分类为例进行说明.

给定的训练集记为

$$T=\{(\boldsymbol{a}_1,c_1),\ (\boldsymbol{a}_2,c_2),\cdots,(\boldsymbol{a}_N,c_N)\},$$

其中, $\boldsymbol{a}_i\in\Omega\subset\mathbb{R}^n$, Ω 称为输入空间, 输入空间中的每一个点 $\boldsymbol{a}_i=[a_{i1},a_{i2},\cdots,a_{in}]^{\mathrm{T}}$ 由 n 个属性特征组成; $c_i\in\{-1,1\}$, $i=1,2,\cdots,N$; 不妨假设 $c_j=1$, $j=1,2,\cdots,N_1$, $c_j=-1$, $j=N_1+1,\cdots,N$, 即 1 类有 N_1 个训练样本点, -1 类有 $N-N_1$ 个训练样本点.

寻找 $\mathbb{R}^n$ 上的一个实值函数 $g(\boldsymbol{x})$, 以便用分类函数

$$f(\boldsymbol{x})=\mathrm{sgn}(g(\boldsymbol{x}))\tag{19.1}$$

推断任意一个模式 $\boldsymbol{x}=[x_1,x_2,\cdots,x_n]^{\mathrm{T}}\in\mathbb{R}^n$ 相对应的输出 $f(\boldsymbol{x})$ 值的问题为分类问题.

19.1.1　线性可分支持向量分类机

考虑训练集 T, 若 $\exists\boldsymbol{\omega}=[\omega_1,\omega_2,\cdots,\omega_n]^{\mathrm{T}}\in\mathbb{R}^n$, $b\in\mathbb{R}$ 和正数 ε, 使得对所有使 $c_i=1$ 的 $\boldsymbol{a}_i$ 有 $\boldsymbol{\omega}^{\mathrm{T}}\boldsymbol{a}_i+b\geqslant\varepsilon$, 而对所有使 $c_i=-1$ 的 $\boldsymbol{a}_i$ 有 $\boldsymbol{\omega}^{\mathrm{T}}\boldsymbol{a}_i+b\leqslant-\varepsilon$, 则称训练集 T 线性可分, 称相应的分类问题是线性可分的.

记两类样本集分别为

$$M^+ = \{\boldsymbol{a}_i | c_i = 1,\ (\boldsymbol{a}_i, c_i) \in T\}, \quad M^- = \{\boldsymbol{a}_i | c_i = -1,\ (\boldsymbol{a}_i, c_i) \in T\}.$$

定义 M^+ 的凸包 $\mathrm{conv}(M^+)$ 为

$$\mathrm{conv}(M^+) = \left\{ \boldsymbol{a} = \sum_{j=1}^{N_1} \lambda_j \boldsymbol{a}_j \middle| \boldsymbol{a}_j \in M^+,\ \lambda_j \geqslant 0,\ j = 1, 2, \cdots, N_1;\ \sum_{j=1}^{N_1} \lambda_j = 1 \right\},$$

M^- 的凸包 $\mathrm{conv}(M^-)$ 为

$$\begin{aligned} &\mathrm{conv}(M^-) \\ =& \left\{ \boldsymbol{a} = \sum_{j=N_1+1}^{N} \lambda_j \boldsymbol{a}_j \middle| \boldsymbol{a}_j \in M^-,\ \lambda_j \geqslant 0,\ j = N_1 + 1, \cdots, N;\ \sum_{j=N_1+1}^{N} \lambda_j = 1 \right\}. \end{aligned}$$

定义 19.1 空间 $\mathbb{R}^n$ 中超平面都可以写为 $\boldsymbol{\omega}^{\mathrm{T}}\boldsymbol{x} + b = 0$ 的形式, 参数 $(\boldsymbol{\omega}, b)$ 乘以任意一个非零常数后得到的是同一个超平面, 定义满足条件

$$\begin{cases} c_i(\boldsymbol{\omega}^{\mathrm{T}}\boldsymbol{a}_i + b) \geqslant 0, \quad i = 1, 2, \cdots, N, \\ \min\limits_{i=1,2,\cdots,N} \left|\boldsymbol{\omega}^{\mathrm{T}}\boldsymbol{a}_i + b\right| = 1 \end{cases}$$

的超平面为训练集 T 的规范超平面.

定理 19.1 当训练集 T 为线性可分时, 存在唯一的规范超平面 $\boldsymbol{\omega}^{\mathrm{T}}\boldsymbol{a}_i + b = 0$, 使得

$$\begin{cases} \boldsymbol{\omega}^{\mathrm{T}}\boldsymbol{a}_i + b \geqslant 1, & c_i = 1, \\ \boldsymbol{\omega}^{\mathrm{T}}\boldsymbol{a}_i + b \leqslant -1, & c_i = -1. \end{cases} \tag{19.2}$$

定义 19.2 式 (19.2) 中满足 $\boldsymbol{\omega}^{\mathrm{T}}\boldsymbol{a}_i + b = \pm 1$ 成立的 $\boldsymbol{a}_i$ 称为普通支持向量.

对于线性可分的情况来说, 只有普通支持向量在建立分类超平面的时候起到了作用, 它们通常只占样本集很小的一部分, 故而也说明支持向量具有稀疏性. 对于 $c_i = 1$ 类的样本点, 其与规范超平面的间隔为

$$\min_{c_i=1} \frac{\left|\boldsymbol{\omega}^{\mathrm{T}}\boldsymbol{a}_i + b\right|}{\|\boldsymbol{\omega}\|} = \frac{1}{\|\boldsymbol{\omega}\|};$$

对于 $c_i = -1$ 类的样本点, 其与规范超平面的间隔为

$$\min_{c_i=-1} \frac{\left|\boldsymbol{\omega}^{\mathrm{T}}\boldsymbol{a}_i + b\right|}{\|\boldsymbol{\omega}\|} = \frac{1}{\|\boldsymbol{\omega}\|},$$

则普通支持向量间的间隔为 $\dfrac{2}{\|\boldsymbol{\omega}\|}$.

最优超平面即意味着最大化 $\dfrac{2}{\|\boldsymbol{\omega}\|}$, 如图 19.1 所示, $\boldsymbol{\omega}^{\mathrm{T}}\boldsymbol{a}_i+b=\pm 1$ 称为分类边界, 于是寻找最优超平面的问题可以转化为如下的二次规划问题

$$\begin{aligned} &\min \quad \frac{1}{2}\|\boldsymbol{\omega}\|^2, \\ &\text{s.t.} \quad c_i(\boldsymbol{\omega}^{\mathrm{T}}\boldsymbol{a}_i+b)\geqslant 1, \quad i=1,2\cdots,N. \end{aligned} \tag{19.3}$$

该问题的特点是目标函数 $\dfrac{1}{2}\|\boldsymbol{\omega}\|^2$ 是 $\boldsymbol{\omega}$ 的凸函数, 并且约束条件都是线性的.

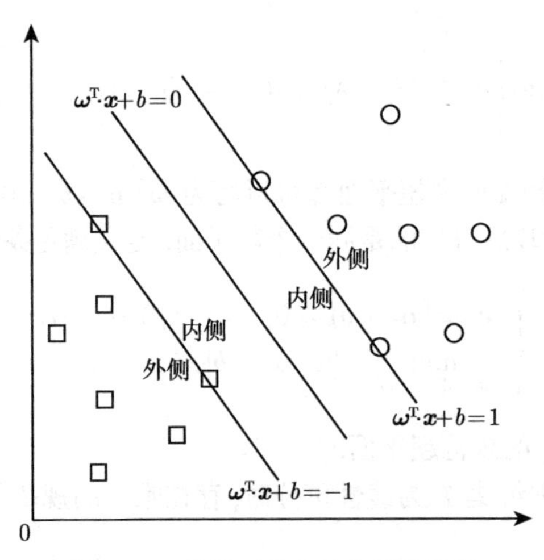

图 19.1　线性可分支持向量分类机

引入 Lagrange 函数

$$L(\boldsymbol{\omega},b,\boldsymbol{\alpha})=\frac{1}{2}\|\boldsymbol{\omega}\|^2+\sum_{i=1}^{N}\alpha_i(1-c_i(\boldsymbol{\omega}^{\mathrm{T}}\boldsymbol{a}_i+b)),$$

其中, $\boldsymbol{\alpha}=[\alpha_1,\cdots,\alpha_N]^{\mathrm{T}}\in\mathbb{R}^{N+}$ 为 Lagrange 乘子. 根据对偶的定义, 通过对原问题中各变量的偏导置零可得

$$\frac{\partial L}{\partial \boldsymbol{\omega}}=0 \quad \Rightarrow \quad \boldsymbol{\omega}=\sum_{i=1}^{N}\alpha_i c_i\boldsymbol{a}_i,$$

$$\frac{\partial L}{\partial b}=0 \quad \Rightarrow \quad \sum_{i=1}^{N}\alpha_i c_i=0,$$

代入 Lagrange 函数化为原问题的 Lagrange 对偶问题

$$
\begin{aligned}
\max_{\boldsymbol{\alpha}} \quad & -\frac{1}{2}\sum_{i=1}^{N}\sum_{j=1}^{N} c_i c_j \alpha_i \alpha_j \boldsymbol{a}_i^{\mathrm{T}} \boldsymbol{a}_j + \sum_{i=1}^{N} \alpha_i, \\
\text{s.t.} \quad & \begin{cases} \displaystyle\sum_{i=1}^{N} c_i \alpha_i = 0, \\ \alpha_i \geqslant 0, \quad i = 1, 2, \cdots, N. \end{cases}
\end{aligned} \tag{19.4}
$$

求解上述最优化问题, 得到最优解 $\boldsymbol{\alpha}^* = [\alpha_1^*, \cdots, \alpha_N^*]^{\mathrm{T}}$, 计算

$$
\boldsymbol{\omega}^* = \sum_{i=1}^{N} \alpha_i^* c_i \boldsymbol{a}_i,
$$

由 KKT 互补条件知

$$
\alpha_i^*(1 - c_i(\boldsymbol{\omega}^{*\mathrm{T}} \boldsymbol{a}_i + b^*)) = 0,
$$

可得只有当 $\boldsymbol{a}_i$ 为支持向量的时候, 对应的 α_i^* 才为正, 否则皆为零. 选择 $\boldsymbol{\alpha}^*$ 的一个正分量 α_j^*, 并以此计算

$$
b^* = c_j - \sum_{i=1}^{N} c_i \alpha_i^* \boldsymbol{a}_i^{\mathrm{T}} \boldsymbol{a}_j,
$$

于是构造分类超平面 $\boldsymbol{\omega}^{*\mathrm{T}} \boldsymbol{x} + b^* = 0$, 并由此求得决策函数

$$
g(\boldsymbol{x}) = \sum_{i=1}^{N} \alpha_i^* c_i (\boldsymbol{a}_i^{\mathrm{T}} \boldsymbol{x}) + b^*,
$$

得到分类函数

$$
f(\boldsymbol{x}) = \mathrm{sgn}\left(\sum_{i=1}^{N} \alpha_i^* c_i \boldsymbol{a}_i^{\mathrm{T}} \boldsymbol{x} + b^* \right), \tag{19.5}
$$

从而对未知样本进行分类.

19.1.2 广义线性可分支持向量分类机

当训练集 T 的两类样本线性可分时, 除了普通支持向量分布在两个分类边界 $\boldsymbol{\omega}^{\mathrm{T}} \boldsymbol{x} + b = \pm 1$ 上外, 其余的所有样本点都分布在分类边界以外. 此时构造的超平面是硬间隔超平面. 当训练集 T 的两类样本近似线性可分时, 即允许存在不满足约束条件

$$
c_i(\boldsymbol{\omega}^{\mathrm{T}} \boldsymbol{a}_i + b) \geqslant 1
$$

的样本点后, 仍然能继续使用超平面进行划分. 只是这时要对间隔进行 “软化”, 构造软间隔超平面. 简言之就是在两个分类边界 $\boldsymbol{\omega}^{\mathrm{T}} \boldsymbol{x} + b = \pm 1$ 之间允许出现样本点,

这类样本点被称为边界支持向量. 显然两类样本点集的凸包是相交的, 只是相交的部分较小. 广义线性支持向量分类机如图 19.2 所示.

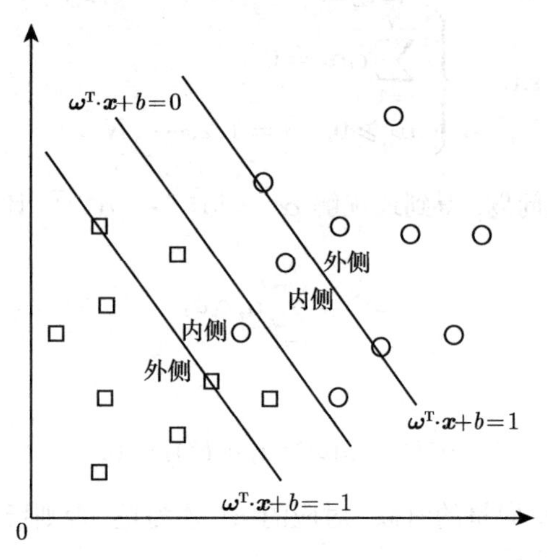

图 19.2　广义线性支持向量分类机

软化的方法是通过引入松弛变量

$$\xi_i \geqslant 0, \quad i=1,2,\cdots,N$$

来得到 “软化” 的约束条件

$$c_i(\boldsymbol{\omega}^{\mathrm{T}}\boldsymbol{a}_i+b) \geqslant 1-\xi_i, \quad i=1,2,\cdots,N.$$

当 ξ_i 充分大时, 样本点总是满足上述的约束条件, 但是也要设法避免 ξ_i 取太大的值, 为此要在目标函数中对它进行惩罚, 得到如下的二次规划问题

$$\begin{aligned} &\min \quad \frac{1}{2}\|\boldsymbol{\omega}\|^2+C\sum_{i=1}^{N}\xi_i, \\ &\text{s.t.} \quad \begin{cases} c_i(\boldsymbol{\omega}^{\mathrm{T}}\boldsymbol{a}_i+b) \geqslant 1-\xi_i, \\ \xi_i \geqslant 0, & i=1,2,\cdots,N, \end{cases} \end{aligned} \tag{19.6}$$

其中 $C>0$ 是一个惩罚参数. 其 Lagrange 函数如下

$$L(\boldsymbol{\omega},b,\boldsymbol{\xi},\boldsymbol{\alpha},\boldsymbol{\gamma})=\frac{1}{2}\|\boldsymbol{\omega}\|^2+C\sum_{i=1}^{N}\xi_i-\sum_{i=1}^{N}\alpha_i(c_i(\boldsymbol{\omega}^{\mathrm{T}}\boldsymbol{a}_i+b)-1+\xi_i)-\sum_{i=1}^{N}\gamma_i\xi_i,$$

其中 $\gamma_i \geqslant 0, \xi_i \geqslant 0$. 原问题的对偶问题如下

$$
\begin{aligned}
&\max_{\boldsymbol{\alpha}} \quad -\frac{1}{2}\sum_{i=1}^{N}\sum_{j=1}^{N} c_i c_j \alpha_i \alpha_j \boldsymbol{a}_i^{\mathrm{T}} \boldsymbol{a}_j + \sum_{i=1}^{N} \alpha_i, \\
&\text{s.t.} \quad \begin{cases} \displaystyle\sum_{i=1}^{N} c_i \alpha_i = 0, \\ 0 \leqslant \alpha_i \leqslant C, \quad i = 1, 2, \cdots, N. \end{cases}
\end{aligned}
\tag{19.7}
$$

求解上述最优化问题, 得到最优解 $\boldsymbol{\alpha}^* = [\alpha_1^*, \alpha_2^*, \cdots, \alpha_N^*]^{\mathrm{T}}$, 计算

$$
\boldsymbol{\omega}^* = \sum_{i=1}^{N} \alpha_i^* c_i \boldsymbol{a}_i,
$$

选择 $\boldsymbol{\alpha}^*$ 的一个正分量 $0 < \alpha_j^* < C$, 并以此计算

$$
b^* = c_j - \sum_{i=1}^{N} c_i \alpha_i^* \boldsymbol{a}_i^{\mathrm{T}} \boldsymbol{a}_j.
$$

于是构造分类超平面 $\boldsymbol{\omega}^{*\mathrm{T}} \boldsymbol{x} + b^* = 0$, 并由此求得分类函数

$$
f(\boldsymbol{x}) = \operatorname{sgn}\left(\sum_{i=1}^{N} \alpha_i^* c_i \boldsymbol{a}_i^{\mathrm{T}} \boldsymbol{x} + b^* \right).
$$

从而对未知样本进行分类, 可见当 $C = \infty$ 时, 就等价于线性可分的情形.

19.1.3 线性不可分支持向量分类机

当训练集 T 的两类样本点集重合的区域很大时, 上述用来处理线性可分问题的线性支持向量分类机就不适用了. 通过引进从输入空间 Ω 到另一个高维的 Hilbert 空间 H 的变换 $\boldsymbol{x} \mapsto \phi(\boldsymbol{x})$ 将原输入空间 Ω 的训练集

$$
T = \{(\boldsymbol{a}_1, c_1), \ (\boldsymbol{a}_2, c_2), \cdots, (\boldsymbol{a}_N, c_N)\}
$$

转化为 Hilbert 空间 H 中新的训练集

$$
\tilde{T} = \{(\tilde{\boldsymbol{a}}_1, c_1), \cdots, (\tilde{\boldsymbol{a}}_N, c_N)\} = \{(\phi(\boldsymbol{a}_1), c_1), \cdots, (\phi(\boldsymbol{a}_N), c_N)\},
$$

使其在 Hilbert 空间 H 中线性可分, Hilbert 空间 H 也称为特征空间. 然后在空间 H 中求得超平面 $\boldsymbol{\omega}^{\mathrm{T}} \phi(\boldsymbol{x}) + b = 0$, 这个超平面可以硬性划分训练集 $\tilde{T}$, 于是原问题转化为如下的二次规划问题

$$
\begin{aligned}
&\min \quad \frac{1}{2} \|\boldsymbol{\omega}\|^2, \\
&\text{s.t.} \quad c_i(\boldsymbol{\omega}^{\mathrm{T}} \phi(\boldsymbol{a}_i) + b) \geqslant 1, \quad i = 1, 2, \cdots, N.
\end{aligned}
$$

采用核函数 K 满足

$$K(\boldsymbol{a}_i, \boldsymbol{a}_j) = \phi(\boldsymbol{a}_i)^{\mathrm{T}} \phi(\boldsymbol{a}_j)$$

将避免在高维特征空间进行复杂的运算, 不同的核函数形成不同的算法, 主要的核函数有如下几类:

线性内核函数 $K(\boldsymbol{a}_i, \boldsymbol{a}_j) = \boldsymbol{a}_i^{\mathrm{T}} \boldsymbol{a}_j$;

多项式核函数 $K(\boldsymbol{a}_i, \boldsymbol{a}_j) = (\boldsymbol{a}_i^{\mathrm{T}} \boldsymbol{a}_j + r)^p$;

径向基核函数 $K(\boldsymbol{a}_i, \boldsymbol{a}_j) = \exp\left\{-r \|\boldsymbol{a}_i - \boldsymbol{a}_j\|^2\right\}$;

Sigmoid 核函数 $K(\boldsymbol{a}_i, \boldsymbol{a}_j) = \tanh(\gamma \boldsymbol{a}_i^{\mathrm{T}} \boldsymbol{a}_j + r)$;

傅里叶核函数 $K(\boldsymbol{a}_i, \boldsymbol{a}_j) = \displaystyle\sum_{k=1}^{n} \frac{1 - q^2}{2(1 - 2q\cos(a_{ik} - a_{jk}) + q^2)}$.

同样可以得到其 Lagrange 对偶问题如下

$$\begin{aligned} \max_{\boldsymbol{\alpha}} \quad & -\frac{1}{2} \sum_{i=1}^{N} \sum_{j=1}^{N} c_i c_j \alpha_i \alpha_j K(\boldsymbol{a}_i, \boldsymbol{a}_j) + \sum_{i=1}^{N} \alpha_i, \\ \text{s.t.} \quad & \begin{cases} \displaystyle\sum_{i=1}^{N} c_i \alpha_i = 0, \\ \alpha_i \geqslant 0, \quad i = 1, 2, \cdots, N. \end{cases} \end{aligned}$$

若 K 是正定核, 则对偶问题是一个凸二次规划问题, 必定有解. 求解上述最优化问题, 得到最优解 $\boldsymbol{\alpha}^* = [\alpha_1^*, \cdots, \alpha_N^*]^{\mathrm{T}}$, 选择 $\boldsymbol{\alpha}^*$ 的一个正分量 α_j^*, 并以此计算

$$b^* = c_j - \sum_{i=1}^{N} c_i \alpha_i^* K(\boldsymbol{a}_i, \boldsymbol{a}_j),$$

构造分类函数

$$f(\boldsymbol{x}) = \operatorname{sgn}\left(\sum_{i=1}^{N} c_i \alpha_i^* K(\boldsymbol{a}_i, \boldsymbol{x}) + b^*\right),$$

从而对未知样本进行分类.

19.2 支持向量回归

支持向量回归以训练样本集为数据对象, 通过分析输入变量和数值型输出变量之间的数量关系, 对新观测的输出变量值进行预测.

训练集仍然记为

$$T = \{(\boldsymbol{a}_1, c_1),\ (\boldsymbol{a}_2, c_2), \cdots, (\boldsymbol{a}_N, c_N)\},$$

其中, $\boldsymbol{a}_i \in \Omega \subset \mathbb{R}^n$, Ω 称为输入空间, 输入空间中的每一个点 $\boldsymbol{a}_i = [a_{i1}, a_{i2}, \cdots, a_{in}]$ 由 n 个属性特征组成; $c_i \in \mathbb{R}$, $i = 1, 2, \cdots, \boldsymbol{N}$.

一般线性回归方程的参数估计通常采用最小二乘法, 即求解损失函数达到最小值时的参数:

$$\min_{\boldsymbol{w},b} \sum_{i=1}^{N} (c_i - \hat{c}_i)^2 = \sum_{i=1}^{N} \left(c_i - b - \sum_{j=1}^{n} \omega_j a_{ij} \right)^2,$$

其中, $\hat{c}_i\ (i = 1, 2, \cdots, N)$ 为第 i 个观测的输出变量预测值, $e_i = c_i - \hat{c}_i$ 为第 i 个预测的误差.

支持向量回归同样在遵循损失函数最小的原则下进行超平面参数估计, 但为降低过拟合风险, 采用 ε-不敏感损失函数. 回归分析中, 每个预测的误差都计入损失函数, 而支持向量回归中, 误差函数值小于指定值 $\varepsilon(\varepsilon > 0)$ 的观测给损失函数带来的 "损失" 将被忽略, 不对损失函数做出贡献. 这样的损失函数称为 ε-不敏感损失函数.

所谓 ε-不敏感损失函数, 是指当某观测的输出变量的实际值与其预测值的绝对偏差不大于事先给定的 ε 时, 则认为该观测不对损失函数贡献 "损失", 损失函数对此呈不敏感 "反应".

用数学语言描述支持向量回归问题:

$$\min_{\boldsymbol{\omega},b} \quad \frac{1}{2} \|\boldsymbol{\omega}\|^2 + C \sum_{i=1}^{N} L_\varepsilon \left(f(\boldsymbol{a}_i) - c_i \right),$$

其中, $C \geqslant 0$ 为惩罚系数, $f(\boldsymbol{x}) = \boldsymbol{\omega}^{\mathrm{T}} \boldsymbol{x} + b$, L_ε 为损失函数, 其定义为

$$L_\varepsilon(z) = \begin{cases} 0, & |z| \leqslant \varepsilon, \\ |z| - \zeta, & \text{否则}. \end{cases}$$

更进一步, 引入松弛变量 ζ_i, η_i, 则新的最优化问题为

$$\begin{aligned} \min_{\boldsymbol{\omega},b,\zeta_i,\eta_i} \quad & \frac{1}{2} \|\boldsymbol{\omega}\|^2 + C \sum_{i=1}^{N} (\zeta_i + \eta_i), \\ \text{s.t.} \quad & \begin{cases} f(\boldsymbol{a}_i) - c_i \leqslant \varepsilon + \zeta_i, \\ c_i - f(\boldsymbol{a}_i) \leqslant \varepsilon + \eta_i, \\ \zeta_i \geqslant 0,\ \eta_i \geqslant 0, \qquad i = 1, 2, \cdots, N. \end{cases} \end{aligned}$$

类似地, 引入 Lagrange 乘子, $\mu_i \geqslant 0, \nu_i \geqslant 0, \alpha_i \geqslant 0, \beta_i \geqslant 0$, 定义 Lagrange 函数:

$$L(\boldsymbol{\omega},b,\boldsymbol{\alpha},\boldsymbol{\beta},\boldsymbol{\zeta},\boldsymbol{\eta},\boldsymbol{\mu},\boldsymbol{\nu})=\frac{1}{2}\|\boldsymbol{\omega}\|^2+C\sum_{i=1}^N(\zeta_i+\eta_i)-\sum_{i=1}^N\mu_i\zeta_i-\sum_{i=1}^N\nu_i\eta_i$$
$$+\sum_{i=1}^N\alpha_i\left(f(\boldsymbol{a}_i)-c_i-\varepsilon-\zeta_i\right)+\sum_{i=1}^N\beta_i\left(c_i-f(\boldsymbol{a}_i)-\varepsilon-\eta_i\right).$$

同样地可以得到其 Lagrange 对偶问题如下

$$\max_{\boldsymbol{\alpha},\boldsymbol{\beta}}\quad \sum_{i=1}^N[\varepsilon(\beta_i+\alpha_i)-c_i(\beta_i-\alpha_i)]+\frac{1}{2}\sum_{i=1}^N\sum_{j=1}^N(\beta_i-\alpha_i)(\beta_j-\alpha_j)(\boldsymbol{a}_i\cdot\boldsymbol{a}_j),$$
$$\text{s.t.}\quad\begin{cases}\displaystyle\sum_{i=1}^N(\beta_i-\alpha_i)=0,\\ 0\leqslant\alpha_i,\beta_i\leqslant C,\quad i=1,2,\cdots,N.\end{cases}$$

假设最终解为 $\boldsymbol{\alpha}^*=[\alpha_1^*,\alpha_2^*,\cdots,\alpha_N^*]^{\mathrm{T}}$, $\boldsymbol{\beta}^*=[\beta_1^*,\beta_2^*,\cdots,\beta_N^*]^{\mathrm{T}}$, 在 $\boldsymbol{\alpha}^*=[\alpha_1^*,\alpha_2^*,\cdots,\alpha_N^*]^{\mathrm{T}}$ 中, 找出 $\boldsymbol{\alpha}^*$ 的某个分量 $C>\alpha_j^*>0$, 则有

$$\begin{cases}\boldsymbol{\omega}^*=\displaystyle\sum_{i=1}^N(\beta_i^*-\alpha_i^*)\boldsymbol{a}_i,\\ b^*=c_j+\varepsilon-\displaystyle\sum_{i=1}^N(\beta_i^*-\alpha_i^*)\boldsymbol{a}_i^{\mathrm{T}}\boldsymbol{a}_j.\end{cases}$$

$$f(\boldsymbol{x})=\sum_{i=1}^N(\beta_i^*-\alpha_i^*)\boldsymbol{a}_i^{\mathrm{T}}\boldsymbol{x}+b^*.$$

19.3 支持向量机的应用

支持向量机的分类和回归问题, 都可以借助 Python 的 sklearn 模块求解.

19.3.1 支持向量机的分类问题

在支持向量机分类问题的模型中, 有两个重要参数需要选择, 一个是软间隔惩罚系数 C, 另一个是核函数的类型. 核函数有如下几种: ① 线性函数, ② 多项式函数, ③ 径向基函数, ④ Sigmoid 函数.

网格搜索法可以用来寻找合适的参数, 即尝试所有可能的参数组合. 为了进行网格搜索, 可以借助 scikit-learn 提供的 GridSearchCV 类. 使用这个类时, 我们可以通过字典来提供分类器或回归器的类型对象. 字典的键就是我们将要调整的参数, 而字典的值就是需要尝试的参数值的相应列表.

sklearn.svm 子模块中的 LinearSVC 以及 SVC 类可以实现支持向量分类算法. 其中 SVC 的基本语法和参数含义如下:

```
SVC(C=1.0, kernel='rbf', degree=3, gamma='auto_deprecated', coef0=
0.0, shrinking=True, probability=False, tol=0.001, cache_size=200,
class_weight=None, verbose=False, max_iter=-1, decision_function_shape
='ovr', random_state=None)
```

C: 用于指定目标函数中松弛因子的惩罚系数值, 默认为 1.

kernel: 用于指定模型的核函数, 该参数如果为 'linear', 就表示线性核函数; 如果为 'poly', 就表示多项式核函数, 核函数中的 r 和 p 值分别使用 degree 参数和 gamma 参数指定; 如果为 'sigmoid', 表示 Sigmoid 核函数, 核函数中的 r 参数值需要通过 gamma 参数指定; 如果为 'precomputed', 表示计算一个核矩阵.

degree: 用于指定多项式核函数中的 p 参数值.

gamma: 用于指定多项式核函数或 Sigmoid 核函数中的 r 参数值.

coef0: 用于指定多项式函数或 Sigmoid 核函数中的参数值.

shrinking: bool 类型参数, 是否采用启发式收缩方式, 默认为 True.

probability: bool 类型参数, 是否需要对样本所属类别进行概率计算, 默认为 False.

tol: 用于指定 SVM 模型迭代的收敛条件, 默认为 0.001.

cache_size: 用于指定核函数运算的内存空间, 默认为 200M.

class_weight: 用于指定因变量类别的权重.

verbose: bool 类型参数, 是否输出模型迭代过程的信息, 默认为 0, 表示不输出.

decision_function_shape: 用于指定 SVM 模型的决策函数形状.

random_state: 用于指定随机数生成器的种子.

例 19.1 (续例 11.14) 对 Iris 数据集的三类花卉进行分类.

解 使用支持向量机进行分类, 在 150 个已知样本点中, 只有一个误判, 预测的准确率为 99.33%.

```
#程序文件Pex19_1_1.py
from sklearn import datasets, svm, metrics
from sklearn.model_selection import GridSearchCV
import numpy as np
iris=datasets.load_iris()
x=iris.data; y=iris.target
parameters = {'kernel':('linear','rbf'), 'C':[1,10,15]}
svc=svm.SVC(gamma='scale')
```

```
clf=GridSearchCV(svc,parameters,cv=5)  #cv为交叉验证参数，为5折
clf.fit(x,y)
print("最佳的参数值:", clf.best_params_)
print("score: ",clf.score(x,y))
yh=clf.predict(x); print(yh) #显示分类的结果
print("预测准确率: ",metrics.accuracy_score(y,yh))
print("误判的样本点为:",np.where(yh!=y)[0]+1)
```

直接使用线性支持向量机进行分类的 Python 程序如下:

```
#程序文件Pex19_1_2.py
from sklearn import datasets, svm
from sklearn.model_selection import GridSearchCV
import numpy as np
iris=datasets.load_iris()
x=iris.data; y=iris.target
clf=svm.LinearSVC(C=1,max_iter=10000)
clf.fit(x,y); yh=clf.predict(x); print(yh)
print("预测的准确率: ",clf.score(x,y))
```

19.3.2 支持向量回归分析

sklearn.svm 子模块中的 LinearSVM 以及 SVR 类可以实现支持向量回归算法. 其中 SVR 的基本语法和参数含义如下:

```
SVR(kernel='rbf', degree=3, gamma='auto_deprecated', coef0=0.0,
tol=0.001, C=1.0, epsilon=0.1, shrinking=True, cache_size=200,
verbose=False, max_iter=-1)
```

其中, epsilon 用于指定不敏感损失函数中的 ε, 在线性 SVR 中默认为 0, 在非线性 SVR 中默认为 0.1, 其他参数同 SVC 中的参数.

例 19.2　使用模拟数据 $x_i = i\ (i = 0, 1, \cdots, 199)$, $y_i = \sin(x_i) + 3 + \varepsilon$, 其中 $\varepsilon \sim U(-1, 1)$, 即 ε 为区间 $(-1,\ 1)$ 上均匀分布的随机数, 做支持向量机的回归分析.

解　调用 Python 函数, 画出模拟数据点及预测值如图 19.3 所示, 所建立模型的残差平方和为 15.0664.

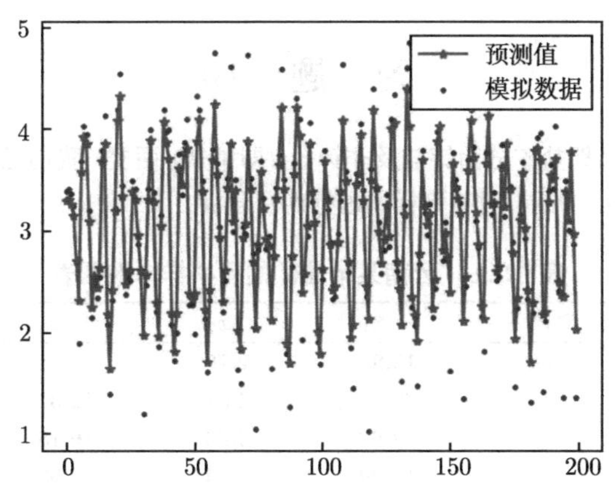

图 19.3 模拟数据及其预测值对比图

```
#程序文件Pex19_2.py
import numpy as np
import pylab as plt
from sklearn.svm import SVR

np.random.seed(123)
x=np.arange(200).reshape(-1,1)
y=(np.sin(x)+3+np.random.uniform(-1,1,(200,1))).ravel()

model = SVR(gamma='auto'); print(model)
model.fit(x,y); pred_y = model.predict(x)
print("原始数据与预测值前15个值对比: ")
for i in range(15): print(y[i],pred_y[i])

plt.rc('font',family='SimHei'); plt.rc('font',size=15)
plt.scatter(x, y, s=5, color="blue", label="原始数据")
plt.plot(x, pred_y, '-r*',lw=1.5, label="预测值")
plt.legend(loc=1)

score=model.score(x,y); print("score:",score)
ss=((y-pred_y)**2).sum()  #计算残差平方和
print("残差平方和: ", ss)
plt.show()
```

习　题　19

19.1　已知云南某地盐矿分为钾盐及非钾盐 (即钠盐) 两类. 我们已掌握的两类盐矿有关历史样本数据如表 19.1 所示, 对待判样本进行判别分析.

表 19.1　云南某地盐矿的有关样本数据表

	样本	x_1	x_2	x_3	x_4
钾盐 (A 类)	1	13.85	2.79	7.8	49.6
	2	22.31	4.67	12.31	47.8
	3	28.82	4.63	16.18	62.15
	4	15.29	3.54	7.58	43.2
	5	28.29	4.9	16.12	58.7
钠盐 (B 类)	1	2.18	1.06	1.22	20.6
	2	3.85	0.8	4.06	47.1
	3	11.4	0	3.5	0
	4	3.66	2.42	2.14	15.1
	5	12.1	0	5.68	0
待判样本	1	8.85	3.38	5.17	26.1
	2	28.6	2.4	1.2	127
	3	20.7	6.7	7.6	30.8
	4	7.9	2.4	4.3	33.2
	5	3.19	3.2	1.43	9.9
	6	12.4	5.1	4.48	24.6

19.2　将冰晶放入一个容器内, 容器内维持规定的温度 (-5°C) 和固定的湿度. 观察自冰晶放入时刻开始计算的时间 T (以 s 计) 和晶体生长的轴向长度 A (以 μm 计), 得到 43 对观察数据如表 19.2 所示, 试建立 A 关于 T 的支持向量回归模型.

表 19.2　晶体生长的观察数据

T	50	60	60	70	70	80	80	90	90	90	95	100	100	100	105
A	19	20	21	17	22	25	28	21	25	31	25	30	29	33	35
T	105	110	110	110	115	115	115	120	120	120	125	130	130	135	135
A	32	30	28	30	31	36	30	36	25	28	28	31	32	34	25
T	140	140	145	150	150	155	155	160	160	160	165	170	180		
A	26	33	31	36	33	41	33	40	30	37	32	35	38		

第 20 章　数字图像处理

数字图像处理 (digital image processing) 是通过计算机对图像进行去除噪声、增强、复原、分割、提取特征等处理的方法和技术. 数字图像处理的产生和迅速发展主要受三个因素的影响: 一是计算机的发展; 二是数学的发展 (特别是离散数学理论的创立和完善); 三是广泛的农牧业、林业、环境、军事、工业和医学等方面的应用需求的增长.

本章初步介绍 Python 的库函数在数字图像处理中的应用.

20.1　数字图像概述

20.1.1　图像的概念及表示

1. 图像的概念

图像因其表现方式的不同分为连续图像和离散图像两大类.

连续图像: 是指在二维坐标系中具有连续变化的图像, 即图像的像点是无限稠密的, 同时具有灰度值 (即图像从暗到亮的变化值). 连续图像的典型代表是由光学透镜系统获取的图像, 如人物照片和景物照片等, 有时又称之为模拟图像.

离散图像: 是指用一个数字序列表示的图像. 该阵列中的每个元素是数字图像的一个最小单位, 称为像素. 像素是组成图像的基本元素, 是按照某种规律编成系列二进制数码 (0 和 1) 来表示图像上每个点的信息. 因此, 又称之为数字图像.

以一个我们身边的简单例子来说, 用胶片记录下来的照片就是连续图像, 而用数码相机拍摄下来的图像是离散图像.

2. 图像的数字化采样

由于目前的计算机只能处理数字信号, 得到的照片、图纸等原始信息都是连续的模拟信号, 必须将连续的图像信息转化为数字形式. 我们可以把图像看作是一个连续变化的函数, 图像上各点的灰度是所在位置的函数, 这就要经过数字化的采样与量化. 下面简单介绍图像数字化采样的方法.

图像采样就是按照图像空间的坐标测量该位置上像素的灰度值. 方法如下: 对连续图像 $f(x,y)$ 进行等间隔采样, 在 (x,y) 平面上, 将图像分成均匀的小网格, 每个小网格的位置可以用整数坐标表示, 于是采样值就对应了这个位置上网格的灰度值. 若采样结果每行像素为 M 个, 每列像素为 N 个, 则整幅图像就对应于一个 $M \times N$ 数字矩阵. 这样我们就获得了数字图像中关于像素的两个属性: 位置和灰度. 位置由采样点的两个坐标确定, 也就对应了网格行和列; 而灰度就表明了该像素的明暗程度.

把模拟图像在空间上离散化为像素后, 各个像素点的灰度值仍是连续量, 接着就需要把像素的灰度值进行量化, 把每个像素的光强度进行数字化, 也就是将 $f(x,y)$ 的值划分成若干个灰度等级.

一幅图像经过采样和量化后便可以得到一幅数字图像 (图 20.1(a)). 通常可以用一个矩阵来表示 (图 20.1(b)).

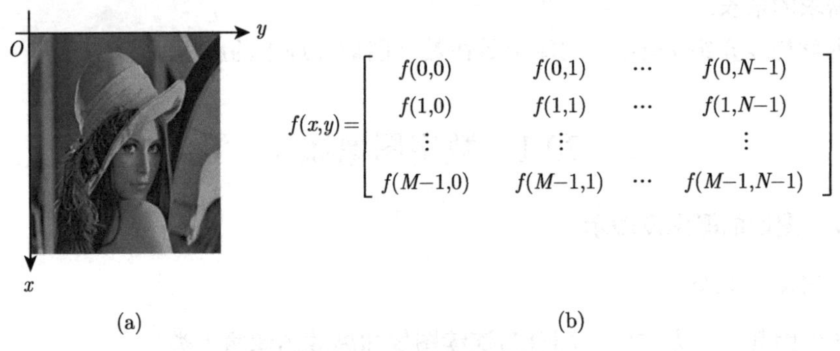

图 20.1　数字图像的矩阵表示

矩阵中的元素称作像素. 每一个像素都有 x 和 y 两个坐标, 表示其在图像中的位置. 另外还有一个值, 称作灰度值, 对应于原始模拟图像在该点处的亮度. 量化后的灰度值, 代表了相应的色彩浓淡程度, 以 256 色灰度等级的数字图像为例, 一般由 8 位, 即一个字节表示灰度值, 由 0—255 对应于由黑到白的颜色变化. 对只有黑白二值采用一个比特表示的特定二值图像, 就可以用 0 和 1 来表示黑白二色.

将连续灰度值量化为对应灰度级的具体量化方法有两类, 即等间隔量化与非等间隔量化. 根据一幅图像具体的灰度值分布的概率密度函数来进行量化, 但是由于灰度值分布的概率函数因图而异, 不可能找到一个普遍适用于各种不同图像的最佳非等间隔量化公式, 因此, 在实际应用中一般都采用等间隔量化.

3. 图像类型

在计算机中, 按照颜色和灰度的多少可以将图像分为二值图像、灰度图像、RGB 彩色图像和索引图像四种基本类型. 目前, 大多数图像处理软件都支持这四种类型的图像.

1) 二值图像

一幅二值图像的二维矩阵仅由 0, 1 两个值构成, "0" 代表黑色, "1" 代表白色.

由于每一像素 (矩阵中每一元素) 取值仅有 0, 1 两种可能, 所以计算机中二值图像的数据类型通常为一个二进制位. 二值图像通常用于文字、线条图的扫描识别 (OCR) 和掩膜图像的存储.

2) 灰度图像

灰度图像矩阵元素的整数取值范围通常为 $[0, 255]$, 因此其数据类型一般为 8 位无符号整数 (uint8), 这就是人们经常提到的 256 灰度图像. “0” 表示纯黑色, “255” 表示纯白色, 中间的整数数字从小到大表示由黑到白的过渡色. 若灰度图像的像素是 uint16 类型, 则它的整数取值范围为 [0, 65535]. 若图像是 double 类型, 则像素的取值就是浮点数. 规定双精度型归一化灰度图像的取值范围是 [0, 1], “0” 代表黑色, “1” 代表白色, 0 到 1 之间的小数表示不同的灰度等级. 二值图像可以看成是灰度图像的一个特例.

3) RGB 彩色图像

一幅 RGB 彩色图像就是彩色像素的一个 $m \times n \times 3$ 数组, 其中每一个彩色像素点都是在特定空间位置的彩色图像相对应的红、绿、蓝三个分量. RGB 也可以看成是一个由三幅灰度图像形成的 “堆”, 当将其送到彩色监视器的红、绿、蓝输入端时, 便在屏幕上产生了一幅彩色图像. 按照惯例, 形成一幅 RGB 彩色图像的三个图像常称为红、绿或蓝分量图像. 分量图像的数据类决定了它们的取值范围. 若一幅 RGB 彩色图像的数据类是 double 类型, 则它的取值范围就是 [0,1], 类似地, uint8 类型或 uint16 类型 RGB 彩色图像的取值范围分别是 [0,255] 或 [0,65535].

4) 索引图像

索引图像有两个分量, 即数据矩阵 $\boldsymbol{X}$ 和彩色映射矩阵 **map**. 矩阵 **map** 是一个大小为 $m \times 3$ 且由范围在 [0,1] 上的浮点值构成的 double 类型数组. **map** 的长度 m 同它所定义的颜色数目相等. **map** 的每一行都定义单色的红、绿、蓝三个分量. 索引图像将像素的亮度值 “直接映射” 到彩色值. 每个像素的颜色由对应矩阵 $\boldsymbol{X}$ 的值作为指向 **map** 的一个指针决定.

20.1.2 数字图像处理涉及的 Python 库

Python 在数字图像处理方面的应用, 主要用到的库有 OpenCV, PIL 和 skimage. 下面只介绍 OpenCV 库和 PIL 库.

1. OpenCV 库

OpenCV 是一个基于 BSD 许可 (开源) 发行的跨平台计算机视觉库, 可以运行在 Linux, Windows, Android 和 Mac OS 操作系统上. 它轻量级而且高效 —— 由一系列 C 函数和少量 C++ 类构成, 同时提供了 Python, Ruby, MATLAB 等语言的接口, 实现了图像处理和计算机视觉方面的很多通用算法. OpenCV 用 C++ 语言编写, 它的主要接口也是 C++ 语言, 但是依然保留了大量的 C 语言接口.

1) opencv-python 读取、展示和存储图像

例 20.1 OpenCV 库图像的读入、显示与保存示例.

```
#程序文件Pex20_1.py
import cv2
img=cv2.imread("Lena.bmp")
cv2.imshow('image',img)
cv2.imwrite('Lena.jpg',img)
```

例 20.2 读取视频文件 test.avi (文件见封底二维码), 并把视频中的每一帧保存成 jpg 文件.

```
#程序文件Pex20_2.py
import cv2,os
os.mkdir("source")  #在当前目录下创建新目录source
video=cv2.VideoCapture("test.avi")
L=int(video.get(cv2.CAP_PROP_FRAME_COUNT))  #计算视频的帧数
for i in range(L-1):
    ret,frame=video.read()
    cv2.imshow('Frame',frame); cv2.waitKey(2)  #停顿2毫秒
    cv2.imwrite("source\\"+str(i)+".jpg",frame)
```

当使用 imshow 函数展示图像时, 最后需要在程序中对图像展示窗口进行销毁, 否则程序将无法正常终止, 常用的销毁窗口的函数有下面两个:

(1) `cv2.destroyWindow(windows_name)`

`#销毁单个特定窗口，参数为字符串，是将要销毁的窗口名称.`

(2) `cv2.destroyAllWindows() #销毁全部窗口，无参数.`

要销毁某个图像窗口, 肯定不能是图像窗口一出现就将窗口销毁, 这样便没法观看窗口, 需要停顿一段时间, 可以使用 cv2.waitKey 函数.

(1) 让窗口停留一段时间然后自动销毁;

(2) 接收指定的命令, 如接收指定的键盘敲击然后结束我们想要销毁的窗口.

cv2.waitKey 的调用格式为

`cv2.waitKey(parameter)`

parameter = None & 0 表示一直显示, 除此之外表示显示的毫秒数.

2) 图像色彩空间变换函数 cv2.cvtColor

图像处理时, 有些图像可能在 RGB 颜色空间的信息不如转换到其他颜色空间更清晰. 图像处理中有多种色彩空间, 例如, RGB, HLS, HSV, HSB, YCrCb,

CIE XYZ, CIELAB 等, 经常要遇到色彩空间的转化, 以便生成 mask 图等操作. 总共有 274 种转换类型, 要看全部类型, 请执行以下程序便可查阅.

```
#程序文件Pz20_1.py
import cv2
flags = [i for i in dir(cv2) if i.startswith('COLOR_')]
print(flags)
```

例 20.3 颜色转换示例.

```
#程序文件Pex20_3.py
import matplotlib.pyplot as plt, cv2
img_BGR = cv2.imread('peppers.png')  # BGR (数据文件见封底二维码)
plt.subplot(3,3,1); plt.imshow(img_BGR)
plt.axis('off'); plt.title('BGR')
img_RGB = cv2.cvtColor(img_BGR, cv2.COLOR_BGR2RGB)
plt.subplot(3,3,2); plt.imshow(img_RGB)
plt.axis('off'); plt.title('RGB')
img_GRAY = cv2.cvtColor(img_BGR, cv2.COLOR_BGR2GRAY)
plt.subplot(3,3,3); plt.imshow(img_GRAY)
plt.axis('off'); plt.title('GRAY')
img_HSV = cv2.cvtColor(img_BGR, cv2.COLOR_BGR2HSV)
plt.subplot(3,3,4); plt.imshow(img_HSV)
plt.axis('off'); plt.title('HSV')
img_YcrCb = cv2.cvtColor(img_BGR, cv2.COLOR_BGR2YCrCb)
plt.subplot(3,3,5); plt.imshow(img_YcrCb)
plt.axis('off'); plt.title('YcrCb')
img_HLS = cv2.cvtColor(img_BGR, cv2.COLOR_BGR2HLS)
plt.subplot(3,3,6); plt.imshow(img_HLS)
plt.axis('off'); plt.title('HLS')
img_XYZ = cv2.cvtColor(img_BGR, cv2.COLOR_BGR2XYZ)
plt.subplot(3,3,7); plt.imshow(img_XYZ)
plt.axis('off'); plt.title('XYZ')
img_LAB = cv2.cvtColor(img_BGR, cv2.COLOR_BGR2LAB)
plt.subplot(3,3,8); plt.imshow(img_LAB)
plt.axis('off'); plt.title('LAB')
img_YUV = cv2.cvtColor(img_BGR, cv2.COLOR_BGR2YUV)
plt.subplot(3,3,9); plt.imshow(img_YUV)
```

```
plt.axis('off'); plt.title('YUV'); plt.show()
```

各种不同颜色下的图像显示如图 20.2 所示 (封底二维码).

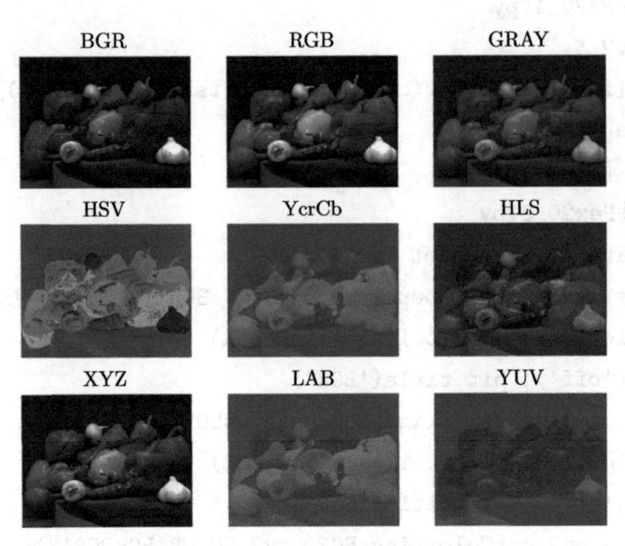

图 20.2　不同颜色下的图像对比

在图像特征提取和识别学习中, 经常使用的是将彩色图像转化成灰度图像.

图像的颜色主要是由于图像受到外界光照影响随之产生的不同颜色信息, 同一个背景物的图像在不同光源照射下产生不同颜色效果的图像, 因此在作图像特征提取和识别过程时, 我们要的是图像的梯度信息, 也就是图像的本质内容, 而颜色信息会对梯度信息提取造成一定的干扰, 因此在作图像特征提取和识别前将图像转化为灰度图, 这样同时也降低了处理的数据量并且增强了处理效果.

2. PIL 库

PIL (Python imaging library) 提供了通用的图像处理功能, 以及大量有用的基本图像操作, 比如图像缩放、剪裁、旋转、颜色转换等.

例 20.4　PIL 库图像的读入、保存与显示示例.

```
#程序文件Pex20_4.py
from PIL import Image
from numpy import array
import pylab as plt  #加载Matplotlib的Pylab接口
a=Image.open("empire.jpg")
#返回一个PIL图像对象(数据文件见封底二维码)
b=a.convert("L")  #转换为灰度图像对象
```

```
b.save("empire2.jpg")
#把灰度图像保存到empire2.jpg (数据文件见封底二维码)
aa=array(a)  #把图像对象转换为数组
print(aa.shape) #显示图像的大小
#左上角为坐标原点, 下面裁剪左上右下指定区域
c=a.crop((100,100,400,400))
d=a.rotate(45)  #图像旋转45度
plt.rc('font',family="SimHei")
plt.subplot(221); plt.imshow(a); plt.title("原图")
plt.subplot(222); plt.imshow(b); plt.title("灰度图")
plt.subplot(223); plt.imshow(c); plt.title("剪裁图像")
plt.subplot(224); plt.imshow(d); plt.title("旋转图像")
plt.show()
```

显示的图像如图 20.3 所示 (封底二维码).

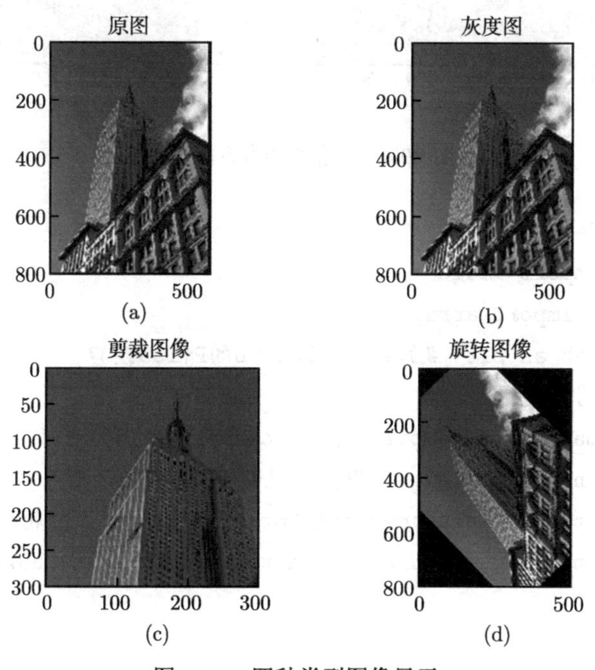

图 20.3 四种类型图像显示

例 20.5 图像轮廓和直方图.

在工作中绘制图像的轮廓非常有用, 首先需要将图像灰度化.

图像的直方图用来表征该图像像素值的分布情况. 用一定数目的小区间来指定表征像素值的范围, 每个小区间会得到落入该小区间的像素数目. 该灰度图像的直方图可以使用 hist() 函数绘制. hist() 函数的第二个参数指定小区间的数目. 需要注意的是, 因为 hist() 只接受一维数组作为输入, 在绘制图像直方图之前, 必须先用 flatten() 方法将任意数组按照行优先准则转换成一维数组. 图 20.4 为轮廓线和直方图图像.

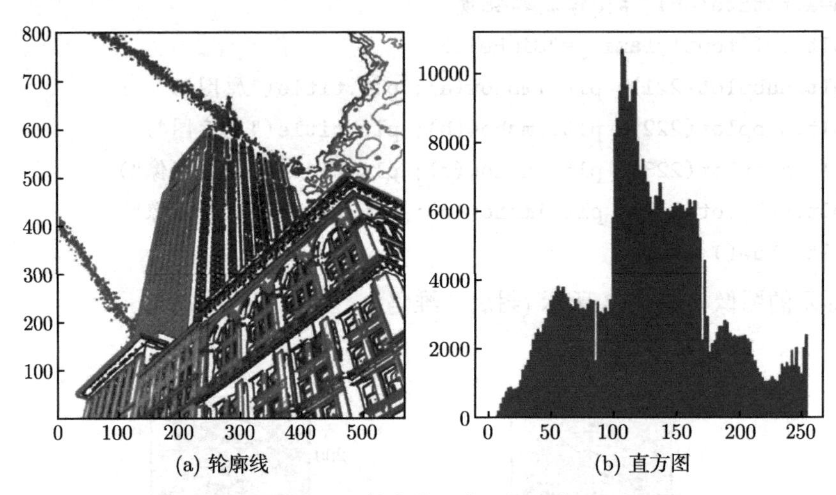

(a) 轮廓线　　(b) 直方图

图 20.4　轮廓线和直方图图像

```
#程序文件Pex20_5.py
from PIL import Image
from numpy import array
import pylab as plt  #加载Matplotlib的Pylab接口
#下面读取图像到数组中
a=array(Image.open("empire.jpg").convert('L'))
plt.rc('font',size=16) #数据文件见封底二维码
plt.subplot(121); plt.contour(a,origin='image')  #轮廓图
plt.subplot(122); plt.hist(a.flatten(),128); plt.show()
```

20.2　PIL 库的模块介绍

PIL 库提供了丰富的功能模块, 如 Image, ImageDraw, ImageFont 和 ImageFilter 等模块, 下面通过例子简单介绍一下.

1. Image 模块

20.1 节已给出 Image 模块的应用, 下面再给出几个例子.

例 20.6 图像的读入、显示与保存.

```
#程序文件Pex20_6.py
from PIL import Image
a=Image.open('flower.jpg')  #读入图像(数据文件见封底二维码)
a.show()  #显示图片
print(a.mode, a.size, a.format) #显示图像信息
a.save("flower2.png")  #另存为另一文件(数据文件见封底二维码)
```

例 20.7 创建新图像文件.

```
#程序文件Pex20_7.py
from PIL import Image
a=Image.new("RGB",(640,480),(50,50,100,0))  #创建新图像
a.save("figure20_7.jpg")  #保存图像
a.show()  #显示图像
```

注 20.1 RGB 为图片的模式 mode, (640, 480) 为图片尺寸, (50,50,100) 为图片颜色.

例 20.8 改变图像大小和模式.

```
#程序文件Pex20_8.py
from PIL import Image
from pylab import subplot,imshow,show
a=Image.open('flower.jpg')  #读入图像(数据文件见封底二维码)
b=a.resize((128,128))  #改变图像尺寸
c=b.convert('CMYK')  #转换为CMYK模式
subplot(121); imshow(b)
subplot(122); imshow(c); show()
```

例 20.9 图像的分割与合并.

```
#程序文件Pex20_9.py
from PIL import Image
from pylab import subplot,imshow,show
a=Image.open('flower.jpg')  #读入图像(数据文件见封底二维码)
ra,ga,ba=a.split()  #图像分割成R, G, B三个通道
c=Image.merge('RGB',(ra,ga,ba))  #三个通道合成一张彩色图像
subplot(221); imshow(ra); subplot(222); imshow(ga)
```

```
subplot(223); imshow(ba); subplot(224); imshow(c); show()
```

例 20.10 图像的粘贴.

```
#程序文件Pex20_10.py
from PIL import Image
a=Image.open('flower.jpg')  #读入图像(数据文件见封底二维码)
b=Image.open('logo.jpg')
print(a.size,b.size)  #显示图像的大小
c=b.resize((50,50))  #把图像缩小
a.paste(c,(20,20)); a.show()  #粘贴图像并显示
```

例 20.11 读取和设置指定位置的像素.

```
#程序文件Pex20_11.py
from PIL import Image
from numpy import array
a=Image.open('flower.jpg')  #读入图像(数据文件见封底二维码)
position=(100,100); b1=a.getpixel(position)  #读取像素
a.putpixel(position,tuple(array(b1)//2))  #修改像素
print(b1,a.getpixel(position))  #显示修改前后的像素值
```

2. ImageDraw 模块

ImageDraw 模块提供了基本的图形绘制能力. 通过 ImageDraw 模块提供的图形绘制函数, 可以绘制直线、弧线、矩形、多边形、椭圆和扇形等. ImageDraw 实现了一个 Draw 类, 所有的图形绘制功能都是在 Draw 类实例的方法中实现的.

画线方法 line() 需要传递两个参数, 第一个参数为线段的起点和终点; 第二个参数为颜色值. 绘制圆弧方法 arc() 需传递四个参数, 分别为圆弧的左上角与右下角坐标、起始角度、结束角度、颜色值.

例 20.12 线段与圆弧绘制.

```
#程序文件Pex20_12.py
from PIL import Image,ImageDraw
from numpy import array
a=Image.open('flower.jpg')  #读入图像(数据文件见封底二维码)
w,h=a.size  #读入图像的宽度和高度
b=ImageDraw.Draw(a)  #实例化Draw类
b.line(((0,0),(w-1,h-1)),fill=(255,0,0))
b.line(((w-1,0),(0,h-1)),fill=(255,0,0))
b.arc((0,0,w-1,h-1),0,360,fill=(255,0,0))
```

```
a.show(); a.save("figure20_12.png")
#显示并保存图像(数据文件见封底二维码)
```

3. ImageFont 模块

ImageFont 模块定义了 ImageFont 类, 该类的实例中存储了 bitmap 字体, 通过 ImageDraw 类的 text() 方法绘制文本内容.

例 20.13 图像上绘制文本内容.

```
#程序文件Pex20_13.py
from PIL import Image,ImageDraw, ImageFont
a=Image.open('flower.jpg')  #读入图像(数据文件见封底二维码)
b=ImageDraw.Draw(a) #实例化Draw类
myfont=ImageFont.truetype("c:\\Windows\\Fonts\\simsun.ttc",48)
b.text((20,20),"美丽的花",font=myfont,fill=(255,0,0))
a.show(); a.save("figure20_13.png") #见封底二维码
```

4. ImageFilter 模块

ImageFilter 是 PIL 的滤镜模块, 通过这些预定义的滤镜, 可以方便地对图像进行一些过滤操作, 从而去掉图像中的噪声点, 这样可以降低将来处理 (如模式识别等) 的复杂度. PIL 滤镜类型如表 20.1 所列.

表 20.1 PIL 滤镜类型

滤镜名称	含义
ImageFilter.BLUR	模糊滤镜
ImageFilter.CONTOUR	轮廓滤镜
ImageFilter.EDGE_ENHANCE	边界加强
ImageFilter.EDGE_ENHANCE_MORE	边界加强 (阈值更大)
ImageFilter.EMBOSS	浮雕滤镜
ImageFilter.FIND_EDGES	边界滤镜
ImageFilter.SMOOTH	平滑滤镜
ImageFilter.SMOOTH_MORE	平滑滤镜 (阈值更大)
ImageFilter.SHARPEN	锐化滤镜

例 20.14 使用轮廓滤镜示例.

```
#程序文件Pex20_14.py
from PIL import Image,ImageFilter
from pylab import subplot, show, imshow
a=Image.open('flower.jpg')  #读入图像(数据文件见封底二维码)
b=a.filter(ImageFilter.CONTOUR)  #使用轮廓滤镜
```

```
subplot(121); imshow(a)
subplot(122); imshow(b); show()
```

使用轮廓滤镜后的图像效果如图 20.5 所示.

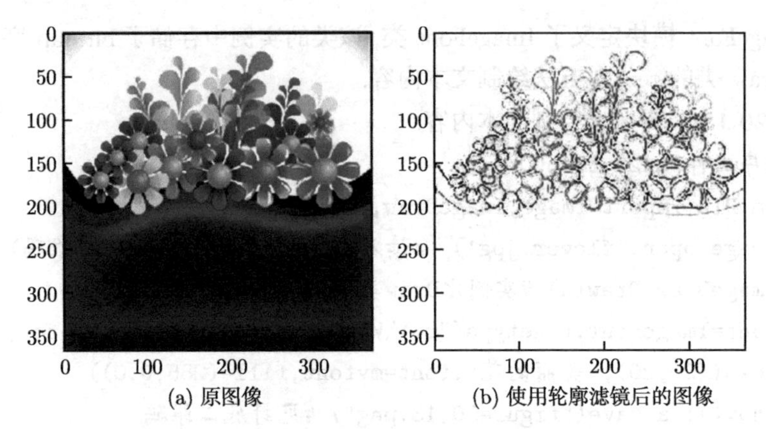

(a) 原图像　　(b) 使用轮廓滤镜后的图像

图 20.5　原图像和使用轮廓滤镜后的图像对比

20.3　PIL 在安全领域的应用

PIL 除了通常的图像处理外, 在安全领域也是有应用的. 下面就以生成验证码图片、给图片添加水印、生成二维码、拼图为例, 介绍 PIL 的应用.

20.3.1　生成验证码图片

随着互联网应用及搜索引擎的不断发展, 为了防止爬虫自动提交表单, 确保在客户端是一个人在操作, 现在很多网页中使用验证码图片增加表单提交的难度, 防止搜索引擎抓取特定网页.

验证码图像生成的原理是这样的：随机地生成若干个字符, 并绘制到图像中, 然后对图像的背景或前景进行识别难度的处理, 处理措施包括：① 随机绘制不同颜色的背景点; ② 使用随机色绘制字符; ③ 在图像中绘制随机的线段; ④ 对图片进行变形、模糊等处理; ⑤ 显示花、球等实物图像让操作者识别, 以增加提交的难度.

例 20.15　生成图像验证码示例.

```
#程序文件Pex20_15.py
from PIL import Image,ImageDraw,ImageFont
from numpy.random import randint,random
def rndChar():  #产生随机字符
```

```
    s="abcdefghjkmnpqrstuwxyABCDEFGHJKMNPRSTUWXY23456789@#$%&"
    #去除易混淆的字符
    return s[randint(0,len(s))]
def rndColor():  #生成随机颜色
    return tuple(randint(64,256,3))
w=50*6; h=60  #设置图像的宽度和高度
a=Image.new('RGB',(w,h),(255,255,255))
font=ImageFont.truetype("c:\\Windows\\Fonts\\simsun.ttc",48)
b=ImageDraw.Draw(a)  #创建Draw对象
def createLines(n):  #绘制干扰线
    for i in range(n):
        begin=(randint(0,w),randint(0,h))  #起始点
        end=(randint(0,w),randint(0,h))    #结束点
        b.line([begin,end],fill=rndColor(),width=2)
def createPoints(rate):  #绘制干扰点
    for x in range(w):
        for y in range(h):
            if random(1)<=rate:
                b.point((x,y),fill=rndColor())
def drawStr():  #绘制字符
    Str=''
    for t in range(6):
        Chr=rndChar(); Str=Str+Chr
        b.text((50*t+10,5),Chr,font=font,fill=rndColor())
    print(Str)
createLines(6); createPoints(0.15); drawStr()
a.show(); a.save("figure20_15.png")
```

生成的验证码图像效果如图 20.6 所示.

图 20.6 生成的验证码图像效果

20.3.2 给图像添加水印

所谓数字水印是向多媒体数据 (如图像、声音、视频信号等) 中添加某些数字信息以达到文件真伪鉴别、版权保护等功能. 嵌入的水印信息隐藏于宿主文件中, 不影响原始文件的可观性和完整性. 图像水印可分为可见水印和不可见水印, 而网络图像中的水印多为可见水印. 图像水印多为制作者所属机构的图标或字母的缩写.

例 20.16　添加文字水印.

```
#程序文件Pex20_16.py
from PIL import Image,ImageFont,ImageDraw
a=Image.open("玉龙雪山.jpg").convert('RGBA')
                                    #数据文件见封底二维码
b=Image.new('RGBA',a.size, (0,0,0,0)) #(0,0,0,0)透明
fnt=ImageFont.truetype("simsun.ttc", 120) #设置字体
c=ImageDraw.Draw(b) #将新建的图像添入画板
c.text((b.size[0]-500,b.size[1]-150), "玉龙雪山",font=fnt,
  fill=(255,255,255,255))  #(255,255,255,255)为白色, 不透明
d=Image.alpha_composite(a, b)  #合并两个图像
d.show()
```

显示效果如图 20.7 所示.

图 20.7　添加文字水印效果图

例 20.17　添加小图像水印.

```
#程序文件Pex20_17.py
from PIL import Image
```

```
base=Image.open("flower.jpg").convert("RGBA")
                #数据文件见封底二维码
watermark=Image.open("logo.jpg").convert("RGBA").resize((100,100))
width,height=base.size
mark_width,mark_height=watermark.size
position=(width-mark_width,height-mark_height)
transparent=Image.new('RGBA',(width, height),(0,0,0,0))
transparent.paste(base,(0,0))
transparent.paste(watermark,position,mask=watermark)
transparent.show()
transparent.save("figure20_17.png") #数据文件见封底二维码
```

显示效果如图 20.8 所示.

图 20.8 Logo 水印效果图

20.3.3 生成二维码

二维码简称 QR Code (quick response code), 全称为快速响应矩阵码, 是二维条形码的一种, 由日本的 Denso Wave 公司于 1994 年发明. 现在随着智能手机的普及, 已广泛应用于日常生活中, 如商品信息查询、社交好友互动、网络地址访问等.

二维码以其快速的可读性和较大的存储容量而被广泛使用, 代码由在白色背景下黑色模块组成的正方形图案表示, 编码的信息可以由各类信息组成, 如二进制数据、字符、数字, 甚至汉字等.

Python 下制作二维码的库为 qrcode, 该库是以 PIL 为基础的.

例 20.18 网络地址的二维码.

```
#程序文件Pex20_18.py
import qrcode
qr=qrcode.QRCode(
```

```
    version=1, #二维码的尺寸大小，取值范围为1-40
    error_correction=qrcode.constants.ERROR_CORRECT_L,
    box_size=10, #二维码里每个格子的像素大小
    border=5  #边框的格子厚度, 默认是4
)
qr.add_data("https://www.python.org/") #设置二维码数据
qr.make(fit=True)  #启用二维码颜色设置
img=qr.make_image(fill_color="green", back_color="white")
img.show(); img.save("figure20_17.png")
#显示并保存二维码,见封底二维码
```

其中, 参数 version 表示生成二维码的尺寸大小, 最小尺寸 1 会生成 21×21 矩阵的二维码, version 每增加 1, 生成的二维码尺寸就会增加 4, 例如, version 是 2, 则生成 25×25 矩阵的二维码.

参数 error_correction 指定二维码的容错系数, 分别有以下 4 个系数.

(1) ERROR_CORRECT_L: 7%的字节码可被容错.

(2) ERROR_CORRECT_M: 15%的字节码可被容错.

(3) ERROR_CORRECT_Q: 25%的字节码可被容错.

(4) ERROR_CORRECT_H: 30%的字节码可被容错.

例 20.19 生成带有图标的二维码.

首先生成高容错性的二维码, 打开 logo 图片文件, 把它的大小改为二维码大小的 1/16, 然后将 logo 图片粘在二维码的中心位置, 最后将图片保存为文件.

```
#程序文件Pex20_19.py
from PIL import Image
import qrcode
qr=qrcode.QRCode(
    version=2,
    error_correction=qrcode.constants.ERROR_CORRECT_H,
    box_size=10,
    border=1
)
qr.add_data("https://www.python.org/")
qr.make(fit=True)
img=qr.make_image().convert("RGBA")
w1,h1=img.size
factor=4; w2=w1//factor; h2=h1//factor
```

```
icon=Image.open("logo.jpg") #数据文件见封底二维码
w3,h3=icon.size
if w3>w2: w3=w2
if h3>w2: h3=h2
icon=icon.resize((w3,h3))  #更改图标的尺寸
w4=(w1-w3)//2; h4=(h1-h3)//2
img.paste(icon,(w4,h4))  #将图标粘贴到二维码的中心位置
img.show(); img.save("figure20_19.png") #数据文件见封底二维码
```

20.3.4 拼图问题

例 20.20 碎纸片的拼接复原 (2013 年全国大学生数学建模竞赛 B 题附件 1). 以附件 1 (文件见封底二维码) 的数据为例, 图像拼接的思想如下.

首先读入第一个图像并转换为浮点型的 array 数组; 把第一个图像的右边界的像素与其他图像的左边界的像素比较, 把第一个图像的左边界的像素与其他图像的右边界的像素比较, 哪个图像差异最小, 就把该图像与第一个图像拼接在一起. 在拼接过程中, 若发现某个图像的左边界的像素全部为 255, 即为白色的整个拼接图像的左边界; 若发现某个图像的右边界的像素全部为 255, 即为白色的整个拼接图像的右边界. 依次类推, 直到把全部图像拼接完毕.

```
#程序文件Pex20_20.py
import glob, numpy as np
from PIL import Image
f = glob.glob("附件1\\*.bmp")  #读入附件1下所有bmp文件名称
n = len(f); a = np.array(Image.open(f[0]))
a = a.astype(float); jj = np.arange(1,n)
L1 = a[:,0]; L2 = a[:,-1]  #拼接的大图像左边界和右边界初始化
tind = [0]
cont_img = a
for i in range(n - 1):
    tcha1 = [];     tcha2 = []
    for j in jj:
        a2 = np.array(Image.open(f[j])).astype(float)
        e1 = a2[:, 0]; e2 = a2[:, -1]
        cha1 = abs(L1 - e2).sum(); cha2 = abs(L2 - e1).sum()
        tcha1.append(cha1) ; tcha2.append(cha2)  #左右边界的差异
    m1 = np.array(tcha1).min(); m2 = np.array(tcha2).min()
```

```
    if abs(L1 - 255.).sum() < 1:
        ind = np.where(tcha2 == m2)
        tind=np.hstack((tind, jj[ind]))  # 右拼接
        tt = np.array(Image.open(f[jj[ind[0][0]]])).astype(float)
        cont_img = np.hstack((cont_img, tt))
        L2 = tt[:, -1]; np.delete(jj, ind)
    elif abs(L2 - 255.).sum() < 1:
        ind = np.where(tcha1 == m1)
        tind = np.hstack((jj[ind], tind)) # 左拼接
        tt = np.array(Image.open(f[jj[ind[0][0]]])).astype(float)
        cont_img = np.hstack((tt,cont_img))
        L1 = tt[:, 0]; np.delete(jj, ind)
    elif m1 < m2:
        ind = np.where(tcha1 == m1)
        tind = np.hstack((jj[ind], tind)) # 左拼接
        tt = np.array(Image.open(f[jj[ind[0][0]]])).astype(float)
        cont_img = np.hstack((tt, cont_img))
        L1 = tt[:, 0]; np.delete(jj, ind)
    else:
        ind = np.where(tcha2 == m2)
        tind=np.hstack((tind, jj[ind]))  # 右拼接
        tt = np.array(Image.open(f[jj[ind[0][0]]])).astype(float)
        cont_img = np.hstack((cont_img, tt))
        L2 = tt[:, -1]; np.delete(jj, ind)
print(tind) #显示各个图像的拼接排列次序
Image.fromarray(cont_img).show()
```

习　题　20

20.1　编程生成一个验证码图片.

20.2　编程生成一个你所在学校的二维码, 要求带有学校的 LOGO 图标.

参 考 文 献

[1] 吴灿铭. 图解数据结构 —— 使用 Python. 北京: 清华大学出版社, 2018.

[2] 刘顺祥. 从零开始学 Python 数据分析与挖掘. 北京: 清华大学出版社, 2018.

[3] 刘卫国. Python 语言程序设计. 北京: 电子工业出版社, 2016.

[4] 董付国. Python 程序设计. 北京: 清华大学出版社, 2015.

[5] 李暾, 毛晓光, 刘万伟, 等. 大学计算机基础. 3 版. 北京: 清华大学出版社, 2018.

[6] 杨秀璋, 颜娜. Python 网络数据爬取及分析 —— 从入门到精通（分析篇）. 北京: 北京航空航天大学出版社, 2018.

[7] Hemant Kumar Mehta. Python 科学计算基础教程. 陶俊杰, 陈小莉, 译. 北京: 人民邮电出版社, 2017.

[8] 孙玺菁, 司守奎. MATLAB 的工程数学应用. 北京: 国防工业出版社, 2017.

[9] 司守奎, 孙兆亮. 数学建模算法与应用. 2 版. 北京: 国防工业出版社, 2015.

[10] 许建强, 李俊玲. 数学建模及其应用. 上海: 上海交通大学出版社, 2018.

[11] 张若愚. Python 科学计算. 2 版. 北京: 清华大学出版社, 2016.

[12] 伊戈尔 · 米洛瓦诺维奇, 迪米特里 · 富雷斯, 朱塞佩 · 韦蒂格利. Python 数据可视化编程实战. 2 版. 颛清山, 译. 北京: 人民邮电出版社, 2018 年.

[13] 盛骤, 谢式千, 潘承毅. 概率论与数理统计. 4 版. 北京: 高等教育出版社, 2012.

[14] 刘法贵, 张愿章. 数学实践与建模. 北京: 科学出版社, 2018.

[15] 张运杰, 陈国艳. 数学建模. 大连: 大连海事大学出版社, 2015.

[16] 孙玺菁, 司守奎. 复杂网络算法与应用. 北京: 国防工业出版社, 2015.

[17] 李柏年, 吴礼斌. MATLAB 数据分析方法. 北京: 机械工业出版社, 2012.

[18] 韩中庚. 数学建模实用教程. 北京: 高等教育出版社, 2013.

[19] 姜启源, 谢金星, 叶俊. 数学模型, 5 版. 北京: 高等教育出版社, 2018.

[20] 司守奎, 孙玺菁. LINGO 软件及应用, 北京: 国防工业出版社, 2017.

[21] 戴明强, 宋业新. 数学模型及其应用. 2 版. 北京: 科学出版社, 2015.

[22] 彭放, 杨瑞琰, 肖海军, 等. 数学建模方法. 2 版. 北京: 科学出版社, 2012.

[23] 王黎明, 陈颖, 杨楠. 应用回归分析. 上海: 复旦大学出版社, 2008.

[24] 华校专, 王正林. Python 大战机器学习. 北京: 电子工业出版社, 2017.

[25] 杨伦标, 高英仪. 模糊数学原理与应用. 4 版. 广州: 华南理工大学出版社, 2005.

[26] 赵静, 但琦. 数学建模与数学实验. 4 版. 北京: 高等教育出版社, 2018.

[27] 汪晓银, 周保平. 数学建模与数学实验. 2 版. 北京: 科学出版社, 2010.

[28] 奥斯瓦尔多 · 马丁. Python 贝叶斯分析. 田俊, 译. 北京: 人民邮电出版社, 2018.

[29] 周品, 赵新芬. MATLAB 数学建模与仿真, 北京: 国防工业出版社, 2009.

[30] 赵华. 时间序列数据分析 ——R 软件应用. 北京: 清华大学出版社, 2016.
[31] 薛薇. R 语言数据挖掘. 2 版. 北京: 中国人民大学出版社, 2018.
[32] 曾刚. Python 编程入门与案例详解. 北京: 清华大学出版社, 2018.